信号与线性系统

熊兴中　编著

科学出版社

北京

内 容 简 介

本书以工程实践思维为导向，突出案例教学法，以信号与线性系统为主线，结合数学、物理和电路相关知识，在时域、频域和变换域上介绍对具体信号和具体系统的建模，并根据数学模型分析该信号或系统特性；同时，计算信号在系统中所经历的各种变换，介绍对应于确定输入的系统输出的基本思路和一般方法，并结合状态变量分析法对信号和系统的分析处理进行拓展讨论。

本书可作为通信工程、电子信息工程、电子科学与技术、生物医学工程、自动化、人工智能、智能科学与技术等学科及相关专业的本科生教材，也可供信号与信息处理、控制科学与工程、人工智能、计算机等领域的科研和工程技术人员参考。

图书在版编目（CIP）数据

信号与线性系统 / 熊兴中编著. -- 北京 : 科学出版社, 2025. 6.
ISBN 978-7-03-081296-4

Ⅰ.TN911.6

中国国家版本馆 CIP 数据核字第 2025S8C601 号

责任编辑：叶苏苏　霍明亮 / 责任校对：任云峰
责任印制：罗　科 / 封面设计：义和文创

科学出版社 出版
北京东黄城根北街 16 号
邮政编码：100717
http://www.sciencep.com

成都锦瑞印刷有限责任公司印刷
科学出版社发行　各地新华书店经销
*
2025 年 6 月第 一 版　开本：889×1194　1/16
2025 年 6 月第一次印刷　印张：22 1/2
字数：697 000
定价：139.00 元
（如有印装质量问题，我社负责调换）

前 言

本书是电子信息类专业的一门重要专业基础课，主要介绍信号的基本类型、特性、计算和分析方法，以及线性时不变系统的基本概念、原理、结构、分析和设计方法。本书一方面以工程数学和电路分析理论为基础，另一方面又是后续的"数字信号处理""数字图像处理""自控原理""通信原理"等技术课与专业课的基础。

与系统中信号分析与处理有关的思想和方法在诸如电路设计、无线通信、航空航天、遥感监测、自动控制、人工智能等多个科学和技术领域起着重要的作用，只有对信号与系统的基本知识有深刻理解和掌握，才能真正地从根本上理解、应用和发展信号处理技术。编写本书正是为了响应党的二十大精神，适应新一代信息技术、人工智能、智能制造、智能网络等新兴产业的爆发式增长，培养基础扎实、知识面广、具有创新精神和实践能力的新时代人才。

本书以系统的输入输出关系为主线组织内容。全书共 7 章，第 1 章为信号与系统的基本概念；第 2 章为线性时不变系统的时域分析；第 3 章为连续时间信号与系统的傅里叶分析；第 4 章为连续时间信号与系统的 s 域分析；第 5 章为离散时间信号与系统的傅里叶分析；第 6 章为离散时间信号与系统的 z 域分析；第 7 章为系统的状态变量分析。全书由熊兴中负责编写和统稿，王晶、徐永骏、冯小平等参与了书稿的校稿工作。

本书具有以下特点：

（1）体系完整。本书采用先连续后离散、先信号后系统的讨论顺序，遵从时域过渡到频域，再进一步拓展到复频域的延展性思维，所有章节内容构成一个较为完整地介绍信号基本计算和处理、系统基本分析和设计思路及方法的体系结构。

（2）层次分明。本书各章节内容之间脉络清晰、衔接合理、突出重点。围绕傅里叶变换、拉普拉斯变换和 z 变换三大信号处理基础变换的系统分析方法，重点介绍利用系统函数或者系统频率响应函数来建立系统模型、求解系统响应、分析系统特性的系统分析方法，以及通过确定的输入和输出关系或状态方程和输出方程，推导系统模型、确定系统函数、调整系统结构的系统设计方法。

（3）突出应用。本书精讲理论、结合实践，在各个章节中加入了大量习题、自测题和模拟题，从多个角度、多个层面覆盖该章节的内容。各章节的习题具有不同难度，既有简单概念分析，也有一般工程应用，还有经典的真题实例，具有极强的可读性和实用性。

本书在出版过程中，得到了四川轻化工大学的资助和四川文理学院的大力支持，参考并引用了国内外一些作者的相关著作。在此，一并表示诚挚的感谢！由于作者水平有限，不足之处在所难免，恳请读者批评指正。

作 者

2024 年 7 月

目　录

第1章　信号与系统的基本概念 … 1
1.1　消息、信息和信号 … 1
1.2　信号的分类 … 1
1.2.1　确定性信号与随机信号 … 2
1.2.2　连续时间信号与离散时间信号 … 2
1.2.3　周期信号与非周期信号 … 3
1.2.4　能量信号与功率信号 … 5
1.2.5　一维信号与多维信号 … 5
1.2.6　因果信号与反因果信号 … 6
1.2.7　模拟信号、抽样信号、数字信号 … 6
1.3　信号的基本运算 … 6
1.3.1　信号的加、减与乘运算 … 6
1.3.2　信号的时间变换运算 … 7
1.3.3　信号的其他基本运算 … 13
1.3.4　信号的分解 … 15
1.4　几种常见的信号 … 18
1.4.1　几种典型确定性信号 … 18
1.4.2　单位阶跃函数和单位冲激函数 … 24
1.4.3　单位阶跃序列和单位脉冲序列 … 33
1.5　系统的定义 … 34
1.6　系统的分类 … 35
1.7　系统的描述 … 42
1.7.1　系统的基本联接方式 … 42
1.7.2　系统的解析描述 … 45
1.7.3　系统的框图描述 … 45
1.7.4　系统的状态空间描述 … 52
习题 … 52
自测题 … 54
模拟题 … 58

第2章　线性时不变系统的时域分析 … 63
2.1　线性时不变连续时间系统的响应 … 63
2.1.1　微分方程经典解 … 63
2.1.2　连续时间系统的零输入响应与零状态响应 … 68
2.1.3　关于系统 0_- 和 0_+ 初始值的确定 … 71
2.2　连续时间冲激响应和阶跃响应 … 72
2.2.1　连续时间冲激响应 … 72
2.2.2　连续时间阶跃响应 … 75

2.3 卷积积分 ... 76
2.3.1 卷积积分的原理 ... 77
2.3.2 卷积积分的图解法 ... 79
2.3.3 卷积积分的性质 ... 85
2.4 线性时不变离散时间系统的响应 ... 93
2.4.1 差分方程的经典解 ... 93
2.4.2 零输入响应与零状态响应 ... 98
2.5 离散时间抽样响应和阶跃响应 ... 100
2.5.1 单位抽样响应 ... 100
2.5.2 单位阶跃响应 ... 102
2.6 卷积和 ... 102
2.6.1 卷积和的原理 ... 102
2.6.2 卷积和的图解法 ... 103
2.6.3 卷积和的性质 ... 108
习题 ... 112
自测题 ... 115
模拟题 ... 117

第3章 连续时间信号与系统的傅里叶分析 ... 124
3.1 信号的正交分解 ... 124
3.2 周期信号的傅里叶级数 ... 127
3.3 周期信号的频谱及特点 ... 130
3.3.1 周期信号的频谱 ... 130
3.3.2 周期信号的对称性及其频谱特点 ... 134
3.4 非周期信号的频谱及傅里叶变换 ... 138
3.4.1 非周期信号的频谱 ... 138
3.4.2 非周期信号的傅里叶变换 ... 139
3.5 傅里叶变换的性质 ... 144
3.6 周期信号的傅里叶变换 ... 155
3.7 相关 ... 156
3.7.1 自相关 ... 157
3.7.2 互相关 ... 157
3.8 线性时不变连续时间系统的频域分析 ... 158
3.8.1 傅里叶逆变换 ... 158
3.8.2 频率响应 ... 160
3.8.3 频域分析 ... 161
3.9 抽样定理 ... 169
3.9.1 信号的抽样与重建 ... 169
3.9.2 抽样定理 ... 172
3.9.3 模拟信号数字化 ... 172
习题 ... 175
自测题 ... 183
模拟题 ... 186

第4章 连续时间信号与系统的 s 域分析 ········· 193
4.1 拉普拉斯变换 ········· 193
4.1.1 从傅里叶变换到拉普拉斯变换 ········· 193
4.1.2 拉普拉斯变换的收敛域 ········· 194
4.1.3 拉普拉斯变换及其收敛域举例 ········· 194
4.2 拉普拉斯变换的性质 ········· 198
4.3 单边拉普拉斯变换 ········· 207
4.3.1 单边拉普拉斯变换的定义 ········· 207
4.3.2 单边拉普拉斯变换举例 ········· 208
4.3.3 单边拉普拉斯变换的性质 ········· 208
4.3.4 单边拉普拉斯变换的应用 ········· 210
4.4 拉普拉斯逆变换 ········· 210
4.4.1 查表法 ········· 211
4.4.2 部分分式展开法（海维塞德展开法） ········· 211
4.4.3 围线积分法（留数法） ········· 215
4.5 s 域分析 ········· 218
4.5.1 微分方程的变换解 ········· 218
4.5.2 系统函数 ········· 219
4.5.3 系统稳定性 ········· 226
4.5.4 系统函数与网络结构框图 ········· 229
习题 ········· 233
自测题 ········· 235
模拟题 ········· 238

第5章 离散时间信号与系统的傅里叶分析 ········· 246
5.1 离散时间线性时不变系统对复指数序列的响应 ········· 246
5.2 周期离散时间信号的离散傅里叶级数 ········· 247
5.3 非周期离散时间信号的离散时间傅里叶变换 ········· 249
5.4 周期离散时间信号的离散时间傅里叶变换 ········· 252
5.5 离散傅里叶变换 ········· 253
5.5.1 离散傅里叶变换的定义 ········· 253
5.5.2 离散傅里叶变换的应用 ········· 256
5.6 线性时不变离散时间系统的频域分析 ········· 260
5.6.1 线性时不变离散时间系统的频率响应 ········· 260
5.6.2 利用离散时间傅里叶变换求离散时间系统响应 ········· 263
习题 ········· 265
自测题 ········· 267
模拟题 ········· 269

第6章 离散时间信号与系统的 z 域分析 ········· 271
6.1 z 变换的定义及收敛域 ········· 271
6.1.1 从拉普拉斯变换到 z 变换 ········· 271
6.1.2 z 变换与拉普拉斯变换、傅里叶变换之间的关系 ········· 272
6.1.3 z 变换的收敛域 ········· 273

6.2　z变换的基本性质 ·· 277
6.3　逆 z 变换 ·· 285
6.4　z 域分析 ··· 291
　　6.4.1　差分方程的变换解 ··· 291
　　6.4.2　线性时不变离散时间系统的稳定性 ··· 295
　　6.4.3　系统函数与数字网络结构 ·· 297
习题 ··· 299
自测题 ··· 302
模拟题 ··· 305

第 7 章　系统的状态变量分析 ··· 311
7.1　状态、状态变量与状态方程 ··· 311
7.2　状态方程、输出方程的建立方法 ··· 314
　　7.2.1　直接法建立系统的状态方程和输出方程 ··· 314
　　7.2.2　间接法建立系统的状态方程和输出方程 ··· 319
　　7.2.3　系统的可控制性和可观测性 ·· 321
7.3　状态方程、输出方程的时域求解方法 ··· 327
　　7.3.1　连续时间系统的时域求解 ·· 330
　　7.3.2　离散时间系统的时域求解 ·· 333
7.4　状态方程、输出方程的变换域求解方法 ··· 336
　　7.4.1　连续时间系统的变换域求解 ·· 336
　　7.4.2　离散时间系统的变换域求解 ·· 337
　　7.4.3　系统的稳定性判断 ··· 338
习题 ··· 341
自测题 ··· 347
模拟题 ··· 349

参考文献 ··· 350

第 1 章　信号与系统的基本概念

1.1　消息、信息和信号

1. 消息

从古代的烽火传递警报，到现代的电话、电报、传真、无线广播与电视，其目的都是要把某些消息（message）从一个地方传递到另一个地方。人们常常把来自外界的各种报道统称为消息，消息是由语言、文字、数字或符号等按照一定规律组成的序列[1]。消息中所含的事先不确定的内容越多，消息所带来的意义就更大。

2. 信息

信息（information）是信息论中的一个术语，通常把消息中有意义的内容称为信息。信息由信息量来度量，消息中所含的事先不确定的信息越多，其信息量就越大。信息对每个人都特别重要，人类在社会活动与日常生活中，无时无刻不涉及信息的获取、存储、传输与再现等，可以说上至天文、下至地理、大到宇宙、小到粒子核子的研究，乃至工农业生产、社会发展及家庭生活都离不开信息科学[2]。信息要用某种物理方式表达出来，也就是说信息通常隐含于一些按一定规则组织起来的约定符号之中，语言、文字、图画、数据、符号等都是信息的表现形式。

3. 信号

信号（signal）是信息的载体，信息通过信号实现传递。信号对我们而言并不陌生，如提示上课的上课铃声——声音信号、指挥交通的红绿灯——光信号、电视机天线接收的电视信息——电信号、手机天线接收的通信信息——通信信号、遥控器控制空调温度变化发出的信号——控制信号等。为了有效地传播和利用信息，常常需要将信息转换成便于传输和处理的信号。

信号可以视为带有信息的随时间变化的物理量或物理现象。本书主要讨论应用广泛的电信号，它通常是随时间变化的电压或电流。由于信号随时间而变化，在数学上可以用时间 t 的函数 $f(t)$ 或时序 k 的函数 $f[k]$ 来表示。

除了时间特性，信号特性还可以从频率方面进行描述，我们将在后续章节介绍信号的频率特性。下面首先讨论信号的分类和一些基本信号的时间特性。

1.2　信号的分类

信号是信息的一种物理体现。它一般是随时间或位置变化的物理量。信号可按物理属性分为电信号和非电信号。它们可以通过一类器件实现相互转换，如各类传感器（温度传感器、压力传感器、气敏传感器等）、转换器件（光电转换器）。电信号容易产生，便于控制，易于处理，是本书主要讨论的对象，后面都简称为信号。描述信号的常用方法通常有两类，一是将信号表示为时间的函数；二是用信号的图形（即波形）来表示。信号与函数两词常常相互通用[3]。

为了深入地了解信号的物理实质，需要将其分类研究。对于各种信号，可以从不同的角度进行分类。下面讨论几种比较常见的分类方法。

1.2.1 确定性信号与随机信号

按时间函数的确定性划分,信号可以分为确定性信号与随机信号两类。

确定性信号(deterministic signal)是指可以用明确的数学关系式描述的信号,可以表示为一个或几个自变量确定的时间函数信号,即在给定的某一时刻,信号有确定的取值。图 1.2.1 为典型的确定性信号。

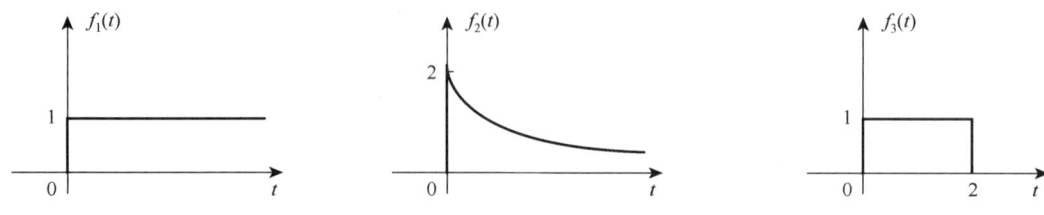

图 1.2.1 典型的确定性信号

随机信号(random signal)也称为不确定性信号,不能预知它随时间变化的规律,不是时间的确定函数,即不可预知或不能用数学关系式描述,其幅值、相位变化在任意时刻的取值都具有不确定性,只可能知道它的统计特性,即在某时刻取某一数值的概率。例如,电子系统中的起伏热噪声、雷电干扰信号就是两种典型的随机信号。图 1.2.2 为典型的随机信号。

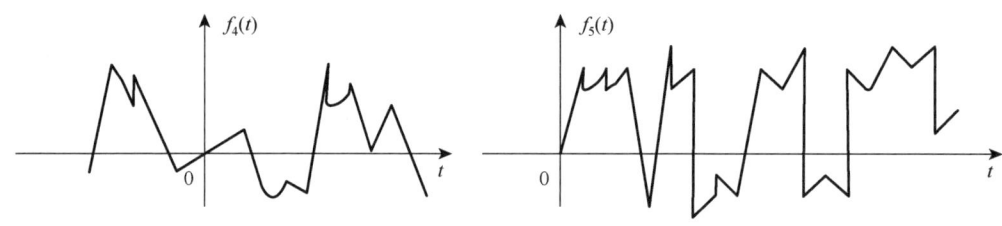

图 1.2.2 典型的随机信号

研究确定性信号是研究随机信号的基础,本书只讨论确定性信号。

1.2.2 连续时间信号与离散时间信号

按照时间函数取值的连续性,可以划分信号为连续时间信号与离散时间信号,简称连续信号与离散信号。

连续信号(continuous signal)是指在所讨论的时间间隔内,除有限个第一类间断点外,对于任意时刻值都可以给出确定函数值的信号,也称为模拟信号,通常用 $f(t)$ 表示。

图 1.2.3 为典型的连续时间信号。

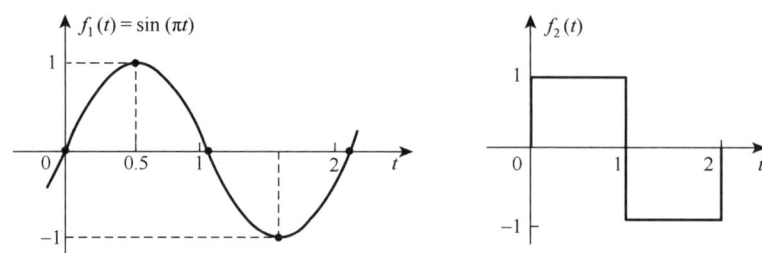

图 1.2.3 典型的连续时间信号

离散信号（discrete signal）是指在所讨论的时间区间，只在某些规定的不连续时刻给出函数值，而在其他时刻没有给出取值的信号。通常，离散时间用 k 表示，k 在整数域内取值，离散时间信号用函数 $f[k]$（即 $f(t_k)$ 或 $f(kT)$ 的简写形式）表示，由于它由一组按时间顺序的观测值组成，所以也称为时间序列或简称为序列。

图 1.2.4 为典型的离散时间信号，用表达式可以写为

$$f[k] = \begin{cases} 1, & k = -1 \\ 2, & k = 0 \\ -1.5, & k = 1 \\ 2, & k = 2 \\ 0, & k = 3 \\ 1, & k = 4 \\ 0, & 其他 \end{cases}$$

或写为 $f[k] = \{\cdots, 0, 1, \underline{2}, -1.5, 2, 0, 1, 0, \cdots\}$

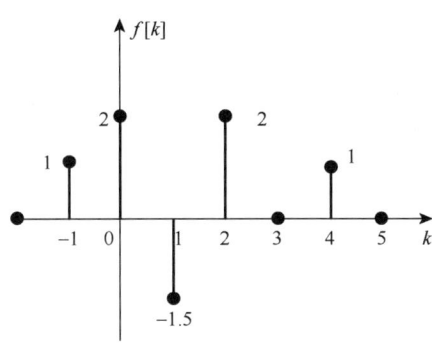

图 1.2.4 典型的离散时间信号

离散时间信号可直接写成序列形式，并在 $k=0$ 时刻的序列值处加下划线或箭头，如上例就可以写作 $f[k] = \{\cdots, 0, 1, \underline{2}, -1.5, 2, 0, 1, 0, \cdots\}$ 或 $f[k] = \{\cdots, 0, 1, \overset{\uparrow}{2}, -1.5, 2, 0, 1, 0, \cdots\}$；若信号只有有限个非零值，则可以忽略其为零的序列值，只写出非零值，并以下划线或箭头标明 $k=0$ 时刻，如上例可以简写为 $f[k] = \{1, \underline{2}, -1.5, 2, 0, 1\}$ 或 $f[k] = \{1, \overset{\uparrow}{2}, -1.5, 2, 0, 1\}$。如果序列中没有任何标明 $k=0$ 时刻的符号，那么默认从 $k=0$ 时刻开始，如 $f[k] = \{1, 2, 3\} = \{\underline{1}, 2, 3\}$ 所示。

1.2.3 周期信号与非周期信号

周期信号（periodic signal）是定义在 $(-\infty, \infty)$ 区间上，每隔一定时间 T（或整数 N），按相同规律重复变化的信号。连续周期信号 $f(t)$ 的表达式为

$$f(t) = f(t + mT), \quad m = 0, \pm 1, \pm 2, \cdots \tag{1.2.1}$$

满足式（1.2.1）的最小 T 值称为信号的周期。

图 1.2.5 为典型的连续周期信号。

离散周期序列 $f[k]$ 的表达式为

$$f[k] = f[k + mN], \quad m = 0, \pm 1, \pm 2, \cdots \tag{1.2.2}$$

满足式（1.2.2）的最小 N 值称为信号的周期。

不论是周期信号还是周期序列，只要给出任意周期内的变化规律，即可确定它在所有其他时间内的规律性。

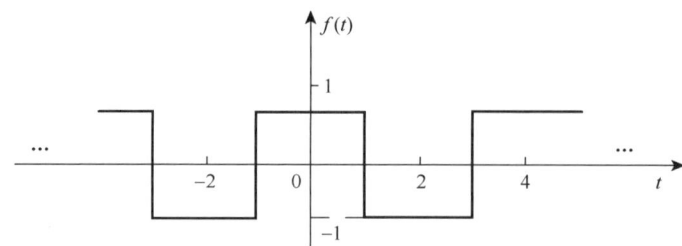

图 1.2.5 典型的连续周期信号

图 1.2.6 为典型的离散周期信号。

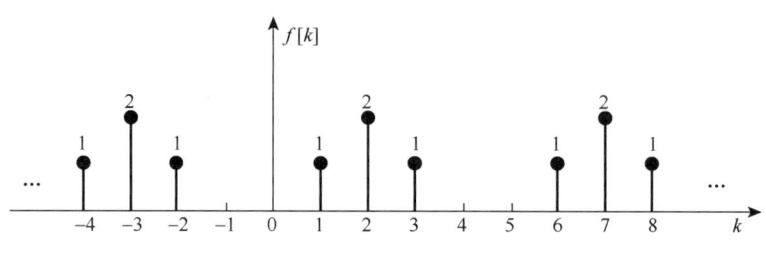

图 1.2.6 典型的离散周期信号

非周期信号（aperiodic signal）在时间上不具有周而复始的特性，往往具有瞬变性，也可以看作一个周期 T（或 N）趋于无穷大时的周期信号。

准周期信号是周期与非周期的边缘情况，由有限个周期信号合成，但各周期信号的相互间频率不是公倍关系，其合成信号不满足周期性，如信号 $f(t)=\cos(3\pi t)+\cos(7t)$。

【例 1.2.1】 判断下列信号是否为周期信号，若是，则确定其周期。

（1） $f_1(t)=\sin(2t)+\cos(3t)$； （2） $f_2(t)=\cos(2t)+\sin(\pi t)$

解 两个周期信号 $x(t)$ 与 $y(t)$ 的周期分别为 T_1 和 T_2，若其周期之比 T_1/T_2 为有理数，则其和信号 $x(t)+y(t)$ 仍然是周期信号，其周期为 T_1 和 T_2 的最小公倍数。

（1） $\sin(2t)$ 是周期信号，其角频率和周期分别为 $\omega_1=2\text{rad}/\text{s}$，$T_1=2\pi/\omega_1=\pi\text{s}$；

$\cos(3t)$ 是周期信号，其角频率和周期分别为 $\omega_2=3\text{rad}/\text{s}$，$T_2=2\pi/\omega_2=(2\pi/3)\text{s}$。

由于 $T_1/T_2=3/2$ 为有理数，所以 $f_1(t)$ 为周期信号，其周期为 T_1 和 T_2 的最小公倍数 2π。

（2） $\cos(2t)$ 和 $\sin(\pi t)$ 的周期分别为 $T_1=\pi\text{s}$，$T_2=2\text{s}$，由于 T_1/T_2 为无理数，所以 $f_2(t)$ 为非周期信号。

【例 1.2.2】 判断正弦序列 $f[k]=\sin(\Omega_0 k)$ 是否为周期信号，若是，则确定其周期。

解 $f[k]=\sin(\Omega_0 k)=\sin(\Omega_0 k+2m\pi)=\sin\left(\Omega_0\left(k+m\dfrac{2\pi}{\Omega_0}\right)\right)$

$=\sin(\Omega_0(k+mN))$，$m=0,\pm 1,\pm 2,\cdots$

式中，Ω_0 为正弦序列的数字角频率，单位为 rad/s。由上式可知：

仅当 $2\pi/\Omega_0$ 为整数时，正弦序列才具有周期 $N=2\pi/\Omega_0$；

当 $2\pi/\Omega_0$ 为有理数时，正弦序列仍具有周期性，但其周期 $N=M(2\pi/\Omega_0)$，M 取使 N 为整数的最小整数；

当 $2\pi/\Omega_0$ 为无理数时，正弦序列为非周期序列。

【例 1.2.3】 判断下列序列是否为周期信号，若是，则确定其周期。

（1） $f_1[k]=\sin(3\pi k/4)+\cos(0.5\pi k)$； （2） $f_2[k]=\sin(2k)$； （3） $f_3[k]=\text{e}^{\text{j}0.2\pi k}+\text{e}^{-\text{j}0.3\pi k}$

解 （1） $\sin(3\pi k/4)$ 和 $\cos(0.5\pi k)$ 的数字角频率分别为 $\Omega_1 = (3\pi/4)\,\text{rad}$，$\Omega_2 = 0.5\pi\,\text{rad}$，由于 $2\pi/\Omega_1 = 8/3$，$2\pi/\Omega_2 = 4$ 均为有理数，它们的周期分别为 $N_1 = 8$，$N_2 = 4$，故 $f_1[k]$ 为周期序列，其周期为 $N_1 = 8$ 和 $N_2 = 4$ 的最小公倍数 8。

（2） $\sin(2k)$ 的数字角频率为 $\Omega = 2\,\text{rad}$；由于 $2\pi/\Omega = \pi$ 为无理数，故 $f_2[k] = \sin(2k)$ 为非周期序列。

（3） 当 $\Omega_1 = 0.2\pi\,\text{rad}$ 时，$\dfrac{2\pi}{\Omega_1} = \dfrac{2\pi}{0.2\pi} = 10$，$N_1 = 10$；

当 $\Omega_2 = 0.3\pi\,\text{rad}$ 时，$\dfrac{2\pi}{\Omega_2} = \dfrac{2\pi}{0.3\pi} = \dfrac{20}{3}$，$N_2 = 20$。

二者的公共周期为 20，故 $f_3[k]$ 的周期为 20。

由上面几个例子可以看出：
（1）连续正弦信号一定是周期信号，而正弦序列不一定是周期序列。
（2）两连续周期信号之和不一定是周期信号，而两周期序列之和一定是周期序列。

1.2.4 能量信号与功率信号

连续信号按时间函数的可积性划分，可以分为能量信号、功率信号和非功率非能量信号[4]。

信号能量可以看作随时间变化的电压或电流，加到 1Ω 电阻上的能量，即信号平方的无穷积分简称为信号能量 E，即

$$E = \lim_{T \to \infty} \int_{-T}^{T} |f(t)|^2 \,\text{d}t \tag{1.2.3}$$

其平均功率定义为

$$P = \lim_{T \to \infty} \frac{1}{2T} \int_{-T}^{T} |f(t)|^2 \,\text{d}t \tag{1.2.4}$$

若信号 $f(t)$ 的能量有界，即 $0 < E < \infty$，此时 $P = 0$，则称此信号为能量有限信号，简称能量信号（energy signal）。

若信号 $f(t)$ 的功率有界，即 $0 < P < \infty$，此时 $E = \infty$，则称此信号为功率有限信号，简称功率信号（power signal）。

相应地，对于离散信号 $f[k]$，也有能量信号、功率信号和非功率非能量信号之分。

满足 $E = \sum\limits_{n=-\infty}^{\infty} |f[k]|^2 < \infty$ 的离散信号，称为能量信号。

满足 $P = \lim\limits_{N \to \infty} \dfrac{1}{N} \sum\limits_{n=-N/2}^{N/2} |f[k]|^2 < \infty$ 的离散信号，称为功率信号。

一般来说，周期信号都是功率信号。非周期信号可能出现三种情况：能量信号、功率信号、非功率非能量信号。一个信号不可能同时既是功率信号，又是能量信号；但可以既是非功率信号，又是非能量信号，如 $f(t) = t$。

【例 1.2.4】 已知信号 $f(t) = 2e^{-t} - 6e^{-2t}, t > 0$，求其能量。

解 $E = \lim\limits_{T \to \infty} \int_{-T}^{T} |f^2(t)|^2 \,\text{d}t = \int_{0}^{\infty} |2e^{-t} - 6e^{-2t}|^2 \,\text{d}t = \int_{0}^{\infty} (4e^{-2t} - 24e^{-3t} + 36e^{-4t}) \,\text{d}t = 3$

1.2.5 一维信号与多维信号

从数学表达式来看，信号可以表示为一个或多个变量的函数，称为一维或多维函数。语音信号可以表示为声压随时间变化的函数，这是一维信号，而一张黑白图像每个点（像素）具有不同的光强度，任

意一点又是二维平面坐标中两个变量的函数,这是二维信号,还有多维变量函数对应的多维信号。本书只研究一维信号,且自变量多为时间。

1.2.6 因果信号与反因果信号

当信号满足条件:$t<0$ 时,$f(t)=0$,称为物理可实现信号(realizable physical signal),也称为因果信号(causal signal)(简称为因信号)或有始信号。

在系统分析过程中,通常将信号 $f(t)$ 接入系统的时刻设为 $t=0$,由于在 $t<0$ 时信号还未接入系统,可以认为 $t<0$ 时,系统的输入信号 $f(t)=0$,该输入信号 $f(t)$ 就是因果信号或有始信号。

当信号满足条件 $t \geqslant 0$ 时,$f(t)=0$,即在 $t>0$ 的一侧全为零,信号完全由 $t<0$ 的一侧确定,又称为反因果信号(reverse causal signal),简称反因信号。

【例 1.2.5】 判断下列信号是否为因果信号:

(1) $u(t)=\begin{cases}1, & t>0 \\ 0, & t<0\end{cases}$; (2) $u(-t)=\begin{cases}0, & t>0 \\ 1, & t<0\end{cases}$

解 根据因果信号和反因果信号的定义,可知(1)为因果信号;(2)为反因果信号。

1.2.7 模拟信号、抽样信号、数字信号

时间和幅值均为连续的信号称为模拟信号。模拟信号经过抽样后,变为时间离散、幅值仍然连续的信号,此时信号称为抽样信号。抽样信号经过量化后,其时间和幅值均变成离散的,此时信号称为数字信号。

信号还有其他分类形式,如实信号与复信号、左边信号与右边信号等。

1.3 信号的基本运算

信号通过系统部件加法器、乘法器、放大器、延时器、积分器和微分器等进行基本运算与波形变换。

1.3.1 信号的加、减与乘运算

两个连续时间信号或两个离散时间信号(序列)对应时刻的幅值相加(或相减或相乘),称为信号的相加(或相减或相乘)运算。信号相加(相减)与相乘运算可以通过信号的波形(或其表达式)进行。两个信号相加(相乘)运算可以分别表示为

$$y(t)=f_1(t)+f_2(t), \quad y[k]=f_1[k]+f_2[k] \tag{1.3.1}$$

$$y(t)=f_1(t) \cdot f_2(t), \quad y[k]=f_1[k] \cdot f_2[k] \tag{1.3.2}$$

【例 1.3.1】 已知两信号 $f_1[k]$ 和 $f_2[k]$,求其相加、相减、相乘的结果。

$$f_1[k]=\begin{cases}2, & k=-1 \\ 3, & k=0 \\ 6, & k=1 \\ 0, & 其他\end{cases} \quad f_2[k]=\begin{cases}3, & k=0 \\ 2, & k=1 \\ 4, & k=2 \\ 0, & 其他\end{cases}$$

解 (1) $f_1[k]+f_2[k]=\begin{cases}2, & k=-1\\6, & k=0\\8, & k=1\\4, & k=2\\0, & \text{其他}\end{cases}$

(2) $f_1[k]-f_2[k]=\begin{cases}2, & k=-1\\0, & k=0\\4, & k=1\\-4, & k=2\\0, & \text{其他}\end{cases}$

(3) $f_1[k]\cdot f_2[k]=\begin{cases}9, & k=0\\12, & k=1\\0, & \text{其他}\end{cases}$

【例 1.3.2】 已知序列 $f_1[k]=\begin{cases}2^k, & k<0\\k+1, & k\geqslant 0\end{cases}$ 和 $f_2[k]=\begin{cases}0, & k<-2\\2^{-k}, & k\geqslant -2\end{cases}$，试求：$f_1[k]+f_2[k]$ 和 $f_1[k]\cdot f_2[k]$。

解

$$f_1[k]+f_2[k]=\begin{cases}2^k, & k<-2\\2^k+2^{-k}, & k=-1,-2\\k+1+2^{-k}, & k\geqslant 0\end{cases}$$

$$f_1[k]\cdot f_2[k]=\begin{cases}2^k\times 0, & k<-2\\2^k\times 2^{-k}, & k=-1,-2\\(k+1)\times 2^{-k}, & k\geqslant 0\end{cases}=\begin{cases}0, & k<-2\\1, & k=-1,-2\\k2^{-k}+2^{-k}, & k\geqslant 0\end{cases}$$

1.3.2 信号的时间变换运算

1. 信号的反转

信号的反转（time reversal）也称为信号的折叠或翻转，如图 1.3.1 所示。就是将连续时间信号 $f(t)$ 或离散时间信号 $f[k]$ 以纵坐标轴为轴翻转 180°（折叠），得到折叠信号 $f(-t)$ 或 $f[-k]$，也就是将信号的表达式及其定义域中的所有自变量 t（或 k）用 $-t$（或 $-k$）替代。从波形看，$f(-t)$ 与 $f[-k]$ 的波形分别是 $f(t)$ 和 $f[k]$ 的波形相对于纵轴的镜像。

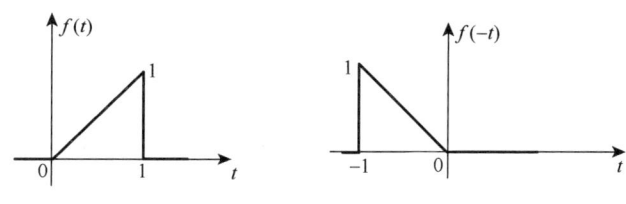

图 1.3.1 信号的反转

2. 信号的时移

信号的时移（time shift）就是将信号波形沿时间轴平行移动。

对于连续时间信号 $f(t)$，将信号表达式中的所有自变量 t 用 $t\pm\tau(\tau>0)$ 替代，得到时移信号 $f(t\pm\tau)$。$f(t-\tau)$ 表示当 $t=\tau$ 时，其值等于原信号在 $t=0$ 的值，是原信号的时延，在时间上滞后 τ，即右移信号（波形向右平行于时间轴移动 τ）。同理，$f(t+\tau)$ 表示超前原信号，在时间上超前 τ，即左移信号（波形向左平行于时间轴移动 τ）。值得注意的是 $f(t)$ 的时间范围，即定义域中的 t 也要被相应地替代。信号分别右移、左移 1 个时间单位的波形如图 1.3.2 和图 1.3.3 所示。

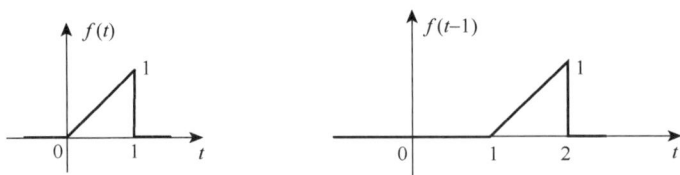

图 1.3.2　信号右移 1 个时间单位的波形

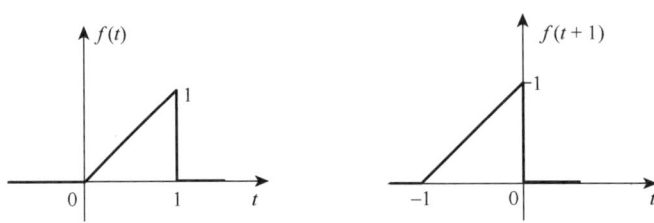

图 1.3.3　信号左移 1 个时间单位的波形

对离散时间信号（序列）$f[k]$，若整常数 $m>0$，时移信号 $f[k-m]$ 是将原序列沿正 k 轴方向（右）移动 m 个单位，而 $f[k+m]$ 是将原序列沿负 k 轴方向（左）移动 m 个单位。

若信号既反转又时移就是将反转信号 $f(-t)$（或 $f[-k]$）的表达式及定义域中的自变量用 $-t\pm\tau$ 或 $-k\pm m$ 替代，称为 $f[-(t\pm\tau)]=f(-t\mp\tau)$ 或 $f[-(k\pm m)]=f[-k\mp m]$。

从波形看，$f[-(t+\tau)]=f(-t-\tau)$（或 $f[-k-m]$）的波形是先反转为 $f(-t)$（或 $f[-k]$）的波形后，再向左移动得 $f[-(t+\tau)]=f(-t-\tau)$（或 $f[-k-m]$）；或者是将波形先向右移动为 $f(t-\tau)$ 或 $f[k-m]$，再沿纵坐标折叠为 $f[-(t+\tau)]=f(-t-\tau)$（或 $f[-k-m]$）。

【例 1.3.3】 已知信号 $f(t)$ 的波形（图 1.3.4），求 $f(2-t)$ 的波形。

解　（1）方法一：先平移再反转。

平移：由 $f(t)$ 得到 $f(t+2)$，如图 1.3.5 所示。

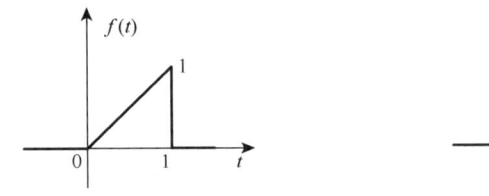
图 1.3.4　原信号波形

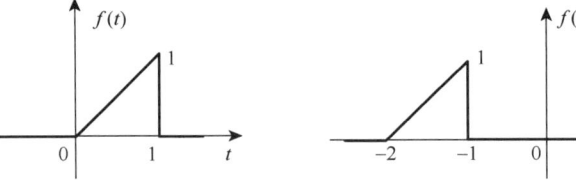
图 1.3.5　信号左移 2 个时间单位的波形

反转：由 $f(t+2)$ 得到 $f(-t+2)$，如图 1.3.6 所示。

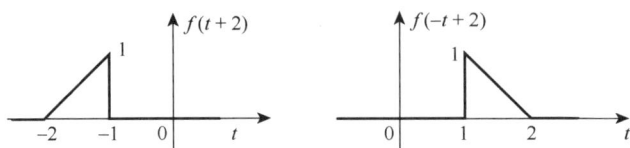

图 1.3.6　左移后信号再反转的波形

（2）方法二：先反转再平移。

反转：由 $f(t)$ 得到 $f(-t)$，如图 1.3.7 所示。

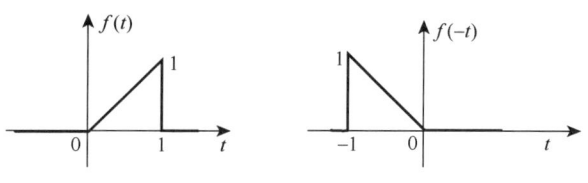

图 1.3.7 信号反转的波形

平移：由 $f(-t)$ 得到 $f(-t+2)$，如图 1.3.8 所示。

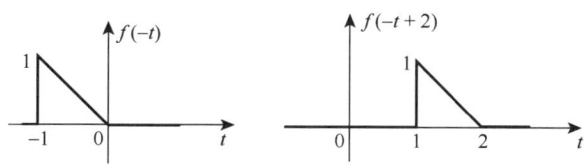

图 1.3.8 反转后信号右移 2 个时间单位的波形

注意：以上各个步骤都是只针对时间变量 t 的变换。

3. 信号的尺度变换

1）连续时间信号的时域压扩和幅度放缩

信号的尺度变换包括两方面的内容，即幅度尺度变换和时间尺度（time scaling）变换。

对于连续时间信号，幅度尺度变换就是把信号 $f(t)$ 乘以常数 a，即为 $af(t)$。若 $a>1$，则信号 $f(t)$ 按比例地把幅度放大至 a 倍；若 $a<1$，则信号 $f(t)$ 按比例地把幅度缩小为原来的 a 倍。

时间尺度变换就是把信号 $f(t)$ 及定义域中自变量 t 用 at 替代，称为 $f(at)$，其中，常数 a 称为尺度变换系数。若 $a>1$，则 $f(at)$ 的波形是把 $f(t)$ 的波形以原点 $(t=0)$ 为基准，沿时间轴压缩至原来的 $1/a$；当 $a=1$ 时，信号没有任何变化；若 $0<a<1$，则 $f(at)$ 的波形是把 $f(t)$ 的波形以原点 $(t=0)$ 为基准，沿时间轴扩展至原来的 $1/a$；若 $a<0$，则 $f(at)$ 的波形是将 $f(t)$ 的波形折叠并沿时间轴压缩或扩展至原来的 $1/a$；当 $a=0$ 时，at 就不是变量了，故不需要介绍。信号压缩和扩展的示例波形如图 1.3.9 和图 1.3.10 所示①。

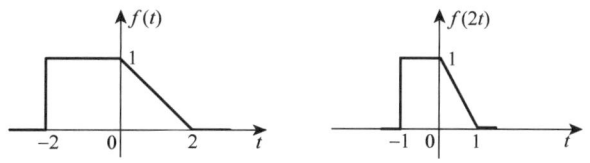

图 1.3.9 信号压缩至原来的 1/2 的波形

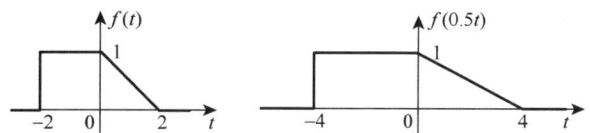

图 1.3.10 信号扩展至原来的 2 倍的波形

---

① 为了体现完整波形和变化特征，全书部分图片横纵轴刻度不一致。

注意：平移、反转、尺度变换三种运算同时存在时，其运算次序可任意，但一定要注意始终是只针对时间变量 t 进行的。

2）离散时间信号的尺度变换

由于离散时间信号在时间上的离散性，它不仅在整数时间上有定义，对离散时间变量的尺度变换也有较严格的限制。类似于连续时间信号的时域压扩这两种情况，可以分别定义如下两种离散时间变量的尺度变换。

第一种是离散时间变量 k 变成 Mk（M 为正整数），即离散时域尺度压缩为原来的 $\frac{1}{M}$：

$$f[k] \to f[Mk]，整数 M > 0 \quad (1.3.3)$$

通常把 $f[k] \to f[Mk]$ 的离散时间信号变换（或操作）取名为 $M:1$ 抽取。其基本原理是从 $k=0$ 时刻分别向左向右在原信号 $f[k]$ 的每 M 个值中抽取一个，构成新信号，但抽取后信号可能出现失真。

例如，将 $x[k] \to x[3k]$ 称为 $3:1$ 抽取，当时序为 3 的倍数时，才有信号，如图 1.3.11 所示。

第二种离散时间尺度变换的定义为

$$f[k] \to f_{(M)}[k]，整数 M > 0 \quad (1.3.4)$$

式中

$$f_{(M)}[k] = \begin{cases} f[k/M], & k = lM，即 k 为 M 的整数倍 \\ 0, & k \neq lM，即 k 不是 M 的整数倍 \end{cases}，l = 0, \pm 1, \pm 2, \cdots \quad (1.3.5)$$

由 $f[k] \to f_{(M)}[k]$ 的离散时间信号变换称为内插 $M-1$ 个零的操作（或变换），简称内插零。

例如，$x[k] \to x[k/3]$，如图 1.3.12 所示。

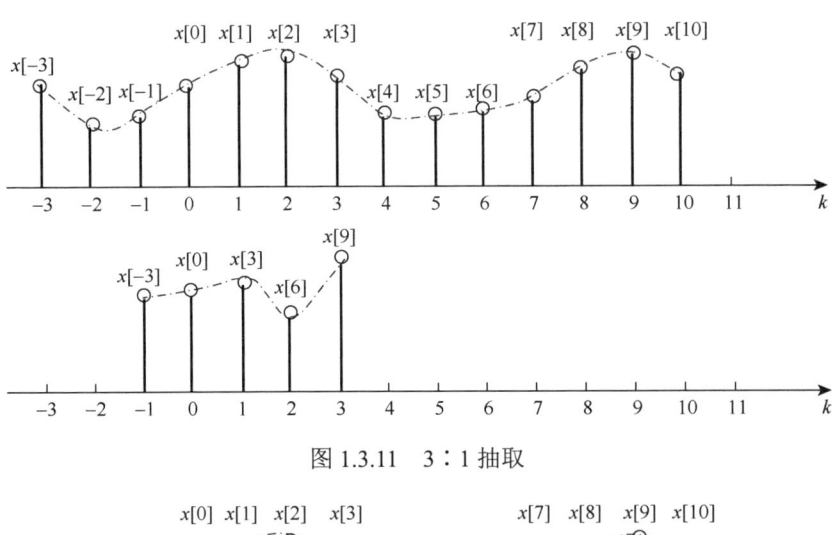

图 1.3.11　3：1 抽取

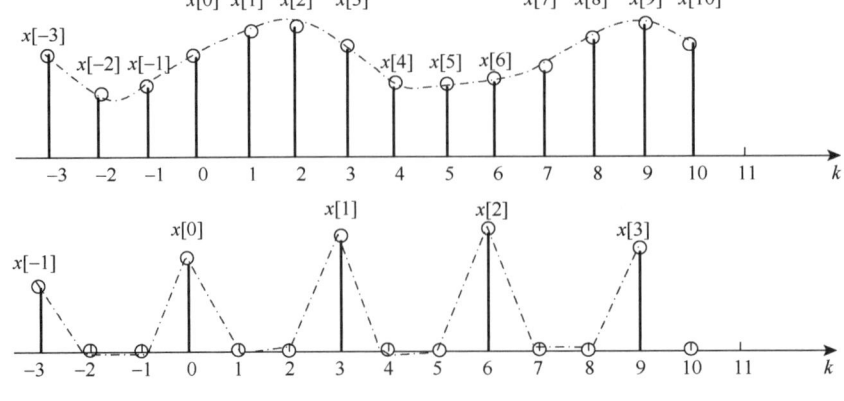

图 1.3.12　内插 2 个 0

【例 1.3.4】 已知信号 $f(t)$ 的波形，如图 1.3.13 所示，求 $f(-2t-4)$ 的波形。

解 （1）先平移，后压缩，最后再反转，波形如图 1.3.14～图 1.3.16 所示。

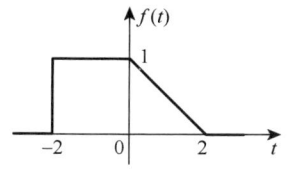
图 1.3.13　原信号波形

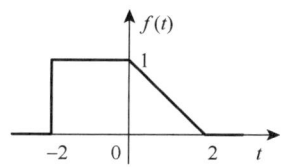
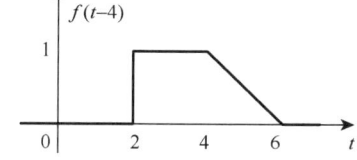
图 1.3.14　信号右移 4 个时间单位的波形

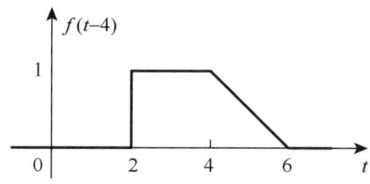
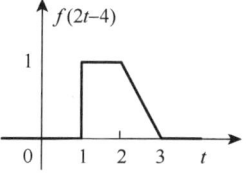
图 1.3.15　右移后信号压缩至原来的 1/2 的波形

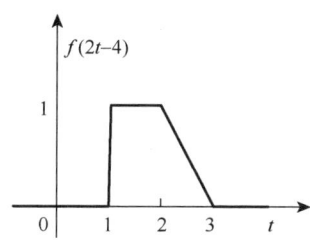
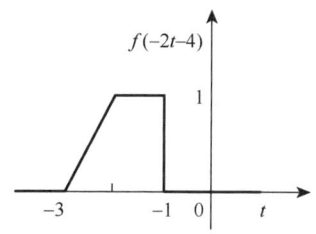
图 1.3.16　最后反转的波形

（2）先压缩、再平移、最后反转，波形如图 1.3.17～图 1.3.19 所示。

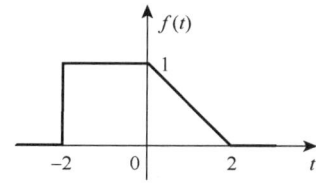
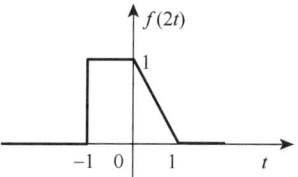
图 1.3.17　信号压缩至原来的 1/2 的波形

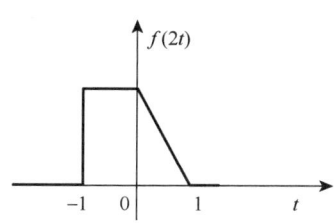
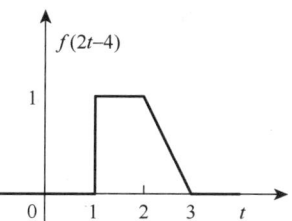
图 1.3.18　压缩后信号右移 2 个时间单位的波形

同理，还可以将信号 $f(t)$ 先反转得到 $f(-t)$，再沿时间轴压缩为原来的 1/2，得到 $f(-2t)$，最后左移 2 个单位，得到 $f(-2t-4)$。

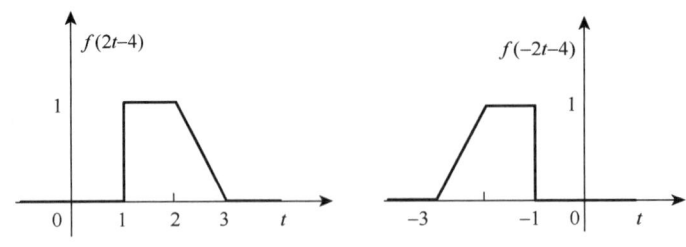

图 1.3.19 最后反转的波形

【例 1.3.5】 已知 $f(-2t-4)$ 的波形，如图 1.3.20 所示，求 $f(t)$ 的波形。

解 先反转，波形如图 1.3.21 所示。

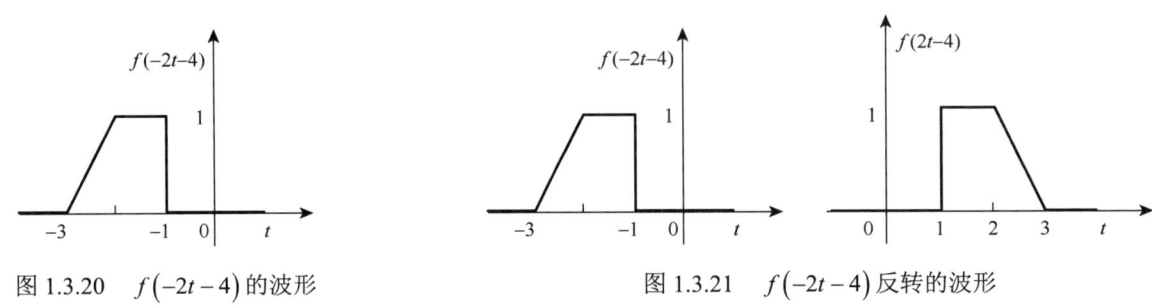

图 1.3.20 $f(-2t-4)$ 的波形 　　　　　图 1.3.21 $f(-2t-4)$ 反转的波形

再沿时间轴扩展，波形如图 1.3.22 所示。

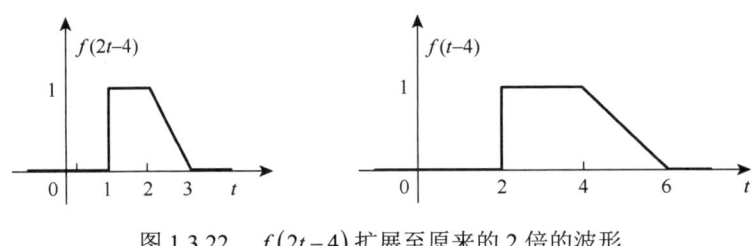

图 1.3.22 $f(2t-4)$ 扩展至原来的 2 倍的波形

最后左移 4 个单位，得到 $f(t)$ 的波形，如图 1.3.23 所示。

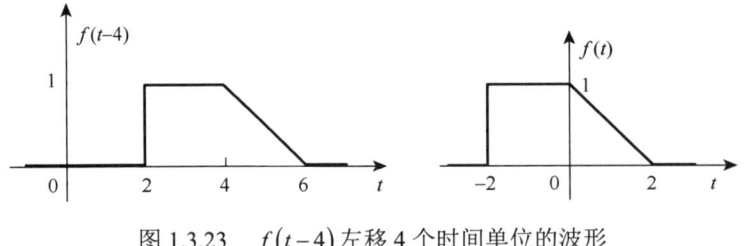

图 1.3.23 $f(t-4)$ 左移 4 个时间单位的波形

【例 1.3.6】 已知 $f(t)=\begin{cases} 0, & t\leqslant 0 \\ t, & 0<t\leqslant 1 \\ 1, & 1<t\leqslant 2 \\ 0, & t>2 \end{cases}$，如图 1.3.24 所示，求 $f(2t)$、$f(t/2)$、$f(-2t)$ 及 $f(-2t+2)$ 的波形。

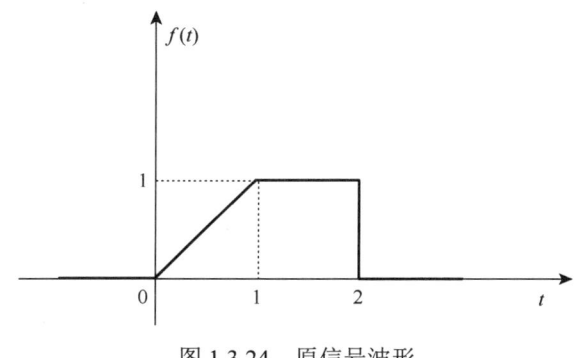

图 1.3.24 原信号波形

解 利用信号的尺度变换、反转、平移等信号运算,可得 $f(2t)$、$f(t/2)$、$f(-2t)$、$f(-2t+2)$ 的波形,如图 1.3.25 所示。

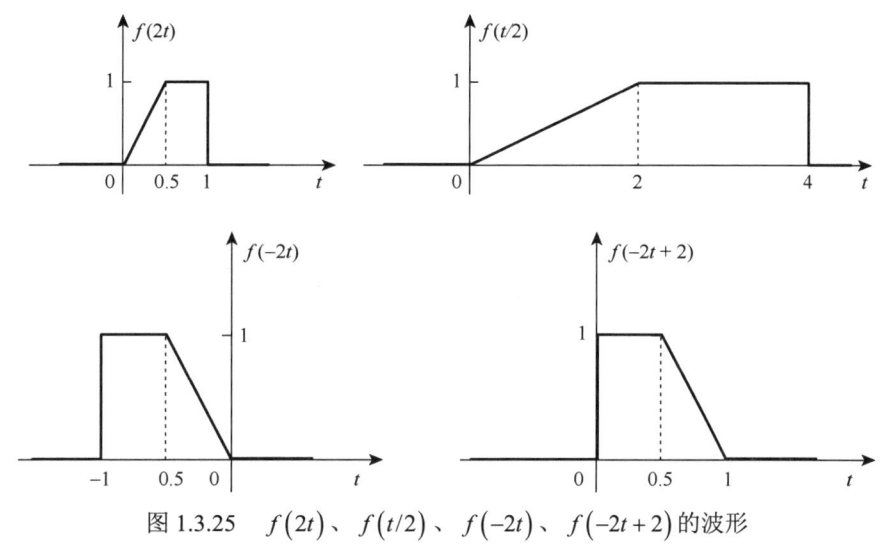

图 1.3.25 $f(2t)$、$f(t/2)$、$f(-2t)$、$f(-2t+2)$ 的波形

【例 1.3.7】 已知序列 $f[k]$ 如图 1.3.26 所示,求 $f[3k]$、$f[k/3]$ 的波形。

解 根据 $f[k]$,可得 $f[3k]$、$f[k/3]$ 的波形,如图 1.3.27 所示。

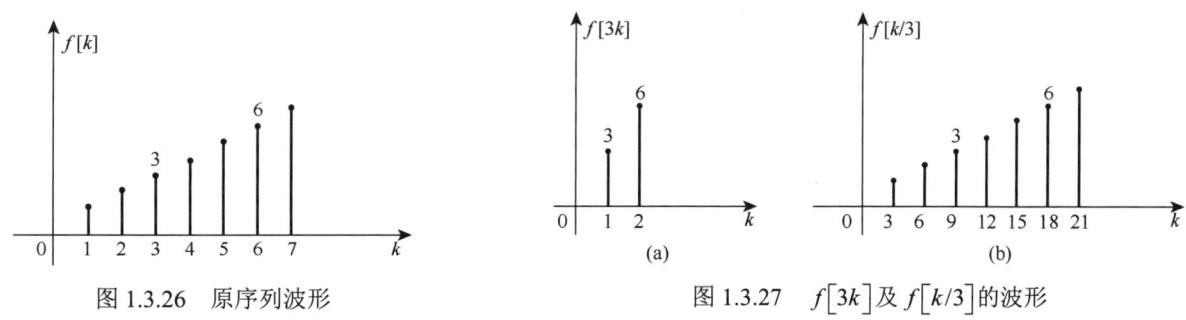

图 1.3.26 原序列波形　　　　　　图 1.3.27 $f[3k]$ 及 $f[k/3]$ 的波形

1.3.3 信号的其他基本运算

1. 连续时间信号微分和离散时间序列差分运算

将连续时间信号 $f(t)$ 的一阶微分(first derivative)运算记作 $\dfrac{\mathrm{d}f(t)}{\mathrm{d}t}$ 或 $f'(t)$,它表示信号随时间变化的变化率。

离散时间序列的变量 k 是整数，离散时间序列存在差分运算，离散时间序列 $f[k]$ 的一阶（后向）差分运算可以定义为

$$y[k] = \nabla f[k] = f[k] - f[k-1] \tag{1.3.6}$$

离散时间一阶差分（first difference）运算可以看成连续时间微分的对偶运算。

此外，还可以定义 $f(t)$ 的高阶微分和 $f[k]$ 的高阶差分运算，$f(t)$ 的 n 阶微分或 $f[k]$ 的 n 阶差分分别为

$$\begin{cases} y(t) = f^{(n)}(t) = \dfrac{\mathrm{d}^n f(t)}{\mathrm{d}t^n} \\ y[k] = \nabla^n f[k] = \nabla^{n-1} f[k] - \nabla^{n-1} f[k-1], \; k \geq 1 \end{cases} \tag{1.3.7}$$

这里若用符号 Δ 表示一阶前向差分运算，则有

$$y[k] = \Delta f[k] = f[k+1] - f[k] \tag{1.3.8}$$

2. 连续时间信号积分和离散时间序列累加运算

信号 $f(t)$ 的积分（integral）运算记作 $\int_{-\infty}^{t} f(\tau)\mathrm{d}\tau$ 或 $f^{(-1)}(t)$，它计算 τ 从 $-\infty$ 到任意时刻 t 的时间区间内，$f(t)$ 与时间轴包围区域的面积。这个积分运算通常称为滑动积分（running integral）。

在离散时间序列中，与连续时间信号的积分相对偶的运算是序列的累加（accumulation），将 $f[k]$ 的一次累加运算定义为

$$y[k] = \sum_{i=-\infty}^{k} f[i] \tag{1.3.9}$$

它等于区间 $(-\infty, k]$ 内原序列图形下的面积，与连续时间积分运算有同样的含义。

【例 1.3.8】 已知单边衰减指数序列 $f[k] = \begin{cases} a^k, & k \geq 0 \\ 0, & k < 0 \end{cases}$，$0 < a < 1$，试分别求其一阶差分和一次累加。

解 因 $f[k-1] = \begin{cases} a^{k-1}, & k-1 \geq 0 \\ 0, & k-1 < 0 \end{cases} = \begin{cases} a^{k-1}, & k \geq 1 \\ 0, & k < 1 \end{cases}$，故有

$$y_1[k] = f[k] - f[k-1] = \begin{cases} 0, & k < 0 \\ 1, & k = 0 \\ a^k - a^{k-1}, & k > 0 \end{cases}$$

$$y_2[k] = \sum_{i=-\infty}^{k} f[i] = \begin{cases} \dfrac{1-a^k}{1-a}, & k \geq 0 \\ 0, & k < 0 \end{cases}$$

3. 取模（或取绝对值）运算

将一个复信号（包括复序列）的模（或幅度）在各个时刻的值提取出来，作为在对应时刻具有相同值的新信号，这一过程称为取模运算。显然，任何信号取模或取绝对值运算后产生的信号，必定是一个非负的实信号，对连续时间或离散时间信号的取模运算可以分别表示为

$$y(t) = |f(t)| = \sqrt{f(t)f^*(t)} \text{ 和 } y[k] = |f[k]| = \sqrt{f[k]f^*[k]} \tag{1.3.10}$$

式中，上标*表示取共轭运算。信号的变量可以是时间域的连续时间变量 t 或离散时间变量 k，也可以是频率域的角频率 ω 或频率 f。对一个实信号进行上述取模运算，就可以将其简化为取绝对值运算。

【例 1.3.9】 计算下列信号的模：

（1）$f(t) = \mathrm{e}^{\mathrm{j}\omega t}$； （2）$f(t) = a\mathrm{e}^{(-a+\mathrm{j}\omega)t}$； （3）$f(t) = a\cos(\omega t + \theta)$；

(4) $H(\mathrm{j}\omega) = \dfrac{b_m \prod\limits_{j=1}^{m}(\mathrm{j}\omega - \zeta_j)}{\prod\limits_{i=1}^{n}(\mathrm{j}\omega - p_i)}$

解 (1) $f(t) = \mathrm{e}^{\mathrm{j}\omega t}$，$y(t) = |f(t)| = \sqrt{f(t)f^*(t)} = \sqrt{\mathrm{e}^{\mathrm{j}\omega t}\mathrm{e}^{-\mathrm{j}\omega t}} = \sqrt{1} = 1$。

(2) $f(t) = a\mathrm{e}^{(-a+\mathrm{j}\omega)t}$，$y(t) = |f(t)| = \sqrt{f(t)f^*(t)} = \sqrt{(a\mathrm{e}^{-at})^2 \mathrm{e}^{\mathrm{j}\omega t} \cdot \mathrm{e}^{-\mathrm{j}\omega t}} = a\mathrm{e}^{-at}$。

(3) $f(t) = a\cos(\omega t + \theta)$

$$y(t) = |f(t)| = \sqrt{f(t)f^*(t)} = \sqrt{\dfrac{a\left[\mathrm{e}^{\mathrm{j}(\omega t+\theta)} + \mathrm{e}^{-\mathrm{j}(\omega t+\theta)}\right] \cdot a\left[\mathrm{e}^{-\mathrm{j}(\omega t+\theta)} + \mathrm{e}^{\mathrm{j}(\omega t+\theta)}\right]}{2 \times 2}}$$

$$= \sqrt{\dfrac{a^2\left[1 + \mathrm{e}^{\mathrm{j}2(\omega t+\theta)} + \mathrm{e}^{-\mathrm{j}2(\omega t+\theta)} + 1\right]}{4}} = \dfrac{a}{2}\sqrt{2 + 2\cos\left[2(\omega t+\theta)\right]}$$

(4) $H(\mathrm{j}\omega) = \dfrac{b_m \prod\limits_{j=1}^{m}(\mathrm{j}\omega - \zeta_j)}{\prod\limits_{i=1}^{n}(\mathrm{j}\omega - p_i)}$

令

$$\begin{cases} \mathrm{j}\omega - p_i = A_i \mathrm{e}^{\mathrm{j}\theta_i} \\ \mathrm{j}\omega - \zeta_j = B_j \mathrm{e}^{\mathrm{j}\psi_j} \end{cases}$$

式中，$A_i = \sqrt{(p_i)^2 + \omega^2}$；$B_j = \sqrt{(\zeta_j)^2 + \omega^2}$；$\theta_i = -\arctan\dfrac{\omega}{p_i}$；$\psi_j = -\arctan\dfrac{\omega}{\zeta_j}$。其中，$A_i$、$B_j$ 分别是差信号 $(\mathrm{j}\omega - p_i)$ 和 $(\mathrm{j}\omega - \zeta_j)$ 的模；θ_i、ψ_j 是它们的幅角。

于是有

$$H(\mathrm{j}\omega) = \dfrac{b_m B_1 B_2 \cdots B_m \mathrm{e}^{\mathrm{j}(\psi_1+\psi_2+\cdots+\psi_m)}}{A_1 A_2 \cdots A_n \mathrm{e}^{\mathrm{j}(\theta_1+\theta_2+\cdots+\theta_n)}} = |H(\mathrm{j}\omega)|\mathrm{e}^{\mathrm{j}\varphi(\omega)} \quad (1.3.11)$$

$$|H(\mathrm{j}\omega)| = \sqrt{H(\mathrm{j}\omega)H^*(\mathrm{j}\omega)} = \dfrac{b_m B_1 B_2 \cdots B_m}{A_1 A_2 \cdots A_n} \quad (1.3.12)$$

$$\varphi(\omega) = (\psi_1 + \psi_2 + \cdots + \psi_m) - (\theta_1 + \theta_2 + \cdots + \theta_n) \quad (1.3.13)$$

在电路系统中常称 $|H(\mathrm{j}\omega)|$（或记作 $H(\omega)$）为幅频特性，$\varphi(\omega)$ 为相频特性。

1.3.4 信号的分解

在对信号进行分析和处理时，常将信号分解成基本信号分量之和[5]。下面介绍几种信号分解的方法。

1. 信号的交直流分解

一个连续信号 $f(t)$ 可以分解为直流分量（direct currents component，DC component）$f_\mathrm{D}(t)$ 和交流分量（alternating currents component，AC component）$f_\mathrm{A}(t)$ 之和，即

$$f(t) = f_\mathrm{D}(t) + f_\mathrm{A}(t) \quad (1.3.14)$$

式中

$$f_\mathrm{D}(t) = \lim_{T \to \infty} \dfrac{1}{2T}\int_{-T}^{T} f(t)\mathrm{d}t \quad (1.3.15)$$

信号的直流分量 $f_D(t)$ 是信号的平均值。原信号去掉直流分量，剩下的就是信号的交流分量 $f_A(t)$，如图 1.3.28 所示。

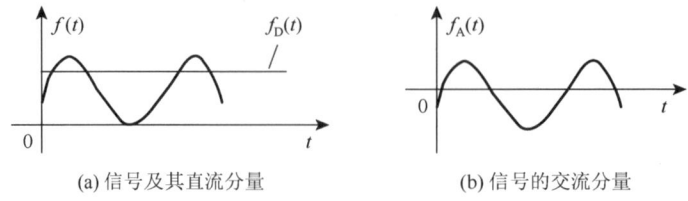

(a) 信号及其直流分量　　　　　　(b) 信号的交流分量

图 1.3.28　信号分解为直流分量和交流分量

2. 信号的奇偶分解

如果一个函数满足：

$$f(t) = f(-t) \tag{1.3.16}$$

那么称 $f(t)$ 为偶函数（even function），偶函数在直角坐标中对称于纵坐标。

如果一个函数满足：

$$f(t) = -f(-t) \tag{1.3.17}$$

那么称 $f(t)$ 为奇函数（odd function），奇函数在直角坐标中对称于原点。

任何信号 $f(t)$ 都可以分解为偶分量 $f_{ev}(t)$ 和奇分量 $f_{od}(t)$ 之和，即

$$f(t) = f_{ev}(t) + f_{od}(t) \tag{1.3.18}$$

式中，偶分量和奇分量的定义分别为

$$f_{ev}(t) = \frac{1}{2}\left[f(t) + f(-t)\right], \quad f_{od}(t) = \frac{1}{2}\left[f(t) - f(-t)\right] \tag{1.3.19}$$

偶分量 $f_{ev}(t)$ 在直角坐标中对称于纵坐标，奇分量 $f_{od}(t)$ 在直角坐标中对称于原点。

一般偶信号和奇信号具有下列性质：

（1）偶信号的微分、积分后的信号是奇信号；奇信号的微分、积分后的信号是偶信号。

（2）偶信号与偶信号相加、减后的信号是偶信号；奇信号与奇信号相加、减后的信号是奇信号。

（3）偶信号与偶信号相乘、除后的信号是偶信号；奇信号与奇信号相乘、除后的信号是偶信号；偶信号与奇信号相乘、除后的信号是奇信号。

【**例 1.3.10**】　将下列信号分解为偶分量和奇分量。

（1）$f(t) = 0.5\sin t + \cos t$。

（2）一个周期信号，在一个周期内 $f(t) = \begin{cases} 0, & t \leqslant 0 \\ t, & 0 < t \leqslant 1 \\ 1, & 1 < t \leqslant 2 \\ 0, & t > 2 \end{cases}$，周期 $T = 4$。

解　（1）因 $f(t) = 0.5\sin t + \cos t$，$f(-t) = -0.5\sin t + \cos t$，故

$$f_{ev}(t) = \frac{1}{2}\left[f(t) + f(-t)\right] = \cos t, \quad f_{od}(t) = \frac{1}{2}\left[f(t) - f(-t)\right] = 0.5\sin t$$

（2）$f(t)$ 如图 1.3.29 所示，$f(-t)$ 如图 1.3.30 所示。

将 $f(t)$ 和 $f(-t)$ 代入式（1.3.19），原信号的奇分量和偶分量分别如图 1.3.31 和图 1.3.32 所示。

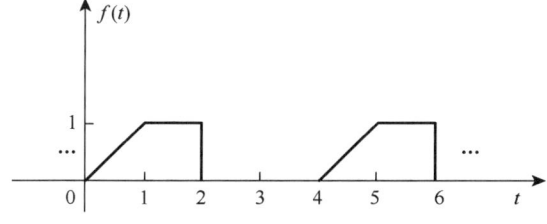

图 1.3.29 原周期信号波形

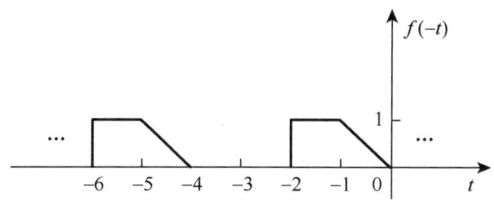

图 1.3.30 原周期信号反转后波形

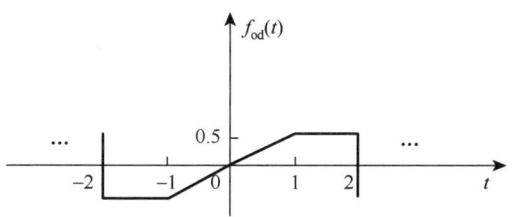

图 1.3.31 原周期信号分解为奇分量

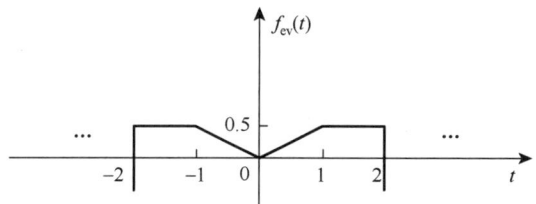

图 1.3.32 原周期信号分解为偶分量

可见，周期信号偶分量 $f_{ev}(t)$ 在直角坐标中对称于纵坐标，周期信号奇分量 $f_{od}(t)$ 在直角坐标中对称于原点。

3. 信号分解为实部和虚部

任何的复值函数 $f(t)$ 都可以分解为实部分量（real component）$f_r(t)$ 和虚部分量（imaginary component）$f_i(t)$ 之和，即

$$f(t) = f_r(t) + jf_i(t) \tag{1.3.20}$$

实部分量和虚部分量分别为

$$f_r(t) = \frac{1}{2}\left[f(t) + f^*(t)\right], \quad f_i(t) = \frac{1}{2j}\left[f(t) - f^*(t)\right] \tag{1.3.21}$$

式中，$f^*(t)$ 是复值函数 $f(t)$ 的共轭函数，即

$$f^*(t) = f_r(t) - jf_i(t) \tag{1.3.22}$$

【例 1.3.11】 将下列信号分解为实部分量 $f_r(t)$ 和虚部分量 $f_i(t)$。

（1）$f(t) = e^{-(a+j\omega)t}$；　　（2）$f(t) = 0.5\sin t + \cos t$

解 （1）因 $f(t) = e^{-(a+j\omega)t}$，而 $f^*(t) = e^{-(a-j\omega)t}$，根据欧拉公式 $\cos(\omega t) = \dfrac{e^{j\omega t} + e^{-j\omega t}}{2}$，$\sin(\omega t) = \dfrac{e^{j\omega t} - e^{-j\omega t}}{2j}$，故实部和虚部分量分别为

$$f_r(t) = \frac{1}{2}\left[f(t) + f^*(t)\right] = e^{-at}\cos(\omega t)$$

$$f_i(t) = \frac{1}{2j}\left[f(t) - f^*(t)\right] = e^{-at}\sin(-\omega t)$$

（2）余弦信号与正弦信号均可以用欧拉公式展开为复指数信号：

$$\cos(\omega t) = \frac{e^{j\omega t} + e^{-j\omega t}}{2}, \quad \sin(\omega t) = \frac{e^{j\omega t} - e^{-j\omega t}}{2j}$$

因
$$f(t) = 0.5\sin t + \cos t = 0.5\frac{e^{jt} - e^{-jt}}{2j} + \frac{e^{jt} + e^{-jt}}{2}$$

$$f^*(t) = 0.5\frac{e^{jt} - e^{-jt}}{2j} + \frac{e^{-jt} + e^{jt}}{2}$$

故实部和虚部分量分别为

$$f_r(t) = \frac{1}{2}\left[f(t) + f^*(t)\right] = 0.5\sin t + \cos t$$

$$f_i(t) = \frac{1}{2j}\left[f(t) - f^*(t)\right] = 0$$

1.4 几种常见的信号

1.4.1 几种典型确定性信号

1. 实指数信号：$f(t) = Ae^{\alpha t}$，A、α 为实数

（1）$\alpha = 0$，$f(t)$ 为直流信号，其值为一个常数。

（2）$\alpha < 0$，$f(t)$ 为衰减指数信号，幅值随着时间 t 的增加按指数衰减，可以用来描述放射线衰变、RC 电路的暂态响应（过程）、阻尼机械系统（振荡）等。

（3）$\alpha > 0$，$f(t)$ 为增长指数信号，幅值随着时间 t 的增加按指数增长，可以用来描述细菌无限繁殖、原子弹爆炸和复杂化学反应中的连锁反应。

指数信号波形如图 1.4.1 所示，单边指数信号波形如图 1.4.2 所示。

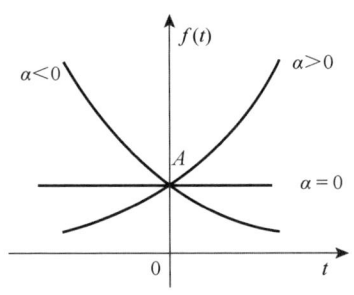
图 1.4.1 指数信号波形

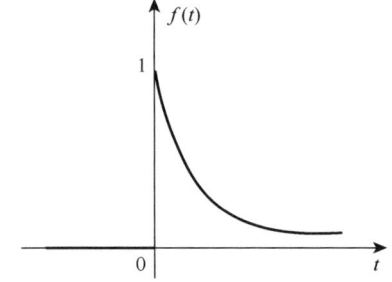
图 1.4.2 单边指数信号波形

特例：单边指数信号 $f(t) = \begin{cases} 0, & t < 0 \\ e^{-\frac{t}{\tau}}, & t \geq 0 \end{cases}$

通常把 τ 称为指数信号的时间常数，它代表信号的衰减速度，具有时间的量纲。

注意：指数信号对时间的微分和积分仍然是指数形式。

2. 正弦型信号

1）连续时间正弦型信号

一个连续时间正弦型信号（continuous-time sinusoidal signal）可以描述为

$$f(t) = A\sin(\omega t + \theta) = A\cos\left(\omega t + \theta - \frac{\pi}{2}\right) \tag{1.4.1}$$

式中，A 为振幅；ω 为角频率（rad/s）；θ 为初始角（rad）。连续时间正弦型信号是周期信号，周期为

T ($T = 2\pi/\omega$),频率 $f = 1/T$。由于余弦信号与正弦信号只是在相位上相差 $\pi/2$,所以本书中将它们统称为正弦型信号(sinusoidal signal)。

连续时间正弦型信号波形如图 1.4.3 所示。

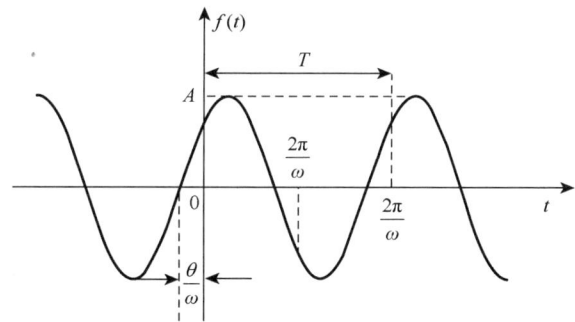

图 1.4.3 连续时间正弦型信号波形

定义连续时间衰减正弦信号为

$$f(t) = \begin{cases} Ae^{-\alpha t}\sin(\omega t), & t \geq 0 \\ 0, & t < 0 \end{cases}, \quad \alpha > 0 \tag{1.4.2}$$

余弦信号与正弦信号均可用欧拉公式展开为复指数信号,以连续时间信号为例,有

$$\cos(\omega t) = \frac{e^{j\omega t} + e^{-j\omega t}}{2} \tag{1.4.3}$$

$$\sin(\omega t) = \frac{e^{j\omega t} - e^{-j\omega t}}{2j} \tag{1.4.4}$$

$$e^{j\omega t} = \cos(\omega t) + j\sin(\omega t) \tag{1.4.5}$$

连续时间正弦型信号具有非常实用的性质:

(1)两个频率相同的正弦信号相加,即使其振幅与相位各不相同,但相加后结果仍然是原频率的正弦信号。

(2)若一个正弦信号的频率是另一个正弦信号频率的整数倍,则合成信号是一个非正弦周期信号,其周期等于基波的周期。

(3)正弦信号对时间的微分或积分仍然是同频率的正弦信号。

2)正弦型序列

通常正弦型序列(discrete-time sinusoidal sequence)是从连续时间正弦信号或余弦信号经取样后得来的,正弦型序列的表达式为

$$f[k] = A\sin(\Omega_0 k + \varphi) \tag{1.4.6}$$

这里幅值 A、初相 φ 的含义与连续时间正弦信号相同。

对于周期序列其定义为 $f[k+N] = f[k]$,其中,N 为序列的周期,为任意整数。

离散时间正弦序列是否为周期信号主要取决于 $2\pi/\Omega_0$。若比值 $2\pi/\Omega_0$ 是正整数,则正弦序列为周期序列,即

$$A\sin[\Omega_0(k+N) + \varphi] = A\sin\left[\Omega_0\left(k + \frac{2\pi}{\Omega_0}\right) + \varphi\right] = A\sin(\Omega_0 k + 2\pi + \varphi) = A\sin(\Omega_0 k + \varphi) \tag{1.4.7}$$

3. 复指数型信号

1)连续时间复指数信号

连续时间复指数信号(continuous-time complex exponential signal)可以表示为

$$f(t) = Ae^{st} = Ae^{\sigma t}\cos(\omega t) + jAe^{\sigma t}\sin(\omega t), \quad -\infty < t < \infty \tag{1.4.8}$$

式中，A、σ、ω 均为实常数，$s = \sigma + j\omega$ 为复数，称为复频率。

当 $j\omega \neq 0$ 时，若 $\sigma < 0$，则 $f(t)$ 为随着时间 t 的增加按指数衰减的振荡信号；若 $\sigma > 0$，则 $f(t)$ 为随着时间 t 的增加按指数增长的振荡信号；若 $\sigma = 0$，则 $f(t)$ 为等幅振荡信号。

图 1.4.4 为复指数 $jw \neq 0$ 时的信号波形。

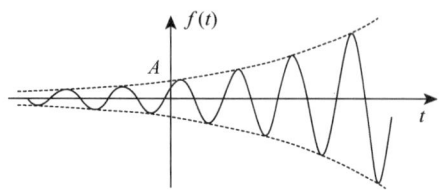
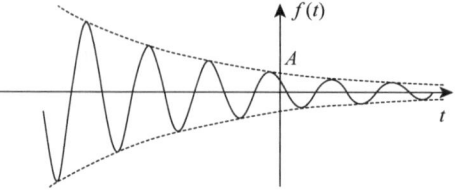

(a) $\sigma > 0$，按指数增长的振荡信号（不稳过程）   (b) $\sigma < 0$，按指数衰减的振荡信号（不稳过程）

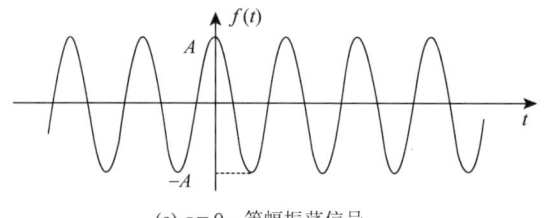

(c) $\sigma = 0$，等幅振荡信号

图 1.4.4 复指数 $j\omega \neq 0$ 时的信号波形

当 $j\omega = 0$ 时，$f(t) = Ae^{\sigma t}$。

2）离散时间指数序列

对复指数信号 $f(t) = Ae^{st} = Ae^{(\sigma + j\omega)t}$ 的时间变量 t 进行离散抽样，即令 $t = kT$，得 $f(kT) = Ae^{\sigma kT}e^{j\omega kT}$，令 $A = |A|e^{j\theta}$，$a = e^{\sigma T}e^{j\omega T} = |a|e^{j\Omega}$，得到离散时间指数序列：

$$\begin{aligned}f[k] &= |A||a|^k e^{j\theta} e^{j\Omega k} = |A||a|^k e^{j(\Omega k + \theta)} \\ &= |A||a|^k \cos(\Omega k + \theta) + j|A||a|^k \sin(\Omega k + \theta)\end{aligned} \tag{1.4.9}$$

根据式中 A、a 的取值，可以有三种序列。

（1）实指数序列。A、a 均为实数，即 $A = |A|$，$a = |a|$，可得实指数序列为

$$f[k] = |A||a|^k = Aa^k \tag{1.4.10}$$

如果 $a > 1$，那么它呈现为单调增长的指数序列，如图 1.4.5（a）所示；当 $0 < a < 1$ 时，它是单调衰减的指数序列，如图 1.4.5（b）所示；当 $a < -1$ 时它呈现出随 k 正负交替指数增长的趋势，如图 1.4.5（c）所示；当 $-1 < a < 0$ 时，它呈现出随 k 正负交替指数衰减的趋势，如图 1.4.5（d）所示；当 $a = 1$ 时，它是常数序列，如图 1.4.5（e）所示；当 $a = -1$ 时，$f[k] = A(-1)^k$ 交替出现 A、$-A$，如图 1.4.5（f）所示。

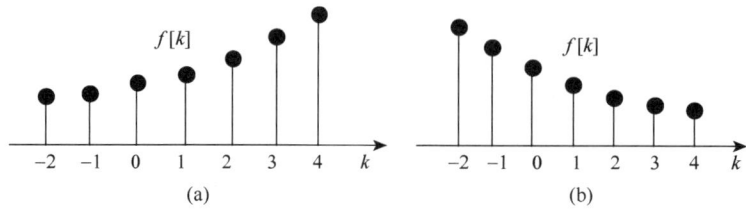

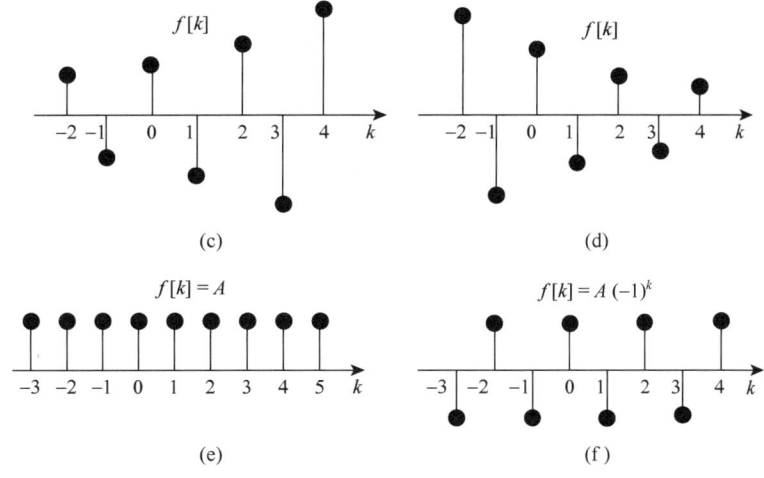

图 1.4.5 实指数序列

(2) 虚指数序列。当 $A=|a|=1$ 时，得到虚指数序列：

$$f[k] = e^{j\Omega k} = \cos(\Omega k) + j\sin(\Omega k)$$

式中，k 取整数，无量纲；Ω 为数字频率（角频率），单位为 rad，反映 $f[k]$ 的重复速率。有

$$\text{Re}\{f[k]\} = \cos(\Omega k), \quad \text{Im}\{f[k]\} = \sin(\Omega k) \tag{1.4.11}$$

且满足欧拉公式：

$$\cos(\Omega k) = \frac{e^{j\Omega k} + e^{-j\Omega k}}{2}, \quad \sin(\Omega k) = \frac{e^{j\Omega k} - e^{-j\Omega k}}{2j} \tag{1.4.12}$$

(3) 复指数序列（也称为复数序列）。当 $|a|=1$ 时，得到复指数序列：

$$f[k] = |A|e^{j\theta}e^{j\Omega k} = |A|e^{j(\Omega k + \theta)} = |A|\cos(\Omega k + \theta) + j|A|\sin(\Omega k + \theta) \tag{1.4.13}$$

式中

$$\text{Re}\{f[k]\} = |A|\cos(\Omega k + \theta), \quad \text{Im}\{f[k]\} = |A|\sin(\Omega k + \theta) \tag{1.4.14}$$

即实部、虚部皆为正（余）弦序列。

$|a|=1$ 时的复指数序列如图 1.4.6 所示。

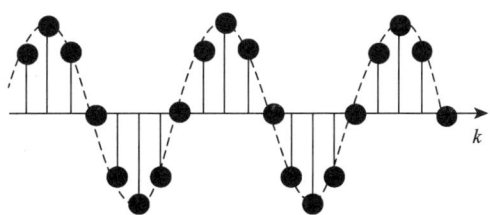

图 1.4.6 $|a|=1$ 时的复指数序列

当 $|a|<1$ 时，

$$\text{Re}\{f[k]\} = |A|a^k\cos(\Omega k + \theta), \quad \text{Im}\{f[k]\} = |A|a^k\sin(\Omega k + \theta) \tag{1.4.15}$$

即实部、虚部皆为正（余）弦指数衰减序列。

$|a|<1$ 时的复指数序列如图 1.4.7 所示。

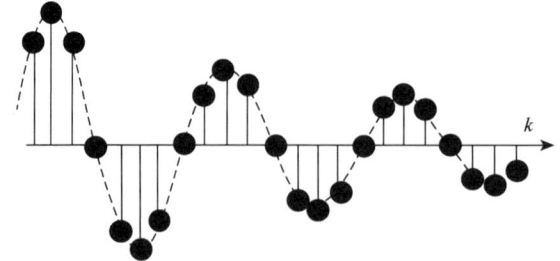

图 1.4.7　$|a|<1$ 时的复指数序列

$|a|>1$ 时的复指数序列如图 1.4.8 所示。

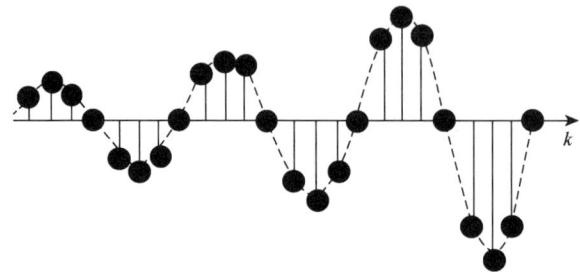

图 1.4.8　$|a|>1$ 时的复指数序列

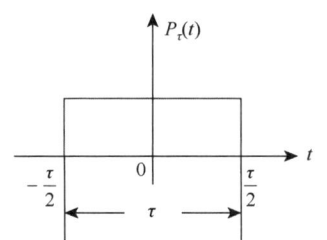

图 1.4.9　矩形脉冲信号

4. 矩形脉冲信号

矩形脉冲信号的表达式为

$$P_\tau(t) = \begin{cases} 1, & |t| < \dfrac{\tau}{2} \\ 0, & |t| > \dfrac{\tau}{2} \end{cases} \qquad (1.4.16)$$

也可以记作 $G_\tau(t)$，其波形如图 1.4.9 所示。

5. 三角脉冲信号

三角脉冲信号的表达式为

$$q_\tau(t) = \begin{cases} 1 - \dfrac{2|t|}{\tau}, & |t| \leqslant \dfrac{\tau}{2} \\ 0, & |t| > \dfrac{\tau}{2} \end{cases} \qquad (1.4.17)$$

其波形如图 1.4.10 所示。

当 $\tau = 2$ 时，定义 $\Lambda(t) = q_2(t) = \begin{cases} 1 - |t|, & |t| \leqslant 1 \\ 0, & |t| > 1 \end{cases}$。

6. 单位斜坡信号

单位斜坡信号的表达式为

$$r(t) = \begin{cases} 0, & t < 0 \\ t, & t \geqslant 0 \end{cases} \qquad (1.4.18)$$

其波形如图 1.4.11 所示。

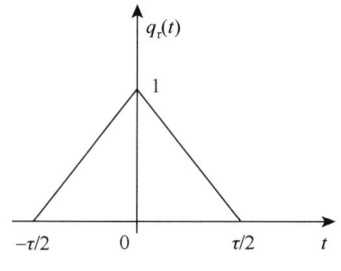

图 1.4.10　三角脉冲信号

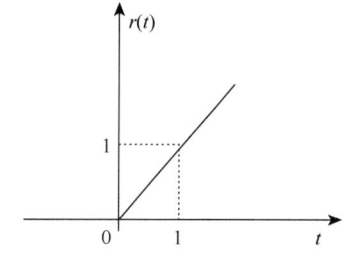

图 1.4.11　单位斜坡信号

7. 抽样信号

抽样信号（sampling signal）$\mathrm{Sa}(t)$ 的表达式为

$$\mathrm{Sa}(t) = \frac{\sin t}{t} \tag{1.4.19}$$

其波形如图 1.4.12 所示。

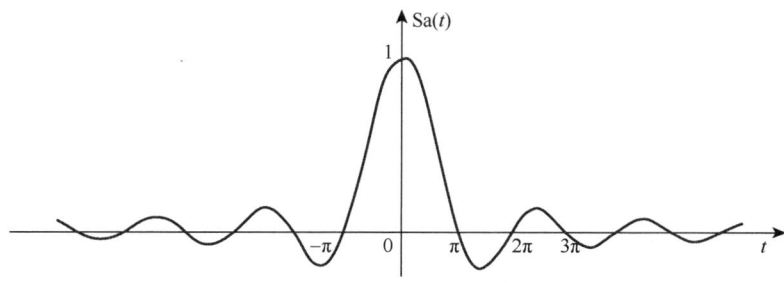

图 1.4.12　抽样信号

抽样信号 $\mathrm{Sa}(t)$ 的基本性质有

（1）$\mathrm{Sa}(-t) = \mathrm{Sa}(t)$，偶函数。

（2）$t = 0$，$\mathrm{Sa}(t) = 1$，即 $\lim\limits_{t \to 0} \mathrm{Sa}(t) = 1$。

（3）$\mathrm{Sa}(t) = 0$，$t = \pm n\pi$，$n = 1, 2, 3, \cdots$。

（4）$\int_0^\infty \frac{\sin t}{t} \mathrm{d}t = \frac{\pi}{2}$，$\int_{-\infty}^\infty \frac{\sin t}{t} \mathrm{d}t = \pi$。

（5）$\lim\limits_{t \to \pm\infty} \mathrm{Sa}(t) = 0$。

（6）$\mathrm{sinc}(t) = \mathrm{Sa}(\pi t) = \sin(\pi t)/(\pi t)$。

8. 钟形脉冲函数（高斯函数）

钟形脉冲函数（高斯函数）在随机信号分析中占有重要地位，其表达式为

$$f(t) = E\mathrm{e}^{-\left(\frac{t}{\tau}\right)^2} \tag{1.4.20}$$

其波形如图 1.4.13 所示。

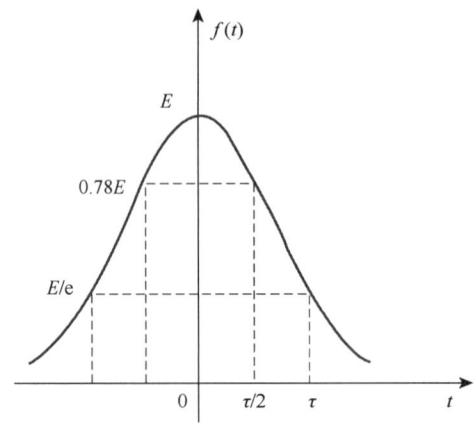

图 1.4.13 钟形脉冲信号

1.4.2 单位阶跃函数和单位冲激函数

阶跃函数（信号）和冲激函数（信号）不同于普通函数，其本身包含不连续点，或其导数与积分存在不连续点，不能以普通函数的概念来定义，主要依靠分布函数或广义函数的概念来研究，这类函数称为奇异函数。这里将直观地引出阶跃函数和冲激函数。

1. 单位阶跃函数

连续时间单位阶跃函数（unit step function）$u(t)$ 可以定义为

$$u(t)=\begin{cases}1, & t>0 \\ 0, & t<0\end{cases} \tag{1.4.21}$$

其波形如图 1.4.14 所示。

连续时间单位阶跃函数 $u(t)$ 在 $t=0$ 处发生跃变，具有间断点，该间断点上的函数值没有定义；若阶跃幅度为 A，则阶跃信号可以记为 $Au(t)$；若单位阶跃函数跃变点在 $t=t_0$ 处，则称为延迟单位阶跃函数，可以表示为 $u(t-t_0)=\begin{cases}1, & t>t_0 \\ 0, & t<t_0\end{cases}$。

对于物理可实现的单边信号（因果信号），因为其满足条件：当 $t<0$ 时，$f(t)=0$，故任何一个因果信号都可以表示为 $f(t)u(t)$；而反因果信号满足条件：当 $t\geqslant 0$ 时，$f(t)=0$，故任何一个反因果信号都可以表示为 $f(t)u(-t)$。

阶跃函数性质总结如下：

（1）可以方便地表示某些信号。

【**例 1.4.1**】 信号 $f(t)$ 的波形图如图 1.4.15 所示，用阶跃函数表示 $f(t)$。

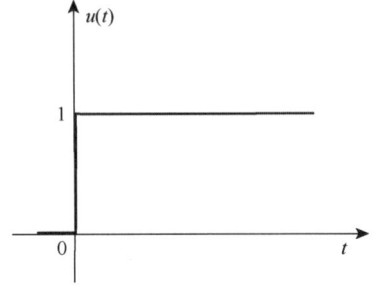

图 1.4.14 连续时间单位阶跃函数

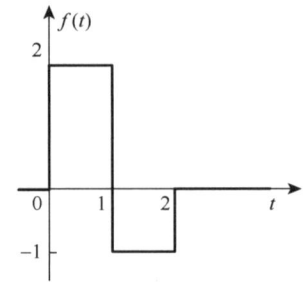

图 1.4.15 信号 $f(t)$ 的波形图

解 $f(t) = 2u(t) - 3u(t-1) + u(t-2)$。

【例 1.4.2】 定义符号函数 $\text{sgn}(t)$ 为

$$\text{sgn}(t) = \begin{cases} 1, & t > 0 \\ 0, & t = 0 \\ -1, & t < 0 \end{cases}$$

试用阶跃函数表示 $\text{sgn}(t)$。

解 $\text{sgn}(t) = u(t) - u(-t)$，或可以写成 $\text{sgn}(t) = \dfrac{|t|}{t}$。

（2）可以用于表示信号的作用区间（接入特性）。

【例 1.4.3】 信号 $f(t)$ 的波形如图 1.4.16（a）所示，用阶跃函数表示图 1.4.16（b）、(c) 中的信号。

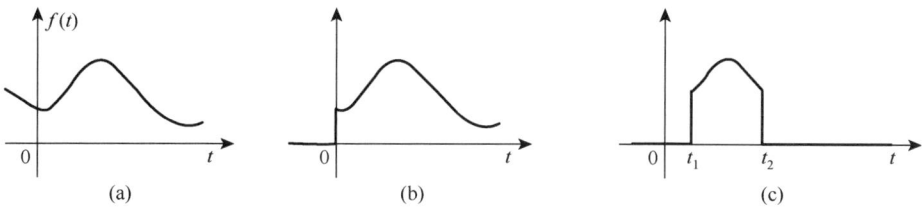

图 1.4.16 例 1.4.3 的波形图

解 图 1.4.16（b）中的信号可以表示为 $f(t)u(t)$。图 1.4.16（c）中的信号可以表示为 $f(t)\left[u(t-t_1) - u(t-t_2)\right]$。

（3）具有积分性质，具体如下。

$$\int_{-\infty}^{t} u(\tau)\,\mathrm{d}\tau = tu(t) \tag{1.4.22}$$

2. 单位冲激函数

连续时间单位冲激函数（unit impulse function）$\delta(t)$ 是 1930 年英国物理学家狄拉克（Dirac）首先提出的，故又称为狄拉克函数或 δ 奇异函数（singularity function），其工程定义是

$$\delta(t) = \begin{cases} 0, & t \neq 0 \\ \infty, & t = 0 \end{cases}, \qquad \int_{-\infty}^{\infty} \delta(t)\,\mathrm{d}t = 1 \tag{1.4.23}$$

$\delta(t)$ 通常用一个带有箭头的单位长度线表示，如图 1.4.17 所示。

延迟 t_0 时刻出现的冲激函数可以记为 $\delta(t-t_0)$，其波形如图 1.4.18 所示，它的定义为

$$\begin{cases} \delta(t-t_0) = \begin{cases} 0, & t \neq t_0 \\ \infty, & t = t_0 \end{cases} \\ \int_{-\infty}^{\infty} \delta(t-t_0)\,\mathrm{d}t = 1 \end{cases} \tag{1.4.24}$$

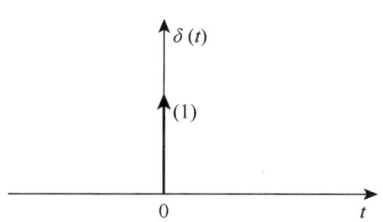

图 1.4.17 连续时间单位冲激函数

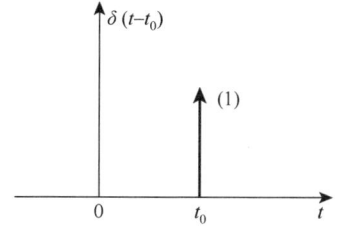

图 1.4.18 延迟 t_0 的冲激函数波形图

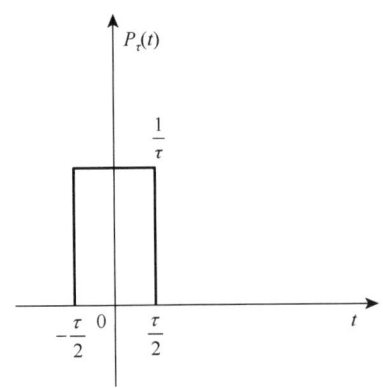

图 1.4.19 连续时间矩形脉冲

直观地看,这一函数可以设想为一列窄脉冲的极限。图 1.4.19 是一个宽度为 τ、高度为 $1/\tau$ 的矩形脉冲 $p_\tau(t)$,其面积为 1,若此脉冲的宽度缩小至极限情况,即当 $\tau \to 0$ 时,有 $1/\tau \to \infty$,这时脉冲的高度无限增大,但脉冲面积始终保持为 1。

故单位冲激函数也可以表达为

$$\delta(t) = \lim_{\tau \to 0} p_\tau(t) \tag{1.4.25}$$

从类似的思考角度,我们还可以把单位冲激函数表示为 $\lim_{\tau \to 0} \dfrac{1}{\tau} e^{-\pi \left(\dfrac{t}{\tau}\right)^2}$ $= \delta(t)$ 或 $\lim_{k \to \infty} \dfrac{k}{\pi} \text{Sa}(kt) = \delta(t)$,其中 $\text{Sa}(kt) = \dfrac{\sin(kt)}{kt}$ 就是前面提到的抽样函数。

单位冲激函数 $\delta(t)$ 及其导数 $\delta'(t)$ 具有下列一些重要性质。

(1)冲激函数 $\delta(t)$ 与普通函数 $f(t)$ 的乘积——抽取(取样、筛选)性质。

若 $f(t)$ 在 $t=0$、$t=a$ 处存在,则有 ① $f(t)\delta(t) = f(0)\delta(t)$; ② $f(t)\delta(t-a) = f(a)\delta(t-a)$; ③ $\int_{-\infty}^{\infty} f(t)\delta(t)\mathrm{d}t = f(0)$; ④ $\int_{-\infty}^{\infty} f(t)\delta(t-a)\mathrm{d}t = f(a)$。

【例 1.4.4】 计算以下各式的值。

① $\int_{-\infty}^{\infty} \delta\left(t-\dfrac{1}{4}\right) \sin(\pi t) \mathrm{d}t$ ② $\int_{-3}^{0} \sin\left(t-\dfrac{\pi}{4}\right) \delta(t-1) \mathrm{d}t$ ③ $\int_{-1}^{1} 2\tau \delta(\tau-t) \mathrm{d}\tau$

④ $\int_{-1}^{3} \mathrm{e}^{-2t} \sum_{k=-\infty}^{+\infty} \delta(t-2k) \mathrm{d}t$ ⑤ $\int_{1}^{3} \mathrm{e}^{-2t} \sum_{k=-\infty}^{+\infty} \delta(t-2k) \mathrm{d}t$ ⑥ $\int_{-1}^{t} (\tau-1)^2 \delta(\tau) \mathrm{d}\tau$

解 ① $\int_{-\infty}^{\infty} \delta\left(t-\dfrac{1}{4}\right) \sin(\pi t) \mathrm{d}t = \sin(\pi t)\bigg|_{t=\dfrac{1}{4}} = \sin\dfrac{\pi}{4} = \dfrac{\sqrt{2}}{2}$

②因为 $-3 \leqslant t \leqslant 0$,即 $t-1 \neq 0$,$\delta(t-1) = 0$,故有 $\int_{-3}^{0} \sin\left(t-\dfrac{\pi}{4}\right) \delta(t-1) \mathrm{d}t = 0$

③ $\int_{-1}^{1} 2\tau \delta(\tau-t) \mathrm{d}\tau = \begin{cases} 2t, & -1 \leqslant t \leqslant 1 \\ 0, & \text{其他} \end{cases}$

④因为 $-1 \leqslant t \leqslant 3$,$\delta(t-2k) \neq 0$ 时 $k=0$ 或 1,故有

$$\int_{-1}^{3} \mathrm{e}^{-2t} \sum_{k=-\infty}^{+\infty} \delta(t-2k) \mathrm{d}t = \int_{-1}^{3} \left[\delta(t) + \mathrm{e}^{-4} \delta(t-2)\right] \mathrm{d}t = 1 + \mathrm{e}^{-4}$$

⑤因为 $1 \leqslant t \leqslant 3$,$\delta(t-2k) \neq 0$ 时 $k=1$,故有

$$\int_{1}^{3} \mathrm{e}^{-2t} \sum_{k=-\infty}^{+\infty} \delta(t-2k) \mathrm{d}t = \int_{1}^{3} \mathrm{e}^{-2t} \delta(t-2) \mathrm{d}t = \mathrm{e}^{-4}$$

⑥ $\int_{-1}^{t} (\tau-1)^2 \delta(\tau) \mathrm{d}\tau = \begin{cases} 1, & t \geqslant 0 \\ 0, & \text{其他} \end{cases}$

(2)冲激函数的导数 $\delta'(t)$(也称为冲激偶)与普通函数 $f(t)$ 的乘积的性质如下所示。

① $f(t)\delta'(t) = f(0)\delta'(t) - f'(0)\delta(t)$; ② $\int_{-\infty}^{\infty} \delta'(t) f(t) \mathrm{d}t = -f'(0)$; ③ $\int_{-\infty}^{\infty} \delta^{(n)}(t) f(t) \mathrm{d}t = (-1)^n f^{(n)}(0)$。

证明 $\because \dfrac{\mathrm{d}}{\mathrm{d}t}\left[f(t)\delta(t)\right] = f'(t)\delta(t) + f(t)\delta'(t)$

$$\therefore f(t)\delta'(t) = \frac{\mathrm{d}}{\mathrm{d}t}[f(t)\delta(t)] - f'(t)\delta(t) = \frac{\mathrm{d}}{\mathrm{d}t}[f(0)\delta(t)] - f'(0)\delta(t) = f(0)\delta'(t) - f'(0)\delta(t)$$

$$\because \int_{-\infty}^{\infty} f(t)\delta(t-a)\mathrm{d}t = f(a)$$

将上式两边对 a 微分 n 次，得 $(-1)^n \int_{-\infty}^{\infty} f(t)\delta^{(n)}(t-a)\mathrm{d}t = f^{(n)}(a)$，故得

$$\int_{-\infty}^{\infty} f(t)\delta^{(n)}(t-a)\mathrm{d}t = (-1)^n f^{(n)}(a)$$

当 $a=0$，有 $\int_{-\infty}^{\infty} \delta^{(n)}(t)f(t)\mathrm{d}t = (-1)^n f^{(n)}(0)$，再令 $n=1$，可得到 $\int_{-\infty}^{\infty} \delta'(t)f(t)\mathrm{d}t = -f'(0)$。

例如，$\int_{-\infty}^{\infty}(t-2)^2 \delta'(t)\mathrm{d}t = -\frac{\mathrm{d}}{\mathrm{d}t}\left[(t-2)^2\right]\bigg|_{t=0} = -2(t-2)\big|_{t=0} = 4$。

（3）$\delta(t)$ 的尺度变换。

① $\delta^{(n)}(at) = \frac{1}{|a|} \cdot \frac{1}{a^n} \delta^{(n)}(t)$。

证明 根据 $\delta(t)$ 的定义，可知当其函数下脉冲面积不变时，脉冲宽度扩大为原来的 a 倍，脉冲高度就会压缩为原来的 $\frac{1}{|a|}$，即有 $\delta(at) = \frac{1}{|a|}\delta(t)$，则 $\delta'(at) = \frac{\mathrm{d}}{\mathrm{d}t}\delta(at) = \frac{1}{a} \cdot \frac{1}{|a|}\delta'(t)$，$\delta''(at) = \frac{\mathrm{d}}{\mathrm{d}t}\delta'(at) = \frac{1}{a^2} \cdot \frac{1}{|a|}\delta''(t)$，$\cdots$，$\delta^{(n)}(at) = \frac{1}{|a|} \cdot \frac{1}{a^n}\delta^{(n)}(t)$。

当 $a=-1$ 时，$\delta^{(n)}(-t) = (-1)^n \delta^{(n)}(t)$，此时取 $n=1$，有 $\delta'(-t) = -\delta'(t)$，可得 $\delta'(t)$ 为奇函数；当 $n=0$ 时，$\delta(at) = \frac{1}{|a|}\delta(t)$，此时取 $a=-1$，有 $\delta(-t) = \delta(t)$，即 $\delta(t)$ 为偶函数。

② $\delta(at-t_0) = \frac{1}{|a|}\delta\left(t - \frac{t_0}{a}\right)$。例如，$\int_{-\infty}^{\infty} f(t)\delta(at-t_0)\mathrm{d}t = \frac{1}{|a|}f\left(\frac{t_0}{a}\right)$，则有 $\int_{-\infty}^{\infty} \sin t \delta(4t-\pi)\mathrm{d}t = \frac{1}{4}\sin\frac{\pi}{4} = \frac{\sqrt{2}}{8}$。

【例 1.4.5】 计算以下各式的值。

① $\int_{-\infty}^{+\infty} \mathrm{e}^{-2t}[\delta(t) + \delta'(t)]\mathrm{d}t$； ② $\int_{-\infty}^{t}(\mathrm{e}^{-\tau} + \tau)\delta\left(\frac{\tau}{3}\right)\mathrm{d}\tau$； ③ $\int_{8-t}^{11} \delta\left(2-\frac{\tau}{3}\right)\mathrm{d}\tau$

解 ① $\int_{-\infty}^{+\infty} \mathrm{e}^{-2t}[\delta(t) + \delta'(t)]\mathrm{d}t = \int_{-\infty}^{+\infty} \mathrm{e}^{-2t}\delta(t)\mathrm{d}t + \int_{-\infty}^{+\infty} \mathrm{e}^{-2t}\delta'(t)\mathrm{d}t$

$$= (\mathrm{e}^{-2t})\big|_{t=0} - \frac{\mathrm{d}}{\mathrm{d}t}(\mathrm{e}^{-2t})\big|_{t=0} = \mathrm{e}^0 + 2\mathrm{e}^0 = 3$$

② $\int_{-\infty}^{t}(\mathrm{e}^{-\tau} + \tau)\delta\left(\frac{\tau}{3}\right)\mathrm{d}\tau = \int_{-\infty}^{t}(\mathrm{e}^{-\tau} + \tau) \cdot 3\delta(\tau)\mathrm{d}\tau = \int_{-\infty}^{t} 3\mathrm{e}^{-\tau}\delta(\tau)\mathrm{d}\tau + \int_{-\infty}^{t} 3\tau\delta(\tau)\mathrm{d}\tau$

$$= \int_{-\infty}^{t} 3\mathrm{e}^{-\tau}\delta(\tau)\mathrm{d}\tau + 0 = \begin{cases} 3, & t \geq 0 \\ 0, & \text{其他} \end{cases}$$

③ $\int_{8-t}^{11} \delta\left(2-\frac{\tau}{3}\right)\mathrm{d}\tau = 3\int_{8-t}^{11} \delta(\tau-6)\mathrm{d}\tau = \begin{cases} 3, & t > 2 \\ 0, & \text{其他} \end{cases}$

【例 1.4.6】 已知 $f(5-2t) = 2\delta(t-3)$，求 $\int_{0}^{\infty} f(t)\mathrm{d}t$。

解 由 $f(5-2t) \to f(t)$ 需要经过扩展、平移、反转等变换，同时对 $2\delta(t-3)$ 做相应的操作，则有

$$f(5-t) = 2\delta\left(\frac{t}{2} - 3\right) = 2\delta\left(\frac{1}{2}(t-6)\right) = 4\delta(t-6)$$

$$f(-t) = 4\delta((t+5)-6) = 4\delta(t-1)$$
$$f(t) = 4\delta(t+1)$$

故 $\int_0^\infty f(t)\mathrm{d}t = \int_0^\infty 4\delta(t+1)\mathrm{d}t = 0$。

（4）复合函数形式的冲激函数。实际应用中有时会遇到形如 $\delta(f(t))$ 的冲激函数，其中，$f(t)$ 是普通函数，并且 $f(t)=0$ 有 n 个互不相等的实根 t_i（$i=1,2,\cdots,n$）。

因为 $\dfrac{\mathrm{d}}{\mathrm{d}t}\{u(f(t))\} = \delta(f(t)) \cdot \dfrac{\mathrm{d}}{\mathrm{d}t}f(t)$，所以 $\delta(f(t)) = \dfrac{1}{f'(t)} \cdot \dfrac{\mathrm{d}}{\mathrm{d}t}[u(f(t))]$。

3. 单位冲激函数和单位阶跃函数之间的关系

由单位冲激函数 $\delta(t)$ 的定义可得 $\int_{-\infty}^t \delta(\tau)\mathrm{d}\tau = \begin{cases} 1, & t>0 \\ 0, & t<0 \end{cases}$

根据单位阶跃函数 $u(t)$ 的定义，可得

$$u(t) = \int_{-\infty}^t \delta(\tau)\mathrm{d}\tau \tag{1.4.26}$$

式（1.4.26）表明：单位冲激函数的积分为单位阶跃函数；反之，单位阶跃函数的导数应为单位冲激函数，即

$$\delta(t) = \dfrac{\mathrm{d}u(t)}{\mathrm{d}t} \tag{1.4.27}$$

例如，图 1.4.20 所示的函数 $f(t)$ 和 $f'(t)$ 之间的关系可以表示为

$$f(t) = 2u(t+1) - 2u(t-1)$$
$$f'(t) = 2\delta(t+1) - 2\delta(t-1)$$

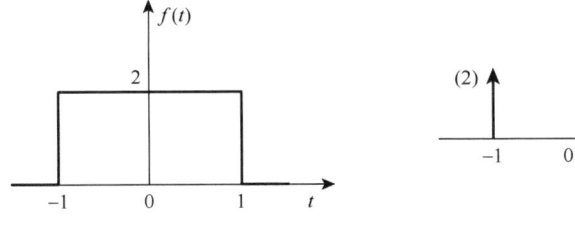

图 1.4.20 单位阶跃函数和单位冲激函数之间的关系示意图

4. 冲激信号和阶跃信号的应用

矩形脉冲和冲激信号是信号分析中最重要的基本信号，而矩形脉冲可以用阶跃信号来表示，下面我们研究如何将任意连续信号 $f(t)$ 分解成矩形脉冲序列之和，再进一步表述为冲激信号的积分。

首先我们将任意连续信号 $f(t)$ 的时间坐标分成许多相等的时间间隔 $\Delta\tau$，则从零时刻起第一个脉冲为 $f(0)[u(t)-u(t-\Delta\tau)]$，第二个脉冲为 $f(\Delta\tau)[u(t-\Delta\tau)-u(t-2\Delta\tau)]$，$\cdots$，任意连续信号 $f(t)$ 可以分解成一系列矩形脉冲，将这一系列矩形脉冲相叠加，可得

$$f(t) \approx \sum_{n=-\infty}^{\infty} f(k\Delta\tau)\dfrac{u(t-k\Delta\tau)-u(t-(k+1)\Delta\tau)}{\Delta\tau}\Delta\tau \tag{1.4.28}$$

式（1.4.28）表明，时域里任意信号可以近似地分解为一系列矩形窄脉冲之和，如图 1.4.21 所示。

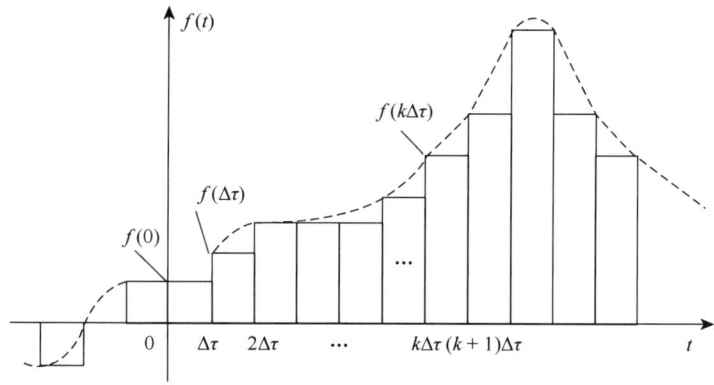

图 1.4.21　任意信号可以近似地分解为一系列矩形窄脉冲之和

如果我们将任意连续信号 $f(t)$ 按时间坐标分成许多相等的时间间隔 $\Delta\tau$，在 $\Delta\tau \to 0$ 的极限情况下，$\Delta\tau \to d\tau$，$k\Delta\tau \to \tau$，则有

$$\frac{u(t)-u(t-\Delta\tau)}{\Delta\tau} \to \delta(t), \quad \frac{u(t-k\Delta\tau)-u[t-(k+1)\Delta\tau]}{\Delta\tau} \to \delta(t-\tau)$$

故式（1.4.28）可以写为

$$f(t) = \int_{-\infty}^{\infty} f(\tau)\delta(t-\tau)d\tau \tag{1.4.29}$$

式（1.4.29）表明，当上述脉冲的脉宽趋于无限小时，信号可以分解成无数冲激信号的极限叠加，即时域里任意信号可以准确地分解成冲激信号的积分。

【例 1.4.7】　如图 1.4.22 所示，将信号分解成有限项和式。

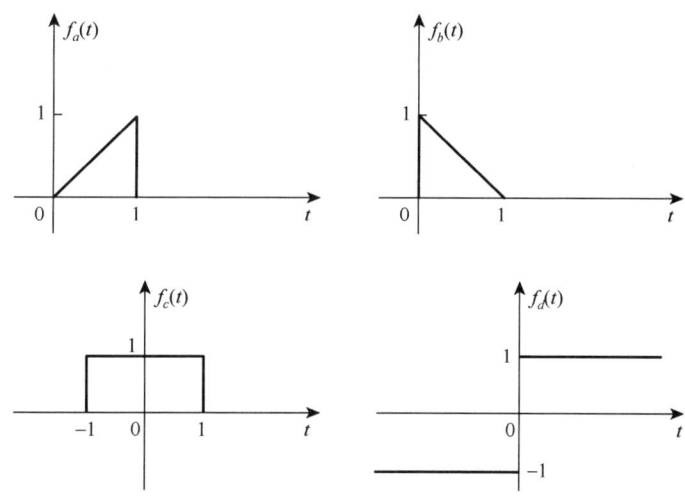

图 1.4.22　信号分解为有限个典型信号之和

解　根据图 1.4.22，将信号分解成它们的有限项和式，可得

$$f_a(t) = tu(t) - tu(t-1), \quad f_b(t) = (1-t)u(t) - (1-t)u(t-1)$$
$$f_c(t) = G_2(t) = u(t+1) - u(t-1), \quad f_d(t) = 2u(t) - 1$$

【例1.4.8】 计算以下信号的微分。

(1) $f(t)=\dfrac{\mathrm{d}}{\mathrm{d}t}\left(tu(t)\right)$；　　(2) $f(t)=\dfrac{\mathrm{d}}{\mathrm{d}t}\left(\mathrm{e}^{-t}\cos\left(tu(t)\right)\right)$；　　(3) $f(t)=\dfrac{\mathrm{d}|t|}{\mathrm{d}t}$；

(4) $f(t)=\dfrac{\mathrm{d}}{\mathrm{d}t}\left(u(\sin\pi t)\right)$；　　(5) $f(t)=\int_{0}^{t}\delta\left(\sin(\pi\tau)\right)\mathrm{d}\tau$

解 (1) $f(t)=\dfrac{\mathrm{d}}{\mathrm{d}t}\left(tu(t)\right)=u(t)$。

(2) $f(t)=\dfrac{\mathrm{d}}{\mathrm{d}t}\left(\mathrm{e}^{-t}\cos(tu(t))\right)=\left(\mathrm{e}^{-t}\cos t\right)\delta(t)+\dfrac{\mathrm{d}}{\mathrm{d}t}\left(\mathrm{e}^{-t}\cos t\right)\cdot u(t)$

$=\delta(t)+\left(-\mathrm{e}^{-t}\cos t-\mathrm{e}^{-t}\sin t\right)u(t)=\delta(t)-\sqrt{2}\mathrm{e}^{-t}\cos\left(t-\dfrac{\pi}{4}\right)u(t)$

(3) $f(t)=\dfrac{\mathrm{d}|t|}{\mathrm{d}t}=\operatorname{sgn}(t)=\begin{cases}1, & t>0 \\ 0, & t=0 \\ -1, & t<0\end{cases}$

(4) $f(t)=\dfrac{\mathrm{d}}{\mathrm{d}t}\left[u(\sin(\pi t))\right]$。

因为 $u(\sin(\pi t))=\begin{cases}1, & \sin(\pi t)\geqslant 0 \\ 0, & \sin(\pi t)<0\end{cases}$，令 $g(t)=u(\sin(\pi t))=\sum\limits_{k=-\infty}^{\infty}u(t-2k)-u(t-2k-1)$，则

$$f(t)=\dfrac{\mathrm{d}}{\mathrm{d}t}g(t)=\dfrac{\mathrm{d}}{\mathrm{d}t}\left(u(\sin(\pi t))\right)=\sum_{k=-\infty}^{\infty}\delta(t-2k)-\delta(t-2k-1)$$

(5) $f(t)=\int_{0}^{t}\delta\left(\sin(\pi\tau)\right)\mathrm{d}\tau$。

令 $\sin(\pi t)=0$，求出 $t=k=0,\pm 1,\pm 2,\pm 3,\cdots$，再令 $g(t)=\delta(\sin(\pi t))$，得

$$g(t)=\delta(\sin\pi t)=\sum_{k=-\infty}^{\infty}\delta(t-k)$$

故 $f(t)=\int_{0}^{t}\delta(\sin(\pi\tau))\mathrm{d}\tau=\int_{0}^{t}\sum\limits_{k=0}^{\infty}\delta(\tau-k)\mathrm{d}\tau=u(t)+u(t-1)+u(t-2)+u(t-3)+\cdots$

【例1.4.9】 已知信号 $f(t)$，画出信号的波形。

(1) $f(t)=\delta(t^2-4)$；　　(2) $f(t)=\delta(\sin(\pi t))$；

(3) 符号函数 $\operatorname{sgn}(t)=\begin{cases}1, & t>0 \\ 0, & t=0 \\ -1, & t<0\end{cases}$；

(4) $f(t)=\mathrm{e}^{-|t|}\sum\limits_{n=-\infty}^{\infty}\delta(t-n)$；　　(5) $f(t)=\sin(\pi t\operatorname{sgn}(t))$

解 一般对于奇异函数的问题，应先求出奇异函数发生的位置，再画出奇异函数的波形。

(1) 令 $t^2-4=0$，求出 $t=2$ 和 $t=-2$，故 $f(t)=\delta(t^2-4)=\delta(t+2)+\delta(t-2)$，其波形如图 1.4.23 所示。

(2) 令 $\sin(\pi t)=0$，求出 $t=k=0,\pm 1,\pm 2,\pm 3,\cdots$，故 $f(t)=\delta(\sin(\pi t))=\sum\limits_{k=-\infty}^{\infty}\delta(t-k)$，其波形如图 1.4.24 所示。

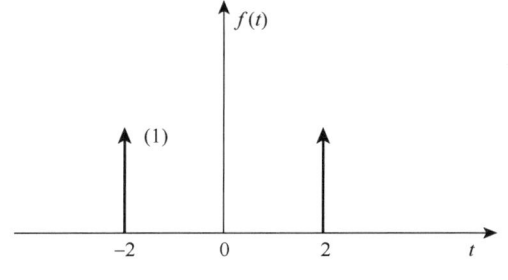

图 1.4.23　例 1.4.9（1）题图

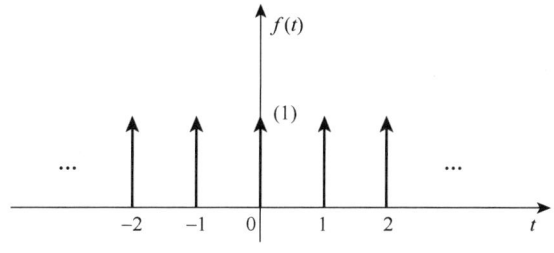

图 1.4.24　例 1.4.9（2）题图

（3）符号函数 $\operatorname{sgn}(t) = \begin{cases} 1, & t > 0 \\ 0, & t = 0 \\ -1, & t < 0 \end{cases}$，其波形如图 1.4.25 所示。

（4）$f(t) = \mathrm{e}^{-|t|} \sum_{n=-\infty}^{\infty} \delta(t-n) = \sum_{n=-\infty}^{\infty} \mathrm{e}^{-|n|} \delta(t-n)$，$n = 0, \pm 1, \pm 2, \cdots$，其波形如图 1.4.26 所示。

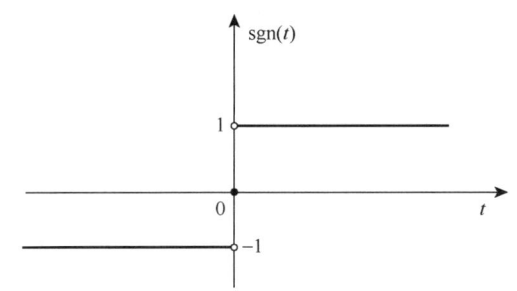

图 1.4.25　例 1.4.9（3）题图

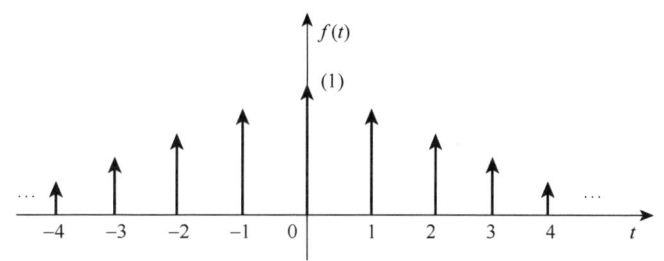

图 1.4.26　例 1.4.9（4）题图

（5）$f(t) = \sin(\pi t \operatorname{sgn}(t))$。

函数 $y = \pi t$ 的波形图如图 1.4.27 所示。

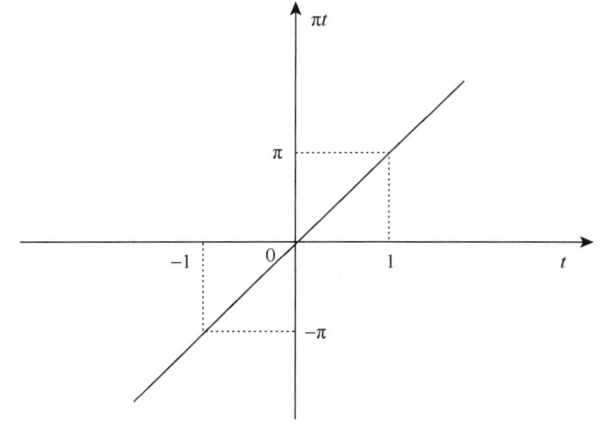

图 1.4.27　函数 $y = \pi t$ 的波形图

函数 $y = \pi t \operatorname{sgn}(t)$ 的波形如图 1.4.28 所示，函数 $f(t) = \sin(\pi t \operatorname{sgn}(t))$ 的波形如图 1.4.29 所示。

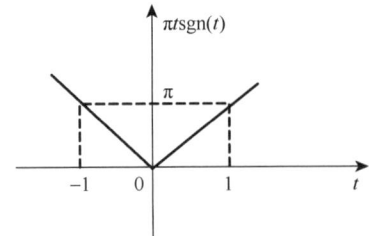

图 1.4.28 函数 $y = \pi t \operatorname{sgn}(t)$ 的波形

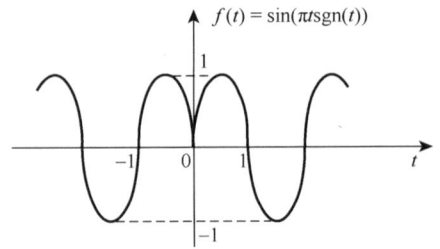

图 1.4.29 函数 $f(t) = \sin(\pi t \operatorname{sgn}(t))$ 的波形

【例 1.4.10】 计算下列信号的值。

(1) $y(t) = \int_{-4}^{4} (t^2 + 3t + 2)[\delta(t) + 2\delta(t-2) + 2\delta(t+5)] dt$。

(2) $y(t) = \int_{-2\pi}^{2\pi} (t+1)\delta(\cos t) dt$。

(3) $y(t) = \int_{-\infty}^{\infty} e^{-5t} \delta''(t) dt$。

解 (1) $y(t) = \int_{-4}^{4} (t^2 + 3t + 2)[\delta(t) + 2\delta(t-2) + 2\delta(t+5)] dt$

$= (t^2 + 3t + 2)\big|_{t=0} + 2(t^2 + 3t + 2)\big|_{t=2} + 0 = 26$

(2) $y(t) = \int_{-2\pi}^{2\pi} (t+1)\delta(\cos t) dt$

$= \int_{-2\pi}^{2\pi} (1+t)\left[\delta\left(t + \frac{3\pi}{2}\right) + \delta\left(t + \frac{\pi}{2}\right) + \delta\left(t - \frac{3\pi}{2}\right) + \delta\left(t - \frac{\pi}{2}\right)\right] dt$

$= \left(1 + \frac{3\pi}{2}\right) + \left(1 + \frac{\pi}{2}\right) + \left(1 - \frac{3\pi}{2}\right) + \left(1 - \frac{\pi}{2}\right) = 4$

(3) $y(t) = \int_{-\infty}^{\infty} e^{-5t} \delta''(t) dt = (-1)^2 \cdot \dfrac{d^2}{dt^2}(e^{-5t})\big|_{t=0} = 25$

【例 1.4.11】 在电路系统分析中，用奇异函数信号源表示电容端口电压与电容电流的关系。

解 电容是储能元件，在分析系统的响应时常常需要考虑它们的初始状态，因为 $t \geq 0$ 的任意时刻，电容端口电压与电容电流的关系是

$$u_C(t) = \frac{1}{C} \int_{-\infty}^{t} i_C(\tau) d\tau \tag{1.4.30a}$$

如果选初始时刻为 $t = 0$，那么在 $t \geq 0$ 的任意时刻，式（1.4.30a）可以写为

$$u_C(t) = \frac{1}{C} \int_{-\infty}^{t} i_C(\tau) d\tau = \frac{1}{C} \int_{-\infty}^{0} i_C(\tau) d\tau + \frac{1}{C} \int_{0}^{t} i_C(\tau) d\tau = u_C(0) + \frac{1}{C} \int_{0}^{t} i_C(\tau) d\tau, \quad t \geq 0$$

或写为

$$u_C(t) = u_C(0)u(t) + \frac{1}{C} \int_{0}^{t} i_C(\tau) d\tau \tag{1.4.30b}$$

式中，$u(t)$ 为单位阶跃函数。

式（1.4.30b）表明，具有初始电压 $u_C(0)$ 的电容在 $t \geq 0$ 的时间范围内，可以用初始电压为零的电容与电压源 $u_C(0)u(t)$ 相串联表示。

若对式（1.4.30b）求导数，移项后乘以 C，可得

$$i_C(t) = C \frac{du_C(t)}{dt} - Cu_C(0)\delta(t) \tag{1.4.31}$$

式（1.4.31）表明，在 $t \geq 0$ 的任意时刻，电容电流由两项组成，第一项是流经电容的电流，第二项是反映电路中电容上的初始储能强度为 $-Cu_C(0)\delta(t)$ 的冲激电流源。

【例 1.4.12】 在电路系统分析中,用奇异函数信号源表示电感电流与电压的关系。

解 电感是储能元件,在分析系统的响应时常常需要考虑它们的初始状态,在 $t \geq 0$ 的任意时刻,电感电流与电压的关系是

$$i_L(t) = \frac{1}{L}\int_{-\infty}^{t} u_L(\tau)\mathrm{d}\tau \tag{1.4.32a}$$

如果选初始时刻为 $t=0$,那么在 $t \geq 0$ 的任意时刻,式(1.4.32a)可以写为

$$i_L(t) = \frac{1}{L}\int_{-\infty}^{t} u_L(\tau)\mathrm{d}\tau = \frac{1}{L}\int_{-\infty}^{0} u_L(\tau)\mathrm{d}\tau + \frac{1}{L}\int_{0}^{t} u_L(\tau)\mathrm{d}\tau = i_L(0) + \frac{1}{L}\int_{0}^{t} u_L(\tau)\mathrm{d}\tau, \quad t \geq 0$$

或写为

$$i_L(t) = i_L(0)u(t) + \frac{1}{L}\int_{0}^{t} u_L(\tau)\mathrm{d}\tau \tag{1.4.32b}$$

式中,$u(t)$ 为单位阶跃函数。

式(1.4.32b)表明,具有初始电流 $i_L(0)$ 的电感,在 $t \geq 0$ 的时间范围内,可以用初始电流为零的电感与电流源 $i_L(0)u(t)$ 相并联表示。

将式(1.4.32b)求导数,移项后乘以 L,可得

$$u_L(t) = L\frac{\mathrm{d}i_L(t)}{\mathrm{d}t} - Li_L(0)\delta(t) \tag{1.4.33}$$

式(1.4.33)表明,在 $t \geq 0$ 的任意时刻,电感电压由两项组成,第一项是自感引起的电压,第二项是反映电路中电感的初始储能强度为 $-Li_L(0)\delta(t)$ 的冲激电压源。

1.4.3 单位阶跃序列和单位脉冲序列

1. 离散时间单位阶跃序列

离散时间单位阶跃序列(unit step sequence)$u[k]$ 可以定义为

$$u[k] = \begin{cases} 1, & k \geq 0 \\ 0, & k < 0 \end{cases} \tag{1.4.34}$$

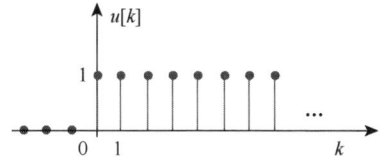

图 1.4.30 单位阶跃序列的波形图

$u[k]$ 在 $k=0$ 处的值明确定义为 1,其波形如图 1.4.30 所示。

同样,对于延迟单位阶跃序列,有 $u[k-k_0] = \begin{cases} 1, & k \geq k_0 \\ 0, & k < k_0 \end{cases}$,这种特性常用来表示分段描述的序列。

2. 离散时间单位脉冲序列

离散时间单位脉冲序列(unit impulse sequence)$\delta[k]$ 又称单位序列或单位函数,其定义式为

$$\delta[k] = \begin{cases} 1, & k = 0 \\ 0, & k \neq 0 \end{cases} \tag{1.4.35}$$

其延迟序列为

$$\delta[k-k_0] = \begin{cases} 1, & k = k_0 \\ 0, & k \neq k_0 \end{cases}, \quad k_0 > 0 \tag{1.4.36}$$

值得注意的是单位脉冲序列 $\delta[k]$ 与冲激函数 $\delta(t)$ 有本质的不同,$\delta[k]$ 在 $k=0$ 处有确定的幅度值 1,而 $\delta(t)$ 在 $t=0$ 时的幅度值为 ∞。单位脉冲序列 $\delta[k]$ 的波形图如图 1.4.31 所示。

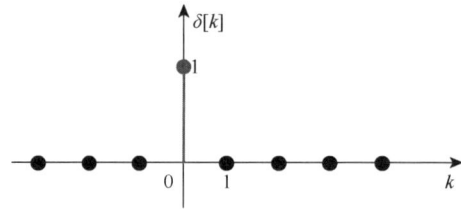

图 1.4.31　单位脉冲序列 $\delta[k]$ 的波形图

$\delta[k]$ 具有如下的取样性质：

$$f[k]\delta[k] = f[0]\delta[k]$$

$$f[k]\delta[k-k_0] = f[k_0]\delta[k-k_0]$$

$$\sum_{k=-\infty}^{\infty} f[k]\delta[k] = f[0]$$

3. 单位脉冲序列和单位阶跃序列之间的关系

在离散域 $\delta[k]$ 与 $u[k]$ 之间存在类似的差分与累加的关系，即

$$\delta[k] = u[k] - u[k-1]$$

$$u[k] = \delta[k] + \delta[k-1] + \cdots + \delta[k-m] + \cdots = \sum_{m=0}^{\infty} \delta[k-m] \quad (1.4.37)$$

令 $i = k - m$，有

$$u[k] = \sum_{i=-\infty}^{k} \delta[i] \quad (1.4.38)$$

【例 1.4.13】 计算下列各式的值。

(1) $f_1[k] = \sum_{k=-\infty}^{\infty} \delta[k]$；　　(2) $f_2[k] = \sum_{k=-\infty}^{\infty} (k-5)\delta[k]$；　　(3) $f_3[k] = \sum_{i=-\infty}^{\infty} \delta[k-i]$

解　(1) $f_1[k] = \sum_{k=-\infty}^{\infty} \delta[k] = 1$

(2) $f_2[k] = \sum_{k=-\infty}^{\infty} (k-5)\delta[k] = \sum_{k=-\infty}^{\infty} k\delta[k] - \sum_{k=-\infty}^{\infty} 5\delta[k] = -5$

(3) $f_3[k] = \sum_{i=-\infty}^{\infty} \delta[k-i] = \sum_{i=0}^{\infty} \delta[k-i] + \sum_{i=-\infty}^{-1} \delta[k-i] = u[k] + u[-k-1] = 1$

1.5　系统的定义

广义地说，系统是由若干相互联系、相互作用的事物组合而成的具有特定功能的整体。通常将施加于系统的作用称为系统的输入激励，要求系统完成的功能称为系统的输出响应。

为传送消息而装设的全套设备（包括传输信道）就是通信系统，通信系统的模型如图 1.5.1 所示。

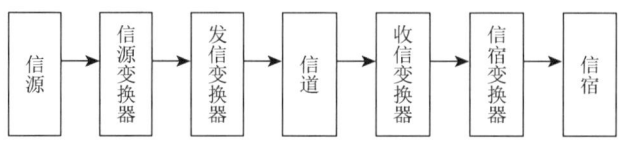

图 1.5.1　通信系统的模型

要分析一个实际系统，首先要建立该系统的数学模型（mathematical model），在数学模型的基础上，

运用数学方法求出它的解答,最后又回到实际系统,对所得结果做出物理解释、赋予物理意义。系统模型就是指系统的特定功能或特性的一种数学抽象和数学描述。更具体地说,就是用某种数学表达式或用具有理想特性的符号组合成图形来描述系统的特定功能或特性。

若系统中各个子系统的输入、输出信号均为连续时间信号,则称为连续时间系统(continuous-time system),用来描述此系统的行为和性能的是微分方程(differential equation)。若系统中各个子系统的输入、输出信号均为离散时间信号,则称为离散时间系统(discrete-time system),用来描述此系统的行为和性能的是差分方程(difference equation)。在建立系统的模型时,必须给出一定的条件,对于同一物理系统,在不同的条件下可以得到不同形式的数学模型;另外,对于不同的物理系统,经过抽象和近似,有可能得到形式上相同的数学模型。系统的输入与输出的对应关系可以简单地用框图表示。

若系统只有一个输入(input)即激励信号 $f(t)$ 和一个输出(output)即响应信号 $y(t)$,这样的系统称为单输入单输出系统(single-input-single-output system,SISO 系统),表示方法如图 1.5.2(a)所示;若系统的输入信号有多个,如 $f_1(t), f_2(t), \cdots, f_p(t)$,输出信号也有多个,如 $y_1(t), y_2(t), \cdots, y_p(t)$,则称此系统为多输入多输出系统(multiple-input-multiple-output system,MIMO 系统),表示方法如图 1.5.2(b)所示。尽管实际中多输入多输出系统用得很多,但就方法和概念而论,单输入单输出系统是重要的基础,它是研究多输入多输出系统的基础。

图 1.5.2 中箭头表示信号流向;方框中 $\{*\}$ 表示在输入 $f(t)$ 作用于系统的初始时刻 t_0,系统具有一组初始状态 $x_1(t_0), x_2(t_0), \cdots, x_n(t_0)$,其数目 n 等于系统的阶数。则可以说,系统在任意时刻 $t \geqslant t_0$ 的响应 $y(t)$ 可由初始状态 $\{*\}$ 和区间 (t_0, t) 上的输入 $f(t)$ 完全确定。

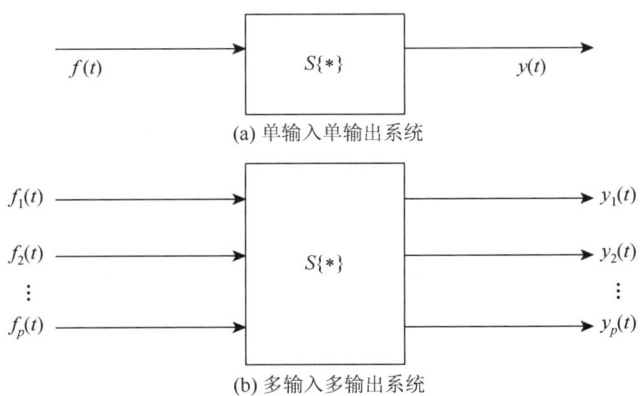

图 1.5.2 表示系统的方框图

1.6 系统的分类

可以从多种角度来观察、分析研究系统的特征。从系统本身的特性来划分,系统可以分为单输入单输出系统与多输入多输出系统、连续时间系统与离散时间系统、动态系统与即时系统、线性系统与非线性系统、非时变系统与时变系统、因果系统与非因果系统、稳定系统与不稳定系统、记忆系统与无记忆系统、可逆系统与不可逆系统等类型。

1. 单输入单输出系统与多输入多输出系统

单输入单输出系统与多输入多输出系统见 1.5 节。

2. 连续时间系统、离散时间系统及混合系统

根据处理的信号形式的不同,系统可以分为三大类:连续时间系统、离散时间系统和混合系统(composite system)。

若系统中有的子系统为连续时间系统，有的子系统为离散时间系统，则这样的系统称为混合系统。图 1.6.1 给出的模拟信号数字化处理通信系统就是一个典型的混合系统。由图 1.6.1 可见，模拟通信系统部分是连续时间系统，而数字信号处理系统就是离散时间系统。

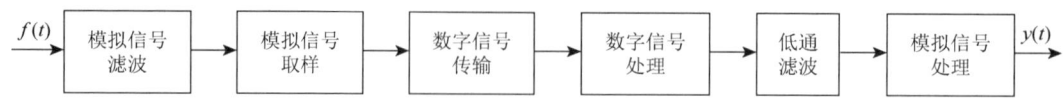

图 1.6.1　一个模拟信号数字化处理通信系统

3. 动态系统与即时系统（记忆系统与无记忆系统）

若系统在任意时刻的响应不仅与该时刻的激励有关，而且与它过去的历史状况有关，则称该系统为动态系统或记忆系统。含有记忆元件（电容、电感、磁芯、寄存器、存储器等）的系统是典型的动态系统或记忆系统。

如 $y[k]=\sum_{i=-\infty}^{\infty}f[k-i]$、$y(t)=y'(t)+f(t)$ 和 $y(t)=\frac{1}{2}\int_{-\infty}^{t}f(\tau)\mathrm{d}\tau$ 代表的系统都是记忆系统。连续记忆系统通常用微分方程描述，离散记忆系统通常用差分方程描述。

对于任意的输入信号，如果每一时刻该系统的输出信号值仅取决于该时刻的输入信号，而与别的时刻值无关，那么该系统具有无记忆性，该系统称为即时系统或无记忆系统，例如，电阻电路、放大电路、求和电路等。此类系统有输入才有输出，一旦输入取消，其输出即刻为零。连续或离散无记忆系统，其输出与输入间的关系都可以用简单的代数方程描述。如 $y[k]=f[k]-f^2[k]$、$y[k]=f[k]$ 和 $y(t)=f(t)$ 代表的系统都是无记忆系统。

4. 线性系统和非线性系统

线性包含齐次性（homogeneity）与可加性（additivity）两个概念。齐次性是指若系统的激励（输入）增加 k 倍，其响应（输出）也增加 k 倍。

若 $f_1(t)\to y_1(t)$，$f_2(t)\to y_2(t)$，则有

$$k_1f_1(t)\to k_1y_1(t),\qquad k_2f_2(t)\to k_2y_2(t) \tag{1.6.1}$$

当有几个激励（输入）同时作用于系统时，系统总的响应（输出）等于各激励（输入）单独作用（其余激励为零）时所引起的响应（输出）之和，这就是可加性。

若 $f_1(t)\to y_1(t)$，$f_2(t)\to y_2(t)$，则有

$$f_1(t)+f_2(t)\to y_1(t)+y_2(t) \tag{1.6.2}$$

凡能同时满足齐次性与可加性的系统称为线性系统（linear system）。

对于线性连续时间系统，若 $f_1(t)\to y_1(t)$，$f_2(t)\to y_2(t)$，则有

$$k_1f_1(t)+k_2f_2(t)\to k_1y_1(t)+k_2y_2(t) \tag{1.6.3}$$

对于线性离散时间系统，有

$$k_1f_1[k]+k_2f_2[k]\to k_1y_1[k]+k_2y_2[k] \tag{1.6.4}$$

对于一个动态系统而言，其响应 $y(t)$ 不仅与激励 $f(t)$ 有关，还与系统的初始状态 $\{x(t_0)\}$ 有关，设初始状态不为零的系统输入激励后的总响应（complete response）为 $y(t)$，该总响应也称为完全响应或全响应，可将 $y(t)$ 记为

$$y(t)=T\big[\{f(t)\},\{x(0)\}\big]$$

仅有激励而初始状态为零的响应为 $y_f(t)$（或记作 $y_{zs}(t)$），称其为零状态响应（zero-state response），可记为

$$y_f(t) = T[\{f(t)\}, \{0\}]$$

仅有初始状态而激励为零时的响应 $y_x(t)$（或记作 $y_{zi}(t)$），称其为零输入响应（zero-input response），可记为

$$y_x(t) = T[\{0\}, \{x(0)\}]$$

若将系统的初始状态看作系统的另一种激励，那么系统的响应将取决于两个不同的激励：输入信号 $f(t)$ 和初始状态 $\{x(t_0)\}$。依据线性系统的性质，线性系统的总响应等于每个激励单独作用时相应响应之和，即

$$y(t) = y_x(t) + y_f(t) \tag{1.6.5}$$

此特性称为线性系统的分解性（decomposition），可记为

$$y(t) = y_x(t) + y_f(t) = T[\{0\}, \{x(0)\}] + T[\{f(t)\}, \{0\}]$$

对于线性系统，当系统有多个初始状态时，零输入响应对每个输入初始状态呈线性（称为零输入线性），可记为

$$T[\{0\}, \{ax(0)\}] = aT[\{0\}, \{x(0)\}]$$

$$T[\{0\}, \{x_1(0) + x_2(0)\}] = T[\{0\}, \{x_1(0)\}] + T[\{0\}, \{x_2(0)\}]$$

或

$$T[\{0\}, \{ax_1(0) + bx_2(0)\}] = aT[\{0\}, \{x_1(0)\}] + bT[\{0\}, \{x_2(0)\}]$$

当系统有多个输入时，零状态响应对于每个输入呈线性（称为零状态线性），可记为

$$T[\{af(t)\}, \{0\}] = aT[\{f(t)\}, \{0\}]$$

$$T[\{f_1(t) + f_2(t)\}, \{0\}] = T[\{f_1(t)\}, \{0\}] + T[\{f_2(t)\}, \{0\}]$$

或

$$T[\{af_1(t) + bf_2(t)\}, \{0\}] = aT[\{f_1(t)\}, \{0\}] + bT[\{f_2(t)\}, \{0\}]$$

凡不具备上述特性（分解性、零输入线性、零状态线性）的系统称为非线性系统（non-linear system）。离散时间系统也可做相同的分析。

【例 1.6.1】 判断下列系统是否为线性系统。

(1) $y(t) = 3x(0) + 2f(t) + x(0)f(t) + 1$；　　(2) $y(t) = 2x(0) + |f(t)|$；

(3) $y(t) = x^2(0) + 2f(t)$；　　(4) $\dfrac{dy(t)}{dt} + 5y(t) + 5 = f(t)$；

(5) $y(t) = 5y(0) + 2\int_0^t x(\tau)d\tau, \ t > 0$；　　(6) $y(t) = 5x(t) + 2\int_0^t x(\tau)d\tau, \ t > 0$；

(7) $y(t) = 5y(0) + 2x^2(t), \ t > 0$；　　(8) $y(t) = 5y^2(0) + 2x(t), \ t > 0$；

(9) $y(t) = 5y^2(0) + \lg x(t), \ t > 0$

解 (1) $x(0)f(t)$ 中既包括初始状态 $x(0)$ 也包括输入 $f(t)$，显然，$y(t) \neq y_f(t) + y_x(t)$，不满足分解性，故为非线性系统。

(2) $y_f(t) = |f(t)|$，$y_x(t) = 2x(0)$，$y(t) = y_f(t) + y_x(t)$，满足分解性。设有两个输入 $\alpha f_1(t)$ 及 $\beta f_2(t)$ 分别作用于该系统，则由所给方程可得

$$T[\{\alpha f_1(t)\}, \{0\}] = |\alpha f_1(t)|, \ T[\{\beta f_2(t)\}, \{0\}] = |\beta f_2(t)|$$

$$T[\{\alpha f_1(t) + \beta f_2(t)\}, \{0\}] = |\alpha f_1(t) + \beta f_2(t)| \neq |\alpha f_1(t)| + |\beta f_2(t)|$$

不满足零状态线性，故为非线性系统。

(3) $y_f(t) = 2f(t)$，$y_x(t) = x^2(0)$，显然满足分解性。但 $T[\{0\},\{ax(0)\}] = [ax(0)]^2 \neq ay_x(t)$，不满足零输入线性。故为非线性系统。

(4) 根据线性系统的定义，若有两个输入 $\alpha f_1(t)$ 及 $\beta f_2(t)$ 分别作用于该系统，则由所给方程可得

$$\frac{dy_1(t)}{dt} + 5y_1(t) + 5 = \alpha f_1(t), \quad t > 0$$

$$\frac{dy_2(t)}{dt} + 5y_2(t) + 5 = \beta f_2(t), \quad t > 0$$

若该系统为线性系统，则当 $\alpha f_1(t)$ 及 $\beta f_2(t)$ 共同作用时，其方程应为上面两个方程之和。即有

$$\frac{d[y_1(t) + y_2(t)]}{dt} + 5[y_1(t) + y_2(t)] + 10 = \alpha f_1(t) + \beta f_2(t), \quad t > 0$$

显然，无论 α、β 取什么值，上式与原方程均不相同，因此系统不能满足线性性质。

若系统方程为 $\frac{dy(t)}{dt} + 5y(t) = f(t)$，则可以验证，有

$$\frac{d(y_1(t) + y_2(t))}{dt} + 5[y_1(t) + y_2(t)] = \alpha f_1(t) + \beta f_2(t), \quad t > 0$$

该系统能满足线性性质。

(5) $y_f(t) = 2\int_0^t x(\tau)d\tau$，$y_x(t) = 5y(0)$，$y(t) = y_f(t) + y_x(t)$，显然满足分解性；$T[\{0\},\{ay(0)\}] = 5ay(0) = ay_x(t)$，该系统的零输入响应满足线性性质。

设有两个输入 $\alpha x_1(t)$ 及 $\beta x_2(t)$ 分别作用于该系统，则由所给方程可得

$$T[\{\alpha x_1(t)\},\{0\}] = 2\int_0^t \alpha x_1(\tau)d\tau, \quad T[\{\beta x_2(t)\},\{0\}] = 2\int_0^t \beta x_2(\tau)d\tau$$

$$T[\{\alpha x_1(t) + \beta x_2(t)\},\{0\}] = 2\int_0^t [\alpha x_1(\tau) + \beta x_2(\tau)]d\tau = 2\int_0^t \alpha x_1(\tau)d\tau + 2\int_0^t \beta x_2(\tau)d\tau$$

该系统的零状态响应呈线性。

该系统的零输入响应和零状态响应均呈线性，故为线性系统。

(6) 系统只有零状态响应，且零状态响应呈线性，故为线性系统。

(7) 系统仅有零输入响应呈线性，零状态响应不呈线性，故为非线性系统。

(8) 系统仅有零状态响应呈线性，零输入响应不呈线性，故为非线性系统。

(9) 系统的零输入响应和零状态响应均不呈线性，故为非线性系统。

【例 1.6.2】 判断下列系统是否为线性系统。

$$y(t) = e^{-t}x(0) + \int_0^t \sin(x)f(x)dx$$

解 由题设可得 $y_x(t) = e^{-t}x(0)$，$y_f(t) = \int_0^t \sin(x)f(x)dx$，有 $y(t) = y_f(t) + y_x(t)$，满足分解性。

$$T[\{af_1(t) + bf_2(t)\},\{0\}] = \int_0^t \sin(x)[af_1(x) + bf_2(x)]dx$$

$$= a\int_0^t \sin(x)f_1(x)dx + b\int_0^t \sin(x)f_2(x)dx$$

$$= aT[\{f_1(t)\},\{0\}] + bT[\{f_2(t)\},\{0\}]$$

满足零状态线性。

$$T[\{0\},\{ax_1(0) + bx_2(0)\}] = e^{-t}[ax_1(0) + bx_2(0)] = ae^{-t}x_1(0) + be^{-t}x_2(0)$$

$$= aT[\{0\},\{x_1(0)\}] + bT[\{0\},\{x_2(0)\}]$$

满足零输入线性。

所以，该系统为线性系统。

5. 非时变系统与时变系统

如果系统的参数与时间无关，是一个常数，或它的输入与输出的特性不随时间（独立变量）的起点而变化，即系统的输出仅取决于输入而与输入的起始作用时间无关，那么称为非时变系统（time-invariant system），或称时不变系统。对于时不变系统，如果激励是 $f(t)$，那么系统产生的响应为 $y(t)$，当激励 $f(t)$ 在时间上延迟了 t_0，记为 $f(t-t_0)$，此时系统的响应相同地延迟 t_0 时间，记为 $y(t-t_0)$。输入输出之间的变化规律仍保持不变，其波形也保持不变，系统的这种性质称为时不变性或移位不变性，如图 1.6.2 所示。

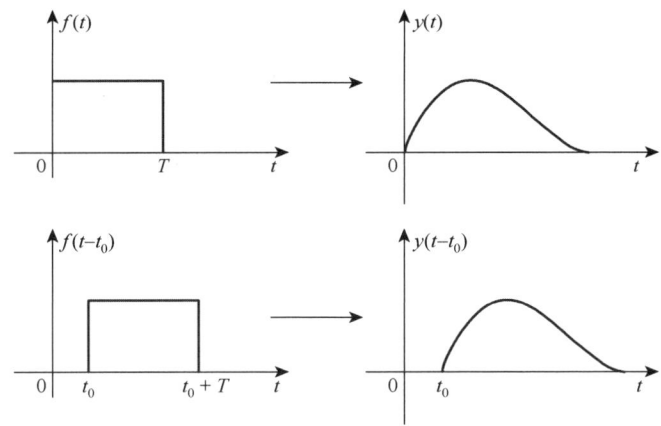

图 1.6.2　时不变系统示意图

$$\text{若 } f(t) \to y(t)，\text{则有 } f(t-t_0) \to y(t-t_0) \tag{1.6.6}$$

$$\text{若 } f[k] \to y[k]，\text{则有 } f[k-k_0] \to y[k-k_0] \tag{1.6.7}$$

若系统在同样的信号激励下，响应随加入激励的时间起始点的不同而产生变化，即不具备非时变特性，则系统为时变系统（time-variant system）。

若系统既是线性的又是非时变的，则称为线性时不变（linear time invariant）系统，简称 LTI 系统。对于连续 LTI 系统，其描述方程为线性常系数微分方程；对于离散 LTI 系统，其描述方程为线性常系数差分方程。本书重点讨论 LTI 系统。

LTI 系统具有微分特性和积分特性，表现为

（1）微分特性：若 $f(t) \to y(t)$，则有

$$f'(t) \to y'(t) \tag{1.6.8}$$

（2）积分特性：若 $f(t) \to y(t)$，则有

$$\int_{-\infty}^{t} f(x)\mathrm{d}x \to \int_{-\infty}^{t} y(x)\mathrm{d}x \tag{1.6.9}$$

【例 1.6.3】　判断下列系统是否为时不变系统。

（1）$y(t) = f(-t)$；　　　　　（2）$y(t) = tf(t)$；

（3）$y[k] = f[k]f[k-1]$；　　（4）$y[k] = f[k] - f[k-1]$；　　（5）$y[k] = f[k]\sin(\Omega_0 k)$

解　（1）令 $g(t) = f(t-t_0)$，$T[\{0\},\{g(t)\}] = g(-t) = f(-t-t_0)$，而 $y(t-t_0) = f[-(t-t_0)]$，有 $T[\{0\},\{f(t-t_0)\}] \neq y(t-t_0)$，故该系统为时变系统。

（2）令 $g(t) = f(t-t_0)$，$T[\{0\},\{g(t)\}] = tg(t) = tf(t-t_0)$，而 $y(t-t_0) = (t-t_0)f[(t-t_0)]$，有 $T[\{0\},$

$\{f(t-t_0)\}] \neq y(t-t_0)$，故该系统为时变系统。

(3) 令 $g[k]=f[k-k_0]$，$T[\{0\},\{g[k]\}]=g[k]g[k-1]=f[k-k_0]f[k-k_0-1]$，而 $y[k-k_0]=f[k-k_0]f[k-k_0-1]$，有 $T[\{0\},\{f[k-k_0]\}]=y[k-k_0]$，故该系统为时不变系统。

(4) 令 $f_1[k] \to y_1[k]=f_1[k]-f_1[k-1]$，则有 $y_1[k-k_0]=f_1[k-k_0]-f_1[k-k_0-1]$，而 $f_2[k]=f_1[k-k_0] \to y_2[k]=f_1[k-k_0]-f_1[k-k_0-1]=y_1[k-k_0]$，故该系统为时不变系统。

(5) 令 $f_1[k] \to y_1[k]=f_1[k]\sin(\Omega_0 k)$，则有 $y_1[k-k_0]=f_1[k-k_0]\sin(\Omega_0(k-k_0))$，而 $f_2[k]=f_1[k-k_0] \to y_2[k]=f_1[k-k_0]\sin(\Omega_0 k) \neq y_1[k-k_0]$，故该系统为时变系统。

6. 因果系统与非因果系统

因果系统（causal system）是指其响应不出现于激励作用之前的系统。也就是说，系统在某时刻的输出响应只决定于该时刻的输入和过去的输入，而与未来的输入无关。激励是产生响应的原因，响应是激励引起的结果。不满足上述条件的系统则称为非因果系统（non-causal system）。对连续时间系统，若输入信号 $f(t)$ 在 $t<t_0$ 时恒等于零，则因果系统的输出信号在 $t<t_0$ 时也必然等于零；对离散时间系统，若输入信号 $f[k]$ 在 $k<k_0$ 时恒等于零，则因果系统的输出信号在 $k<k_0$ 时也必然等于零。非因果系统的响应领先于激励，它的输出取决于输入的将来值。

若连续时间因果系统存在一个初始状态，并在 t_0 时刻才有信号输入，则系统的输出信号为

$$y(t)=y_x(t)+y_f(t)u(t-t_0) \quad (1.6.10)$$

若离散时间因果系统存在一个初始状态，并在 k_0 时刻才有信号输入，则系统的输出信号为

$$y[k]=y_x[k]+y_f[k]u[k-k_0] \quad (1.6.11)$$

【例 1.6.4】 判断下列系统是否为因果系统。

(1) $y(t)=3f(t-1)$； (2) $y(t)=\int_{-\infty}^{t}f(x)dx$；
(3) $y(t)=2f(t+1)$； (4) $y(t)=f(2t)$

解 (1) t 时刻的输出 $y(t)$ 只取决于 $(t-1)$ 时刻的输入，故该系统为因果系统。

(2) t 时刻的输出 $y(t)$ 只取决于 $(-\infty,t)$ 时刻的输入，故该系统为因果系统。

(3) t 时刻的输出 $y(t)$ 取决于未来的 $(t+1)$ 时刻的输入，故该系统为非因果系统。

(4) t 时刻的输出 $y(t)$ 取决于未来的 $(2t)$ 时刻的输入，故该系统为非因果系统。

【例 1.6.5】 一个线性时不变系统，具有一个初始状态 $x(0)$，当激励为 $f(t)$ 时，响应为 $y(t)=(e^{-t}+\cos(\pi t))u(t)$；若初始状态不变，当激励为 $2f(t)$ 时，响应为 $y(t)=2\cos(\pi t)u(t)$；试求当初始状态不变，激励为 $3f(t)$ 时系统的响应。

解 对于初始状态 $x(0)$，当激励为 $f(t)$ 时，$y(t)=y_x(t)+y_f(t)=(e^{-t}+\cos(\pi t))u(t)$；初始状态 $x(0)$ 不变，当激励为 $2f(t)$ 时，$y(t)=y_x(t)+2y_f(t)=2\cos(\pi t)u(t)$；故 $y_x(t)=2e^{-t}u(t)$，$y_f(t)=(-e^{-t}+\cos(\pi t))u(t)$。当初始状态不变，激励为 $3f(t)$ 时，系统的响应为

$$y(t)=y_x(t)+3y_f(t)=(-e^{-t}+3\cos(\pi t))u(t)$$

【例 1.6.6】 某 LTI 因果连续时间系统，初始状态为 $x(0_-)$。已知当 $x(0_-)=1$，输入因果信号 $f_1(t)$ 时，全响应 $y_1(t)=e^{-t}+\cos(\pi t)$，$t>0$；当 $x(0_-)=2$，输入信号 $f_2(t)=3f_1(t)$ 时，全响应 $y_2(t)=-2e^{-t}+3\cos(\pi t)$，$t>0$。求输入 $f_3(t)=\dfrac{df_1(t)}{dt}+2f_1(t-1)$ 时，系统的零状态响应 $y_{3f}(t)$。

解 设当 $x(0_-)=1$,输入因果信号 $f_1(t)$ 时,系统的零输入响应和零状态响应分别为 $y_{1x}(t)$、$y_{1f}(t)$;当 $x(0_-)=2$,输入信号 $f_2(t)=3f_1(t)$ 时,系统的零输入响应和零状态响应分别为 $y_{2x}(t)$、$y_{2f}(t)$。

由题中条件,有

$$y_1(t)=y_{1x}(t)+y_{1f}(t)=\mathrm{e}^{-t}+\cos(\pi t),t>0 \quad (1.6.12)$$

$$y_2(t)=y_{2x}(t)+y_{2f}(t)=-2\mathrm{e}^{-t}+3\cos(\pi t),t>0 \quad (1.6.13)$$

根据线性系统的齐次性,$y_{2x}(t)=2y_{1x}(t)$,$y_{2f}(t)=3y_{1f}(t)$,代入式(1.6.13)得

$$y_2(t)=2y_{1x}(t)+3y_{1f}(t)=-2\mathrm{e}^{-t}+3\cos(\pi t),t>0 \quad (1.6.14)$$

由式(1.6.14)和式(1.6.12)得

$$y_{1f}(t)=-4\mathrm{e}^{-t}+\cos(\pi t),t>0$$

由于 $y_{1f}(t)$ 是因果系统对因果输入信号 $f_1(t)$ 的零状态响应,$t<0$ 时 $y_{1f}(t)=0$,因此 $y_{1f}(t)$ 可改写成

$$y_{1f}(t)=\left(-4\mathrm{e}^{-t}+\cos(\pi t)\right)u(t) \quad (1.6.15)$$

即

$$f_1(t)\to y_{1f}(t)=\left(-4\mathrm{e}^{-t}+\cos(\pi t)\right)u(t)$$

根据 LTI 系统的微分特性,有

$$\frac{\mathrm{d}f_1(t)}{\mathrm{d}t}\to \frac{\mathrm{d}y_{1f}(t)}{\mathrm{d}t}=-3\delta(t)+\left(4\mathrm{e}^{-t}-\pi\sin(\pi t)\right)u(t)$$

根据 LTI 系统的时不变特性,有

$$f_1(t-1)\to y_{1f}(t-1)=\left[-4\mathrm{e}^{-(t-1)}+\cos(\pi(t-1))\right]u(t-1)$$

由线性性质可知,当输入 $f_3(t)=\dfrac{\mathrm{d}f_1(t)}{\mathrm{d}t}+2f_1(t-1)$ 时,

$$y_{3f}(t)=\frac{\mathrm{d}f_{1f}(t)}{\mathrm{d}t}+2f_{1f}(t-1)$$

$$=-3\delta(t)+\left(4\mathrm{e}^{-t}-\pi\sin(\pi t)\right)u(t)+2\left[-4\mathrm{e}^{-(t-1)}+\cos(\pi(t-1))\right]u(t-1)$$

7. 稳定系统与不稳定系统

若输入有界,则输出有界(bounded-input bounded-output,BIBO),满足此条件的系统为稳定系统(stable system),否则为不稳定系统(unstable system)。

若输入 $|f(t)|<\infty$(或 $|f[k]|<\infty$),其输出 $|y(t)|<\infty$(或 $|y[k]|<\infty$),则系统是稳定的;对于线性时不变系统,其稳定性判定将在后面详细地进行讨论。

8. 可逆系统与不可逆系统

若系统的输出可唯一地决定系统的输入,则称系统具有可逆性。具有可逆性质的系统称为可逆系统,不具有可逆性质的系统称为不可逆系统。

【**例 1.6.7**】 判断下列系统是否可逆。

(1)$y(t)=2x(t)$; (2)$y(t)=x^2(t)$; (3)$y[k]=kx[k]$

解 (1)可逆系统。逆系统为 $z(t)=x(t)/2$。

(2)因为 $y(t)=x^2(t)=\left[\pm x(t)\right]^2$,所以该系统为不可逆系统。

(3)不可逆系统,因 $x[k]=\delta[k]$ 和 $x[k]=2\delta[k]$ 时,皆有 $y[k]=0$。

1.7 系统的描述

1.7.1 系统的基本联接方式

如前面所述，实际系统通常是由许多子系统组合而成的。子系统的相互联接一般有串联（级联）、并联、混联与反馈联接四种。最基本的联接方式有三种：级联、并联和反馈联接。任何复杂的系统都是这三种联接的不同组合[6]。

1. 系统的级联

两个连续时间系统级联（cascade connection），或称为串联（series connection）的方框图如图 1.7.1 所示，系统 1 的输出是系统 2 的输入，系统 1 的输入与系统 2 的输出分别作为级联系统的输入和输出，即 $f(t)=f_1(t)$、$f_2(t)=y_1(t)$ 和 $y_2(t)=y(t)$。

若定义系统的输入输出关系为系统函数 S（或称为算子），整个系统首先按照系统 1 的信号变换关系，再按照系统 2 的信号变换关系依次变换各自的输入信号，则系统 1 的输入输出关系为 $y_1(t)=S_1\{f_1(t)\}$，系统 2 为 $y_2(t)=S_2\{f_2(t)\}$，有

$$y(t)=S_2\{S_1\{f(t)\}\} \tag{1.7.1}$$

2. 系统的并联

两个离散时间系统并联（parallel connection）如图 1.7.2 所示。系统 1 和系统 2 的输入等于整个系统的输入，两个系统各自的输出相加作为整个系统的输出，即有 $f[k]=f_1[k]=f_2[k]$ 和 $y[k]=y_1[k]+y_2[k]$。若系统 1 与系统 2 的信号变换关系分别为 $y_1[k]=S_1\{f_1[k]\}$ 和 $y_2[k]=S_2\{f_2[k]\}$，则整个系统的输入输出为

$$y[k]=S_1\{f_1[k]\}+S_2\{f_2[k]\} \tag{1.7.2}$$

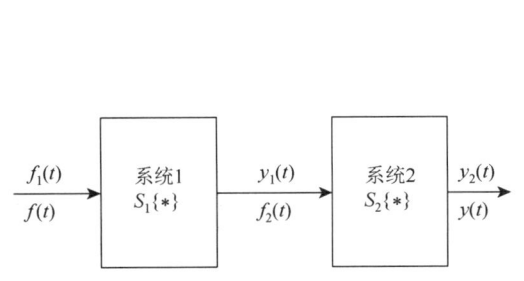

图 1.7.1 两个连续时间系统的级联

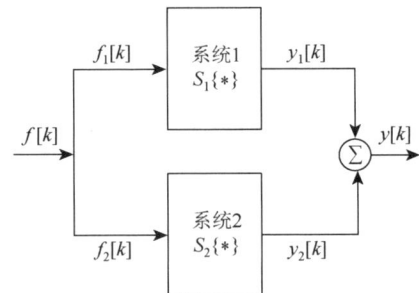

图 1.7.2 两个离散时间系统的并联

3. 系统的反馈联接

另一种基本的互联类型是系统的反馈联接（feedback connection），图 1.7.3 显示了两个连续时间系统反馈联接的基本框图，其中，将系统 1 的输出作为整个系统的输出，同时又将其作为系统 2 的输入，将系统 2 的输出反馈回来与外加输入信号相减所得信号作为系统 1 的输入。

反馈联接中通常把系统 1 的信号支路称为前馈支路，把系统 2 的信号支路称为反馈支路。

若定义系统的输入输出关系为 S，则系统 1 的输入输出关系为 $y_1(t)=S_1\{f_1(t)\}$，系统 2 为 $y_2(t)=S_2\{f_2(t)\}$，按照图 1.7.3，可得连续或离散时间系统反馈联接的基本关系：

$$\begin{cases} y(t) = y_1(t) = f_2(t) \\ f_1(t) = f(t) - y_2(t) \end{cases} \quad 或 \quad \begin{cases} y[k] = y_1[k] = f_2[k] \\ f_1[k] = f[k] - y_2[k] \end{cases} \tag{1.7.3}$$

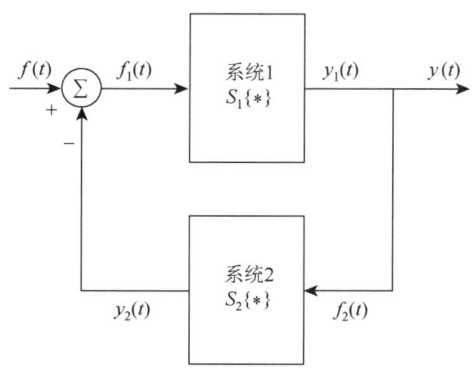

图 1.7.3　两个连续时间系统的反馈联接

系统联接形式有串联、并联、反馈联接，以及同时包含上述联接形式中任意两种或三种的混联形式。图 1.7.4 是一个组合上述三种基本互联方式的一个例子，图中系统 1 和系统 2 级联后，再与系统 3 和系统 4 反馈联接的系统并联，最后与系统 5 级联。

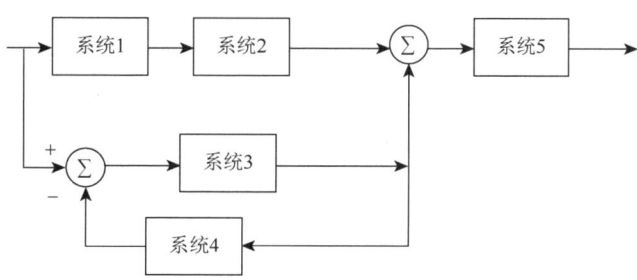

图 1.7.4　组合三种基本联接方式的混联系统的例子

【例 1.7.1】　有一个 LTI 系统，当输入为阶跃信号 $u(t)$ 时，系统的零状态响应为 $y_f(t) = u(t) - 2u(t-1) + u(t-2)$，将相同的这样两个系统串联，试求当输入为 $f(t) = u(t) - u(t-2)$ 时，系统的零状态响应 $y_f(t)$。

解　因为当输入为 $u(t)$ 时，系统的零状态响应为 $u(t) - 2u(t-1) + u(t-2)$，可知当输入为 $u(t-2)$ 时，系统的零状态响应为 $u(t-2) - 2u(t-3) + u(t-4)$，则当输入为 $f(t) = u(t) - u(t-2)$ 时，系统的零状态响应为

$$y_{1f}(t) = u(t) - 2u(t-1) + u(t-2) - [u(t-2) - 2u(t-3) + u(t-4)]$$
$$= u(t) - 2u(t-1) + 2u(t-3) - u(t-4)$$

将 $y_{1f}(t)$ 作为第二个系统的输入，则相同的这样两个系统串联时，系统的零状态响应为

$$y_f(t) = [u(t) - 2u(t-1) + u(t-2)] - 2[u(t-1) - 2u(t-2) + u(t-3)]$$
$$\quad + 2[u(t-3) - 2u(t-4) + u(t-5)] - [u(t-4) - 2u(t-5) + u(t-6)]$$
$$= u(t) - 4u(t-1) + 5u(t-2) - 5u(t-4) + 4u(t-5) - u(t-6)$$

【例 1.7.2】　某线性时不变因果系统，其激励 $f(t)$ 和零状态响应 $y_f(t)$ 如图 1.7.5 所示，试求该系统输入为阶跃信号 $u(t)$ 时，系统的零状态响应 $y_f(t)$。

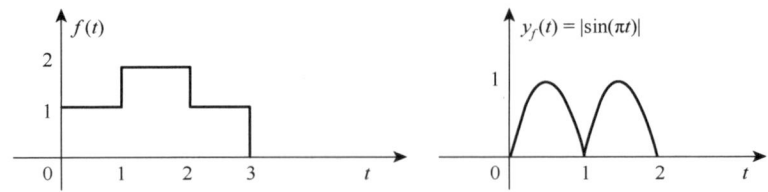

图 1.7.5 线性时不变因果系统的激励 $f(t)$ 和零状态响应 $y_f(t)$

解 当系统输入为 $f(t)=u(t)+u(t-1)-u(t-2)-u(t-3)$ 时，系统的零状态响应 $y_f(t)=|\sin(\pi t)|[u(t)-u(t-2)]$。

设系统输入为阶跃信号 $u(t)$ 时，系统的零状态响应为 $g(t)$，则有 $[g(t)-g(t-3)]+[g(t-1)-g(t-2)]=|\sin(\pi t)|[u(t)-u(t-2)]$，故 $g(t)=|\sin(\pi t)|[u(t)-u(t-2)]-g(t-1)+[g(t-2)+g(t-3)]$。

（1）当 $t<0$ 时，$g(t)=0$。

（2）当 $0<t<1$ 时，系统输入 $f(t)=u(t)$，由 $u(t-1)$、$u(t-2)$、$u(t-3)$ 产生的响应 $g(t-1)$、$g(t-2)$、$g(t-3)$ 为 0，即 $g(t)=|\sin(\pi t)|[u(t)-u(t-2)],0<t<1$；或写作 $g(t)=|\sin(\pi t)|[u(t)-u(t-1)]$。

（3）当 $0<t<2$ 时，$g(t)=y_f(t)-g(t-1)=|\sin(\pi t)|[u(t)-u(t-2)]-|\sin(\pi(t-1))|[u(t-1)-u(t-2)]$，即 $g(t)=|\sin(\pi t)|u(t)-|\sin(\pi(t-1))|u(t-1)$。

（4）当 $0<t<3$ 时，

$$g(t)=y_f(t)-g(t-1)+g(t-2)$$
$$=|\sin(\pi t)|[u(t)-u(t-2)]-|\sin(\pi(t-1))|[u(t-1)-u(t-2)]+|\sin(\pi(t-2))|[u(t-2)-u(t-3)]$$

即 $g(t)=|\sin(\pi t)|[u(t)-u(t-1)]+|\sin(\pi(t-2))|[u(t-2)-u(t-3)]$。

（5）当 $0<t<4$ 时，

$$g(t)=y_f(t)-g(t-1)+g(t-2)-g(t-3)$$
$$=|\sin(\pi t)|[u(t)-u(t-2)]-|\sin(\pi(t-1))|[u(t-1)-u(t-2)]$$
$$+|\sin(\pi(t-2))|[u(t-2)-u(t-3)]-|\sin(\pi(t-3))|[u(t-3)-u(t-4)]$$

即 $g(t)=|\sin(\pi t)|[u(t)-u(t-1)]+|\sin(\pi(t-2))|[u(t-2)-u(t-3)]$。

（6）当 $t>4$ 时，$g(t)=y_f(t)-g(t-1)+g(t-2)-g(t-3)$。

重复上述过程，最后求得 $g(t)=\sum_{n=0}^{\infty}|\sin(\pi(t-2n))|[u(t-2n)-u(t-2n-1)]$。

图 1.7.6 为当激励为 $u(t)$ 时线性时不变因果系统的零状态响应。

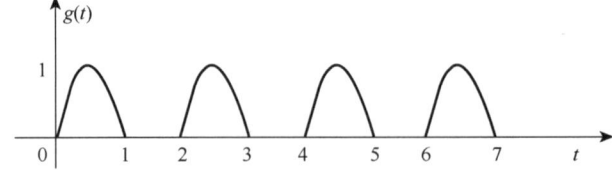

图 1.7.6 当激励为 $u(t)$ 时线性时不变因果系统的零状态响应

1.7.2 系统的解析描述

描述连续动态系统的数学模型是微分方程,描述离散动态系统的数学模型是差分方程[7]。

【例 1.7.3】 如图 1.7.7 所示的 RLC 电路,以 $u_S(t)$ 作激励,以 $u_C(t)$ 作为响应,求 $u_C(t)$。

解 由基尔霍夫电压定律(kirchhoff's voltage law,KVL)和欧姆定律列写方程,并整理,可得

$$\begin{cases} LC\dfrac{d^2 u_C(t)}{dt^2} + RC\dfrac{du_C(t)}{dt} + u_C(t) = u_S(t) \\ u_C(0_+), u'_C(0_+) \end{cases}$$

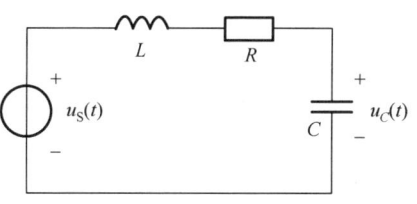

图 1.7.7 RLC 电路模型

描述电路的数学模型是二阶常系数线性微分方程。

抽去具体的物理含义,将微分方程写成

$$a_2\dfrac{d^2 y(t)}{dt^2} + a_1\dfrac{dy(t)}{dt} + a_0 y(t) = f(t)$$

上式也可以描述图 1.7.8 所示机械减振系统,其中,k 为弹簧常数,M 为物体质量,C 为减振液体的阻尼系数,x 为物体偏离其平衡位置的位移,$f(t)$ 为初始外力。其运动方程为

$$M\dfrac{d^2 x(t)}{dt^2} + C\dfrac{dx(t)}{dt} + kx(t) = f(t)$$

能用相同方程描述的系统称为相似系统。

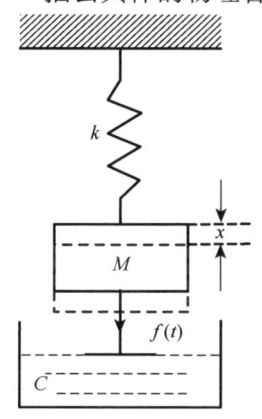

图 1.7.8 机械减振系统模型

【例 1.7.4】 某人每月初在银行存入一定数量的钱款,月息为 β 元/月,求第 n 个月初存折上的钱款数。

解 设第 n 个月初的钱款数为 $y[k]$,这个月初的存款为 $f[k]$,上个月初的钱款数为 $y[k-1]$,利息为 $\beta y[k-1]$,则 $y[k] = y[k-1] + \beta y[k-1] + f[k]$,即 $y[k] - (1+\beta)y[k-1] = f[k]$。若设开始存款月为 $n=0$,则有 $y[0] = f[0]$。上述方程就称为 $y[k]$ 与 $f[k]$ 之间所满足的差分方程。

差分方程是指由未知输出序列项与输入序列项构成的方程。未知序列项变量最高序号与最低序号的差数,称为差分方程的阶数。上述差分方程为一阶差分方程。

由 n 阶差分方程描述的系统称为 n 阶系统。描述 LTI 系统的是线性常系数差分方程。

【例 1.7.5】 下列差分方程描述的系统,是否线性?是否时不变?并写出方程的阶数。

(1) $y[k] + (k-1)y[k-1] = f[k]$。

(2) $y[k] + y[k+1]y[k-1] = f^2[k]$。

(3) $y[k] + 2y[k-1] = f[1-k] + 1$。

解 判断方法如下所示。若方程中均为输出和输入序列的一次关系项,则系统是线性的;若方程中各输入和输出序列的系数均为常数,且无反转和尺度变换,则系统是时不变的。

(1) 系统线性、时变,一阶差分方程。

(2) 系统非线性、时不变,二阶差分方程。

(3) 系统非线性、时变,一阶差分方程。

1.7.3 系统的框图描述

在线性系统分析中,方程求解的数学过程并不依赖于它所描述的物理现象。对于可用相同的方程描述的各种系统,在相同激励的作用下,其响应(方程解)的形式也是相同的,而方程中各参数和变量所具有

的物理含义则随具体的物理系统而异。这种能用相同的方程描述的系统称为相似系统（similar system）。

如前面所述，把一个具体的物理系统抽象为数学模型，便于用数学方法分析研究系统的性质。另外，还可以借助简单而易于实现的物理装置，用实验方法来观察与研究系统参数和输入信号对于系统响应的影响。系统模拟不需要制作实际系统，而只需要根据系统的数学描述用模拟装置组成实验系统，使得它与真实系统具有相同的微分方程或差分方程的数学表达式。

从数学角度来说 1.7.2 节所述方程代表了某些基本运算关系：相乘、微分、相加运算。将这些基本运算用一些理想部件符号表示出来并相互联接表征上述方程的运算关系，这样画出的图称为模拟框图，简称框图。

1. 基本运算器

系统的模拟通常由几种基本运算器（basic arithmetic unit）组成：加法器（adder）、标量乘法器（multiplier）（标量乘法器也称数乘器或标乘器）、连续时间积分器（integrator）和离散时间累加器（accumulator）及离散时间系统延时器（delayer）。

（1）加法器。加法器是一个多输入单输出系统，它的功能是实现若干个输入信号的相加运算。连续或离散时间两输入加法器的输入输出关系为

$$y(t) = f_1(t) + f_2(t) \quad 或 \quad y[k] = f_1[k] + f_2[k] \tag{1.7.4}$$

两输入加法器的图形符号如图 1.7.9（a）所示。

（2）标量乘法器。标量乘法器的功能是实现标量乘法运算，即把输入信号乘以标量 a。连续或离散时间标量乘法器的信号变换关系为

$$y(t) = af(t) \quad 或 \quad y[k] = af[k] \tag{1.7.5}$$

其图形符号如图 1.7.9（b）所示，也可将标量 a 写在用箭头表示输入方向的线段上方，若带箭头的线段上方没有标注数字，则默认 $a = 1$。

（3）连续时间积分器和离散时间累加器。连续时间积分器和离散时间累加器的功能分别是对输入信号实现积分和累加运算，其输入输出关系分别为

$$y(t) = \int_{-\infty}^{t} f(\tau) \mathrm{d}\tau = y(t_0) + \int_{t_0}^{t} f(\tau) \mathrm{d}\tau \quad 和 \quad y[k] = \sum_{i=-\infty}^{k} f[i] \tag{1.7.6}$$

连续时间积分器的图形符号和离散时间累加器的图形符号分别如图 1.7.9（c）和（d）所示。

（4）离散时间系统的延时单元。离散时间系统的延时单元的功能是对输入信号实现移位（超前或滞后），其输入输出关系为

$$y[k] = f[k-1] \tag{1.7.7}$$

离散时间系统延时单元的图形符号如图 1.7.9（e）所示。

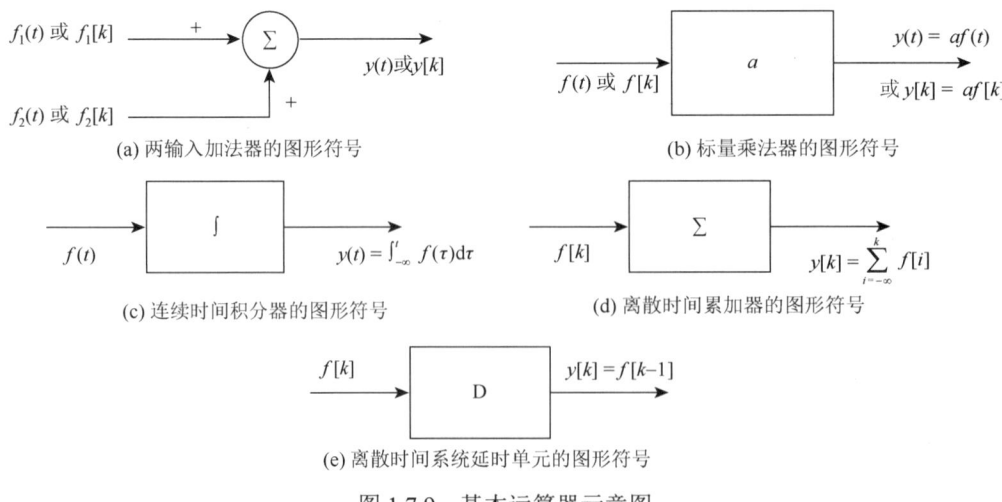

图 1.7.9　基本运算器示意图

值得提醒的是，在理论上积分器和微分器均可用来模拟连续时间系统，但实际上模拟一个系统的微分方程不用微分器而用积分器。因为积分器抗干扰性能比微分器好，运算精度高，对信号起平滑的作用，甚至对短时间内信号的剧烈变化也不敏感；而微分器将会大大地增加信号的噪声，故很少使用。

2. 连续时间系统的模拟图

一阶系统的数学模型为 $y'(t)+a_0 y(t)=f(t)$，可以写为 $y'(t)=f(t)-a_0 y(t)$，由此可知：

（1） $y(t)$ 和 $y'(t)$ 之间经过积分器的运算，即 $y'(t)$ 经过积分器得到 $y(t)$。

（2） $y(t)$ 经过标量乘法器得到 $-a_0 y(t)$。

（3） $f(t)$ 和 $-a_0 y(t)$ 经过加法器得到 $y'(t)$。

因此，这样一阶微分方程可以用一个积分器、一个标量乘法器和一个加法器联成的结构来模拟，如图 1.7.10 所示。

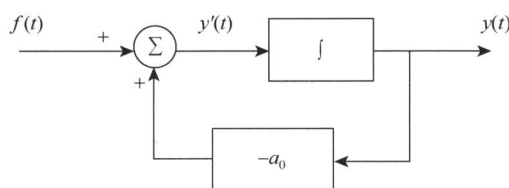

图 1.7.10　一阶连续时间系统的模拟图

二阶连续时间系统的微分方程为 $y''(t)+a_1 y'(t)+a_0 y(t)=f(t)$，可以写成

$$y''(t)=-a_1 y'(t)-a_0 y(t)+f(t)$$

二阶连续时间系统的模拟图如图 1.7.11 所示。

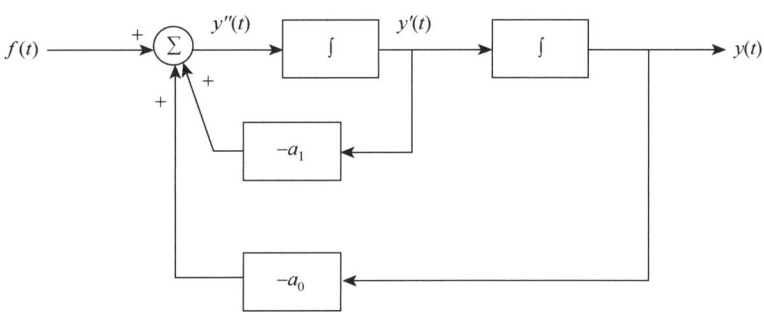

图 1.7.11　二阶连续时间系统的模拟图

根据一阶连续时间系统和二阶连续时间系统的模拟，构造连续时间系统模拟图的步骤如下：

（1）把微分方程输出函数的高阶导数项保留在等式左边，而把其他各项移到等式右边。

（2）将最高阶导数作为第一个积分器的输入，其输出作为第二个积分器的输入，以后每经过一个积分器，输出函数的导数阶数就降低一阶，直至获得输出函数。

（3）把各个阶数降低了的导数及输出函数分别通过各自的标量乘法器，一起送到第一个积分器与输入函数相加，加法器的输出就是最高阶导数。

依据上述的步骤，很容易地把一个 n 阶微分方程

$$y^{(n)}(t)+a_{n-1}y^{(n-1)}(t)+\cdots+a_1 y^{(1)}(t)+a_0 y(t)=f(t) \tag{1.7.8}$$

所描述的 n 阶系统的模拟图构造出来，即首先移项为

$$y^{(n)}(t)=-a_{n-1}y^{(n-1)}(t)-\cdots-a_1 y^{(1)}(t)-a_0 y(t)+f(t)$$

通过求和，就可得到如图 1.7.12 所示的模拟图。

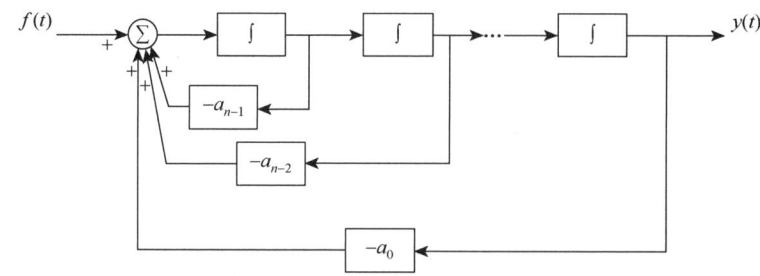

图 1.7.12　一个 n 阶连续时间系统的模拟图

当微分方程右边含有输入函数导数时，如描述系统的是一个二阶微分方程 $y''(t)+a_1y'(t)+a_0y(t)=b_1f'(t)+b_0f(t)$，对于该系统模拟，需引入一个辅助函数 $q(t)$，使其满足条件：$q''(t)+a_1q'(t)+a_0q(t)=f(t)$。代入可得

$$y''(t)+a_1y'(t)+a_0y(t)=b_1\frac{\mathrm{d}}{\mathrm{d}t}\big(q''(t)+a_1q'(t)+a_0q(t)\big)+b_0\big[q''(t)+a_1q'(t)+a_0q(t)\big]$$

$$=\frac{\mathrm{d}^2}{\mathrm{d}t^2}\big(b_1q'(t)+b_0q(t)\big)+a_1\frac{\mathrm{d}}{\mathrm{d}t}\big(b_1q'(t)+b_0q(t)\big)+a_0\big[b_1q'(t)+b_0q(t)\big]$$

由此可见 $y(t)=b_1q'(t)+b_0q(t)$，所得模拟图如图 1.7.13 所示。

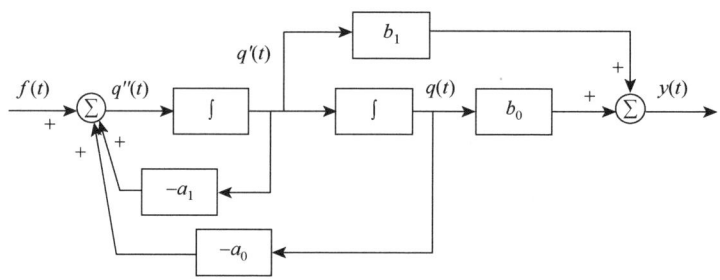

图 1.7.13　一般二阶连续时间系统的模拟图

对于一般的 n 阶系统微分方程

$$y^{(n)}(t)+a_{n-1}y^{(n-1)}(t)+\cdots+a_1y^{(1)}(t)+a_0y(t)$$
$$=b_mf^{(m)}(t)+b_{m-1}f^{(m-1)}(t)+\cdots+b_1f^{(1)}(t)+b_0f(t) \quad (1.7.9)$$

式中，$m=n-1$，则其系统的模拟图如图 1.7.14 所示。

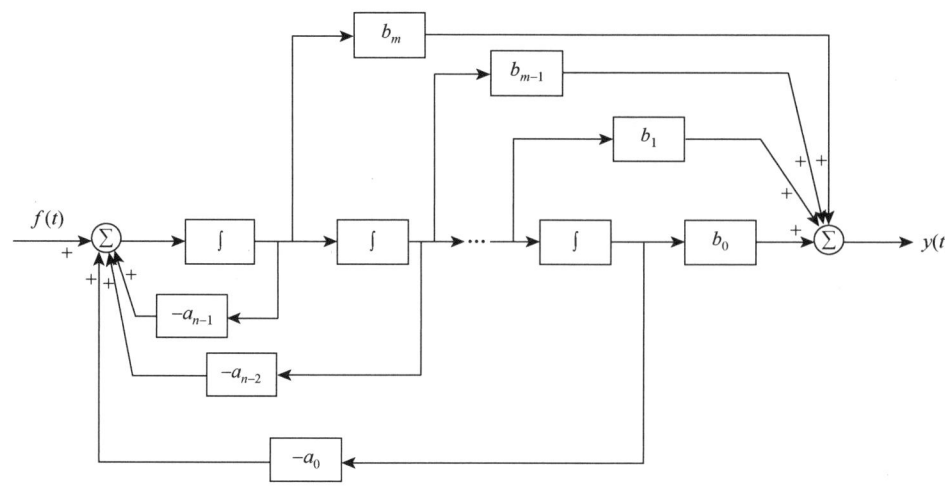

图 1.7.14　一般的 n 阶连续时间系统的模拟图

3. 离散时间系统的模拟图

离散时间系统模拟图与连续时间系统模拟图具有类似的结构，只需用延时器替代积分器而已。可以得到构造离散时间系统的模拟图的步骤如下：

（1）把差分方程输出函数的高阶差分项保留在等式左边，而把其他各项移到等式右边。

（2）将最高阶差分项作为第一个延时器的输入，其输出作为第二个延时器的输入，以后每经过一个延时器，输出函数的差分阶数就降低一阶，直至获得输出函数。

（3）把各个阶数降低了的差分项及输出函数分别通过各自的标量乘法器，一起送到第一个延时器与输入函数相加，加法器的输出就是最高阶差分项。

依据上述的步骤，很容易地把 n 阶离散时间系统差分方程

$$\sum_{i=0}^{n} a_i y[k+i] = f[k] \tag{1.7.10}$$

所描述的 n 阶离散时间系统的模拟图构造出来，即首先移项为

$$y[k+n] = -\sum_{i=0}^{n-1} a_i y[k+i] + f[k]$$

通过求和，就可以得到如图 1.7.15 所示的模拟图。

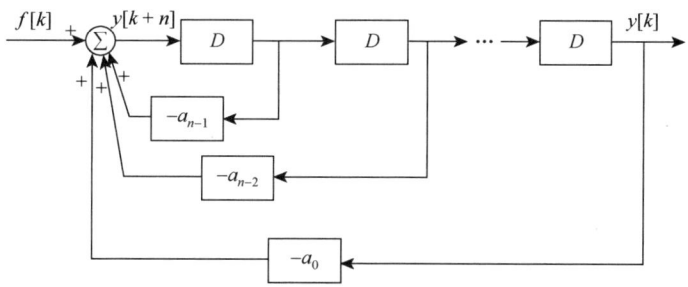

图 1.7.15　n 阶离散时间系统的模拟图

同理，对于一般二阶离散时间系统，若差分方程为

$$y[k+2] + a_1 y[k+1] + a_0 y[k] = b_1 f[k+1] + b_0 f[k]$$

对于该系统模拟，需引入一个辅助函数 $q[k]$，使其满足条件：

$$q[k+2] + a_1 q[k+1] + a_0 q[k] = f[k]$$

应有 $y[k] = b_1 q[k+1] + b_0 q[k]$，得到的模拟图如图 1.7.16 所示。

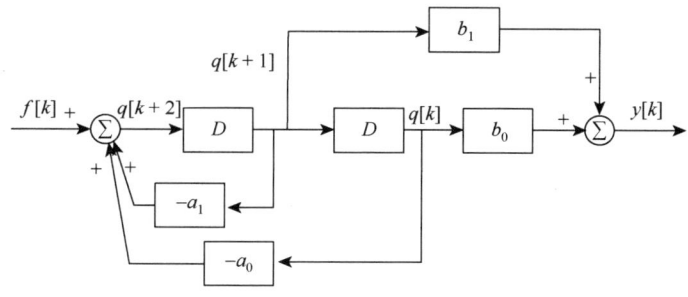

图 1.7.16　一般二阶离散时间系统的模拟图

对于一般的 n 阶系统差分方程：

$$\sum_{i=0}^{n} a_i y[k+i] = \sum_{j=0}^{m} b_j f[k+j] \tag{1.7.11}$$

式中，$a_n=1$，$m=n-1$，则其模拟图如图 1.7.17 所示。

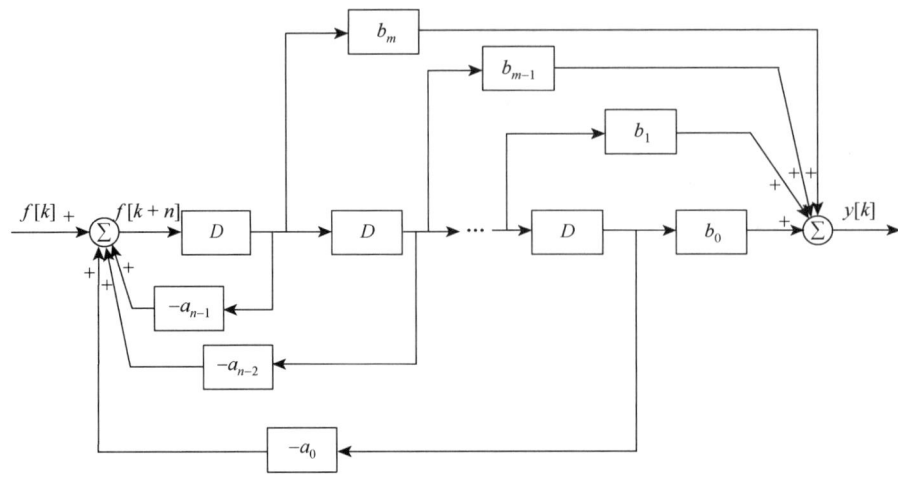

图 1.7.17　一般的 n 阶连续时间系统的模拟图

【例 1.7.6】　求一个对称矩形脉冲信号 $f(t)=\begin{cases}-\dfrac{E}{2},&-\dfrac{T}{2}\leqslant t<0\\ \dfrac{E}{2},&0\leqslant t\leqslant\dfrac{T}{2}\end{cases}$ 经过图 1.7.18 所示积分放大器级联系统后的输出。

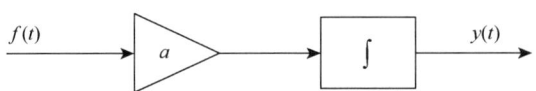

图 1.7.18　积分放大器级联系统

解　输入信号如图 1.7.19（a）所示，通过系统 1，$y_1(t)=S_1\{f(t)\}=af(t)$。信号通过系统 2，$y_2(t)=S_2\{y_1(t)\}=\int_{-\infty}^{t}af(\tau)\mathrm{d}\tau=y(t)$，系统的输出如图 1.7.19（b）所示。

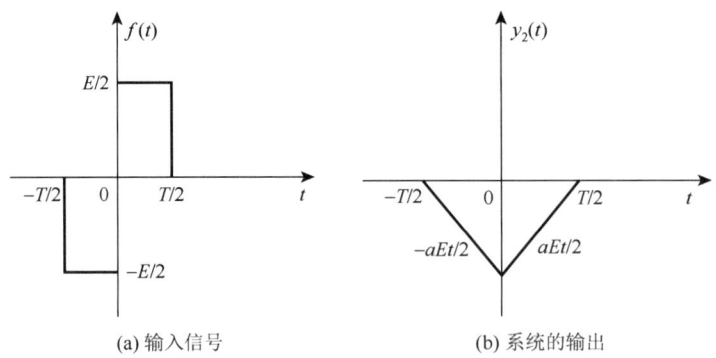

(a) 输入信号　　　　　(b) 系统的输出

图 1.7.19　信号通过级联系统

【例 1.7.7】　已知 $y''(t)+2y'(t)+3y(t)=f'(t)+2f(t)$，画出系统框图。

解　方法一：方程左端只保留输出的最高阶导数项。

$$\frac{\mathrm{d}^2y(t)}{\mathrm{d}t^2}=-2\frac{\mathrm{d}y(t)}{\mathrm{d}t}-3y(t)+\frac{\mathrm{d}f(t)}{\mathrm{d}t}+2f(t)$$

因为 $n=2$，所以积分 2 次，此时方程左端只剩下 $y(t)$ 项，即

$$y(t) = -2\int y(t)\mathrm{d}t - 3\iint y(t)\mathrm{d}t + \int f(t)\mathrm{d}t + 2\iint f(t)\mathrm{d}t$$

方法一所得系统框图如图 1.7.20 所示。

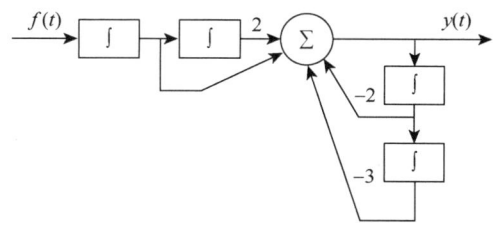

图 1.7.20　方法一所得系统框图

方法二：需引入一个辅助函数 $q(t)$，使其满足条件：$q''(t) + 2q'(t) + 3q(t) = f(t)$，将该式代入原微分方程，可得

$$y''(t) + 2y'(t) + 3y(t) = \frac{\mathrm{d}}{\mathrm{d}t}\left(q''(t) + 2q'(t) + 3q(t)\right) + 2\left[q''(t) + 2q'(t) + 3q(t)\right]$$

$$= \frac{\mathrm{d}^2}{\mathrm{d}t^2}\left(q'(t) + 2q(t)\right) + 2\frac{\mathrm{d}}{\mathrm{d}t}\left(q'(t) + 2q(t)\right) + 3\left[q'(t) + 2q(t)\right]$$

因为等式恒等，可见 $y(t) = q'(t) + 2q(t)$。方法二所得系统框图如图 1.7.21 所示。

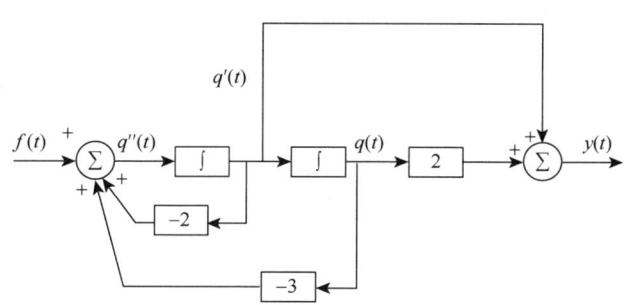

图 1.7.21　方法二所得系统框图

【例 1.7.8】　已知 $0.5y[k+2] + y[k+1] + y[k] = 2f[k+1] + f[k]$，画出系统框图。

解　先将方程整理为 $y[k+2] = -2y[k+1] - 2y[k] + 4f[k+1] + 2f[k]$，根据一般二阶离散时间系统的模拟图可得，例 1.7.8 对应的二阶离散时间系统框图如图 1.7.22 所示。

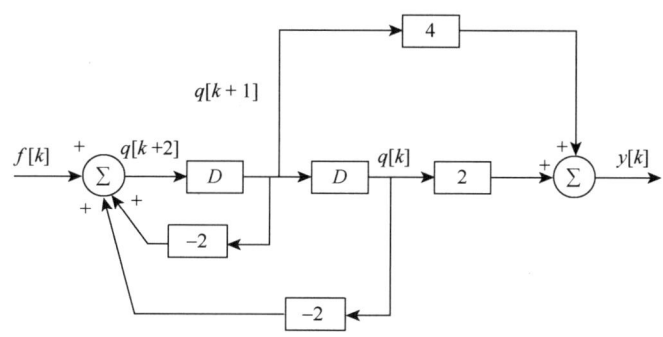

图 1.7.22　例 1.7.8 对应的二阶离散时间系统框图

【例 1.7.9】　已知例 1.7.9 对应的连续时间系统框图如图 1.7.23 所示，写出系统的微分方程。

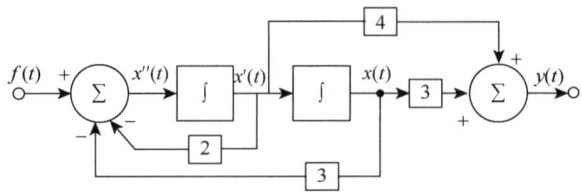

图 1.7.23 例 1.7.9 对应的连续时间系统框图

解 设辅助变量为 $x(t)$,则 $x''(t)=f(t)-2x'(t)-3x(t)$,即 $x''(t)+2x'(t)+3x(t)=f(t)$;同理,$y(t)=4x'(t)+3x(t)$。根据前面的逆过程,可得 $y''(t)+2y'(t)+3y(t)=4f'(t)+3f(t)$。

【**例 1.7.10**】 已知例 1.7.10 对应的离散时间系统框图如图 1.7.24 所示,写出系统的差分方程。

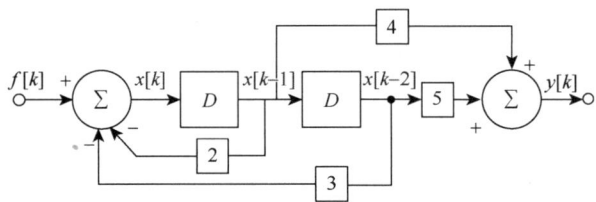

图 1.7.24 例 1.7.10 对应的离散时间系统框图

解 设辅助变量为 $x[k]$,$x[k]=f[k]-2x[k-1]-3x[k-2]$,即 $x[k]+2x[k-1]+3x[k-2]=f[k]$;同理,$y[k]=4x[k-1]+5x[k-2]$。消去 $x[k]$,得 $y[k]+2y[k-1]+3y[k-2]=4f[k-1]+5f[k-2]$。

1.7.4 系统的状态空间描述

该部分内容将在第 7 章介绍。

习　　题

1.1 试画出以下信号的波形图。

(1) $2^{-k}u[k]$;

(2) $\sin\left(\dfrac{1}{5}\pi k\right)$;

(3) $\cos(\omega(t-t_0))u(t-t_0)$,$t_0>0$;

(4) $u(t_0-2t)$,$t_0>0$;

(5) $u(t_0-2t)-u(-t_0-2t)$,$t_0>0$;

(6) $-ku[k+2]$;

(7) $\left[\mathrm{e}^{-t}+2\cos(2t)\right]u(t)$;

(8) $\sum_{i=0}^{k}(\delta[i-3m]-\delta[i-3m-1])$;

(9) $2\cos\left(\dfrac{\pi k}{4}\right)+\sin\left(\dfrac{\pi k}{8}\right)-2\sin\left(\dfrac{\pi k}{2}+\dfrac{\pi}{6}\right)$。

1.2 计算积分。

(1) $y(t)=\int_{-4}^{4}(t+2)[\delta(t)+2\delta(t-2)]\mathrm{d}t$;

(2) $y(t)=\int_{-4}^{4}(t^2+3t+2)[\delta(t)+2\delta(t-2)+2\delta(t-5)]\mathrm{d}t$;

(3) $y(t)=\int_{-2\pi}^{2\pi}(t+1)\delta(\cos t)\mathrm{d}t$;

(4) $y(t)=\int_{-\infty}^{\infty}\delta(t-1)\left(t+\dfrac{\sin(\pi t)}{t-1}\right)\mathrm{d}t$;

(5) $y(t) = \int_{-\infty}^{\infty} e^{-5(t-1)} \delta''(t) dt$;

(6) $y(t) = \int_{-\infty}^{\infty} \sin(t-\tau) \delta(\cos\tau) d\tau$;

(7) $y(t) = \int_0^t e^{-2(t-\tau)} e^{-2\tau} d\tau$;

(8) $y(t) = \int_{-\infty}^{\infty} \frac{1}{\pi} \big[[1-\cos(\pi\tau)] u(\tau) \big] u(t-\tau) d\tau$

1.3 计算下列信号的能量或功率。

(1) $x(t) = e^{-2t}$;   (2) $x(t) = e^{j(2t+\pi/4)}$;   (3) $x(t) = \cos t$;

(4) $x[k] = \left(\frac{1}{2}\right)^k u[k]$;   (5) $x[k] = e^{j(\pi k/2 + \pi/8)}$;   (6) $x[k] = \cos\left(\frac{\pi}{4}k\right)$

1.4 (1) 设 $f_1(t)$ 和 $f_2(t)$ 都是周期信号，其基波周期分别为 T_1 和 T_2。在什么条件下，$f_1(t) + f_2(t)$ 是周期的？如果该信号是周期的，那么它的基波周期是什么？

(2) 设 $f_1[k]$ 和 $f_2[k]$ 都是周期信号，其基波周期分别为 N_1 和 N_2。在什么条件下，$f_1[k] + f_2[k]$ 是周期的？如果该信号是周期的，那么它的基波周期是什么？

1.5 判断下列信号是否为周期信号，如果是，那么请给出周期。

(1) $x_1(t) = je^{j10t}$;   (2) $x_2(t) = e^{(-1+j)t}$;   (3) $x_3[k] = e^{j7\pi k}$;

(4) $x_4[k] = 3e^{j3\pi(k+1/2)/5}$;   (5) $x_5[k] = 3e^{j3(k+1/2)/5}$

1.6 试画出以下信号的波形图。

(1) $y(t) = 2\delta(t^2 - 1)$;   (2) $y(t) = \delta(\sin(0.5\pi t))$;

(3) $y(t) = \text{sgn}\left(\cos\left(\frac{\pi t}{2}\right)\right)$;   (4) $y(t) = \cos(\pi t) u(\cos(\pi t))$;

(5) $f(t) = |t| u(t) - \sum_{n=1}^{\infty} u(t-n)$;   (6) $f(t) = e^{-|t|/2} \sum_{n=-\infty}^{\infty} \delta(t-n)$

1.7 试写出习题 1.7 图所示各信号的表达式。

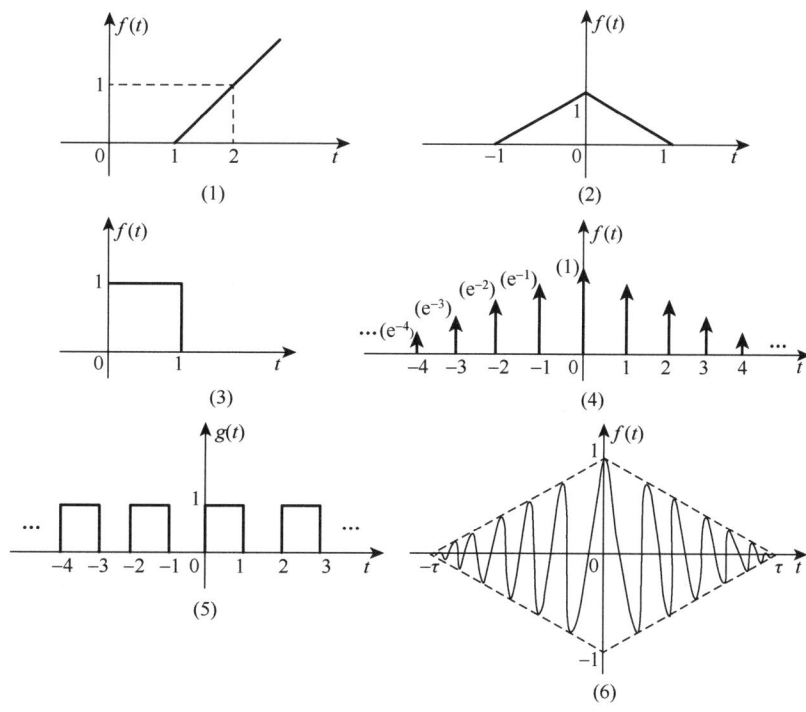

习题 1.7 图　各信号的波形

1.8 已知离散时间信号 $f[k]=\begin{cases}0, & k\leq 0\\ k, & 0<k\leq 3\\ 1, & 3<k\leq 6\\ 0, & k>6\end{cases}$，试画出下列各信号的波形图，并写出信号的具体解析式。

（1）$f[4-k]$；　　　　　（2）$f[2k+1]$；　　　　　（3）$f[k]=\begin{cases}f\left[\dfrac{k}{3}\right], & k\text{为3的倍数}\\ 0, & \text{其他}\end{cases}$；

（4）$f\left[2-\dfrac{k}{2}\right]$；　　　　（5）$f\left[\dfrac{k}{2}+2\right]+f\left[-\dfrac{k}{2}-1\right]$。

1.9 信号 $f_1(t)$ 和 $f_2(t)$ 的波形如习题1.9图所示，试求 $\mathrm{d}f_1(t)/\mathrm{d}t$、$\mathrm{d}f_2(t)/\mathrm{d}t$、$f_1(t)+f_2(t)$ 和 $f_1(t)\cdot f_2(t)$ 的波形，并写出其表达式。

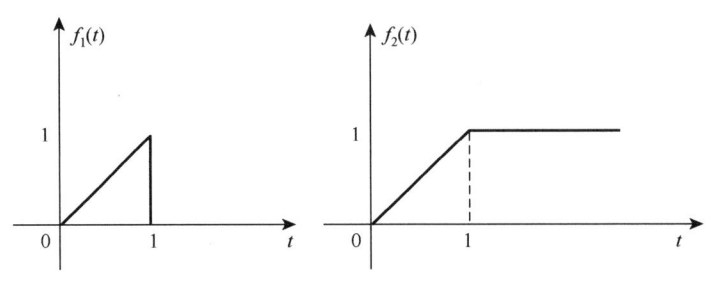

习题1.9图　信号 $f_1(t)$ 和 $f_2(t)$

1.10 将下列信号分解为偶分量和奇分量。

（1）$f[k]=0.5\sin k+\cos\left(\dfrac{k}{2}\right)$。

（2）$f(t)$ 为习题1.10图所示周期信号。

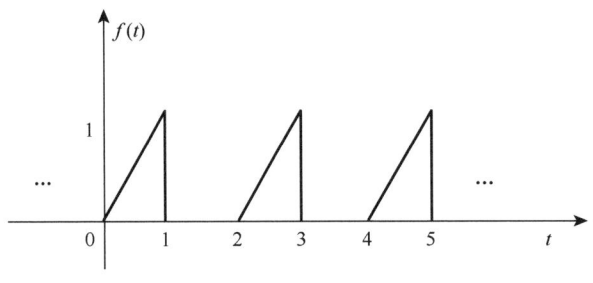

习题1.10图　周期信号 $f(t)$

1.11 将下列信号分解为实部分量 $f_\mathrm{r}(t)$ 和虚部分量 $f_\mathrm{i}(t)$。

（1）$f(t)=\mathrm{e}^{-t}\sin t$。

（2）$f(t)=\sin(t/2)+0.5\cos t$。

自　测　题

一、判断题（在圆括号内正确的打"√"，错误的打"×"）（每小题1分，共15分）

1.1 阶跃序列与脉冲序列的关系为 $u[k]=\sum\limits_{i=-\infty}^{\infty}\delta[i]$。（　　）

1.2 单位脉冲信号 $\delta(t)$ 是功率信号。（　　）

1.3　$\cos(2\pi t)\delta(t-1)=1$。（　　）

1.4　对于系统 $y(t)=x(t-3)$，输入是周期信号，输出仍然是周期信号。（　　）

1.5　若 $x(t)=\cos(2t)$，$y(t)=\cos(\pi t)$，则 $z(t)=x(t)+y(t)$ 是周期的。（　　）

1.6　能量信号 $x(t)$ 与 $3x(3t)$ 具有相同的直流分量和能量。（　　）

1.7　任意一个连续时间实信号的能量等于其偶分量的能量与奇分量的能量之和。（　　）

1.8　非周期信号通过 LTI 系统一定还是非周期信号。（　　）

1.9　若系统的输入与输出分别为 $x(t)$ 和 $y(t)$，则系统 $y(t)=|x(t)|$ 是线性系统。（　　）

1.10　离散时间系统输出 $y[k]$ 与输入 $x[k]$ 的关系为 $y[k]=2x[k]+1$，此系统为非线性。（　　）

1.11　连续时间系统的输出 $y(t)$ 与输入 $x(t)$ 的关系为 $y(t)=\cos\left(2\pi f_c t+k\int_{-\infty}^{t}x(\tau)d\tau\right)$，其中，$k$、$f_c$ 为常数，此系统是时不变的。（　　）

1.12　离散时间系统输出 $y[k]$ 与输入 $x[k]$ 的关系为 $y[k]=x[k]u[k]$，此系统是时不变的。（　　）

1.13　累加器 $y[k]=\sum_{i=-\infty}^{k}x[i]$ 是不可逆的。（　　）

1.14　某系统为 $y[k]=\cos k$，该系统为非线性稳定系统。（　　）

1.15　$y[k]=x[1-k]$ 描述的是线性时不变因果系统。（　　）

二、填空题（每空 1 分，共 15 分）

2.1　对于离散信号，$\delta[2k]=A\delta[k]$，则 $A=$ _____。

2.2　序列和 $\sum_{i=-\infty}^{+\infty}\delta[i-1]=$ _____。

2.3　$\int_{-\infty}^{+\infty}\frac{\sin(2t)}{t}\delta(t)dt=$ _____；$\int_{-3}^{6}(4-t^2)\delta(t+4)dt=$ _____；

$\int_{-5}^{+5}e^{-2t}u(t+1)\delta'(t)dt=$ _____；$\int_{-\infty}^{t}\sin(\pi\tau)\delta(2\tau-1)d\tau=$ _____。

2.4　信号 $2\cos(10t+1)-\sin(4t-1)$ 的基波周期为_____，$e^{j(\pi t-1)}$ 的基波周期为_____；

序列 $\sin\left(\frac{6\pi}{7}k+1\right)$ 的基波周期为_____，$\cos\left(\frac{\pi k}{2}\right)\cos\left(\frac{\pi k}{4}\right)$ 的基波周期为_____。

2.5　离散信号 $x[k]=3$ 的平均功率为_____。

2.6　信号 $x(t)=1+\cos(\omega t)$ 的直流分量为_____。

2.7　已知系统输入 $x(t)$ 和输出 $y(t)$ 满足方程 $y(t)=(t+1)\frac{dx(t)}{dt}+2$，则该方程描述的系统是_____（可逆或不可逆）系统。

2.8　已知系统输入 $x(t)$ 和输出 $y(t)$ 满足方程 $y(t)=\begin{cases}x(t-1)+2, & x(t)\geq 1\\ x(t), & x(t)<1\end{cases}$，则该方程描述的系统是_____（稳定或不稳定）系统。

2.9　已知连续线性时不变系统，当输入 $x_1(t)$ 的零状态响应为 $y_1(t)=u(t)$ 时，则输入 $x_2(t)=\int_{-\infty}^{t}x_1(\tau-3)d\tau$ 时系统的零状态响应 $y_2(t)=$ _____。

三、选择题（每小题 1 分，共 10 分）

3.1　下列信号的分类方法不正确的是（　　）。
A. 数字信号和离散信号　　　　B. 确定性信号和随机信号
C. 周期信号和非周期信号　　　D. 因果信号和反因果信号

3.2 下列说法不正确的是（　　）。

A. 一般周期信号为功率信号

B. 时限信号（仅在有限时间区间不为零的非周期信号）为能量信号

C. $x[k]=(-0.5)^k u[k]$ 为能量信号

D. $x(t)=tu(t)$ 为能量信号

3.3 下列叙述错误的是（　　）。

A. 若周期信号通过线性时不变系统输出非零，则输出一定为周期信号

B. 一个周期信号与一个非周期信号之和不一定为周期信号

C. 两个线性时不变系统级联构成的系统一定是线性时不变系统

D. 两个非线性系统级联构成的系统一定是非线性系统

3.4 以下哪个陈述是正确的？（　　）

A. 离散时间信号 $x[k]=\cos\left(\dfrac{2\pi}{3}k\right)+\sin\left(\dfrac{3\pi}{2}k\right)$ 的基波周期是 4

B. 离散时间指数信号 $x[k]=e^{j\omega_0 k}$ 一定是周期的

C. 两个周期信号的和一定是周期信号

D. 对一个 LTI 系统来说，如果输入是周期信号，那么输出一定是周期信号

3.5 计算 $\sum_{i=0}^{k}\cos\left(\dfrac{i\pi}{4}\right)\cdot\delta[i-4]=$（　　）。

A. 1　　　　　B. $-u[k-4]$　　　　　C. -1　　　　　D. $-u[k]$

3.6 积分 $\int_{-\infty}^{+\infty}\sqrt{t^2+4t-1}\cdot\delta(2t-2)\mathrm{d}t$ 的结果为（　　）。

A. 0　　　　　B. 1　　　　　C. 1/2　　　　　D. 2

3.7 系统输入 $x(t)$（或 $x[k]$）与输出 $y(t)$（或 $y[k]$）满足下列关系，则（　　）不是线性时不变系统。

A. $y(t)=\int_{-\infty}^{t}x(\tau)\mathrm{d}\tau$　　　　B. $y[k]=x[k]-x[k-1]$

C. $y(t)=2t\cdot x(t)-2$　　　　D. $y[k]-2y[k-1]-3y[k-2]=x[k]+x[k-1]$

3.8 下列信号是周期信号的是（　　）。

A. $x(t)=\cos(2t)+\cos(\pi t)$　　　　B. $x(t)=\sum_{k=-\infty}^{+\infty}e^{-(t-3k)^2}$

C. $x[k]=e^{j\left(\frac{k}{6}+\frac{\pi}{6}\right)}$　　　　D. $x[k]=\cos\left(\pi^2 k+\dfrac{\pi}{4}\right)$

3.9 如自测题 3.9 图所示，$x_1(t)$ 为原始信号，$x_2(t)$ 为变换后的信号，则 $x_2(t)$ 可以表示为（　　）。

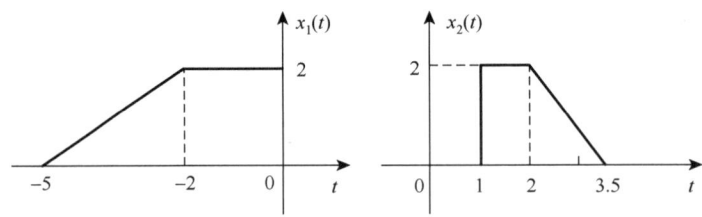

自测题 3.9 图

A. $x_2(t)=x_1(-2t+2)$　　　　B. $x_2(t)=x_1(-2t-2)$

C. $x_2(t)=x_1(-2t+3)$　　　　D. $x_2(t)=x_1(-2t-3)$

3.10 下列四个信号中，只有（　　）与其他三个信号基本周期不同。

A. $e^{j\frac{\pi k}{5}}$　　　　B. $\cos\left(\dfrac{3\pi k}{5}\right)$　　　　C. $\sin\left(\dfrac{2\pi k}{5}\right)$　　　　D. $\cos(\pi k)+2\cos\left(\dfrac{2\pi k}{5}\right)$

四、画图题（共 20 分）

4.1 试画出以下信号的波形图。（每小题 2 分，共 8 分）

(1) $y[k] = 2^{-(k-2)}u[k-2]$；

(2) $y(t) = e^{-2t}\cos(10\pi t)u(t)$；

(3) $y(t) = u(t^2 - 4)$；

(4) $y(t) = \dfrac{1}{2}e^{-\pi\left(\frac{t}{2}\right)^2}$

4.2 已知一个连续时间信号 $x(t)$ 如自测题 4.2 图所示，试画出以下信号波形。（每小题 4 分，共 12 分）

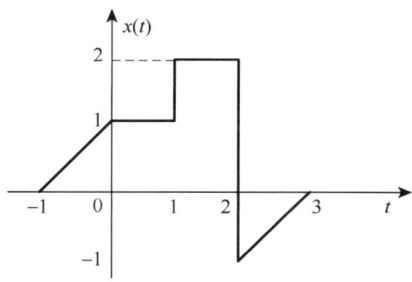

自测题 4.2 图　一个连续时间信号

(1) 信号 $y(t) = x\left(2 - \dfrac{t}{3}\right)$ 的波形图。

(2) 信号 $y'(t) = x\left(2 - \dfrac{t}{3}\right)$ 的波形图。

(3) 信号 $\int_{-\infty}^{t} y(\tau)\mathrm{d}\tau$ 的波形图。

五、综合题（每小题 10 分，共 40 分）

5.1 一个连续时间线性时不变系统，其输入输出关系为

$$y(t) = \int_{-\infty}^{t}\cos(t-\tau)x(\tau+1)\mathrm{d}\tau$$

该系统是因果的吗？该系统是稳定的吗？并说明原因。

5.2 已知系统的闭式表达式为 $y(t) = x(t)\sum\limits_{k=-\infty}^{+\infty}\delta(t - 2k)$，请确定

(1) 系统是否是线性系统；　　(2) 系统是否是时不变系统；

(3) 系统是否是因果系统；　　(4) 系统是否是稳定系统

5.3 已知 LTI 系统，输入 $x_1(t)$ 时输出 $y_1(t)$，输入 $x_2(t)$ 时输出 $y_2(t)$，其中，$x_1(t)$、$y_1(t)$、$y_2(t)$ 如自测题 5.3 图所示，求 $x_2(t)$ 的表达式。

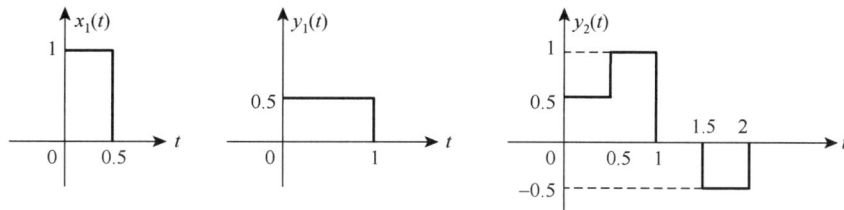

自测题 5.3 图　某 LTI 系统的输入和输出

5.4 已知一个 LTI 系统，当输入为 $x_1(t)$ 时，输出为 $y_1(t)$，分别如自测题 5.4 图（a）与（b）所示。求：

（1）该系统是因果的吗？并简单说明理由。

（2）当输入为 $x_2(t)$（自测题 5.4 图（c））时，求对应的系统输出 $y_2(t)$。

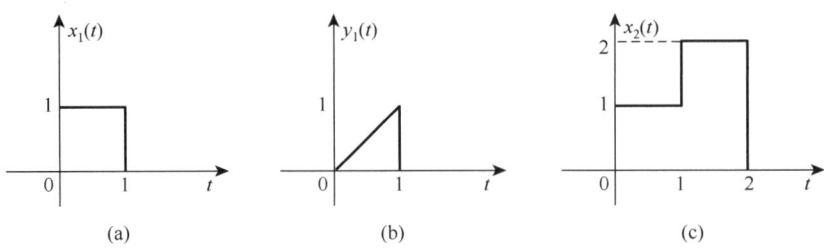

(a)　　　　　　　(b)　　　　　　　(c)

自测题 5.4 图　某 LTI 系统的输入和输出

模 拟 题

一、单项选择题

1.1 试确定下列信号周期：

（1）$x(t) = 3\cos\left(4t + \dfrac{\pi}{3}\right)$（　　）

A. 2π 　　　　B. π 　　　　C. $\dfrac{\pi}{2}$ 　　　　D. $\dfrac{2}{\pi}$

（2）$x[k] = 2\cos\left(\dfrac{\pi}{4}k\right) + \sin\left(\dfrac{\pi}{8}k\right) - 2\cos\left(\dfrac{\pi}{2}k + \dfrac{\pi}{6}\right)$（　　）

A. 8　B. 16　C. 2　D. 4

1.2 下列信号中属于功率信号的是（　　）。

A. $\cos t u(t)$ 　　　　B. $e^{-t} u(t)$ 　　　　C. $t e^{-t} u(t)$ 　　　　D. $e^{-|t|}$

1.3 设 $f(t) = 0, t < 3$，试确定下列信号为 0 的 t 值：

（1）$f(1-t) + f(2-t)$（　　）。

A. $t > -2$ 或 $t > -1$ 　　B. $t = 1$ 和 $t = 2$ 　　C. $t > -1$ 　　D. $t > -2$

（2）$f(1-t)f(2-t)$（　　）。

A. $t > -2$ 或 $t > -1$ 　　B. $t = 1$ 和 $t = 2$ 　　C. $t > -1$ 　　D. $t > -2$

（3）$f\left(\dfrac{t}{3}\right)$（　　）。

A. $t > 3$ 　　　　B. $t = 0$ 　　　　C. $t < 9$ 　　　　D. $t = 3$

1.4 下列表达式中正确的是（　　）。

A. $\delta(2t) = \delta(t)$ 　　　　　　　　B. $\delta(2t) = \dfrac{1}{2}\delta(t)$

C. $\delta(2t) = 2\delta(t)$ 　　　　　　　　D. $2\delta(2t) = \dfrac{1}{2}\delta(t)$

1.5 若 $f(t)$ 是已录制声音的磁带，则下列表述错误的是（　　）。

A. $f(-t)$ 表示将此磁带倒转播放产生的信号

B. $f(2t)$ 表示将此磁带以 2 倍速度加快播放

C. $f(2t)$ 表示原磁带放音速度降低 1/2 播放

D. $2f(2t)$ 将磁带的音量放大一倍播放

1.6 积分 $\int_{-5}^{5}(t-3)\delta(-2t+4)\mathrm{d}t =$ （　　）。

A. -1　　　　B. -0.5　　　　C. 0　　　　D. 0.5

1.7 分析信号 $\ln|x(t)|$ 是否为线性时不变的。（　　）

A. 线性、时不变　　　　　　　　B. 线性、时变
C. 非线性、时不变　　　　　　　D. 非线性、时变

二、判断题（在圆括号内正确的打"√"，错误的打"×"）

2.1 所有非周期信号都是能量信号。（　　）

2.2 若 $f[k]$ 是周期序列，则 $f[2k]$ 也是周期序列。（　　）

2.3 由已知信号 $f(t)$ 构造信号：$F(t) = \sum_{n=-\infty}^{\infty} f(t+nT)$，则 $F(t)$ 为周期信号。（　　）

2.4 冲激信号是一个高且窄的尖峰信号，它有有限的面积和能量。（　　）

2.5 连续时间系统的输出 $y(t)$ 与输入 $x(t)$ 的关系为 $y(t) = \dfrac{\mathrm{d}x(t)}{\mathrm{d}t}$，此系统是线性的。（　　）

2.6 系统的输入与输出分别为 $x(t)$ 和 $y(t)$，则系统 $y(t) = \int_{-\infty}^{t} x(\tau)\mathrm{e}^{t-\tau}\mathrm{d}\tau$ 是时变系统。（　　）

2.7 信号 $x(t)$ 经过一个连续时间系统的输出为 $y(t) = tx(t)$，该系统是时不变系统。（　　）

2.8 离散时间系统 $y[k] = x[k] + 3$ 是因果系统。（　　）

2.9 某系统输入输出的关系为 $y(t) = t^2 x(t-1)$，则该系统是线性的时变系统。（　　）

三、填空题

3.1 （1）$\int_{-\infty}^{\infty} 2(t^2-2)\delta(t-2)\mathrm{d}t =$ _____；

（2）$\int_{0}^{\infty} [\delta(t^2-1)]\mathrm{e}^{-t}\mathrm{d}t =$ _____；

（3）$\int_{-\infty}^{\infty} [t+\cos(\pi t)][\delta(t)+\delta'(t)]\mathrm{d}t =$ _____；

（4）$\int_{-4}^{4} t^2 \delta'(t-1)\mathrm{d}t =$ _____；

（5）$\int_{-\infty}^{\infty} (t^2+2t)\delta(-t+1)\mathrm{d}t =$ _____；

（6）$\int_{0}^{t} (\tau^2+2)\delta(2-\tau)\mathrm{d}\tau =$ _____；

（7）$\int_{3}^{1} \mathrm{e}^{-2t}\delta(t-2)\mathrm{d}t =$ _____；

（8）$\int_{-\infty}^{3} (2t^2+3t)\delta\left(\dfrac{1}{2}t-2\right)\mathrm{d}t =$ _____；

（9）$\int_{-\infty}^{\infty} u(2t-2)u(4-4t)\mathrm{d}t =$ _____；

（10）$\int_{-3}^{+3} \delta(3t)\mathrm{d}t =$ _____；

（11）$\int_{-\infty}^{t} \tau\delta(3\tau-1)\mathrm{d}\tau =$ _____；

（12）$\int_{-\infty}^{t} \mathrm{e}^{-2\tau}\delta'(\tau)\mathrm{d}\tau =$ _____；

（13）$\int_{-\infty}^{\infty} \mathrm{e}^{-t}\delta(2t-2)\mathrm{d}t =$ _____。

3.2 （1）$\delta(\sin t) =$ _____；

（2）$\sin t \cdot \delta'(t) =$ _____；

3.3 （1）已知 $f(t)=(t^2+4)u(t)$，则 $f''(t)=$_____；

（2）已知 $f[k]=\{3,4,5,6\}$，则 $g[k]=f[2k-1]=$_____；

3.4 （1）$x[k]=1+e^{j\frac{4\pi k}{5}}-e^{j\frac{2\pi k}{3}}$ 的基波周期为_____；

（2）信号 $e^{j(\frac{\pi}{2}t-1)}$ 的基波周期为_____；

（3）序列 $x[k]=\cos(\frac{\pi}{4}k)$ 的周期为_____；

（4）信号 $e^{-j0.2\pi k}+e^{-j0.5\pi k}$ 的最小周期 T 为_____。

3.5 连续信号 $f(t)=\sin t$ 的周期 $T_0=$_____，若对 $f(t)$ 以 $f_0=1$Hz 进行取样，所得离散序列 $f[k]=$_____，则该离散信号_____（是或不是）周期序列。

3.6 （1）信号 $e^{j0.4\pi t}+0.5e^{-j0.6\pi t}$ 的平均功率为_____；

（2）信号 $1+\cos^2(\frac{\pi t}{20})$ 的直流分量为_____；

（3）信号 $x(t)=\cos(\omega_0 t)+2\cos(2\omega_0 t)$ 的平均功率是_____；

（4）序列 $x[k]=2^k(u[k]-u[k-3])$ 的能量为_____；

（5）信号 $x[k]=\delta[k]+2\delta[k-1]+\delta[k-2]$ 的能量为_____；

（6）离散信号 $f[k]=\cos(\frac{\pi}{3}k)$，其平均功率为_____。

3.7 已知系统输入 $x(t)$ 和输出 $y(t)$ 满足方程 $y(t)=|x(-t)|+x(t)$，则该方程描述的系统是_____（线性或非线性）、_____（时变或时不变）系统。

3.8 已知系统输入 $x(t)$ 和输出 $y(t)$ 满足方程 $y(t)=(t+1)\frac{dx(t)}{dt}+2$，则该方程描述的系统是_____（线性或非线性）系统。

3.9 已知系统输入 $x(t)$ 和输出 $y(t)$ 满足方程 $y(t)=\begin{cases} x(t-1)+2, & x(t)\geq 1 \\ x(t), & x(t)<1 \end{cases}$，则该方程描述的系统是_____（时变或时不变）系统。

四、画图题

4.1 画出信号 $f(t)=\int_0^t[\delta(\tau^2-\tau)-2\delta(\tau-2)]d\tau$ 的波形。

4.2 已知信号 $x[k]=\delta[k]+2\delta[k-1]+3\delta[k-2]$，画出 $x[k]$ 和 $x[2k]$ 的波形。

4.3 画出信号 $x(t)=[u(t)-2u(t-1)+u(t-2)]\sin(4\pi t)$ 的波形。

4.4 已知 $x(t)=\sum_{k=0}^{+\infty}(-1)^k u(t-5k)$，画出 $x(t)$ 的波形。

4.5 某离散时间信号 $x[n]=\begin{cases} 1, & n=1,2 \\ -1, & n=-1,-2 \\ 0, & n=0,|n|>2 \end{cases}$，画出 $x[n]$ 和 $y[n]=x[2n+3]$ 的波形。

4.6 已知 $f(-2t+1)$ 波形如模拟题 4.6 图所示，画出 $f(t)$ 的波形。

4.7 已知 $f(t)$ 波形如模拟题 4.7 图所示，画出 $f(2-\frac{t}{3})$ 的波形。

4.8 已知 $\frac{df(t)}{dt}=3\sum_{k=-\infty}^{\infty}\delta(t-2k)-3\sum_{k=-\infty}^{\infty}\delta(t-2k-1)$，试画出 $f(t)$ 的一种可能波形。

4.9 已知信号 $f(t)=u(t+2)-u(t-2)$，画出 $f(t)$ 和 $\frac{df(2t)}{dt}$ 的波形。

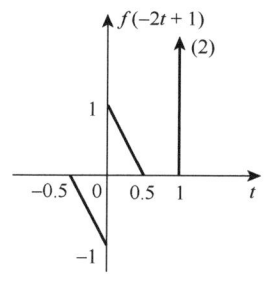

模拟题 4.6 图

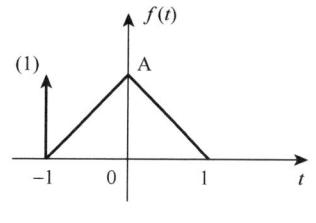

模拟题 4.7 图

4.10 已知 $x(t)=\cos(\pi t)u(t)$，画出 $x(t)$ 和 $\dfrac{\mathrm{d}x(t)}{\mathrm{d}t}$ 的波形。

4.11 升余弦脉冲定义为 $x(t)=\dfrac{1}{2}\left[1+\cos(\omega_0 t)\right]\left[u\left(t+\dfrac{\pi}{\omega_0}\right)-u\left(t-\dfrac{\pi}{\omega_0}\right)\right]$，画出 $x(t)$ 和 $y(t)=x(t)\delta\left(t-\dfrac{\pi}{2\omega_0}\right)$ 的波形。

4.12 已知 $f[k]$ 波形如模拟题 4.12 图所示，画出 $\sum\limits_{i=-\infty}^{k}f(i)$ 的序列图。

4.13 已知 $f(t)$ 波形如模拟题 4.13 图所示，$g(t)=\dfrac{\mathrm{d}}{\mathrm{d}t}f(t)$，试画出 $g(t)$ 和 $g(2t)$ 的波形。

4.14 信号 $x(t)=\mathrm{e}^{-t}u(t)$，画出 $x(t)$ 及其偶分量和奇分量的波形。

4.15 已知以下连续时间信号 $x(t)=t[u(t)-u(t-1)]$，画出 $x(t)$ 及其偶分量的图形。

4.16 画出信号 $x[k]=u[k]$ 的偶分量波形。

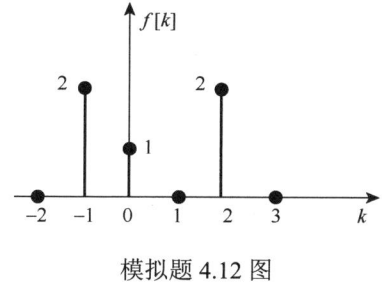

模拟题 4.12 图　　　　　　　　　　　模拟题 4.13 图

4.17 一个 LTI 系统，若输入 $x_1(t)$ 和其对应的输出 $y_1(t)$ 分别如模拟题 4.17 图所示。

（1）若输入为 $x_2(t)$，画出其对应的输出 $y_2(t)$。

（2）假设 $f\left(1-\dfrac{t}{3}\right)=x_1(t)$，画出 $f(t)$。

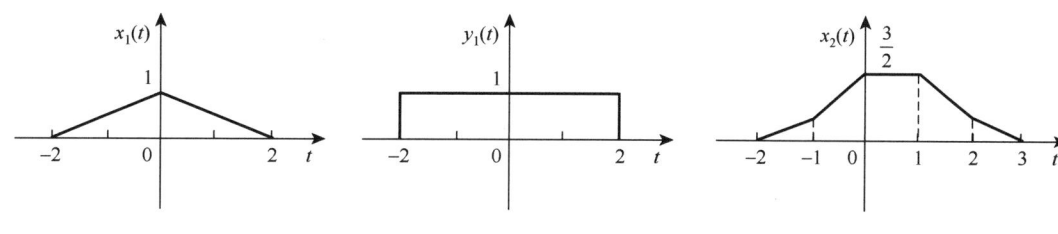

模拟题 4.17 图

4.18 一个连续时间信号 $f(t)=x(-3t+1)$ 的波形如模拟题 4.18 图所示。

（1）画出信号 $x(t)$ 的波形。

（2）对信号 $f(t)$ 进行奇偶分解，画出奇部和偶部的波形。

4.19 已知 $x(-2t+3)$ 的图像如模拟题 4.19 图所示，画出 $x(t)$ 和 $\dfrac{\mathrm{d}}{\mathrm{d}t}x(t)$ 的图像。

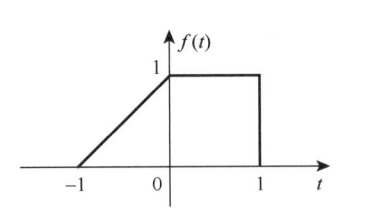

模拟题 4.18 图

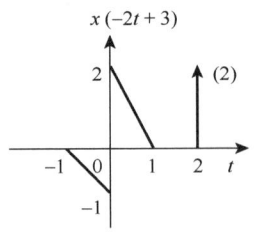

模拟题 4.19 图

五、简答及计算题

5.1 计算模拟题 4.18 所示信号 $f(t)$ 的总能量和平均功率。

5.2 $\lim\limits_{\substack{x \to 0 \\ y > 0}} \dfrac{y}{x^2+y^2} \cdot \dfrac{1}{\pi}$ 能否定义一个 $\delta(x)$？为什么？

5.3 设 $u_1(t) = \dfrac{\mathrm{d}}{\mathrm{d}t}\delta(t)$，计算 $x(t) = \int_{-\infty}^{t} \mathrm{e}^{-5\tau} u_1(\tau) \mathrm{d}\tau$。

5.4 计算 4.12 题定义的升余弦脉冲的能量。

5.5 已知信号 $x(t) = A_1\cos(\Omega t)$，$y(t) = A_2\cos(\Omega_2 t)$，求信号 $z(t) = x(t)+y(t)$ 的功率。

5.6 已知 $f(5-2t) = 2\delta(t-3)$，求 $\int_0^{\infty} f(t)\mathrm{d}t$。

5.7 将信号 $f[k] = \begin{cases} 0, & k<0 \\ k, & 0 \leqslant k < 2 \\ 1, & 2 \leqslant k \leqslant 4 \\ 0, & k > 4 \end{cases}$ 分解为偶分量和奇分量。

5.8 将信号 $f(t) = \mathrm{e}^{-(5+\mathrm{j}5\pi)t}$ 分解为实部分量 $f_r(t)$ 和虚部分量 $f_i(t)$。

5.9 下列信号中哪些是周期信号？哪些是能量信号？哪些是功率信号？

（1）$f[k] = (-0.5)^k u[k]$；　　　　　　（2）$f(t) = \mathrm{e}^{-at}\cos(\omega_0 t)u(t)$；

（3）$f(t) = 3tu(t)$；　　　　　　（4）$f[k] = 2\cos\left(\dfrac{3\pi k}{7} - \dfrac{\pi}{8}\right)$

5.10 已知某系统的输入信号和输出信号满足 $y(t) = x(t)\sin(\omega_0 t)$，分析该系统是否具有线性、时不变性、因果性和稳定性。

第 2 章 线性时不变系统的时域分析

第 1 章中介绍并讨论了系统的因果性、稳定性、时不变性和线性等基本性质，其中的线性和时不变性是信号与系统分析中最常用也是最主要的两个性质。其原因在于很多的物理过程都具有线性和时不变性，都可以用线性时不变系统来表征。因此，本书的大部分内容都重点关注线性时不变系统，包括连续时间系统和离散时间系统。连续时间系统处理连续信号，离散时间系统处理离散信号，它们的数学模型通常有两类：一是描述连续时间系统的微分方程模型或者描述离散时间系统的差分方程模型，二是状态空间模型。前者只表征系统外部输入输出关系，而不研究系统的内部变化；后者不仅表示系统的外部输入输出关系，还反映系统的内部特性。我们将在第 7 章讨论系统的状态空间模型，本章将着重讨论系统的时域微分及差分方程模型。

系统分析的目的是通过给定的激励和系统特性求解系统的响应。在分析的过程中，不经过任何的变换，所涉及的函数自变量为连续时间 t 或者离散时间 k，我们称这种分析方法为时域分析法。系统的时域分析法包括两部分内容：一是用数学的经典解法求解微分或者差分方程，从而求取系统的响应；二是根据引起系统响应的因素建立零状态响应和零输入响应的基本概念，结合叠加性和时不变性，利用线性时不变的单位冲激响应或单位抽样响应来完全表征任何一个线性时不变系统的特性。这样一种表示，在离散时间情况下称为卷积和，在连续时间情况下称为卷积积分，这种表示方法在分析系统时提供了极大的方便性，使人们对输入经过系统作用产生对应的输出有更深刻的理解[8-12]。

2.1 线性时不变连续时间系统的响应

2.1.1 微分方程经典解

线性时不变系统是系统参数不随时间变化，且具有线性特性的系统。一般来说，设单输入单输出系统的激励为 $x(t)$，响应为 $y(t)$，则描述线性时不变连续时间系统（LTI 系统）激励与响应之间关系的数学模型是一个 n 阶线性常系数微分方程。

$$a_n y^{(n)}(t) + a_{n-1} y^{(n-1)}(t) + \cdots + a_1 y^{(1)}(t) + a_0 y(t) = b_m x^{(m)}(t) + b_{m-1} x^{(m-1)}(t) + \cdots + b_0 x^{(1)}(t) + b_0 x(t) \quad (2.1.1)$$

当系统激励 $x(t)$ 输入时，线性时不变连续时间系统的时域分析就是研究式（2.1.1）所示的一个 n 阶线性常系数微分方程的解。其中，方法之一就是用经典方法求解，即求式（2.1.1）所示线性常系数微分方程的齐次解和特解。

一般来说，式（2.1.1）有无穷多个解，但若给出 $y(t)$ 及其各阶导数的初始值，即

$$y(0), y^{(1)}(0), \cdots, y^{(n-1)}(0) \quad (2.1.2)$$

则式（2.1.1）有唯一解。

式（2.1.1）所示微分方程的全解由齐次解 $y_h(t)$ 和特解 $y_p(t)$ 组成：

$$y(t) = y_h(t) + y_p(t) \quad (2.1.3)$$

1. 齐次解

齐次解是齐次微分方程

$$a_n y^{(n)}(t) + a_{n-1} y^{(n-1)}(t) + \cdots + a_1 y^{(1)}(t) + a_0 y(t) = 0 \quad (2.1.4)$$

的解。

根据指数函数具有微分、积分后指数函数的形式不变的性质，我们设想齐次解为类似 $Ce^{\lambda t}$ 形式的一些函数的线性组合。将 $Ce^{\lambda t}$ 代入式（2.1.4），得

$$Ca_n\lambda^n e^{\lambda t} + Ca_{n-1}\lambda^{n-1} e^{\lambda t} + \cdots + Ca_1\lambda e^{\lambda t} + Ca_0 e^{\lambda t} = 0 \tag{2.1.5}$$

由于 $C \neq 0$，且对任意时间 t，式（2.1.5）均成立，并可以简化为

$$a_n\lambda^n + a_{n-1}\lambda^{n-1} + \cdots + a_1\lambda + a_0 = 0 \tag{2.1.6}$$

式（2.1.6）称为微分方程式的特征方程，其 n 个根 $\lambda_i (i=0,1,\cdots,n)$ 称为微分方程的特征根。齐次解 $y_h(t)$ 的函数形式由特征根确定，表 2.1.1 列出了特征根取不同值时所对应的齐次解，其中，C_i、A_i 和 θ_i 等为待定系数，由初始条件确定。

表 2.1.1　不同特征根所对应的齐次解形式

特征根 λ	齐次解 $y_h(t)$
单实根	$Ce^{\lambda t}$
r 重实根	$(C_r t^r + \cdots + C_0 t^0)e^{\lambda t}$
一对共轭复根 $\lambda_{1,2} = \alpha \pm j\beta$	$e^{\alpha t}(C_1 \cos\beta t + C_2 \sin\beta t)$
R 重共轭复根	$A_{R-1} t^{R-1} e^{\alpha t} \cos(\beta t + \theta_{R-1}) + A_{R-2} t^{R-2} e^{\alpha t} \cos(\beta t + \theta_{R-2}) + \cdots + A_0 t^0 e^{\alpha t} \cos(\beta t + \theta_0)$

（1）若式（2.1.6）的 n 个特征根 λ 均为实单根，即 $\lambda_1 \neq \lambda_2 \neq \cdots \neq \lambda_n$，则其齐次解为

$$y_h(t) = \sum_{i=1}^{n} C_i e^{\lambda_i t} \tag{2.1.7}$$

式中，常数 C_i 将在求得全解后，由初始条件确定。

（2）若式（2.1.6）的特征根中 λ_1 是 r 重根，即 $\lambda_1 = \lambda_2 = \cdots = \lambda_r$，而其他 $n-r$ 个根都是单根，则微分方程的齐次解为

$$y_h(t) = \sum_{i=1}^{r} C_{r-i} t^{r-i} e^{\lambda_1 t} + \sum_{j=r+1}^{n} C_j e^{\lambda_j t} \tag{2.1.8}$$

式中，常数 C_i、C_j 将在求得全解后，由初始条件确定。

2. 特解

特解的形式主要取决于激励信号。将激励信号 $x(t)$ 代入式（2.1.1）的右端，代入后右端的函数式称为自由项。根据自由项的类别选择相应的特解函数式，代入原微分方程，通过比较同类项系数求出特解函数式中的待定系数，从而得到微分方程的特解。

表 2.1.2 为不同激励所对应的特解形式。

表 2.1.2　不同激励所对应的特解形式

激励 $x(t)$	特解 $y_p(t)$
t^m	$p_m t^m + p_{m-1} t^{m-1} + \cdots + p_1 t + p_0$，所有的特征根均不等于零；$t^R (p_m t^m + p_{m-1} t^{m-1} + \cdots + p_1 t + p_0)$，有 R 重等于零的特征根
$e^{\alpha t}$	$pe^{\alpha t}$，α 不等于特征根；$(p_1 t + p_0)e^{\alpha t}$，$\alpha$ 等于特征单根；$(p_R t^R + p_{R-1} t^{R-1} + \cdots + p_1 t + p_0)e^{\alpha t}$，$\alpha$ 等于 R 重特征根
$\cos(\beta t)$ 或 $\sin(\beta t)$	$p\cos(\beta t) + q\sin(\beta t)$ 或 $A\cos(\beta t - \theta)$，所有的特征根均不等于 $\pm j\beta$。其中，$Ae^{j\theta} = p + jq$

用经典方法求解一个线性时不变连续时间系统的 n 阶线性常系数微分方程的齐次解和特解的步骤如下：

（1）根据 n 阶线性常系数微分方程的齐次方程，求解齐次方程的特征根，并得出齐次解 $y_h(t)$ 的形式。

（2）根据激励函数的形式及齐次方程的特征根，确定特解 $y_p(t)$ 的形式。

(3) 将特解的形式代入 n 阶线性常系数微分方程，通过平衡方程两边的系数，从而求出特解的系数。

(4) 将系统的初始状态代入方程的全解，从而求出齐次解的系数，则系统的响应就是方程的全解，即 $y(t) = y_h(t) + y_p(t)$。

齐次解的函数形式仅依赖于系统本身的特征，而与激励信号的函数形式无关，因此，在系统分析中齐次解常称为系统的自由响应或固有响应，固有响应的频率称为系统的固有频率，固有频率就是方程的特征根。

特解的形式与系统有关，但主要取决于激励信号，常称为强迫响应。

【例 2.1.1】 根据图 2.1.1，建立该电路的微分方程。

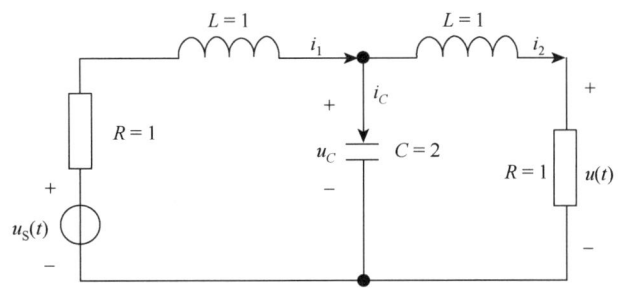

图 2.1.1 例 2.1.1 图

解 根据基尔霍夫电压定律和电流定律，先建立方程

$$i_C = i_1 - i_2 \tag{2.1.9}$$

$$Ri_1 + L\frac{di_1}{dt} + u_C = u_S \tag{2.1.10}$$

$$-u_C + L\frac{di_2}{dt} + u = 0 \tag{2.1.11}$$

对式 (2.1.10) 和式 (2.1.11) 求导，考虑到 $\dfrac{du_C}{dt} = \dfrac{i_C}{C} = \dfrac{i_1 - i_2}{C}$

可得

$$R\frac{di_1}{dt} + L\frac{d^2 i_1}{dt^2} + \frac{i_1 - i_2}{C} = \frac{du_S}{dt} \tag{2.1.12}$$

$$-\frac{i_1 - i_2}{C} + L\frac{d^2 i_2}{dt^2} + \frac{du}{dt} = 0 \tag{2.1.13}$$

根据式 (2.1.12) 和式 (2.12.13)，整理可得

$$\frac{d^3 u(t)}{dt^3} + 2\frac{d^2 u(t)}{dt^2} + 2\frac{du(t)}{dt} + u(t) = \frac{1}{2} u_S(t)$$

【例 2.1.2】 给定某 LTI 系统的微分方程为

$$y''(t) + 3y'(t) + 2y(t) = 2t + 2t^2$$

式中，$y'(0) = 1, y(0) = 1$，试确定其在 $t \geqslant 0$ 时的固有响应和强迫响应。

解 根据微分方程的齐次方程 $\lambda^2 + 3\lambda + 2 = 0$，求出齐次方程的特征根为

$$\lambda_1 = -1, \quad \lambda_2 = -2$$

故系统的固有频率为 $\lambda_1 = -1, \lambda_2 = -2$。

由此可得出齐次解的形式为 $y_h(t) = c_1 e^{-t} + c_2 e^{-2t}$，$t \geqslant 0$。根据激励函数的形式及齐次方程的特征根，可以确定特解的形式为 $y_p(t) = p_2 t^2 + p_1 t + p_0$，将特解代入微分方程 $y''(t) + 3y'(t) + 2y(t) = 2t + 2t^2$，平衡方程两边的系数，得

$$2p_2 + 3(2p_2 t + p_1) + 2(p_2 t^2 + p_1 t + p_0) = 2t + 2t^2$$

即

$$2p_2 t^2 + (2p_1 + 6p_2)t + (2p_0 + 3p_1 + 2p_2) = 2t^2 + 2t$$

等式两端各同次幂的系数应相等，于是可得
$$\begin{cases} 2p_2 = 2 \\ 2p_1 + 6p_2 = 2 \\ 2p_0 + 3p_1 + 2p_2 = 0 \end{cases}$$

联立以上方程可解得 $p_0 = 2$，$p_1 = -2$，$p_2 = 1$，故微分方程的特解为
$$y_p(t) = t^2 - 2t + 2$$

将系统的初始状态 $y(0) = 1$，$y'(0) = 1$ 代入方程的全解，可得
$$y(t) = \left(c_1 e^{-t} + c_2 e^{-2t}\right) u(t) + t^2 - 2t + 2$$

因齐次解的函数形式仅依赖于系统本身的特征，而与激励信号的函数形式无关，故 $y(t)$ 的一阶导数为 $y'(t) = \left(-c_1 e^{-t} - 2c_2 e^{-2t}\right) u(t) + 2t - 2$，令 $t = 0$，将初始值代入，可得
$$y(0) = c_1 + c_2 + 2 = 1, \quad y'(0) = -c_1 - 2c_2 - 2 = 1$$

由以上二式可得齐次解的系数为
$$c_1 = 1, \quad c_2 = -2$$

系统的响应就是方程的全解，即
$$y(t) = \left(e^{-t} - 2e^{-2t}\right) u(t) + t^2 - 2t + 2$$

在本例中，齐次解 $\left(e^{-t} - 2e^{-2t}\right) u(t)$ 为系统的自由响应，特解 $t^2 - 2t + 2$ 的形式主要取决于激励信号，为系统的强迫响应。

【例 2.1.3】 给定某 LTI 系统的微分方程为
$$y''(t) + 3y'(t) + 2y(t) = x(t)$$

已知，$y'(0) = 3$，$y(0) = 0$。

（1）$x(t) = e^{-t} u(t)$；（2）$x(t) = 10 \sin t$

试分别确定其在 $t \geq 0$ 时的固有响应和强迫响应。

解　（1）根据微分方程的齐次方程 $\lambda^2 + 3\lambda + 2 = 0$，求出齐次方程的特征根为
$$\lambda_1 = -1, \quad \lambda_2 = -2$$

由此可得出齐次解的形式为
$$y_h(t) = \left(c_1 e^{-t} + c_2 e^{-2t}\right) u(t)$$

当激励 $x(t) = e^{-t} u(t)$，因这时激励 $e^{-t} u(t)$ 中的指数 $\alpha = -1$，它也是特征根，故方程的特解为 $y_p(t) = p_1 t e^{-t} + p_0 e^{-t}$，$t \geq 0$。

其一阶和二阶导数分别为
$$y_p'(t) = -p_1 t e^{-t} + (p_1 - p_0) e^{-t}, \quad t \geq 0$$
$$y_p''(t) = p_1 t e^{-t} - (2p_1 - p_0) e^{-t}, \quad t \geq 0$$

将上面两式代入原微分方程，通过平衡方程两边的系数，从而求得微分方程的特解为
$$y_p(t) = t e^{-t} + p_0 e^{-t}, \quad t \geq 0$$

将系统的初始状态 $y'(0) = 3$，$y(0) = 0$ 代入方程的全解，则有
$$y(t) = c_1 e^{-t} + c_2 e^{-2t} + t e^{-t} + p_0 e^{-t}, \quad t \geq 0$$

$y(t)$ 的一阶导数为
$$y'(t) = -(c_1 + p_0) e^{-t} - 2c_2 e^{-2t} - t e^{-t} + e^{-t}, \quad t \geq 0$$

令 $t = 0$，将初始值代入，得
$$y(0) = c_1 + p_0 + c_2 = 0, \quad y'(0) = -(c_1 + p_0) - 2c_2 + 1 = 3$$

由以上二式可解得齐次解的系数为

$$c_1 + p_0 = 2, \ c_2 = -2$$

系统的响应，即方程的全解

$$y(t) = 2e^{-t} - 2e^{-2t} + te^{-t}, \ t \geq 0$$

在本例中，齐次解 $C_1 e^{-t} + C_2 e^{-2t}$ 为系统的自由响应，特解 $p_1 t e^{-t} + p_0 e^{-t}$ 的形式主要取决于激励信号，为系统的强迫响应。本例中不能区分 C_1 和 p_0，也就不能区分自由响应和强迫响应。

（2）当激励 $x(t) = 10\sin t$，其特解可以表示为

$$y_p(t) = p_1 \cos t + p_0 \sin t, \ t \geq 0$$

将 $y_p(t)$ 的一阶导数和二阶导数及 $x(t)$ 代入原微分方程，整理后，可得

$$(3p_0 + p_1)\cos t + (p_0 - 3p_1)\sin t = 10\sin t$$

比较方程两边同类项的系数，求得 $p_0 = 1$，$p_1 = -3$。将它们代入原微分方程，通过平衡方程两边的系数，从而求特解的系数。故微分方程的特解为

$$y_p(t) = -3\cos t + \sin t, \ t \geq 0$$

将系统的初始状态 $y'(0) = 3$，$y(0) = 0$ 代入方程的全解，则有

$$y(t) = c_1 e^{-t} + c_2 e^{-2t} - 3\cos t + \sin t, \ t \geq 0$$

则 $y(t)$ 的一阶导数为

$$y'(t) = -c_1 e^{-t} - 2c_2 e^{-2t} + 3\sin t + \cos t, \ t \geq 0$$

令 $t = 0$，将初始值代入，得

$$y(0) = c_1 + c_2 - 3 = 0, \ y'(0) = -c_1 - 2c_2 + 1 = 3$$

由以上二式可得齐次解的系数为

$$c_1 = 8, \ c_2 = -5$$

则系统的响应就是方程的全解，即

$$y(t) = 8e^{-t} - 5e^{-2t} - 3\cos t + \sin t, \ t \geq 0$$

如果输入为阶跃信号或有始周期信号，那么系统响应可以分解为暂态响应和稳态响应，随着时间的增长，暂态响应衰减为零，响应中剩余部分为稳态响应。

【例 2.1.4】 给定某 LTI 系统的微分方程为

$$y''(t) + 5y'(t) + 6y(t) = f(t)$$

求：（1）当 $f(t) = 2e^{-t}u(t)$；$y'(0) = -1$，$y(0) = 2$ 时的全解。

（2）当 $f(t) = e^{-2t}u(t)$；$y'(0) = 0$，$y(0) = 1$ 时的全解。

解 （1）特征方程为 $\lambda^2 + 5\lambda + 6 = 0$，其特征根 $\lambda_1 = -2$，$\lambda_2 = -3$。

齐次解为

$$y_h(t) = (c_1 e^{-2t} + c_2 e^{-3t})u(t)$$

当 $f(t) = 2e^{-t}u(t)$ 时，其特解可设为

$$y_p(t) = pe^{-t}, \ t \geq 0$$

将其代入微分方程，得

$$pe^{-t} + 5(-pe^{-t}) + 6pe^{-t} = 2e^{-t}$$

解得 $p = 1$，故特解为

$$y_p(t) = e^{-t}, \ t \geq 0$$

全解为

$$y(t) = y_h(t) + y_p(t) = c_1 e^{-2t} + c_2 e^{-3t} + e^{-t}, \ t \geq 0$$

式中，待定常数 c_1、c_2 由初始条件确定，有

$$y(0) = c_1 + c_2 + 1 = 2, \quad y'(0) = -2c_1 - 3c_2 - 1 = -1$$

解得 $c_1 = 3$，$c_2 = -2$，故全解为 $y(t) = 3\mathrm{e}^{-2t} - 2\mathrm{e}^{-3t} + \mathrm{e}^{-t}$，$t \geq 0$。

（2）齐次解同上：$y_h(t) = \left(c_1 \mathrm{e}^{-2t} + c_2 \mathrm{e}^{-3t}\right) u(t)$。

当激励 $f(t) = \mathrm{e}^{-2t} u(t)$ 时，其指数与特征根之一相同。由表 2.1.2 可知，其特解为

$$y_p(t) = (p_1 t + p_0) \mathrm{e}^{-2t}$$

代入微分方程，可得

$$p_1 \mathrm{e}^{-2t} = \mathrm{e}^{-2t}$$

可得 $p_1 = 1$，但 p_0 不能求得，故可以暂定全解为

$$y(t) = c_1 \mathrm{e}^{-2t} + c_2 \mathrm{e}^{-3t} + t\mathrm{e}^{-2t} + p_0 \mathrm{e}^{-2t} = (c_1 + p_0)\mathrm{e}^{-2t} + c_2 \mathrm{e}^{-3t} + t\mathrm{e}^{-2t}$$

将初始条件代入，得

$$y'(0) = -2(c_1 + p_0) - 3c_2 + 1 = 0, \quad y(0) = (c_1 + p_0) + c_2 = 1$$

解得 $c_1 + p_0 = 2$，$c_2 = -1$，最后得微分方程的全解为

$$y(t) = 2\mathrm{e}^{-2t} - \mathrm{e}^{-3t} + t\mathrm{e}^{-2t}, \quad t \geq 0$$

上式第一项的系数 $c_1 + p_0 = 2$，不能区分 c_1 和 p_0，也就不能区分自由响应和强迫响应。

2.1.2 连续时间系统的零输入响应与零状态响应

根据第 1 章系统的特性分析，可以将一个线性时不变连续时间系统的全响应 $y(t)$ 分为零输入响应和零状态响应。零输入响应是激励为零时仅由系统的初始状态所引起的响应，用 $y_x(t)$（或 $y_{zi}(t)$）表示；零状态响应是系统的初始状态为零时，仅由输入信号 $f(t)$ 所引起的响应，用 $y_f(t)$（或 $y_{zs}(t)$）表示。故 LTI 系统的全响应是零输入响应和零状态响应之和，即

$$y(t) = y_x(t) + y_f(t) \tag{2.1.14}$$

在零输入条件下，式（2.1.1）等号右端为零，化为齐次方程。若其特征根均为单根，则其零输入响应

$$y_x(t) = \sum_{i=1}^{n} C_{xi} \mathrm{e}^{\lambda_i t} u(t) \tag{2.1.15}$$

式中，C_{xi} 为待定系数。

若系统的初始状态为零，则式（2.1.1）仍是非齐次方程。若其特征根均为单根，则其零状态响应

$$y_f(t) = \sum_{i=1}^{n} C_{fi} \mathrm{e}^{\lambda_i t} u(t) + y_p(t) \tag{2.1.16}$$

式中，C_{fi} 为待定系数。

在用经典法求零输入响应和零状态响应时，也需用响应及其各阶导数的初始值来确定待定系数 C_{xi} 和 C_{fi}。

用零输入、零状态响应方法求解一个 LTI 连续时间系统的 n 阶线性常系数微分方程的具体步骤如下：

（1）根据 n 阶线性常系数微分方程的齐次方程，求解齐次方程的特征根，当齐次方程的特征根为单根时，零输入响应的形式 $y_x(t) = \sum_{i=1}^{n} C_{xi} \mathrm{e}^{\lambda_i t} u(t)$，并将系统的初始状态代入齐次方程的解，从而求出零输入响应（齐次解）的系数。

（2）根据激励函数的形式及齐次方程的特征根，确定特解的形式。

（3）将特解的形式代入 n 阶线性常系数微分方程，通过平衡方程两边的系数，从而求出特解的系数。

（4）将系统的零初始状态代入方程的零状态响应解 $y_f(t) = \sum_{i=1}^{n} C_{fi} \mathrm{e}^{\lambda_i t} u(t) + y_p(t)$，求出零状态响应中

齐次解部分的系数。则系统的响应就是方程的全解，即 $y(t) = y_x(t) + y_f(t)$。

由此可见，系统的全响应可以分为自由响应和强迫响应，也可以分为零输入响应和零状态响应，它们的关系是

$$y(t) = \sum_{i=1}^{n} C_i e^{\lambda_i t} u(t) + y_p(t) = \sum_{i=1}^{n} C_{xi} e^{\lambda_i t} u(t) + \sum_{i=1}^{n} C_{fi} e^{\lambda_i t} u(t) + y_p(t) \quad (2.1.17)$$

　　　　自由响应　　强迫响应　　零输入响应　　　　零状态响应

两种分解方式有明显的区别。虽然自由响应和零输入响应都是齐次方程的解，但二者的系数各不相同，C_{xi} 仅由系统的初始状态所决定，而 C_i 由系统的初始状态和激励信号共同来确定。当初始状态为零时，零输入响应等于零，但在激励信号的作用下，自由响应并不为零。也就是说，自由响应包含零输入响应和零状态响应的一部分。

【例 2.1.5】　描述某系统的微分方程为

$$y''(t) + 3y'(t) + 2y(t) = 2t + 2t^2$$

已知 $y'(0) = 1$，$y(0) = 1$，求该系统在 $t \geq 0$ 时的零输入响应和零状态响应。

解　（1）根据微分方程的齐次方程 $\lambda^2 + 3\lambda + 2 = 0$，求出齐次方程的特征根为

$$\lambda_1 = -1, \quad \lambda_2 = -2$$

由此可以得出零输入响应的形式为

$$y_x(t) = c_{x1} e^{-t} + c_{x2} e^{-2t}, \quad t \geq 0$$

而 $y_x(t)$ 的一阶导数为

$$y_x'(t) = -c_{x1} e^{-t} - 2c_{x2} e^{-2t}, \quad t \geq 0$$

令 $t = 0$，将初始值代入，得

$$y_x(0) = c_{x1} + c_{x2} = 1, \quad y_x'(0) = -c_{x1} - 2c_{x2} = 1$$

由以上二式可解得齐次解的系数为

$$c_{x1} = 3, \; c_{x2} = -2$$

可以得出零输入响应的形式为

$$y_x(t) = 3e^{-t} - 2e^{-2t}, \quad t \geq 0 \text{ 或 } y_x(t) = (3e^{-t} - 2e^{-2t}) u(t)$$

（2）根据激励函数的形式及齐次方程的特征根，确定特解的形式。

将特解的形式 $y_p(t) = p_2 t^2 + p_1 t + p_0$ 代入微分方程 $y''(t) + 3y'(t) + 2y(t) = 2t + 2t^2$，通过平衡方程两边的系数，求出特解的系数：

$$p_2 = 1, \quad p_1 = -2, \quad p_0 = 2$$

特解为

$$y_p(t) = t^2 - 2t + 2$$

零状态响应解的形式为

$$y_f(t) = (c_{f1} e^{-t} + c_{f2} e^{-2t}) u(t) + t^2 - 2t + 2$$

$y_f(t)$ 的一阶导数为 $y_f'(t) = (-c_{f1} e^{-t} - 2c_{f2} e^{-2t}) u(t) + 2t - 2$，将系统的零初始状态 $y'(0) = 0$，$y(0) = 0$，代入零状态响应解及 $y_f(t)$ 的一阶导数，得

$$c_{f1} + c_{f2} + 2 = 0, \quad -c_{f1} - 2c_{f2} - 2 = 0$$

由以上二式可解得系数为

$$c_{f1} = -2, c_{f2} = 0$$

故系统的零状态响应解为

$$y_f(t) = -2e^{-t} u(t) + t^2 - 2t + 2$$

系统的全响应解为

$$y(t)=\left(e^{-t}-2e^{-2t}\right)u(t)+t^2-2t+2$$

【例 2.1.6】 一个模拟滤波器电路如图 2.1.2 所示，已知电容初始电压 $u_C(0)=3\text{V}$，电感初始电流 $i_L(0)=1\text{A}$，$R_1=1\Omega$，$R_2=5\Omega$，$C=\dfrac{1}{4}\text{F}$，$L=2\text{H}$，求输入 $i_S(t)=u(t)$ 时，通过电感的电流 $i_L(t)$ 的零输入响应和零状态响应。

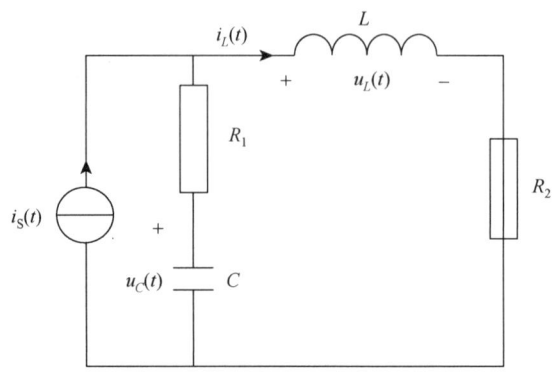

图 2.1.2 一个模拟滤波器电路图

解 根据基尔霍夫电压定律和电流定律，建立电感电流 $i_L(t)$ 的方程：
$$\frac{d^2 i_L}{dt^2}+3\frac{di_L}{dt}+2i_L=\frac{1}{2}\frac{di_S}{dt}+2i_S$$
根据微分方程的齐次方程 $\lambda^2+3\lambda+2=0$，求出齐次方程的特征根为
$$\lambda_1=-1,\ \lambda_2=-2$$
由此可以得出电感电流零输入响应的形式为
$$i_{Lx}(t)=c_{x1}e^{-t}+c_{x2}e^{-2t},\ t\geq 0$$
$i_{Lx}(t)$ 的一阶导数为
$$i'_{Lx}(t)=\left(-c_{x1}e^{-t}-2c_{x2}e^{-2t}\right)u(t)$$
令 $t=0$，将初始值代入，$i_{Lx}(0)=1\text{A}$，但
$$i'_{Lx}(0)=\frac{1}{L}u_{Lx}(0)=\frac{1}{L}\left[u_{Cx}(0)-(R_1+R_2)i_{Lx}(0)\right]=\frac{3-(1+5)\times 1}{2}=-\frac{3}{2},\ 得$$
$$i_{Lx}(0)=c_{x1}+c_{x2}=1,\ i'_{Lx}(0)=-c_{x1}-2c_{x2}=-\frac{3}{2}$$
由以上二式可解得齐次解的系数为 $c_{x1}=c_{x2}=\dfrac{1}{2}$，电感电流的零输入响应为
$$i_{Lx}(t)=\frac{1}{2}e^{-t}+\frac{1}{2}e^{-2t},\ t\geq 0$$

根据激励函数 $i_S(t)=u(t)$，可确定特解的形式为 $i_{Lp}(t)=pu(t)$，但输入信号 $\dfrac{1}{2}\dfrac{di_S(t)}{dt}+2i_S(t)=\dfrac{1}{2}\delta(t)+2u(t)$ 存在从 0_- 时刻到 0_+ 的跃变，将电感电流零状态响应解的形式整体设为 $i_{Lf}(t)=\left(c_{f1}e^{-t}+c_{f2}e^{-2t}+p\right)u(t)$，代入微分方程 $i''_{Lf}(t)+3i'_{Lf}(t)+2i_{Lf}(t)=\dfrac{1}{2}\delta(t)+2u(t)$，通过平衡方程式等号两端各奇异函数项系数的方法，可求出系数为 $c_{f1}=-\dfrac{3}{2},c_{f2}=\dfrac{1}{2},p=1$。

【例 2.1.7】 已知某 LTI 系统 $y'(t)+y(t)=f(t)$ 的响应是 $y(t)=\left(5e^{-t}+3e^{-2t}\right)u(t)$：
（1）求系统零输入响应和零状态响应。

(2) 若 $y(0)=10$，求系统 $y'(t)+y(t)=f(t)$ 的零输入响应。

(3) 求 $y'(t)+y(t)=f(t-2)$ 的零状态响应。

(4) 求 $y'(t)+y(t)=f'(t)+2f(t)$ 的零状态响应。

解 （1）根据微分方程的齐次方程 $\lambda+1=0$，求出齐次方程的特征根为 $\lambda=-1$，故可得系统的零输入响应为 $y_x(t)=5e^{-t}u(t)$，零状态响应为 $y_f(t)=3e^{-2t}u(t)$。

（2）$y'_x(t)+y_x(t)=0$，$y_x(t)=Ce^{-t}u(t)$，又因为 $y(0)=10$，所以可得 $C=10$，故此时系统零输入响应为 $y_x(t)=10e^{-t}u(t)$。

（3）由（1）得输入 $f(t)$ 时系统的零状态响应为 $y_f(t)=3e^{-2t}u(t)$，故输入 $f(t-2)$ 时系统的零状态响应为 $y_f(t)=3e^{-2(t-2)}u(t-2)$。

（4）由（1）得输入 $f(t)$ 时系统的零状态响应为 $y_f(t)=3e^{-2t}u(t)$，输入 $f'(t)$ 时系统的零状态响应为 $\dfrac{d}{dt}\left[3e^{-2t}u(t)\right]=-6e^{-2t}u(t)+3\delta(t)$；故输入 $f'(t)+2f(t)$ 时系统的零状态响应为 $y_f(t)=\left[-6e^{-2t}u(t)+3\delta(t)\right]+2\left[3e^{-2t}u(t)\right]=3\delta(t)$。

2.1.3 关于系统 0_- 和 0_+ 初始值的确定

在 $0_+ < t < \infty$ 区间用经典法求解系统的响应，不能把 $y^{(n)}(0_-)$ 作为解微分方程的初始条件，而应当取 $y^{(n)}(0_+)$ 作为初始条件。$y^{(n)}(0_+)$ 称为导出的初始条件，可由微分方程和 $y^{(n)}(0_-)$ 求出。

另外，由于零状态响应时，在加入输入信号前后瞬间，系统的初始条件可能发生跃变，即系统在 $t=0_-$ 到 $t=0_+$ 的状态转换发生变化。如果输入 $f(t)$ 在 $t=0$ 时接入系统，那么确定待定系数 c_i 时用 $t=0_+$ 时刻的初始值，即 $y^{(j)}(0_+),j=0,1,2,\cdots,n-1$。而 $y^{(j)}(0_+)$ 包含了输入信号的作用，不便于描述系统的历史信息。

当 $t=0_-$ 时，激励尚未接入，该时刻的值 $y^{(j)}(0_-)$ 反映了系统的历史情况而与激励无关。本节称这些值为初始状态或起始值。

通常，对于具体的系统，初始状态一般容易求得。为了求解微分方程，就需要根据已知的初始状态 $y^{(j)}(0_-)$ 求得 $y^{(j)}(0_+)$。下列举例说明。

【例 2.1.8】 描述某系统的微分方程为
$$y''(t)+3y'(t)+2y(t)=2f'(t)+6f(t)$$
已知 $y(0_-)=2$，$y'(0_-)=0$，$f(t)=u(t)$，求 $y(0_+)$ 和 $y'(0_+)$。

解 将输入 $f(t)=u(t)$ 代入上述微分方程，得
$$y''(t)+3y'(t)+2y(t)=2\delta(t)+6u(t) \tag{2.1.18}$$

利用系数匹配法分析：式（2.1.18）对于 $t=0_-$ 也成立，在 $0_- < t < 0_+$ 区间等号两端 $\delta(t)$ 项的系数应该相等。

由于等号右端为 $2\delta(t)$，$y''(t)$ 应包含冲激函数，从而 $y'(t)$ 在 $t=0$ 处将发生跃变，即 $y'(0_+) \neq y'(0_-)$。但 $y'(t)$ 不含冲激函数，否则 $y''(t)$ 将含有 $\delta'(t)$ 项。由于 $y'(t)$ 中不含 $\delta(t)$，$y(t)$ 在 $t=0$ 处是连续的。故
$$y(0_+)=y(0_-)=2$$

对式（2.1.18）两端积分，所以
$$\int_{0_-}^{0_+} y''(t)dt+3\int_{0_-}^{0_+} y'(t)dt+2\int_{0_-}^{0_+} y(t)dt=2\int_{0_-}^{0_+}\delta(t)dt+6\int_{0_-}^{0_+}u(t)dt$$

由于积分在无穷小区间 $[0_-,0_+]$ 进行，且 $y(t)$ 在 $t=0$ 连续，故
$$\int_{0_-}^{0_+} y(t)dt=0, \quad \int_{0_-}^{0_+} u(t)dt=0$$

由上式得

$$[y'(0_+) - y'(0_-)] + 3[y(0_+) - y(0_-)] = 2$$

考虑 $y(0_+) = y(0_-) = 2$，所以 $y'(0_+) - y'(0_-) = 2$，即得

$$y'(0_+) = y'(0_-) + 2 = 2$$

由上可见，当微分方程等号右端含有冲激函数（及其各阶导数）时，在响应 $y(t)$ 及其各阶导数中将发生跃变（有些在 $t = 0$ 处）。但若右端不含冲激函数及其各阶导数，则响应 $y(t)$ 及其各阶导数不会在 $t = 0$ 处发生跃变。

对于复杂的输入信号或较高阶系统求解经典法比较烦琐，不易求出响应。根据系统的线性和时不变性，将系统的响应分解为零输入分量和零状态分量，这给系统分析带来了方便，特别是单位冲激函数和单位冲激响应的引入使相关分析及求解得到了简化。

2.2 连续时间冲激响应和阶跃响应

2.2.1 连续时间冲激响应

在电路系统中，电容、电感是储能元件，在分析系统的响应时常常需要考虑它们的初始状态。利用第 1 章介绍的奇异函数的概念，我们可以把电容、电感的初始状态等效为奇异函数信号源。

在 $t \geq 0$ 的任意时刻，可以用初始电压为零的电容与电压源 $u_C(0)u(t)$ 相串联来表示电容端口电压与电容电流的关系：

$$u_C(t) = u_C(0)u(t) + \frac{1}{C}\int_0^t i_C(\tau)\mathrm{d}\tau \tag{2.2.1}$$

在 $t \geq 0$ 的任意时刻，电容电流由两部分组成，第一项是流经电容的电流，第二项是反映电路中电容上的初始储能强度为 $-Cu_C(0)$ 的冲激电流源：

$$i_C(t) = C\frac{\mathrm{d}u_C(t)}{\mathrm{d}t} - Cu_C(0)\delta(t) \tag{2.2.2}$$

对于电感，也有类似的情形。

在 $t \geq 0$ 的任意时刻，电感电流与电压的关系是

$$i_L(t) = i_L(0)u(t) + \frac{1}{L}\int_0^t u_L(\tau)\mathrm{d}\tau \tag{2.2.3}$$

在 $t \geq 0$ 的任意时刻，电感电压与电流的关系是

$$u_L(t) = L\frac{\mathrm{d}i_L(t)}{\mathrm{d}t} - Li_L(0)\delta(t) \tag{2.2.4}$$

式（2.2.4）表明，在 $t \geq 0$ 的任意时刻，电感电压由两部分组成，第一项是自感引起的电压，第二项是反映电路中电感的初始储能强度为 $-Li_L(0)$ 的冲激电压源。

综上所述，系统内部初始状态的作用可以等效为激励源。这样，系统的全响应将是外部激励和内部激励共同作用的结果。仅由外部激励作用所引起的响应是零状态响应；仅由内部激励作用引起的响应是零输入响应，而线性系统的全响应是二者之和。既然初始状态也可以看作激励源，那么从分析方法的角度来说，求解零输入响应与求解零状态响应并没有重大的原则区别。在进行系统分析时，如果将初始状态都等效为激励源，那么这个等效系统将是零状态的，因而，今后我们将主要讨论零状态响应。

一个线性时不变连续时间系统，当其初始状态为零时，输入为单位冲激函数 $\delta(t)$ 所引起的响应称为单位冲激响应，一般用 $h(t)$ 表示，也就是说，冲激响应是激励为单位冲激函数 $\delta(t)$ 时，系统的零状态响应，即 $h(t) = T[0, \delta(t)]$。

一般而言，若描述线性时不变系统的微分方程为

$$\sum_{i=0}^{n} a_i y^{(i)}(t) = \sum_{j=0}^{m} b_j x^{(j)}(t) \quad (2.2.5)$$

则冲激响应 $h(t)$ 与方程的齐次解有相同的形式。如果方程的特征根均为单根，那么当 $n > m$ 时

$$h(t) = y_h(t) = \sum_{i=1}^{n} C_i e^{\lambda_i t} u(t) \quad (2.2.6)$$

当 $n = m$ 时，$h(t)$ 必须含有 $\delta(t)$ 的项；当 $n < m$ 时，冲激响应中还包含冲激函数的导数。

利用方程式等号两端各奇异函数项的系数对应相等的方法建立方程式，并注意到冲激函数的取样性质，通过联立解方程来确定冲激响应 $h(t)$ 表达式中各待定常数。

【例 2.2.1】 描述某系统的微分方程为 $y''(t) + 5y'(t) + 6y(t) = f(t)$，求其冲激响应 $h(t)$。

解 根据 $h(t)$ 的定义，有

$$h''(t) + 5h'(t) + 6h(t) = \delta(t), \quad h'(0_-) = h(0_-) = 0$$

现在，先求 $h'(0_+)$ 和 $h(0_+)$。由于方程右端含有 $\delta(t)$，所以采用系数平衡法。

因 $h''(t)$ 中含有 $\delta(t)$，$h'(t)$ 中含有 $u(t)$，则 $h'(0_+) \neq h'(0_-)$，而 $h(t)$ 在 $t = 0$ 处连续，即 $h(0_+) = h(0_-)$。方程左右两边积分，可得

$$\left[h'(0_+) - h'(0_-)\right] + 5\left[h(0_+) - h(0_-)\right] + 6\int_{0_-}^{0_+} h(t)dt = 1$$

考虑 $h(0_+) = h(0_-)$，由上式可得

$$h(0_+) = h(0_-) = 0, \quad h'(0_+) = 1 + h'(0_-) = 1$$

当 $t > 0$ 时，有

$$h''(t) + 5h'(t) + 6h(t) = 0$$

故系统的冲激响应为一个齐次解。

因为微分方程的特征根为 $-2, -3$，可设系统的冲激响应为

$$h(t) = \left(C_1 e^{-2t} + C_2 e^{-3t}\right) u(t)$$

代入初始条件求得 $C_1 = 1$，$C_2 = -1$，所以

$$h(t) = \left(e^{-2t} - e^{-3t}\right) u(t)$$

【例 2.2.2】 描述某连续时间 LTI 系统的微分方程为

$$y''(t) + 3y'(t) + 2y(t) = \frac{1}{2} f'(t) + 2f(t)$$

求单位冲激响应。

解 方法一：因 $n = 2, m = 1$，属于 $n > m$ 的情况，有

$$h(t) = \left(C_1 e^{-t} + C_2 e^{-2t}\right) u(t)$$

因为

$$h'(t) = \left(-C_1 e^{-t} - 2C_2 e^{-2t}\right) u(t) + \left(C_1 e^{-t} + C_2 e^{-2t}\right) \delta(t)$$

$$= \left(-C_1 e^{-t} - 2C_2 e^{-2t}\right) u(t) + \left(C_1 + C_2\right) \delta(t)$$

$$h''(t) = \left(C_1 e^{-t} + 4C_2 e^{-2t}\right) u(t) + \left(-C_1 - 2C_2\right) \delta(t) + \left(C_1 + C_2\right) \delta'(t)$$

将 $h(t)$、$h'(t)$、$h''(t)$ 及 $\delta(t)$、$\delta'(t)$ 代入系统的微分方程 $h''(t) + 3h'(t) + 2h(t) = \frac{1}{2}\delta'(t) + 2\delta(t)$，稍加整理，令等号两端的系数对应相等，即可解得 $C_1 = \frac{3}{2}, C_2 = -1$，故得

$$h(t) = \left(\frac{3}{2}e^{-t} - e^{-2t}\right)u(t)$$

方法二：由 $y''(t) + 3y'(t) + 2y(t) = \frac{1}{2}f'(t) + 2f(t)$，得

$$h''(t) + 3h'(t) + 2h(t) = \frac{1}{2}\delta'(t) + 2\delta(t)$$

令 $h_1''(t) + 3h_1'(t) + 2h_1(t) = \delta(t)$，可以解出 $h_1(t) = (e^{-t} - e^{-2t})u(t)$，故得

$$h(t) = \frac{1}{2}h_1'(t) + 2h_1(t) = \left(\frac{3}{2}e^{-t} - e^{-2t}\right)u(t)$$

【例 2.2.3】 描述某系统的微分方程为

$$y''(t) + 5y'(t) + 6y(t) = f''(t) + 2f'(t) + 3f(t)$$

求其冲激响应 $h(t)$。

解 根据 $h(t)$ 的定义，有

$$h''(t) + 5h'(t) + 6h(t) = \delta''(t) + 2\delta'(t) + 3\delta(t) \tag{2.2.7}$$

$$h'(0_-) = h(0_-) = 0$$

先求 $h'(0_+)$ 和 $h(0_+)$。由方程可知，$h(t)$ 中含有 $\delta(t)$，故令 $h(t) = a\delta(t) + p_1(t)$，则

$$h'(t) = a\delta'(t) + b\delta(t) + p_2(t)$$

$$h''(t) = a\delta''(t) + b\delta'(t) + c\delta(t) + p_3(t)$$

式中，$p_i(t)$ 为不含 $\delta(t)$ 的某函数。

代入式（2.2.7），有

$$[a\delta''(t) + b\delta'(t) + c\delta(t) + p_3(t)] + 5[a\delta'(t) + b\delta(t) + p_2(t)] + 6[a\delta(t) + p_1(t)]$$
$$= \delta''(t) + 2\delta'(t) + 3\delta(t)$$

整理得

$$a\delta''(t) + (b + 5a)\delta'(t) + (c + 5b + 6a)\delta(t) + [p_3(t) + 5p_2(t) + 6p_1(t)]$$
$$= \delta''(t) + 2\delta'(t) + 3\delta(t)$$

利用 $\delta(t)$ 系数匹配，得 $a = 1$，$b = -3$，$c = 12$，则

$$h(t) = \delta(t) + p_1(t) \tag{2.2.8}$$

$$h'(t) = \delta'(t) - 3\delta(t) + p_2(t) \tag{2.2.9}$$

$$h''(t) = \delta''(t) - 3\delta'(t) + 12\delta(t) + p_3(t) \tag{2.2.10}$$

对式（2.2.9）从 0_- 到 0_+ 进行积分，得

$$h(0_+) - h(0_-) = -3$$

对式（2.2.10）从 0_- 到 0_+ 进行积分，得

$$h'(0_+) - h'(0_-) = 12$$

故

$$h(0_+) = -3, \quad h'(0_+) = 12$$

对 $t > 0$ 时，有 $h(t) = p_1(t)$ 且满足方程

$$h''(t) + 5h'(t) + 6h(t) = 0$$

此微分方程的特征根为 $-2, -3$，故系统的冲激响应为

$$h(t) = (C_1 e^{-2t} + C_2 e^{-3t})u(t)$$

代入初始条件 $h(0_+)=-3$，$h'(0_+)=12$，进而求得 $C_1=3$，$C_2=-6$，所以 $h(t)=(3e^{-2t}-6e^{-3t})u(t)$，结合式（2.2.8），得

$$h(t)=\delta(t)+(3e^{-2t}-6e^{-3t})u(t)$$

【例 2.2.4】 一个模拟电路如图 2.2.1 所示，输入 $u_S(t)=\delta(t)$。求系统的单位冲激响应 $h(t)$。

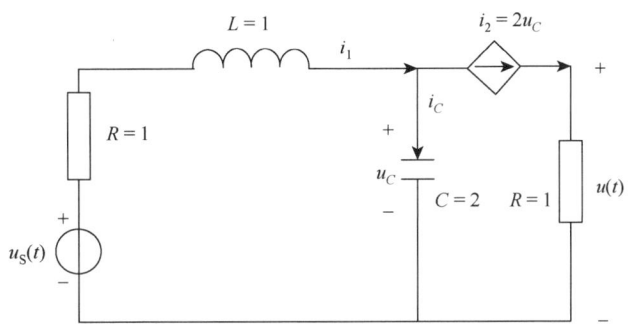

图 2.2.1 例 2.2.4 电路图

解 根据基尔霍夫电压定律和电流定律，先建立方程

$$i_C(t)=i_1(t)-i_2(t)$$

$$Ri_1(t)+L\frac{di_1(t)}{dt}+u_C(t)=u_S(t)$$

$$i_2(t)=2u_C(t)$$

$$u(t)=Ri_2(t)$$

考虑到 $i_1(t)=i_C(t)+i_2(t)=C\dfrac{du_C(t)}{dt}+\dfrac{u(t)}{R}$，$u_C(t)=\dfrac{i_2(t)}{2}=\dfrac{u(t)}{2R}$

则

$$i_1(t)=\frac{C}{2R}\frac{du(t)}{dt}+\frac{u(t)}{R}$$

将上式代入 $Ri_1(t)+L\dfrac{di_1(t)}{dt}+u_C(t)=u_S(t)$，整理可得

$$\frac{d^2u(t)}{dt^2}+2\frac{du(t)}{dt}+\frac{3}{2}u(t)=u_S(t)$$

故

$$h''(t)+2h'(t)+\frac{3}{2}h(t)=\delta(t)$$

根据冲激响应的求解方法可以解出：

$$h(t)=\left[\frac{1}{\sqrt{2}}e^{\left(-1+j\frac{\sqrt{2}}{2}\right)t}-\frac{1}{\sqrt{2}}e^{\left(-1-j\frac{\sqrt{2}}{2}\right)t}\right]u(t)$$

。

2.2.2 连续时间阶跃响应

一个线性时不变连续时间系统，当其初始状态为零时，输入为单位阶跃函数所引起的响应称为单位阶跃响应。也就是说，阶跃响应是激励为单位阶跃函数 $u(t)$ 时系统的零状态响应，即 $g(t)=T[0,u(t)]$。

由于 $\delta(t)$ 与 $u(t)$ 之间为微分和积分的关系，冲激响应与阶跃响应的关系为

$$h(t) = g'(t) = \frac{\mathrm{d}g(t)}{\mathrm{d}t} \qquad (2.2.11)$$

$$g(t) = \int_{-\infty}^{t} h(\tau)\mathrm{d}\tau \qquad (2.2.12)$$

【例 2.2.5】 描述某 LTI 系统的微分方程为

$$y''(t) + 3y'(t) + 2y(t) = \frac{1}{2}f'(t) + 2f(t)$$

式中，$f(t) = u(t) - u(t-1)$，求 $t \geq 0$ 时，系统的零状态响应。

解 方法一：当输入 $f(t) = u(t)$ 时，系统的零状态响应就是阶跃响应，即

$$g(t) = \int_{-\infty}^{t} h(\tau)\mathrm{d}\tau$$

而由例 2.2.2 可知

$$h(t) = \left(\frac{3}{2}\mathrm{e}^{-t} - \mathrm{e}^{-2t}\right)u(t)$$

故

$$g(t) = \int_{-\infty}^{t} h(\tau)\mathrm{d}\tau = \left(-\frac{3}{2}\mathrm{e}^{-t} + \frac{1}{2}\mathrm{e}^{-2t} + 1\right)u(t)$$

根据线性系统的时移特性，当输入 $f(t) = u(t-1)$ 时，有

$$g(t-1) = \left[-\frac{3}{2}\mathrm{e}^{-(t-1)} + \frac{1}{2}\mathrm{e}^{-2(t-1)} + 1\right]u(t-1)$$

根据线性系统的线性叠加特性，当输入 $f(t) = u(t) - u(t-1)$ 时，有

$$y_f(t) = \left(-\frac{3}{2}\mathrm{e}^{-t} + \frac{1}{2}\mathrm{e}^{-2t} + 1\right)u(t) - \left[-\frac{3}{2}\mathrm{e}^{-(t-1)} + \frac{1}{2}\mathrm{e}^{-2(t-1)} + 1\right]u(t-1)$$

方法二：因 $y''(t) + 3y'(t) + 2y(t) = \frac{1}{2}f'(t) + 2f(t)$，其中，$f(t) = u(t) - u(t-1)$，即

$$y''(t) + 3y'(t) + 2y(t) = \frac{1}{2}[\delta(t) - \delta(t-1)] + 2[u(t) - u(t-1)]$$

令 $h_1''(t) + 3h_1'(t) + 2h_1(t) = \delta(t)$，可以解出 $h_1(t) = (\mathrm{e}^{-t} - \mathrm{e}^{-2t})u(t)$

则

$$h_1(t-1) = \left[\mathrm{e}^{-(t-1)} - \mathrm{e}^{-2(t-1)}\right]u(t-1)$$

$$g_1(t) = \int_{-\infty}^{t} h_1(\tau)\mathrm{d}\tau = \left(-\mathrm{e}^{-t} + \frac{1}{2}\mathrm{e}^{-2t} + \frac{1}{2}\right)u(t)$$

$$g_1(t-1) = \left[-\mathrm{e}^{-(t-1)} + \frac{1}{2}\mathrm{e}^{-2(t-1)} + \frac{1}{2}\right]u(t-1)$$

$$\therefore y_f(t) = \frac{1}{2}[h_1(t) - h_1(t-1)] + 2[g_1(t) - g_1(t-1)]$$

$$= \left(-\frac{3}{2}\mathrm{e}^{-t} + \frac{1}{2}\mathrm{e}^{-2t} + 1\right)u(t) - \left[-\frac{3}{2}\mathrm{e}^{-(t-1)} + \frac{1}{2}\mathrm{e}^{-2(t-1)} + 1\right]u(t-1)$$

2.3 卷 积 积 分

卷积方法在信号和系统理论中占有重要地位，在信号与线性系统分析中，卷积不仅是一种重要的数学工具，而且是联系时域分析和频域分析的一条纽带。随着理论研究的深入和计算机技术的发展，卷积方法得到了更加广泛的应用。

2.3.1 卷积积分的原理

卷积积分的基本原理是充分地利用连续时间线性时不变系统的线性和时不变性，将一般信号分解为时延冲激信号的线性组合，借助系统的单位冲激响应，求解系统对任意输入信号的零状态响应。

1. 预备知识

下面先分析将一般信号表示为时延冲激信号的线性组合。首先观察如图 2.3.1 所示的两个矩形脉冲，并思考如何用基本矩形脉冲 $p(t)$ 来表征脉冲宽度不变，但脉冲幅度变为 A 的矩形脉冲 $f(t)$。

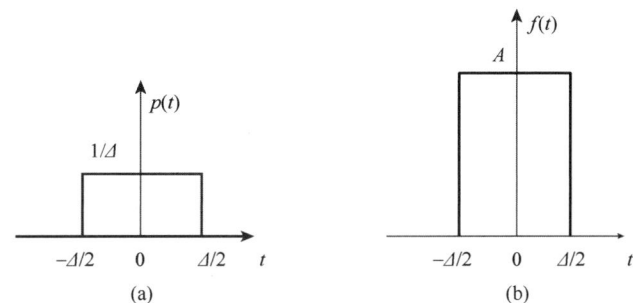

图 2.3.1 矩形脉冲

根据第 1 章单位冲激信号和矩形脉冲之间的关系，可得

$$f(t) = A\Delta p(t)$$

2. 连续信号的时域分解

任意连续时间信号 $f(t)$ 可用窄矩形脉冲信号的叠加来近似地表示，如图 2.3.2 所示。

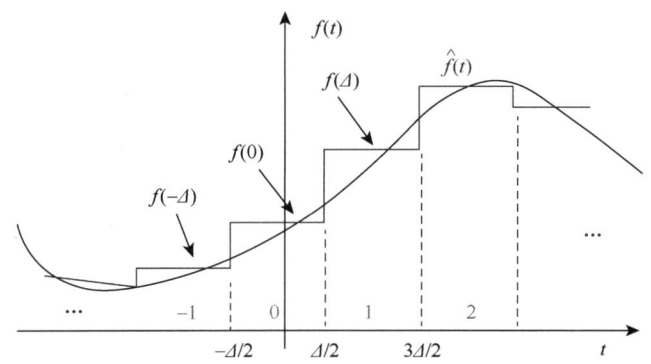

图 2.3.2 连续时间函数用矩形脉冲近似

0 号脉冲高度为 $f(0)$，宽度为 Δ，用 $p(t)$ 表示为 $f(0)\Delta p(t)$；1 号脉冲高度为 $f(\Delta)$，宽度为 Δ，用 $p(t-\Delta)$ 表示为 $f(\Delta)\Delta p(t-\Delta)$；-1 号脉冲高度为 $f(-\Delta)$，宽度为 Δ，用 $p(t+\Delta)$ 表示为 $f(-\Delta)\Delta p(t+\Delta)$。所以有

$$\hat{f}(t) = \sum_{n=-\infty}^{\infty} f(n\Delta)\Delta p(t-n\Delta) \tag{2.3.1}$$

当 $\Delta \to 0$ 时，$n\Delta \to \tau$，$\Delta \to \mathrm{d}\tau$，$p(t) \to \delta(t)$，$\sum \to \int$，则有

$$\lim_{\Delta \to 0} \hat{f}(t) = f(t) = \int_{-\infty}^{\infty} f(\tau)\delta(t-\tau)\mathrm{d}\tau \tag{2.3.2}$$

由此可见，任意信号 $f(t)$ 可以用单位时延冲激信号的加权积分表示。

3. 任意信号作用下的零状态响应

图 2.3.3 连续时间 LTI 系统示意图

图 2.3.3 为连续时间 LTI 系统示意图。根据 $h(t)$ 的定义，可知

$$\delta(t) \Rightarrow h(t)$$

由时不变性，可知

$$\delta(t-\tau) \Rightarrow h(t-\tau)$$

由齐次性，可知

$$f(\tau)\delta(t-\tau)\mathrm{d}\tau \Rightarrow f(\tau)h(t-\tau)\mathrm{d}\tau$$

由叠加性，可知

$$\int_{-\infty}^{\infty} f(\tau)\delta(t-\tau)\mathrm{d}\tau \Rightarrow \int_{-\infty}^{\infty} f(\tau)h(t-\tau)\mathrm{d}\tau$$

因为

$$f(t) = \int_{-\infty}^{\infty} f(\tau)\delta(t-\tau)\mathrm{d}\tau$$

所以

$$y_f(t) = \int_{-\infty}^{\infty} f(\tau)h(t-\tau)\mathrm{d}\tau$$

上式就是连续时间 LTI 系统的输入输出信号变换关系，它表现为一个无限积分，通常称为卷积积分。

4. 卷积积分的定义

已知定义在区间 $(-\infty, +\infty)$ 上的两个函数 $f_1(t)$ 和 $f_2(t)$，则定义卷积积分为

$$y(t) = f_1(t) * f_2(t) = \int_{-\infty}^{\infty} f_1(\tau)f_2(t-\tau)\mathrm{d}\tau \tag{2.3.3}$$

两个函数 $f_1(t)$ 和 $f_2(t)$ 的卷积积分简称卷积，记为 $y(t) = f_1(t) * f_2(t)$，其中，$*$ 表示卷积积分运算（注意：积分是在虚设的变量 τ 下进行的，τ 为积分变量，t 为参变量。结果仍为 t 的函数）。

一个连续时间 LTI 系统的输入信号为 $f(t)$，系统冲激响应为 $h(t)$，则其输出可以表示为

$$y_f(t) = f(t) * h(t) = \int_{-\infty}^{\infty} f(\tau)h(t-\tau)\mathrm{d}\tau \tag{2.3.4}$$

【例 2.3.1】 已知 $f(t) = \mathrm{e}^t$，$-\infty < t < +\infty$，$h(t) = (6\mathrm{e}^{-2t} - 1)u(t)$，求 $y_f(t)$。

解 $y_f(t) = f(t) * h(t) = \int_{-\infty}^{\infty} \mathrm{e}^\tau \left[6\mathrm{e}^{-2(t-\tau)} - 1\right]u(t-\tau)\mathrm{d}\tau$

当 $t < \tau$，即 $\tau > t$ 时，$u(t-\tau) = 0$，故 $t > \tau$ 时有

$$y_f(t) = \int_{-\infty}^{t} \mathrm{e}^\tau \left[6\mathrm{e}^{-2(t-\tau)} - 1\right]\mathrm{d}\tau = \int_{-\infty}^{t} \left(6\mathrm{e}^{-2t}\mathrm{e}^{3\tau} - \mathrm{e}^\tau\right)\mathrm{d}\tau = \mathrm{e}^{-2t}\int_{-\infty}^{t} \left(6\mathrm{e}^{3\tau}\right)\mathrm{d}\tau - \int_{-\infty}^{t} \left(\mathrm{e}^\tau\right)\mathrm{d}\tau$$

$$= \mathrm{e}^{-2t} \cdot 2\mathrm{e}^{3\tau}\Big|_{-\infty}^{t} - \mathrm{e}^\tau\Big|_{-\infty}^{t} = \mathrm{e}^{-2t} \cdot 2\mathrm{e}^{3t} - \mathrm{e}^t = \mathrm{e}^t$$

【例 2.3.2】 一个线性连续时不变系统，输入为 $x_1(t) = u(t)$ 时的全响应为 $y_1(t) = 2\mathrm{e}^{-t}u(t)$，输入为 $x_2(t) = \delta(t)$ 时的全响应为 $y_2(t) = \delta(t)$。试求：

（1）该系统的零输入响应 $y_x(t)$。

（2）系统的初始状态保持不变，求输入为 $x_3(t) = \mathrm{e}^{-t}u(t)$ 时的全响应 $y_3(t)$。

解 （1）因为系统的冲激响应为阶跃响应的导数，即 $h(t) = g'(t)$，

$$\begin{cases} y_x(t) + g(t) = y_1(t) \\ y_x(t) + g'(t) = y_2(t) \end{cases}$$

可以解出 $g(t) - g'(t) = 2e^{-t}u(t) - \delta(t)$，即 $g(t) = e^{-t}u(t)$，故系统的零输入响应为 $y_x(t) = y_1(t) - e^{-t}u(t) = e^{-t}u(t)$。

（2）因为 $h(t) = g'(t) = [e^{-t}u(t)]' = \delta(t) - e^{-t}u(t)$，输入为 $x_3(t) = e^{-t}u(t)$ 时的零状态响应为
$$x_3(t) * h(t) = [e^{-t}u(t)] * [\delta(t) - e^{-t}u(t)] = e^{-t}u(t) - te^{-t}u(t)$$
所以全响应 $y_3(t) = e^{-t}u(t) + [e^{-t}u(t) - te^{-t}u(t)] = (2-t)e^{-t}u(t)$。

2.3.2 卷积积分的图解法

两个函数 $f_1(t)$ 和 $f_2(t)$ 的卷积计算步骤如下所示。

（1）换元：将函数 $f_1(t)$、$f_2(t)$ 的自变量 t 换为 τ，得到 $f_1(\tau)$、$f_2(\tau)$。

（2）反转平移：然后将函数 $f_2(\tau)$ 以纵坐标为轴反褶（或称折叠），就得到与镜像对称的函数 $f_2(-\tau)$，将函数 $f_2(-\tau)$ 沿正轴 τ 平移时间 t_1，就得到函数 $f_2(t_1-\tau)$。

（3）乘积：将函数 $f_1(\tau)$ 与反褶并平移后的函数 $f_2(t_1-\tau)$ 相乘。

（4）积分：然后 τ 从 $-\infty$ 到 ∞ 对乘积项求积分，得到时刻 t_1 的卷积积分
$$y(t_1) = f_1(t_1) * f_2(t_1) = \int_{-\infty}^{\infty} f_1(\tau) f_2(t_1 - \tau) d\tau$$

将波形 $f_2(t-\tau)$ 继续连续地沿轴 τ 平移，就得到在任意时刻 t 的卷积积分 $y(t) = f_1(t) * f_2(t) = \int_{-\infty}^{\infty} f_1(\tau) f_2(t-\tau) d\tau$（注意，积分结果是 t 的函数）。

【例 2.3.3】 已知 $f_1(t)$ 和 $f_2(t)$ 表达式，用图解法求 $f_1(t) * f_2(t)$。
$$f_1(t) = \begin{cases} 1, & |t| \leq 2 \\ 0, & |t| > 2 \end{cases}, \quad f_2(t) = \begin{cases} \dfrac{1}{2}, & 0 < t \leq 2 \\ 0, & t < 0 \text{ 或 } t > 2 \end{cases}$$

解 根据 $f_1(t)$ 和 $f_2(t)$ 画出其波形图，如图 2.3.4 所示。

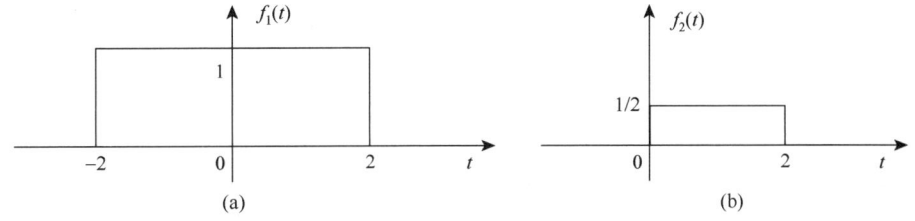

图 2.3.4 例 2.3.3 中 $f_1(t)$ 和 $f_2(t)$ 的波形图

（1）将函数 $f_1(t)$ 和 $f_2(t)$ 的自变量 t 换为 τ，得到 $f_1(\tau)$、$f_2(\tau)$。然后将函数 $f_2(\tau)$ 以纵坐标为轴反褶（或称折叠），就得到与镜像对称的函数 $f_2(-\tau)$，将函数 $f_2(-\tau)$ 沿正轴 τ 平移时间 t，就得到函数 $f_2(t-\tau)$。

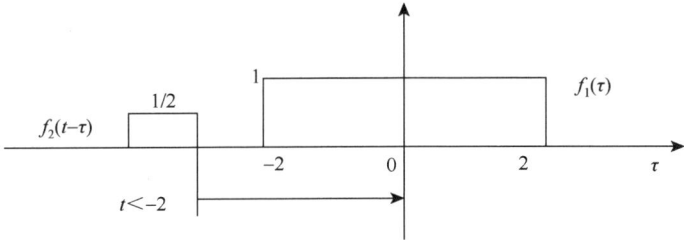

图 2.3.5 $f_1(\tau)$ 与 $f_2(t-\tau)$ 在 $t<-2$ 区间的波形

由图 2.3.5 可见，在 $t<-2$ 区间，$f_1(\tau) \cdot f_2(t-\tau) = 0$，故 $f_1(t) * f_2(t) = 0$。

（2）将波形 $f_2(t-\tau)$ 继续连续地沿轴 τ 平移，在 $-2 \leqslant t \leqslant 0$ 区间，$f_1(\tau)$ 与 $f_2(t-\tau)$ 的波形仅有一部分重叠，重叠范围为 $\tau = -2 \sim \tau = t$，如图 2.3.6 所示。

由图 2.3.6 可见，在 $-2 \leqslant t \leqslant 0$ 区间，$f_1(\tau) \cdot f_2(t-\tau) \neq 0$，故

$$f_1(t) * f_2(t) = \int_{-2}^{t} 1 \cdot \frac{1}{2} \mathrm{d}\tau = \frac{1}{2}(t+2)$$

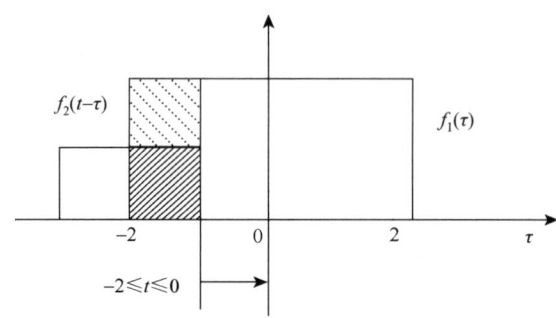

图 2.3.6 $f_1(\tau)$ 与 $f_2(t-\tau)$ 在 $-2 \leqslant t \leqslant 0$ 区间的波形

（3）将波形 $f_2(t-\tau)$ 继续连续地沿轴 τ 平移，在 $0 < t \leqslant 2$ 区间，$f_1(\tau)$ 与 $f_2(t-\tau)$ 的波形仅有一部分重叠，重叠范围为 $\tau = t-2 \sim \tau = t$，如图 2.3.7 所示。

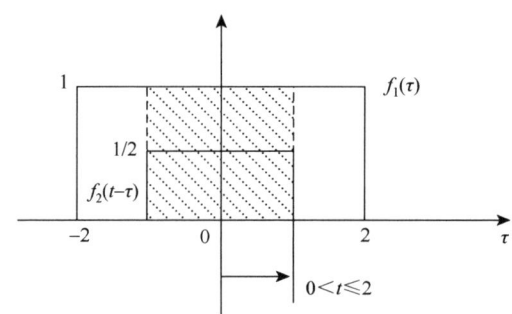

图 2.3.7 $f_1(\tau)$ 与 $f_2(t-\tau)$ 在 $0 < t \leqslant 2$ 区间的波形

由图 2.3.7 可见，在 $0 < t \leqslant 2$ 区间，$f_1(\tau) \cdot f_2(t-\tau) \neq 0$，故

$$f_1(t) * f_2(t) = \int_{t-2}^{t} 1 \cdot \frac{1}{2} \mathrm{d}\tau = 1$$

（4）将波形 $f_2(t-\tau)$ 继续连续地沿轴 τ 平移，在 $2 < t \leqslant 4$ 区间，$f_1(\tau)$ 与 $f_2(t-\tau)$ 的波形仅有一部分重叠，重叠范围为 $\tau = t-2 \sim \tau = 2$，如图 2.3.8 所示。

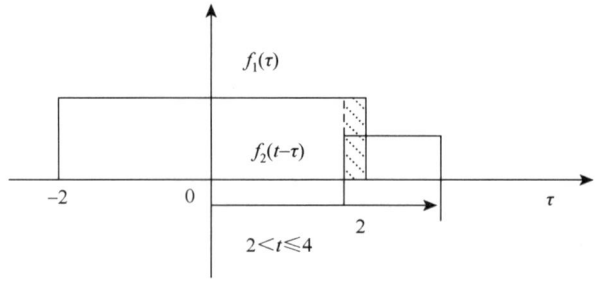

图 2.3.8 $f_1(\tau)$ 与 $f_2(t-\tau)$ 在 $2 < t \leqslant 4$ 区间的波形

由图 2.3.8 可见，在 $2 < t \leq 4$ 区间，$f_1(\tau) \cdot f_2(t-\tau) \neq 0$，故
$$f_1(t) * f_2(t) = \int_{t-2}^{2} 1 \cdot \frac{1}{2} \mathrm{d}\tau = \frac{1}{2}(4-t)$$

（5）将波形 $f_2(t-\tau)$ 继续连续地沿轴 τ 平移，在 $t > 4$ 区间，$f_1(\tau)$ 与 $f_2(t-\tau)$ 的波形没有重叠部分，如图 2.3.9 所示。

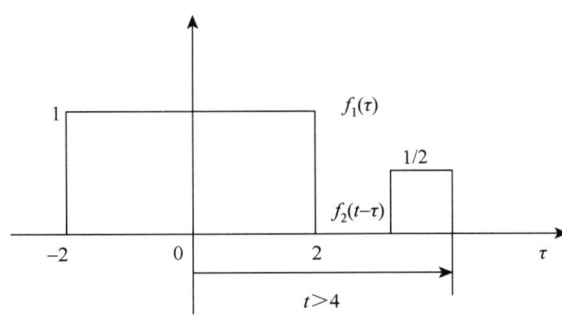

图 2.3.9　$f_1(\tau)$ 与 $f_2(t-\tau)$ 在 $t > 4$ 区间的波形

由图 2.3.9 可见，在 $t > 4$ 区间，$f_1(\tau) \cdot f_2(t-\tau) = 0$，故
$$f_1(t) * f_2(t) = 0$$

综上所述，$f_1(t) * f_2(t)$ 的结果如下：
$$f_1(t) * f_2(t) = \begin{cases} 0, & t < -2 \text{ 或 } t > 4 \\ \frac{1}{2}(t+2), & -2 \leq t \leq 0 \\ 1, & 0 < t \leq 2 \\ \frac{1}{2}(4-t), & 2 < t \leq 4 \end{cases}$$

$f_1(t) * f_2(t)$ 的波形如图 2.3.10 所示。

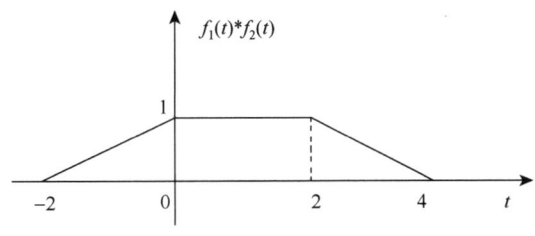

图 2.3.10　$f_1(t) * f_2(t)$ 的波形

【例 2.3.4】　已知 $f(t)$ 及 $h(t)$ 的波形，如图 2.3.11 所示，用图解法求 $y(t) = f(t) * h(t)$。

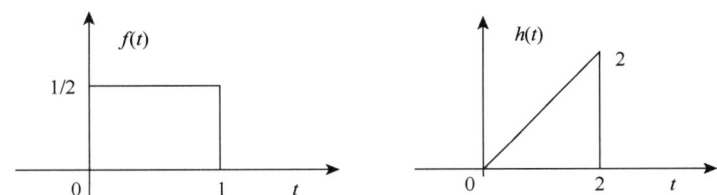

图 2.3.11　例 2.3.4 的 $f(t)$ 及 $h(t)$ 的波形图

解 $h(t)$ 函数形式复杂，将其换元为 $h(\tau)$，$f(t)$ 换元为 $f(\tau)$，波形如图 2.3.12 所示。

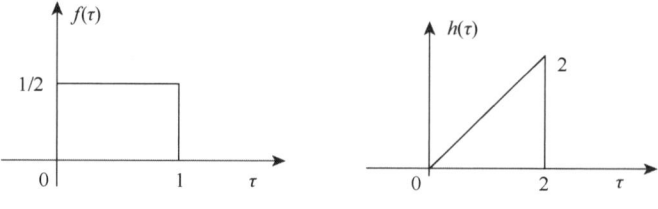

图 2.3.12 $f(\tau)$ 及 $h(\tau)$ 的波形图

将 $f(\tau)$ 反转为 $f(-\tau)$，然后平移 t，变为 $f(t-\tau)$：

（1）$t<0$ 时，$f(t-\tau)$ 向左移，$f(t-\tau)h(\tau)=0$，故 $y(t)=0$，如图 2.3.13 所示。

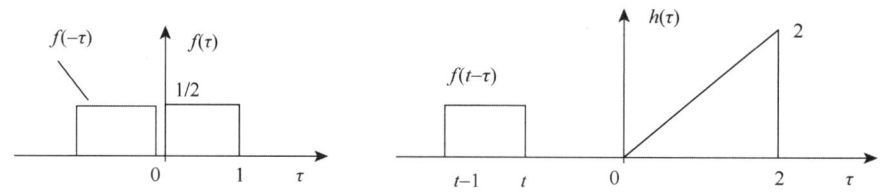

图 2.3.13 $t<0$ 时 $f(t-\tau)$ 及 $h(\tau)$ 的波形图

（2）$0 \leqslant t \leqslant 1$ 时，$f(t-\tau)$ 向右移，$y(t)=\int_0^t \tau \cdot \frac{1}{2} \mathrm{d}\tau = \frac{1}{4}t^2$，如图 2.3.14 所示。

（3）$1 \leqslant t \leqslant 2$ 时，$f(t-\tau)$ 向右移，$y(t)=\int_{t-1}^t \tau \cdot \frac{1}{2} \mathrm{d}\tau = \frac{1}{2}t - \frac{1}{4}$，如图 2.3.15 所示。

（4）$2 \leqslant t \leqslant 3$ 时，$f(t-\tau)$ 向右移，$y(t)=\int_{t-1}^2 \tau \cdot \frac{1}{2} \mathrm{d}\tau = -\frac{1}{4}t^2 + \frac{1}{2}t + \frac{3}{4}$，如图 2.3.16 所示。

（5）$t \geqslant 3$ 时，$f(t-\tau)$ 向右移，$f(t-\tau)h(\tau)=0$，故 $y(t)=0$，如图 2.3.17 所示。

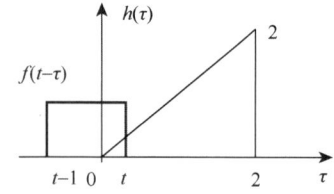 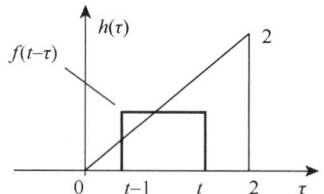

图 2.3.14 $0 \leqslant t \leqslant 1$ 时 $f(t-\tau)$ 及 $h(\tau)$ 的波形图　　图 2.3.15 $1 \leqslant t \leqslant 2$ 时 $f(t-\tau)$ 及 $h(\tau)$ 的波形图

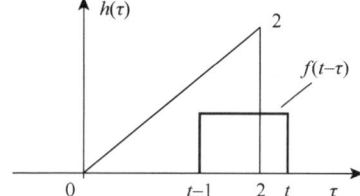 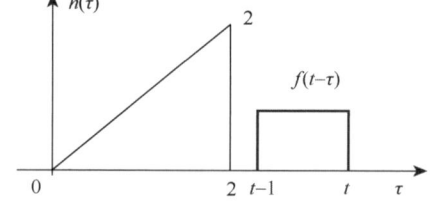

图 2.3.16 $2 \leqslant t \leqslant 3$ 时 $f(t-\tau)$ 及 $h(\tau)$ 的波形图　　图 2.3.17 $t \geqslant 3$ 时，$f(t-\tau)$ 及 $h(\tau)$ 的波形图

综上所述，$y(t)=f(t)*h(t)$的结果如下：

$$f_1(t)*f_2(t)=\begin{cases}0, & t<0\text{或}t\geq 3\\ \dfrac{1}{4}t^2, & 0\leq t\leq 1\\ \dfrac{1}{2}t-\dfrac{1}{4}, & 1\leq t\leq 2\\ -\dfrac{1}{4}t^2+\dfrac{1}{2}t+\dfrac{3}{4}, & 2\leq t\leq 3\end{cases}$$

图解法求解卷积积分的过程一般比较烦琐，但在某些特殊情况，如只求某一时刻卷积值时还是比较方便的，下面举例说明。

【**例 2.3.5**】 $f_1(t)$及$f_2(t)$如图2.3.18所示，已知$f(t)=f_1(t)*f_2(t)$，求$f(2)$。

解 $f(2)=\int_{-\infty}^{\infty}f_2(\tau)f_1(2-\tau)\mathrm{d}\tau$

（1）换元。

（2）$f_1(\tau)$反转得$f_1(-\tau)$。

（3）$f_1(-\tau)$右移2得$f_1(2-\tau)$，如图2.3.19所示。

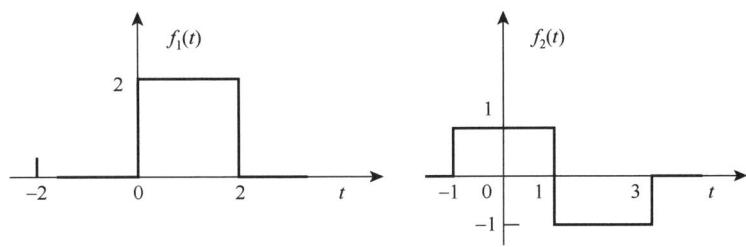

图2.3.18 例2.3.5的$f_1(t)$及$f_2(t)$的波形图

（4）$f_1(2-\tau)$乘$f_2(\tau)$，如图2.3.20所示。

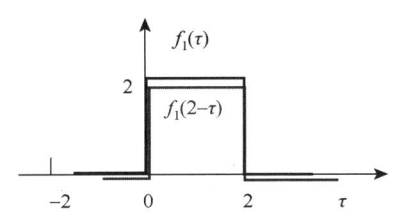

图2.3.19 $f_1(2-\tau)$的波形图

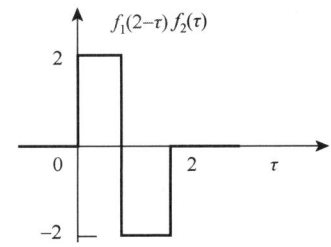

图2.3.20 $f_1(2-\tau)f_2(\tau)$的波形图

（5）积分，得$f(2)=0$（重叠面积为0）。

一般情况下，当已知函数的波形，特别是对于只有实测波形而又不易写出其函数式时，用图解法计算比较直观、有利。

当用式计算卷积积分时，正确地选取积分的下限和上限是关键的步骤。可以分以下几种情况进行考虑。

（1）若$f_1(t)$、$f_2(t)$均为无时限信号，卷积的结果仍是无时限信号，则上、下限可以写为

$$y(t)=f_1(t)*f_2(t)=\int_{-\infty}^{\infty}f_1(\tau)f_2(t-\tau)\mathrm{d}\tau,\quad t\leq 0 \tag{2.3.5a}$$

$$y(t)=f_1(t)*f_2(t)=\int_{-\infty}^{\infty}f_1(\tau)f_2(t-\tau)\mathrm{d}\tau,\quad t\geq 0 \tag{2.3.5b}$$

（2）若$f_1(t)$为无时限信号，$f_2(t)$为因信号，卷积的结果仍是无时限信号，反褶$f_2(t)$，则上、下限可以写为

$$y(t)=f_1(t)*f_2(t)=\int_{-\infty}^{t}f_1(\tau)f_2(t-\tau)\mathrm{d}\tau, \quad t\leqslant 0 \qquad (2.3.6a)$$

$$y(t)=f_1(t)*f_2(t)=\int_{-\infty}^{t}f_1(\tau)f_2(t-\tau)\mathrm{d}\tau, \quad t\geqslant 0 \qquad (2.3.6b)$$

又可以写为

$$y(t)=f_2(t)*f_1(t)=\int_{0}^{\infty}f_2(\tau)f_1(t-\tau)\mathrm{d}\tau, \quad t\leqslant 0$$

$$y(t)=f_2(t)*f_1(t)=\int_{0}^{\infty}f_2(\tau)f_1(t-\tau)\mathrm{d}\tau, \quad t\geqslant 0$$

（3）若 $f_1(t)$，$f_2(t)$ 均为因果信号，反褶 $f_1(t)$ 或 $f_2(t)$，卷积的结果均为因果信号，则上、下限可以写为

$$y(t)=f_1(t)*f_2(t)=0, \quad t\leqslant 0 \qquad (2.3.7a)$$

$$y(t)=f_1(t)*f_2(t)=\int_{0}^{t}f_1(\tau)f_2(t-\tau)\mathrm{d}\tau, \quad t\geqslant 0 \qquad (2.3.7b)$$

（4）若 $f_1(t)$ 为因果信号，$f_2(t)$ 为反因果信号，卷积的结果为因果信号和反因果信号两部分，将 $f_2(t)$ 反因果信号反褶，则上、下限可以写为

$$y(t)=f_1(t)*f_2(t)=\int_{0}^{\infty}f_1(\tau)f_2(t-\tau)\mathrm{d}\tau, \quad t\leqslant 0 \qquad (2.3.8a)$$

$$y(t)=f_1(t)*f_2(t)=\int_{t}^{\infty}f_1(\tau)f_2(t-\tau)\mathrm{d}\tau, \quad t\geqslant 0 \qquad (2.3.8b)$$

即

$$y(t)=f_1(t)*f_2(t)=q_1 u(-t)+q_2 u(t)$$

将 $f_1(t)$ 因果信号反褶，则上、下限可以写为

$$y(t)=f_1(t)*f_2(t)=\int_{-\infty}^{t}f_2(\tau)f_1(t-\tau)\mathrm{d}\tau, \quad t\leqslant 0$$

$$y(t)=f_1(t)*f_2(t)=\int_{-\infty}^{0}f_2(\tau)f_1(t-\tau)\mathrm{d}\tau, \quad t\geqslant 0$$

即

$$y(t)=f_1(t)*f_2(t)=q_1 u(-t)+q_2 u(t)$$

（5）若 $f_1(\tau)$ 与 $f_2(t-\tau)$ 的始点分别为 τ_1 和 τ_2，其终点为 τ_3 和 τ_4，则积分下限应为 τ_1 和 τ_2 中的较大者，积分上限应为 τ_3 和 τ_4 中的较小者。具体情况还要具体分析。

关于卷积积分的存在性问题，我们可以根据两个函数 $f_1(t)$ 和 $f_2(t)$ 的卷积定义来讨论：

$$y(t)=f_1(t)*f_2(t)=\int_{-\infty}^{\infty}f_1(\tau)f_2(t-\tau)\mathrm{d}\tau=q(t)$$

$f_1(t)$ 和 $f_2(t)$ 的卷积积分存在，实质上就是 $|q(t)|<\infty$。根据两个函数 $f_1(t)$ 和 $f_2(t)$ 的情况，归纳如下：

当两个函数 $f_1(t)$ 和 $f_2(t)$ 都是常规的时限信号时，$f_1(t)$ 和 $f_2(t)$ 的卷积积分存在。

当两个函数 $f_1(t)$ 和 $f_2(t)$ 至少有一个是常规的时限信号时，$f_1(t)$ 和 $f_2(t)$ 的卷积积分存在。

当两个函数 $f_1(t)$ 和 $f_2(t)$ 都是常规的因果信号时，$f_1(t)$ 和 $f_2(t)$ 的卷积积分存在。

当两个函数 $f_1(t)$ 和 $f_2(t)$ 都是常规的反因果信号时，$f_1(t)$ 和 $f_2(t)$ 的卷积积分存在。

当两个函数 $f_1(t)$ 与 $f_2(t)$ 分别为常规的因果指数信号和常规的反因果指数信号时，$f_1(t)$ 和 $f_2(t)$ 的卷积积分可能存在，也可能不存在，要具体情况具体分析。例如，$f_1(t)=Ae^{at}u(t)$，$f_2(t)=Be^{bt}u(-t)$，其中，A、B、a、b 为任意实数。当 $a<b$ 时，$f_1(t)$ 和 $f_2(t)$ 的卷积积分存在；当 $a\geqslant b$ 时，$f_1(t)$ 和 $f_2(t)$ 的卷积积分不存在。

当两个函数 $f_1(t)$ 和 $f_2(t)$ 都是常规的无时限信号时，可将它们先分解为常规的因果信号和常规的反因果信号，再考察 $f_1(t)$ 和 $f_2(t)$ 的卷积积分存在性。

当两个函数 $f_1(t)$ 和 $f_2(t)$ 中包含奇异函数及其导数时，可以将它们先分离出来，单独处理，再考察 $f_1(t)$ 和 $f_2(t)$ 其余部分的卷积积分存在性。

【例 2.3.6】 分别计算下列各式 $f_1(t)*f_2(t)$ 的值。

(1) $f_1(t)=\mathrm{e}^{2t}$，$f_2(t)=\mathrm{e}^{-t}u(t)$。

(2) $f_1(t)=\mathrm{e}^{-2t}u(t)$，$f_2(t)=\mathrm{e}^{-t}u(t)$。

(3) $f_1(t)=\mathrm{e}^{2t}u(-t)$，$f_2(t)=\mathrm{e}^{-t}u(t)$。

解 (1) 因 $f_1(t)$ 为无时限信号，$f_2(t)$ 为因信号，卷积的结果仍是无时限信号。反褶 $f_2(t)$，故

$$y(t)=f_1(t)*f_2(t)=\int_{-\infty}^{t}\mathrm{e}^{2\tau}\mathrm{e}^{-(t-\tau)}\mathrm{d}\tau=\mathrm{e}^{-t}\int_{-\infty}^{t}\mathrm{e}^{3\tau}\mathrm{d}\tau=\frac{1}{3}\mathrm{e}^{2t}$$

(2) 因为 $f_1(t)$ 为因信号，$f_2(t)$ 为因信号，所以卷积的结果仍是因信号。反褶 $f_2(t)$，故

$$y(t)=f_1(t)*f_2(t)=\int_{0}^{t}\mathrm{e}^{-2\tau}\mathrm{e}^{-(t-\tau)}\mathrm{d}\tau=\mathrm{e}^{-t}u(t)\int_{0}^{t}\mathrm{e}^{-\tau}\mathrm{d}\tau=\left(\mathrm{e}^{-t}-\mathrm{e}^{-2t}\right)u(t)$$

(3) 因为 $f_1(t)$ 为反因信号，$f_2(t)$ 为因信号，所以卷积的结果为因信号和反因信号两部分。将 $f_2(t)$ 因果信号反褶，有

$$y(t)=f_1(t)*f_2(t)=\int_{-\infty}^{\infty}\mathrm{e}^{2\tau}u(-\tau)\mathrm{e}^{-(t-\tau)}u(t-\tau)\mathrm{d}\tau$$

$$=\mathrm{e}^{-t}u(-t)\int_{-\infty}^{t}\mathrm{e}^{3\tau}\mathrm{d}\tau+\mathrm{e}^{-t}u(t)\int_{-\infty}^{0}\mathrm{e}^{3\tau}\mathrm{d}\tau=\frac{1}{3}\mathrm{e}^{2t}u(-t)+\frac{1}{3}\mathrm{e}^{-t}u(t)$$

【例 2.3.7】 判断下列 $f_1(t)$ 和 $f_2(t)$ 的卷积积分是否存在。

(1) $f_1(t)=A\mathrm{e}^{at}\left[u(t)-u(t-1)\right]$，$f_2(t)=Bt\mathrm{e}^{bt}\left[u(-t)-u(-t-5)\right]$。

(2) $f_1(t)=u(t)$，$f_2(t)=B\mathrm{e}^{2t}u(-t)$。

(3) $f_1(t)=A\mathrm{e}^{-2t}$，$f_2(t)=B\mathrm{e}^{-b|t|}$。

(4) $f_1(t)=A\mathrm{e}^{-t}u(t)-\delta(t)$，$f_2(t)=B\mathrm{e}^{2t}u(-t)$。

解 (1) $f_1(t)=A\mathrm{e}^{at}\left[u(t)-u(t-1)\right]$，$f_2(t)=Bt\mathrm{e}^{bt}\left[u(-t)-u(-t-5)\right]$。因为两个函数 $f_1(t)$ 和 $f_2(t)$ 都是常规的时限信号，所以 $f_1(t)$ 和 $f_2(t)$ 的卷积积分存在。

(2) $f_1(t)=u(t)$、$f_2(t)=B\mathrm{e}^{2t}u(-t)$ 分别为常规的因果指数信号和常规的反因果指数信号，故 $f_1(t)$ 和 $f_2(t)$ 的卷积积分存在。

(3) $f_1(t)=A\mathrm{e}^{-2t}$，$f_2(t)=B\mathrm{e}^{-b|t|}$，当两个函数 $f_1(t)$ 和 $f_2(t)$ 都是常规的无时限信号时，可将它们先分解为常规的因果信号和常规的反因果信号，即

$$f_1(t)*f_2(t)=A\mathrm{e}^{-2t}*B\mathrm{e}^{-b|t|}=\left[A\mathrm{e}^{-2t}u(t)+A\mathrm{e}^{-2t}u(-t)\right]*\left[B\mathrm{e}^{-bt}u(t)+B\mathrm{e}^{bt}u(-t)\right]$$

$$=A\mathrm{e}^{-2t}u(t)*B\mathrm{e}^{-bt}u(t)+A\mathrm{e}^{-2t}u(t)*B\mathrm{e}^{bt}u(-t)+A\mathrm{e}^{-2t}u(-t)*B\mathrm{e}^{-bt}u(t)$$

$$+A\mathrm{e}^{-2t}u(-t)*B\mathrm{e}^{bt}u(-t)$$

故 $f_1(t)$ 和 $f_2(t)$ 的卷积积分存在。

(4) $f_1(t)=A\mathrm{e}^{-t}u(t)-\delta(t)$，$f_2(t)=B\mathrm{e}^{2t}u(-t)$。因为函数 $f_1(t)$ 中包含奇异函数及其导数，可以将它先分离出来，单独处理，即

$$f_1(t)*f_2(t)=A\mathrm{e}^{-t}u(t)*B\mathrm{e}^{2t}u(-t)-\delta(t)*B\mathrm{e}^{2t}u(-t)$$

因上述各项的卷积都存在，故 $f_1(t)$ 和 $f_2(t)$ 的卷积积分存在。

2.3.3 卷积积分的性质

卷积积分是一种数学运算，它有许多重要的性质（或运算规则），灵活地运用它们能简化卷积运算。下面讨论均设卷积积分是收敛的（或存在的）。

1. 卷积代数

卷积运算作为一种代数乘法运算，它遵守代数运算的某些规律。当两函数之间的卷积积分存在时，卷积积分满足下列运算规律。

1）交换律

$$f_1(t) * f_2(t) = f_2(t) * f_1(t) \tag{2.3.9}$$

证明 $f_1(t) * f_2(t) = \int_{-\infty}^{\infty} f_1(\tau) f_2(t-\tau) d\tau \xrightarrow{\diamondsuit \lambda = t-\tau} \int_{-\infty}^{\infty} f_2(\lambda) f_1(t-\lambda) d\lambda = f_2(t) * f_1(t)$

式（2.3.9）表明：单位冲激响应为 $h(t)$ 的线性时不变系统在输入为 $f(t)$ 时得到的零状态响应与单位冲激响应为 $f(t)$ 的线性时不变系统在输入为 $h(t)$ 时得到的零状态响应完全相同。

2）分配律

$$f_1(t) * [f_2(t) + f_3(t)] = f_1(t) * f_2(t) + f_1(t) * f_3(t) \tag{2.3.10}$$

证明 $\int_{-\infty}^{\infty} f_1(\tau)[f_2(t-\tau) + f_3(t-\tau)] d\tau = \int_{-\infty}^{\infty} f_1(\tau) f_2(t-\tau) d\tau + \int_{-\infty}^{\infty} f_1(\tau) f_3(t-\tau) d\tau$

式（2.3.10）的一个解释可用图 2.3.21 表示。

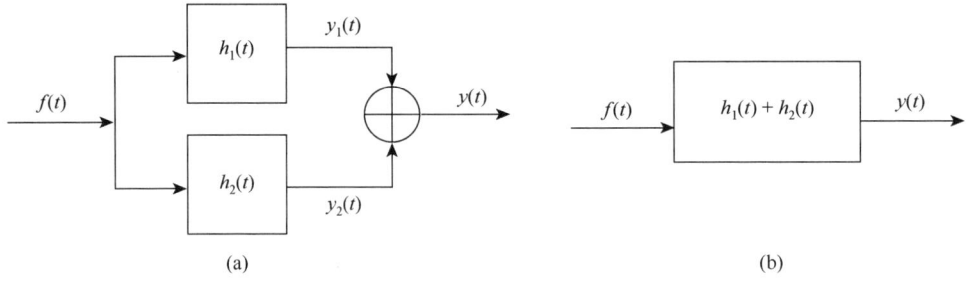

图 2.3.21 线性时不变系统并联中卷积分配律的说明

式（2.3.10）的右端相当于图 2.3.21（a），是两个小系统的并联；式（2.3.10）的左端，相当于图 2.3.21（b），其输入和输出是一样的。式（2.3.10）说明，一个大系统可以拆分成两个并联的小系统；两个小系统可以合并成一个大系统。大系统的单位冲激响应等于两个小系统的单位冲激响应之和。

3）结合律

$$f_1(t) * [f_2(t) * f_3(t)] = [f_1(t) * f_2(t)] * f_3(t) \tag{2.3.11}$$

证明 $\int_{-\infty}^{\infty} [f_1(\tau) * f_2(\tau)] f_3(t-\tau) d\tau$

$= \int_{-\infty}^{\infty} \left[\int_{-\infty}^{\infty} f_1(\lambda) f_2(\tau-\lambda) d\lambda \right] f_3(t-\tau) d\tau = \int_{-\infty}^{\infty} f_1(\lambda) \left[\int_{-\infty}^{\infty} f_2(\tau-\lambda) f_3(t-\tau) d\tau \right] d\lambda$

$\xrightarrow{\diamondsuit \theta = \tau - \lambda} \int_{-\infty}^{\infty} f_1(\lambda) \left[\int_{-\infty}^{\infty} f_2(\theta) f_3(t-\lambda-\theta) d\theta \right] d\lambda$

$= \int_{-\infty}^{\infty} f_1(\lambda) [f_2(t-\lambda) * f_3(t-\lambda)] d\lambda = f_1(t) * [f_2(t) * f_3(t)]$

将卷积积分的交换律和结合律结合在一起，可以发现线性时不变系统的另一个重要的性质。根据图 2.3.22（a）和（b）可以得出，两个线性时不变系统级联后的冲激响应就是它们单个冲激响应的卷积。由于卷积是可以交换的，所以能够用两种次序中的任意一种来求 $h_1(t)$ 和 $h_2(t)$ 的卷积，因此图 2.3.22（b）和（c）也是等效的。再根据结合律，可以依次得到图 2.3.22（d）中的系统。

总结起来就是，图 2.3.22（a）所示的系统和图 2.3.22（d）所示的系统是完全等效的，但它们交换了级联的次序。因此，两个线性时不变系统级联后的单位冲激响应与它们在级联中的次序无关。事实上，这个结论对任意多个线性时不变系统的级联都成立，即只要关注的是整个系统的冲激响应，它们的级联次序就是无关紧要的。

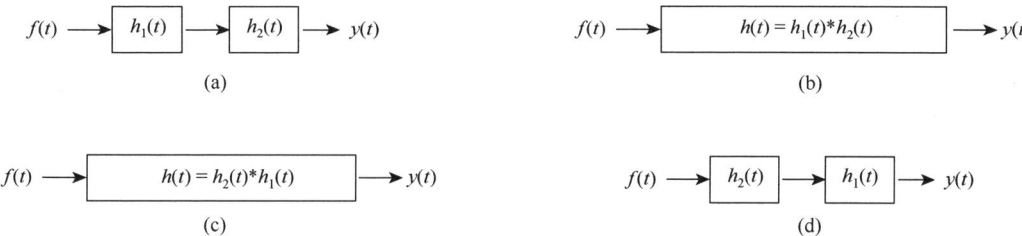

图 2.3.22 卷积的结合律性质及结合律与交换律性质对线性时不变系统的意义

2. 奇异函数的卷积特性

（1） $f(t)*\delta(t)=\delta(t)*f(t)=f(t)$。

证明 $\delta(t)*f(t)=\int_{-\infty}^{\infty}\delta(\tau)f(t-\tau)\mathrm{d}\tau=f(t)$。推论：$f(t)*\delta(t-t_0)=f(t-t_0)$。

（2） $f(t)*\delta'(t)=f'(t)$。

证明 $\delta'(t)*f(t)=\int_{-\infty}^{\infty}\delta'(\tau)f(t-\tau)\mathrm{d}\tau=f'(t)$。推论：$f(t)*\delta^{(n)}(t)=f^{(n)}(t)$。

（3） $f(t)*u(t)=\int_{-\infty}^{t}f(\tau)\mathrm{d}\tau=f^{(-1)}(t)$。

证明 $f(t)*u(t)=\int_{-\infty}^{\infty}f(\tau)u(t-\tau)\mathrm{d}\tau=\int_{-\infty}^{t}f(\tau)\mathrm{d}\tau=f^{(-1)}(t)$。推论：$u(t)*u(t)=tu(t)$。

3. 卷积的微积分性质

（1） $\dfrac{\mathrm{d}^n}{\mathrm{d}t^n}\big(f_1(t)*f_2(t)\big)=\dfrac{\mathrm{d}^n f_1(t)}{\mathrm{d}t^n}*f_2(t)=f_1(t)*\dfrac{\mathrm{d}^n f_2(t)}{\mathrm{d}t^n}$。

证明 根据奇异函数的卷积特性（2），有

$$\begin{aligned}\dfrac{\mathrm{d}^n}{\mathrm{d}t^n}\big(f_1(t)*f_2(t)\big)&=\delta^{(n)}(t)*[f_1(t)*f_2(t)]\\&=[\delta^{(n)}(t)*f_1(t)]*f_2(t)=\dfrac{\mathrm{d}^n f_1(t)}{\mathrm{d}t^n}*f_2(t)\\&=f_1(t)*[\delta^{(n)}(t)*f_2(t)]=f_1(t)*\dfrac{\mathrm{d}^n f_2(t)}{\mathrm{d}t^n}\end{aligned}$$

（2） $\int_{-\infty}^{t}[f_1(\tau)*f_2(\tau)]\mathrm{d}\tau=\left[\int_{-\infty}^{t}f_1(\tau)\mathrm{d}\tau\right]*f_2(t)=f_1(t)*\left[\int_{-\infty}^{t}f_2(\tau)\mathrm{d}\tau\right]$。

证明 根据奇异函数的卷积特性（3），有

$$\begin{aligned}\int_{-\infty}^{t}[f_1(\tau)*f_2(\tau)]\mathrm{d}\tau&=u(t)*[f_1(t)*f_2(t)]\\&=[u(t)*f_1(t)]*f_2(t)=\left[\int_{-\infty}^{t}f_1(\tau)\mathrm{d}\tau\right]*f_2(t)\\&=f_1(t)*[u(t)*f_2(t)]=f_1(t)*\left[\int_{-\infty}^{t}f_2(\tau)\mathrm{d}\tau\right]\end{aligned}$$

（3）在 $f_1(-\infty)=0$ 或 $f_2(-\infty)=0$ 的前提下，有

$$f_1(t)*f_2(t)=f_1'(t)*f_2^{(-1)}(t)，\quad f_1(t)*f_2(t)=f_1^{(n)}(t)*f_2^{(-n)}(t)$$

【例 2.3.8】 $f_1(t)=1$，$f_2(t)=\mathrm{e}^{-t}u(t)$，求 $f_1(t)*f_2(t)$。

解 用定义式解析计算卷积积分时，通常将复杂函数放前面，代入定义式，得

$$f_2(t)*f_1(t) = \int_{-\infty}^{\infty} e^{-\tau}u(\tau)d\tau = \int_0^{\infty} e^{-\tau}d\tau = -e^{-\tau}\Big|_0^{\infty} = 1$$

注意：套用 $f_1(t)*f_2(t) = f_1'(t)*f_2^{(-1)}(t) = 0*f_2^{(-1)}(t) = 0$ 显然是错误的，因为不满足 $f_1(-\infty)=0$ 或 $f_2(-\infty)=0$ 的条件。

【例 2.3.9】 $f_1(t)$ 如图 2.3.23 所示，$f_2(t)=e^{-t}u(t)$，求 $f_1(t)*f_2(t)$。

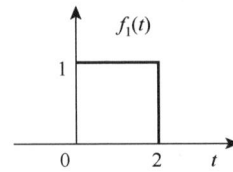

图 2.3.23 例 2.3.9 $f_1(t)$ 的波形图

解 $f_1(t)*f_2(t) = f_1'(t)*f_2^{(-1)}(t)$

式中，$f_1'(t) = \delta(t) - \delta(t-2)$

$$f_2^{(-1)}(t) = \int_{-\infty}^t e^{-\tau}u(\tau)d\tau = \left(\int_0^t e^{-\tau}d\tau\right)u(t) = -e^{-\tau}\Big|_0^t \cdot u(t) = (1-e^{-t})u(t)$$

则

$$f_1(t)*f_2(t) = [\delta(t)-\delta(t-2)]*(1-e^{-t})u(t) = (1-e^{-t})u(t) - [1-e^{-(t-2)}]u(t-2)$$

4. 卷积的时移特性

若 $f(t) = f_1(t)*f_2(t)$，则 $f_1(t-t_1)*f_2(t-t_2) = f_1(t-t_1-t_2)*f_2(t) = f_1(t)*f_2(t-t_1-t_2) = f(t-t_1-t_2)$。

【例 2.3.10】 用卷积的时移特性计算例 2.3.9 中两信号的卷积。

解 $f_1(t) = u(t) - u(t-2)$

$$f_1(t)*f_2(t) = [u(t)-u(t-2)]*f_2(t) = u(t)*f_2(t) - u(t-2)*f_2(t)$$

因为 $u(t)*f_2(t) = f^{(-1)}(t)$，利用时移特性，有 $u(t-2)*f_2(t) = f^{(-1)}(t-2)$

所以 $f_1(t)*f_2(t) = (1-e^{-t})u(t) - [1-e^{-(t-2)}]u(t-2)$

【例 2.3.11】 $f_1(t)$、$f_2(t)$ 如图 2.3.24 所示，求 $f_1(t)*f_2(t)$。

解 $f_1(t) = 2u(t) - 2u(t-1)$，$f_2(t) = u(t+1) - u(t-1)$

$f_1(t)*f_2(t)$
$= 2u(t)*u(t+1) - 2u(t)*u(t-1)$
$- 2u(t-1)*u(t+1) + 2u(t-1)*u(t-1)$

由于 $u(t)*u(t) = tu(t)$，根据时移性，有

$$f_1(t)*f_2(t) = 2(t+1)u(t+1) - 2(t-1)u(t-1) - 2tu(t) + 2(t-2)u(t-2)$$

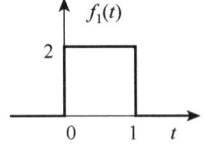 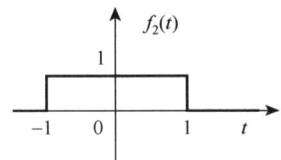

图 2.3.24 例 2.3.11 信号波形图

【例 2.3.12】 分别计算下列各式 $f_1(t)*f_2(t)$ 的值。

（1）$f_1(t) = e^{2t}u(-t)$，$f_2(t) = e^{-t}u(t)$。

（2）$f_1(t) = tu(t)$，$f_2(t) = e^{-at}u(t)$。

（3）$f_1(t) = t[u(t)-u(t-1)]$，$f_2(t) = \sin t$。

（4）$f_1(t) = u\left(t+\dfrac{\pi}{2}\right) - u\left(t-\dfrac{\pi}{2}\right)$，$f_2(t) = \cos(\delta(\sin t))$。

解 （1）因为 $f_1(t)$ 为反因信号、$f_2(t)$ 为因信号，卷积的结果为因信号和反因信号两部分。将 $f_2(t)$ 反褶，有

$$y(t) = f_1(t) * f_2(t) = \int_{-\infty}^{\infty} e^{2\tau} u(-\tau) e^{-(t-\tau)} u(t-\tau) d\tau$$

$$= e^{-t} u(-t) \int_{-\infty}^{t} e^{3\tau} d\tau + e^{-t} u(t) \int_{-\infty}^{0} e^{3\tau} d\tau$$

$$= \frac{1}{3} e^{2t} u(-t) + \frac{1}{3} e^{-t} u(t)$$

（2）由题设有 $f_1'(t) = u(t)$，$f_1''(t) = \delta(t)$；$f_2^{(-1)}(t) = \int_0^t e^{-a\tau} d\tau = \dfrac{1-e^{-at}}{a} u(t)$，

$$f_2^{(-2)}(t) = \int_0^t \frac{1-e^{-a\tau}}{a} d\tau = \left(\frac{t}{a} - \frac{1-e^{-at}}{a^2}\right) u(t)$$

故

$$f_1(t) * f_2(t) = f_1''(t) * f_2^{(-2)}(t) = \delta(t) * \left(\frac{t}{a} - \frac{1-e^{-at}}{a^2}\right) u(t) = \left(\frac{t}{a} - \frac{1-e^{-at}}{a^2}\right) u(t)$$

（3）由题设有 $f_1'(t) = u(t) - u(t-1) - \delta(t-1)$，$f_1''(t) = \delta(t) - \delta(t-1) - \delta'(t-1)$；又有 $f_2^{(-1)}(t) = -\cos t$，$f_2^{(-2)}(t) = -\sin t$，故得

$$f_1(t) * f_2(t) = f_1''(t) * f_2^{(-2)}(t) = [\delta(t) - \delta(t-1) - \delta'(t-1)] * (-\sin t)$$

$$= -\sin t + \sin(t-1) + \cos(t-1)$$

（4）对 $\delta(\sin t)$，令 $\sin t = 0$，可得 $t = i\pi, i = 0, \pm 1, \pm 2, \pm 3$，故 $\delta(\sin t) = \sum\limits_{i=-\infty}^{\infty} \delta(t+i\pi)$，$f_2(t) = \cos(\delta(\sin t)) = \sum\limits_{i=-\infty}^{\infty} (-1)^i \delta(t+i\pi)$，则

$$f_1(t) * f_2(t) = \left[u\left(t+\frac{\pi}{2}\right) - u\left(t-\frac{\pi}{2}\right)\right] * \left[\sum_{i=-\infty}^{\infty} (-1)^i \delta(t+i\pi)\right]$$

$$= \sum_{i=-\infty}^{\infty} (-1)^i \left[u\left(t+\frac{\pi}{2}+i\pi\right) - u\left(t-\frac{\pi}{2}+i\pi\right)\right]$$

【例 2.3.13】 分别计算或证明下列各式的值。

（1）已知 $f_1(t) * f_2(t) = q(t)$，试求 $f_1(t-t_1) * \dfrac{d}{dt}[f_2(t+t_2)]$。

（2）试证明：任意周期函数 $f(t)$ 可以表达为一个时限的非周期函数 $f_1(t)$ 与周期冲激序列 $\delta_T(t)$ 的卷积。

（3）已知 $f(t) = \sum\limits_{i=0}^{\infty} u(t-i)$，$h(t) = \sin(\pi t) u(t)$，试求 $y(t) = f(t) * h(t)$。

解 （1）因为 $f_1(t-t_1) = f_1(t) * \delta(t-t_1)$，$\dfrac{d}{dt} f_2(t+t_2) = f_2(t) * \delta'(t+t_2)$，又 $f_1(t) * f_2(t) = q(t)$，$\delta(t-t_1) * \delta'(t+t_2) = \delta'(t-t_1+t_2)$，故 $f_1(t-t_1) * \dfrac{d}{dt}[f_2(t+t_2)] = f_1(t) * f_2(t) * \delta(t-t_1) * \delta'(t+t_2) = q'(t-t_1+t_2)$。

（2）因周期函数 $f(t)$ 在一个周期内的是时限的非周期函数，我们将其定义为 $f_1(t)$，如图 2.3.25 所示。

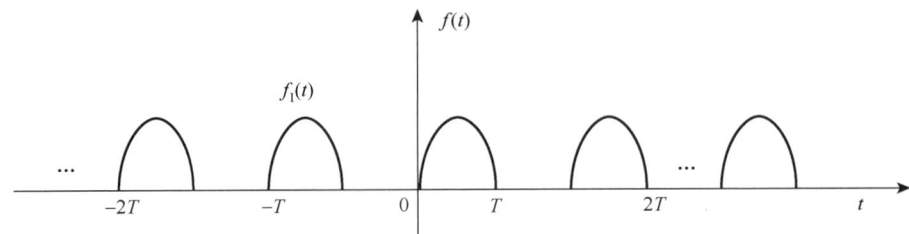

图 2.3.25 例 2.3.13 的周期函数

因时限的非周期函数 $f_1(t)$ 的宽度 W 小于 T，我们定义 T 为周期冲激序列 $\delta_T(t)$ 的周期，将周期冲激序列 $\delta_T(t)$ 定义为 $\delta_T(t) = \sum\limits_{m=-\infty}^{\infty} \delta(t-mT)$，如图 2.3.26 所示。

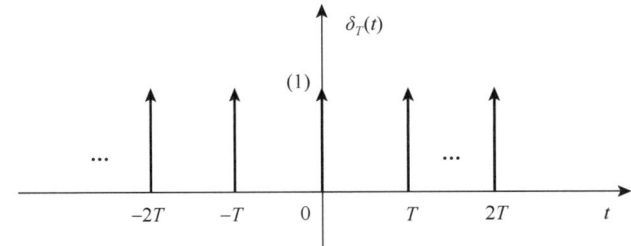

图 2.3.26 例 2.3.13 的周期冲激信号

又因 $f_1(t-mT) = f_1(t)*\delta(t-mT)$，故

$$f(t) = \sum_{m=-\infty}^{\infty} f_1(t-mT) = f_1(t)*\sum_{m=-\infty}^{\infty} \delta(t-mT) = f_1(t)*\delta_T(t)$$

即任意周期函数 $f(t)$ 可以表示为一个时限的非周期函数 $f_1(t)$ 与周期冲激序列 $\delta_T(t)$ 的卷积。

（3）因为 $f'(t) = \sum\limits_{i=0}^{\infty} \delta(t-i)$，$h^{(-1)}(t) = \dfrac{1}{\pi}[1-\cos(\pi t)]u(t)$，得

$$y(t) = f(t)*h(t) = f'(t)*h^{(-1)}(t) = \sum_{i=0}^{\infty} \delta(t-i) * \frac{1}{\pi}[1-\cos(\pi t)]u(t)$$

$$= \frac{1}{\pi}\sum_{i=0}^{\infty}[1-\cos\pi(t-i)]u(t-i)$$

【例 2.3.14】 一个 LTI 系统的冲激响应为 $h(t) = e^{-at}u(t)$，系统的激励为 $f(t) = tu(t)$，求系统的零状态响应。

解 因为 $f_1'(t) = u(t)$，$f_1''(t) = \delta(t)$；$h^{(-1)}(t) = \int_0^t e^{-a\tau}d\tau = \dfrac{1-e^{-at}}{a}u(t)$，$h^{(-2)}(t) = \dfrac{1}{a}\int_0^t (1-e^{-a\tau})d\tau = \left(\dfrac{t}{a} - \dfrac{1-e^{-at}}{a^2}\right)u(t)$。

故系统的零状态响应为

$$y_f(t) = f(t)*h(t) = f''(t)*h^{(-2)}(t) = \delta(t)*\left(\frac{t}{a} - \frac{1-e^{-at}}{a^2}\right)u(t) = \left(\frac{t}{a} - \frac{1-e^{-at}}{a^2}\right)u(t)$$

【例 2.3.15】 通信中匹配滤波器的单位冲激响应 $h(t)$ 与激励 $f(t)$ 满足关系 $h(t) = f(T-t)$，其中，T 为 $f(t)$ 的延续时间，若 $f(t)$ 波形如图 2.3.27 所示，试求匹配滤波器的零状态响应。

解 因线性时不变系统的零状态响应是激励 $f(t)$ 与冲激响应 $h(t)$ 的卷积积分，即

$$y_f(t) = f(t)*h(t) = f(t)*f(T-t)$$

故匹配滤波器的零状态响应如图 2.3.28 所示，为
$$y_f(t) = f(t)*h(t) = t[u(t)-u(t-T)] - (t-2T)[u(t-T)-u(t-2T)]$$

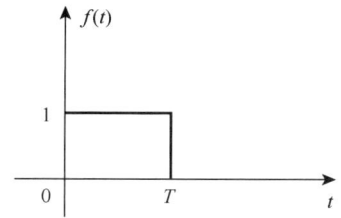

图 2.3.27　例 2.3.15 激励信号波形

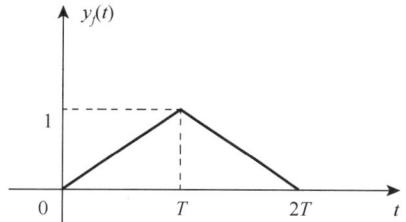

图 2.3.28　例 2.3.15 匹配滤波器的零状态响应波形

【**例 2.3.16**】　一个线性时不变电路系统输入为一个三角波信号 $f(t)$，冲激响应 $h(t)=\mathrm{e}^{-2t}u(t)$，试求系统的零状态响应 $y(t)$。

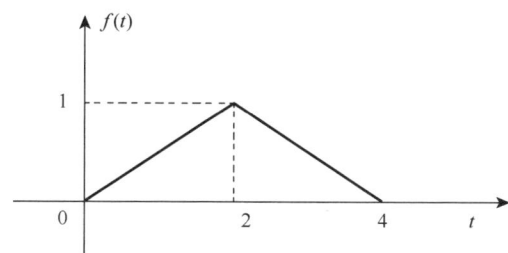

图 2.3.29　例 2.3.16 系统输入的三角波信号

解　因为线性时不变系统的零状态响应是激励 $f(t)$ 与冲激响应 $h(t)$ 的卷积积分，有
$$y(t) = f(t)*h(t) = f''(t)*h^{(-2)}(t)$$
因为
$$h^{(-1)}(t) = \frac{1}{2}(1-\mathrm{e}^{-2t})u(t), \quad h^{(-2)}(t) = \frac{1}{2}\left(-\frac{1}{2}+t+\frac{1}{2}\mathrm{e}^{-2t}\right)u(t)$$
$$f'(t) = \frac{1}{2}[u(t)-2u(t-2)+u(t-4)], \quad f''(t) = \frac{1}{2}[\delta(t)-2\delta(t-2)+\delta(t-4)]$$
所以
$$y(t) = \frac{1}{4}\left(-\frac{1}{2}+t+\frac{1}{2}\mathrm{e}^{-2t}\right)u(t) - \frac{1}{2}\left[-\frac{1}{2}+(t-2)+\frac{1}{2}\mathrm{e}^{-2(t-2)}\right]u(t-2)$$
$$+\frac{1}{4}\left[-\frac{1}{2}+(t-4)+\frac{1}{2}\mathrm{e}^{-2(t-4)}\right]u(t-4)$$
$$= \frac{1}{8}(\mathrm{e}^{-2t}+2t-1)u(t) - \frac{1}{4}\left[\mathrm{e}^{-2(t-2)}+2t-5\right]u(t-2) + \frac{1}{8}\left[\mathrm{e}^{-2(t-4)}+2t-9\right]u(t-4)$$

【**例 2.3.17**】　一个线性时不变电路系统，输出电路电流的初始状态为 $i(0)=1\mathrm{A}$，$i'(0)=2\mathrm{A}$，且冲激响应为 $h(t)=(4\mathrm{e}^{-3t}-2\mathrm{e}^{-4t})u(t)$，当系统的激励为 $f(t)=\mathrm{e}^{-t}u(t)$ 时，试求系统的全响应。

解　因为系统的零输入响应的通解具有冲激响应的形式，故设 $i_x(t)=(A\mathrm{e}^{-3t}+B\mathrm{e}^{-4t})u(t)$，将初态 $i(0)=1\mathrm{A}$，$i'(0)=2\mathrm{A}$ 代入 $i_x(t)=(A\mathrm{e}^{-3t}+B\mathrm{e}^{-4t})u(t)$，得到系统的零输入响应为
$$i_x(t) = (6\mathrm{e}^{-3t}-5\mathrm{e}^{-4t})u(t)$$

将系统的激励 $f(t) = e^{-t}u(t)$ 与冲激响应 $h(t) = (4e^{-3t} - 2e^{-4t})u(t)$ 卷积，得到系统的零状态响应为
$$i_f(t) = \left(\frac{4}{3}e^{-t} - 2e^{-3t} + \frac{2}{3}e^{-4t}\right)u(t)$$
故系统的全响应为
$$y(t) = i_x(t) + i_f(t) = \left(\frac{4}{3}e^{-t} + 4e^{-3t} - \frac{13}{3}e^{-4t}\right)u(t)$$

【例 2.3.18】 一个线性连续时不变系统，输入为 $x(t) = u(t) - u(t-2)$ 时的零状态响应为
$$y(t) = \begin{cases} t, & 0 < t \leq 1 \\ 1, & 1 < t \leq 2 \\ -(t-3), & 2 < t \leq 3 \end{cases}$$
求系统输入 $x_1(t) = \sin \pi t [u(t) - u(t-1)]$ 时的零状态响应。

解
$$x'(t) = \delta(t) - \delta(t-2)$$
$$y'(t) = [u(t) - u(t-1)] - [u(t-2) - u(t-3)]$$
$$x'(t) * h(t) = [\delta(t) - \delta(t-2)] * h(t) = h(t) - h(t-2)$$
$$= y'(t) = [u(t) - u(t-1)] - [u(t-2) - u(t-3)]$$

故有 $h(t) = u(t) - u(t-1)$。

因此，输入 $x_1(t) = \sin(\pi t)[u(t) - u(t-1)]$ 时的零状态响应为
$$y_1(t) = x_1(t) * [u(t) - u(t-1)]$$
$$= \sin(\pi t)[u(t) - u(t-1)] * [u(t) - u(t-1)]$$
$$= \frac{1}{\pi}(1 - \cos(\pi t))[u(t) - u(t-1)]$$

【例 2.3.19】 图 2.3.30 所示系统由几个子系统组成，各子系统的冲激响应为 $h_1(t) = u(t)$，$h_2(t) = \delta(t-1)$，$h_3(t) = -\delta(t)$，试求此系统的冲激响应 $h(t)$。若以 $f(t) = e^{-t}u(t)$ 作为激励信号，求系统的零状态响应。

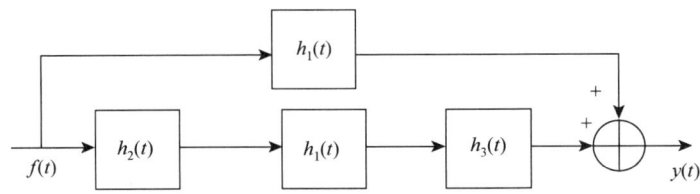

图 2.3.30 例 2.3.19 系统

解
$$\because h(t) = h_1(t) + h_2(t) * h_1(t) * h_3(t)$$
$$= u(t) + \delta(t-1) * u(t) * [-\delta(t)]$$
$$= u(t) - u(t-1)$$
$$\therefore y(t) = f(t) * h(t) = \int_{-\infty}^{+\infty} f(\tau)h(t-\tau)d\tau$$
$$= \int_{-\infty}^{+\infty} e^{-\tau}u(\tau)[u(t-\tau) - u(t-\tau-1)]d\tau$$
$$= \left(\int_0^t e^{-\tau}d\tau\right)u(t) - \left(\int_0^{t-1} e^{-\tau}d\tau\right)u(t-1)$$
$$= (1 - e^{-t})u(t) - (1 - e^{1-t})u(t-1)$$

2.4 线性时不变离散时间系统的响应

2.4.1 差分方程的经典解

1. 差分

设有序列 $y[k]$，则 $\cdots, y[k+2], y[k+1], y[k-1], y[k-2], \cdots$ 称为 $y[k]$ 的移位序列。可仿照连续信号的微分运算，对离散信号的差分运算进行定义。

微分方程到差分运算：

$$\frac{\mathrm{d}y(t)}{\mathrm{d}t}=\lim_{\Delta t\to 0}\frac{\Delta y(t)}{\Delta t}=\lim_{\Delta t\to 0}\frac{y(t+\Delta t)-y(t)}{\Delta t}=\lim_{\Delta t\to 0}\frac{y(t)-y(t-\Delta t)}{\Delta t}$$

离散信号的变化率有两种表示形式：

$$\frac{\Delta y[k]}{\Delta k}=\frac{y[k+1]-y[k]}{(k+1)-k},\quad \frac{\nabla y[k]}{\nabla k}=\frac{y[k]-y[k-1]}{k-(k-1)}$$

因此，可定义以下差分运算：
一阶前向差分

$$\Delta y[k]=y[k+1]-y[k]$$

一阶后向差分

$$\nabla y[k]=y[k]-y[k-1]$$

定义式中的 Δ 和 ∇ 称为差分算子，无原则区别。本书主要用后向差分，简称为差分。同样还可以定义二阶（后向）差分：

$$\begin{aligned}\nabla^2 y[k]&=\nabla\{\nabla y[k]\}=\nabla\{y[k]-y[k-1]\}=\nabla y[k]-\nabla y[k-1]\\&=\{y[k]-y[k-1]\}-\{y[k-1]-y[k-2]\}\\&=y[k]-2y[k-1]+y[k-2]\end{aligned}$$

m 阶差分

$$\nabla^m y[k]=y[k]+b_1 y[k-1]+\cdots+b_m y[k-m]$$

差分具有线性性质

$$\nabla\{ay_1[k]+by_2[k]\}=a\nabla y_1[k]+b\nabla y_2[k]$$

2. 差分方程

在离散时间系统中，信号的自变量 k 是离散的整数值，描述系统的行为和性能的是差分方程。差分方程由未知序列及其移位序列及激励构成。

一般而言，如果差分方程中包括未知序列及其移位序列 $y[k]$，$y[k-1]$，$y[k-2]$，$y[k-3]$，$\cdots$，$y[k-n]$，则称其为 n 阶差分方程。差分方程的阶数是未知序列的自变量序号中最高值与最低值之差。

例如，一阶离散时间系统的差分方程为 $y[k+1]+a_0 y[k]=f[k]$，二阶离散时间系统的差分方程为 $y[k+2]+a_1 y[k+1]+a_0 y[k]=f[k]$。

若方程中其各未知序列的序号是以递减方式列出的，则称为后向形式的（或向右移序的）差分方程。若差分方程中的未知序列以递增方式列出，则称为前向形式的（或向左移序的）差分方程。这两个系统没有本质的差别，仅是输出信号引出端的不同。如果将相同的激励分别作用于这两个系统，那么它们的响应形式相同，仅仅是后者的响应较前者时延一个单位。至于对某离散时间系统，是用前向形式还是用后向形式的差分方程来描述，要根据具体情况而定。

线性时不变离散时间系统是系统参数不随时间变化且具有线性特性的系统。线性时不变离散时间系统对输入、输出信号具有线性和时不变性。

一般来说，设单输入单输出离散时间系统的激励为 $f[k]$，响应为 $y[k]$，那么一个线性时不变离散时间系统可以用一个 n 阶线性前向式常系数差分方程描述，即

$$\sum_{i=0}^{n} a_i y[k+i] = \sum_{j=0}^{m} b_j f[k+j] \tag{2.4.1a}$$

也可以用一个 n 阶线性常系数后向式差分方程描述，即

$$\sum_{i=0}^{n} a_{n-i} y[k-i] = \sum_{j=0}^{m} b_{m-j} f[k-j] \tag{2.4.1b}$$

式中，$a_i (i=0,1,\cdots,n)$ 和 $b_j (j=0,1,\cdots,m)$ 均为常数，$a_0 = 1$。

差分方程本质上是递推的代数方程，若已知初始条件和激励，则利用迭代法可以求得其数值解。下面我们用举例方式说明迭代法求解差分方程的方法。

【例 2.4.1】 若描述某系统的差分方程为

$$y[k] + 3y[k-1] + 2y[k-2] = f[k]$$

已知初始条件 $y[0] = 0$，$y[1] = 2$，激励 $f[k] = 2ku[k]$，求 $y[k]$。

解 $y[k] = -3y[k-1] - 2y[k-2] + f[k]$；

$y[2] = -3y[1] - 2y[0] + f[2] = -2$；

$y[3] = -3y[2] - 2y[1] + f[3] = 10$；

$\vdots$

【例 2.4.2】 描述某一线性时不变离散时间系统的差分方程为 $y[k] - 4y[k-1] = f[k]$，若已知初始状态 $y[-1] = 0$，激励为单位阶跃序列，即 $f[k] = u[k]$，试求系统响应 $y[k]$。

解 首先将差分方程中除 $y[k]$ 以外均移到等号右端，得

$$y[k] = 4y[k-1] + f[k]$$

当 $k=0$ 时，有 $y[0] = 4y[-1] + f[0]$，将已知的 $y[-1] = 0$ 和 $f[0] = u[0] = 1$ 代入，得

$$y[0] = 4 \times 0 + 1 = 1$$

当 $k=1$ 时，有 $y[1] = 4y[0] + f[1]$，将已知的 $y[0] = 1$ 和 $f[1] = u[1] = 1$ 代入，得

$$y[1] = 4 \times 1 + 1 = 5$$

当 $k=2$ 时，有 $y[2] = 4y[1] + f[2]$，将已知的 $y[1] = 5$ 和 $f[2] = u[2] = 1$ 代入，得

$$y[2] = 4 \times 5 + 1 = 21$$

如此依次迭代，可得 $y[3] = 4 \times 21 + 1 = 85$；$y[4] = 4 \times 85 + 1 = 341$；$\cdots$

由上例可见，用迭代法解差分方程思路清楚，易于理解，能得到方程的数值解，但它常常不易得出解析形式（或称为闭式）的解答。

3. 差分方程的经典解法

对于由式（2.4.1b）描述的离散时间线性时不变系统：

$$\sum_{i=0}^{n} a_{n-i} y[k-i] = \sum_{j=0}^{m} b_{m-j} f[k-j]$$

差分方程的全解由齐次解 $y_h[k]$ 和特解 $y_p[k]$ 组成，与微分方程经典解类似，即

$$y[k] = y_h[k] + y_p[k] \tag{2.4.2}$$

齐次解是齐次差分方程

$$y[k] + a_{n-1} y[k-1] + \cdots + a_0 y[k-n] = 0 \tag{2.4.3}$$

的解，它为类似 $C\lambda^k$ 形式的一些函数的线性组合。

将 $C\lambda^k$ 代入式（2.4.3），可以推出差分方程式的特征方程，得

$$\lambda^n + a_{n-1}\lambda^{n-1} + \cdots + a_1\lambda + a_0 = 0 \tag{2.4.4}$$

上式的 n 个根 $\lambda_i(i=0,1,\cdots,n)$ 称为差分方程的特征根。

1）齐次解

齐次解 $y_h[k]$ 的函数形式由特征根确定，根据特征根的特点，差分方程的齐次解有以下几种。

（1）特征根均为单实根。如果 n 个特征根均互不相同，那么差分方程的齐次解（余函数）为

$$y_h[k] = \sum_{i=1}^{n} C_i \lambda_i^k u[k] \tag{2.4.5a}$$

式中，C_i 常数由初始条件确定。

（2）特征根有重实根。若 λ_1 是特征方程的 r 重根，即有 $\lambda_1 = \lambda_2 = \cdots = \lambda_r$，而其余 $n-r$ 个根是单根，则差分方程的齐次解为

$$y_h[k] = \sum_{i=1}^{r} C_i k^{r-i} \lambda_1^k u[k] + \sum_{j=r+1}^{n} C_j \lambda_j^k u[k] \tag{2.4.5b}$$

式中，C_i、C_j 均由初始条件确定。

（3）特征根为共轭复数。根据 $a+\mathrm{j}b = r\mathrm{e}^{\mathrm{j}\theta}$，其中，$r=\sqrt{a^2+b^2}$，$\theta = \arctan\dfrac{b}{a}$，将复数的代数形式写成指数形式，然后利用（1）与（2）的方法得到响应的齐次解。

2）特解

特解的函数形式与激励函数的形式有关。表 2.4.1 列出了几种典型的激励 $f[k]$ 所对应的特解 $y_p[k]$ 形式。选定特解 $y_p[k]$ 后，将它代入原差分方程，求出其待定系数 P_i 就可以得出方程的特解。

表 2.4.1　几种典型的激励 $f[k]$ 所对应的特解 $y_p[k]$ 形式

激励 $f[k]$	特解 $y_p f[k]$
$k^m, m \geqslant 0$	特征根均不等于1：$y_p[k] = P_m k^m + P_{m-1} k^{m-1} + \cdots + P_1 k + P_0$ 有 r 重特征根等于1：$y_p[k] = k^r \left(P_m k^m + P_{m-1} k^{m-1} + \cdots + P_1 k + P_0 \right)$
a^k	a 不是特征根：$y_p[k] = Pa^k$ a 是一个特征根：$y_p[k] = (P_1 k + P_0) a^k$ a 是 r 重特征根：$y_p[k] = \sum_{i=0}^{r} P_{r-i} k^{r-i} a^k$
$\cos(\beta k)$ 或 $\sin(\beta k)$	所有特征根均不等于 $\mathrm{e}^{\pm \mathrm{j}\beta}$：$y_p[k] = P\cos(\beta k) + Q\sin(\beta k)$

3）全解

线性差分方程的完全解是齐次解与特解之和。如果方程的特征根均为单根，那么差分方程的全解为

$$y[k] = y_h[k] + y_p[k] = \sum_{i=1}^{n} C_i \lambda_i^k u[k] + y_p[k] \tag{2.4.6}$$

如果激励信号是在 $k=0$ 时接入的，那么差分方程的解适合于描述 $k \geqslant 0$ 时刻系统的响应。对于 n 阶差分方程，用给定的 n 个初始条件，如 $y[0], y[1], y[2], \cdots, y[n-1]$ 就可以确定全部待定系数。

用经典方法求解一个线性时不变离散时间系统的 n 阶线性常系数差分方程的具体步骤如下：

（1）根据 n 阶线性常系数差分方程的齐次方程，求解齐次方程的特征根，得出齐次解的形式。
（2）根据激励函数的形式及齐次方程的特征根，确定特解的形式。
（3）将特解的形式代入差分方程，通过平衡方程两边的系数，求出特解的系数。

(4) 将系统的初始状态代入方程的全解，求出齐次解的系数，则系统的响应就是方程的全解，即 $y[k] = y_h[k] + y_p[k]$。

线性时不变离散时间系统的时域分析就是求解一个线性常系数差分方程。该线性常系数差分方程的完全解由齐次解和特解组成。同连续时间线性时不变系统一样，描述系统输入输出方程齐次解的函数形式仅依赖于系统本身的特征，而与激励信号的函数形式无关，故在系统分析中常称为系统的自由响应或固有响应，将固有响应的频率称为系统的固有频率，所以固有频率就是方程的特征根；特解的形式主要取决于激励信号，故在系统分析中常称为强迫响应。但应注意的是，齐次解的系数是与激励有关的。

【例 2.4.3】 若描述某系统的差分方程为
$$y[k] + 4y[k-1] + 4y[k-2] = f[k]$$
已知初始条件 $y[0] = 0$，$y[1] = -1$；激励 $f[k] = 2^k$，$k \geq 0$。求方程的全解。

解 特征方程为 $\lambda^2 + 4\lambda + 4 = 0$，可解得特征根 $\lambda_1 = \lambda_2 = -2$，故得齐次解为 $y_h[k] = (C_1 k + C_2)(-2)^k$，特解为 $y_p[k] = P(2)^k$，$k \geq 0$。

代入差分方程得 $P(2)^k + 4P(2)^{k-1} + 4P(2)^{k-2} = f[k] = 2^k$，解得
$$P = \frac{1}{4}$$
故特解为
$$y_p[k] = \frac{1}{4}(2)^k = 2^{k-2}, \ k \geq 0$$
全解为
$$y[k] = y_h[k] + y_p[k] = (C_1 k + C_2)(-2)^k + 2^{k-2}, \ k \geq 0$$
代入初始条件，有
$$y[0] = C_2 + 2^{-2} = 0, \quad y[1] = (C_1 + C_2)(-2) + 2^{-1} = -1$$
解得 $C_1 = 1$，$C_2 = -\dfrac{1}{4}$，即得方程全解为
$$y[k] = \left(k - \frac{1}{4}\right)(-2)^k + 2^{k-2}, \ k \geq 0$$

【例 2.4.4】 若描述某系统的差分方程为
$$y[k+2] - 2y[k+1] + 2y[k] = k^2 u[k]$$
已知初始条件 $y[0] = 1$，$y[1] = 3$，求方程的全解。

解 根据差分方程的齐次方程 $\lambda^2 - 2\lambda + 2 = 0$，求出齐次方程的特征根为
$$\lambda_1 = 1 + j, \ \lambda_2 = 1 - j \ \text{或写为} \ \lambda_1 = \sqrt{2} e^{j\frac{\pi}{4}}, \ \lambda_2 = \sqrt{2} e^{-j\frac{\pi}{4}}$$
式中，$\lambda_1 = \sqrt{2} e^{j\frac{\pi}{4}}, \lambda_2 = \sqrt{2} e^{-j\frac{\pi}{4}}$ 是系统的固有频率。

由此可以得出齐次解的形式为
$$y_h[k] = C_1(\sqrt{2})^k e^{j\frac{\pi}{4}k} + C_2(\sqrt{2})^k e^{-j\frac{\pi}{4}k} = (\sqrt{2})^k \left[D_1 \cos\left(\frac{k\pi}{4}\right) + D_2 \sin\left(\frac{k\pi}{4}\right)\right], \ k \geq 0$$

当激励 $f[k] = k^2, k \geq 0$ 时，特解的形式为 $y_p[k] = P_2 k^2 + P_1 k + P_0$，$k \geq 0$。
将特解的形式代入原差分方程，平衡方程两边的系数，化简可得
$$P_2 = 1, \quad P_1 = 0, \quad 2P_2 + P_0 = 0$$
即有 $P_2 = 1$，$P_1 = 0$，$P_0 = -2$，故特解为
$$y_p[k] = k^2 - 2, \ k \geq 0$$

将系统的齐次解与特解相加，得出系统的全解形式：

$$y[k] = (\sqrt{2})^k \left[D_1 \cos\left(\frac{k\pi}{4}\right) + D_2 \sin\left(\frac{k\pi}{4}\right) \right] + k^2 - 2, \ k \geq 0$$

将系统的初始状态代入方程的全解求待定系数，即解联立方程：

$$\begin{cases} y[0] = D_1 - 2 = 1 \\ y[1] = (\sqrt{2}) \left[D_1 \cos\left(\frac{\pi}{4}\right) + D_2 \sin\left(\frac{\pi}{4}\right) \right] + 1 - 2 = 3 \end{cases}$$

可以求出齐次解的系数为 $D_1 = 3$，$D_2 = 1$。

因此系统的响应，也就是方程的全解，为

$$y[k] = (\sqrt{2})^k \left[3\cos\left(\frac{k\pi}{4}\right) + \sin\left(\frac{k\pi}{4}\right) \right] + k^2 - 2, \ k \geq 0$$

也可写作

$$y[k] = \left[(\sqrt{2})^k \left[3\cos\left(\frac{k\pi}{4}\right) + \sin\left(\frac{k\pi}{4}\right) \right] + k^2 - 2 \right] u[k]$$

本例中，齐次解 $y[k] = (\sqrt{2})^k \left[3\cos\left(\frac{k\pi}{4}\right) + \sin\left(\frac{k\pi}{4}\right) \right] u[k]$ 为系统的自由响应，特解 $k^2 - 2$ 的形式主要取决于激励信号，为系统的强迫响应。

【例 2.4.5】 分析如图 2.4.1 所示电路，求 $f[k]$ 和 $u[k]$ 之间的关系。

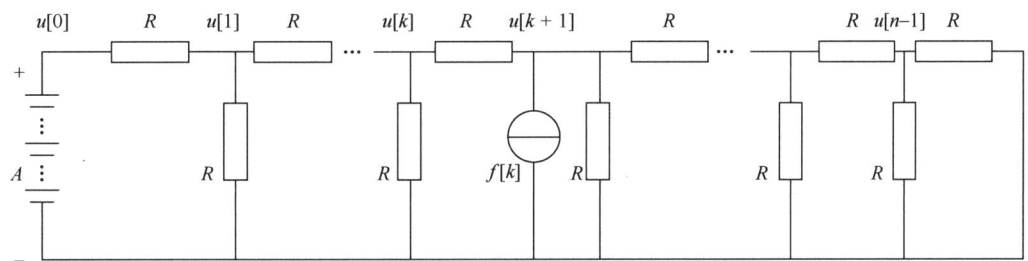

图 2.4.1　例 2.4.5 电路

解　根据节点电流方程定律，可以列出

$$\frac{u[k+1]}{R} + \frac{u[k+1] - u[k]}{R} + \frac{u[k+1] - u[k+2]}{R} = f[k]$$

已知初始条件为 $u[0] = A$，$u[n] = 0$，上式可整理为

$$u[k+2] - 3u[k+1] + u[k] = -Rf[k]$$

【例 2.4.6】 分析如图 2.4.2 所示系统框图，求 $f[k]$ 和 $u[k]$ 之间的关系。

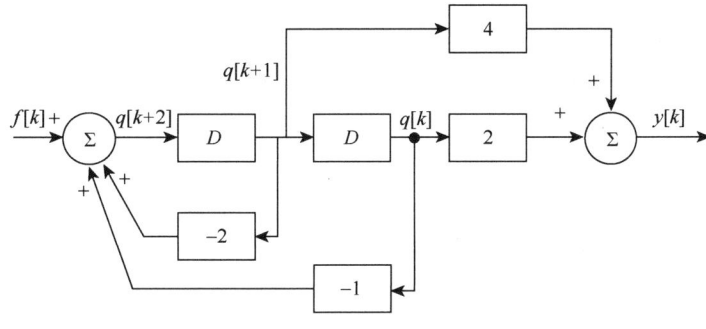

图 2.4.2　例 2.4.6 系统框图

解 对于该系统，先引入一个辅助函数 $q[k]$，使其满足条件：

$$q[k+2] = -2q[k+1] - q[k] + f[k]$$

应有

$$y[k] = 4q[k+1] + 2q[k]$$

由此可得

$$y[k+2] + 2y[k+1] + y[k] = 4f[k+1] + 2f[k]$$

2.4.2 零输入响应与零状态响应

线性时不变离散时间系统的全响应 $y[k]$ 也可以分为零输入响应和零状态响应。零输入响应是激励为零时仅由系统的初始状态所引起的响应，用 $y_x[k]$（或 $y_{zi}[k]$）表示；零状态响应是系统的初始状态为零时，仅由输入信号 $f[k]$ 所引起的响应，用 $y_f[k]$（或 $y_{zs}[k]$）表示。这样，线性时不变离散时间系统的全响应将是零输入响应和零状态响应之和，即

$$y[k] = y_x[k] + y_f[k] \tag{2.4.7}$$

在零输入条件下，式（2.4.1b）等号右端为零，化为齐次方程。若其特征根均为单根，则其零输入响应为

$$y_x[k] = \sum_{i=1}^{n} C_{xi} \lambda_i^k u[k] \tag{2.4.8}$$

式中，C_{xi} 为零输入条件下的待定系数。

若系统的初始状态为零，则式（2.4.1b）仍是非齐次方程。若其特征根均为单根，则其零状态响应为

$$y_f[k] = \sum_{i=1}^{n} C_{fi} \lambda_i^k u[k] + y_p[k] \tag{2.4.9}$$

式中，C_{fi} 为系统的初始状态为零时的待定系数。

在用经典法求零输入响应和零状态响应时，也需用全响应 $y[k]$ 及其各阶差分的初始值，以确定待定系数 C_{xi} 和 C_{fi}。对于 n 阶差分方程，用给定的 n 个初始条件，如 $y[0], y[1], y[2], \cdots, y[n-1]$ 就可以确定全部待定系数。

注意：对于因果系统，激励信号是在 $k=0$ 时接入的，对于零状态响应的 n 个 $y[-1], y[-2], \cdots, y[-n]$，则有 $y[-1] = y[-2] = \cdots = y[-n] = 0$。

用零输入、零状态响应方法求解一个线性时不变离散时间系统的 n 阶线性常系数差分方程的具体步骤如下：

（1）根据 n 阶线性常系数差分方程的齐次方程，求解齐次方程的特征根，并得出零输入响应的形式 $y_x[k] = \sum_{i=1}^{n} C_{xi} \lambda_i^k u[k]$，再将系统零输入条件下的初始状态代入齐次方程的解，求出零输入响应（齐次解）的系数 C_{xi}。

（2）根据激励函数的形式及齐次方程的特征根，确定特解 $y_p[k]$ 的形式。

（3）将特解 $y_p[k]$ 的形式代入 n 阶线性常系数差分方程，通过平衡方程两边的系数，求出特解的系数。

（4）将系统的零初始状态代入方程的零状态响应解 $y_f[k] = \sum_{i=1}^{n} C_{fi} \lambda_i^k u[k] + y_p[k]$，求出零状态响应中齐次解部分的系数 C_{fi}。系统全响应就是方程的全解，即

$$y[k] = y_x[k] + y_f[k]$$

系统的全响应可以分为自由响应和强迫响应，也可以分为零输入响应和零状态响应，它们的关系如下：

$$y[k] = y_x[k] + y_f[k] = \sum_{i=1}^{n} C_i \lambda_i^k u[k] + y_p[k] = \sum_{i=1}^{n} C_{xi} \lambda_i^k u[k] + \sum_{i=1}^{n} C_{fi} \lambda_i^k u[k] + y_p[k]$$

自由响应　　强迫响应　　　零输入响应　　　　零状态响应

可见，两种分解方式有明显的区别。虽然自由响应和零输入响应都是齐次方程的解，但二者的系数各不相同，C_{xi} 仅由系统的初始状态决定，而 C_{fi} 要由系统的零初始状态和激励信号共同确定，C_i 要由系统的初始状态和激励信号共同来确定。在初始状态为零时，零输入响应等于零，但在激励信号的作用下，自由响应并不为零。也就是说，自由响应包含零输入响应和零状态响应的一部分。

【例 2.4.7】 若描述某离散时间系统的差分方程为

$$y[k] + 3y[k-1] + 2y[k-2] = 2^k u[k]$$

已知初始状态 $y[-1] = 0, y[-2] = \dfrac{1}{2}$，求系统的零输入响应、零状态响应和全响应。

解 （1）零输入响应。根据差分方程的齐次方程 $\lambda^2 + 3\lambda + 2 = 0$，求出解齐次方程的特征根为

$$\lambda_1 = -1, \quad \lambda_2 = -2$$

由此可以得出齐次解的形式为

$$y_x[k] = C_{x1}(-1)^k + C_{x2}(-2)^k, \quad k \geq 0$$

将系统零输入条件下的初始状态 $y[-1] = 0, y[-2] = \dfrac{1}{2}$ 代入齐次方程的解，可以求出 $C_{x1} = 1, C_{x2} = -2$，故零输入响应为

$$y_x[k] = (-1)^k - 2(-2)^k, \quad k \geq 0$$

（2）零状态响应。当激励 $f[k] = 2^k, k \geq 0$ 时，特解形式为 $y_p[k] = P(2)^k u[k]$。将特解的形式代入原差分方程，得

$$P(2)^k + 3P(2)^{k-1} + 2P(2)^{k-2} = 2^k$$

通过平衡方程两边的系数，求出特解的系数 $P = \dfrac{1}{3}$，故得出特解为

$$y_p[k] = \dfrac{1}{3}(2)^k u[k]$$

将系统的齐次解与特解相加，得出系统的零状态响应形式为

$$y_f[k] = C_{f1}(-1)^k + C_{f2}(-2)^k + \dfrac{1}{3}(2)^k, \quad k \geq 0$$

将系统的零初始状态代入零状态响应方程，有

$$y_f[-1] = -C_{f1} - \dfrac{1}{2}C_{f2} + \dfrac{1}{6} = 0$$

$$y_f[-2] = C_{f1} + \dfrac{1}{4}C_{f2} + \dfrac{1}{12} = 0$$

从而求出零状态响应的系数为

$$C_{f1} = -\dfrac{1}{3}, \quad C_{f2} = 1$$

则零状态响应为

$$y_f[k] = -\dfrac{1}{3}(-1)^k + (-2)^k + \dfrac{1}{3}(2)^k, \quad k \geq 0$$

（3）系统的全响应。系统的全响应就是方程的全解，即

$$y[k] = y_x[k] + y_f[k] = \dfrac{2}{3}(-1)^k - (-2)^k + \dfrac{1}{3}(2)^k, \quad k \geq 0$$

2.5 离散时间抽样响应和阶跃响应

2.5.1 单位抽样响应

单位序列（函数）定义为只在 $k=0$ 处取值为 1，而在其余各点均为零，即

$$\delta[k] = \begin{cases} 1, & k = 0 \\ 0, & k \neq 0 \end{cases} \quad (2.5.1)$$

单位序列也称为单位样值序列、单位取样序列或单位脉冲序列，如图 2.5.1 所示。它在离散时间系统中的作用，类似于连续时间系统中冲激函数的作用。

单位阶跃序列定义为在 $k<0$ 的各点为零，在 $k \geq 0$ 的各点等于 1，即

$$u[k] = \begin{cases} 1, & k \geq 0 \\ 0, & k < 0 \end{cases} \quad (2.5.2)$$

单位阶跃序列 $u[k]$ 类似于连续时间信号中的单位阶跃信号 $u(t)$。但应注意，单位阶跃序列 $u[k]$ 在 $k=0$ 处定义为 1。单位阶跃序列如图 2.5.2 所示。

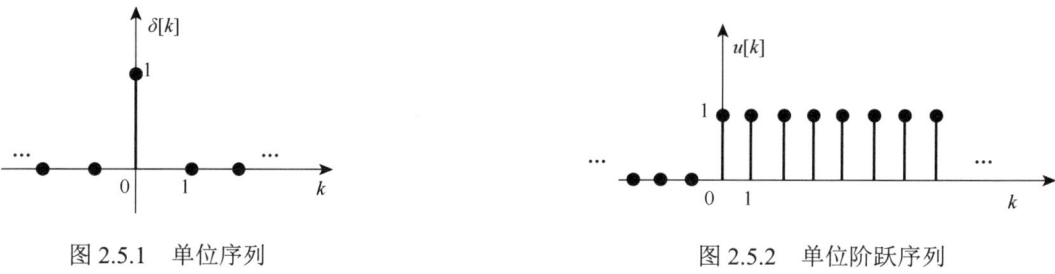

图 2.5.1　单位序列　　　　　　　　　图 2.5.2　单位阶跃序列

单位序列 $\delta[k]$ 与单位阶跃序列 $u[k]$ 之间的关系是

$$\delta[k] = u[k] - u[k-1] \quad (2.5.3)$$

$$u[k] = \sum_{i=-\infty}^{k} \delta[i] \quad (2.5.4a)$$

式中，若令 $i = k - j$，则式（2.5.4a）可以写为

$$u[k] = \sum_{j=0}^{\infty} \delta[k-j] \quad (2.5.4b)$$

当离散时间系统的输入为单位序列 $\delta[k]$ 时，系统的零状态响应称为单位抽样响应（也称单位样值响应或单位脉冲响应），或简称为单位响应，用符号 $h[k]$ 表示。后面我们将看到，它的作用与连续时间系统中的冲激响应很类似。

由于单位函数 $\delta[k]$ 仅在 $k=0$ 处等于 1，而在 $k \neq 0$ 处为零，因此，对于 $k>0$ 而言，系统的输入为零的作用可看作给系统提供了一定的初始状态。所以，当 $k>0$ 时，系统的单位响应 $h[k]$ 与该系统的零输入响应 $y_x[k]$ 的形式相同，可以用迭代法求得。这样，我们就把激励信号 $\delta[k]$ 等效为初始状态，从而将求单位响应 $h[k]$ 的问题转换为求零输入响应的问题，即求差分方程的齐次解的问题。但注意到，在确定零输入响应的系数时，对于因果系统，由于初始状态为零，显然有 $h[-1] = h[-2] = \cdots = 0$。

如果差分方程等号右端除了激励项 $\delta[k]$，还有它的移位项 $\delta[k-1], \delta[k-2], \cdots$，那么应根据线性时不变系统的线性性质和时移不变性，可以把输入看作多个激励。在分别求得它们各自的单位响应后相加，就得到系统的单位响应。

【例 2.5.1】 已知某系统的差分方程为
$$y[k] - 0.5y[k-1] = f[k]$$
求系统的单位响应 $h[k], k \geq 0$。

解 根据单位响应 $h[k]$ 的定义，单位响应应满足方程，即
$$h[k] - 0.5h[k-1] = \delta[k] \quad \text{或} \quad h[k] = 0.5h[k-1] + \delta[k]$$
对于因果系统，显然有 $h[-1] = h[-2] = \cdots = 0$。
将初始状态代入上式，得
$$h[0] = 0.5h[-1] + \delta[0] = 0 + 1 = 1$$
用迭代法可以求得
$$h[1] = 0.5h[0] + \delta[1] = 0.5 + 0 = 0.5$$
$$h[2] = 0.5h[1] + \delta[2] = 0.5 \times 0.5 + 0 = 0.25$$
$$\vdots$$

【例 2.5.2】 已知某系统的差分方程为 $y[k] - y[k-1] - 2y[k-2] = f[k]$，求单位响应 $h[k], k \geq 0$。

解 根据 $h[k]$ 的定义，有
$$h[k] - h[k-1] - 2h[k-2] = \delta[k] \quad (2.5.5)$$
因此有 $h[-1] = h[-2] = 0$。

（1）递推求初始值 $h[0]$ 和 $h[1]$。将式（2.5.5）移项写为 $h[k] = h[k-1] + 2h[k-2] + \delta[k]$，则有
$$h[0] = h[-1] + 2h[-2] + \delta[0] = 1, \quad h[1] = h[0] + 2h[-1] + \delta[1] = 1$$

（2）求 $h[k]$。对于 $k \geq 0$，$h[k]$ 满足齐次方程 $h[k] - h[k-1] - 2h[k-2] = 0$，其特征方程为 $\lambda^2 - \lambda - 2 = 0$，所以 $h[k] = C_1(-1)^k + C_2(2)^k$，$k \geq 0$。即有
$$h[0] = C_1 + C_2 = 1, \quad h[1] = -C_1 + 2C_2 = 1$$
可解得
$$C_1 = \frac{1}{3}, \quad C_2 = \frac{2}{3}$$
即 $h[k] = \frac{1}{3}(-1)^k + \frac{2}{3}(2)^k$，$k \geq 0$ 或写作 $h[k] = \left[\frac{1}{3}(-1)^k + \frac{2}{3}(2)^k\right]u[k]$。

【例 2.5.3】 已知某线性时不变系统的差分方程为
$$y[k] - \frac{5}{6}y[k-1] + \frac{1}{6}y[k-2] = f[k] - f[k-2]$$
求单位响应 $h[k]$, $k \geq 0$。

解 （1）首先将输入分解为两个激励之和，当只考虑 $\delta[k]$ 的作用时，设其单位响应为 $h_1[k]$，这时差分方程为
$$h_1[k] - \frac{5}{6}h_1[k-1] + \frac{1}{6}h_1[k-2] = \delta[k]$$
其特征方程为 $\lambda^2 - \frac{5}{6}\lambda + \frac{1}{6} = 0$，解出特征根为 $\lambda_1 = \frac{1}{2}$，$\lambda_2 = \frac{1}{3}$。故单位响应形式为 $h_1[k] = \left[C_1\left(\frac{1}{2}\right)^k + C_2\left(\frac{1}{3}\right)^k\right]u[k]$。

对于因果系统，有 $h_1[-1] = h_1[-2] = \cdots = 0$。以初始状态代入方程式，得 $h_1[0] = 1$；由 $h_1[-1] = 0$，$h_1[0] = 1$ 联立可以解出 $C_1 = 3$, $C_2 = -2$，得单位响应为
$$h_1[k] = \left[3\left(\frac{1}{2}\right)^k - 2\left(\frac{1}{3}\right)^k\right]u[k]$$

(2) 再考虑 $\delta[k-2]$ 的作用，令其单位响应为 $h_2[k]$。

根据时不变系统的时移不变性，其响应为

$$h_2[k] = h_1[k-2] = \left[3\left(\frac{1}{2}\right)^{k-2} - 2\left(\frac{1}{3}\right)^{k-2}\right]u[k-2]$$

(3) 将以上结果相加，就得到系统的单位响应为

$$h[k] = h_1[k] - h_2[k] = \left[3\left(\frac{1}{2}\right)^k - 2\left(\frac{1}{3}\right)^k\right]u[k] - \left[3\left(\frac{1}{2}\right)^{k-2} - 2\left(\frac{1}{3}\right)^{k-2}\right]u[k-2]$$

2.5.2 单位阶跃响应

当线性离散时间系统的输入为单位阶跃序列 $u[k]$ 时，系统的零状态响应称为单位阶跃响应，用符号 $g[k]$ 表示。

由于 $u[k] = \sum_{i=-\infty}^{k}\delta[i] = \sum_{i=0}^{\infty}\delta[k-i]$，$\delta[k] = u[k] - u[k-1] = \nabla u[k]$，所以 $g[k] = \sum_{i=-\infty}^{k}h[i] = \sum_{i=0}^{\infty}h[k-i]$，$h[k] = \nabla g[k]$。

【例 2.5.4】 已知某系统的差分方程为

$$y[k] - \frac{5}{6}y[k-1] + \frac{1}{6}y[k-2] = f[k]$$

求单位阶跃响应 $g[k]$，$k \geq 0$。

解 因方程为

$$y[k] - \frac{5}{6}y[k-1] + \frac{1}{6}y[k-2] = f[k]$$

由例 2.5.3 可得此系统的单位响应为

$$h[k] = \left[3\left(\frac{1}{2}\right)^k - 2\left(\frac{1}{3}\right)^k\right]u[k]$$

故系统的单位阶跃响应为

$$g[k] = \sum_{i=-\infty}^{k}h[i] = \sum_{i=-\infty}^{k}\left[3\left(\frac{1}{2}\right)^i - 2\left(\frac{1}{3}\right)^i\right]u[i]$$

$$= \sum_{i=0}^{\infty}h[k-i] = \sum_{i=0}^{\infty}\left[3\left(\frac{1}{2}\right)^{k-i} - 2\left(\frac{1}{3}\right)^{k-i}\right]u[k-i]$$

2.6 卷 积 和

2.6.1 卷积和的原理

1. 序列的时域分解

图 2.6.1 为序列的时域分解。

任意离散序列 $f[k]$ 可以表示为

$$f[k] = \cdots + f[-1]\delta[k+1] + f[0]\delta[k] + f[1]\delta[k-1] + \cdots + f[i]\delta[k-i] + \cdots = \sum_{i=-\infty}^{\infty}f[i]\delta[k-i] \quad (2.6.1)$$

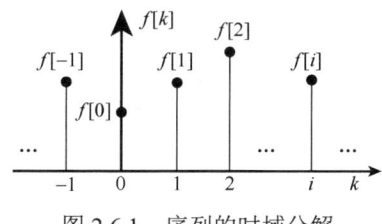

图 2.6.1 序列的时域分解

2. 任意序列作用下的零状态响应

根据 $h[k]$ 的定义可知

$$\delta[k] \Rightarrow h[k]$$

由时不变性可知

$$\delta[k-i] \Rightarrow h[k-i]$$

由齐次性可知

$$f[i]\delta[k-i] \Rightarrow f[i]h[k-i]$$

由叠加性可知

$$\sum_{i=-\infty}^{\infty} f[i]\delta[k-i] \Rightarrow \sum_{i=-\infty}^{\infty} f[i]h[k-i]$$

因为 $f[k] = \sum_{i=-\infty}^{\infty} f[i]\delta[k-i]$，所以 $y_f[k] = \sum_{i=-\infty}^{\infty} f[i]h[k-i]$。

上式就是离散时间 LTI 系统的输入输出信号变换关系，它表现为一个无限求和，通常称为卷积和。

3. 卷积和的定义

一般而言，若有定义在区间 $(-\infty, \infty)$ 上的两个序列 $f_1[k]$ 和 $f_2[k]$，则这两个序列的卷积和也简称卷积，定义为

$$f_1[k] * f_2[k] = \sum_{i=-\infty}^{\infty} f_1[i] f_2[k-i] \tag{2.6.2}$$

注意：求和是在虚设的变量 i 下进行的，i 为求和变量，k 为参变量，卷积（和）结果仍为 k 的函数。

由前面可知

$$y_f[k] = \sum_{i=-\infty}^{\infty} f[i]h[k-i] = f[k] * h[k] \tag{2.6.3}$$

即根据输入和系统的单位响应可以求系统的零状态响应。

【例 2.6.1】 已知 $f[k] = a^k u[k]$，$h[k] = b^k u[k]$，求 $y_f[k]$。

解 $y_f[k] = f[k] * h[k] = \sum_{i=-\infty}^{\infty} f[i]h[k-i] = \sum_{i=-\infty}^{\infty} a^i u[i] b^{k-i} u[k-i]$；当 $i < 0$，$u[i] = 0$；当 $i > k$ 时，$u[k-i] = 0$，故得

$$y_f[k] = \left(\sum_{i=0}^{k} a^i b^{k-i} \right) u[k] = b^k \left[\sum_{i=0}^{k} \left(\frac{a}{b}\right)^i \right] u[k] = \begin{cases} b^k \dfrac{1-(a/b)^{k+1}}{1-a/b} u[k], & a \neq b \\ b^k (k+1) u[k], & a = b \end{cases}$$

2.6.2 卷积和的图解法

根据两个序列 $f_1[k]$ 和 $f_2[k]$ 的卷积和的定义，计算卷积和 $f_1[k] * f_2[k]$ 的步骤如下。

(1) 换元：将序列 $f_1[k]$ 和 $f_2[k]$ 的自变量用 i 代换。

(2) 反转平移：将序列 $f_2[i]$ 以纵坐标为轴线反褶，记为 $f_2[-i]$，将序列 $f_2[-i]$ 沿正 k 轴平移 k 个单位，记为 $f_2[k-i]$。

(3) 乘积：求乘积 $f_1[i]f_2[k-i]$。

(4) 求和：将参变量 i 从 $-\infty$ 到 ∞ 对乘积项求和，按卷积和的定义式求各乘积之和 $\sum_{i=-\infty}^{\infty} f_1[i]f_2[k-i]$。

【例 2.6.2】 $f_1[k]$ 和 $f_2[k]$ 如图 2.6.2 所示，已知 $f[k]=f_1[k]*f_2[k]$，求 $f[2]$ 的值。

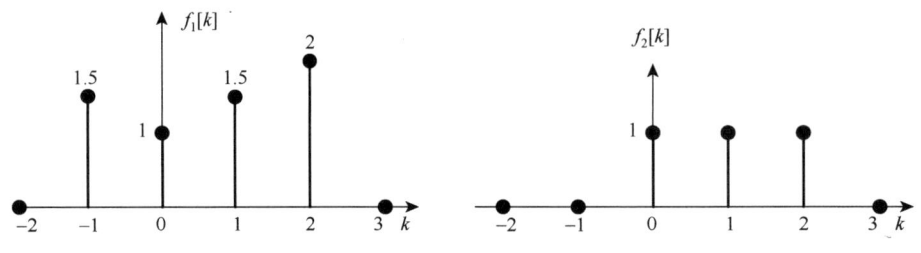

图 2.6.2　例 2.6.2 序列 $f_1[k]$ 和 $f_2[k]$ 波形图

解　$f[2]=\sum_{i=-\infty}^{\infty} f_1[i]f_2[2-i]$。

(1) 换元，换元后 $f_1[i]$ 和 $f_2[i]$ 波形如下图所示。

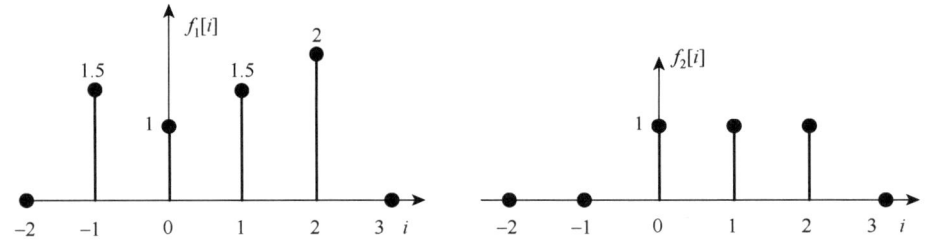

(2) $f_2[i]$ 反转得 $f_2[-i]$，$f_2[i]$ 与 $f_2[-i]$ 波形如下图所示。

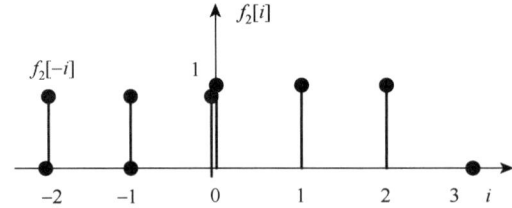

(3) $f_2[-i]$ 右移 2 得 $f_2[2-i]$，$f_2[i]$、$f_2[-i]$、$f_2[2-i]$ 波形如下图所示。

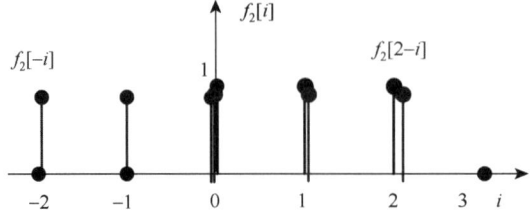

(4) $f_1[i]$ 乘以 $f_2[2-i]$，如下图所示。

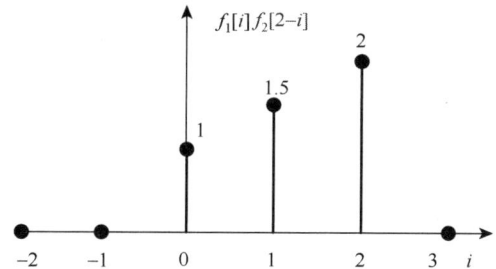

（5）求和，得 $f[2]=1+1.5+2=4.5$。

求卷积和还有其他两种方法，下面将进行讨论。

1. 列表法

根据 $f_1[k]$ 和 $f_2[k]$ 的卷积和的定义，可以通过列表法计算卷积和 $f_1[k]*f_2[k]$。

首先将 $f_1[k]$ 的各个值排成一行，将 $f_2[k]$ 的各个值排成一列，如表 2.6.1 所示。

表 2.6.1 列表法计算卷积和 $f_1[k]*f_2[k]$

$f_2[k]$	$f_1[k]$			
	$f_1[0]$	$f_1[1]$	$f_1[2]$	…
$f_2[0]$	$f_1[0]f_2[0]$	$f_1[1]f_2[0]$	$f_1[2]f_2[0]$	…
$f_2[1]$	$f_1[0]f_2[1]$	$f_1[1]f_2[1]$	$f_1[2]f_2[1]$	…
$f_2[2]$	$f_1[0]f_2[2]$	$f_1[1]f_2[2]$	$f_1[2]f_2[2]$	…
$f_2[3]$	$f_1[0]f_2[3]$	$f_1[1]f_2[3]$	$f_1[2]f_2[3]$	…
⋮	⋮	⋮	⋮	…

在表 2.6.1 中各行与列的交叉点处计算相应的乘积 $f_1[i]f_2[j]$，则沿斜线上各数值之和就是该点计算的卷积和。

2. 不进位乘法求卷积（多项式乘法求卷积）

$$f[k]=f_1[k]*f_2[k]$$
$$=\cdots+f_1[-1]f_2[k+1]+f_1[0]f_2[k]+f_1[1]f_2[k-1]+\cdots+f_1[i]f_2[k-i]+\cdots$$

式中，$f[k]$ 等于两序列序号之和为 k 的所有样本乘积之和，如 $k=2$ 时：

$$f[2]=\cdots+f_1[-1]f_2[3]+f_1[0]f_2[2]+f_1[1]f_2[1]+\cdots+f_1[i]f_2[2-i]+\cdots$$

【例 2.6.3】 已知 $f_1[k]=\{0,f_1[1],f_1[2],f_1[3]\}$；$f_2[k]=\{f_2[0],f_2[1]\}$，求 $f[k]$ 的值。

解 排成乘法

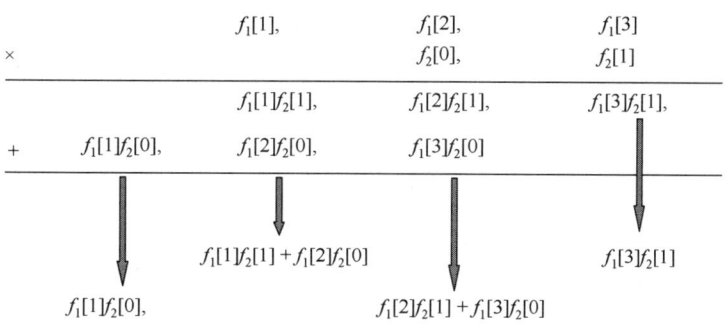

$$f[k]=\{0,\ f_1[1]f_2[0],\ f_1[1]f_2[1]+f_1[2]f_2[0],\ f_1[2]f_2[1]+f_1[3]f_2[0],\ f_1[3]f_2[1]\}$$

【例 2.6.4】 两个序列 $f_1[k]$ 和 $f_2[k]$ 定义为
$$f_1[k]=(k+1)(u[k]-u[k-3]), \quad f_2[k]=u[k]-u[k-4]$$
试用图解法计算 $f_1[k]$ 和 $f_2[k]$ 的卷积和 $f[k]$。

解 首先将序列 $f_1[k]$ 和 $f_2[k]$ 的自变量用 i 代换，如图 2.6.3 所示。

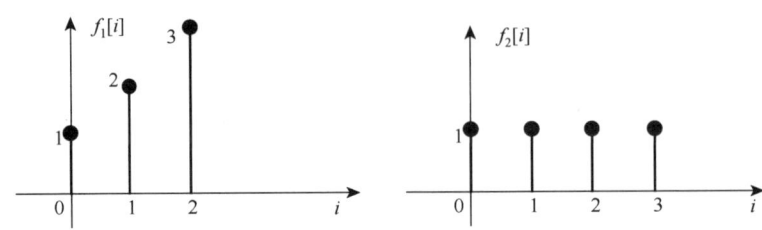

图 2.6.3 例 2.6.4 序列波形图

然后将序列 $f_2[i]$ 以纵坐标为轴线反褶，记为 $f_2[-i]$；并将序列 $f_2[-i]$ 沿正 k 轴平移、乘积、求和，如图 2.6.4 所示。

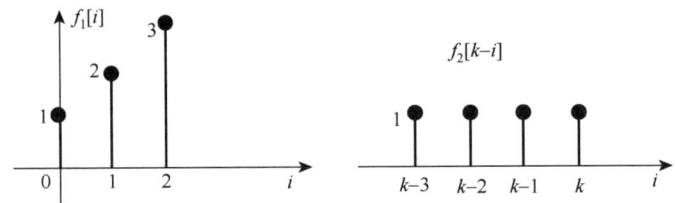

图 2.6.4 例 2.6.4 序列的卷积和过程

当 $k<0$ 时，$f[k]=f_1[k]*f_2[k]=0$；当 $k=0$ 时，$f[0]=f_1[0]*f_2[0]=1$。

当 $k=1$ 时，$f[1]=\sum_{i=0}^{1}f_1[i]f_2[1-i]=f_1[0]f_2[1]+f_1[1]f_2[0]=3$；当 $k=2$ 时，$f[2]=\sum_{i=0}^{2}f_1[i]f_2[2-i]=6$；依次进行，可以计算出 $f[3]=\sum_{i=0}^{3}f_1[i]f_2[3-i]=6$；$f[4]=\sum_{i=0}^{4}f_1[i]f_2[4-i]=5$；$f[5]=\sum_{i=0}^{5}f_1[i]f_2[5-i]=3$；… $f[k]=0, k>5$。

例 2.6.4 序列的卷积和结果如图 2.6.5 所示。

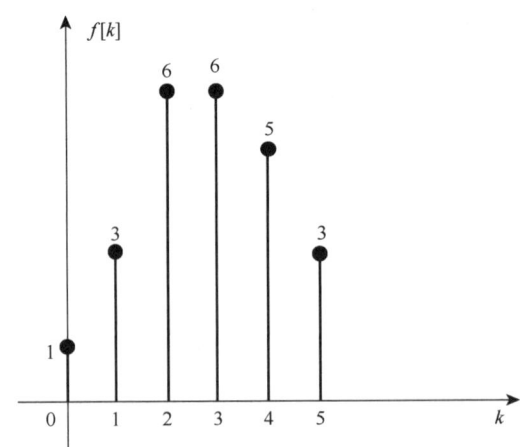

图 2.6.5 例 2.6.4 序列的卷积和结果

【例 2.6.5】 两个序列 $f_1[k]$ 和 $f_2[k]$ 定义为
$$f_1[k] = k(u[k] - u[k-3]), \quad f_2[k] = u[k] - u[k-4]$$
试用列表法计算 $f_1[k]$ 和 $f_2[k]$ 的卷积和 $f[k]$。

解 根据上述列表法计算卷积和 $f_1[k] * f_2[k]$ 方法，我们首先将 $f_1[k]$ 的各个值排成一行，将 $f_2[k]$ 的各个值排成一列，如表 2.6.2 所示。

在表 2.6.2 中各行与列的交叉点处计算相应的乘积 $f_1[i]f_2[j]$，则沿斜线上各数值之和就是该点计算的卷积和。即

当 $k<0$ 时，$f[k] = f_1[k] * f_2[k] = 0$；
当 $k=0$ 时，$f[0] = f_1[0]f_2[0] = 0 \times 1 = 0$；
当 $k=1$ 时，$f[1] = f_1[0]f_2[1] + f_1[1]f_2[0] = 1$；
当 $k=2$ 时，$f[2] = f_1[0]f_2[2] + f_1[1]f_2[1] + f_1[2]f_2[0] = 3$；
当 $k=3$ 时，$f[3] = f_1[0]f_2[3] + f_1[1]f_2[2] + f_1[2]f_2[1] + f_1[3]f_2[0] = 3$；
当 $k=4$ 时，$f[4] = f_1[0]f_2[4] + f_1[1]f_2[3] + f_1[2]f_2[2] + f_1[3]f_2[1] + f_1[4]f_2[0] = 3$；
当 $k=5$ 时，$f[5] = f_1[2]f_2[3] = 2$；
当 $k>5$ 时，$f[k] = 0$。

表 2.6.2 列表法计算卷积和 $f_1[k] * f_2[k]$

$f_2[k]$	$f_1[k]$				...
	$f_1[0]$	$f_1[1]$	$f_1[2]$	$f_1[3]$	...
$f_2[0]$	0×1	1×1	2×1	0×1	...
$f_2[1]$	0×1	1×1	2×1	0×1	...
$f_2[2]$	0×1	1×1	2×1	0×1	...
$f_2[3]$	0×1	1×1	2×1	0×1	...
$f_2[4]$	0×0	1×0	2×0	0×0	...
⋮	⋮	⋮	⋮	⋮	⋮

根据卷积和的定义，常见序列卷积和的求和上下限如下。

（1）若序列 $f_1[k]$ 是因果序列，则有
$$f_1[k] * f_2[k] = \sum_{i=0}^{\infty} f_1[i]f_2[k-i] \tag{2.6.4}$$

（2）若序列 $f_2[k]$ 是因果序列，则有
$$f_1[k] * f_2[k] = \sum_{i=-\infty}^{k} f_1[i]f_2[k-i] \tag{2.6.5}$$

（3）若序列 $f_1[k]$ 和 $f_2[k]$ 均是因果序列，则有
$$f_1[k] * f_2[k] = \sum_{i=0}^{k} f_1[i]f_2[k-i] \tag{2.6.6}$$

关于卷积和的存在性问题，我们可以根据两个函数 $f_1[k]$ 和 $f_2[k]$ 的卷积和定义来讨论。根据两个函数 $f_1[k]$ 和 $f_2[k]$ 的情况，归纳如下：

（1）当两个函数 $f_1[k]$ 和 $f_2[k]$ 都是或者至少有一个是常规的时限信号时，$f_1[k]$ 和 $f_2[k]$ 的卷积和存在。

(2) 当两个函数 $f_1[k]$ 和 $f_2[k]$ 都是常规的因果或者反因果序列时，$f_1[k]$ 和 $f_2[k]$ 的卷积和存在。

(3) 当两个函数 $f_1[k]$ 和 $f_2[k]$ 分别为常规的因果序列和常规的反因果序列时，$f_1[k]$ 和 $f_2[k]$ 的卷积和可能存在，也可能不存在。要具体情况具体分析。

(4) 两个函数 $f_1[k]$ 和 $f_2[k]$ 都是常规的无时限信号时，可以将它们先分解为常规的因果信号和常规的反因果信号，再考察 $f_1[k]$ 和 $f_2[k]$ 的卷积和的存在性。

2.6.3 卷积和的性质

1. 满足卷积的三律：①交换律；②分配律；③结合律

两序列的卷积和也服从卷积和的代数运算规律，在系统分析中的物理含义与连续时间系统类似，只不过在连续时间系统中卷积是积分运算，在离散时间系统中卷积是求和运算。两个序列 $f_1[k]$ 和 $f_2[k]$ 的卷积和满足交换律、分配律和结合律。

（1）交换律：
$$f_1[k]*f_2[k]=f_2[k]*f_1[k] \tag{2.6.7}$$

（2）分配律：
$$f_1[k]*(f_2[k]+f_3[k])=f_1[k]*f_2[k]+f_1[k]*f_3[k] \tag{2.6.8}$$

（3）结合律：
$$f_1[k]*(f_2[k]*f_3[k])=(f_1[k]*f_2[k])*f_3[k] \tag{2.6.9}$$

2. 移位性质

$$f[k]*\delta[k]=f[k] \tag{2.6.10}$$

$$f[k]*\delta[k-k_1]=f[k-k_1] \tag{2.6.11}$$

进一步推理，还可以得到以下的关系式：

若
$$f_1[k]*f_2[k]=f[k]$$

则
$$f_1[k-k_1]*f_2[k-k_2]=f[k-k_1-k_2] \tag{2.6.12}$$

3. 求和性质

$$f[k]*u[k]=\sum_{i=-\infty}^{k}f[i] \tag{2.6.13}$$

4. 差分性质

$$\nabla(f_1[k]*f_2[k])=\nabla f_1[k]*f_2[k]=f_1[k]*\nabla f_2[k] \tag{2.6.14}$$

利用卷积和方法可以近似地计算连续函数的卷积积分。我们知道，任意连续信号 $f(t)$ 可以分解成一系列矩形脉冲之和，矩形脉冲高度为 $f(n\Delta\tau)$，宽度为 $u(t-n\Delta\tau)-u(t-(n+1)\Delta\tau)$，即

$$f(t)\approx\sum_{n=-\infty}^{\infty}f(n\Delta\tau)\frac{u(t-n\Delta\tau)-u(t-(n+1)\Delta\tau)}{\Delta\tau}\Delta\tau$$

在 $\Delta\tau\to 0$ 的极限情况下，$\Delta\tau\to d\tau$，$n\Delta\tau\to\tau$，则上式可以写为

$$f(t)=\int_{-\infty}^{\infty}f(\tau)\delta(t-\tau)d\tau=f(t)*\delta(t)$$

上式表明，当上述脉冲的脉宽趋于无限小时，信号可以分解成无数冲激信号的叠加。

同理，对于两个连续函数的卷积：$y(t) = \int_{-\infty}^{\infty} f_1(\tau) f_2(t-\tau) d\tau = f_1(t) * f_2(t)$
可近似表示为

$$y(t) \approx \sum_{n=-\infty}^{\infty} f_1(n\Delta\tau) f_2(t - n\Delta\tau) \Delta\tau \qquad (2.6.15)$$

令 $\Delta\tau = T$ 为取样时的间隔，则式（2.6.15）为

$$y(t) \approx T \sum_{n=-\infty}^{\infty} f_1(nT) f_2(t - nT) \qquad (2.6.16)$$

对 $y(t)$ 取离散值，即

$$y(kT) = T \sum_{n=-\infty}^{\infty} f_1(nT) f_2(kT - nT) \qquad (2.6.17)$$

在极限情况下，$\Delta\tau \to d\tau$，$n\Delta\tau \to \tau$，就表示两个连续函数的卷积。

前述推导表明，利用卷积和方法可以近似计算连续函数的卷积积分，称为卷积积分的数值计算。

在线性时不变的连续时间系统中，把激励信号分解为一系列冲激函数，求出各冲激函数单独作用于系统时的冲激响应，然后将这些响应相加就得到系统对于该激励信号的零状态响应。这个相加的过程表现为求卷积积分。在线性时不变离散时间系统中，可用与上述大致相同的方法进行分析。由于离散信号本身就是一个不连续序列，因此，激励信号分解为单位序列 $\delta[k]$ 的工作很容易完成。如果系统的单位响应 $h[k]$ 为已知，那么，也不难求得每个单位序列 $\delta[k]$ 单独作用于系统的响应。把这些序列相加就得到系统对于该激励信号的零状态响应。由于离散量相加无须进行积分，因此，这个相加的过程表现为求卷积和。

任意离散时间序列 $f[k]$ 在某处（如在 $k=i$ 处）的值可以看作仅在该处有幅度为 $f[i]$ 的单位函数 $f[i]\delta[k-i]$，因而任意离散序列 $f[k]$ 可以表示为

$$f[k] = \sum_{i=-\infty}^{\infty} f[i] \delta[k-i] = f[k] * \delta[k] \qquad (2.6.18)$$

线性时不变离散时间系统的单位响应 $h[k]$ 就是单位序列 $\delta[k]$ 输入该系统所得到的零状态响应 $y_f[k]$。由线性时不变系统的齐次性和时不变性可知，对同一个线性时不变系统，当输入为 $f[i]\delta[k-i]$ 时系统的零状态响应为 $h[k-i]$。故当系统在零状态情况下，任意离散时间序列 $f[k]$ 作用于系统所引起的零状态响应 $y_f[k]$ 应为

$$y_f[k] = \sum_{i=-\infty}^{\infty} f[i] h[k-i] = f[k] * h[k] \qquad (2.6.19)$$

式（2.6.19）表明，线性时不变离散时间系统对于任意激励 $f[k]$ 的零状态响应 $y_f[k]$ 是激励与系统单位响应的卷积和。

【例 2.6.6】 计算下列信号的卷积和。

（1） $f_1[k] = u[k]$ 和 $f_2[k] = 0.8^k u[k]$。

（2） $f_1[k] = \begin{cases} 1, & 0 \leq k \leq 4 \\ 0, & \text{其他} \end{cases}$，$f_2[k] = \begin{cases} a^k, & 0 \leq k \leq 6 \\ 0, & \text{其他} \end{cases}$

解 （1） $f[k] = f_1[k] * f_2[k] = \sum_{i=-\infty}^{\infty} 0.8^i u[i] u[k-i]$

$$= \left(\sum_{i=0}^{k} 0.8^i \right) u[k] = \frac{1 - 0.8^{k+1}}{1 - 0.8} u[k] = 5(1 - 0.8^{k+1}) u[k]$$

（2）应分区段计算卷积和 $f[k] = f_1[k] * f_2[k]$。

当 $k < 0$ 时，因 $f_1[i] f_2[k-i]$ 无任何重叠部分，所以

$$f[k]=f_1[k]*f_2[k]=0$$

当 $0\leqslant k\leqslant 4$ 时,因 $f_1[i]f_2[k-i]=\begin{cases}a^{k-i}, & 0\leqslant i\leqslant k \\ 0, & 其他\end{cases}$,所以

$$f[k]=f_1[k]*f_2[k]=\frac{1-a^{k+1}}{1-a}$$

当 $4<k\leqslant 6$ 时,因 $f_1[i]f_2[k-i]=\begin{cases}a^{k-i}, & 0\leqslant i\leqslant 4 \\ 0, & 其他\end{cases}$,所以

$$f[k]=f_1[k]*f_2[k]=\sum_{i=0}^{4}a^{k-i}=\frac{a^{k-4}-a^{k+1}}{1-a}$$

当 $6<k\leqslant 10$,因 $f_1[i]f_2[k-i]=\begin{cases}a^{k-i}, & k-6\leqslant i\leqslant 4 \\ 0, & 其他\end{cases}$,所以

$$f[k]=f_1[k]*f_2[k]=\sum_{i=k-6}^{4}a^{k-i}=\frac{a^{k-4}-a^{7}}{1-a}$$

当 $k>10$ 时,因 $f_1[i]f_2[k-i]$ 无任何重叠部分,所以 $f[k]=f_1[k]*f_2[k]=0$。

综上所述,有

$$f[k]=f_1[k]*f_2[k]=\begin{cases}0, & k<0 或 k>10 \\ \dfrac{1-a^{k+1}}{1-a}, & 0\leqslant k\leqslant 4 \\ \dfrac{a^{k-4}-a^{k+1}}{1-a}, & 4<k\leqslant 6 \\ \dfrac{a^{k-4}-a^{7}}{1-a}, & 6<k\leqslant 10\end{cases}$$

【例 2.6.7】 如图 2.6.6 所示系统各子系统的单位抽样响应为
$$h_1[k]=u[k],\quad h_2[k]=u[k-2],\quad h_3[k]=3^k u[k]$$
求系统的单位抽样响应。

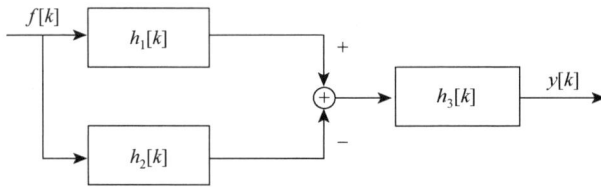

图 2.6.6 例 2.6.7 系统结构图

解 $h[k]=(h_1[k]-h_2[k])*h_3[k]=(u[k]-u[k-2])*3^k u[k]$

$\quad\quad =(\delta[k]+\delta[k-1])*3^k u[k]=3^k u[k]+3^{k-1}u[k-1]$

$\quad\quad =3^{k-1}(3u[k]+u[k-1])=4\times 3^{k-1}u[k-1]+\delta[k]$

【例 2.6.8】 已知某系统的差分方程为
$$y[k]+3y[k-1]+2y[k-2]=2^k u[k]$$
初始条件为 $y[-1]=0, y[-2]=\dfrac{1}{2}$,求系统的全响应。

解:(1)零输入响应。根据差分方程的齐次方程 $\lambda^2+3\lambda+2=0$,求出齐次方程的特征根为
$$\lambda_1=-1,\quad \lambda_2=-2$$

由此可得出齐次解的形式为
$$y_x[k] = \left[C_{x1}(-1)^k + C_{x2}(-2)^k \right] u[k]$$
将系统零输入条件下的初始状态 $y[-1]=0, y[-2]=\dfrac{1}{2}$ 代入齐次方程的解，可以求出，$C_{x1}=1$，$C_{x2}=-2$，故零输入响应为
$$y_x[k] = \left[(-1)^k - 2(-2)^k \right] u[k]$$

（2）单位响应。单位响应 $h[k]$ 具有零输入响应的形式，即
$$h[k] = \left[C_1(-1)^k + C_2(-2)^k \right] u[k]$$
将系统输入为 $\delta[k]$ 条件下的初始状态 $h[-1]=h[-2]=0$ 代入原方程，可以求出 $h[0]=1$，从而求出 $C_1=-1$，$C_2=2$。

故单位响应为
$$h[k] = \left[-(-1)^k + 2(-2)^k \right] u[k]$$

（3）零状态响应。
$$y_f[k] = f[k] * h[k] = 2^k u[k] * \left[-(-1)^k + 2(-2)^k \right] u[k] = \left[-\dfrac{1}{3}(-1)^k + (-2)^k + \dfrac{1}{3}(2)^k \right] u[k]$$

（4）系统的全响应。系统的全响应就是方程的全解，即
$$y[k] = y_x[k] + y_f[k] = \left[\dfrac{2}{3}(-1)^k - (-2)^k + \dfrac{1}{3}(2)^k \right] u[k]$$

【例 2.6.9】 图 2.6.7 所示横向滤波器可以通过调整系统的加权系数 $h[k]$ 实现低通、高通或带通等数字滤波器，试通过调整系统的加权系数 $h[k]$ 来实现图 2.6.8 所示的功能。

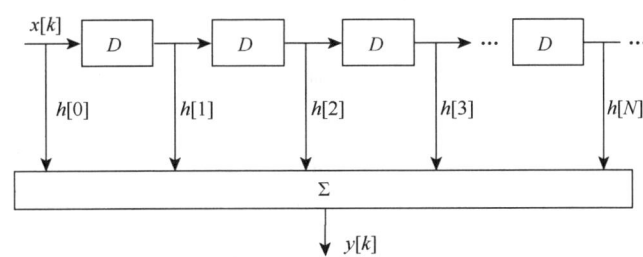

图 2.6.7　例 2.6.9 横向滤波器

解 根据图 2.6.8 所示的系统，直接可以写出系统的差分方程为
$$y[k] - 5y[k-1] + 6y[k-2] = x[k] + x[k-1]$$
系统的单位脉冲响应为
$$h[k] - 5h[k-1] + 6h[k-2] = \delta[k] + \delta[k-1]$$
求解上式，可得
$$h[k] = \left(-3 \times 2^k + 4 \times 3^k \right) u[k]$$
根据图 2.6.7 所示的系统，可直接写出系统的差分方程为
$$y[k] = h[0]x[k] + h[1]x[k-1] + \cdots + h[N]x[k-N] + \cdots = \sum_{m=0}^{\infty} h[m]x[k-m] = x[k] * h[k]$$
由此可知，若要求图 2.6.7 所示的系统与图 2.6.8 所示的系统等效，则要求两系统的单位响应 $h[k]$ 相同，故调整图 2.6.7 所示的系统的加权系数，通过 $h[k] = \left(-3 \times 2^k + 4 \times 3^k \right) u[k]$ 可以实现图 2.6.8 所示的功能。

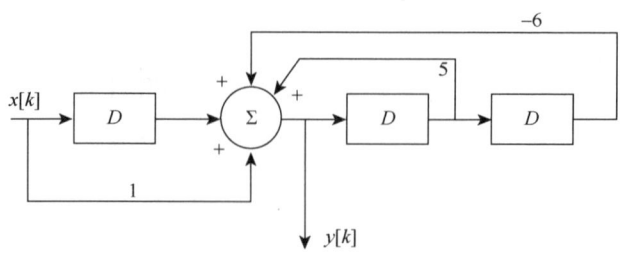

图 2.6.8 例 2.6.9 反馈滤波器

习　题

2.1 已知系统由下列微分方程表示，求系统在 $t \geqslant 0$ 时的全响应。

(1) $y''(t) + 5y'(t) + 2y(t) = t\mathrm{e}^{-t}u(t)$，$y'(0) = 3, y(0) = 2$。

(2) $y''(t) - 3y'(t) + 2y(t) = f(t)$，$f(t) = u(t) - u(t-2)$，$y'(0) = 3, y(0) = 1$。

2.2 一个模拟电路如习题 2.2 图所示，输入为电压源性质的信号 $u_S(t) = u(t) - u(t-1)$，求负载电阻上的输出电压的零状态响应。

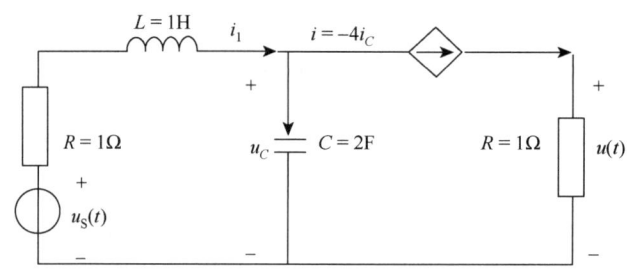

习题 2.2 图　一个模拟电路

2.3 已知某系统的微分方程为 $y''(t) + 3y'(t) + 2y(t) = \mathrm{e}^{-t}\cos t u(t)$，初始条件为 $y'(0) = 2, y(0) = 1$，求系统在 $t \geqslant 0$ 时的暂态响应和稳态响应。

2.4 一个模拟低通滤波器电路如习题 2.4 图所示，输入为电流源性质的信号，欲求负载电阻上的输出电流性质的响应，其输入信号为单位阶跃 $u(t)$，电容初始电压 $u_C(0) = 3\mathrm{V}$，电感初始电流 $i_L(0) = 1\mathrm{A}$，求通过负载电阻（电感）电流的零输入响应和零状态响应。

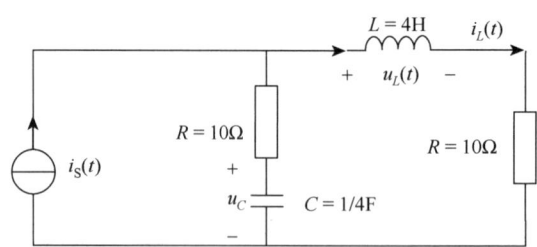

习题 2.4 图　一个模拟低通滤波器电路

2.5 已知系统由下列微分方程表示，求系统在 $t \geqslant 0$ 时的单位冲激响应和单位阶跃响应。

(1) $y''(t) + y'(t) + 2y(t) = \dfrac{1}{2}f'(t) + 2f(t)$。

(2) $y''(t) + y'(t) + 2y(t) = f''(t) + f(t)$。

(3) $y'''(t) + 3y'(t) + 2y(t) = \dfrac{1}{2}f'(t) + 2f(t-3)$。

2.6 计算下列信号的卷积积分。

(1) $\delta(t-2) * e^{-t}\cos t u(t)$； (2) $[u(t)-u(t-2)]*[u(t)-u(t-2)]$；

(3) $te^{-t}u(t)*u(t)$； (4) $u(-2-t)*u(-2-t)$；

(5) $[e^{-t}u(t)+\delta(t)]*e^{2t}u(-t)$； (6) $\cos[\omega(t-t_0)]u(t)*e^{2t}u(-t)$；

(7) $\left[\sum_{k=0}^{\infty}\delta(t-k)\right]*[u(\sin(\pi t))u(t)]$

2.7 已知 $y(t)=e^{-t}u(t)*\sum_{k=-\infty}^{\infty}\delta(t-3k)$，且在 $0 \leq t < 3$ 时，$y(t)=Ae^{-t}$，求 A 的取值。

2.8 计算并画出下列信号的卷积积分。

(1) $f_1(t)=\begin{cases}1, & |t|\leq 2\\ 0, & |t|>2\end{cases}$， $f_2(t)=\begin{cases}\dfrac{1}{4}t, & 0<t\leq 2\\ 0, & t<0, t>2\end{cases}$。

(2) $f_1(t)=u(t)$， $f_2(t)=e^{-t}u(t)$。

2.9 一个线性时不变系统的阶跃响应为 $g(t)=\{-2\cos[2(t-1)]+3e^{-3t}\}u(t)$，当系统的激励为 $f(t)=t[u(t)-u(t-1)]+u(t-1)$ 时，求系统的零状态响应。

2.10 一个线性时不变电路系统，输出信号的初始状态为 $y'(0)=2, y(0)=1$，且冲激响应为 $h(t)=(4e^{-3t}-2e^{-4t})u(t)$，当系统的激励为 $f(t)=(1-e^{-t})u(t)$ 时，求系统的全响应。

2.11 一个线性时不变系统，当输入为 $\delta(t)$ 时，全响应 $y(t)=\delta(t)+e^{-t}u(t)$，当输入为 $u(t)$ 时，全响应 $y(t)=3e^{-t}u(t)$，求当输入 $f(t)=\begin{cases}t, & 0<t\leq 1\\ 1, & t>1\end{cases}$ 时，系统的自然频率和零状态响应。

2.12 一个线性时不变系统的单位阶跃响应为 $g(t)=(1-e^{-2t})u(t)$，为使系统的零状态响应为 $y_f(t)=(1-e^{-2t}-te^{-2t})u(t)$，求系统的激励及描述系统的方程。

2.13 如习题 2.13 图所示电路系统，输入为 $f(t)$，初始状态 $y(0)=1$，试求系统的全响应。

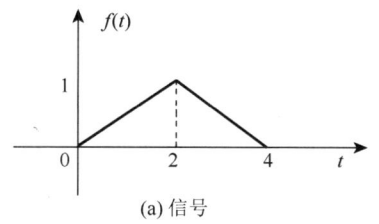
(a) 信号

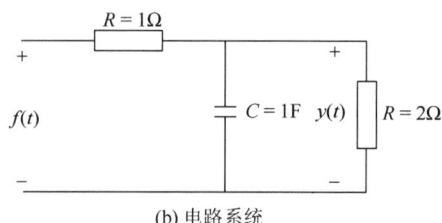
(b) 电路系统

习题 2.13 图

2.14 某一个线性时不变电路系统，其原信号和响应波形如习题 2.14 图所示，试求输入为 $f(t)=\sin\pi t[u(t)-u(t-1)]$ 时的零状态响应。

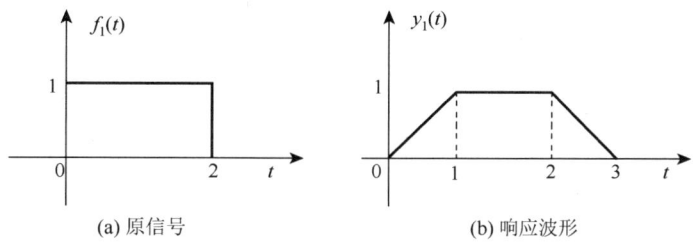

习题 2.14 图 原信号与响应波形

2.15 某线性时不变离散时间系统可由以下差分方程描述，求此系统对应不同输入的响应。
$$y[k]-3y[k-1]+2y[k-2]=f[k], \quad y[0]=1, y[-1]=3$$
（1）$f[k]=u[k]-u[k-2]$；　　　　（2）$f[k]=ku[k]$；
（3）$f[k]=5^k+2^k, k \geq 0$；　　　（4）$f[k]=k \cdot 2^k, k \geq 0$；
（5）$f[k]=0.5^k, k \geq 0$

2.16 某线性时不变离散时间系统的差分方程为
$$y[k-2]+3y[k-1]+2y[k]=u[k]+u[k-2]$$
已知初始状态为 $y[0]=2, y[-1]=3$，求系统的零输入响应、零状态响应和全响应。

2.17 求用下列差分方程描述的离散时间线性时不变系统的单位脉冲响应。
（1）$y[k]+3y[k-1]+2y[k-2]=0.5f[k]$。
（2）$y[k]+3y[k-1]+2y[k-2]=f[k]-f[k-2]$。
（3）$y[k]+3y[k+1]+2y[k+2]=f[k]-f[k-2]$。

2.18 数字延时滤波器模拟框图如习题 2.18 图所示，求其单位响应。

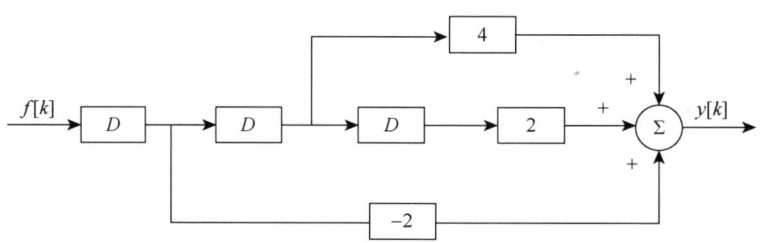

习题 2.18 图　数字延时滤波器模拟框图

2.19 根据定义式，用解析法计算下列信号的卷积和。
（1）$\delta[k-2]*k^2(u[k]-u[k-2])$。
（2）$(u[k]-u[k-2])*k(u[k]-u[k-4])$。

2.20 用列表法计算下列信号的卷积和。
（1）$u[k-2]*(u[k]-u[k-2])$；　　　（2）$(u[k]-u[k-3])*k^2(u[k]-u[k-4])$

2.21 已知信号 $f_1[k]$ 和 $f_2[k]$ 波形如习题 2.21 图所示，试用图解法计算其卷积和。

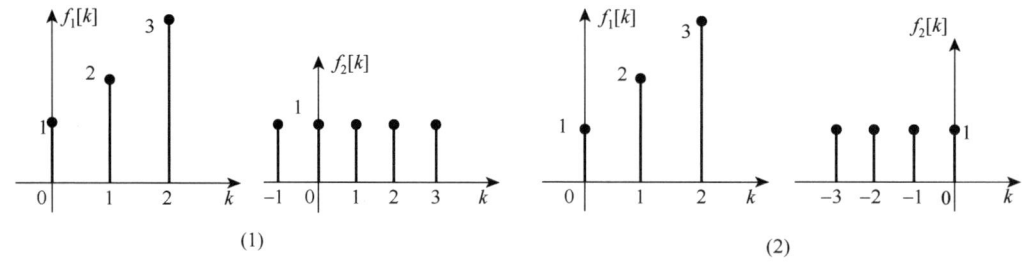

习题 2.21 图　信号波形

2.22 已知某松弛系统的单位响应和输入，求系统的响应。
（1）$h[k]=\left(\frac{1}{2}\right)^k u[k]$, $x[k]=\left(\frac{3}{4}\right)^k u[k]$；　（2）$h[k]=\left(\frac{1}{2}\right)^k u[k]$, $x[k]=(k+1)\left(\frac{1}{4}\right)^k u[k]$；
（3）$h[k]=\left(\frac{1}{2}\right)^k u[k]$, $x[k]=(-1)^k$；　（4）$h[k]=\left(\frac{1}{2}\right)^k \cos\left(\frac{\pi k}{2}\right) u[k]$, $x[k]=\left(\frac{1}{2}\right)^k u[k]$；

(5) $h[k]=\left(\dfrac{1}{2}\right)^k \cos\left(\dfrac{\pi k}{2}\right)u[k]$，$x[k]=\cos\left(\dfrac{\pi k}{2}\right)$

2.23 某二阶递归数字滤波器如习题 2.23 图所示，初始状态为 $y[-1]=1$，$y[-2]=1$，$f[k]=(-2)^k u[k]-u[k-5]$，求系统输出系统的自由响应和强迫响应。

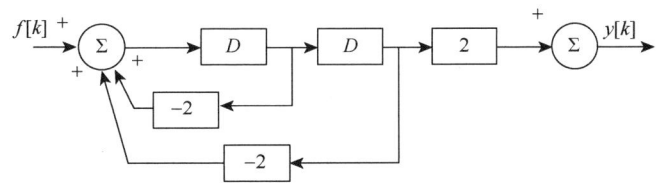

习题 2.23 图　某二阶递归数字滤波器

2.24 一个数字滤波器的阶跃响应为 $g[k]=\left[(-2)^k+(-3)^k\right]u[k]$，当系统的激励为 $f[k]=k(u[k]-u[k-4])+u[k-4]$ 时，求系统的零状态响应。

2.25 某人贷款 500 万元投资学生公寓建设，贷款利率为年利率 8%，除去公寓管理开支，每年的纯收入 80 万元作为还贷，试计算多少年可以还清贷款及贷款利息？

自 测 题

一、填空题（每空 1 分，共 15 分）

1.1 一个连续时间线性系统输入 $x(t)=e^{j2t}$，输出 $y(t)=e^{j3t}$，输入 $x(t)=e^{-j2t}$，输出 $y(t)=e^{-j3t}$，当输入 $x(t)=\cos(2t-1)+\sin(2t+1)$ 时，输出为_____。

1.2 $e^{-t}u(t)*[1+u(t)]=$_____。

1.3 已知 $x_1(t)=u(t)-u(t-1)$，$x_2(t)=u(t+2)-u(t-2)$，设 $y(t)=x_1(t)*\dfrac{\mathrm{d}}{\mathrm{d}t}x_2(2t)$，则 $y(0)=$_____。

1.4 两个积分器级联组成的系统单位冲激响应 $h(t)$ 为_____。

1.5 已知连续时间系统的输入信号为 $x(t)$，输出信号为 $y(t)$。如果系统的微分方程为 $\dfrac{\mathrm{d}^2 y(t)}{\mathrm{d}t^2}+3\dfrac{\mathrm{d}y(t)}{\mathrm{d}t}+2y(t)=x(t)$，求得系统的单位冲激响应为 $h_1(t)$，那么系统 $\dfrac{\mathrm{d}^2 y(t)}{\mathrm{d}t^2}+3\dfrac{\mathrm{d}y(t)}{\mathrm{d}t}+2y(t)=\dfrac{\mathrm{d}x(t)}{\mathrm{d}t}+2x(t)$ 的单位冲激响应为_____。

1.6 已知一个持续时间有限的实信号 $x(t)$，$0\leqslant t\leqslant T$；当 $x(t)$ 输入单位冲激响应的线性时不变系统时，其输出 $y(t)$ 在 T 时刻的值即 $y(T)$_____（等于或不等于）信号 $x(t)$ 的能量。

1.7 已知连续线性时不变系统的单位阶跃响应为 $g(t)=(1+2e^{-2t})u(t)$，则输入 $x(t)=tu(t)$ 时系统的输出为_____。

1.8 已知一个离散时间线性时不变系统的单位样本响应为 $h[k]=\delta[k]-\delta[k-1]$，则信号 $x[k]=1+2\sin(0.5\pi k)$ 经过该系统的稳态响应为_____。

1.9 一个离散时间线性时不变系统，其单位脉冲响应 $h[k]=a^k u[k]$，$0<|a|<1$，该系统单位阶跃响应是_____。

1.10 某离散时间因果系统输入和输出信号满足差分方程 $y[k]-\dfrac{1}{2}y[k-1]=x[k]$，当输入信号为 $x[k]=3\delta[k-1]$ 时，对应的系统输出 $y[k]$ 等于_____。

1.11 序列 $x[k]=\delta[k]+\delta[k-1]+\delta[k-2]$，$h[k]=\cos\left(\dfrac{\pi k}{2}\right)(u[k]-u[k-4])$，那么 $x[k]*h[k]=$_____。

1.12 已知离散线性时不变系统输入 $x[k]$ 和输出 $y[k]$ 满足方程 $y[k]=\sum\limits_{i=-\infty}^{k}x[i]2^{k-i}$，则系统的单位脉冲响应 $h[k]$ 为_____。

1.13 已知 $x_1[k]=\left(\dfrac{1}{2}\right)^k (u[k]-u[k-4])$，$x_2[k]=\{1,\underline{1},1\}$，那么 $x_1[k]*x_2[k]=$ _____。

1.14 系统 $y[k]=3x[k]+1$ 是因果线性系统，_____（满足或不满足）初始松弛条件。

1.15 如果 $h[k]<i$（对每一个 k），i 为一个已知常数，那么以 $h[k]$ 作为单位响应的线性时不变系统是 _____（稳定或不稳定）的。

二、选择题（每小题 1 分，共 10 分）

2.1 某系统 $y(t)=\int_{-\infty}^{t} x(\tau-2)\cos(t-\tau)\mathrm{d}\tau$，求该系统的系统单位冲激响应 $h(t)$。（　　）
A. $\cos(t+2)$　　B. $\cos t$　　C. $\cos(t-2)$　　D. $2\cos t$

2.2 已知连续时间线性时不变系统的单位冲激响应 $h(t)=\mathrm{e}^{-t}u(t)$，当输入信号为 $x(t)=\cos(t+20°)$ 时，该系统的零状态响应为（　　）。
A. $\dfrac{1}{\sqrt{2}}\cos(t-25°)$　　B. $\dfrac{1}{\sqrt{2}}\cos(t+65°)$　　C. $\dfrac{1}{2}\cos t$　　D. $\dfrac{1}{\sqrt{2}}\cos t$

2.3 已知某连续时间线性时不变系统的零输入响应为 $y(t)=A\mathrm{e}^{3t}u(t)+B\mathrm{e}^{-t}u(t)$，则其微分方程的特征根为（　　）。
A. -3，-1　　B. -3，1　　C. 3，1　　D. 3，-1

2.4 设 $y[k]=0.8^k * 0.4^k u[k]$，则 $y[k]$ 等于（　　）。
A. 2×0.8^k　　B. 0.5×0.8^k　　C. 0.5×0.4^k　　D. 2×0.4^k

2.5 卷积和 $\left(\dfrac{1}{2}\right)^k u[k]*\sum_{i=-\infty}^{k-2}\delta[i]$ 的结果为（　　）。
A. $-\left[1-\left(\dfrac{1}{2}\right)^{k-1}\right]u[k-2]$　　B. $2\left[1-\left(\dfrac{1}{2}\right)^{k-1}\right]u[k-2]$
C. $\left[1-\left(\dfrac{1}{2}\right)^{k-1}\right]u[k-2]$　　D. $\left[2-\left(\dfrac{1}{2}\right)^{k-1}\right]u[k-2]$

2.6 已知 $y(t)=x(t)*h(t)$，用 $y(t)$ 表示 $y_1(t)=x(-t)*h(-t)$ 为（　　）。
A. $y_1(t)=y(t)$　　B. $y_1(t)$ 不能用 $y(t)$ 表示
C. $y_1(t)=-y(t)$　　D. $y_1(t)=y(-t)$

2.7 $h[k]$ 表示离散时间线性时不变系统的单位响应，以下哪个系统不是恒等系统？（　　）
A. $h[k]=\cos k\left(\sum_{i=-\infty}^{k}\delta[i]-u[k-1]\right)$　　B. $h[k]=2^k u[k]*(\delta[k]-2\delta[k-1])$
C. $h[k]=\sum_{i=1}^{\infty}\delta[k-i]-u[k-2]$　　D. $h[k]=u[-k]-u[-k-1]$

2.8 离散时间 LTI 系统，其单位响应为 $h[k]=2^{k-1}(u[k-1]-u[k-3])$，输入信号为 $x[k]=2\delta[k+1]-\delta[k-1]$ 时，对应的系统响应是（　　）。
A. $2\delta[k]+4\delta[k-1]+7\delta[k-2]-2\delta[k-3]-4\delta[k-4]$
B. $2\delta[k]+3\delta[k-1]-2\delta[k-2]$
C. $2\delta[k]+7\delta[k-2]-4\delta[k-4]$
D. $2\delta[k]+4\delta[k-1]-\delta[k-2]-2\delta[k-3]$

2.9 系统的单位响应 $h[k]=\left(\dfrac{1}{3}\right)^k u[k]$，输入信号 $f[k]=\left(\dfrac{1}{2}\right)^k$ 时，对应的输出 $y[k]$ 为（　　）。
A. $y[k]=2\left(\dfrac{1}{3}\right)^k$　　B. $y[k]=\left(\dfrac{1}{2}\right)^k u[k]$　　C. $y[k]=3\left(\dfrac{1}{2}\right)^k$　　D. $y[k]$ 不存在

2.10 关于卷积，下列说法错误的是（　　）。

A. 若 $n < N_1$，$x[k] = 0$ 和 $n < N_2$，$h[k] = 0$，则 $n < N_1 + N_2$，$x[k] * h[k] = 0$。
B. 若 $y[k] = x[k] * h[k]$，则 $y[k - N_1 - N_2] = x[k - N_1] * h_1[k - N_2]$。
C. 若 $y(t) = x(t) * h(t)$，则 $y'(t) = x'(t) * h'(t)$。
D. 若 $t > T_1$，$x(t) = 0$ 和 $t > T_2$，$h(t) = 0$，则 $t > T_1 + T_2$，$x(t) * h(t) = 0$。

三、计算题（每小题 5 分，共 15 分）

3.1　$x_1[k] = \left(-\dfrac{1}{3}\right)^k u[k-3]$，$x_2[k] = 2^k u[-1-k]$，计算 $x_1[k] * x_2[k]$。

3.2　已知 $x(t) = u(t-3) - u(t-5)$，$h(t) = e^{-3t} u(t)$，计算 $y(t) = x(t) * h(t)$。

3.3　已知 $x[k] = \begin{cases} 1, & 0 \leq k \leq 3 \\ 0, & \text{其他} \end{cases}$，$h[k] = \begin{cases} \beta^k, & 0 \leq k \leq 5 \\ 0, & \text{其他} \end{cases}$，$\beta > 1$，计算 $y[k] = x[k] * h[k]$。

四、综合题（每小题 10 分，共 60 分）

4.1　一个离散时间线性时不变系统，当输入为 $x[k] = 2^k u[k-1]$ 时，系统的零状态响应为 $y[k]$；当输入为 $x[k] * u[k]$ 时，系统的零状态响应为 $2y[k] - 3^k[k]$。求：
（1）系统的单位阶跃响应 $g[k]$。
（2）系统的单位脉冲响应 $h[k]$。

4.2　一个线性时不变系统在相同初始条件下，对 $x_1(t) = u(t)$ 的全响应为 $y_1(t) = 2e^{-t} u(t)$，对 $x_2(t) = \delta(t)$ 的全响应为 $y_2(t) = \delta(t)$：
（1）求系统的零输入响应 $y_{zi}(t)$。
（2）如果系统的初始状态不变，求其在 $x_3(t) = e^{-t} u(t)$ 激励下的零状态响应 $y_{3zs}(t)$。

4.3　给定某因果系统的微分方程为 $\dfrac{d^2 y(t)}{dt^2} + 3\dfrac{dy(t)}{dt} + 2y(t) = \dfrac{dx(t)}{dt} + 3x(t)$，若已知 $x(t) = e^{-3t} u(t)$，$y'(0_-) = 2$，$y(0_-) = 1$，试求系统的初值 $y(0_+)$，$y'(0_+)$。

4.4　一个连续时间线性时不变系统，其输入输出关系表示为如下方程：
$$y(t) = \int_{-\infty}^{t} x(\tau + 1) \cos(t - \tau) d\tau$$
（1）求该系统的单位冲激响应 $h(t)$。
（2）当输入信号 $x(t) = \delta'(t)$ 时，求系统的响应。

4.5　如自测题 4.5 图所示电路，当 $t < 0$ 时已处于稳态，当 $t > 0$ 时开关 S 由位置 a 转到 b，求输出电压 $u(t)$ 的零输入响应、零状态响应和全响应。

4.6　已知 $f_1(t) = \sum\limits_{k=0}^{\infty} [u(t - 3k) - u(t - 3k - 2)]$，$f_2(t) = \sin \pi t \, u(t)$，求 $f_1(t) * f_2(t)$，并用图解画出其波形。

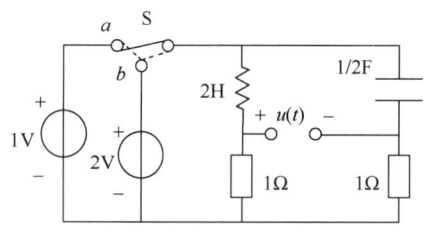

自测题 4.5 图

模　拟　题

一、选择题

1.1　一个线性时不变的连续时间系统，其在某激励信号作用下的自由响应为 $(e^{-3t} + e^{-t}) u(t)$，强迫响应为 $(1 - e^{-2t}) u(t)$，则下面的说法正确的是（　　）。

A. 该系统一定是二阶系统 B. 该系统一定是稳定系统
C. 零输入响应中一定包含 $(e^{-3t}+e^{-t})u(t)$ D. 零状态响应中一定包含 $(1-e^{-2t})u(t)$

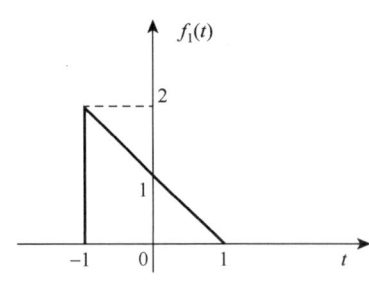
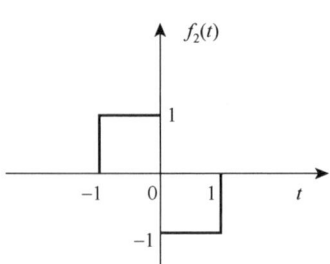

模拟题 1.1 图

1.2 下列等式不成立的是（   ）。
A. $f_1(t-t_0)*f_2(t+t_0)=f_1(t)*f_2(t)$
B. $\dfrac{d}{dt}[f_1(t)*f_2(t)]=\left[\dfrac{d}{dt}f_1(t)\right]*\left[\dfrac{d}{dt}f_2(t)\right]$
C. $f(t)*\delta'(t)=f'(t)$
D. $f(t)*\delta(t)=f(t)$

1.3 序列和 $\sum\limits_{i=-\infty}^{k}2^i u[i-2]$ 等于（   ）。
A. 1   B. 4   C. $4u[k]$ D. $4u[k-2]$

1.4 离散信号 $f_1[k]$ 和 $f_2[k]$ 的图形如模拟题 1.4 图所示，设 $y[k]=f_1[k]*f_2[k]$，则 $y[2]$ 等于（   ）。
A. 1   B. 2   C. 3   D. 5

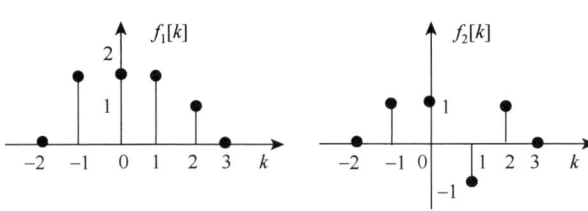

模拟题 1.4 图

1.5 序列和 $\sum\limits_{k=-\infty}^{\infty}u[k]$ 等于（   ）。
A. 1   B. ∞ C. $u[k]$ D. $(k+1)u[k]$

1.6 下列等式错误的有（   ）。
A. $f(t)*\delta(t)=f(t)$ B. $f(t)\delta(t)=f(0)$
C. $\int_{-\infty}^{t}\delta(\tau)d\tau=1$ D. $\int_{-\infty}^{t}f(\tau)d\tau=f(t)*u(t)$

二、判断题（在圆括号内正确的打"√"，错误的打"×"）

2.1 若 $y(t)=f(t)*h(t)$，则 $y(2t)=2f(2t)*h(2t)$。（   ）
2.2 若 $x(t)$ 和 $y(t)$ 均为奇函数，则 $x(t)*y(t)$ 为偶函数。（   ）
2.3 卷积的方法只适用于线性时不变系统的分析。（   ）
2.4 若 $y(t)=f(t)*h(t)$，则 $y(-t)=f(-t)*h(-t)$。（   ）

2.5 两个线性时不变系统级联。其总的输入输出关系与它们在级联中的次序没有关系。（   ）

2.6 线性常系数微分方程表示的系统输出响应由微分方程的特解和齐次解组成，或由零输入响应和零状态响应组成。齐次解称为自由响应，特解称为强迫响应；零输入响应称为自由响应，零状态响应称为强迫响应。（   ）

2.7 若 $y[k]=f[k]*h[k]$，则 $y[k-1]=f[k-1]*h[k]$。（   ）

三、填空题

3.1 任意序列 $f[k]$ 与单位阶跃序列 $u[k]$ 的关系为_____。

3.2 单位阶跃序列 $u[k]$ 与单位脉冲序列 $\delta[k]$ 的关系为_____。

3.3 已知 $f_1[k]=\{2,\underline{3},-1\}$，$f_2[k]=\{3,1,0,0,2\}$，则卷积和 $f_1[k]*f_2[k]=$_____。

3.4 已知一个离散 LTI 系统的阶跃响应 $g[k]=\left(\dfrac{1}{2}\right)^k u[k]$，则该系统的单位脉冲响应 $h[k]=$_____。

3.5 $\dfrac{\mathrm{d}}{\mathrm{d}t}\left(\mathrm{e}^{-2t}*u(t)\right)=$_____。

3.6 已知一个连续时间 LTI 系统的单位阶跃响应 $g(t)=\mathrm{e}^{-3t}u(t)$，则该系统的单位冲激响应 $h(t)=$_____。

3.7 已知信号 $h(t)=u(t-1)-u(t-2)$，$f(t)=u(t-2)-u(t-4)$，则 $h(t)*f(t)=$_____。

3.8 某系统如模拟题 3.8 图所示，若输入 $f(t)=\sum\limits_{k=0}^{\infty}\delta(t-kT),k=0,1,2,\cdots$，则系统的零状态响应为_____。

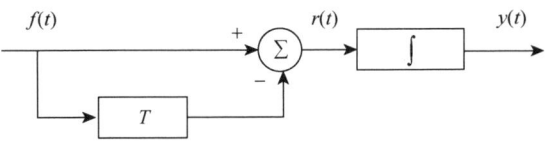

模拟题 3.8 图

3.9 对连续信号延迟 t_0 的延时器的单位响应为_____，积分器的单位冲激响应为_____，微分器的单位冲激响应为_____。

3.10 已知输入 $x[k]=\left(\dfrac{1}{2}\right)^k u[k-2]$，系统的单位脉冲响应为 $h[k]=\delta[k-2]$，则系统的零状态响应为_____。

四、画图题

4.1 已知 $x(t)=u(t+2)-u(t-2)$，$y(t)=x(2-2t)*x\left(\dfrac{t}{2}+1\right)$，画出 $y(t)$ 的波形。

4.2 已知某连续时间系统的单位冲激响应 $h(t)$ 与激励 $f(t)$ 的波形如模拟题 4.2 图所示，画出此系统零状态响应 $y_f(t)$ 的波形。

4.3 已知 $f(t)$ 和 $h(t)$ 的波形如模拟题 4.3 图所示，画出 $h(t)*f(t)$ 的波形。

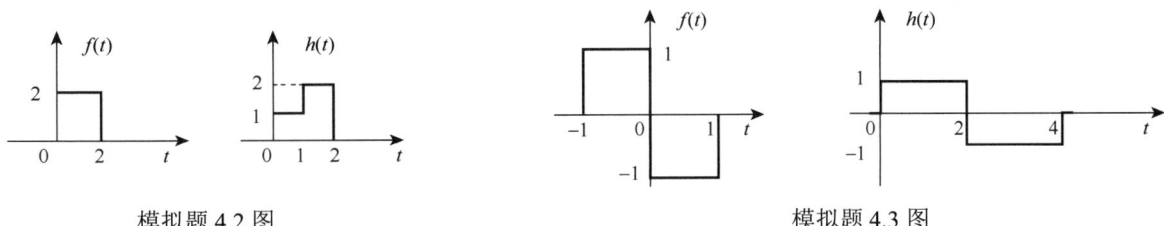

模拟题 4.2 图　　　　　　　　　　模拟题 4.3 图

五、计算题

5.1 已知某线性系统可以用下列微分方程描述：$y''(t)+6y'(t)+5y(t)=9f'(t)+5f(t)$，系统激励为 $f(t)=u(t)$，在 $t=0$ 和 $t=1$ 时刻测量得到系统的输出为 $y(0)=0, y(1)=1-\mathrm{e}^{-5}$。

（1）求系统在激励下的全响应。

（2）求响应中的自由响应、强迫响应、零输入响应、零状态响应分量。

（3）画出系统模拟框图。

5.2 某线性时不变系统的单位阶跃响应为 $g(t)=(3\mathrm{e}^{-2t}-1)u(t)$，求：

（1）系统的冲激响应。

（2）系统对激励 $f_1(t)=tu(t)$ 的零状态响应。

（3）系统对激励 $f_2(t)=t\left[u(t)-u(t-1)\right]$ 的零状态响应。

5.3 已知一个线性时不变系统的单位冲激响应为 $h(t)=\dfrac{\pi}{2}\sin\left(\dfrac{\pi}{2}t\right)u(t)$，输入 $f(t)$ 的波形如模拟题 5.3 图所示，求系统的零状态响应。

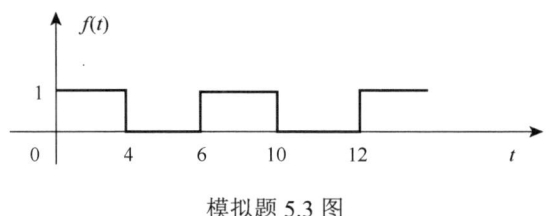

模拟题 5.3 图

5.4 某初始条件不变的 LTI 系统，激励 $f_1(t)=u(t)$ 时全响应为 $y_1(t)=2\mathrm{e}^{-t}u(t)$，激励 $f_2(t)=\delta(t)$ 时全响应为 $y_2(t)=\delta(t)$：

（1）求该系统的零输入响应。

（2）若以 $f_3(t)=\mathrm{e}^{-t}u(t)$ 作为激励信号，求此时系统的全响应 $y_3(t)$。

5.5 已知因果性的 LTI 系统，其输入输出关系用下列微积分方程表示：

$$\frac{\mathrm{d}y(t)}{\mathrm{d}t}+5y(t)=\int_{-\infty}^{+\infty}f(\tau)x(t-\tau)\mathrm{d}\tau-f(t)$$

式中，$x(t)=\mathrm{e}^{-t}u(t)+3\delta(t)$，求该系统的单位冲激响应 $h(t)$。

5.6 已知 $f(t)=\mathrm{e}^{2t}u(-t)$，$h(t)=u(t-3)$，计算 $y(t)=f(t)*h(t)$。

5.7 线性时不变系统输入 $f(t)$ 与零状态响应 $y(t)$ 之间的关系为

$$y(t)=\int_{-\infty}^{t}\mathrm{e}^{-(t-\tau)}f(\tau-2)\mathrm{d}\tau$$

（1）求系统的单位冲激响应 $h(t)$。

（2）求输入 $f(t)=u(t+1)-u(t-2)$ 时系统的零状态响应。

（3）某 LTI 系统如模拟题 5.7 图所示，图中 $h_1(t)=\delta(t-1)$，$h(t)$ 为（1）的结果，$f(t)$ 与（2）中相同，求系统的响应。

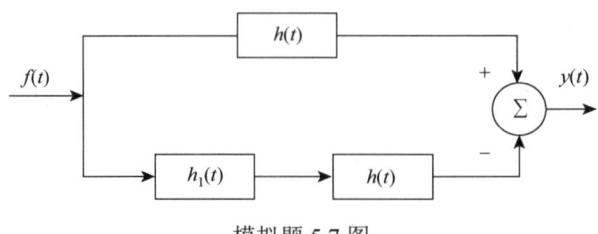

模拟题 5.7 图

5.8 一个线性时不变系统的阶跃响应 $g(t)=u(t)-u(t-2)$，求：

（1）系统的冲激响应 $h(t)$；

（2）输入 $f(t)=\int_{t-5}^{t-1}\delta(\tau)\mathrm{d}\tau$ 时系统的零状态响应 $y_f(t)$。

5.9 已知某线性时不变连续时间系统的阶跃响应 $g(t)=\mathrm{e}^{-t}u(t)$，求输入信号 $f(t)=3\mathrm{e}^{2t}(-\infty<t<\infty)$ 时系统的零状态响应 $y_f(t)$。

5.10 模拟题 5.10 图（a）所示电路系统中 $R_1=2\mathrm{k}\Omega$，$R_2=1\mathrm{k}\Omega$，$C=1500\mathrm{\mu F}$，输入信号 $f(t)$ 如模拟题 5.10 图（b）所示，求输出电压 $u_C(t)$。

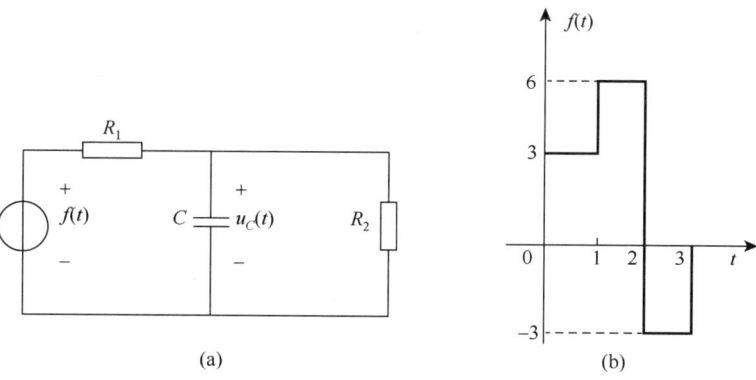

模拟题 5.10 图

5.11 因果连续线性时不变系统满足条件：

（1）初始状态不为 0，输入 $x(t)=u(t)$ 时，全响应 $y_1(t)=\left(3\mathrm{e}^{-2t}+\dfrac{2}{3}\mathrm{e}^{-t}\right)u(t)$。

（2）初始状态不变，输入 $x(t)=\delta'(t)$ 时，全响应 $y_2(t)=\left(-3\mathrm{e}^{-2t}+\dfrac{2}{3}\mathrm{e}^{-t}\right)u(t)$。

求：（1）系统单位冲激响应，并判断系统稳定性。

（2）画出系统模拟框图。

（3）输入 $x(t)=u(t)$，初始状态 $y'(0_-)=0, y(0_-)=1$ 时的全响应。

5.12 如模拟题 5.12 图所示的系统，其中，子系统 $h_1(t)$ 为理想积分器，$h_2(t)=\mathrm{e}^{-t}u(t)$：

（1）求 $h_1(t)$ 的表达式。

（2）求该合成系统的单位冲激响应 $h(t)$。

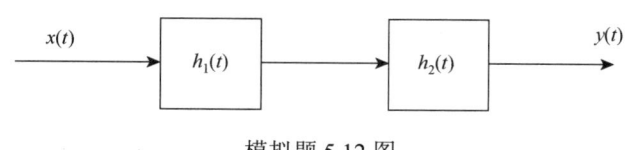

模拟题 5.12 图

5.13 如模拟题 5.13 图所示 LTI 系统，其中，$h_1(t)=u(t)$，$h_2(t)=\delta(t-1)$，$h_3(t)=-\delta(t)$，求该系统的冲激响应 $h(t)$；若以 $x(t)=\mathrm{e}^{-t}u(t)$ 作为激励信号，求系统的零状态响应。

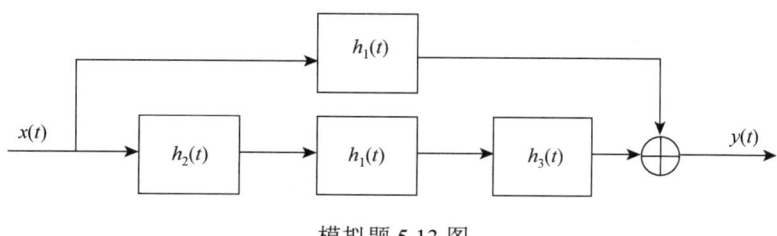

模拟题 5.13 图

5.14 已知 $y''(t)+2y'(t)+y(t)=f'(t)$，其中 $f(t)=e^{-t}u(t)$，$y'(0)=2, y(0)=1$。求全响应 $y(t)$，并指出其中的零输入响应和零状态响应、固有响应和强迫响应。

5.15 已知 LTI 系统的输入输出满足方程：$y''(t)+6y'(t)+5y(t)=f''(t)-2f'(t)+f(t)$，其中，$f(t)=e^{2t}u(-t)+2e^{-2t}u(t)$，当初始条件 $y'(0)=6, y(0)=-4$ 时，求全响应 $y(t)$。

5.16 某一个线性连续时间系统的阶跃响应为 $g(t)$，已知输入为因果信号 $f(t)$ 时系统零状态响应 $y_f(t)=\int_0^{t-2}g(\tau)d\tau$，求系统输入 $f(t)$。

5.17 已知线性连续时间系统的初始状态一定：当输入为 $f_1(t)=\delta(t)$ 时，全响应为 $y_1(t)=-e^{-t}$，$t\geq 0$；当输入为 $f_2(t)=u(t)$ 时，全响应为 $y_2(t)=1-5e^{-t}$，$t\geq 0$；求输入为 $f_3(t)=tu(t)$ 时的全响应 $y_3(t)$。

5.18 某离散因果 LTI 系统用如下差分方程表示：

$$y[k]+\frac{1}{2}y[k-1]-\frac{1}{2}y[k-2]=\sum_{n=0}^{\infty}f[k-n]$$

用递推法计算系统单位响应的至少前 4 个序列值。

5.19 已知 $y[k]-y[k-1]-2y[k-2]=u[k]$，且 $y[0]=0, y[1]=1$，求零输入响应。

5.20 已知 $f[k]=u[k]-u[k-2]$，$h_1[k]=u[k]-u[k-1]$，$h_2[k]=a^k u[k-1]$，求 $y[k]=f[k]*h_1[k]*h_2[k]$。

5.21 离散时间系统如模拟题 5.21 图所示，其中，D 为单位延迟单元：

（1）写出该系统的差分方程。

（2）当 $f[k]=\delta[k]$ 时，全响应初始条件 $y[-1]=-1, y[0]=1$，求系统的零输入响应。

（3）当 $f[k]=\delta[k]$ 时，求系统的零状态响应 $y_f[k]$，并判断此系统是否因果、稳定。

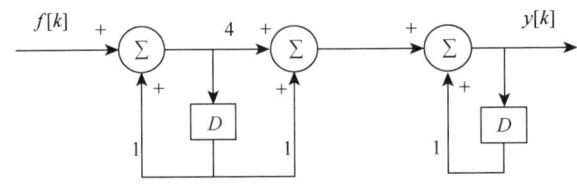

模拟题 5.21 图

5.22 已知某人从当月开始，每月到银行存款为 $f[k]$，设每月利率为 $r=0.5\%$：

（1）设 $y[k]$ 为第 k 个月的总存款，列写该存款过程的差分方程，并求出其单位响应。

（2）若每月存款数为 $f[k]=50$ 元，共存了 5 年（60 个月），求出第 k 个月的总存款额。

（3）在（2）的条件下，分别求出 4 年和 20 年后的存款额。

5.23 考虑某离散时间系统 S，其输入为 $f[k]$，输出为 $y[k]$。若该系统是由系统 S_1 和 S_2 级联而成的，且已知 S_1 的输入输出关系为 $y_1[k]=2f_1[k]+4f_1[k-1]$；S_2 的输入输出关系为 $y_2[k]=2f_2[k-2]+0.5f_2[k-3]$。

（1）系统 S 的输入输出关系是什么？

（2）若将系统 S_1 和 S_2 级联次序颠倒，则系统 S 的输入输出关系是否改变？

5.24 已知离散信号 $f[k]$ 如模拟题 5.24 图所示，试求 $y[k]=f[k]*f[2k]$。

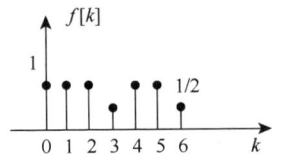

模拟题 5.24 图

5.25 求解差分方程 $y[k]+3y[k-1]+2y[k-2]=f[k]+f[k-1]$，其中，$f[k]=(-2)^k\times u[k]$，$y[0]=0, y[1]=0$。

5.26 已知某线性时不变离散时间系统的差分方程为

$$y[k]-y[k-1]-2y[k-2]=u[k]+2u[k-2]$$

求初始条件 $y[-1]=2, y[-2]=-\frac{1}{2}$ 时系统的零输入响应、零状态响应和全响应。

5.27 某一个线性时不变离散时间系统的输入输出关系可以由二阶差分方程描述，当输入 $f[k]=u[k]$ 时，系统的零状态响应为 $g[k]=(2^k+3\times 5^k+10)u[k]$，试确定该系统的二阶差分方程，并求当输入为 $2(u[k]-u[k-10])$ 时系统的零状态响应。

5.28 已知因果离散时间线性时不变系统的差分方程为 $y[k]+4y[k-1]+3y[k-2]=f[k]$。设 $y[-1]=0, y[-2]=\dfrac{1}{3}$，求系统的零输入响应。

5.29 已知某线性时不变因果离散时间系统的差分方程为
$$y[k]+0.8y[k-1]+0.15y[k-2]=f[k-1]$$
求该系统的单位响应 $h[k]$。

第 3 章 连续时间信号与系统的傅里叶分析

信号特性可以从时间响应和频率特性两个方面来描述。本章重点研究信号的频率特性和系统的频率特性。我们首先将介绍信号基于正交函数集的分解和合成,然后研究连续时间周期信号的傅里叶级数表示和连续时间非周期信号的傅里叶变换,最后介绍连续时间 LTI 系统的傅里叶分析方法。

通过本章的研究,应该建立信号频谱分析的概念,信号特性可以用频率特征来描述,因此信号的频域表达式是一个频谱函数。通过系统信号的频谱是一种频率响应。

3.1 信号的正交分解

我们知道,在二维平面中,一个矢量 A 可以在正交的直角坐标系中分解,并表示为正交分量的矢量和,即 $A = c_1 v_x + c_2 v_y$,其中,v_x 表示直角坐标系中 x 方向的单位矢量,v_y 表示直角坐标系中 y 方向的单位矢量;c_1 表示直角坐标系中 x 方向矢量的幅度(即在 x 方向的投影),c_2 表示直角坐标系中 y 方向矢量的幅度(即在 y 方向的投影),如图 3.1.1 所示。

在三维空间中,一个矢量 A 可以在三维正交的直角坐标系中分解,并表示为正交分量的矢量和,即 $A = c_1 v_x + c_2 v_y + c_3 v_z$,其中,$v_x$ 表示直角坐标系中 x 方向的单位矢量,v_y 表示直角坐标系中 y 方向的单位矢量,v_z 表示直角坐标系中 z 方向的单位矢量;c_1 表示直角坐标系中 x 方向矢量的幅度(即在 x 方向的投影),c_2 表示直角坐标系中 y 方向矢量的幅度(即在 y 方向的投影),c_3 表示直角坐标系中 z 方向矢量的幅度(即在 z 方向的投影),如图 3.1.2 所示。

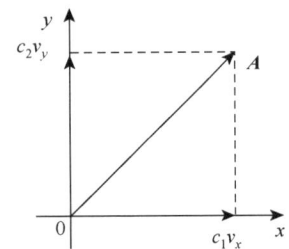
图 3.1.1 一个矢量 A 在正交的直角坐标系中的分解

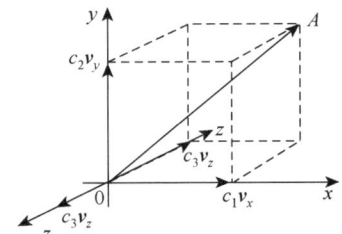
图 3.1.2 一个矢量 A 在三维正交空间中的分解

如果存在一个 n 维正交空间,一个矢量 A 可以在 n 维正交矢量空间中分解,并表示为正交分量的矢量和,即 $A = \sum_{i=1}^{n} c_i v_i$,其中 v_i 表示 n 维正交矢量空间中 i 方向的单位矢量,c_i 表示 n 维正交矢量空间中 i 方向矢量的幅度(即在 i 方向的投影)。

推而广之,如果存在一个 n 维正交函数空间,一个函数 $f(t)$ 可以在 n 维正交函数空间中分解,并表示为正交函数分量的和,即 $f(t) = \sum_{i=1}^{n} c_i \varphi_i(t)$,其中 $\varphi_i(t)$ 表示 n 维正交函数空间中第 i 个正交函数,c_i 表示 n 维正交函数空间中第 i 个正交函数的幅度(即在第 i 个正交函数上的投影)。

定义在 (t_1, t_2) 区间的两个函数 $\varphi_1(t)$ 和 $\varphi_2(t)$,若满足

$$\int_{t_1}^{t_2} \varphi_1(t) \cdot \varphi_2^*(t) \mathrm{d}t = 0 \tag{3.1.1}$$

则称 $\varphi_1(t)$ 和 $\varphi_2(t)$ 在区间 (t_1,t_2) 内正交。其中，*表示函数取共轭。

若 $\varphi_1(t)$ 和 $\varphi_2(t)$ 均为实函数，则满足 $\int_{t_1}^{t_2}\varphi_1(t)\cdot\varphi_2(t)\mathrm{d}t=0$ 时 $\varphi_1(t)$ 和 $\varphi_2(t)$ 在区间 (t_1,t_2) 内正交，即信号正交的定义是它们的内积为零。

如果 n 个实函数 $\varphi_1(t),\varphi_2(t),\cdots,\varphi_n(t)$ 构成一个函数集，当这些函数在区间 (t_1,t_2) 内满足以下条件时：

$$\int_{t_1}^{t_2}\varphi_i(t)\varphi_j(t)\mathrm{d}t=\begin{cases}0, & i\neq j\\ K_i\neq 0, & i=j\end{cases} \tag{3.1.2}$$

式中，K_i 为常数，则称此实函数集为在区间 (t_1,t_2) 内的正交函数集；$\varphi_i(t)$ 为基函数。如果 $K_i=1,i=1,2,\cdots,n$，那么此函数集就是归一化的正交函数集。在区间 (t_1,t_2) 内相互正交的 n 个函数构成正交信号空间。

进一步，如果在正交函数集 $\{\varphi_i(t)\}(i=1,2,\cdots,n)$ 之外，不存在任何能量有限信号与 $\varphi_i(t)$ 都正交，即不存在函数 $\phi(t)\left(0<\int_{t_1}^{t_2}\phi^2(t)\mathrm{d}t<\infty\right)$ 满足等式

$$\int_{t_1}^{t_2}\phi^*(t)\varphi_i(t)\mathrm{d}t=0, \quad i=1,2,\cdots,n \tag{3.1.3}$$

则称此函数集为完备正交函数集。

设有 n 个函数 $\varphi_1(t),\varphi_2(t),\cdots,\varphi_n(t)$ 在区间 (t_1,t_2) 构成一个完备的正交函数空间，信号的正交分解是指将任意函数 $f(t)$ 用 n 个正交函数的线性组合来近似：

$$f(t)\approx C_1\varphi_1(t)+C_2\varphi_2(t)+\cdots+C_n\varphi_n(t)=\sum_{j=1}^{n}C_j\varphi_j(t) \tag{3.1.4}$$

在这种近似表示中的误差 $e(t)$ 为

$$e(t)=f(t)-\sum_{j=1}^{n}C_j\varphi_j(t) \tag{3.1.5}$$

平均平方误差（均方误差）ε_n 为

$$\varepsilon_n=\frac{1}{t_2-t_1}\int_{t_1}^{t_2}e^2(t)\mathrm{d}t=\frac{1}{t_2-t_1}\int_{t_1}^{t_2}\left[f(t)-\sum_{j=1}^{n}C_j\varphi_j(t)\right]^2\mathrm{d}t \tag{3.1.6}$$

欲使信号得到最佳的近似表示，最好的准则就是选取合适的 C_j 使均方误差 ε_n 为最小。可令 $\dfrac{\partial\varepsilon_n}{\partial C_j}=0$（$j=1,2,\cdots,n$）或 $\dfrac{\partial}{\partial C_j}\int_{t_1}^{t_2}\left[f(t)-\sum_{j=1}^{n}C_j\varphi_j(t)\right]^2\mathrm{d}t=0$。

展开上式的被积函数，注意到由序号不同的正交函数相乘的各项，其积分均为零，而且所有不包含 C_j 的各项对 C_j 求导也等于零。即上式只有两项不为零，可以表示为

$$\frac{\partial}{\partial C_j}\int_{t_1}^{t_2}\left[-2C_j f(t)\varphi_j(t)+C_j^2\varphi_j^2(t)\right]\mathrm{d}t=0$$

于是可以求得

$$C_j=\frac{\int_{t_1}^{t_2}f(t)\varphi_j(t)\mathrm{d}t}{\int_{t_1}^{t_2}\varphi_j^2(t)\mathrm{d}t}=\frac{1}{K_j}\int_{t_1}^{t_2}f(t)\varphi_j(t)\mathrm{d}t, \quad j=1,2,\cdots,n \tag{3.1.7}$$

按式（3.1.7）选取系数 C_j 时，用正交信号函数集来近似函数 $f(t)$ 时的均方误差为最小，且

$$\varepsilon_n = \frac{1}{t_2-t_1}\int_{t_1}^{t_2}\left[f(t)-\sum_{j=1}^{n}C_j\varphi_j(t)\right]^2 dt$$

$$= \frac{1}{t_2-t_1}\left[\int_{t_1}^{t_2}f^2(t)dt+\sum_{j=1}^{n}C_j^2\int_{t_1}^{t_2}\varphi_j^2(t)dt-2C_j\int_{t_1}^{t_2}f(t)\varphi_j(t)dt\right] \quad (3.1.8)$$

$$= \frac{1}{t_2-t_1}\left[\int_{t_1}^{t_2}f^2(t)dt-\sum_{j=1}^{n}C_j^2 K_j^2\right]$$

利用式（3.1.8）可以直接求得在给定项数 n 的条件下的最小均方误差。当 ε_n 为零时，$f(t)$ 便可以精确地表示为

$$f(t)=C_1\varphi_1(t)+C_2\varphi_2(t)+\cdots+C_n\varphi_n(t)=\sum_{j=1}^{n}C_j\varphi_j(t) \quad (3.1.9)$$

式（3.1.9）也就是 $f(t)$ 的广义傅里叶级数的形式。

需要注意的是，我们讨论的是均方误差最小，而不是平均误差最小。这是因为即使平均误差最小甚至为零时，也有可能存在较大的正误差和负误差，只是它们在平均过程中相互抵消了。因此平均误差并不能正确地反映原信号和正交分解后合成的信号之间的近似程度，故一般都选择均方误差最小来衡量。

当 $n\to\infty$，$\varepsilon_n\to 0$ 时，集合 $\{\varphi_j(t)\}(j=1,2,\cdots,n)$ 是 (t_1,t_2) 上 $f(t)$ 的正交完备集，称为基函数或基信号，即函数 $f(t)$ 在区间 (t_1,t_2) 内可以分解为无穷多项正交函数 $\varphi_j(t)$ 的和。

对信号进行正交分解（或展开），也就是求它对某正交基函数的分解系数。同一个信号（或函数）可在各种不同的完备正交信号集中进行正交分解。

常用的完备正交信号集有正弦、余弦、指数函数等形式，也有勒让德多项式、雅可比多项式、切比雪夫多项式、沃尔什函数、小波变换基函数等。

【例 3.1.1】 试证三角函数集 $\{1,\cos(\Omega t),\cos(2\Omega t),\cdots,\cos(m\Omega t),\cdots,\sin(\Omega t),\sin(2\Omega t),\cdots,\sin(n\Omega t)\}$ 在区间 $(t_0,t_0+T)\left(T=\frac{2\pi}{\Omega}\right)$ 组成正交函数集，而且是完备的正交函数集。

解 根据正交的定义，因为

$$\int_{t_0}^{t_0+T}\cos(m\Omega t)\cdot\cos(n\Omega t)dt=\begin{cases}0, & n\neq m\\ \dfrac{T}{2}, & m=n\neq 0\\ T, & m=n=0\end{cases}$$

$$\int_{t_0}^{t_0+T}\sin(m\Omega t)\cdot\sin(n\Omega t)dt=\begin{cases}0, & n\neq m\\ \dfrac{T}{2}, & m=n\neq 0\end{cases}$$

故函数集 $\{1,\cos(\Omega t),\cos(2\Omega t),\cdots,\cos(m\Omega t)\}$，$\{\sin(\Omega t),\sin(2\Omega t),\cdots,\sin(n\Omega t)\}$ 在区间 (t_0,t_0+T) 分别均构成正交函数集；又因为 $m\neq n$ 时存在 $\int_{t_0}^{t_0+T}\sin(m\Omega t)\cdot\cos(n\Omega t)dt=0$，所以 $\{1,\cos(\Omega t),\cos(2\Omega t),\cdots,\cos(m\Omega t),\cdots,\sin(\Omega t),\sin(2\Omega t),\cdots,\sin(n\Omega t)\}$ 在区间 (t_0,t_0+T) 组成完备的正交函数集。

对于复函数集，若复函数集 $\{\varphi_j(t)\}(j=1,2,\cdots,n)$ 在区间 (t_1,t_2) 满足

$$\int_{t_1}^{t_2}\varphi_i(t)\varphi_j^*(t)dt=\begin{cases}0, & i\neq j\\ K_i\neq 0, & i=j\end{cases}$$

则称此复函数集为正交函数集。式中，$\varphi_j^*(t)$ 为函数 $\varphi_j(t)$ 的共轭复函数。

【例 3.1.2】 试证复函数集 $\{e^{jn\Omega t}\}(n=0,\pm 1,\pm 2,\cdots)$ 在区间 (t_0,t_0+T) 内是完备的正交函数集，式中，$T=\dfrac{2\pi}{\Omega}$。

解 根据正交的定义，因为

$$\int_{t_0}^{t_0+T} e^{jn\Omega t} \cdot e^{-jm\Omega t} dt = \begin{cases} 0, & n \neq m \\ T, & m = n \end{cases}$$

且不存在其他函数 $\phi(t)$ $\left(0 < \int_{t_1}^{t_2} \phi^2(t) dt < \infty\right)$ 满足等式

$$\int_{t_1}^{t_2} \phi^*(t) e^{jn\Omega t} dt = 0, \quad n = 0, \pm 1, \pm 2$$

故复函数集 $\{e^{jn\Omega t}\}$ $(n = 0, \pm 1, \pm 2, \cdots)$ 在区间 $(t_0, t_0 + T)$ 内是完备的正交函数集。

3.2 周期信号的傅里叶级数

周期信号是定义在 $(-\infty, \infty)$ 区间，每隔一定时间 T，按相同规律重复变化的信号，如图 3.2.1 所示。它可以表示为

$$f(t) = f(t + mT) \tag{3.2.1}$$

式中，m 为任意整数。时间 T 称为该信号的重复周期，简称周期；周期的倒数称为该信号的频率，即 $f = \dfrac{1}{T}$。

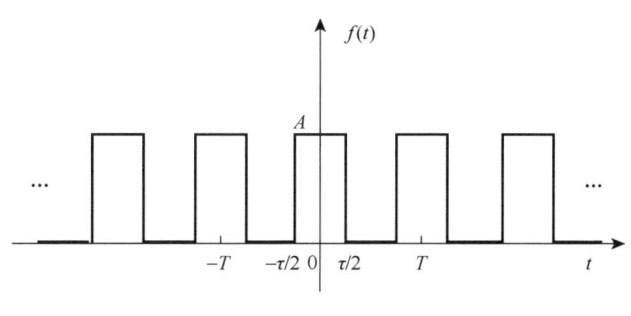

图 3.2.1 周期信号

周期信号具有下列特点：

（1）它是一个无穷无尽变化的信号，理论上该信号从 $t = -\infty$ 开始到 $t = \infty$ 终止。

（2）当在一个周期内的信号确定后，若将其移动周期 T 的整数倍，则信号的波形保持不变，周期信号也可看作将一个在周期内所定义的信号做周期性的延拓而形成的，而一个周期内的信号可以在任意的时间段上截取。

（3）$f(t)$ 在一个周期 T 内的时间积分是不变的，且与 T 的起始点的选择无关，即

$$\int_a^{a+T} f(t) dt = \int_b^{b+T} f(t) dt$$

周期信号 $f(t)$ 在区间 $(t, t+T)$ 可以展开成在完备正交信号空间中的无穷级数。如果完备正交函数集是三角函数集或指数函数集，那么周期信号所展开的无穷级数分别称为三角函数型傅里叶级数或指数型傅里叶级数，统称傅里叶级数。

只有当周期信号满足狄利克雷条件时，即 $f(t)$ 满足：①信号绝对可积，即 $\int_T |f(t)| dt < \infty$；②一个周期内信号具有有限个极大值与极小值；③一个周期内信号具有有限个不连续点，且在这些间断点上信号必须是有限值，此时才可以展开成傅里叶级数。

设有周期信号 $f(t)$，它的周期是 T，角频率 $\omega_0 = \dfrac{2\pi}{T}$，周期信号 $f(t)$ 在区间 $(t, t+T)$ 由三角函数集展开，则它可以分解为

$$f(t) = \frac{a_0}{2} + a_1\cos(\omega_0 t) + a_2\cos(2\omega_0 t) + \cdots + b_1\sin(\omega_0 t) + b_2\sin(2\omega_0 t) + \cdots$$
$$= \frac{a_0}{2} + \sum_{n=1}^{\infty}\left[a_n\cos(n\omega_0 t) + b_n\sin(n\omega_0 t)\right] \tag{3.2.2}$$

式中，a_0、a_n、b_n 为傅里叶级数的系数，分别代表了信号 $f(t)$ 的直流分量、余弦分量和正弦分量的振幅，根据 $C_j = \frac{1}{K_j^2}\int_{t_1}^{t_2} f(t)\varphi_j(t)\mathrm{d}t$，故其值分别为

$$a_0 = \frac{2}{T}\int_{-\frac{T}{2}}^{\frac{T}{2}} f(t)\mathrm{d}t$$
$$a_n = \frac{2}{T}\int_{-\frac{T}{2}}^{\frac{T}{2}} f(t)\cos(n\omega_0 t)\mathrm{d}t, \quad n = 1, 2, \cdots \tag{3.2.3}$$
$$b_n = \frac{2}{T}\int_{-\frac{T}{2}}^{\frac{T}{2}} f(t)\sin(n\omega_0 t)\mathrm{d}t, \quad n = 1, 2, \cdots$$

将式（3.2.2）中同频率的正弦和余弦项合并，则有

$$f(t) = \frac{a_0}{2} + a_1\cos(\omega_0 t + \varphi_1) + a_2\cos(2\omega_0 t + \varphi_2) + \cdots = \frac{A_0}{2} + \sum_{n=1}^{\infty} A_n\cos(n\omega_0 t + \varphi_n) \tag{3.2.4}$$

式中

$$\begin{cases} A_0 = a_0 \\ A_n = \sqrt{a_n^2 + b_n^2}, & n = 1, 2, \cdots \\ \varphi_n = -\arctan\left(\dfrac{b_n}{a_n}\right), & n = 1, 2, \cdots \end{cases} \tag{3.2.5}$$

由式（3.2.5）可见，A_n 是 n 的偶函数，φ_n 是 n 的奇函数，即

$$A_{-n} = A_n, \quad \varphi_{-n} = -\varphi_n \tag{3.2.6}$$

一般而言，$A_n\cos(n\omega_0 t + \varphi_n)$ 称为 n 次谐波，A_n 是 n 次谐波的振幅，φ_n 是其初始相角。式（3.2.4）表明周期信号可以分解为各次谐波分量之和。

三角函数型傅里叶级数含义比较明确，但运算不太方便，故常用指数形式的傅里叶级数。

设有周期信号 $f(t)$，它的周期是 T，角频率 $\omega_0 = \dfrac{2\pi}{T}$，将它在区间 $(t, t+T)$ 由指数函数集展开，可得

$$f(t) = \sum_{n=-\infty}^{\infty} F_n \mathrm{e}^{\mathrm{j}n\omega_0 t} \tag{3.2.7}$$

式中，F_n 称为傅里叶系数，代表了复指数信号 $\mathrm{e}^{\mathrm{j}n\omega_0 t}$ 的频率分量。

由 $C_j = \frac{1}{K_j^2}\int_{t_1}^{t_2} f(t)\varphi_j(t)\mathrm{d}t$，可得傅里叶系数为

$$F_n = \frac{1}{T}\int_{-\frac{T}{2}}^{\frac{T}{2}} f(t)\mathrm{e}^{-\mathrm{j}n\omega_0 t}\mathrm{d}t \tag{3.2.8}$$

将周期信号 $f(t)$ 展开为三角函数型和指数型傅里叶级数，其各系数间的关系可以通过欧拉公式推出：$\cos x = \dfrac{\mathrm{e}^{\mathrm{j}x} + \mathrm{e}^{-\mathrm{j}x}}{2}$，$\sin x = \dfrac{\mathrm{e}^{\mathrm{j}x} - \mathrm{e}^{-\mathrm{j}x}}{2\mathrm{j}}$；故可以将式（3.2.2）改写为

$$f(t) = \frac{a_0}{2} + \sum_{n=1}^{\infty}\left(a_n \frac{\mathrm{e}^{\mathrm{j}n\omega_0 t} + \mathrm{e}^{-\mathrm{j}n\omega_0 t}}{2} + b_n \frac{\mathrm{e}^{\mathrm{j}n\omega_0 t} - \mathrm{e}^{-\mathrm{j}n\omega_0 t}}{2\mathrm{j}}\right)$$
$$= \frac{a_0}{2} + \sum_{n=1}^{\infty}\left(\frac{a_n - \mathrm{j}b_n}{2}\mathrm{e}^{\mathrm{j}n\omega_0 t} + \frac{a_n + \mathrm{j}b_n}{2}\mathrm{e}^{-\mathrm{j}n\omega_0 t}\right) \tag{3.2.9}$$

令
$$F_n = \frac{a_n - \mathrm{j}b_n}{2} \quad (3.2.10)$$

根据 $b_0 = 0$，$a_n = a_{-n}$，$b_{-n} = -b_n$，有

$$F_0 = \frac{a_0 - \mathrm{j}b_0}{2} = \frac{a_0}{2}, \quad F_{-n} = \frac{a_{-n} - \mathrm{j}b_{-n}}{2} = \frac{a_n + \mathrm{j}b_n}{2} \quad (3.2.11)$$

$$f(t) = F_0 + \sum_{n=1}^{\infty} F_n \mathrm{e}^{\mathrm{j}n\omega_0 t} + \sum_{n=1}^{\infty} F_{-n} \mathrm{e}^{-\mathrm{j}n\omega_0 t} = \sum_{n=0}^{\infty} F_n \mathrm{e}^{\mathrm{j}n\omega_0 t} + \sum_{n=-1}^{-\infty} F_n \mathrm{e}^{\mathrm{j}n\omega_0 t} = \sum_{n=-\infty}^{\infty} F_n \mathrm{e}^{\mathrm{j}n\omega_0 t} \quad (3.2.12)$$

这就是周期信号 $f(t)$ 指数形式的傅里叶级数，它比三角函数型傅里叶级数更为简洁，但需要注意的是，式中的 F_n 是复系数，即

$$F_n = \frac{a_n - \mathrm{j}b_n}{2} = \frac{1}{T}\left[\int_{-\frac{T}{2}}^{\frac{T}{2}} f(t)\cos(n\omega_0 t)\mathrm{d}t - \mathrm{j}\int_{-\frac{T}{2}}^{\frac{T}{2}} f(t)\sin(n\omega_0 t)\mathrm{d}t\right] = \frac{1}{T}\int_{-\frac{T}{2}}^{\frac{T}{2}} f(t)\mathrm{e}^{-\mathrm{j}n\omega_0 t}\mathrm{d}t \quad (3.2.13)$$

周期信号 $f(t)$ 的指数型傅里叶级数和三角函数型傅里叶级数及其系数、各系数之间的关系见表 3.2.1。

表 3.2.1 周期信号 $f(t)$ 的指数型傅里叶级数和三角函数型傅里叶级数及其各系数之间的关系

函数形式	展开形式	傅里叶级数系数	各系数间的关系
指数型傅里叶级数	$f(t) = \sum_{n=-\infty}^{\infty} F_n \mathrm{e}^{\mathrm{j}n\omega_0 t}$ $F_n = \|F_n\|\mathrm{e}^{\mathrm{j}\varphi_n}$ $n = 0, \pm 1, \pm 2, \cdots$	$F_n = \frac{1}{T}\int_{-\frac{T}{2}}^{\frac{T}{2}} f(t)\mathrm{e}^{-\mathrm{j}n\omega_0 t}\mathrm{d}t$ $n = 0, \pm 1, \pm 2, \cdots$	$F_n = \frac{1}{2}A_n\mathrm{e}^{\mathrm{j}\varphi_n} = \frac{1}{2}(a_n - \mathrm{j}b_n)$ $\|F_n\| = \frac{1}{2}A_n = \frac{1}{2}\sqrt{a_n^2 + b_n^2}$ 是 n 的偶函数 $\varphi_n = -\arctan\left(\frac{b_n}{a_n}\right)$ 是 n 的奇函数
三角函数型傅里叶级数	$f(t) = \frac{a_0}{2} + \sum_{n=1}^{\infty}\left[a_n\cos(n\omega_0 t) + b_n\sin(n\omega_0 t)\right]$ $= \frac{A_0}{2} + \sum_{n=1}^{\infty} A_n\cos(n\omega_0 t + \varphi_n)$	$a_0 = \frac{2}{T}\int_{-\frac{T}{2}}^{\frac{T}{2}} f(t)\mathrm{d}t$ $a_n = \frac{2}{T}\int_{-\frac{T}{2}}^{\frac{T}{2}} f(t)\cos(n\omega_0 t)\mathrm{d}t$ $n = 1, 2, \cdots$ $b_n = \frac{2}{T}\int_{-\frac{T}{2}}^{\frac{T}{2}} f(t)\sin(n\omega_0 t)\mathrm{d}t$ $n = 1, 2, \cdots$ $A_0 = a_0$ $A_n = \sqrt{a_n^2 + b_n^2}, n = 1, 2, \cdots$ $\varphi_n = -\arctan\left(\frac{b_n}{a_n}\right), n = 1, 2, \cdots$	$a_n = A_n\cos\varphi_n$ $= F_n + F_{-n}$ 是 n 的偶函数 $b_n = -A_n\sin\varphi_n$ $= \mathrm{j}(F_n - F_{-n})$ 是 n 的奇函数 $A_n = \sqrt{a_n^2 + b_n^2} = 2\|F_n\|$ 是 n 的偶函数 $\varphi_n = -\arctan\left(\frac{b_n}{a_n}\right)$ 是 n 的奇函数

【**例 3.2.1**】 计算图 3.2.2 所示方波信号的傅里叶级数展开式。

解 按题意方波信号在一个周期内的解析式为

$$f(t) = \begin{cases} -\dfrac{E}{2}, & -T/2 \leqslant t < 0 \\ \dfrac{E}{2}, & 0 \leqslant t \leqslant T/2 \end{cases}$$

则
$$a_n = \frac{2}{T}\int_{-\frac{T}{2}}^{0}\left(-\frac{E}{2}\right)\cos(n\omega_0 t)\mathrm{d}t + \frac{2}{T}\int_{0}^{\frac{T}{2}}\left(\frac{E}{2}\right)\cos(n\omega_0 t)\mathrm{d}t = 0$$

$$b_n = \frac{2}{T}\int_{-\frac{T}{2}}^{0}\left(-\frac{E}{2}\right)\sin(n\omega_0 t)\mathrm{d}t + \frac{2}{T}\int_{0}^{\frac{T}{2}}\left(\frac{E}{2}\right)\sin(n\omega_0 t)\mathrm{d}t$$
$$= \frac{E}{n\omega_0 T}\left[\left(\cos(n\omega_0 t)\right)\Big|_{-T/2}^{0} + \left(-\cos(n\omega_0 t)\right)\Big|_{0}^{T/2}\right] = \frac{E}{2\pi n}\left[2 - 2\cos(n\pi)\right]$$

即
$$b_n = \begin{cases} \dfrac{2E}{n\pi}, & n\text{为奇数} \\ 0, & n\text{为偶数} \end{cases}$$

故得信号的傅里叶级数展开式为

$$f(t) = \frac{2E}{\pi}\left(\sin(\omega_0 t) + \frac{1}{3}\sin(3\omega_0 t) + \frac{1}{5}\sin(5\omega_0 t) + \cdots + \frac{1}{n}\sin(n\omega_0 t) + \cdots\right), n = 1,3,5,\cdots$$

它只含有 1, 3, 5, …奇次谐波分量。

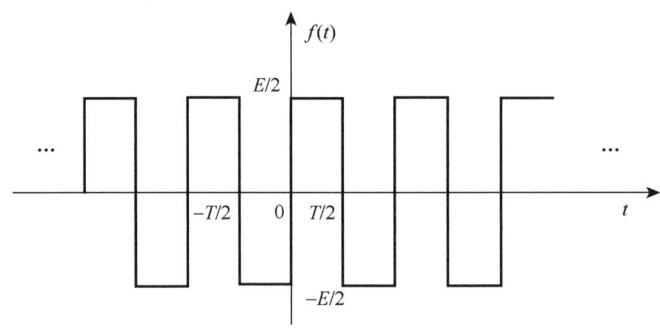

图 3.2.2 例 3.2.1 中方波信号示意图

【例 3.2.2】 定义一个周期性冲激信号 $\delta_T(t) = \sum_{m=-\infty}^{\infty}\delta(t-mT)$，$T$ 为信号的周期，试求其傅里叶级数表达式。

解 因为 $F_n = \frac{1}{T}\int_{-\frac{T}{2}}^{\frac{T}{2}}\delta(t)\mathrm{e}^{-\mathrm{j}n\omega_0 t}\mathrm{d}t = \frac{1}{T}$，所以 $\delta_T(t) = \sum_{m=-\infty}^{\infty}\delta(t-mT) = \frac{1}{T}\sum_{n=-\infty}^{\infty}\mathrm{e}^{\mathrm{j}\omega_0 n t}$。

【例 3.2.3】 试求周期信号 $x(t)$ 的三角函数型傅里叶级数表达式：
$$x(t) = (2+3\mathrm{j})\mathrm{e}^{-2\mathrm{j}\omega_0 t} + (5-2\mathrm{j})\mathrm{e}^{-\mathrm{j}\omega_0 t} + 4 + (2-3\mathrm{j})\mathrm{e}^{2\mathrm{j}\omega_0 t} + (5+2\mathrm{j})\mathrm{e}^{\mathrm{j}\omega_0 t}$$

解 根据 $x(t) = \frac{a_0}{2} + \sum_{n=1}^{\infty}[a_n\cos(n\omega_0 t) + b_n\sin(n\omega_0 t)] = \sum_{n=-\infty}^{\infty}F_n\mathrm{e}^{\mathrm{j}n\omega_0 t}$

根据欧拉公式，有 $a_n = F_n + F_{-n}$，$b_n = \mathrm{j}(F_n - F_{-n})$，故 $\frac{a_0}{2} = 4$，$a_1 = 10$，$b_1 = -4$，$a_2 = 4$，$b_2 = 6$，所以 $x(t) = 4 + 10\cos(\omega_0 t) - 4\sin(\omega_0 t) + 4\cos(2\omega_0 t) + 6\sin(2\omega_0 t)$。

3.3 周期信号的频谱及特点

3.3.1 周期信号的频谱

周期信号可以分解成一系列指数信号或正弦信号之和，为在频率域中认识信号特征提供了重要的手段。

为了直观地表示出周期信号中各频率分量的分布情形，可将信号各频率分量的振幅和相位随频率变化的关系用图形表示出来，这就是频谱图。从广义上讲，信号某种特征量随其频率变化的关系，都可称为信号的频谱，所画出来的图形便是信号的频谱图，除了振幅频谱和相位频谱，常见的还有信号的功率谱和能量谱等[13, 14]。

若频谱图的频率在$(-\infty,\infty)$内,即整个正、负频率都有频谱,这种频谱图称为双边谱;若频谱图的频率均在$[0,+\infty)$内,即负频率没有频谱,这种频谱图就称为单边谱。

振幅频谱图表示谐波分量的振幅A_n或虚指数函数的幅度$|F_n|=\frac{1}{2}A_n$随频率变化的关系,它是以频率(或角频率)为横坐标,以各谐波的振幅或虚指数函数的幅度为纵坐标画出的线图;相位频谱图表示谐波分量的相位φ_n随频率变化的关系,它是以频率(或角频率)为横坐标,以各谐波的初相角为纵坐标画出的线图。

以周期性矩形脉冲为例说明周期信号频谱的特点。图3.3.1为一个幅度为A,脉冲宽度为τ,周期为T的周期矩形脉冲信号。其在一个周期内可以表示为

$$f(t)=\begin{cases} A, & |t|\leqslant \dfrac{\tau}{2} \\ 0, & |t|>\dfrac{\tau}{2} \end{cases}$$

可求得其傅里叶系数

$$F_n=\frac{1}{T}\int_{-\frac{T}{2}}^{\frac{T}{2}}f(t)\mathrm{e}^{-jn\omega_0 t}\mathrm{d}t=\frac{A}{T}\int_{-\frac{\tau}{2}}^{\frac{\tau}{2}}\mathrm{e}^{-jn\omega_0 t}\mathrm{d}t=\frac{A\tau}{T}\frac{\sin\left(\dfrac{n\omega_0\tau}{2}\right)}{\dfrac{n\omega_0\tau}{2}},\quad n=0,\pm 1,\pm 2,\cdots$$

考虑到$\omega_0=\dfrac{2\pi}{T}$,上式也可以表示为$F_n=\dfrac{A\tau}{T}\dfrac{\sin\left(\dfrac{n\pi\tau}{T}\right)}{\dfrac{n\pi\tau}{T}},n=0,\pm 1,\pm 2,\cdots$

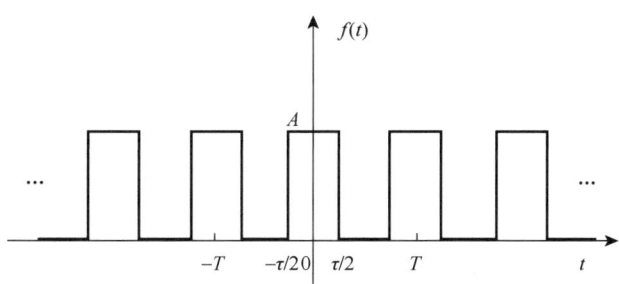

图3.3.1 周期矩形脉冲示意图

F_n的表达式是形如$\dfrac{\sin x}{x}$的函数,称为取样(抽样)函数:

$$\mathrm{Sa}(x)=\frac{\sin x}{x} \tag{3.3.1}$$

由此可知

$$F_n=\frac{A\tau}{T}\frac{\sin\left(\dfrac{n\omega_0\tau}{2}\right)}{\dfrac{n\omega_0\tau}{2}}=\frac{A\tau}{T}\mathrm{Sa}\left(\frac{n\omega_0\tau}{2}\right)$$

将不同的谐波分量合成方波信号,可知频率较低谐波的振幅较大,组成了方波的主体;频率较高的高次谐波的振幅较小,主要影响方波波形细节。方波包含的高次谐波越多,波形的边缘越陡峭。在一个周期内方波包含的谐波分量越多,除间断点附近外,波形就越接近原来的方波信号,其均方误差就越小;而在间断点附近,随着所含谐波次数的增多,合成波波形的起伏峰值就越靠近间断点,但这个起伏峰值的大小并不随谐波次数的增多而下降。在间断点附近合成波的这种表现称为吉布斯现象。

F_n的包络图形与$\mathrm{Sa}(x)$的曲线相似,如图3.3.2中虚线所示。

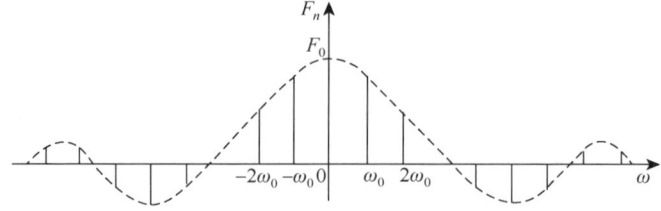

图 3.3.2 周期矩形脉冲的频谱图

其过零点的角频率满足 $\sin\left(\dfrac{n\omega_0\tau}{2}\right)=0$，可得

$$n\omega_0 = \pm\dfrac{2k\pi}{\tau}, \quad k=1,2,3,\cdots, \quad n=0,\pm1,\pm2,\cdots$$

故有谱线间隔 $\omega_0 = \dfrac{2\pi}{T} = \dfrac{2\pi}{4\tau} = \dfrac{\pi}{2\tau}$，

$$F_n = |F_n|\mathrm{e}^{\mathrm{j}\varphi_n} = \dfrac{A\tau}{T}\left|\dfrac{\sin\left(\dfrac{n\pi\tau}{T}\right)}{\dfrac{n\pi\tau}{T}}\right|\mathrm{e}^{\mathrm{j}\varphi_n}, \quad n=0,\pm1,\pm2,\cdots$$

双边幅频特性 $|F_n| = \dfrac{A\tau}{T}\left|\dfrac{\sin\left(\dfrac{n\pi\tau}{T}\right)}{\dfrac{n\pi\tau}{T}}\right|$，如图 3.3.3（a）所示；双边相频特性 φ_n 如图 3.3.3（b）所示。

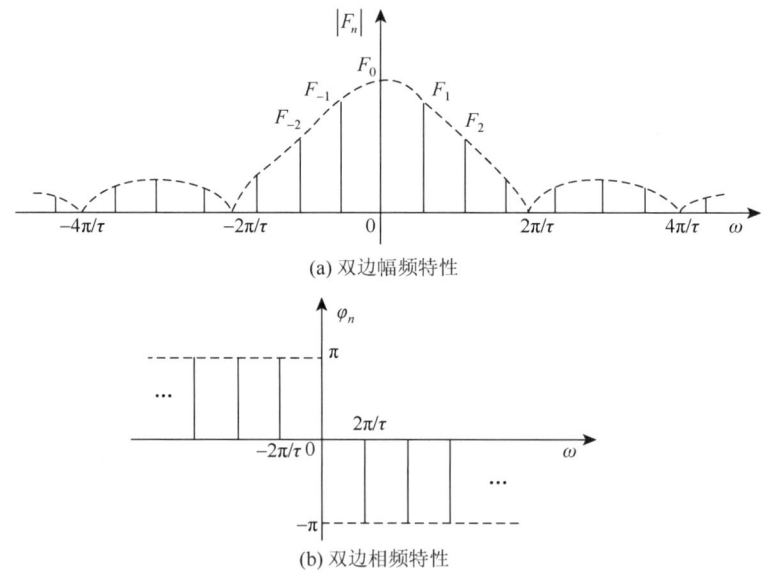

(a) 双边幅频特性

(b) 双边相频特性

图 3.3.3 周期矩形脉冲的双边频谱特性图

由图 3.3.3 结合图 3.3.2 可见：当 $F_n>0$ 时，$\varphi_n=0$，当 $F_n<0$ 时，$\varphi_n=\pm\pi$。

由此可见，周期信号的频谱一般具有以下特点：

（1）频谱由频率离散的谱线组成，每根谱线代表一个谐波分量，谱线间距 $\omega_0 = \dfrac{2\pi}{T}$，即周期信号的频谱是离散谱。

（2）频谱中的谱线只能在基波频率的整数倍频率上出现，即周期信号的频谱具有谐波性。

（3）振幅频谱中各谱线的高度，随谐波次数的增大而逐渐减小。当谐波次数趋于无穷大时，谐波分量的谱线高度趋于无穷小，即周期信号的频谱具有收敛性。

（4）信号周期 T 和脉冲持续时间 τ 与频谱具有以下关系：若保持周期 T 不变，而将脉冲宽度 τ 减小，则频谱的幅度随之减小，相邻谱线的间隔不变，频谱包络线过零点的频率增高，频率分量增多。若周期 T 增大，则频谱幅度之减小，相邻谱线的间隔变小，频谱变密。如果周期无限增长（变为非周期信号），此时，相邻谱线的间隔将趋近于零，那么周期信号的离散频谱就过渡到非周期信号的连续频谱。

周期信号 $f(t)$ 通常是功率有限的信号，其平均功率 P 定义为

$$\begin{aligned}P &= \frac{1}{T}\int_{-\frac{T}{2}}^{\frac{T}{2}}|f(t)|^2 dt = \frac{1}{T}\int_{-\frac{T}{2}}^{\frac{T}{2}} f(t)f^*(t)dt = \frac{1}{T}\int_{-\frac{T}{2}}^{\frac{T}{2}} f(t)\left[\sum_{n=-\infty}^{\infty} F_n e^{jn\omega t}\right]^* dt \\ &= \sum_{n=-\infty}^{\infty} F_n^* \left[\frac{1}{T}\int_{-\frac{T}{2}}^{\frac{T}{2}} f(t)e^{-jn\omega t}dt\right] = \sum_{n=-\infty}^{\infty} F_n^* \cdot F_n \\ &= \sum_{n=-\infty}^{\infty}|F_n|^2 = |F_0|^2 + 2\sum_{n=1}^{\infty}|F_n|^2 = \left(\frac{A_0}{2}\right)^2 + \sum_{n=1}^{\infty}\frac{1}{2}A_n^2 \end{aligned} \quad (3.3.2)$$

式中，第一项为直流功率，第二项为各次谐波的功率之和。

$\left(\frac{A_0}{2}\right)^2$、$\left(\frac{A_n^2}{2}\right)$ $(n=1,2,\cdots)$ 或 $|F_n|^2$ $(n=0,\pm1,\pm2,\cdots)$ 称为周期信号的功率谱。若将直流功率 $P_0 = \left(\frac{A_0}{2}\right)^2$ 和各次谐波的平均功率 $P_n = \left(\frac{A_n^2}{2}\right)$ $(n=1,2,\cdots)$ 随频率（或角频率）变化的关系画出来，便得到此周期信号的单边功率谱；若将各次谐波分量的平均功率 $P_n = |F_n|^2$ $(n=0,\pm1,\pm2,\cdots)$ 随频率（或角频率）变化的关系画出来，便得到此周期信号的双边功率谱。可见，P_n 是 n 的偶函数。

式（3.3.2）称为功率信号的帕塞瓦尔关系式，它从功率的角度揭示了周期信号时间特性和频率特性之间的关系，即周期信号的功率等于直流功率与各次谐波功率之和。周期信号傅里叶级数的性质、典型周期信号的三角函数型傅里叶级数表达见表 3.3.1 和表 3.3.2。

一般而言，对于周期信号，我们将集中了信号平均功率 90%以上的谐波频率范围定义为此周期信号的频带宽度，简称为信号（有效）带宽。从图 3.3.3（a）可以看出，信号功率的主要部分集中在 $\left(0, \frac{2\pi}{\tau}\right)$ 的低频分量，那些次数较高的频率分量实际上可以忽略不计。因此，称 $\omega = 0 \sim \frac{2\pi}{\tau}$ 为周期矩形脉冲的有效带宽或频带宽度，记作 $\Delta\omega$，即

$$\Delta\omega = \frac{2\pi}{\tau} \quad (3.3.3)$$

由此可见，周期矩形脉冲的频带宽度与信号脉冲的持续时间成反比，信号脉冲持续时间越长，其频带越窄；反之，信号脉冲越窄，其频带越宽。这一结论也可推广至其他脉冲形状的周期信号。

表 3.3.1 周期信号傅里叶级数的性质

性质	时域函数 $f(t)$	频域 F_n
线性	$af_1(t) + bf_2(t)$	$aF_{1n} + bF_{2n}$
共轭对称	$f(t)$ 为实函数	$F_{-n} = F_n^*$
时移	$f(t - t_0)$	$F_n e^{\frac{-jk 2\pi t_0}{T}}$
频移	$f(t)e^{jm\omega t}$	F_{n-m}
反转	$f(-t)$	F_{-n}

续表

性质	时域函数 $f(t)$	频域 F_n
时域微分	$\dfrac{\mathrm{d}f(t)}{\mathrm{d}t}$	$\mathrm{j}n\left(\dfrac{2\pi}{T}\right)F_n$
时域积分	$\displaystyle\int_{-\infty}^{t}f(\tau)\mathrm{d}\tau$	$F_n\Big/\left(\mathrm{j}n\dfrac{2\pi}{T}\right)$
时域卷积	$\displaystyle\int_{0}^{T}f_1(\tau)f_2(t-\tau)\mathrm{d}\tau$	$TF_{1n}F_{2n}$
频域卷积	$f_1(t)f_2(t)$	$\displaystyle\sum_{l=-\infty}^{\infty}F_{1l}F_{2(n-l)}$
函数下面积	$\displaystyle\int_{0}^{T}f(t)\mathrm{d}t$	TF_0
帕塞瓦尔定理	$\displaystyle\int_{0}^{T}\lvert f(t)\rvert^2\mathrm{d}t$	$T\displaystyle\sum_{n=-\infty}^{\infty}\lvert F_n\rvert^2$

表 3.3.2 典型周期信号的三角函数型傅里叶级数表达

周期信号	在一个周期内的表达 $-\dfrac{T}{2}\leqslant t\leqslant\dfrac{T}{2}$	三角函数型傅里叶级数的系数表达 $f(t)=\dfrac{a_0}{2}+\displaystyle\sum_{n=1}^{\infty}[a_n\cos(n\omega_0 t)+b_n\sin(n\omega_0 t)]$
周期矩形脉冲	$f(t)=A\left[u\left(t+\dfrac{\tau}{2}\right)-u\left(t-\dfrac{\tau}{2}\right)\right]$	$a_0=\dfrac{2A\tau}{T}$，$a_n=\dfrac{A\tau\omega_0}{\pi}\mathrm{Sa}\left(\dfrac{n\omega\tau}{2}\right)$，$b_n=0$
周期锯齿波	$f(t)=A\dfrac{t}{T}\left[u\left(t+\dfrac{T}{2}\right)-u\left(t-\dfrac{T}{2}\right)\right]$	$a_0=0$，$a_n=0$，$b_n=\dfrac{A}{n\pi}(-1)^{n+1}$
周期三角脉冲	$f(t)=\left(A-\dfrac{2A}{T}\lvert t\rvert\right)\left[u\left(t+\dfrac{T}{2}\right)-u\left(t-\dfrac{T}{2}\right)\right]$	$a_0=A$，$a_n=\dfrac{4A}{(\pi n)^2}\sin^2\left(\dfrac{n\pi}{2}\right)$，$b_n=0$
周期半波余弦	$f(t)=\begin{cases}A\cos\omega_1 t,& A\cos\omega_1 t\geqslant 0\\ 0,& A\cos\omega_1 t<0\end{cases}$	$a_0=\dfrac{2A}{\pi}$，$a_n=\dfrac{2A}{\pi(n^2-1)}\cos\left(\dfrac{n\pi}{2}\right)$，$b_n=0$
周期全波余弦	$f(t)=A\lvert\cos\omega_1 t\rvert$	$a_0=\dfrac{4A}{\pi}$，$b_0=0$，$a_n=\dfrac{4A}{\pi(4n^2-1)}(-1)^{n+1}$（只有偶次分量）

3.3.2 周期信号的对称性及其频谱特点

如果周期信号 $f(t)$ 具有一定的对称性，那么其傅里叶级数的系数具有以下特点。

1. $f(t)$ 为偶函数

若函数 $f(t)$ 是时间 t 的偶函数，即 $f(-t)=f(t)$，则波形对称于纵坐标轴，此时有

$$\begin{cases}a_n=\dfrac{4}{T}\displaystyle\int_{0}^{\frac{T}{2}}f(t)\cos(n\omega_0 t)\mathrm{d}t,\quad n=0,1,2,\cdots\\ b_n=0\end{cases} \tag{3.3.4}$$

即偶信号的傅里叶级数不含正弦项，只含余弦项和直流项。进而有

$$\begin{cases}A_n=\lvert a_n\rvert\\ \varphi_n=m\pi,\quad m\text{为整数}\end{cases},\quad n=0,1,2,\cdots \tag{3.3.5}$$

2. $f(t)$ 为奇函数

若函数 $f(t)$ 是时间 t 的奇函数，即 $f(-t)=-f(t)$，则信号波形对称于原点，此时有

$$\begin{cases} a_n = 0 \\ b_n = \dfrac{4}{T}\int_0^{\frac{T}{2}} f(t)\sin(n\omega_0 t)\mathrm{d}t \end{cases}, \quad n=1,2,\cdots \tag{3.3.6}$$

即奇信号的傅里叶级数中不含直流项和余弦项，只含正弦项。进而有

$$\begin{cases} A_n = |b_n| \\ \varphi_n = \dfrac{(2m+1)\pi}{2}, \quad m \text{为整数} \end{cases}, \quad n=1,2,\cdots \tag{3.3.7}$$

3. $f(t)$ 为奇谐函数（半波反对称函数）

如果将函数 $f(t)$ 的波形沿时间轴平移 $\dfrac{T}{2}$ 后所得的波形与原波形对称于横轴，即满足 $f(t) = -f\left(t \pm \dfrac{T}{2}\right)$，则这种函数称为半波反对称函数或奇谐函数。

此时，其傅里叶级数展开式中将只含有奇次谐波分量而不含偶次谐波分量，即

$$a_0 = a_2 = a_4 = \cdots = b_2 = b_4 = b_6 = \cdots = 0 \tag{3.3.8}$$

4. $f(t)$ 为偶谐函数（半波对称函数）

如果将函数 $f(t)$ 的波形沿时间轴平移 $\dfrac{T}{2}$ 后所得的波形与原波形重合，即满足 $f(t) = f\left(t \pm \dfrac{T}{2}\right)$，则这种函数称为半波对称函数或偶谐函数。

此时，其傅里叶级数展开式中将只含有偶次谐波分量而不含奇次谐波分量，即

$$a_1 = a_3 = a_5 = \cdots = b_1 = b_3 = b_5 = \cdots = 0 \tag{3.3.9}$$

5. $f(t)$ 为半波反对称奇函数

如果奇函数 $f(t)$ 的波形移动 $\dfrac{T}{2}$ 后所得的波形与原波形对称于横轴，那么这种函数称为半波反对称奇函数。

此时，信号的傅里叶级数展开式中将只含有正弦项，且只含奇次谐波分量而不含偶次谐波分量，即

$$a_0 = a_2 = a_4 = \cdots = b_0 = b_1 = b_2 = b_3 = \cdots = 0 \tag{3.3.10}$$

6. $f(t)$ 为半波对称偶函数

如果偶函数 $f(t)$ 的波形移动 $\dfrac{T}{2}$ 后所得的波形与原波形重合，那么这种函数称为半波对称偶函数。

此时，信号的傅里叶级数展开式中将只含有余弦项，且只含偶次谐波分量而不含奇次谐波分量，即

$$a_1 = a_2 = a_3 = a_4 = \cdots = b_1 = b_3 = b_5 = \cdots = 0 \tag{3.3.11}$$

【例 3.3.1】 计算图 3.3.4（a）所示信号的傅里叶级数展开式。

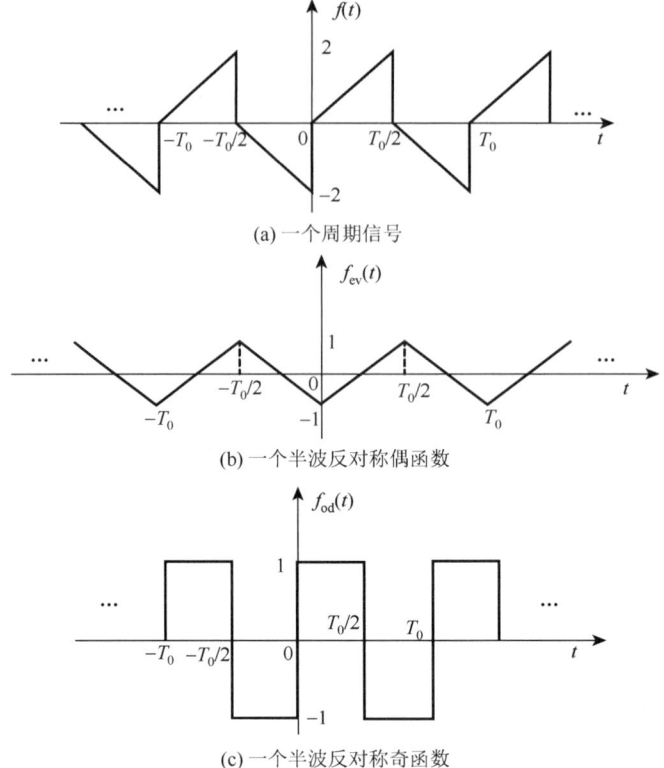

(a) 一个周期信号

(b) 一个半波反对称偶函数

(c) 一个半波反对称奇函数

图 3.3.4 周期信号的分解

解 首先将图示信号分解为奇函数、偶函数,如图 3.3.4（b）与（c）所示。

图 3.3.4（b）为一个半波反对称偶函数,其傅里叶级数展开式中只含有余弦项,且只含奇次谐波分量而不含偶次谐波分量,即 $a_1 = a_2 = a_3 = \cdots = b_0 = b_2 = b_4 = b_6 = \cdots = 0$,

$$f_{ev}(t) = \frac{8}{\pi^2}\left[\cos(\omega_0 t) + \frac{1}{9}\cos(3\omega_0 t) + \frac{1}{25}\cos(5\omega_0 t) + \cdots + \frac{1}{n^2}\cos(n\omega_0 t) + \cdots\right]$$

图 3.3.4（c）为一个半波反对称奇函数,其傅里叶级数展开式中只含有正弦项,且只含奇次谐波分量而不含偶次谐波分量,即 $a_0 = a_2 = a_4 = \cdots = b_0 = b_1 = b_2 = b_3 = \cdots = 0$,

$$f_{od}(t) = \frac{4}{\pi}\left[\sin(\omega_0 t) + \frac{1}{3}\sin(3\omega_0 t) + \frac{1}{5}\sin(5\omega_0 t) + \cdots + \frac{1}{n}\sin(n\omega_0 t) + \cdots\right]$$

故图示信号的傅里叶展开式为

$$\begin{aligned}f(t) &= f_{ev}(t) + f_{od}(t) \\ &= \frac{8}{\pi^2}\left[\cos(\omega_0 t) + \frac{1}{9}\cos(3\omega_0 t) + \frac{1}{25}\cos(5\omega_0 t) + \cdots + \frac{1}{n^2}\cos(n\omega_0 t) + \cdots\right] \\ &\quad + \frac{4}{\pi}\left[\sin(\omega_0 t) + \frac{1}{3}\sin(3\omega_0 t) + \frac{1}{5}\sin(5\omega_0 t) + \cdots + \frac{1}{n}\sin(n\omega_0 t) + \cdots\right]\end{aligned}$$

【例 3.3.2】 已知一个周期全波余弦信号 $x(t) = A|\cos(\omega_0 t)|$,试用微分特性求出该信号的傅里叶级数表达式。

解 因为 $\omega_0 = \dfrac{2\pi}{T}$, $x''(t) = 2\pi A \delta\left(t - \dfrac{\pi}{2}\right) - \pi^2 x(t)$,所以 $x''(t)$ 的傅里叶级数系数为

$$F_n^{(2)} = \frac{2\pi}{T} A e^{jn\frac{\pi}{2}} - \pi^2 F_n$$

根据微分特性,有 $F_n^{(2)} = (jn\omega_0)^2 F_n$,即

$$\frac{2\pi}{T}Ae^{jn\frac{\pi}{2}} - \pi^2 F_n = (jn\omega_0)^2 F_n$$

$$\therefore F_n = \frac{2\pi}{T(\pi^2 - n^2\omega_0^2)}Ae^{jn\frac{\pi}{2}} = \frac{2AT}{\pi(T^2 - 4n^2)}e^{jn\frac{\pi}{2}}$$

得 $f(t) = \sum_{n=-\infty}^{\infty}\frac{2AT}{\pi(T^2 - 4n^2)}e^{jn\left(\omega_0 t + \frac{\pi}{2}\right)}$。

【例 3.3.3】 对于电路中一般功率有限的周期电流 $i(t)$ 和电压 $v(t)$，试求其平均功率 P 的各分量形式的表达式。

解 首先将 $i(t)$ 展开为傅里叶级数 $i(t) = I_0 + \sum_{n=1}^{\infty}I_n\cos(n\omega_0 t + \varphi_n)$

设电流 $i(t)$ 和电压 $v(t)$ 相位差为 θ_n，则 $v(t) = v_0 + \sum_{n=1}^{\infty}v_n\cos(n\omega_0 t + \varphi_n - \theta_n)$，所以有

$$P = \frac{1}{T}\int_{-\frac{T}{2}}^{\frac{T}{2}}f(t)g(t)dt = \sum_{n=-\infty}^{\infty}F_n G_n^* = F_0 G_0 + \sum_{n=1}^{\infty}\left(F_n G_n^* + F_n^* G_n\right)$$

又因为 $F_0 = I_n$，$G_0 = v_0$，$F_n = \frac{1}{2}I_n$，$G_n = \frac{1}{2}v_n$，所以有

$$P = \frac{1}{T}\int_{-\frac{T}{2}}^{\frac{T}{2}}f(t)g(t)dt = I_0 v_0 + \frac{1}{4}\sum_{n=1}^{\infty}\left(I_n v_n^* + I_n^* v_n\right) = I_0 v_0 + \frac{1}{2}\sum_{n=1}^{\infty}|I_n||v_n|\cos\theta_n$$

【例 3.3.4】 如图 3.3.5（a）所示电路系统，当输入为如图 3.3.5（b）所示的周期矩形脉冲信号时，试求系统的零状态响应、系统输出的直流功率和一次谐波功率。

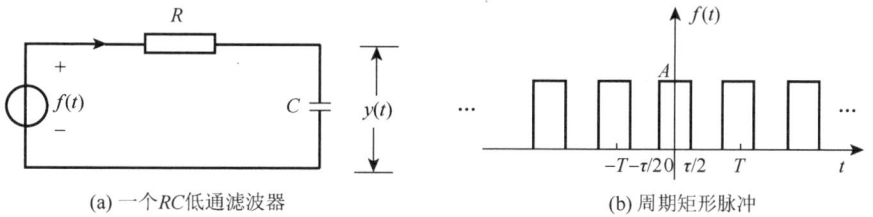

(a) 一个RC低通滤波器　　　　　　　　(b) 周期矩形脉冲

图 3.3.5　某个电路系统及其输入信号

解 图 3.3.5（b）为一幅度为 A、脉冲宽度为 τ、周期为 T 的周期矩形脉冲信号，可求得其傅里叶系数为

$$F_n = \frac{1}{T}\int_{-\frac{T}{2}}^{\frac{T}{2}}f(t)e^{-jn\omega_0 t}dt = \frac{A}{T}\int_{-\frac{\tau}{2}}^{\frac{\tau}{2}}e^{-jn\omega_0 t}dt = \frac{A\tau}{T}\frac{\sin\left(\frac{n\omega_0\tau}{2}\right)}{\frac{n\omega_0\tau}{2}}, n = 0, \pm 1, \pm 2, \cdots$$

考虑到 $\omega_0 = \frac{2\pi}{T}$，有

$$F_n = \frac{A\tau}{T}\frac{\sin\left(\frac{n\omega_0\tau}{2}\right)}{\frac{n\omega_0\tau}{2}} = \frac{A\tau}{T}\text{Sa}\left(\frac{n\omega_0\tau}{2}\right)$$

$$H(j\omega) = \frac{\frac{1}{j\omega C}}{R + \frac{1}{j\omega C}} = \frac{1}{1 + j\omega RC}$$

$$\therefore H(jn\omega_0) = |H(jn\omega_0)|e^{j\psi_n} = \frac{1}{\sqrt{1+(n\omega_0 RC)^2}}e^{-j\arctan(n\omega_0 RC)}$$

系统零状态响应为

$$y(t) = \sum_{n=-\infty}^{\infty}|H(jn\omega_0)||F_n|e^{j(n\omega_0 t+\varphi_n+\psi_n)} = \frac{A\tau}{T}\sum_{n=-\infty}^{\infty}\frac{\text{Sa}\left(n\omega_0\tau/2\right)}{\sqrt{1+(n\omega_0 RC)^2}}e^{j[n\omega_0 t-\arctan(n\omega_0 RC)]}$$

因为 $y_n = \frac{A\tau}{T}\frac{1}{\sqrt{1+(n\omega_0 RC)^2}}\text{Sa}\left(n\omega_0\tau/2\right)e^{-j\arctan(n\omega_0 RC)}$，根据周期信号功率的计算，当 $n=0$ 时可得

系统输出的直流功率为

$$P_0 = y_0 \cdot y_0^* = \left(\frac{A\tau}{T}\right)^2$$

一次谐波功率为

$$P_1 = 2(y_1 \cdot y_1^*) = 2\left[\frac{A\tau}{T\sqrt{1+(\omega_0 RC)^2}}\right]^2 \text{Sa}^2\left(\frac{\omega_0\tau}{2}\right)$$

3.4 非周期信号的傅里叶变换

3.4.1 非周期信号的频谱

对于一个周期信号 $f_T(t)$，如图 3.4.1 所示，若令 $T \to \infty$，则有非周期信号 $\lim_{T\to\infty}f_T(t)=f(t)$，即 $f_T(t)$ 在一个周期内信号 $f(t)$ 是一个门函数。

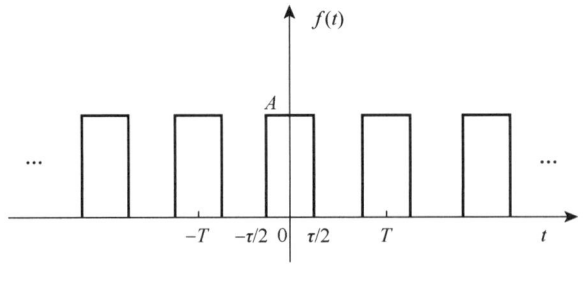

图 3.4.1 一个周期信号

周期函数 $f_T(t)$ 可以用傅里叶级数来表示，即

$$f_T(t) = \sum_{n=-\infty}^{\infty}F_n e^{jn\omega_0 t}, \quad F_n = \frac{1}{T}\int_{-\frac{T}{2}}^{\frac{T}{2}}f_T(t)e^{-jn\omega_0 t}dt, \quad \omega_0 = 2\pi/T$$

由 3.3 节周期信号的频谱分析可知，随着周期 T 的增大，频谱幅度减小，相邻谱线的间隔变小，谱线变密。如果周期无限增长（变为非周期信号），此时，相邻谱线的间隔将趋近于零，即 $n\omega_0 \to \omega$，周期信号的离散频谱 F_n 就过渡到非周期信号的连续频谱 $F(j\omega)$，如图 3.4.2 所示。

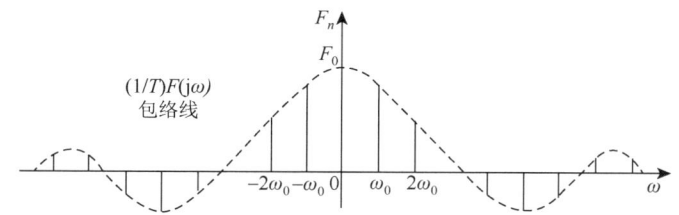

图 3.4.2 周期趋于无穷大时谱线逐渐变密而振幅值趋于零的示意图

定义非周期信号的连续频谱 $F(j\omega)$ 为

$$F(j\omega)=\int_{-\infty}^{\infty}f(t)e^{-j\omega t}dt \tag{3.4.1}$$

可见

$$F_n=\frac{1}{T}F(j\omega)\big|_{\omega=n\omega_0} \tag{3.4.2}$$

傅里叶系数 F_n 是连续函数的频谱 $F(j\omega)$ 经过间隔为角频率 ω_0 的抽样,且其抽样值为 $F(jn\omega_0)$ 的 $1/T$,故有

$$f_T(t)=\sum_{n=-\infty}^{\infty}\frac{F(jn\omega_0)}{T}e^{jn\omega_0 t} \tag{3.4.3}$$

当 $T\to\infty$ 时,$\omega_0=\dfrac{2\pi}{T}$ 变为无穷小,若用 $\Delta\omega$ 代表 ω_0,则

$$\Delta\omega=\frac{2\pi}{T},\ f_T(t)=\sum_{n=-\infty}^{\infty}\frac{F(n\omega_0)\Delta\omega}{2\pi}e^{j(n\Delta\omega)t}$$

$$f(t)=\lim_{T\to\infty}f_T(t)=\lim_{\Delta\omega\to 0}\frac{1}{2\pi}\sum_{n=-\infty}^{\infty}F(jn\Delta\omega)e^{j(n\Delta\omega)t}\Delta\omega=\frac{1}{2\pi}\int_{-\infty}^{\infty}F(j\omega)e^{j\omega t}d\omega \tag{3.4.4}$$

式(3.4.4)称为傅里叶积分,表明任意一个非周期信号不是用傅里叶级数来表示的,而是表示为虚指数分量 $e^{j\omega t}$ 的加权和,这一加权值为 $\dfrac{F(j\omega)d\omega}{2\pi}$,其中 $F(j\omega)$ 通常称为非周期信号 $f(t)$ 的频谱或频谱密度函数(单位频带的振幅)。

3.4.2 非周期信号的傅里叶变换

对于一个非周期信号 $f(t)$,其傅里叶变换定义为

$$F(j\omega)=\int_{-\infty}^{\infty}f(t)e^{-j\omega t}dt \tag{3.4.5}$$

$$f(t)=\frac{1}{2\pi}\int_{-\infty}^{\infty}F(j\omega)e^{j\omega t}d\omega \tag{3.4.6}$$

可记作 $F(j\omega)=\mathscr{F}\{f(t)\}$,$f(t)=\mathscr{F}^{-1}\{F(j\omega)\}$ 或简记为 $f(t)\leftrightarrow F(j\omega)$。

同周期信号类似,非周期信号傅里叶变换存在的前提也是狄利克雷条件,即非周期信号 $f(t)$ 应满足:①信号绝对可积,即 $\int_{-\infty}^{+\infty}|f(t)|dt<\infty$;②在任何有限区间内信号具有有限个极大值与极小值;③在任何有限区间内信号只有有限个不连续点,且在这些间断点上信号必须是有限值。

对一些不满足绝对可积条件的非周期信号,如直流信号、单位阶跃信号等,在引入冲激函数后,也可以通过求极限或利用傅里叶变换的性质求出其傅里叶变换。

因为频谱密度函数 $F(j\omega)$ 一般为复函数,它有振幅谱和相位谱,即

$$F(j\omega)=|F(j\omega)|e^{j\varphi(\omega)} \tag{3.4.7}$$

式中，$|F(j\omega)|$ 是 $F(j\omega)$ 的振幅频谱，表示单位频率的幅值大小，可以简称为频谱函数，它是 ω 的偶函数；$\varphi(\omega)$ 是 $F(j\omega)$ 的相位频谱，是 ω 的奇函数。

傅里叶变换具有奇偶性：

$$F(j\omega) = |F(j\omega)|e^{j\varphi(\omega)} = R(\omega) + jX(\omega)$$

式中，$R(\omega) = \int_{-\infty}^{\infty} f(t)\cos\omega t\, dt = \dfrac{F(j\omega) + F(-j\omega)}{2}$ 是 $F(j\omega)$ 的实部，是 ω 的偶函数；而 $\dfrac{F(j\omega) + F(-j\omega)}{2} \leftrightarrow \dfrac{f(t) + f(-t)}{2} = f_{\text{ev}}(t)$，故傅里叶变换 $F(j\omega)$ 的实部对应实函数 $f(t)$ 的偶部。

同样，$X(\omega) = \int_{-\infty}^{\infty} f(t)\sin(\omega t)\, dt = \dfrac{F(j\omega) - F(-j\omega)}{2j}$ 是 $F(j\omega)$ 的虚部，是 ω 的奇函数；而 $\dfrac{F(j\omega) - F(-j\omega)}{2j}$

$\leftrightarrow \dfrac{f(t) - f(-t)}{2} = f_{\text{od}}(t)$，故傅里叶变换 $F(j\omega)$ 的虚部对应实函数 $f(t)$ 的奇部。

由此可见，非周期信号的频谱具有以下特点：

（1）任何存在傅里叶变换的非周期信号的频谱都是频率（或角频率）的连续函数。

（2）非周期信号频谱的实部 $R(\omega)$ 是 ω 的偶函数，虚部 $X(\omega)$ 是 ω 的奇函数，且非周期信号的时域与频域具有实、偶、虚、奇的对应关系。

如果实函数 $f(t)$ 是偶函数，那么它的傅里叶变换 $F(j\omega)$ 也是实函数，即若 $f(t) = f^*(t)$ 且 $f(t) = f(-t)$，则 $F(j\omega) = R(\omega)$，$X(\omega) = 0$，$R(\omega) = R(-\omega)$。

如果实函数 $f(t)$ 是奇函数，那么它的傅里叶变换 $F(j\omega)$ 为虚函数，即若 $f(t) = f^*(t)$ 且 $f(t) = -f(-t)$，则 $F(j\omega) = jX(\omega)$，$R(\omega) = 0$，$X(\omega) = -X(-\omega)$。

（3）绝大多数非周期信号的频谱具有收敛性，即频谱函数的幅值随 $|\omega|$ 的增大而减小。

注意：已知函数 $e^{at}u(t)$，当 $a<0$ 时，满足绝对可积条件，其存在傅里叶变换。当 $a\to 0$ 时，已不能满足绝对可积条件，这就存在极限条件下该函数的傅里叶变换，其傅里叶变换存在强度为 π 的冲激。因此，常用微分方法求该函数的傅里叶变换。

当存在 $u(t) = \lim\limits_{a\to 0, a<0} e^{at}u(t) \leftrightarrow \lim\limits_{a\to 0, a<0} \dfrac{1}{j\omega - a} = \dfrac{1}{j\omega - 0_{-}}$ 时，0_{-} 表示 a 从负的一侧趋于零，则

$$\frac{1}{j\omega - 0_{-}} = \frac{1}{j\omega} + \pi\delta(\omega) \tag{3.4.8}$$

当存在 $u(-t) = \lim\limits_{a\to 0, a>0} e^{at}u(-t) \leftrightarrow \lim\limits_{a\to 0, a>0} \dfrac{-1}{j\omega - a} = \dfrac{-1}{j\omega - 0_{+}}$ 时，0_{+} 表示 a 从正的一侧趋于零，则

$$\frac{1}{j\omega - 0_{+}} = \frac{-1}{j\omega} - \pi\delta(\omega) \tag{3.4.9}$$

如果存在 $r-1$ 次微分，一般表示为 0_{-}，表示 a 从负的一侧趋于零，那么

$$\frac{1}{(j\omega - 0_{-})^r} = \frac{j^{r-2}}{(r-1)!}\left[\left(\frac{1}{\omega}\right)^{(r-1)} + j\pi\delta^{(r-1)}(\omega)\right] \tag{3.4.10}$$

0_{+} 表示 a 从正的一侧趋于零，则

$$\frac{1}{(j\omega - 0_{+})^r} = \frac{j^{r-2}}{(r-1)!}\left[\left(\frac{1}{\omega}\right)^{(r-1)} - j\pi\delta^{(r-1)}(\omega)\right] \tag{3.4.11}$$

（1）$f(t)$ 为有始信号：设 $f(t) \leftrightarrow F(j\omega)$，若已求出 $f^{(k)}(t) \leftrightarrow F_k(j\omega)$，则

$$F(j\omega) = F_k(j\omega)\frac{1}{(j\omega - 0_-)^k} \quad (3.4.12)$$

（2）$f(t)$ 为有终信号：设 $f(t) \leftrightarrow F(j\omega)$，若已求出 $f^{(k)}(t) \leftrightarrow F_k(j\omega)$，则

$$F(j\omega) = F_k(j\omega)\frac{1}{(j\omega - 0_+)^k} \quad (3.4.13)$$

（3）$f(t)$ 为无时限信号：此时可将信号分为有始信号和有终信号来求其频谱密度函数。

【例 3.4.1】 求下列常见信号的傅里叶变换。

(1) 单位冲激 $\delta(t)$；
(2) 冲激函数的一阶导数 $f(t) = \delta'(t)$；
(3) 单位直流信号 $f(t) = 1$，$-\infty < t < \infty$；
(4) 单位阶跃信号 $u(t) = \begin{cases} 1, & t > 0 \\ 0, & t < 0 \end{cases}$；
(5) 符号函数 $\text{sgn}(t) = \begin{cases} -1, & t < 0 \\ 0, & t = 0 \\ 1, & t > 0 \end{cases}$；
(6) 虚指数函数 $f(t) = e^{j\omega_0 t}$；
(7) 高斯函数信号 $f(t) = e^{-t^2}$；

解 （1）单位冲激信号 $f(t) = \delta(t)$。根据傅里叶变换的定义式，并且考虑到冲激函数的抽（取）样性质，得

$$F(j\omega) = \int_{-\infty}^{\infty} \delta(t) e^{-j\omega t} dt = \int_{-\infty}^{\infty} \delta(t) dt = 1$$

即

$$\delta(t) \leftrightarrow 1$$

上式表明，单位冲激信号在 $(-\infty, \infty)$ 的整个频率范围内具有恒定的频谱函数，频谱是常数 1，常称为均匀谱或白色频谱。

（2）根据傅里叶变换的定义式，冲激函数的一阶导数 $\delta'(t)$ 的频谱函数为

$$F(j\omega) = \int_{-\infty}^{\infty} \delta'(t) e^{-j\omega t} dt$$

由冲激函数的一阶导数的性质

$$\int_{-\infty}^{\infty} \delta^{(n)}(t) \varphi(t) dt = (-1)^n \varphi^{(n)}(0)$$

可知

$$\int_{-\infty}^{\infty} \delta'(t) e^{-j\omega t} dt = -\frac{d}{dt} e^{-j\omega t} \Big|_{t=0} = j\omega$$

即冲激函数的一阶导数 $\delta'(t)$ 的频谱函数为

$$F(j\omega) = j\omega$$

即

$$\delta'(t) \leftrightarrow j\omega$$

同理可得

$$\delta^{(n)}(t) \leftrightarrow (j\omega)^n$$

（3）单位直流信号的傅里叶变换不满足绝对可积条件，但其傅里叶变换却存在。它可以看作函数 $f_1(t) = e^{-a|t|}$（$a > 0$）当 $a \to 0$ 时的极限，因而直流信号 $f(t) = 1$ 的频谱函数也是 $f_1(t)$ 的频谱函数 $F_1(j\omega)$ 当 $a \to 0$ 时的极限。

因为

$$F_1(j\omega) = \int_{-\infty}^{\infty} f_1(t) e^{-j\omega t} dt = \int_{-\infty}^{0} e^{at} e^{-j\omega t} dt + \int_{0}^{\infty} e^{-at} e^{-j\omega t} dt = \frac{2a}{a^2 + \omega^2}$$

当 a 逐渐减小时，其在 $\omega = 0$ 处的值 $F_1(0) = \frac{2}{a}$ 逐渐增大，在 $\omega \neq 0$ 处，随 $|\omega|$ 的增大急剧减小。当 $a \to 0$ 时

$$\lim_{a\to 0}\frac{2a}{a^2+\omega^2}=\begin{cases}0,&\omega\neq 0\\\infty,&\omega=0\end{cases}$$

可见它是一个以 ω 为自变量的冲激函数。根据冲激函数的定义，该冲激函数的强度为

$$\lim_{a\to 0}\int_{-\infty}^{\infty}\frac{2a}{a^2+\omega^2}\mathrm{d}\omega=\lim_{a\to 0}\int_{-\infty}^{\infty}\frac{2}{1+\left(\frac{\omega}{a}\right)^2}\mathrm{d}\left(\frac{\omega}{a}\right)=\lim_{a\to 0}2\arctan\left(\frac{\omega}{a}\right)\Big|_{-\infty}^{\infty}=2\pi$$

所以有

$$\lim_{a\to 0}\frac{2a}{a^2+\omega^2}=2\pi\delta(\omega)$$

于是幅度为 1 的直流信号的频谱函数为 $2\pi\delta(\omega)$，即 $1\leftrightarrow 2\pi\delta(\omega)$。

可见单位直流信号在频域中只含 $\omega=0$ 的直流分量，而不含其他频率分量。

（4）单位阶跃信号的傅里叶变换不满足绝对可积条件，但其傅里叶变换存在。它可以看作单边指数衰减信号 $\mathrm{e}^{-at}u(t)$ 当 $a\to 0$ 时的极限，即

$$u(t)=\begin{cases}\lim_{a\to 0}\mathrm{e}^{-at},&t>0\\0,&t<0\end{cases}$$

由定义式可知

$$\mathrm{e}^{-at}u(t)\leftrightarrow\frac{1}{a+\mathrm{j}\omega}=\frac{a}{a^2+\omega^2}-\frac{\mathrm{j}\omega}{a^2+\omega^2}$$

所以

$$F(\mathrm{j}\omega)=\lim_{a\to 0}\frac{a}{a^2+\omega^2}+\lim_{a\to 0}\frac{-\mathrm{j}\omega}{a^2+\omega^2}$$

其中，第一项由前面求解单位直流信号傅里叶变换可知

$$\lim_{a\to 0}\frac{a}{a^2+\omega^2}=\pi\delta(\omega)$$

又因为

$$\lim_{a\to 0}\frac{-\mathrm{j}\omega}{a^2+\omega^2}=\begin{cases}0,&\omega=0\\\dfrac{1}{\mathrm{j}\omega},&\omega\neq 0\end{cases}$$

最后得

$$u(t)\leftrightarrow\pi\delta(\omega)+\frac{1}{\mathrm{j}\omega}$$

（5）符号函数的傅里叶变换也不满足绝对可积条件。它可以看成两个单边指数函数且 a 趋于零的极限情况的和，即

$$\mathrm{sgn}(t)=\lim_{a\to 0}\left[\mathrm{e}^{-at}u(t)-\mathrm{e}^{at}u(-t)\right]$$

因此

$$F(\mathrm{j}\omega)=\lim_{a\to 0}\left[\mathscr{F}\left\{\mathrm{e}^{-at}u(t)-\mathrm{e}^{at}u(-t)\right\}\right]=\lim_{a\to 0}\left(\frac{1}{a+\mathrm{j}\omega}-\frac{1}{a-\mathrm{j}\omega}\right)=\frac{2}{\mathrm{j}\omega}$$

即

$$\mathrm{sgn}(t)\leftrightarrow\frac{2}{\mathrm{j}\omega}$$

（6）利用傅里叶逆变换定义和冲激函数的抽样性质，可得

$$\mathscr{F}^{-1}\{\delta(\omega-\omega_0)\}=\frac{1}{2\pi}\int_{-\infty}^{\infty}\delta(\omega-\omega_0)\mathrm{e}^{\mathrm{j}\omega t}\mathrm{d}\omega=\frac{1}{2\pi}\mathrm{e}^{\mathrm{j}\omega_0 t}$$

即

第 3 章 连续时间信号与系统的傅里叶分析

$$\frac{1}{2\pi}\mathrm{e}^{\mathrm{j}\omega_0 t}\leftrightarrow\delta(\omega-\omega_0),\quad \mathrm{e}^{\mathrm{j}\omega_0 t}\leftrightarrow 2\pi\delta(\omega-\omega_0)$$

上式表明，虚指数信号 $\mathrm{e}^{\mathrm{j}\omega_0 t}$ 的频谱是在 $\omega=\omega_0$ 处出现一个单位冲激，其强度为 2π。
同理可得

$$\mathrm{e}^{-\mathrm{j}\omega_0 t}\leftrightarrow 2\pi\delta(\omega+\omega_0)$$

（7）由高等数学知识可知，对于高斯函数信号 e^{-t^2}，具有下列计算结果，即

$$\int_0^\infty \mathrm{e}^{-t^2}\mathrm{d}t=\frac{\sqrt{\pi}}{2}\ \text{及}\ \int_{-\infty}^\infty \mathrm{e}^{-t^2}\mathrm{d}t=\sqrt{\pi}$$

由傅里叶变换的定义，有

$$F(\mathrm{j}\omega)=\int_{-\infty}^\infty f(t)\mathrm{e}^{-\mathrm{j}\omega t}\mathrm{d}t=\int_{-\infty}^\infty \mathrm{e}^{-t^2}\mathrm{e}^{-\mathrm{j}\omega t}\mathrm{d}t$$

令 $t+\mathrm{j}\dfrac{\omega}{2}=v$，则有

$$F(\mathrm{j}\omega)=\int_{-\infty}^\infty \mathrm{e}^{-t^2}\mathrm{e}^{-\mathrm{j}\omega t}\mathrm{d}t=\int_{-\infty}^\infty \mathrm{e}^{-\left(t+\mathrm{j}\frac{\omega}{2}\right)^2}\cdot \mathrm{e}^{-\frac{\omega^2}{4}}\mathrm{d}t=\mathrm{e}^{-\frac{\omega^2}{4}}\int_{-\infty}^\infty \mathrm{e}^{-v^2}\mathrm{d}v=\sqrt{\pi}\mathrm{e}^{-\frac{\omega^2}{4}}$$

因此

$$\mathrm{e}^{-t^2}\leftrightarrow \sqrt{\pi}\mathrm{e}^{-\frac{\omega^2}{4}}$$

【例 3.4.2】 求下列信号的傅里叶变换：
（1） $tu(t)$；　　　　　　　　（2） $u(t)-u(t-2)+(t-1)u(t-2)$；　　　　　　（3） $|t|$

解 设 $f(t)\leftrightarrow F(\mathrm{j}\omega)$，因为 $tu(t)$ 为有始信号，有

$$[tu(t)]''=\delta(t)\leftrightarrow F_2(\mathrm{j}\omega)=1$$

又因为 $F(\mathrm{j}\omega)=F_2(\mathrm{j}\omega)\dfrac{1}{(\mathrm{j}\omega-0_-)^2}$，根据式（3.4.10），有 $\dfrac{1}{(\mathrm{j}\omega-0_-)^2}=\left(\dfrac{1}{\omega}\right)'+\mathrm{j}\pi\delta'(\omega)$

故

$$tu(t)\leftrightarrow \left(\dfrac{1}{\omega}\right)'+\mathrm{j}\pi\delta'(\omega)$$

（2）设 $f(t)\leftrightarrow F(\mathrm{j}\omega)$，因为 $f(t)$ 为有始信号，有

$$[f(t)]''=\delta'(t)+\delta(t-2)\leftrightarrow F_2(\mathrm{j}\omega)=\mathrm{j}\omega+\mathrm{e}^{-2\mathrm{j}\omega}$$

又因为 $F(\mathrm{j}\omega)=F_2(\mathrm{j}\omega)\dfrac{1}{(\mathrm{j}\omega-0_-)^2}$，根据式（3.4.10），有 $\dfrac{1}{(\mathrm{j}\omega-0_-)^2}=\left(\dfrac{1}{\omega}\right)'+\mathrm{j}\pi\delta'(\omega)$

故

$$f(t)\leftrightarrow \left(\mathrm{j}\omega+\mathrm{e}^{-2\mathrm{j}\omega}\right)\left[\left(\dfrac{1}{\omega}\right)'+\mathrm{j}\pi\delta'(\omega)\right]$$

（3）因为 $f(t)$ 为无时限信号，可以将其分为有始信号和有终信号后进行求解。
因为 $|t|=tu(t)-tu(-t)$，而

$$tu(t)\leftrightarrow \left(\dfrac{1}{\omega}\right)'+\mathrm{j}\pi\delta'(\omega)$$

则

$$-tu(-t)\leftrightarrow \left(\dfrac{1}{-\omega}\right)'+\mathrm{j}\pi\delta'(-\omega)=\left(\dfrac{1}{\omega}\right)'-\mathrm{j}\pi\delta'(\omega)$$

故

$$|t| \leftrightarrow 2\left(\frac{1}{\omega}\right)'$$

3.5 傅里叶变换的性质

傅里叶变换建立了信号的时域和频域描述的对应关系。傅里叶变换有许多重要的性质，熟练地利用这些性质对求取 $f(t)$ 的傅里叶变换或从 $F(j\omega)$ 求取 $f(t)$ 的逆变换将带来很大的方便，同时在分析信号通过系统时也会使运算得以大大简化。

1. 线性

若 $f_1(t) \leftrightarrow F_1(j\omega), f_2(t) \leftrightarrow F_2(j\omega)$，则对于任意常数 a_1 和 a_2，有

$$a_1 f(t) + a_2 f(t) \leftrightarrow a_1 F_1(j\omega) + a_2 F_2(j\omega) \tag{3.5.1}$$

式（3.5.1）可由傅里叶变换的定义直接证明，此处省略。傅里叶变换的上述线性性质不难推广到有多个信号的情况。因此在求复杂信号的傅里叶变换时，常将复杂信号在时域内分解为多个简单的常见信号之和，利用线性性质来求此复杂信号的傅里叶变换。

2. 奇偶特性

（1）偶信号的频谱是偶函数，奇信号的频谱是奇函数。

证明 由于 $F(j\omega) = \int_{-\infty}^{\infty} f(t) e^{-j\omega t} dt$

若 $f(-t) = f(t)$，则

$$F(-j\omega) = \int_{-\infty}^{\infty} f(t) e^{j\omega t} dt \xrightarrow{t \to -\tau} \int_{-\infty}^{\infty} f(-\tau) e^{-j\omega \tau} d\tau = \int_{-\infty}^{\infty} f(\tau) e^{-j\omega \tau} d\tau = F(j\omega)$$

若 $f(t) = -f(-t)$，则

$$F(-j\omega) = \int_{-\infty}^{\infty} f(t) e^{j\omega t} dt \xrightarrow{t \to -\tau} \int_{-\infty}^{\infty} f(-\tau) e^{-j\omega \tau} d\tau = -\int_{-\infty}^{\infty} f(\tau) e^{-j\omega \tau} d\tau = -F(j\omega)$$

（2）实信号的频谱是共轭对称函数，即其实部是偶函数、虚部是奇函数，或其幅度频谱是偶函数，相位频谱是奇函数。

当 $f(t)$ 为实信号时，其频谱为

$$F(j\omega) = \int_{-\infty}^{\infty} f(t) e^{-j\omega t} dt = \int_{-\infty}^{\infty} f(t) \cos \omega t dt - j \int_{-\infty}^{\infty} f(t) \sin \omega t dt$$

$$= \text{Re}\{F(j\omega)\} + j\text{Im}\{F(j\omega)\} = |F(j\omega)| e^{-j\varphi(\omega)}$$

则有

$$\text{Re}\{F(j\omega)\} = \int_{-\infty}^{\infty} f(t) \cos \omega t dt = \frac{F(j\omega) + F(-j\omega)}{2}$$

$$\text{Im}\{F(j\omega)\} = -\int_{-\infty}^{\infty} f(t) \sin \omega t dt = \frac{F(j\omega) - F(-j\omega)}{2j}$$

$$|F(j\omega)| = \sqrt{\{\text{Re}\{F(j\omega)\}\}^2 + \{\text{Im}\{F(j\omega)\}\}^2}, \quad \varphi(\omega) = \arctan \frac{\text{Im}\{F(j\omega)\}}{\text{Re}\{F(j\omega)\}}$$

可见 $\text{Re}\{F(j\omega)\}$ 和 $|F(j\omega)|$ 都是 ω 的偶函数，$\text{Im}\{F(j\omega)\}$ 和 $\varphi(\omega)$ 都是 ω 的奇函数，即

$$F(j\omega) = F^*(j\omega)$$

3. 正反变换的对偶性

若
$$f(t) \leftrightarrow F(j\omega)$$

则
$$F(jt) \leftrightarrow 2\pi f(-\omega) \tag{3.5.2}$$

可见，若函数 $f(t)$ 的频谱函数为 $F(j\omega)$，则时间函数 $F(jt)$ 的频谱函数是 $2\pi f(-\omega)$。

证明 由傅里叶逆变换式得

$$f(t) = \frac{1}{2\pi}\int_{-\infty}^{\infty} F(j\omega)e^{j\omega t}d\omega$$

将上式中的自变量 t 换为 $-t$，得

$$f(-t) = \frac{1}{2\pi}\int_{-\infty}^{\infty} F(j\omega)e^{-j\omega t}d\omega$$

将上式中的 t 换为 ω，将原有的 ω 换为 t，得

$$f(-\omega) = \frac{1}{2\pi}\int_{-\infty}^{\infty} F(jt)e^{-j\omega t}dt$$

即

$$2\pi f(-\omega) = \int_{-\infty}^{\infty} F(jt)e^{-j\omega t}dt$$

上式表明，时间函数 $F(jt)$ 的傅里叶变换为 $2\pi f(-\omega)$，即 $F(jt) \leftrightarrow 2\pi f(-\omega)$。

若信号为偶函数，即 $f(t) = f(-t)$，则 $f(t) \leftrightarrow \text{Re}\{F(j\omega)\}$，故实函数 $R(t) \leftrightarrow 2\pi f(\omega)$，直流信号 $1 \leftrightarrow 2\pi\delta(\omega)$。

4. 尺度变换特性

若
$$f(t) \leftrightarrow F(j\omega)$$

对于任意实常数 a，则有

$$f(at) \leftrightarrow \frac{1}{|a|}F\left(\frac{j\omega}{a}\right) \tag{3.5.3}$$

证明 对于一个实常数 a（$a > 0$），$\mathscr{F}\{f(at)\} = \int_{-\infty}^{\infty} f(at)e^{-j\omega t}dt$

令 $at = x$，则 $t = \frac{x}{a}$，$dt = \frac{1}{a}dx$，若 $a > 0$，则

$$\mathscr{F}\{f(at)\} = \frac{1}{a}\int_{-\infty}^{\infty} f(x)e^{-j\omega x/a}dx = \frac{1}{a}F\left(\frac{j\omega}{a}\right)$$

同理可得，若 $a < 0$，则 $f(at) \leftrightarrow -\frac{1}{a}F\left(\frac{j\omega}{a}\right)$。

上式表明：信号时域波形的压缩，对应其频谱图形的扩展；而时域波形的扩展对应其频谱图形的压缩，且两域内展缩的倍数是一致的。在通信技术中，为了缩短通信时间，以提高通信速度，就要提高每秒内传送的脉冲数，为此必须压缩信号脉冲的宽度。这样做必然会使信号的频带加宽，通信设备的通频带也要相应地加宽，以便满足信号传输的质量要求。可见，在通信技术中应当合理地选择信号持续时间与占有的频带。

特例：若 $a = -1$，则 $f(-t) \leftrightarrow F(-j\omega)$，表明若信号反褶，则其频谱也反褶。

5. 时移特性

若
$$f(t) \leftrightarrow F(j\omega)$$

则
$$f(t \pm t_0) \leftrightarrow F(j\omega) e^{\pm j\omega t_0} \tag{3.5.4}$$

证明 因为 $\mathscr{F}\{f(t \pm t_0)\} = \int_{-\infty}^{\infty} f(t \pm t_0) e^{-j\omega t} dt$，令 $t \pm t_0 = v$，$t = v \mp t_0$，$dt = dv$，代入上式，则有

$$\mathscr{F}\{f(t \pm t_0)\} = \int_{-\infty}^{\infty} f(v) e^{-j(v \mp t_0)\omega} dv = e^{\pm j\omega t_0} \int_{-\infty}^{\infty} f(v) e^{-j\omega v} dv = e^{\pm j\omega t_0} F(j\omega)$$

改写时延信号的频谱为

$$F(j\omega) e^{\pm j\omega t_0} = |F(j\omega)| e^{j\varphi(\omega)} e^{\pm j\omega t_0} = |F(j\omega)| e^{j[\varphi(\omega) \pm \omega t_0]}$$

$f(t)$ 延时（超前）t_0 后，其对应的幅度频谱保持不变，但相位频谱中一切频率分量的相位均滞后（超前）ωt_0，滞后（超前）角与各频率分量的频率成正比。

由时移特性可知，当信号通过系统后仅有时延而波形保持不变，则该系统的相频特性要使信号中所有频率分量的相位滞后。

不难证明，如果信号既有时移又有尺度变换，即若 $f(t) \leftrightarrow F(j\omega)$，$a$ 和 b 为实常数，但 $a \neq 0$，则有

$$f(at - b) \leftrightarrow \frac{1}{|a|} F\left(\frac{j\omega}{a}\right) e^{-j\omega \frac{b}{a}} \tag{3.5.5}$$

显然，尺度变换和时移特性是式（3.5.5）的两种特殊情况。当 $b=0$ 时为尺度变换；当 $a=1$ 时为时移特性。

6. 频移特性（调制特性）

若 $f(t) \leftrightarrow F(j\omega)$ 且 ω_0 为常数，则

$$f(t) e^{\pm j\omega_0 t} \leftrightarrow F(j(\omega \mp \omega_0)) \tag{3.5.6}$$

证明 由傅里叶变换定义得

$$\mathscr{F}\{f(t) e^{\pm j\omega_0 t}\} = \int_{-\infty}^{\infty} f(t) e^{\pm j\omega_0 t} e^{-j\omega t} dt = \int_{-\infty}^{\infty} f(t) e^{-j(\omega \mp \omega_0)t} dt = F(j(\omega \mp \omega_0))$$

即
$$f(t) e^{\pm j\omega_0 t} \leftrightarrow F(j(\omega \mp \omega_0))$$

上式表明：将信号 $f(t)$ 乘以因子 $e^{j\omega_0 t}$，对应于将频谱函数沿 ω 轴右移 ω_0；将信号 $f(t)$ 乘以因子 $e^{-j\omega_0 t}$，对应于将频谱函数沿 ω 轴左移 ω_0。

若 $f(t)$ 为直流信号，设 $f(t) = 1$，则有 $e^{\pm j\omega_0 t} \leftrightarrow 2\pi \delta(\omega \mp \omega_0)$。

在各类电子系统中，经常需要搬移频谱，此过程称为调制；反之，若 $f(t)$ 的频谱原来在 $\omega = \omega_0$（高频信号），将 $f(t)$ 乘以 $e^{-j\omega_0 t}$ 就可以使其频谱搬移至 $\omega = 0$（低频信号），这样的过程在通信中称为解调；如果信号的频谱原来是在 $\omega = \omega_1$ 附近的，将信号乘以 $e^{-j\omega_0 t}$ 使其频谱搬移到 $\omega = \omega_1 - \omega_0$ 附近，这一过程称为变频。

由于虚指数信号 $e^{j\omega_0 t}$ 是正弦信号的一部分，在工程上常将 $f(t)$ 与正弦函数 $\sin(\omega_0 t)$ 或余弦函数 $\cos(\omega_0 t)$ 相乘达到频谱搬移的目的，即

$$f(t) \cos(\omega_0 t) = \frac{1}{2} [f(t) e^{j\omega_0 t} + f(t) e^{-j\omega_0 t}] \tag{3.5.7}$$

从而有调制定理：若 $f(t) \leftrightarrow F(j\omega)$，则

$$f(t) \cos(\omega_0 t) \leftrightarrow \frac{1}{2} [F(j(\omega - \omega_0)) + F(j(\omega + \omega_0))] \tag{3.5.8}$$

式中，$\cos(\omega_0 t)$ 一般是高频率信号，称为载波；$f(t)$ 在这里称为调制信号，两者相乘得到一个幅度随 $f(t)$ 变化的高频振荡 $f_a(t)$，称为已调制信号。

利用调制原理,可以将需要传输的若干低频信号分别搬移到不同的载波频率附近,并使它们的频谱互不重叠,这样,就可以在同一信道内传送许多路信号,实现频分复用多路通信。

7. 卷积定理

1)时域卷积定理

若
$$f_1(t) \leftrightarrow F_1(j\omega), f_2(t) \leftrightarrow F_2(j\omega)$$

则
$$f_1(t) * f_2(t) \leftrightarrow F_1(j\omega) \cdot F_2(j\omega) \tag{3.5.9}$$

证明
$$\mathscr{F}\{f_1(t) * f_2(t)\} = \int_{-\infty}^{\infty} e^{-j\omega t} \left[\int_{-\infty}^{\infty} f_1(\tau) f_2(t-\tau) d\tau\right] dt = \int_{-\infty}^{\infty} f_1(\tau) \left[\int_{-\infty}^{\infty} f_2(t-\tau) e^{-j\omega t} dt\right] d\tau$$

由于
$$f_2(t) \leftrightarrow F_2(j\omega), \quad f_2(t-\tau) \leftrightarrow F_2(j\omega) e^{-j\omega\tau}$$

故有
$$f_1(t) * f_2(t) \leftrightarrow \int_{-\infty}^{\infty} f_1(\tau) F_2(j\omega) e^{-j\omega\tau} d\tau = F_2(j\omega) \int_{-\infty}^{\infty} f_1(\tau) e^{-j\omega\tau} d\tau = F_1(j\omega) \cdot F_2(j\omega)$$

时域卷积定理说明,两个时间信号的卷积运算得到信号的频谱等于两个时间信号频谱的乘积,即在时域的卷积运算等效于在频域的乘法运算。

2)频域卷积定理(调制定理)

若
$$f_1(t) \leftrightarrow F_1(j\omega), \quad f_2(t) \leftrightarrow F_2(j\omega)$$

则
$$f_1(t) \cdot f_2(t) \leftrightarrow \frac{1}{2\pi} F_1(j\omega) * F_2(j\omega) \tag{3.5.10}$$

可以用相似的方法证明频域卷积。

频域卷积定理说明时域的乘法运算等效于频域的卷积运算。

8. 时域微积分性质

(1) 当 $\dfrac{df(t)}{dt}$ 存在时,若 $f(t) \leftrightarrow F(j\omega)$,则 $f(t)$ 的时域微分的傅里叶变换为

$$\frac{df(t)}{dt} \leftrightarrow (j\omega) F(j\omega) \tag{3.5.11}$$

证明 在 $F(j\omega)$ 的傅里叶逆变换式 $f(t) = \dfrac{1}{2\pi} \int_{-\infty}^{\infty} F(j\omega) e^{j\omega t} d\omega$ 两边同时对 t 求导,可得

$$\frac{df(t)}{dt} = \frac{1}{2\pi} \int_{-\infty}^{\infty} F(j\omega) \left(\frac{d}{dt} e^{j\omega t}\right) d\omega = \frac{1}{2\pi} \int_{-\infty}^{\infty} (j\omega) F(j\omega) e^{j\omega t} d\omega$$

即
$$\frac{df(t)}{dt} \leftrightarrow (j\omega) F(j\omega)$$

这说明函数在时域中的微分与在频域中其频谱乘以 $j\omega$ 的积相对应。将此结果推广到时域 n 阶导数的情况,则有

$$\frac{\mathrm{d}^n f(t)}{\mathrm{d}t^n} \leftrightarrow (\mathrm{j}\omega)^n F(\mathrm{j}\omega) \tag{3.5.12}$$

（2）对有始信号 $f(t)$ （$f(-\infty)=0$），若 $f(t) \leftrightarrow F(\mathrm{j}\omega)$，则有

$$\int_{-\infty}^{t} f(\tau)\mathrm{d}\tau \leftrightarrow \frac{F(\mathrm{j}\omega)}{\mathrm{j}\omega} + \pi F(0)\delta(\omega) \tag{3.5.13}$$

证明

因为

$$u(t-\tau) = \begin{cases} 1, & \tau < t \\ 0, & \tau > t \end{cases}$$

可得

$$f(t) * u(t) = \int_{-\infty}^{\infty} f(\tau) u(t-\tau) \mathrm{d}\tau = \int_{-\infty}^{t} f(\tau) \mathrm{d}\tau$$

利用傅里叶变换的时域卷积性质，有

$$f(t) * u(t) = \int_{-\infty}^{t} f(\tau)\mathrm{d}\tau \leftrightarrow F(\mathrm{j}\omega)\left[\frac{1}{\mathrm{j}\omega} + \pi\delta(\omega)\right] = \frac{F(\mathrm{j}\omega)}{\mathrm{j}\omega} + \pi F(0)\delta(\omega)$$

$$F(0) = F(\mathrm{j}\omega)|_{\omega=0} = \int_{-\infty}^{\infty} f(t)\mathrm{e}^{-\mathrm{j}\omega t}\mathrm{d}t \Big|_{\omega=0} = \int_{-\infty}^{\infty} f(t)\mathrm{d}t$$

如果 $f(t)$ 的积分为零（直流分量为 0），那么 $F(0)=0$，有

$$\int_{-\infty}^{t} f(\tau)\mathrm{d}\tau \leftrightarrow \frac{F(\mathrm{j}\omega)}{\mathrm{j}\omega} \tag{3.5.14}$$

9. 频域微积分性质

设 $F^{(n)}(\mathrm{j}\omega) = \dfrac{\mathrm{d}^n F(\mathrm{j}\omega)}{\mathrm{d}\omega^n}$，$F^{(-1)}(\mathrm{j}\omega) = \displaystyle\int_{-\infty}^{\omega} F(\tau)\mathrm{d}\tau$。

1）频域微分

若 $f(t) \leftrightarrow F(\mathrm{j}\omega)$，则

$$(-\mathrm{j}t)^n f(t) \leftrightarrow F^{(n)}(\mathrm{j}\omega) \tag{3.5.15}$$

以 $n=1$ 时，$(-\mathrm{j}t)f(t) \leftrightarrow F'(\mathrm{j}\omega)$ 为例进行证明。

证明 因 $\delta'(t) \leftrightarrow \mathrm{j}\omega$，根据对称性，有 $\delta'(\omega) \leftrightarrow -\dfrac{\mathrm{j}t}{2\pi}$。

又有 $F'(\mathrm{j}\omega) = F(\mathrm{j}\omega) * \delta'(\omega)$，故

$$F'(\mathrm{j}\omega) = F(\mathrm{j}\omega) * \delta'(\omega) \leftrightarrow 2\pi f(t) \cdot \left(-\frac{\mathrm{j}t}{2\pi}\right) = -\mathrm{j}t f(t)$$

2）频域积分

若

$$f(t) \leftrightarrow F(\mathrm{j}\omega)$$

则

$$\pi f(0)\delta(t) + \frac{1}{-\mathrm{j}t} f(t) \leftrightarrow F^{(-1)}(\mathrm{j}\omega) \tag{3.5.16}$$

式中

$$f(0) = \frac{1}{2\pi}\int_{-\infty}^{\infty} F(\mathrm{j}\omega)\mathrm{e}^{\mathrm{j}\omega t}\mathrm{d}\omega \Big|_{t=0} = \frac{1}{2\pi}\int_{-\infty}^{\infty} F(\mathrm{j}\omega)\mathrm{d}\omega$$

如果 $f(0)=0$，那么有

$$\frac{1}{-\mathrm{j}t}f(t) \leftrightarrow F^{(-1)}(\mathrm{j}\omega) \tag{3.5.17}$$

10. 能量关系

非周期信号一般是能量（有限）信号，若分别有 $x(t) \leftrightarrow X(\mathrm{j}\omega)$ 和 $y(t) \leftrightarrow Y(\mathrm{j}\omega)$，定义 $R_{xy}(t)$ 是 $x(t)$ 和 $y(t)$ 的互相关函数，则有

$$R_{xy}(t) \leftrightarrow X(\mathrm{j}\omega)Y^*(\mathrm{j}\omega) \tag{3.5.18}$$

或

$$R_{yx}(t) \leftrightarrow X^*(\mathrm{j}\omega)Y(\mathrm{j}\omega) \tag{3.5.19}$$

定义能量信号 $f(t)$ 的自相关函数为 $R_f(t)$，则有

$$R_f(t) \leftrightarrow |F(\mathrm{j}\omega)|^2 \tag{3.5.20}$$

这表明，一个能量信号自相关函数的傅里叶变换等于该信号傅里叶变换模的平方。或者说一个能量信号自相关函数和该信号幅度谱的平方互成傅里叶变换对。

由能量信号自相关函数的性质，有

$$R_f(0) = \int_{-\infty}^{\infty} |f(t)|^2 \mathrm{d}t \tag{3.5.21}$$

在连续信号傅里叶变换的正变换和逆变换公式中，分别令 $\omega = 0$ 和 $t = 0$，可得

$$F(0) = \int_{-\infty}^{\infty} f(t)\mathrm{d}t, \quad f(0) = \frac{1}{2\pi} \int_{-\infty}^{\infty} F(\mathrm{j}\omega)\mathrm{d}\omega$$

即

$$R_f(0) = \frac{1}{2\pi} \int_{-\infty}^{\infty} |F(\mathrm{j}\omega)|^2 \mathrm{d}\omega \tag{3.5.22}$$

故信号的能量为

$$E = \int_{-\infty}^{\infty} |f(t)|^2 \mathrm{d}t = \frac{1}{2\pi} \int_{-\infty}^{\infty} |F(\mathrm{j}\omega)|^2 \mathrm{d}\omega \tag{3.5.23}$$

式中，$F(\mathrm{j}\omega)$ 为能量信号 $f(t)$ 的频谱。

式（3.5.23）称为帕塞瓦尔公式或帕塞瓦尔定理。它表明一个能量信号的能量，既可以在时域上计算，也可以在频域上计算。

$|F(\mathrm{j}\omega)|^2$ 称为 $f(t)$ 的能量密度谱，简称能谱密度，它表示单位频带所包含的信号能量随 ω 的分布规律，单位是焦耳/赫兹（J/Hz）。

功率信号在整个时域内的能量是无限的，但其平均功率为有限值。一般地，除常数信号和周期信号外，功率信号不存在傅里叶变换表示，因此，不能简单地套用上面能量信号的有关公式。但功率信号也存在着类似的性质来描述时域和频域上平均功率之间的关系。

功率信号的帕塞瓦尔公式为

$$\lim_{T \to \infty} \frac{1}{2T} \int_{-\infty}^{\infty} |f(t)|^2 \mathrm{d}t = \frac{1}{2\pi} \int_{-\infty}^{\infty} \lim_{T \to \infty} \frac{|F_T(\mathrm{j}\omega)|^2}{2T} \mathrm{d}\omega \tag{3.5.24}$$

式（3.5.24）等号左边是功率信号 $f(t)$ 在时域中计算的平均功率，右边是在频域中计算的平均功率。右边的极限表示功率信号的平均功率在频域上的分布，故称为功率信号 $f(t)$ 的功率密度谱或功率谱密度，代表单位频带内功率信号的平均功率。

常见信号的傅里叶变换与傅里叶变换的主要性质分别见表 3.5.1 和表 3.5.2。

表 3.5.1 常见信号的傅里叶变换

时域函数 $f(t)$	频域 $F(j\omega)$
单位冲激 $\delta(t)$	1
冲激函数导数 $\delta^{(n)}(t)$	$(j\omega)^n$
单位直流信号 1	$2\pi\delta(\omega)$
单位阶跃信号 $u(t)$	$\pi\delta(\omega)+\dfrac{1}{j\omega}$
单位斜升信号 $tu(t)$	$j\pi\delta'(\omega)+\left(\dfrac{1}{j\omega}\right)^2$
符号函数 $\text{sgn}(t)$	$\dfrac{2}{j\omega}$
虚指数函数 $e^{\pm j\omega_0 t}$	$2\pi\delta(\omega\mp\omega_0)$
余弦信号 $\cos(\omega_0 t)$	$\pi[\delta(\omega-\omega_0)+\delta(\omega+\omega_0)]$
正弦信号 $\sin(\omega_0 t)$	$-j\pi[\delta(\omega-\omega_0)-\delta(\omega+\omega_0)]$
单边指数函数 $e^{-at}u(t)$	$\dfrac{1}{j\omega+a}$
双边指数函数 $e^{-a|t|}$	$\dfrac{2a}{\omega^2+a^2}$
高斯函数信号 e^{-t^2}	$\sqrt{\pi}e^{-\frac{\omega^2}{4}}$
门函数 $G_\tau(t)$	$\tau\text{Sa}\left(\dfrac{\omega\tau}{2}\right)$
抽样函数 $\text{Sa}(\omega_c t)$	$\dfrac{\pi}{\omega_c}G_{2\omega_c}(\omega)$
单位冲激序列 $\delta_T(t)=\sum\limits_{n=-\infty}^{\infty}\delta(t-nT)$	$\dfrac{2\pi}{T}\sum\limits_{n=-\infty}^{\infty}\delta(\omega-n\omega_0)$
周期函数 $f_T(t)=\sum\limits_{n=-\infty}^{\infty}F_n e^{jn\omega_0 t}$	$2\pi\sum\limits_{n=-\infty}^{\infty}F_n\delta(\omega-n\omega_0)$
衰减正弦函数 $e^{-\alpha t}\sin(\omega_0 t)u(t),\alpha>0$	$\dfrac{\omega_0}{(\alpha+j\omega)^2+\omega_0^2}$
衰减余弦函数 $e^{-\alpha t}\cos(\omega_0 t)u(t),\alpha>0$	$\dfrac{\alpha+j\omega}{(\alpha+j\omega)^2+\omega_0^2}$
衰减幂函数 $\dfrac{t^{n-1}}{(n-1)!}e^{-\alpha t}u(t),\alpha>0$	$\dfrac{1}{(\alpha+j\omega)^n}$

表 3.5.2 傅里叶变换的主要性质

性质	$f(t)$	$F(j\omega)$
线性	$af_1(t)+bf_2(t)$	$aF_1(j\omega)+bF_2(j\omega)$
放大	$kf(t)$	$kF(j\omega)$
正反变换的对偶性	$F(jt)$	$2\pi f(-\omega)$
奇偶特性	$f(t)$ 为实信号	$F(-j\omega)=F^*(j\omega)$

续表

尺度变换特性	$f(at)$	$\dfrac{1}{\|a\|}F\left(j\dfrac{\omega}{a}\right)$
时移特性	$f(t-t_0)$	$F(j\omega)e^{-j\omega t_0}$
频移特性	$f(t)e^{j\omega_0 t}$	$F(j(\omega-\omega_0))$
时域卷积定理	$f_1(t)*f_2(t)$	$F_1(j\omega)\cdot F_2(j\omega)$
频域卷积定理	$f_1(t)\cdot f_2(t)$	$\dfrac{1}{2\pi}F_1(j\omega)*F_2(j\omega)$
时域微分	$\dfrac{d^n f(t)}{dt^n}$	$(j\omega)^n F(j\omega)$
时域积分	$\int_{-\infty}^{t} f(x)dx$	$\pi F(0)\delta(\omega)+\dfrac{F(j\omega)}{j\omega}$
频域微分	$(-jt)^n f(t)$	$\dfrac{d^n F(j\omega)}{d\omega^n}$
频域积分	$\pi f(0)\delta(t)+j\dfrac{f(t)}{t}$	$\int_{-\infty}^{\omega} F(x)dx$
信号积分	$\int_{-\infty}^{\infty} f(t)dt$	$F(0)$
帕塞瓦尔定理	$\int_{-\infty}^{\infty}\|f(t)\|^2 dt$	$\dfrac{1}{2\pi}\int_{-\infty}^{\infty}\|F(j\omega)\|^2 d\omega$

【例 3.5.1】 计算下列信号的傅里叶变换：

（1）门函数 $G_\tau(t)=u\left(t+\dfrac{\tau}{2}\right)-u\left(t-\dfrac{\tau}{2}\right)$；（2）$\cos 5\omega_0 t$；

（3）图 3.5.1 所示有限长周期函数，长度为 $2N_1$；（4）$e^{-(t-b)}u(t-b)$；

（5）已知因果信号 $f(t)$ 的傅里叶变换 $F(j\omega)$ 的实部，$\text{Re}\{F(j\omega)\}=\dfrac{1}{1+\omega^2}$

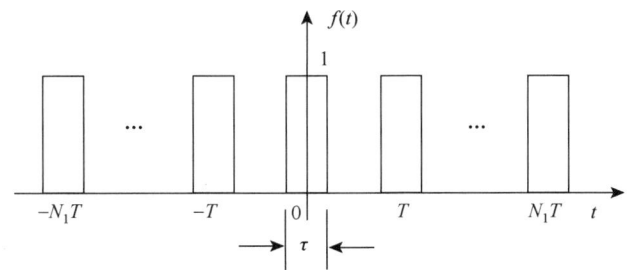

图 3.5.1 一个长度为 $2N_1$ 的有限长周期函数

解 （1）根据傅里叶变换的定义，有

$$F(j\omega)=\int_{-\infty}^{\infty} f(t)e^{-j\omega t}dt=\int_{-\frac{\tau}{2}}^{\frac{\tau}{2}} e^{-j\omega t}dt=\dfrac{1}{-j\omega}\left(e^{-j\frac{\omega\tau}{2}}-e^{j\frac{\omega\tau}{2}}\right)$$

$$=\dfrac{2\sin\left(\dfrac{\omega\tau}{2}\right)}{\omega}=\tau\dfrac{\sin\left(\dfrac{\omega\tau}{2}\right)}{\dfrac{\omega\tau}{2}}=\tau\text{Sa}\left(\dfrac{\omega\tau}{2}\right)$$

（2）因为 $\cos(\omega_0 t) \leftrightarrow \pi[\delta(\omega+\omega_0)+\delta(\omega-\omega_0)]$，根据 $f(at) \leftrightarrow \dfrac{1}{|a|}F\left(\dfrac{j\omega}{a}\right)$，故

$$\cos(5\omega_0 t) \leftrightarrow \dfrac{\pi}{5}\left[\delta\left(\dfrac{\omega}{5}+\omega_0\right)+\delta\left(\dfrac{\omega}{5}-\omega_0\right)\right]$$

（3）因为 $f(t)=\sum\limits_{k=-N_1}^{N_1}G_\tau(t-kT)$，而 $G_\tau(t)\leftrightarrow\tau\text{Sa}\left(\dfrac{\omega\tau}{2}\right)$，$G_\tau(t-kT)\leftrightarrow\tau\text{Sa}\left(\dfrac{\omega\tau}{2}\right)e^{-j\omega kT}$，故

$$f(t)=\sum_{k=-N_1}^{N_1}G_\tau(t-kT)\leftrightarrow\sum_{k=-N_1}^{N_1}\tau\text{Sa}\left(\dfrac{\omega\tau}{2}\right)e^{-j\omega kT}=\tau\text{Sa}\left(\dfrac{\omega\tau}{2}\right)\sum_{k=-N_1}^{N_1}e^{-j\omega kT}$$

$$=\tau\text{Sa}\left(\dfrac{\omega\tau}{2}\right)\dfrac{e^{j\omega N_1 T}-e^{-j\omega(N_1+1)T}}{1-e^{-j\omega T}}$$

（4）$e^{-t}u(t)\leftrightarrow\dfrac{1}{1+j\omega}$，根据 $f(at-b)\leftrightarrow\dfrac{1}{|a|}F\left(\dfrac{j\omega}{a}\right)e^{-j\omega\frac{b}{a}}$，故

$$e^{-(t-b)}u(t-b)\leftrightarrow\dfrac{1}{1+j\omega}e^{-j\omega b}$$

（5）因 $\text{Re}\{F(j\omega)\}=\dfrac{F(j\omega)+F(-j\omega)}{2}=\dfrac{1}{1+\omega^2}=\dfrac{1}{2}\left(\dfrac{1}{1+j\omega}+\dfrac{1}{1-j\omega}\right)$，故

$$F(j\omega)=\dfrac{1}{1+j\omega}, \quad f(t)=e^{-t}u(t)$$

【例 3.5.2】 计算下列信号的傅里叶变换：

（1）抽样信号 $\text{Sa}(t)=\dfrac{\sin t}{t}$；（2）反比函数 $\dfrac{1}{t}$；（3）$u(-t)$；

（4）$\sqrt{\dfrac{2}{\tau}}G_{\frac{\tau}{2}}(t)*\sqrt{\dfrac{2}{\tau}}G_{\frac{\tau}{2}}(t)$；（5）$\dfrac{1}{t}*\dfrac{1}{t}$；（6）$-e^{-|t|}\text{sgn}(t)$

解 （1）因为门函数为偶函数，且 $G_\tau(t)\leftrightarrow\tau\text{Sa}\left(\dfrac{\omega\tau}{2}\right)$，$\tau$ 为门限宽度。

令 $\dfrac{\tau}{2}=1$，则有 $\dfrac{1}{2}G_2(t)\leftrightarrow\tau\text{Sa}(\omega)$，根据 $R(t)\leftrightarrow 2\pi f(\omega)$，用 $t\to\omega$，故

$$\text{Sa}(t)=\dfrac{\sin t}{t}\leftrightarrow\pi G_2(\omega)，频谱门宽为 2$$

（2）因为 $\text{sgn}(t)\leftrightarrow\dfrac{2}{j\omega}$，根据 $F(jt)\leftrightarrow 2\pi f(-\omega)$，有 $\dfrac{2}{jt}\leftrightarrow 2\pi\text{sgn}(-\omega)$，故

$$\dfrac{1}{t}\leftrightarrow j\pi\text{sgn}(-\omega)=-j\pi\text{sgn}(\omega)$$

（3）因为 $u(t)\leftrightarrow\pi\delta(\omega)+\dfrac{1}{j\omega}$，根据 $f(-t)\leftrightarrow F(-j\omega)$，故

$$u(-t)\leftrightarrow\pi\delta(-\omega)+\dfrac{1}{-j\omega}=\pi\delta(\omega)+\dfrac{j}{\omega}$$

（4）因为 $\sqrt{\dfrac{2}{\tau}}G_{\frac{\tau}{2}}(t)\leftrightarrow\dfrac{\tau}{2}\sqrt{\dfrac{2}{\tau}}\text{Sa}\left(\dfrac{\omega\tau}{4}\right)$，根据 $f_1(t)*f_2(t)\leftrightarrow F_1(j\omega)\cdot F_2(j\omega)$，故

$$\sqrt{\dfrac{2}{\tau}}G_{\frac{\tau}{2}}(t)*\sqrt{\dfrac{2}{\tau}}G_{\frac{\tau}{2}}(t)\leftrightarrow\dfrac{\tau}{2}\text{Sa}^2\left(\dfrac{\omega\tau}{4}\right)$$

（5）由（2）有 $\dfrac{1}{t}\leftrightarrow -j\pi\text{sgn}(\omega)$，故 $\dfrac{1}{t}*\dfrac{1}{t}\leftrightarrow[-j\pi\text{sgn}(\omega)]^2=-\pi^2$

（6）因为 $f(t)=-\mathrm{e}^{-|t|}\mathrm{sgn}(t)=\dfrac{\mathrm{d}}{\mathrm{d}t}\mathrm{e}^{-|t|}$，而 $\mathrm{e}^{-|t|}\leftrightarrow \dfrac{2}{1+\omega^2}$，故

$$f(t)=-\mathrm{e}^{-|t|}\mathrm{sgn}(t)=\dfrac{\mathrm{d}}{\mathrm{d}t}\mathrm{e}^{-|t|}\leftrightarrow \mathrm{j}\dfrac{2\omega}{1+\omega^2}$$

【例 3.5.3】 已知 $f(t)=\mathrm{e}^{-2t}u(t)$，求 $y(t)=f(2t)\cos(\omega_0 t)$ 的傅里叶变换。

解 因为 $f(t)\leftrightarrow \dfrac{1}{\mathrm{j}\omega+2}$，而 $f(2t)\leftrightarrow \dfrac{1}{2}\dfrac{1}{\mathrm{j}\omega/2+2}=\dfrac{1}{\mathrm{j}\omega+4}$，根据 $f(t)\cos\omega_0 t\leftrightarrow \dfrac{1}{2}\big[F(\mathrm{j}(\omega-\omega_0))+F(\mathrm{j}(\omega+\omega_0))\big]$，故

$$Y(\mathrm{j}\omega)=\dfrac{1}{2}\left[\dfrac{1}{\mathrm{j}(\omega-\omega_0)+4}+\dfrac{1}{\mathrm{j}(\omega+\omega_0)+4}\right]$$

【例 3.5.4】 已知信号的频谱 $F(\mathrm{j}\omega)$ 如图 3.5.2 所示，试求原信号 $f(t)$：

（1）信号的频谱 $F(\mathrm{j}\omega)$ 如图 3.5.2（a）所示。

（2）信号的频谱 $F(\mathrm{j}\omega)$ 如图 3.5.2（b）所示。

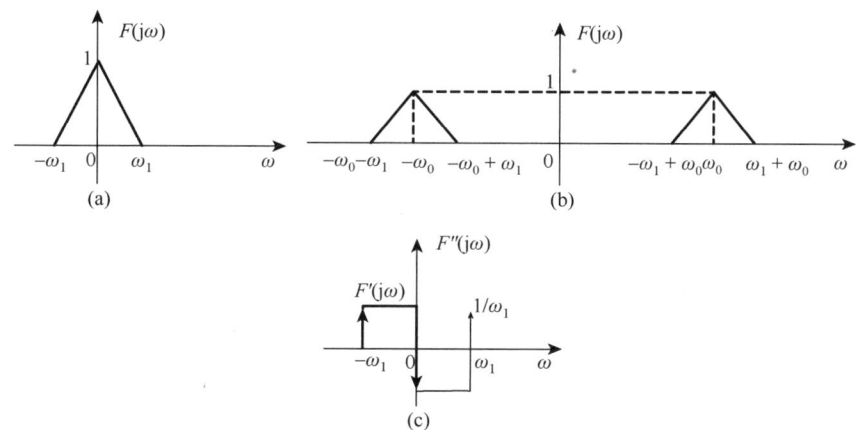

图 3.5.2 某信号的频谱及其导数

解 （1）对信号的频谱 $F(\mathrm{j}\omega)$ 求导，可得 $F'(\mathrm{j}\omega)$ 和 $F''(\mathrm{j}\omega)$，如图 3.5.2（c）所示。

因为 $F''(\mathrm{j}\omega)=\dfrac{1}{\omega_1}\big[\delta(\omega+\omega_1)+\delta(\omega-\omega_1)-2\delta(\omega)\big]$，故有

$$F''(\mathrm{j}\omega)\leftrightarrow \dfrac{1}{2\omega_1\pi}\left(\mathrm{e}^{-\mathrm{j}\omega_1 t}-2+\mathrm{e}^{\mathrm{j}\omega_1 t}\right)=\dfrac{1}{\omega_1\pi}\big[\cos(\omega_1 t)-1\big]$$

根据频域微分性质 $(-\mathrm{j}t)^n f(t)\leftrightarrow F^{(n)}(\omega)$，$(-\mathrm{j}t)^2 f(t)=\dfrac{1}{\omega_1\pi}\big[\cos(\omega_1 t)-1\big]$，有

$$f(t)=\dfrac{-1}{\omega_1\pi t^2}\big[\cos(\omega_1 t)-1\big]$$

（2）定义三角型函数频谱为 $\Delta(\mathrm{j}\omega)$，则 $F(\mathrm{j}\omega)=\Delta(\mathrm{j}(\omega+\omega_0))+\Delta(\mathrm{j}(\omega-\omega_0))$。

根据上题可知

$$\Delta(\mathrm{j}\omega)\leftrightarrow f_1(t)=\dfrac{-1}{\omega_1\pi t^2}\big[\cos(\omega_1 t)-1\big]$$

根据频移特性 $f(t)\mathrm{e}^{\pm\mathrm{j}\omega_0 t}\leftrightarrow F(\mathrm{j}\omega\mp\omega_0)$，可得

$$F(\mathrm{j}\omega)=\Delta(\mathrm{j}(\omega+\omega_0))+\Delta(\mathrm{j}(\omega-\omega_0))\leftrightarrow f_1(t)\left(\mathrm{e}^{\mathrm{j}\omega_0 t}+\mathrm{e}^{-\mathrm{j}\omega_0 t}\right)$$

故

$$f(t)=2f_1(t)\cos(\omega_0 t)=\frac{-2}{\omega_1\pi t^2}\left[\left(\cos(\omega_1 t)-1\right)\cos(\omega_0 t)\right]$$

可见该信号的频谱 $F(j\omega)$ 是信号 $f_1(t)$ 经过 $\cos(\omega_0 t)$ 调制后的频谱。

【例 3.5.5】 已知信号 $f(t)$ 的频谱 $F(j\omega)=\pi\delta(\omega-\omega_0)+\dfrac{1}{j(\omega+\omega_0)}$，$\omega_0$ 为常数，求 $f(t)$。

解
$$F(j\omega)=\pi\delta(\omega-\omega_0)+\frac{1}{j(\omega+\omega_0)}=\left[\pi\delta(\omega)+\frac{1}{j\omega}\right]*\delta(\omega-\omega_0)$$
$$=\frac{1}{2\pi}\left[\pi\delta(\omega)+\frac{1}{j\omega}\right]*2\pi\delta(\omega-\omega_0)$$

应用傅里叶变换的频域卷积定理，有

$$f(t)=\mathscr{F}^{-1}\left[\pi\delta(\omega)+\frac{1}{j\omega}\right]\cdot\mathscr{F}^{-1}\left[\delta(\omega-\omega_0)\right]=\frac{1}{2\pi}u(t)e^{j\omega_0 t}=\frac{1}{2\pi}e^{j\omega_0 t}u(t)$$

【例 3.5.6】 试求定积分：

（1）$\int_{-\infty}^{\infty}\dfrac{1}{1+x^2}dx$；（2）$\int_{-\infty}^{\infty}\dfrac{1}{(1+x^2)^2}dx$；

（3）$\int_{-\infty}^{\infty}\dfrac{x^2}{(1+x^2)^2}dx$；（4）$\int_{-\infty}^{\infty}\dfrac{1}{a+jx}dx$

解 （1）对于函数 $f(t)=e^{-|t|}$，有

$$F(j\omega)=\int_{-\infty}^{\infty}f(t)e^{-j\omega t}dt=\frac{2}{1+\omega^2}$$

根据

$$f(0)=\frac{1}{2\pi}\int_{-\infty}^{\infty}F(\omega)d\omega=\frac{1}{2\pi}\int_{-\infty}^{\infty}\frac{2}{1+\omega^2}d\omega$$

而

$$f(0)=f(t)|_{t=0}=e^{-|t|}|_{t=0}=1$$

故

$$f(0)=\frac{1}{2\pi}\int_{-\infty}^{\infty}\frac{2}{1+\omega^2}d\omega=1$$

令 $\omega=x$，则得

$$\int_{-\infty}^{\infty}\frac{1}{1+x^2}dx=\pi$$

（2）对于函数 $f(t)=e^{-|t|}$，有

$$F(j\omega)=\int_{-\infty}^{\infty}f(t)e^{-j\omega t}dt=\frac{2}{1+\omega^2}$$

因

$$\int_{-\infty}^{\infty}|f(t)|^2 dt=\frac{1}{2\pi}\int_{-\infty}^{\infty}|F(j\omega)|^2 d\omega=\frac{1}{2\pi}\int_{-\infty}^{\infty}\left(\frac{2}{1+\omega^2}\right)^2 d\omega$$

即

$$\int_{-\infty}^{\infty}\left(\frac{1}{1+\omega^2}\right)^2 d\omega=\frac{\pi}{2}\int_{-\infty}^{\infty}|f(t)|^2 dt=\frac{\pi}{2}\int_{-\infty}^{\infty}e^{-2|t|}dt=\frac{\pi}{2}\cdot 2\int_{0}^{\infty}e^{-2t}dt=\frac{\pi}{2}$$

令 $\omega=x$，则得

$$\int_{-\infty}^{\infty} \frac{1}{(1+x^2)^2} dx = \frac{\pi}{2}$$

(3) 根据 $\int_{-\infty}^{\infty}|f(t)|^2 dt = \frac{1}{2\pi}\int_{-\infty}^{\infty}|F(j\omega)|^2 d\omega$，其中，$F(j\omega) = \frac{\omega}{1+\omega^2}$，故

$$F(j\omega) = \frac{\omega}{1+\omega^2} = \frac{1}{2j}\left(\frac{j2\omega}{1+\omega^2}\right) \leftrightarrow \frac{1}{2j}\left[-e^{-|t|}\operatorname{sgn}(t)\right] = f(t)$$

$f(t)$ 是奇函数，$2\pi\int_{-\infty}^{\infty}|f(t)|^2 dt = \pi\int_{0}^{\infty}e^{-t}dt = \pi$，故

$$\int_{-\infty}^{\infty} \frac{x^2}{(1+x^2)^2} dx = \pi$$

(4) 因 $f(t) = e^{-at}u(t) \leftrightarrow \frac{1}{j\omega + a}$，即

$$\frac{1}{2\pi}\int_{-\infty}^{\infty} \frac{1}{j\omega + a} e^{j\omega t} d\omega = f(t)$$

而 $\frac{1}{2\pi}\int_{-\infty}^{\infty} \frac{1}{j\omega + a} d\omega = f(0) = e^{-at}u(t)\big|_{t=0} = 1$，即

$$\int_{-\infty}^{\infty} \frac{1}{j\omega + a} d\omega = 2\pi f(0) = 2\pi$$

令 $x = t$，则得

$$\int_{-\infty}^{\infty} \frac{1}{a + jx} dx = 2\pi$$

3.6 周期信号的傅里叶变换

设周期信号为 $f_T(t)$，其频谱密度函数为 $F(j\omega)$。

1. 从周期信号的频域展开式入手

将 $f_T(t)$ 用傅里叶级数展开，即 $f_T(t) = \sum_{n=-\infty}^{\infty} F_n e^{jn\omega_0 t}$，式中，$F_n = \frac{1}{T}\int_{-\frac{T}{2}}^{\frac{T}{2}} f_T(t) e^{-jn\omega_0 t} dt$ 为傅里叶系数，代表了复指数信号 $e^{jn\omega_0 t}$ 的频率分量。

对 $f_T(t)$ 取傅里叶变换，有

$$F_T(j\omega) = \mathscr{F}\left\{\sum_{n=-\infty}^{\infty} F_n e^{jn\omega_0 t}\right\} = \sum_{n=-\infty}^{\infty} F_n \cdot \mathscr{F}\left\{e^{jn\omega_0 t}\right\} = \sum_{n=-\infty}^{\infty} F_n \cdot 2\pi\delta(\omega - n\omega_0)$$

可得周期信号 $f_T(t)$ 的傅里叶变换为

$$F_T(j\omega) = 2\pi \sum_{n=-\infty}^{\infty} F_n \cdot \delta(\omega - n\omega_0) \tag{3.6.1}$$

式（3.6.1）表明，周期信号的频谱函数是由无限多个冲激信号组成的，这些冲激信号位于基频整数倍的频率 $n\omega_0$ 处，冲激强度为 $2\pi|F_n|$。

2. 从周期信号的时域展开式入手

设 $f_T(t)$ 的周期为 T，各周期内的有效宽度为 τ（$\tau \leq T$），在一周期内的信号为 $f(t)$。

定义周期性冲激信号 $\delta_T(t) = \sum_{n=-\infty}^{\infty} \delta(t - nT)$，则 $f_T(t)$ 可以表示为

$$f_T(t) = f(t) * \delta_T(t) = \sum_{n=-\infty}^{\infty} f(t-nT)$$

将 $\delta_T(t)$ 展开为傅里叶级数，因 $F_n = \frac{1}{T}\int_{-\frac{T}{2}}^{\frac{T}{2}}\delta(t)\mathrm{e}^{-jn\omega_0 t}\mathrm{d}t = \frac{1}{T}$，$\mathrm{e}^{j\omega_0 t} \leftrightarrow 2\pi\delta(\omega-\omega_0)$，所以

$$\delta_T(t) = \frac{1}{T}\sum_{n=-\infty}^{\infty}\mathrm{e}^{jn\omega_0 t} \leftrightarrow \frac{1}{T}\sum_{n=-\infty}^{\infty}2\pi\delta(\omega-n\omega_0)$$

即

$$\delta_T(t) = \sum_{n=-\infty}^{\infty}\delta(t-nT) \leftrightarrow \frac{2\pi}{T}\sum_{n=-\infty}^{\infty}\delta(\omega-n\omega_0) \tag{3.6.2}$$

又设 $f(t) \leftrightarrow F(j\omega)$，根据卷积定理，周期信号 $f_T(t)$ 的频谱密度函数 $F_T(j\omega)$ 为

$$F_T(j\omega) = F(j\omega) \cdot \frac{2\pi}{T}\sum_{n=-\infty}^{\infty}\delta(\omega-n\omega_0) = \frac{2\pi}{T}\sum_{n=-\infty}^{\infty}F(n\omega_0)\delta(\omega-n\omega_0)$$

即

$$f_T(t) \leftrightarrow \frac{2\pi}{T}\sum_{n=-\infty}^{\infty}F(n\omega_0)\delta(\omega-n\omega_0) \tag{3.6.3}$$

比较式（3.6.1）和式（3.6.3），可得傅里叶系数与傅里叶变换的关系：

$$F_n = \frac{F(j\omega)}{T}\bigg|_{j\omega=n\omega_0} \tag{3.6.4}$$

【例 3.6.1】 试证明：① $\int_{-\infty}^{\infty}\left(\frac{\sin x}{x}\right)^2 \mathrm{d}x = \pi$；② $\sum_{n=-\infty}^{\infty}\mathrm{e}^{-|n|} = \sum_{n=-\infty}^{\infty}\frac{2}{1+(2\pi n)^2}$。

证明 （1）因 $\int_{-\infty}^{\infty}\left(\frac{\sin t}{t}\right)\mathrm{e}^{-j\omega t}\mathrm{d}t = \pi G_1(\omega)$，而 $\int_{-\infty}^{\infty}\left(\frac{\sin t}{t}\right)^2 \mathrm{d}t = \lim_{\omega\to 0}\int_{-\infty}^{\infty}\left(\frac{\sin t}{t}\right)^2 \mathrm{e}^{-j\omega t}\mathrm{d}t$，令 $x=t$，得 $\int_{-\infty}^{\infty}\left(\frac{\sin x}{x}\right)^2 \mathrm{d}x = \frac{1}{2\pi}\pi G_\tau(\omega) * \pi G_\tau(\omega)\big|_{\omega\to 0} = \pi$。

（2）因 $f(t) = \mathrm{e}^{-|t|} \leftrightarrow \frac{2}{1+\omega^2}$，设 $y(t) = f(t) * \delta_T(t)$，其中，$\delta_T(t) = \sum_{n=-\infty}^{\infty}\delta(t-nT)$。

根据取样函数的性质，有

$$y(t) = f(t) * \delta_T(t) = \sum_{n=-\infty}^{\infty}f(t-nT) = \sum_{n=-\infty}^{\infty}\mathrm{e}^{-|t-nT|}$$

根据周期信号的傅里叶级数展开式，有

$$y(t) = f(t) * \delta_T(t) = \sum_{n=-\infty}^{\infty}F_n \mathrm{e}^{jn\omega_0 t}$$

而 $F_n = \frac{F_T(j\omega)}{T}\bigg|_{j\omega=n\omega_0} = \frac{1}{T}\frac{2}{1+(n\omega_0)^2}$，即

$$y(t) = \sum_{n=-\infty}^{\infty}\mathrm{e}^{-|t-nT|} = \frac{1}{T}\sum_{n=-\infty}^{\infty}\frac{2}{1+(n\omega_0)^2}\mathrm{e}^{jn\omega_0 t}$$

令 $T=1$，则有 $\omega_0 = 2\pi$，求 $t=0$ 时函数的值，有

$$y(0) = \sum_{n=-\infty}^{\infty}\mathrm{e}^{-|n|} = \sum_{n=-\infty}^{\infty}\frac{2}{1+(2\pi n)^2}$$

3.7 相 关

相关是两个函数相似性比较的一种数学运算，常用于信号识别、特征检测等领域。与卷积运算类似，

相关运算也是计算一个函数滑过另一个函数过程中二者重叠区域的面积，但相关运算并不需要将其中的一个函数关于纵轴做反转[15, 16]。

自相关是对两个相同函数进行的相关运算。对两个不同函数进行的相关运算称为互相关。

3.7.1 自相关

对连续时间非周期信号 $f(t)$，定义 $f(t)$ 的自相关运算为

$$R_{\text{ff}}(t) = f(t) \otimes f(t) = \int_{-\infty}^{\infty} f(\tau) f^*(\tau+t) \mathrm{d}\tau \tag{3.7.1}$$

根据卷积积分的定义，可知

$$R_{\text{ff}}(t) = f(t) * f^*(-t) \tag{3.7.2}$$

对于实信号 $f(t)$，有

$$R_{\text{ff}}(t) = \int_{-\infty}^{\infty} f(\tau) f(\tau+t) \mathrm{d}\tau \tag{3.7.3}$$

自相关可以看作信号 $f(t)$ 与其移位信号 $f(t+\tau)$ 之间类似性或相关性的测量标准，反映了同一个信号在两个不同时间点的相关性，表明信号波形上相距一定间隙的点之间相互关联的程度。

根据自相关的定义和卷积积分的定义，对实信号 $f(t)$，有 $R_{\text{ff}}(t) = f(t) * f(-t)$。

$$R_{\text{ff}}(t) = \int_{-\infty}^{\infty} f(\tau) f(\tau+t) \mathrm{d}\tau = \int_{-\infty}^{\infty} f(\tau-t) f(\tau) \mathrm{d}\tau = f(t) * f(t) = R_{\text{ff}}(-t)$$

可见实函数的自相关是偶函数，且等于其自身的卷积。

当移位 $t=0$ 时，信号没有移位，自相关得到最大值 $R_{\text{ff}}(0)$，且 $R_{\text{ff}}(0) = \int_{-\infty}^{\infty} f^2(\tau) \mathrm{d}\tau$，也就是信号 $f(t)$ 的能量；当移位增加时，$f(t)$ 与 $f(t+\tau)$ 之间的相关性下降；当 $t \to \infty$ 时，$f(t)$ 与 $f(t+\tau)$ 之间的相关性不复存在，$R_{\text{ff}}(t)$ 衰减为零。故自相关 $R_{\text{ff}}(t)$ 是有限的，在原点 $t=0$ 达到最大值 $R_{\text{ff}}(0)$，且对于所有的 t 均为非负数，即 $0 \leqslant R_{\text{ff}}(t) \leqslant R_{\text{ff}}(0)$。

对于离散时间非周期信号 $f[k]$，同样可以定义 $f[k]$ 的自相关运算为

$$R_{\text{ff}}[k] = f[k] \otimes f[k] = \sum_{i=-\infty}^{\infty} f[i] f^*[i+k] \tag{3.7.4}$$

根据卷积和的定义，同样有

$$R_{\text{ff}}[k] = f[k] * f^*[-k] \tag{3.7.5}$$

对于实信号 $f[k]$，同样有

$$R_{\text{ff}}[k] = f[k] * f[k] = f[k] * f[-k] = R_{\text{ff}}[-k] \tag{3.7.6}$$

也同样有 $0 \leqslant R_{\text{ff}}[k] \leqslant R_{\text{ff}}[0]$。

3.7.2 互相关

互相关表示两个不同函数的相似性，它是有序的，因此对连续时间非周期信号 $f(t)$ 和 $r(t)$，有两个互相关函数 $R_{\text{fr}}(t)$ 和 $R_{\text{rf}}(t)$：

$$R_{\text{fr}}(t) = f(t) \otimes r(t) = \int_{-\infty}^{\infty} r(\tau) f^*(\tau+t) \mathrm{d}\tau \tag{3.7.7}$$

$$R_{\text{rf}}(t) = r(t) \otimes f(t) = \int_{-\infty}^{\infty} f(\tau) r^*(\tau+t) \mathrm{d}\tau \tag{3.7.8}$$

互相关的定义并不标准，有些资料里把 $R_{\text{fr}}(t)$ 和 $R_{\text{rf}}(t)$ 的定义交换使用，本书里采用式（3.7.7）和式（3.7.8）这种定义。

根据卷积积分的定义，可知 $R_{\text{fr}}(t) = f^*(-t) * r(t)$，$R_{\text{rf}}(t) = r^*(-t) * f(t)$，对于实信号 $f(t)$ 和 $r(t)$，有

$$R_{fr}(t)=\int_{-\infty}^{\infty}r(\tau)f(\tau+t)\mathrm{d}\tau=\int_{-\infty}^{\infty}f(\tau)r(\tau-t)\mathrm{d}\tau=f(t)*r(-t) \tag{3.7.9}$$

$$R_{rf}(t)=\int_{-\infty}^{\infty}f(\tau)r(\tau+t)\mathrm{d}\tau=\int_{-\infty}^{\infty}r(\tau)f(\tau-t)\mathrm{d}\tau=r(t)*f(-t) \tag{3.7.10}$$

一般而言 $R_{fr}(t) \neq R_{rf}(t)$，但计算互相关两个函数之间位置变化时，将一个函数右移等价于将另一个函数左移相同的量，故 $R_{fr}(t)=R_{rf}^{*}(-t)$，对于实信号，即为 $R_{fr}(t)=R_{rf}^{*}(-t)$。

对实信号，当 $t=0$ 时，$R_{fr}(0)=\int_{-\infty}^{\infty}r(\tau)f(\tau)\mathrm{d}\tau=R_{rf}(0)$。

对离散时间非周期信号 $f[k]$ 和 $r[k]$，同样可以定义 $f[k]$ 的自相关运算为

$$R_{fr}[k]=f[k]\otimes r[k]=\sum_{i=-\infty}^{\infty}r[i]f^{*}[i+k] \tag{3.7.11}$$

$$R_{rf}[k]=r[k]\otimes f[k]=\sum_{i=-\infty}^{\infty}f[i]r^{*}[i+k] \tag{3.7.12}$$

根据卷积和的定义，对于实信号 $f[k]$ 和 $r[k]$，同样有

$$R_{fr}[k]=f[k]*r[-k] \tag{3.7.13}$$

$$R_{rf}[k]=r[k]*f[-k] \tag{3.7.14}$$

3.8 线性时不变连续时间系统的频域分析

3.8.1 傅里叶逆变换

在进行线性时不变系统的频域分析时，我们首先要求出系统的频率响应和信号的频谱。在许多信号分析和处理应用中，也常常需要根据已知的信号频谱求出对应的时域信号。这些都涉及傅里叶逆变换的求解问题。

根据傅里叶变换 $F(\mathrm{j}\omega)=\int_{-\infty}^{\infty}f(t)\mathrm{e}^{-\mathrm{j}\omega t}\mathrm{d}t$，可以通过积分运算求解傅里叶逆变换

$$f(t)=\frac{1}{2\pi}\int_{-\infty}^{\infty}F(\mathrm{j}\omega)\mathrm{e}^{\mathrm{j}\omega t}\mathrm{d}\omega$$

但有时这个积分运算很复杂，可以采用其他几种常见的傅里叶逆变换求解方法。

1. 利用傅里叶变换对称特性求傅里叶逆变换

由傅里叶变换对称特性可知，若 $f(t)\leftrightarrow F(\mathrm{j}\omega)$，则 $F(\mathrm{j}t)\leftrightarrow 2\pi f(-\omega)$。

在已知 $F(\mathrm{j}\omega)$ 的前提下，可先求出其时域形式 $F(\mathrm{j}t)$（令 $\omega\to t$）的傅里叶变换 $\mathscr{F}\{F(\mathrm{j}t)\}=2\pi f(-\omega)$，再令 $\omega\to -t$ 求得 $f(t)=\frac{1}{2\pi}\mathscr{F}\{F(-\mathrm{j}\omega)\}$。

2. 利用变换性质和常见信号的变换对求傅里叶逆变换

这种方法要求熟记常见的傅里叶变换对，并要求能够熟练掌握傅里叶变换的性质，是上述方法的补充。

3. 部分分式展开法求傅里叶逆变换

$F(\mathrm{j}\omega)$ 一般是 ω 的有理分式，可以将 ω 看作一个变量，先做除法（如果分母阶数小于等于分子阶数），再将余式（有理真分式）进行部分分式展开，然后利用下述关系，进行傅里叶逆变换的求解。

$$\mathscr{F}^{-1}\left\{\pi\delta(\omega)+\frac{1}{\mathrm{j}\omega}\right\}=u(t)$$

$$\mathscr{F}^{-1}\{1\}=\delta(t)$$

$$\mathscr{F}^{-1}\{(j\omega)^n\} = \delta^{(n)}(t) = \frac{d^n}{dt^n}\delta(t), \quad n=1,2,\cdots$$

$$\mathscr{F}^{-1}\left\{\frac{2}{j\omega}\right\} = \text{sgn}(t)$$

$$\mathscr{F}^{-1}\left\{\frac{1}{\alpha+j\omega}\right\} = e^{-\alpha t}u(t), \quad \alpha > 0$$

$$\mathscr{F}^{-1}\left\{\frac{1}{(\alpha+j\omega)^n}\right\} = \frac{t^{n-1}}{(n-1)!}e^{-\alpha t}u(t), \quad \alpha > 0, n=2,3,\cdots$$

$$\mathscr{F}^{-1}\left\{\frac{\omega_0}{(\alpha+j\omega)^2+\omega_0^2}\right\} = e^{-\alpha t}\sin(\omega_0 t)u(t), \quad \alpha > 0$$

$$\mathscr{F}^{-1}\left\{\frac{\alpha+j\omega}{(\alpha+j\omega)^2+\omega_0^2}\right\} = e^{-\alpha t}\cos(\omega_0 t)u(t), \quad \alpha > 0$$

【例 3.8.1】 求下列频谱函数 $F(j\omega)$ 对应的时域信号 $f(t)$。

（1） $F(\omega) = j\pi\text{sgn}(\omega)$；（2） $F(\omega) = G_{\omega_0}(\omega)$；（3） $F(j\omega) = \pi\delta(\omega-\omega_0) + \dfrac{1}{j(\omega+\omega_0)}$

解 （1）因 $F(\omega)|_{\omega \to t} = F(t) = j\pi\text{sgn}(t)$，而 $\text{sgn}(t) \leftrightarrow \dfrac{2}{j\omega}$，则 $F(t) \leftrightarrow j\pi\dfrac{2}{j\omega} = \dfrac{2\pi}{\omega}$。

故有

$$f(t) = \frac{1}{2\pi}\mathscr{F}\{F(t)\}|_{\omega \to -t} = \frac{1}{2\pi}\cdot\frac{2\pi}{\omega}\bigg|_{\omega \to -t} = -\frac{1}{t}$$

（2）因 $F(\omega)|_{\omega \to t} = F(t) = G_{\omega_0}(t)$，而 $G_\tau \leftrightarrow \tau\text{Sa}\left(\dfrac{\omega\tau}{2}\right)$，则 $F(t) \leftrightarrow \omega_0\text{Sa}\left(\dfrac{\omega\omega_0}{2}\right)$。

故有

$$f(t) = \frac{1}{2\pi}\mathscr{F}\{F(t)\}|_{\omega \to -t} = \frac{\omega_0}{2\pi}\text{Sa}\left(\frac{\omega\omega_0}{2}\right)\bigg|_{\omega \to -t} = \frac{\omega_0}{2\pi}\text{Sa}\left(\frac{\omega_0 t}{2}\right)$$

（3）因 $F(j\omega) = \pi\delta(\omega-\omega_0) + \dfrac{1}{j(\omega+\omega_0)} = \left[\pi\delta(\omega) + \dfrac{1}{j\omega}\right]*\delta(\omega-\omega_0)$

$$= \frac{1}{2\pi}\left[\pi\delta(\omega) + \frac{1}{j\omega}\right]*2\pi\delta(\omega-\omega_0)$$

由傅里叶变换频域卷积定理有

$$f(t) = \mathscr{F}^{-1}\left\{\pi\delta(\omega)+\frac{1}{j\omega}\right\}\cdot\mathscr{F}^{-1}\{\delta(\omega-\omega_0)\} = \frac{1}{2\pi}u(t)e^{j\omega_0 t} = \frac{1}{2\pi}e^{j\omega_0 t}u(t)$$

【例 3.8.2】 求下列频谱函数 $F(j\omega)$ 对应的时域信号。

（1） $F(j\omega) = \dfrac{-\omega^2+4j\omega+5}{-\omega^2+3j\omega+2}$；（2） $F(j\omega) = \dfrac{1}{(j\omega+1)(j\omega+2)^3}$

解 （1） $F(j\omega) = \dfrac{-\omega^2+4j\omega+5}{-\omega^2+3j\omega+2} = 1 + \dfrac{j\omega+3}{(j\omega+2)(j\omega+1)} = 1 + \dfrac{2}{j\omega+1} + \dfrac{-1}{j\omega+2}$

$$\therefore f(t) = \delta(t) + 2e^{-t}u(t) - e^{-2t}u(t)$$

（2） $F(j\omega) = \dfrac{1}{(j\omega+1)(j\omega+2)^3} = \dfrac{1}{j\omega+1} + \dfrac{-1}{(j\omega+2)^3} + \dfrac{-1}{(j\omega+2)^2} + \dfrac{-1}{j\omega+2}$

$$\therefore f(t)=\left(\mathrm{e}^{-t}-\frac{t^{2}}{2}\mathrm{e}^{-2t}-t\mathrm{e}^{-2t}-\mathrm{e}^{-2t}\right)u(t)$$

【例 3.8.3】 已知 $y(t)*\dfrac{\mathrm{d}}{\mathrm{d}t}y(t)=(1-t)\mathrm{e}^{-t}u(t)$，求 $y(t)$。

解 根据傅里叶变换的时域卷积定理和时域微分特性，有

$$Y(\mathrm{j}\omega)\cdot \mathrm{j}\omega Y(\mathrm{j}\omega)=\frac{1}{1+\mathrm{j}\omega}-\frac{1}{(1+\mathrm{j}\omega)^{2}}=\frac{\mathrm{j}\omega}{(1+\mathrm{j}\omega)^{2}}$$

即

$$Y(\mathrm{j}\omega)=\pm\frac{1}{1+\mathrm{j}\omega}$$

故

$$y(t)=\pm\mathrm{e}^{-t}u(t)$$

3.8.2 频率响应

设某线性时不变系统，其输入为 $f(t)$，输出或响应为 $y(t)$，描述该系统的微分方程为

$$a_{n}y^{(n)}(t)+a_{n-1}y^{(n-1)}(t)+\cdots+a_{1}y'(t)+a_{0}y(t)=b_{m}f^{(m)}(t)+b_{m-1}f^{(m-1)}(t)+\cdots+b_{0}f(t)$$

对上式两边取傅里叶变换并利用时域微分性质，可得

$$\left[a_{n}(\mathrm{j}\omega)^{n}+a_{n-1}(\mathrm{j}\omega)^{n-1}+\cdots+a_{1}(\mathrm{j}\omega)+a_{0}\right]Y(\mathrm{j}\omega)=\left[b_{m}(\mathrm{j}\omega)^{m}+b_{m-1}(\mathrm{j}\omega)^{m-1}+\cdots+b_{0}\right]F(\mathrm{j}\omega)$$

因此系统响应（或输出）的傅里叶变换为

$$Y(\mathrm{j}\omega)=\frac{b_{m}(\mathrm{j}\omega)^{m}+b_{m-1}(\mathrm{j}\omega)^{m-1}+\cdots+b_{1}(\mathrm{j}\omega)+b_{0}}{a_{n}(\mathrm{j}\omega)^{n}+a_{n-1}(\mathrm{j}\omega)^{n-1}+\cdots+a_{1}(\mathrm{j}\omega)+a_{0}}F(\mathrm{j}\omega)=H(\mathrm{j}\omega)F(\mathrm{j}\omega) \tag{3.8.1}$$

式中，$H(\mathrm{j}\omega)$ 称为该系统的系统传输函数，由于它反映了系统对输入不同频率分量的响应情况，也被称为系统的频率响应。

（1）$H(\mathrm{j}\omega)$ 是描述系统的重要参数，它与系统本身的特性有关，而与激励无关。系统函数（频率响应）可以定义为系统响应（零状态响应）的傅里叶变换 $Y(\mathrm{j}\omega)$ 与激励的傅里叶变换 $F(\mathrm{j}\omega)$ 之比，即

$$H(\mathrm{j}\omega)=\frac{Y(\mathrm{j}\omega)}{F(\mathrm{j}\omega)} \tag{3.8.2}$$

（2）$H(\mathrm{j}\omega)$ 是系统冲激响应的傅里叶变换，$h(t)$ 和 $H(\mathrm{j}\omega)$ 从时域和频域两个侧面描述了同一个系统的特性，$h(t)$ 和 $H(\mathrm{j}\omega)$ 的关系为

$$H(\mathrm{j}\omega)=\int_{-\infty}^{\infty}h(t)\mathrm{e}^{-\mathrm{j}\omega t}\mathrm{d}t,\quad h(t)=\frac{1}{2\pi}\int_{-\infty}^{\infty}H(\mathrm{j}\omega)\mathrm{e}^{\mathrm{j}\omega t}\mathrm{d}\omega \tag{3.8.3}$$

（3）$H(\mathrm{j}\omega)$ 一般是 ω 的复函数，可以表示为 $H(\mathrm{j}\omega)=|H(\mathrm{j}\omega)|\mathrm{e}^{\mathrm{j}\varphi(\omega)}$，其中，$|H(\mathrm{j}\omega)|$ 为系统传输的幅频特性，是 ω 的偶函数；$\varphi(\omega)$ 为系统传输的相频特性，是 ω 的奇函数。

（4）利用傅里叶变换进行系统分析的实质是先将输入信号分解为无穷多个虚指数分量之和，即 $f(t)=\int_{-\infty}^{\infty}\left[\dfrac{F(\mathrm{j}\omega)\mathrm{d}\omega}{2\pi}\right]\mathrm{e}^{\mathrm{j}\omega t}$，在 $\mathrm{d}\omega$ 范围内的该分量为 $\dfrac{F(\mathrm{j}\omega)\mathrm{d}\omega}{2\pi}\mathrm{e}^{\mathrm{j}\omega t}$，对应的响应分量为 $\left[\dfrac{F(\mathrm{j}\omega)\mathrm{d}\omega}{2\pi}\right]H(\mathrm{j}\omega)\mathrm{e}^{\mathrm{j}\omega t}$，再将无穷多个响应分量加起来，便得到了系统的总响应：

$$y(t)=\int_{-\infty}^{\infty}\left[\frac{F(j\omega)}{2\pi}H(j\omega)d\omega\right]e^{j\omega t}=\int_{-\infty}^{\infty}\left[\frac{Y(j\omega)}{2\pi}\right]e^{j\omega t}d\omega \quad (3.8.4)$$

（5）对于电路网络系统的频率响应，可以根据电路求正弦稳态响应的方法，建立元件模型：电阻 R、电感 $j\omega L$、电容 $\frac{1}{j\omega C}$；对于延时器，因输入为 $\delta(t)$ 时的输出为 $\delta(t-t_0)$，故元件模型为 $e^{-j\omega t_0}$；对于积分器，因输入为 $\delta(t)$ 时的输出为 $u(t)$，故元件模型为 $\frac{1}{j\omega}+\pi F(0)\delta(\omega)$；电路中的电流、电压分别用 $I(j\omega)$ 和 $U(j\omega)$ 表达。利用以上器件的频域模型，可以根据频域的电路模型，直接写出系统的传输函数 $H(j\omega)$。

3.8.3 频域分析

时域分析和频域分析是以不同的观点对 LTI 系统进行分析的两种方法，在频域可以通过傅里叶变换及其逆变换求系统的零状态响应。

1. 输入为非周期信号时系统的响应

（1）将输入激励 $f(t)$ 变换为频域的 $F(j\omega)$。
（2）确定系统的系统函数 $H(j\omega)$。
（3）求出系统零状态响应的傅里叶变换 $Y_f(j\omega)=H(j\omega)F(j\omega)$。
（4）再从频域返回到时域，即进行傅里叶逆变换，求出 $Y_f(j\omega)\leftrightarrow y_f(t)$。

2. 输入为周期信号时系统的响应

当输入 $x(t)=e^{jn\omega_0 t}$ 时，因果稳定的松弛系统输出为

$$y(t)=h(t)*x(t)=\int_{-\infty}^{\infty}h(\tau)e^{jn\omega_0(t-\tau)}d\tau=e^{jn\omega_0 t}\int_{-\infty}^{\infty}h(\tau)e^{-jn\omega_0\tau}d\tau \quad (3.8.5)$$

令

$$H(jn\omega_0)=\int_{-\infty}^{\infty}h(\tau)e^{-jn\omega_0\tau}d\tau=H(j\omega)\big|_{j\omega=jn\omega_0} \quad (3.8.6)$$

则系统输出为

$$y(t)=e^{jn\omega_0 t}H(jn\omega_0) \quad (3.8.7)$$

当输入周期信号 $f(t)=\sum_{n=-\infty}^{\infty}F_n e^{jn\omega_0 t}$ 时，根据系统的线性可加性，可得输出为

$$y(t)=\sum_{n=-\infty}^{\infty}F_n e^{jn\omega_0 t}H(jn\omega_0) \quad (3.8.8)$$

对于渐近稳定的因果系统，对任何观察时刻 t_0（$t_0\neq-\infty$），均认为在从周期信号作用于系统的开始时刻（$t=-\infty$）到观察时刻 t_0 的过程中，系统的暂态响应早已趋于零，周期信号输入渐近稳定的因果系统所得到的输出是该系统的稳态响应。

当输入正弦函数 $x(t)=A\sin(n\omega_0 t+\theta)$ 时，系统的稳态输出为

$$y(t)=A|H(jn\omega_0)|\sin(n\omega_0 t+\theta+\varphi_d) \quad (3.8.9)$$

此处 $H(jn\omega_0)=|H(jn\omega_0)|e^{j\varphi_d}$。

3. 无失真传输系统

信号无失真传输是指输入信号经过系统后，输出信号与输入信号相比，只有幅度大小和出现时间先后的不同，而没有波形上形状的变化。

若输入信号 $f(t)$ 经系统无失真传输后，则其输出信号为

$$y(t) = Kf(t - t_0) \tag{3.8.10}$$

即输出信号 $y(t)$ 的幅度是输入信号的 K 倍，而且比输入信号时延了 t_0 s。

对式（3.8.10）做傅里叶变换，得

$$Y(j\omega) = KF(j\omega)e^{-j\omega t_0} \tag{3.8.11}$$

故无失真传输要求的系统函数为

$$H(j\omega) = Ke^{-j\omega t_0} \tag{3.8.12}$$

由此可得

$$|H(j\omega)| = K, \quad \varphi(\omega) = -\omega t_0 \tag{3.8.13}$$

无失真传输系统的幅频和相频特性如图 3.8.1 所示。

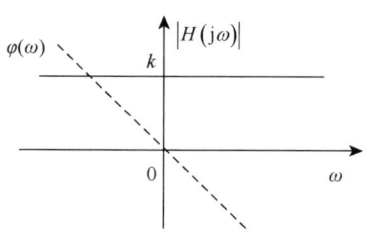

图 3.8.1 无失真传输系统的幅频特性和相频特性

定义 $t_0 = -\dfrac{d\varphi(\omega)}{d\omega}$ 为信号的群时延，则信号要无失真地传输应满足两个条件：

（1）系统幅频特性 $|H(j\omega)|$ 在整个频率范围内为常数 K，即系统的通频带应为无穷大。

（2）系统相频特性 $\varphi(\omega)$ 在整个频率范围内与 ω 成正比，即 $\varphi(\omega) = -\omega t_0$，或信号的群时延为常数。

实际的线性系统的幅频特性和相频特性都不可能完全满足不失真传输条件。在工程上，根据信号传输系统的具体情况或要求，以上条件可以适当地放宽。例如，当传输有限带宽的信号时，只要在信号占有频带范围内，系统的幅频、相频特性满足以上条件，就可以认为是无失真传输系统，常见的有理想低通、理想高通、理想带通和理想带阻滤波器等类型。

对理想低通滤波器，其频率特性可以写为

$$H(j\omega) = |H(j\omega)|e^{j\varphi(\omega)} = \begin{cases} e^{-j\omega t_0}, & |\omega| < \omega_c \\ 0, & |\omega| > \omega_c \end{cases} \tag{3.8.14}$$

它将低于角频率 ω_c 的信号无失真地传送，而阻止角频率高于 ω_c 的信号通过，其中 ω_c 称为截止角频率。能使信号通过的频率范围称为通带，阻止信号通过的频率范围称为止带或阻带。

理想低通滤波器的冲激响应为

$$h(t) = \mathscr{F}^{-1}\{H(j\omega)\} = \frac{1}{2\pi}\int_{-\infty}^{\infty} H(j\omega)e^{j\omega t}d\omega = \frac{1}{2\pi}\int_{-\omega_c}^{\omega_c} e^{j\omega(t-t_0)}d\omega$$

$$= \frac{1}{\pi(t-t_0)}\sin\omega_c(t-t_0) = \frac{\omega_c}{\pi}\frac{\sin\omega_c(t-t_0)}{\omega_c(t-t_0)}$$

即 $h(t) = \dfrac{\omega_c}{\pi}\text{Sa}(\omega_c(t-t_0))$，其波形如图 3.8.2 所示。

由图 3.8.2 可见，理想低通滤波器的冲激响应的峰值比输入的 $\delta(t)$ 时延了 t_0，而且输出脉冲在其建立之前就已出现。对于实际的物理系统，当 $t < 0$ 时，输入信号尚未接入，当然不可能有输出。故系统物理可以实现的充要条件为在时域上，系统为因果系统，即 $t < 0$ 时，$h(t) = 0$；在频域上，$\int_{-\infty}^{\infty}|H(j\omega)|^2 d\omega < \infty$。

理想低通滤波器的阶跃响应为 $g(t)$，它等于 $h(t)$ 与单位阶跃函数的卷积积分，即

$$g(t) = h(t) * u(t) = \int_{-\infty}^{t} h(\tau) d\tau$$

代入 $h(t) = \frac{\omega_c}{\pi} Sa(\omega_c(t-t_0))$，得 $g(t) = \int_{-\infty}^{t} \frac{\omega_c}{\pi} \frac{\sin(\omega_c(\tau-t_0))}{\omega_c(\tau-t_0)} d\tau$。

令 $\omega_c(\tau - t_0) = x$，则 $\omega_c d\tau = dx$，令积分上限为 x_c，$x_c = \omega_c(t-t_0)$，进行变量替换后，得 $g(t) = \frac{1}{\pi} \int_{-\infty}^{x_c} \frac{\sin x}{x} dx = \frac{1}{\pi} \int_{-\infty}^{0} \frac{\sin x}{x} dx + \frac{1}{\pi} \int_{0}^{x_c} \frac{\sin x}{x} dx$。

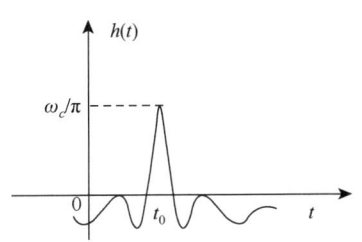

图 3.8.2 理想低通滤波器的冲激响应

因为 $G_\tau(t) \leftrightarrow \tau \frac{\sin(\omega\tau/2)}{\omega\tau/2}$，令 $\frac{\omega\tau}{2} = \omega$，则 $\tau = 2$，$G_2(t) \leftrightarrow 2\frac{\sin\omega}{\omega}$，故有

$$G_2(t) = \frac{1}{2\pi} \int_{-\infty}^{\infty} \frac{2\sin\omega}{\omega} e^{j\omega t} dt = \frac{1}{\pi} \int_{-\infty}^{\infty} \frac{\sin\omega}{\omega} e^{j\omega t} dt$$

令 $t=0$，因 $G_2(0) = 1$，被积函数是 ω 的偶函数，得 $1 = G_2(0) = \frac{2}{\pi} \int_{0}^{\infty} \frac{\sin\omega}{\omega} d\omega$。

函数 $\frac{\sin\eta}{\eta}$ 的定积分称为正弦积分（其函数值可以从正弦积分表中查得），用符号 $Si(x)$ 表示，即

$$Si(x) = \int_{0}^{x} \frac{\sin\eta}{\eta} d\eta \tag{3.8.15}$$

由此可得理想低通滤波器的阶跃响应为

$$g(t) = \frac{1}{2} + \frac{1}{\pi} Si(x_c) = \frac{1}{2} + \frac{1}{\pi} Si(\omega_c(t-t_0)) \tag{3.8.16}$$

其波形如图 3.8.3 所示。

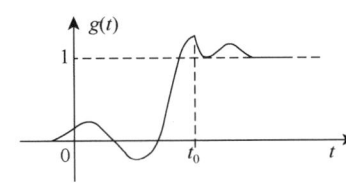

图 3.8.3 理想低通滤波器的阶跃响应

由图 3.8.3 可见，理想低通滤波器的阶跃响应不像阶跃信号那样陡直上升，而且在 $-\infty < t < 0$ 区间就已出现，这同样是采用理想化频率响应所致。

【例 3.8.4】 已知一个因果 LTI 系统的输出 $y(t)$ 和输入 $f(t)$ 满足下列微分方程：

$$\frac{d^2 y(t)}{dt^2} + 6\frac{dy(t)}{dt} + 8y(t) = 2f(t)$$

（1）求系统的冲激响应 $h(t)$；

（2）如果 $f(t) = te^{-t} u(t)$，初始状态为 $y(0_-) = 2$，$y'(0_-) = 1$，那么求其全响应。

解 （1）由微分方程可得

$$H(j\omega) = \frac{2}{(j\omega)^2 + 6(j\omega) + 8}$$

求 $H(j\omega)$ 的傅里叶逆变换就可以得到系统的冲激响应为

$$h(t) = \mathscr{F}^{-1}\{H(j\omega)\} = (e^{-2t} - e^{-4t}) u(t)$$

（2）由于 $f(t) = te^{-t} u(t)$，可得 $F(j\omega) = \frac{1}{(2+j\omega)^2}$，由此可得

$$Y(j\omega) = H(j\omega) F(j\omega) = \frac{2}{(j\omega + 4)(j\omega + 2)^3}$$

利用部分分式展开法，有

$$Y(j\omega) = \frac{-\frac{1}{4}}{j\omega+4} + \frac{1}{(2+j\omega)^3} + \frac{-\frac{1}{2}}{(2+j\omega)^2} + \frac{\frac{1}{4}}{(2+j\omega)}$$

求 $Y(j\omega)$ 的傅里叶逆变换得到系统的零状态响应为

$$y_f(t) = \mathscr{F}^{-1}\{Y(j\omega)\} = \left(-\frac{1}{4}e^{-4t} + \frac{1}{2}t^2e^{-2t} - \frac{1}{2}te^{-2t} + \frac{1}{4}e^{-2t}\right)u(t)$$

再利用时域分析求取该系统的零输入响应。

因为系统齐次微分方程的特征根为

$$\lambda_1 = -2, \quad \lambda_2 = -4$$

故零输入响应的通解为

$$y_x(t) = C_1 e^{-2t} + C_2 e^{-4t}$$

将 $y(0_-) = 2$，$y'(0_-) = 1$ 代入，可解得

$$C_1 = \frac{9}{2}, \quad C_2 = -\frac{5}{2}$$

故零输入响应为

$$y_x(t) = \left(\frac{9}{2}e^{-2t} - \frac{5}{2}e^{-4t}\right)u(t)$$

系统全响应为

$$y(t) = y_f(t) + y_x(t) = \left(\frac{19}{4}e^{-2t} - \frac{11}{4}e^{-4t} - \frac{1}{2}te^{-2t} + \frac{1}{2}t^2e^{-2t}\right)u(t)$$

【例 3.8.5】 求图 3.8.4 所示系统的幅频特性 $|H(j\omega)|$。

解 零阶保持电路的冲激响应 $h(t) = \delta(t) - \delta(t-T)$，其频率响应 $H_1(j\omega) = 1 - e^{-j\omega T}$，通过一阶积分器后，系统的传输函数 $H(j\omega) = \dfrac{1-e^{-j\omega T}}{j\omega} = |H(j\omega)|e^{-j\omega T}$，得

$$|H(j\omega)| = \frac{|1-\cos(\omega T) + j\sin(\omega T)|}{|\omega|} = \frac{\sqrt{2[1-\cos(\omega T)]}}{|\omega|} = T\left|\frac{\sin\left(\frac{\omega T}{2}\right)}{\frac{\omega T}{2}}\right| = T\left|\mathrm{Sa}\left(\frac{\omega T}{2}\right)\right|$$

【例 3.8.6】 已知图 3.8.5 所示调制系统中，乘法器的输入分别为 $f(t) = \dfrac{\sin(2t)}{t}$，$s(t) = \cos(3t)$，系统的频率响应 $H(\omega) = \begin{cases} 1, & |\omega| < 3\mathrm{rad/s} \\ 0, & |\omega| > 3\mathrm{rad/s} \end{cases}$，求系统的输出 $y(t)$。

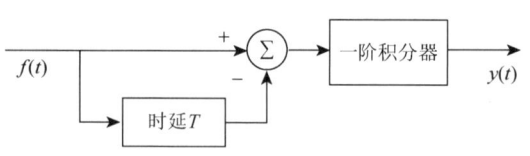

图 3.8.4 一个零阶保持电路系统

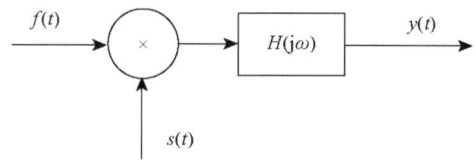

图 3.8.5 一个调制系统

解 乘法器的输出信号 $x(t) = f(t) \cdot s(t)$，由频域卷积定理可知，其频谱函数

$$X(j\omega) = \frac{1}{2\pi} F(j\omega) * S(j\omega)$$

式中，$f(t) \leftrightarrow F(j\omega)$，$s(t) \leftrightarrow S(j\omega)$。

因

$$\frac{\sin(2t)}{t} \leftrightarrow \pi G_4(-\omega) = \pi G_4(\omega), \quad s(t) = \cos(3t) \leftrightarrow S(j\omega) = \pi[\delta(\omega+3) + \delta(\omega-3)]$$

可得

$$X(j\omega) = \frac{1}{2\pi}\pi G_4(\omega) * \pi[\delta(\omega+3) + \delta(\omega-3)]$$

由题设可将系统的频率传输函数写为 $H(j\omega) = G_6(\omega)$，故系统响应的频谱函数为

$$Y(j\omega) = H(j\omega)X(j\omega) = G_6(\omega) \times \frac{\pi}{2}[G_4(\omega+3) + G_4(\omega-3)] = \frac{\pi}{2}[G_2(\omega+2) + G_2(\omega-2)]$$

取上式的傅里叶逆变换，得系统的输出 $y(t) = \frac{\sin t}{t} \cdot \cos(2t)$。

【例 3.8.7】 求图 3.8.6 所示电路的传输函数 $H(j\omega)$、幅频特性 $|H(j\omega)|$ 及相频特性 $\varphi(\omega)$。

解 电路系统的传输函数为

$$H(j\omega) = \frac{R_2 // \dfrac{1}{j\omega c_2}}{R_1 // \dfrac{1}{j\omega c_1} + R_2 // \dfrac{1}{j\omega c_2}} = \frac{\dfrac{R_2}{1+j\omega R_2 c_2}}{\dfrac{R_1}{1+j\omega R_1 c_1} + \dfrac{R_2}{1+j\omega R_2 c_2}} = \frac{R_2 + j\omega R_1 R_2 c_1}{R_1 + R_2 + j\omega R_1 R_2 (c_1 + c_2)}$$

故幅频特性

$$|H(j\omega)| = \left\{ \frac{R_2^2 + (\omega R_1 R_2 c_1)^2}{(R_1 + R_2)^2 + [\omega R_1 R_2 (c_1 + c_2)]^2} \right\}^{\frac{1}{2}}$$

相频特性

$$\varphi(\omega) = \arctan(\omega R_1 c_1) - \arctan\frac{\omega R_1 R_2 (c_1 + c_1)}{R_1 + R_2}$$

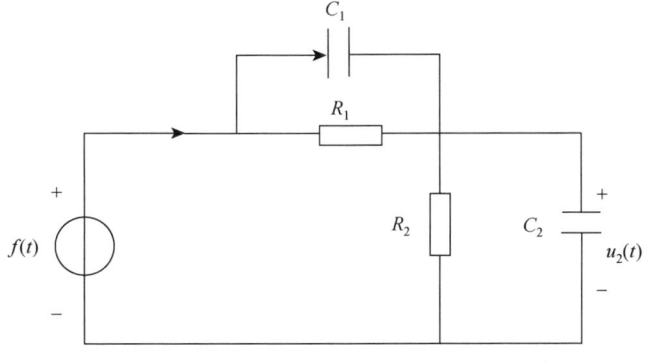

图 3.8.6 一个 RC 电路系统

【例 3.8.8】 图 3.8.7 为一个调制解调系统，已知被传送的信号为 $f(t)$，其最高频率为 ω_b；调制和解调采用的载波信号均为 $s(t) = A\cos(\omega_0 t)$，且 $\omega_0 \gg \omega_b$，解调后的信号通过一个低通滤波器，试求当系统的输出 $y(t) = f(t)$ 时低通滤波器的传递函数 $H(j\omega)$。

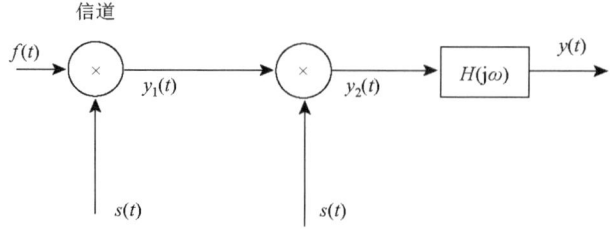

图 3.8.7 一个调制解调系统

解 因为 $y_1(t) = f(t)s(t) = Af(t)\cos(\omega_0 t)$，

$$y_2(t) = y_1(t)s(t) = [Af(t)\cos(\omega_0 t)] \cdot A\cos(\omega_0 t) = \frac{A^2}{2}[f(t) + f(t)\cos(2\omega_0 t)]$$

设 $f(t) \leftrightarrow F(j\omega)$，则

$$y_2(t) \leftrightarrow Y_2(j\omega) = \frac{A^2}{2}\left[F(j\omega) + \frac{F(j(\omega+2\omega_0)) + F(j(\omega-2\omega_0))}{2}\right]$$

欲使系统的输出 $y(t) = f(t)$，即 $y(t) = y_2(t) * \mathscr{F}^{-1}\{H(j\omega)\} = f(t)$，故有

$$Y(j\omega) = Y_2(j\omega)H(j\omega) = H(j\omega) \cdot \frac{A^2}{2}\left[F(j\omega) + \frac{F(j(\omega+2\omega_0)) + F(j(\omega-2\omega_0))}{2}\right] = F(j\omega)$$

解得 $H(j\omega) = \frac{2}{A^2}G_{2\omega_c}(\omega)$，其中，$\omega_c$ 为理想低通滤波器截止频率，$\omega_b \leqslant \omega_c \leqslant 2\omega_0 - \omega_b$。

【**例 3.8.9**】 图 3.8.8 为一个通信系统，已知被传送的信号为 $f(t)$，其最高频率为 ω_m；调制载波信号为 $\delta_T(t) = \sum_{k=-\infty}^{\infty}\delta(t-kT)$，且 $T = \frac{\pi}{\omega_m}$。试求：

（1）图中的信号 $f_s(t)$ 及其频谱 $F_s(j\omega)$。

（2）当系统的输出 $y(t) = f(t)$ 时，低通滤波器的传递函数 $H(j\omega)$。

解 （1）因 $f(t) \cdot \delta_T(t) = \sum_{k=-\infty}^{\infty} f(kT)\delta(t-kT)$，

由时延、加法和积分器构成的子系统的冲激响应为

$$h_1(t) = \int_{-\infty}^{t}[\delta(\tau) - \delta(\tau-T)]\mathrm{d}\tau = u(t) - u(t-T)$$

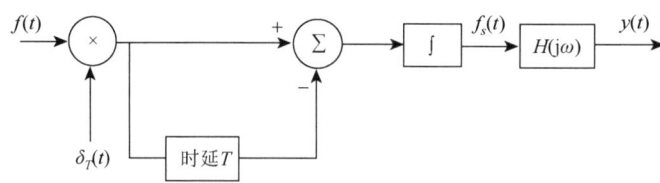

图 3.8.8 一个通信系统

$$f_s(t) = [f(t)\delta_T(t)] * h_1(t) = \sum_{k=-\infty}^{\infty} f(kT)\delta(t-kT) * [u(t) - u(t-T)]$$

$$= \sum_{k=-\infty}^{\infty} f(kT)[u(t-kT) - u(t-(k+1)T)]$$

因 $f(t) \leftrightarrow F(j\omega)$，$\delta_T(t) \leftrightarrow \frac{2\pi}{T}\sum_{k=-\infty}^{\infty}\delta\left(\omega - k\frac{2\pi}{T}\right)$，$h_1(t) \leftrightarrow T\mathrm{Sa}\left(\frac{\omega T}{2}\right)\mathrm{e}^{-\mathrm{j}\frac{\omega T}{2}}$，故信号 $f_s(t)$ 的频谱 $F_s(j\omega)$ 为

$$F_s(\mathrm{j}\omega) = \frac{1}{2\pi}\left[F(\mathrm{j}\omega) * \frac{2\pi}{T}\sum_{k=-\infty}^{\infty}\delta\left(\omega - k\frac{2\pi}{T}\right)\right] \cdot T\mathrm{Sa}\left(\frac{\omega T}{2}\right)\mathrm{e}^{-\mathrm{j}\frac{\omega T}{2}}$$

$$= \sum_{k=-\infty}^{\infty} F\left(\mathrm{j}\left(\omega - k\frac{2\pi}{T}\right)\right)\mathrm{Sa}\left(\frac{\omega T}{2}\right)\mathrm{e}^{-\mathrm{j}\frac{\omega T}{2}}$$

（2）当系统的输出 $y(t) = f(t)$ 时，则有

$$F_s(\mathrm{j}\omega) \cdot H(\mathrm{j}\omega) = \sum_{k=-\infty}^{\infty} F\left(\mathrm{j}\left(\omega - k\frac{2\pi}{T}\right)\right)\mathrm{Sa}\left(\frac{\omega T}{2}\right)\mathrm{e}^{-\mathrm{j}\frac{\omega T}{2}} \cdot H(\mathrm{j}\omega) = F(\mathrm{j}\omega)$$

可以求得低通滤波器的传递函数 $H(\mathrm{j}\omega)$ 为

$$H(\mathrm{j}\omega) = \frac{1}{\mathrm{Sa}\left(\dfrac{\omega T}{2}\right)\mathrm{e}^{-\mathrm{j}\frac{\omega T}{2}}} G_{2\omega_m}(\omega)$$

式中，$G_{2\omega_m}(\omega)$ 为门函数；ω_m 为 $f(t)$ 的最高频率，也是理想低通滤波器的截止频率。

【例 3.8.10】 某一电路系统的冲激响应 $h(t) = \mathrm{e}^{-t}u(t)$，当输入图 3.8.9 所示的周期矩形脉冲信号时，分别用时域、频域两种方法求系统零状态响应。

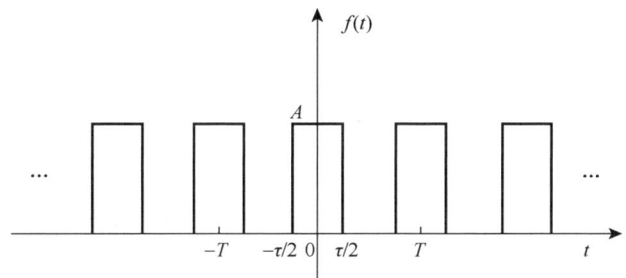

图 3.8.9　周期矩形脉冲信号

解　（1）采用时域方法求系统零状态响应。

图示信号为一幅度为 A、脉冲宽度为 τ、周期为 T 的周期矩形脉冲信号，在一个周期内可以表示为

$$f_T(t) = A\left[u\left(t + \frac{\tau}{2}\right) - u\left(t - \frac{\tau}{2}\right)\right] = AG_\tau(t)$$

由题设已知系统的冲激响应 $h(t) = \mathrm{e}^{-t}u(t)$，设 $\delta_T(t) = \sum_{k=-\infty}^{\infty}\delta(t - kT)$，根据 $y(t) = f(t) * h(t) = f_T(t) * h(t) * \delta_T(t)$，可知

$$y_T(t) = f_T(t) * h(t) = f_T'(t) * h^{(-1)}(t) = A\left[\delta\left(t + \frac{\tau}{2}\right) - \delta\left(t - \frac{\tau}{2}\right)\right] * (1 - \mathrm{e}^{-t})u(t)$$

$$= A\left\{\left[1 - \mathrm{e}^{-\left(t + \frac{\tau}{2}\right)}\right]u\left(t + \frac{\tau}{2}\right) - \left[1 - \mathrm{e}^{-\left(t - \frac{\tau}{2}\right)}\right]u\left(t - \frac{\tau}{2}\right)\right\}$$

$$y(t) = y_T(t) * \delta_T(t) = A\left\{\left[1 - \mathrm{e}^{-\left(t + \frac{\tau}{2}\right)}\right]u\left(t + \frac{\tau}{2}\right) - \left[1 - \mathrm{e}^{-\left(t - \frac{\tau}{2}\right)}\right]u\left(t - \frac{\tau}{2}\right)\right\} * \sum_{k=-\infty}^{\infty}\delta(t - kT)$$

$$= A\sum_{k=-\infty}^{\infty}\left\{\left[1 - \mathrm{e}^{-\left(t - kT + \frac{\tau}{2}\right)}\right]u\left(t - kT + \frac{\tau}{2}\right) - \left[1 - \mathrm{e}^{-\left(t - kT - \frac{\tau}{2}\right)}\right]u\left(t - kT - \frac{\tau}{2}\right)\right\}$$

(2)采用频域方法求系统零状态响应。

因 $h(t) \leftrightarrow \dfrac{1}{1+j\omega}$,$\delta_T(t) \leftrightarrow \dfrac{2\pi}{T}\sum\limits_{n=-\infty}^{\infty}\delta(j(\omega-n\omega_0))$,$f_T(t) \leftrightarrow A\tau\mathrm{Sa}\left(\dfrac{\omega\tau}{2}\right)$,根据 $Y(j\omega)=\dfrac{2\pi}{T}\sum\limits_{n=-\infty}^{\infty}F_T(n\omega_0)$ $\times H(n\omega_0)\delta(j(\omega-n\omega_0))$,可得

$$Y(j\omega)=\frac{2\pi}{T}\sum_{n=-\infty}^{\infty}A\tau\mathrm{Sa}\left(\frac{\tau n\omega_0}{2}\right)\frac{1}{1+jn\omega_0}\delta(j(\omega-n\omega_0))$$

故

$$y(t)=\frac{1}{T}\sum_{n=-\infty}^{\infty}F_T(n\omega_0)H(n\omega_0)\mathrm{e}^{jn\omega_0 t}=\frac{1}{T}\sum_{n=-\infty}^{\infty}F_T(n\omega_0)|H(n\omega_0)|\mathrm{e}^{j[n\omega_0 t+\varphi(\omega)]}$$

即得

$$y(t)=\frac{1}{T}\sum_{n=-\infty}^{\infty}A\tau\mathrm{Sa}\left(\frac{\tau n\omega_0}{2}\right)\frac{\mathrm{e}^{j[n\omega_0 t+\varphi(\omega)]}}{\sqrt{1+(n\omega_0)^2}}$$

式中,$\varphi(\omega)$ 为系统传输函数产生的相移,有 $\varphi(\omega)=-\arctan(n\omega_0)$,$n=0,\pm1,\pm2,\pm3,\cdots$。

【例 3.8.11】 当输入信号 $f(t)$ 是一个周期为 T 的锯齿波,即在一个周期内可以表示为 $f_T(t)=\dfrac{At}{T}\left[u\left(t+\dfrac{T}{2}\right)-u\left(t-\dfrac{T}{2}\right)\right]$ 时,求 $f(t)$ 通过一个理想低通滤波器后的输出 $y(t)$,设此低通滤波器的频率响应函数为 $H(j\omega)=\begin{cases}1,&|\omega|<\dfrac{3\omega_0}{2}\\0,&|\omega|>\dfrac{3\omega_0}{2}\end{cases}$。

解 因锯齿波 $f_T(t)=\dfrac{At}{T}\left[u\left(t+\dfrac{T}{2}\right)-u\left(t-\dfrac{T}{2}\right)\right]$,展开成三角函数形式的傅里叶级数,有 $f_T(t)=\dfrac{a_0}{2}+\sum\limits_{n=1}^{\infty}[a_n\cos(n\omega_0 t)+b_n\sin(n\omega_0 t)]$,其中,$b_n=\dfrac{A}{n\pi}(-1)^{n+1}$,$a_0=0$,$a_n=0$。

由于理想低通滤波器的截止频率是 $\dfrac{3\omega_0}{2}$,只允许 F_n 中的直流及 $\pm\omega_0$ 的分量通过,但 F_n 中的直流分量为 0,故滤波器的输出 $y(t)=\dfrac{A}{\pi}\sin(\omega_0 t)$。

【例 3.8.12】 输入信号 $f(t)$ 是一个周期为 $T=1$ 的锯齿波,如图 3.8.10(a)所示。试求该信号通过一个滤波器后的输出 $y(t)$,该滤波器的传输函数如图 3.8.10(b)所示。

解 将 $f(t)$ 展开为指数形式的傅里叶级数 $f(t)=\sum\limits_{n=-\infty}^{\infty}F_n\mathrm{e}^{jn\omega_0 t}$,其傅里叶系数为

$$F_0=\frac{1}{T}\int_0^T t\mathrm{d}t=\frac{1}{2}\,;\quad F_n=\frac{1}{T}\int_0^T t\mathrm{e}^{-jn\omega_0 t}\mathrm{d}t=\frac{\mathrm{j}}{2\pi n},n\neq 0$$

因 $Y(jn\omega_0)=F_n H(jn\omega_0)$,而 $\omega_0=2\pi/T=2\pi$,图 3.8.10(b)中 $H(j\omega)$ 的截止频率为 4π,故 F_n 中只有三项能通过滤波器,对应输出分别为

$$Y_1=Y(jn\omega_0)\big|_{n=0}=F_0 H(0)=\frac{1}{2}\times 2=1$$

$$Y_2=Y(jn\omega_0)\big|_{n=1}=F_1 H(j\omega_0)=\frac{\mathrm{j}}{2\pi}\times 1=\frac{\mathrm{j}}{2\pi}$$

$$Y_3=Y(jn\omega_0)\big|_{n=-1}=F_{-1}H(-j\omega_0)=\frac{-\mathrm{j}}{2\pi}\times 1=\frac{-\mathrm{j}}{2\pi}$$

故

$$y(t)=\sum_{n=-\infty}^{\infty}Y_n e^{jn\omega_0 t}=1+\frac{j}{2\pi}e^{j2\pi t}+\left(\frac{-j}{2\pi}\right)e^{-j2\pi t}=1-\frac{1}{\pi}\sin 2\pi t$$

(a) 输入信号　　(b) 低通滤波器传输函数

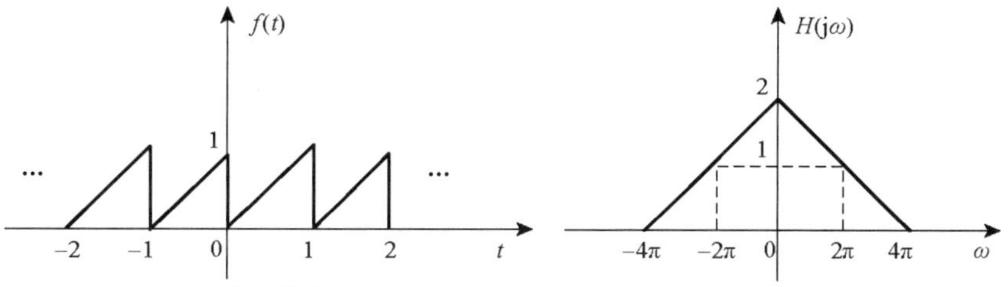

图 3.8.10　滤波器的输入及其传输函数

3.9　抽 样 定 理

3.9.1　信号的抽样与重建

在许多实际问题中，常常需要将连续时间信号变为离散时间信号，这就要对信号进行抽样（也称取样或采样）。对信号的抽样过程可以概括为利用抽样脉冲序列 $s(t)$ 从连续时间信号 $f(t)$ 中抽取一系列离散样值的过程，这样得到的离散信号通常称为抽样信号或取样信号，用 $f_s(t)$ 表示，如图 3.9.1 所示。

设抽样脉冲序列为 $s(t)$（也称为开关函数），则抽样信号为

$$f_s(t)=f(t)\cdot s(t) \tag{3.9.1}$$

若各脉冲间隔时间相同，均为 T_s，则称为均匀抽样，T_s 称为抽样（取样）周期，$f_s=1/T_s$ 称为抽样频率或抽样率，$\omega_s=2\pi f_s$ 称为抽样角频率。

(a) 连续时间信号　　(b) 抽样脉冲序列

(c) 抽样信号

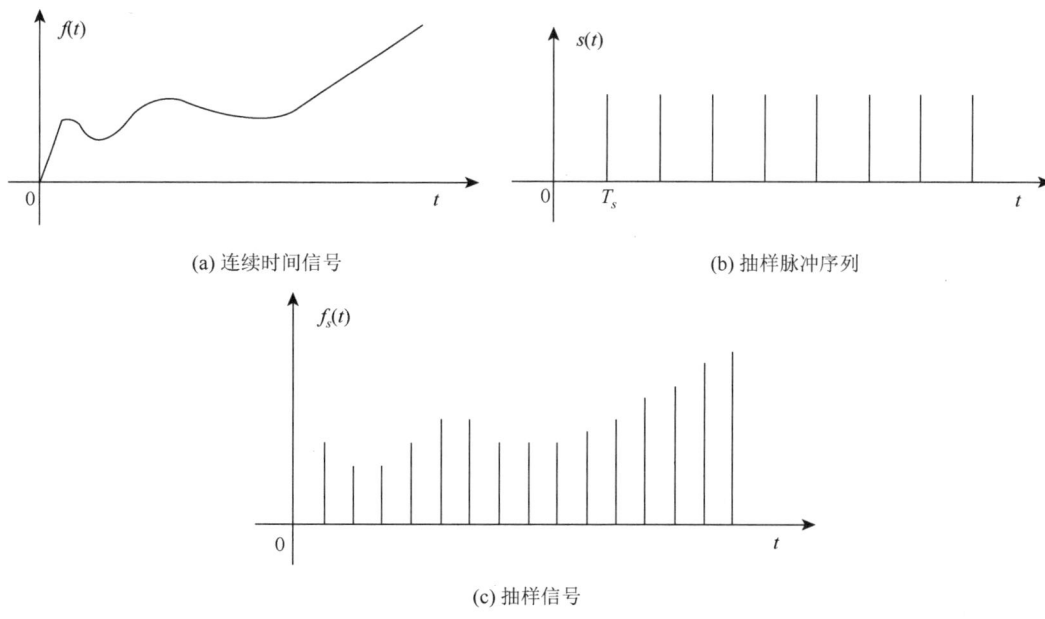

图 3.9.1　连续时间信号抽样为离散时间信号

当抽样脉冲序列 $s(t)$ 类型不同时，抽样信号 $f_s(t)$ 的频谱 $F_s(j\omega)$ 也有所不同。

1. 理想采样

此时抽样脉冲序列 $s(t)$ 是周期的冲激函数序列：$\delta_T(t) = \sum_{n=-\infty}^{\infty} \delta(t-nT_s)$，$\dfrac{2\pi}{T_s} = \omega_s$。

抽样冲激序列的频谱函数 $\mathscr{F}\{s(t)\} = \mathscr{F}\{\delta_{T_s}(t)\} = \omega_s \delta_{\omega_s}(\omega) = \omega_s \sum_{n=-\infty}^{\infty} \delta(\omega - n\omega_s)$。

抽样信号 $f_s(t) = f(t) \cdot s(t) = f(t)\delta_{T_s}(t)$，故其频谱为

$$F_s(\mathrm{j}\omega) = \frac{\mathscr{F}\{f(t)\} * \mathscr{F}\{\delta_{T_s}(t)\}}{2\pi} = \frac{1}{2\pi} F(\mathrm{j}\omega) * \omega_s \sum_{n=-\infty}^{\infty} \delta(\omega - n\omega_s) = \frac{1}{T_s} \sum_{n=-\infty}^{\infty} F(\mathrm{j}(\omega - n\omega_s))$$

如果信号 $f(t)$ 的频谱 $F(\mathrm{j}\omega)$ 如图 3.9.2（a）所示，那么当 $\omega_s \geq 2\omega_m$ 时，抽样信号 $f_s(t)$ 的频谱函数 $F_s(\mathrm{j}\omega)$ 如图 3.9.2（b）所示。

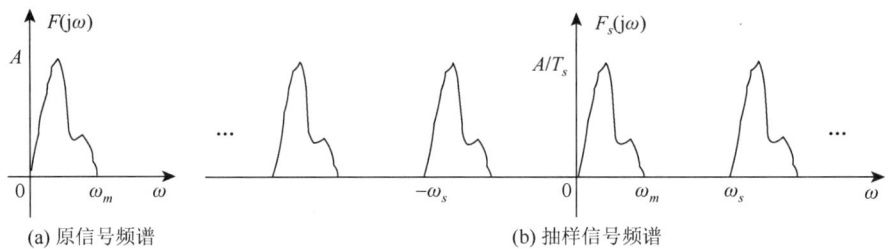

图 3.9.2　理想采样的频谱

2. 平顶采样

此时抽样脉冲序列 $s(t)$ 是窄脉冲序列，各个周期内为幅度为 1、脉宽为 τ 的门函数，如图 3.9.3 所示，即 $s(t) = p_T(t) = \sum_{n=-\infty}^{\infty} G_\tau(t-nT_s)$，$\dfrac{2\pi}{T_s} = \omega_s$。

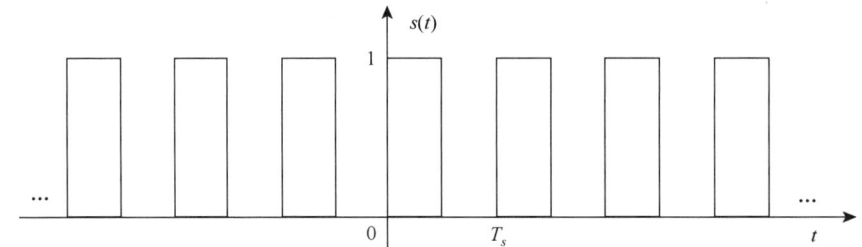

图 3.9.3　抽样脉冲序列是门函数序列

抽样脉冲序列的频谱函数 $\mathscr{F}\{p_T(t)\} = \dfrac{2\pi\tau}{T_s} \sum_{n=-\infty}^{\infty} \mathrm{Sa}\left(\dfrac{n\omega_s\tau}{2}\right)\delta(\omega - n\omega_s)$。

抽样信号 $f_s(t) = f(t) \cdot s(t) = f(t) \cdot p_T(t)$，故其频谱函数为

$$F_s(\mathrm{j}\omega) = \frac{\tau}{T_s} \sum_{n=-\infty}^{\infty} \mathrm{Sa}\left(\frac{n\omega_s\tau}{2}\right) F(\mathrm{j}\omega) * \delta(\omega - \omega_s) = \frac{\tau}{T_s} \sum_{n=-\infty}^{\infty} \mathrm{Sa}\left(\frac{n\omega_s\tau}{2}\right) F(\mathrm{j}(\omega - n\omega_s))$$

如果信号 $f(t)$ 的频谱 $F(\mathrm{j}\omega)$ 如图 3.9.4（a）所示，那么当 $\omega_s \geq 2\omega_m$ 时，抽样信号 $f_s(t)$ 的频谱函数 $F_s(\mathrm{j}\omega)$ 如图 3.9.4（b）所示。

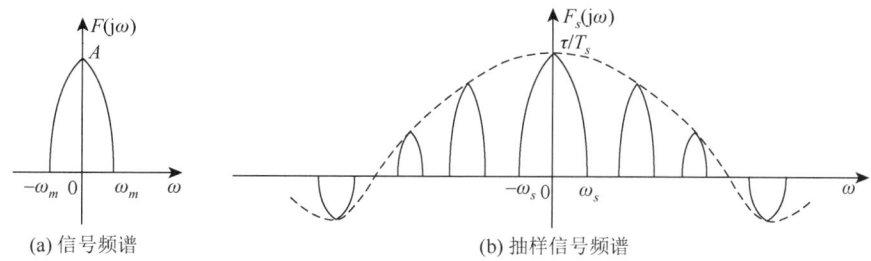

(a) 信号频谱　　　　　　　　　　(b) 抽样信号频谱

图 3.9.4　平顶采样时信号的频谱

由此可见，抽样信号 $f_s(t)$ 的频谱函数 $F_s(j\omega)$，是由原信号 $f(t)$ 的频谱 $F(j\omega)$ 的无限个频移信号叠加组成的，频移的角频率分别为 $n\omega_s\,(n=0,\pm1,\pm2,\cdots)$。

如果信号 $f(t)$ 的频带是有限的，那么这样的信号称为有限频带信号，简称为带限信号。

若带限信号 $f(t)$ 的频谱只在区间 $(-\omega_m,\omega_m)$ 为有限值，称为低通信号，当抽样角频率 $\omega_s \geqslant 2\omega_m$ 时，对原信号 $f(t)$ 的频谱 $F(j\omega)$ 进行 $n\omega_s\,(n=0,\pm1,\pm2,\cdots)$ 的频移，在各频移信号叠加组成的频谱函数 $F_s(j\omega)$ 中，各频移信号的频谱不会相互重叠；如果 $\omega_s < 2\omega_m$，那么各频移的频谱将相互重叠，频谱重叠的这种现象称为混叠现象。

若对低通信号 $f(t)$ 抽样时满足条件 $\omega_s \geqslant 2\omega_m$，则抽样信号的频谱 $F_s(j\omega)$ 不会出现频谱混叠现象，此时可以利用低通滤波器，从 $F_s(j\omega)$ 中得到 $F_s(j\omega)$，从而无失真地恢复原信号 $f(t)$，如图 3.9.5 所示。

通常情况下理想低通滤波器的截止角频率 $\omega_m \leqslant \omega_c$，设其传输函数 $H(j\omega)$ 如图 3.9.6 所示，$H(j\omega)=\begin{cases}T_s, & |\omega|<\omega_c\\0, & |\omega|>\omega_c\end{cases}$，利用傅里叶变换的对称性，可得此理想低通滤波器的冲激响应 $h(t)=T_s\dfrac{\omega_c}{\pi}\mathrm{Sa}(\omega_c t)$。若选 $\omega_c=\omega_m=\dfrac{\omega_s}{2}$，则 $h(t)=\mathrm{Sa}\left(\dfrac{1}{2}\omega_s t\right)$。

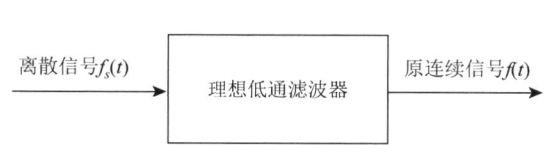　　　　　　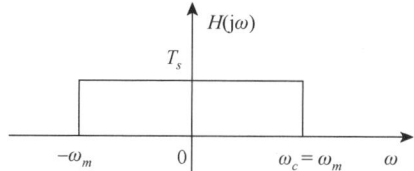

图 3.9.5　从抽样后的离散信号恢复原连续信号的系统实现框图　　　　图 3.9.6　理想低通滤波器的传输函数

设对信号 $f(t)$ 进行自然抽样，则抽样后抽样信号为

$$f_s(t)=f(t)\cdot\sum_{n=-\infty}^{\infty}\delta(t-nT_s)=\sum_{n=-\infty}^{\infty}f(t)\cdot\delta(t-nT_s)=\sum_{n=-\infty}^{\infty}f(nT_s)\delta(t-nT_s)$$

将此信号通过图 3.9.6 所示的理想低通滤波器且 $\omega_c=\omega_m=\dfrac{\omega_s}{2}$，则理想低通滤波器的输出信号为

$$\begin{aligned}\tilde{f}(t)&=f_s(t)*h(t)=\sum_{n=-\infty}^{\infty}f(nT_s)\delta(t-nT_s)*\mathrm{Sa}\left(\dfrac{\omega_s t}{2}\right)\\&=\sum_{n=-\infty}^{\infty}f(nT_s)\mathrm{Sa}\left[\dfrac{\omega_s}{2}(t-nT_s)\right]=\sum_{n=-\infty}^{\infty}f(nT_s)\mathrm{Sa}\left(\dfrac{\omega_s t}{2}-n\pi\right)=f(t)\end{aligned}\qquad(3.9.2)$$

由此可见，连续信号 $f(t)$ 可以展开成重建所用的低通滤波器冲激响应的无限个时移叠加项，也就是正交抽样函数（Sa 函数）的无穷级数形式，该级数的系数等于各抽样时刻的抽样值 $f(nT_s)$。也就是说，

若在抽样信号 $f_s(t)$ 的每个抽样点处，画一个峰值为 $f(nT_s)$ 的正交抽样函数波形，那么其合成信号就是原信号 $f(t)$。因此，只要知道各抽样值 $f(nT_s)$，就能唯一地重建原信号 $f(t)$。这种恢复原信号的方式称为采样内插，式中的正交抽样函数时移项 $\mathrm{Sa}\left[\dfrac{\omega_s}{2}(t-nT_s)\right]$ 称为内插函数。

3.9.2 抽样定理

由前面的内容可知，一个频谱在区间 $(-\omega_m, \omega_m)$ 以外为零的有限频带信号 $f(t)$，可唯一地由其在均匀间隔 $T_s\left(T_s \leqslant \dfrac{1}{2f_m}\right)$ 上的样点值 $f(nT_s)$ 所确定。这就是时域（低通）抽样定理。

由时域抽样定理可知：由抽样信号 $f_s(t)$ 无失真地恢复原信号 $f(t)$，应当满足两个必要条件：①信号 $f(t)$ 是带限信号，其频谱函数在 $|\omega| > \omega_m$ 时为零；②抽样角频率 ω_s 应满足条件 $\omega_s \geqslant 2\omega_m$（即抽样频率 $f_s \geqslant 2f_m$），或者说抽样间隔 T_s 应满足条件 $T_s \leqslant \dfrac{1}{2f_m}$。否则抽样信号的频谱会发生频率混叠现象。

满足时域抽样定理的抽样信号，可由其抽样值 $f(nT_s)$ 唯一且精确地表示原带限信号，有 $f(t) = \sum\limits_{n=-\infty}^{\infty} f(nT_s)\mathrm{Sa}\left(\dfrac{\omega_s t}{2} - n\pi\right)$。

定义奈奎斯特频率 $f_s = 2f_m$，它是抽样无失真时允许的最低频率；定义奈奎斯特间隔 $T_s = \dfrac{\pi}{\omega_m} = \dfrac{1}{2f_m}$，它是抽样无失真时允许抽样的最大时间间隔。

根据时域与频域的对称性，可推出频域抽样定理：一个在时间区域 $(-t_m, t_m)$ 以外为零的有限时间信号 $f(t)$，其频谱函数 $F(\mathrm{j}\omega)$ 可唯一地由其在均匀频率间隔 $f_s\left(f_s \leqslant \dfrac{1}{2t_m}\right)$ 的样点值 $F(\mathrm{j}n\omega_s)$ 所确定。

令 $t_m = \dfrac{1}{2f_s}$，则有

$$F(\mathrm{j}\omega) = \sum_{n=-\infty}^{\infty} F\left(\mathrm{j}\dfrac{n\pi}{t_m}\right)\mathrm{Sa}(\omega t_m - n\pi) \tag{3.9.3}$$

3.9.3 模拟信号数字化

模拟信号数字化处理是数字信号处理的一个重要任务。模拟信号数字化处理系统主要由模拟转换、数字信号处理和模拟恢复三部分组成，其结构如图 3.9.7 所示。

图 3.9.7 模拟信号数字化处理系统结构

要对模拟信号实现数字化处理，首先要将模拟信号离散化，这个过程称为模数转换。在实际中，让模拟信号通过一个模数转换器 ADC 就实现了信号数字化。模数转换器是一个具有取样、量化和编码功能的采样保持电路。当只需要将模拟信号转换为离散时间信号时，可以把模数转换器近似看作一个采样器，用一个开关来表示。

通过模数转换以后，模拟信号被转换为数字信号，数字信号处理由离散时间系统完成，包括传输和数字滤波等，输入是离散信号，输出也是离散信号。这个过程称为数字信号处理。

数字信号处理输出的离散信号需要通过一个模拟恢复滤波器再转换成模拟信号，这个过程称为数模转换。模拟恢复滤波器通常称为数模转换器 DAC，常用的有低通滤波器、零阶保持电路和 RC 滤波器。

零阶保持电路如图 3.9.8 所示。零阶保持电路可看作由取样值重建的原信号 $f(t)$ 的一个粗糙复制器，如果输入为取样信号 $f_s(t)$，那么其输出为一个与 $f(t)$ 相似的阶梯信号，如图 3.9.9 所示。

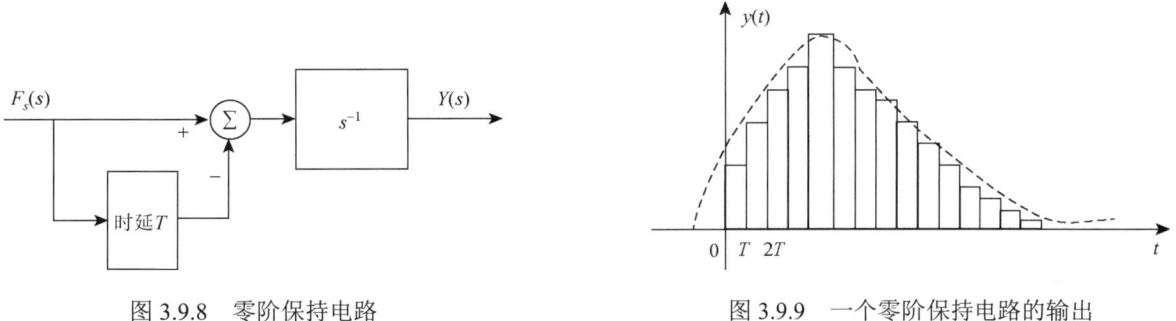

图 3.9.8　零阶保持电路　　　　　图 3.9.9　一个零阶保持电路的输出

由图 3.9.8 可得零阶保持电路的冲激响应 $h(t)=u(t)-u(t-T)$，则其频率响应为

$$H(j\omega) = \frac{1-e^{-j\omega T}}{j\omega} = |H(j\omega)|e^{-j\omega \frac{T}{2}}$$

式中，$|H(j\omega)| = \frac{|1-\cos(\omega T)+j\sin(\omega T)|}{|\omega|} = \frac{\sqrt{1-(\cos \omega T)}}{|\omega|} = T\left|\frac{\sin\left(\frac{\omega T}{2}\right)}{\frac{\omega T}{2}}\right| = T\left|\text{Sa}\left(\frac{\omega T}{2}\right)\right|$。

零阶保持电路的幅频特性如图 3.9.10 所示，可见此零阶保持电路具有低通特性。

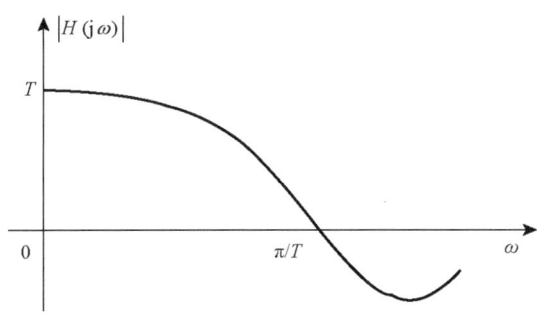

图 3.9.10　零阶保持电路的幅频特性

【例 3.9.1】　若对下列信号进行采样，求对应的奈奎斯特频率。

（1）$x(t) = 1+\cos(2000\pi t)+\sin(4000\pi t)$。

（2）$x(t) = \dfrac{\sin(4000\pi t)}{\pi t}$。

（3）$x(t) = \left(\dfrac{\sin(4000\pi t)}{\pi t}\right)^2$。

解　根据抽样定理，奈奎斯特频率 $f_s = 2f_m$。

(1) 由题设有 $\omega_m = 4000\pi$，故奈奎斯特频率 $f_s = 2f_m = \dfrac{\omega_m}{\pi} = 4000\text{Hz}$。

(2) 因为 $x(t) = \dfrac{\sin(4000\pi t)}{\pi t} \leftrightarrow X_1(\omega) = \begin{cases} A, & |\omega| < 4000\pi \\ 0, & |\omega| > 4000\pi \end{cases}$，有 $\omega_m = 4000\pi$，故奈奎斯特频率 $f_s = 2f_m = \dfrac{\omega_m}{\pi} = 4000\text{Hz}$。

(3) $x(t) = \left(\dfrac{\sin(4000\pi t)}{\pi t}\right)^2 \leftrightarrow X(\omega) = \dfrac{X_1(\omega) * X_1(\omega)}{2\pi} = \begin{cases} B\left(1 - \dfrac{|\omega|}{20\pi}\right), & |\omega| < 8000\pi \\ 0, & |\omega| > 8000\pi \end{cases}$

故 $\omega_m = 8000\pi$，奈奎斯特频率 $f_s = 2f_m = \dfrac{\omega_m}{\pi} = 8000\text{Hz}$。

【例 3.9.2】 已知 $f(t) = \dfrac{-1}{10(\pi t)^2}(\cos 10\pi t - 1)$，用脉冲序列对其进行理想采样，采样角频率 $\omega_s = 30\pi$ rad/s：

(1) 画出采样信号的频谱 $G(\omega)$。

(2) 若令采样信号通过一个理想低通滤波器后，信号频谱为 $G_1(\omega) = 5F(\omega)$，$|\omega| \leq \omega_c$，求此理想低通滤波器的传输函数。

解 (1) 因 $f(t) = \dfrac{-1}{10(\pi t)^2}[\cos(10\pi t) - 1] = 5\dfrac{\sin^2(5\pi t)}{(5\pi t)^2}$，$\dfrac{\sin(5\pi t)}{5\pi t} \leftrightarrow \dfrac{1}{5}G_{10\pi}(\omega)$，故

$$f(t) \leftrightarrow F(\text{j}\omega) = \dfrac{1}{2\pi} \times 5 \times \left[\dfrac{1}{5}G_{10\pi}(\omega) * \dfrac{1}{5}G_{10\pi}(\omega)\right] = \begin{cases} 1 - \dfrac{|\omega|}{10\pi}, & |\omega| < 10\pi \\ 0, & |\omega| > 10\pi \end{cases}$$

原信号 $f(t)$ 的频谱 $F(\text{j}\omega)$ 和抽样信号的频谱 $G(\text{j}\omega)$ 分别如图 3.9.11 (a) 与 (b) 所示。

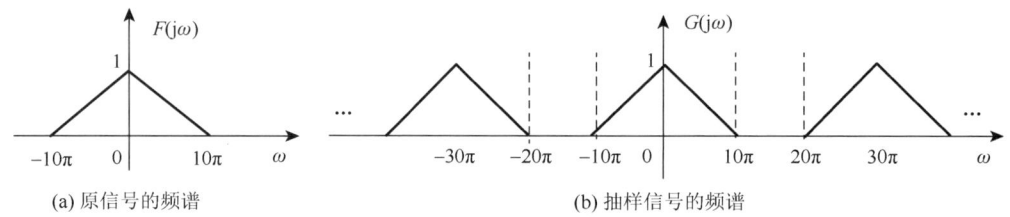

(a) 原信号的频谱　　　(b) 抽样信号的频谱

图 3.9.11 各信号的频谱

(2) 根据抽样定理，抽样信号的频谱为

$$G(\text{j}\omega) = \dfrac{1}{T_s}\sum_{n=-\infty}^{\infty} F(\omega - n\omega_s) = 15\sum_{n=-\infty}^{\infty} F(\omega - 30\pi n)$$

设理想低通滤波器的传输函数为 $H(\text{j}\omega)$，由题设可知通过此理想低通滤波器后的信号频谱为

$$G_1(\text{j}\omega) = G(\text{j}\omega) \cdot H(\text{j}\omega) = 15\sum_{n=-\infty}^{\infty} F(\omega - 30\pi n) \cdot H(\text{j}\omega) = 5F(\omega), \quad |\omega| \leq 10\pi$$

故此理想低通滤波器的传输函数为

$$H(j\omega) = \begin{cases} \dfrac{1}{3}, & |\omega| < 10\pi \\ 0, & |\omega| > 10\pi \end{cases}$$

习 题

3.1 计算图示各周期信号的傅里叶级数。

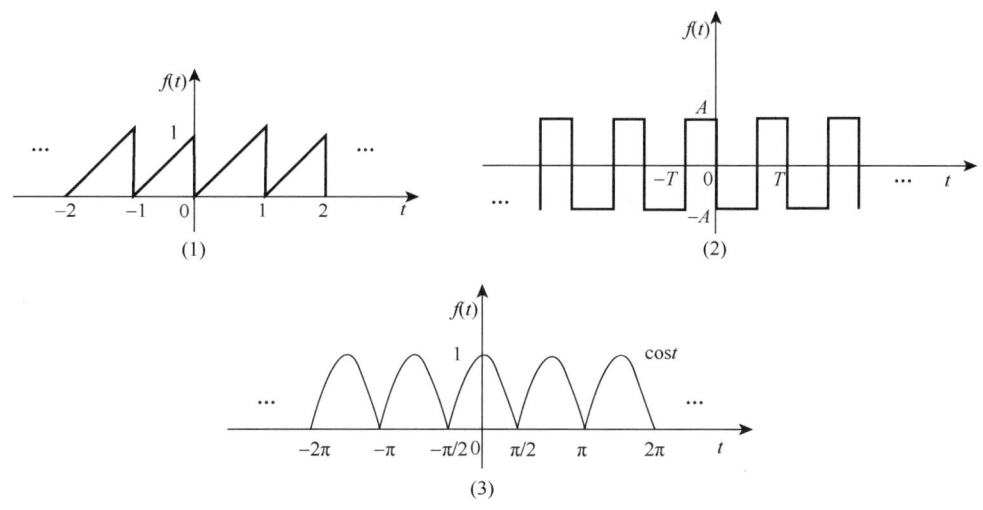

习题 3.1 图　周期信号的波形

3.2 已知周期信号 $f(t)$ 一个周期内 $(0<t<T)$ 前 1/4 波形如习题 3.2 图所示，画出一个周期内完整的波形。

（1）$f(t)$ 是偶信号，只含偶次谐波；　　（2）$f(t)$ 是偶信号，只含奇次谐波；

（3）$f(t)$ 是偶信号，含有偶次和奇次谐波；　（4）$f(t)$ 是奇信号，只含偶次谐波；

（5）$f(t)$ 是奇信号，只含奇次谐波；　　（6）$f(t)$ 是奇信号，含偶次和奇次谐波

3.3 某一个电路的输入电压 $f(t)$ 如习题 3.3 图所示，试求该信号的直流功率和一次谐波功率。

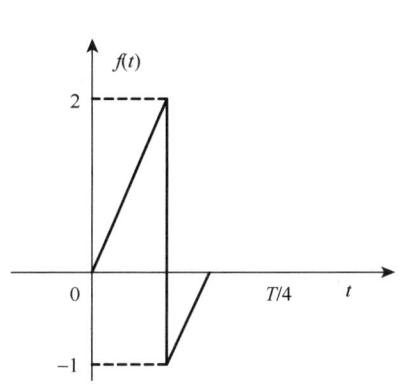

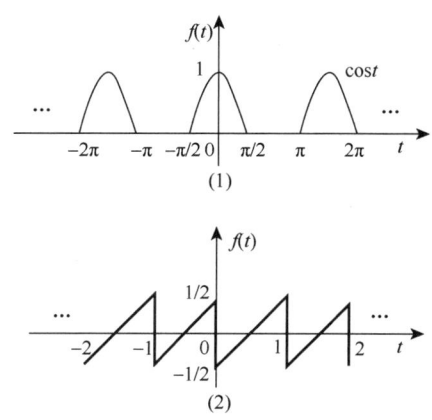

习题 3.2 图　周期信号一个周期前 1/4 时间和波形　　　习题 3.3 图　某一个电路的输入电压信号

3.4 计算习题 3.4 图所示各信号的傅里叶变换。

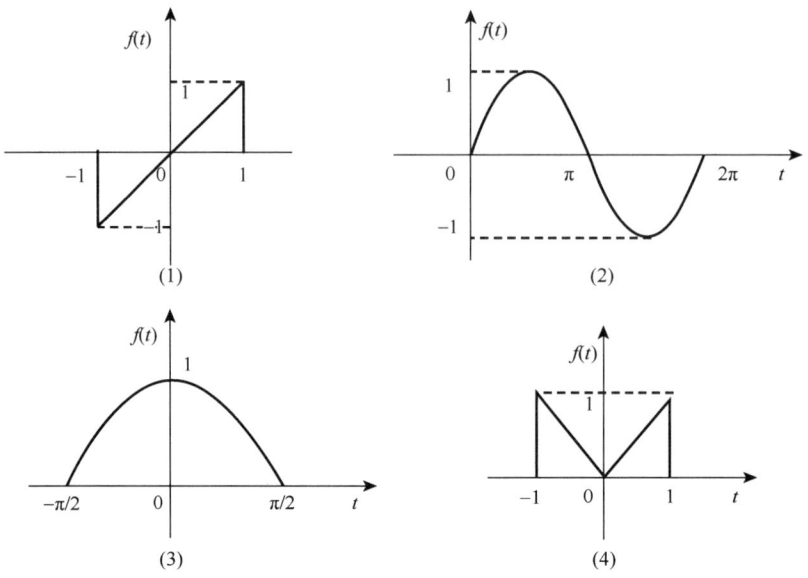

习题 3.4 图　信号的波形

3.5 设 $F(\mathrm{j}\omega) = \mathscr{F}\{f(t)\}$，写出下列信号的傅里叶变换：

（1）$f^2(t) + f(t)$；
（2）$[1 + mf(t)]\cos(\omega_0 t)$；
（3）$\int_{-\infty}^{t} \tau f(\tau)\mathrm{d}\tau$；
（4）$f(6-3t)$；
（5）$(t+2)f(t)$；
（6）$(1-t)f(1-t)$；
（7）$f(t) * f(t-1)$；
（8）$f'(t) + f(3t-2)\mathrm{e}^{-\mathrm{j}t}$。

3.6 先求出习题 3.6 图所示各信号 $f(t)$ 的频谱具体表达式 $F(\mathrm{j}\omega)$，再利用傅里叶变换的性质由 $F(\mathrm{j}\omega)$ 求出信号 $x(t)$ 频谱的具体表达式。

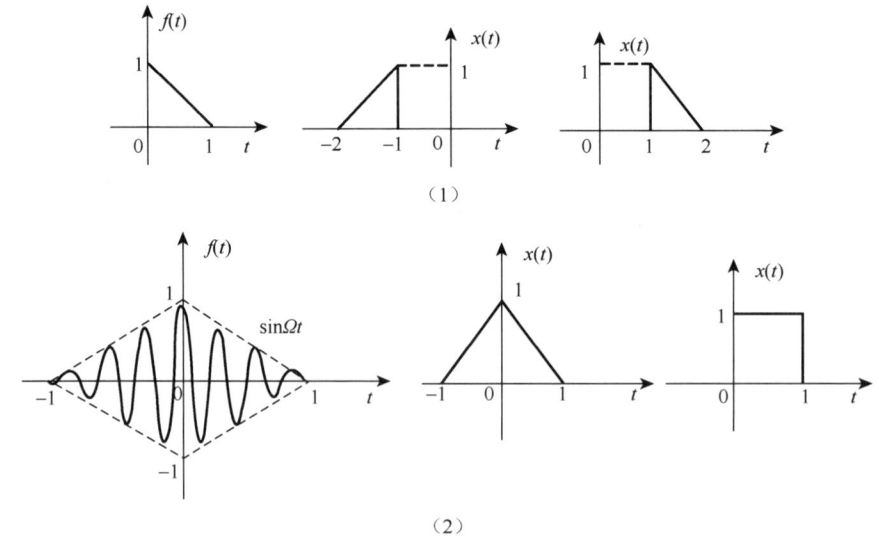

习题 3.6 图　信号 $f(t)$ 及 $x(t)$ 的波形

3.7 计算以下信号的傅里叶变换：

（1）$f(t) = G_\tau(t) * [\delta(t-t_0) + \delta(t+t_0)]$。

(2) $f(t) = f_1(t) - f_1(-t)$，其中，$f_1(t) = \begin{cases} e^{-(t-1)}, & 0 \leq t \leq 1 \\ 0, & 其他 \end{cases}$。

3.8 计算以下信号的傅里叶变换：

(1) $\dfrac{\sin(2\pi(t-2))}{\pi(t-2)}$；

(2) $\dfrac{2\alpha}{\alpha^2 + t^2}$ $(\alpha > 0)$；

(3) $\left(\dfrac{\sin(2\pi t)}{2\pi t}\right)^2$；

(4) $\dfrac{1}{\alpha + jt}$；

(5) $-tu(-t)$；

(6) $u(t) - u(t-2) + (t-1)u(t-2)$；

(7) $|t|\cos t$；

(8) t^2；

(9) $(1-e^{-|t|})\text{sgn}(t)$；

(10) $f(t)\cos^2(\omega_0 t)$；

(11) $G_{\tau/2}(t) * G_{\tau/2}(t)$；

(12) $\dfrac{1}{t} * e^{-at}u(t)$；

(13) $e^{-a|t|} * e^{-at}u(t)$

3.9 计算以下各频谱函数 $F(j\omega)$ 的傅里叶逆变换：

(1) $F(j\omega) = \delta(\omega - \omega_0)$；

(2) $F(j\omega) = u(\omega + \omega_0) - u(\omega - \omega_0)$；

(3) $F(j\omega) = \begin{cases} \dfrac{\omega_0}{\pi}, & |\omega| < \omega_0 \\ 0, & 其他 \end{cases}$；

(4) $F(j\omega) = \dfrac{1}{(j\omega + \alpha)^2}$

3.10 已知 $F(j\omega)$ 如习题 3.10 图所示，求其逆变换 $f(t)$。

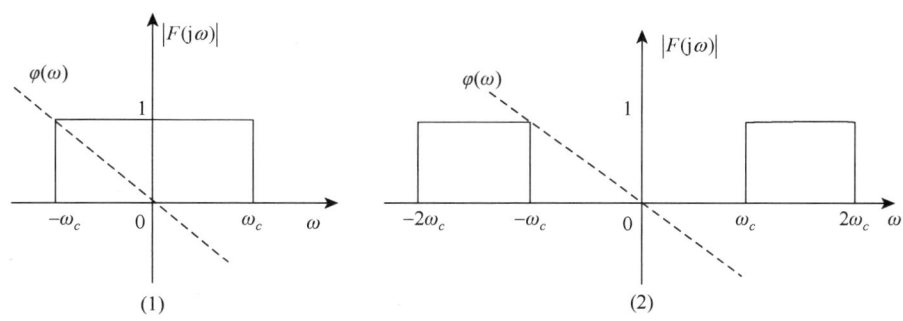

习题 3.10 图 信号频谱

3.11 求下列各 $F(j\omega)$ 的原函数 $f(t)$，并画出 $f(t)$ 的波形。

(1) $F(j\omega) = \mathscr{F}\left\{\dfrac{\sin(2\pi t)}{2\pi t} * \dfrac{\sin(8\pi t)}{8\pi t}\right\}$；

(2) $F(\omega) = 4\text{Sa}(\omega)\cos(2\omega)$

3.12 设 $f(t)$ 为带限信号，其频谱分别如习题 3.12 图所示。

(1) 求 $f(2t)$、$f\left(\dfrac{1}{2}t\right)$ 的带宽。

(2) 用 $\delta_T(t) = \sum\limits_{n=-\infty}^{\infty} \delta(t - nT_N)$ 对信号 $f(t)$ 进行抽样，求抽样信号 $f_s(t) = f(t) \cdot \delta_T(t)$ 的频谱 $F_s(\omega)$，并画出频谱图。

(3) 若采用 $\delta_T(t) = \sum\limits_{n=-\infty}^{\infty} \delta(t - nT_N)$ 对信号 $f(2t)$、$f\left(\dfrac{1}{2}t\right)$ 分别进行抽样，试画出两个抽样信号 $f_s(2t)$、$f_s\left(\dfrac{1}{2}t\right)$ 的频谱图。

3.13 证明：

(1) $\dfrac{t^{r-1}}{(r-1)!}e^{at}u(t) \leftrightarrow \dfrac{1}{(j\omega - a)^r}$，$a < 0$。

(2) $\dfrac{t^{r-1}}{(r-1)!}e^{at}u(-t) \leftrightarrow \dfrac{-1}{(j\omega-a)^r}$, $a>0$。

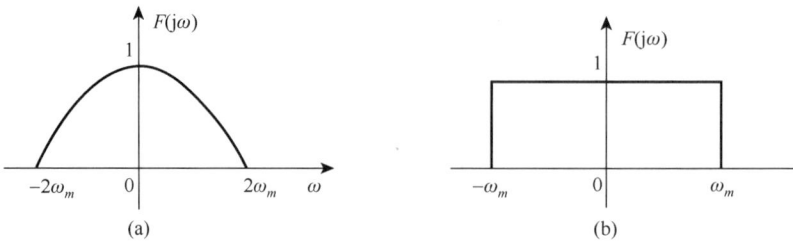

习题 3.12 图　带限信号的频谱

(3) $t^k \operatorname{sgn}(t) \leftrightarrow 2j^{k-1}\left(\dfrac{1}{\omega}\right)^{(k)}$。

(4) 已知 $f(t) \leftrightarrow F(j\omega)$，则 $\sum\limits_{n=-\infty}^{\infty} f(t+nT) = \dfrac{1}{T}\sum\limits_{n=-\infty}^{\infty} F(n\omega_0)e^{jn\omega_0 t}$。

3.14　求定积分

(1) $\displaystyle\int_{-\infty}^{\infty} \dfrac{1}{(a+x^2)^2}dx$；

(2) $\displaystyle\int_{-\infty}^{\infty} \dfrac{1}{(a^2+x^2)^2}dx$；

(3) $\displaystyle\int_{-\infty}^{\infty} \operatorname{Sa}^4(ax)dx$；

(4) $\displaystyle\int_{-\infty}^{\infty} \dfrac{\sin^4(ax)}{x^4}dx$

3.15　求习题 3.15 图所示电路的系统传输函数 $H(j\omega)=\dfrac{U_2(j\omega)}{U_1(j\omega)}$。

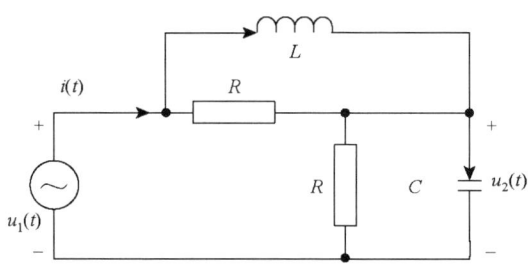

习题 3.15 图　一个电路系统

3.16　已知系统函数 $H(j\omega)=\dfrac{j\omega}{-\omega^2+j5\omega+6}$，系统的初始状态 $y(0)=2$，$y'(0)=1$，激励 $f(t)=e^{-t}u(t)$，求全响应 $y(t)$。

3.17　已知一个因果 LTI 系统的输出 $y(t)$ 和输入 $f(t)$ 可由下列微分方程来描述：

$$\dfrac{d^2y(t)}{dt^2} + 3\dfrac{dy(t)}{dt} + 2y(t) = 2f(t) + f'(t)$$

（1）求系统的冲激响应 $h(t)$。

（2）如果 $f(t)=e^{-t}u(t)$，初始状态为 $y(0_-)=2$，$y'(0_-)=1$，试求其全响应。

3.18　在习题 3.18 图所示系统中，已知信号 $f(t)$，$f_1(t)=\cos(\omega_0 t)$，$f_2(t)=\cos(2\omega_0 t)$。求响应 $y(t)$ 的频谱函数。

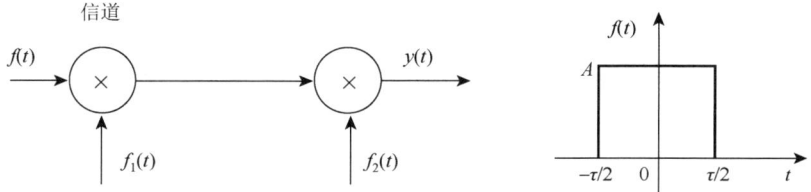

习题 3.18 图 某调制系统及其输入

3.19 一个理想低通滤波器的频率响应为

$$H(j\omega) = \begin{cases} e^{j\frac{\pi}{2}}, & -6\text{rad/s} < \omega < 0 \\ e^{-j\frac{\pi}{2}}, & 0 < \omega < 6\text{rad/s} \\ 0, & \text{其他} \end{cases}$$

若输入 $f(t) = \dfrac{\sin(3t)}{t}\cos(5t)$，求该系统的输出 $y(t)$。

3.20 通信的调幅系统通常由乘法器、输入 $f(t)$ 和载频信号 $s(t)$ 构成，系统输出 $y(t) = f(t)s(t)$。此系统是线性的吗？试画出 $y(t)$ 的频谱图。

（1）$f(t) = 5 + 2\cos(10t) + 3\cos(20t)$，$s(t) = \cos(200t)$。

（2）$f(t) = \dfrac{\sin t}{t}$，$s(t) = \cos(3t)$。

3.21 为了通信保密，可将语音信号在传输前进行倒频，接收端收到倒频信号后，再设法恢复原频谱。习题 3.21 图所示倒频系统中 $H_1(j\omega)$ 是截止角频率为 ω_b 的理想高通滤波器，$H_1(j\omega) = \begin{cases} K_1, & |\omega| > \omega_b \\ 0, & |\omega| < \omega_b \end{cases}$；$H_2(j\omega)$ 是截止角频率为 ω_m 的理想低通滤波器，$H_2(j\omega) = \begin{cases} K_2, & |\omega| < \omega_m \\ 0, & |\omega| > \omega_m \end{cases}$。已知 $\omega_b > \omega_m$，试画出当输入图示带限信号 $f(t)$ 的频谱时，$y(t)$ 的表达式及频谱图。

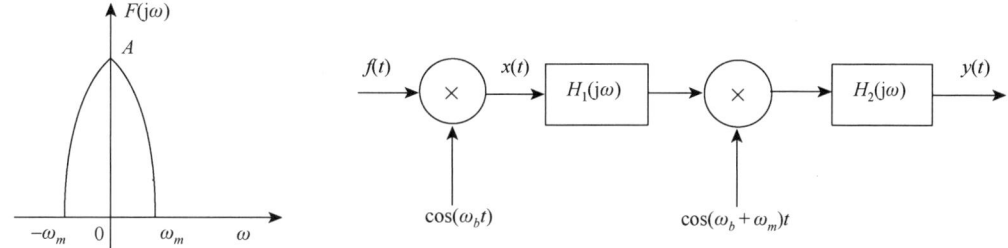

习题 3.21 图 某传输系统及其输入信号频谱

3.22 如习题 3.22 图所示，已知 $f(t) = \dfrac{2}{\pi}\text{Sa}(2t)$，$H(j\omega) = j\text{sgn}(\omega)$，求系统的输出 $y(t)$。

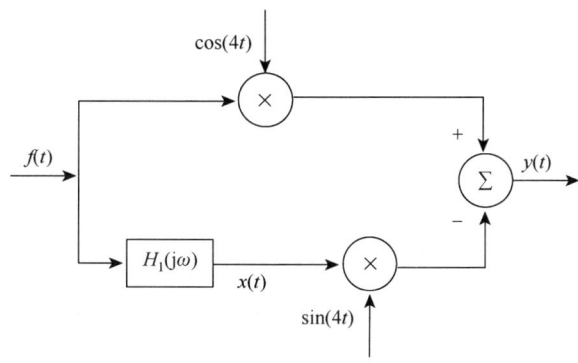

习题 3.22 图 某传输系统

3.23 某 LTI 系统输入 $x(t)=(e^{-t}+e^{-3t})u(t)$ 时系统的响应 $y(t)=(2e^{-t}-2e^{-4t})u(t)$，求：

(1) 该系统的频率响应； (2) 该系统的冲激响应； (3) 该系统的输入输出微分方程

3.24 已知某电路系统的冲激响应 $h(t)=e^{-t}\cos t u(t)$，求输入图示周期矩形脉冲信号 $f(t)$ 时，系统零状态响应。

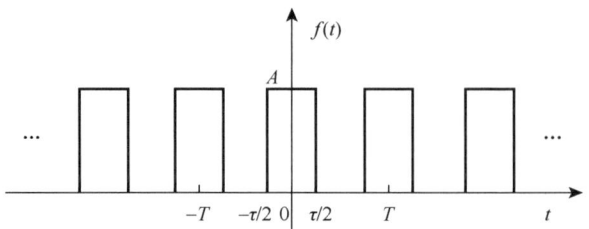

习题 3.24 图　周期矩形脉冲

3.25 习题 3.25 图中，带限信号 $f(t)$ 的最高角频率为 ω_m，周期冲激串 $p(t)=\dfrac{2\pi}{5\omega_m}\sum_{n=-\infty}^{\infty}\delta\left(t-n\dfrac{2\pi}{5\omega_m}\right)$，$h(t)=\dfrac{\sin(6\omega_m t)}{\pi t}$，求 $y(t)$。

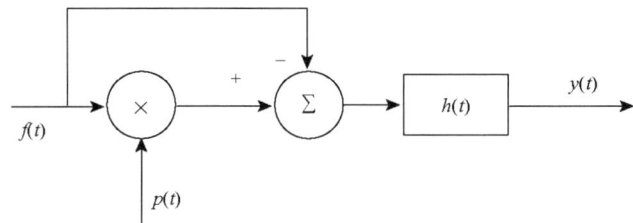

习题 3.25 图　某调幅系统

3.26 设 $f(t)$ 的傅里叶变换为 $F(j\omega)$，求同时满足以下条件时的 $f(t)$：

(1) $f(t)$ 为实值信号，且 $t\leqslant 0$ 时 $f(t)=0$。

(2) $\dfrac{1}{2\pi}\int_{-\infty}^{\infty}\mathrm{Re}\{F(j\omega)\}e^{j\omega t}d\omega = e^{-|t|}$。

3.27 周期信号 $f(t)=3\cos t+\sin\left(5t+\dfrac{\pi}{6}\right)-2\cos\left(8t-\dfrac{2\pi}{3}\right)$：

(1) 画出信号的单边幅度谱和相位谱图； (2) 计算并画出信号的功率谱

3.28 利用傅里叶变换性质证明：$\int_{-\infty}^{\infty}\mathrm{Sa}^2(t)dt=\pi$。

3.29 已知系统输入信号为 $f(t)$，且 $f(t)\leftrightarrow F(j\omega)$，系统函数 $H(j\omega)=-2j\omega$，分别求下列两种情况的系统响应 $y(t)$：

(1) $f(t)=e^{jt}$； (2) $F(j\omega)=\dfrac{1}{2+j\omega}$。

3.30 习题 3.30 图为一个频谱压缩系统，已知输入信号 $f(t)=A+B\cos(\Omega t)$，$s(t)=\delta_{T_s}(t)=\sum_{m=-\infty}^{\infty}\delta(t-mT_s)$，$\omega_s=\dfrac{2\pi}{T_s}=\dfrac{\Omega}{1.025}$，求压缩比 α 和 k，并证明该系统的输出 $y(t)=kf(\alpha t)$。

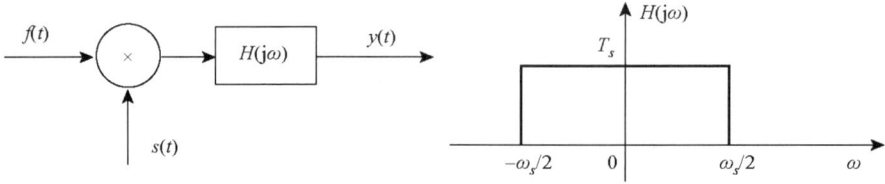

习题 3.30 图　频谱压缩系统及其传输函数

3.31 已知信号 $f(t)$ 的傅里叶变换为 $F(j\omega)$，求同时满足下列条件的 $f(t)$ 闭合表达式：

（1）$f(t)$ 是实值且是非负的。

（2）$\mathscr{F}^{-1}\{(1+j\omega)F(j\omega)\} = Ae^{-2t}u(t)$，$A$ 与 t 无关。

（3）$\int_{-\infty}^{\infty}|F(j\omega)|^2 d\omega = 2\pi$。

3.32 已知 $\mathscr{F}\{e^{-|t|}\} = \dfrac{2}{1+\omega^2}$，根据傅里叶变换的性质，求：

（1）$\mathscr{F}\{te^{-|t|}\}$； （2）$\mathscr{F}\left\{\dfrac{4t}{(1+t^2)^2}\right\}$

3.33 习题 3.33 图中，$R_1 = 1\Omega$，$L = 1H$，激励电压 $f(t) = e^{-2|t|}$，试求电阻 R 上的输出电压 $U_R(t)$。

3.34 定义两个信号 $f_1(t)$、$f_2(t)$ 的相关函数为 $r(t) = \int_{-\infty}^{\infty} f_1(\tau)f_2(t+\tau)d\tau$，已知 $f_1(t) = e^{-t}u(t)$，$r(t) = e^{-2t}u(t)$，求信号 $f_2(t)$。

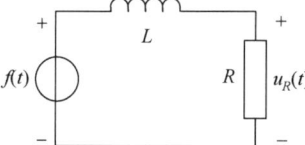

习题 3.33 图　某电路系统

3.35 有实信号 $f(t)u(t)$，其傅里叶变换 $F(j\omega) = R(\omega) + jX(\omega)$，已知 $R(\omega) = \dfrac{\sin\omega}{\omega}$：

（1）计算 $X(\omega)$； （2）求 $f(t)u(t)$，并画出波形。

3.36 已知习题 3.36 图中 $h_1(t) = \dfrac{d}{dt}\left[\dfrac{\sin(\omega_c t)}{2\pi t}\right]$，$H_2(j\omega) = e^{-j\frac{2\pi\omega}{\omega_c}}$，$h_3(t) = \dfrac{\sin(3\omega_c t)}{\pi t}$，$h_4(t) = u(t)$：

（1）确定 $H_1(j\omega)$，并粗略地画出其波形。

（2）求整个系统的单位冲激响应 $h(t)$。

（3）判断系统是否具有记忆性、因果性和稳定性，并说明理由。

（4）当系统输入 $f(t) = \sin(2\omega_c t) + \cos(0.5\omega_c t)$ 时，求系统输出 $y(t)$。

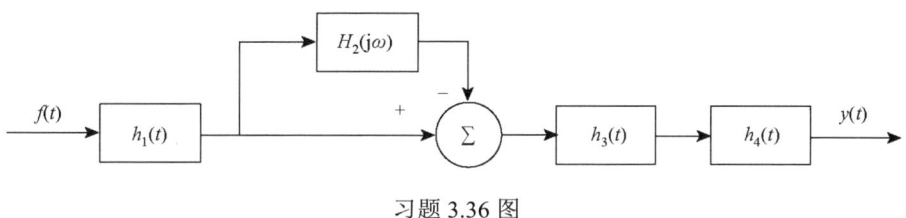

习题 3.36 图

3.37 某 LTI 系统的单位冲激响应 $h(t) = \dfrac{1}{2T}\left[\text{Sa}\left(\dfrac{\pi t}{T}\right) + 2\text{Sa}\left(\dfrac{\pi t}{T} - \dfrac{\pi}{2}\right) + \text{Sa}\left(\dfrac{\pi t}{T} - \pi\right)\right]$，其中 $\text{Sa}(x) = \dfrac{\sin x}{x}$：

（1）求系统的频率响应 $H(j\omega)$，大概画出它的幅频响应和相频响应，判断它属于哪类滤波器（低通、高通、带通、全通、线性相位等）。

（2）当输入 $f(t) = \dfrac{\sin\left(\dfrac{\pi t}{2T}\right)}{\pi t}\sin\left(\dfrac{2\pi t}{T}\right) + \sum_{n=0}^{\infty} 2^{-n}\cos\left(\dfrac{n\pi t}{2T} + \dfrac{\pi}{4}\right)$ 时，求系统的输出 $y(t)$。

3.38 已知输入 $f(t) = x(t)\cos\omega_0 t$，其频谱 $X(j\omega)$ 在 $|\omega| > \omega_0$ 时 $|X(j\omega)| = 0$。设线性时不变系统的单位冲激响应 $h(t) = \dfrac{1}{\pi t}$：

（1）证明信号 $f(t)$ 产生系统的零状态响应为 $y_f(t) = x(t)\sin(\omega_0 t)$。

（2）写出系统的频率特性函数，判断该滤波器为何种滤波器，并说明原因。

3.39 已知某一个稳定 LTI 系统的频率响应 $H(j\omega) = \dfrac{j\omega}{-\omega^2 + 3j\omega + 2}$，输入习题 3.39 图中的 $f(t)$，求：

（1）系统冲激响应 $h(t)$； （2）系统的初始状态； （3）$t > 0$ 时的系统响应 $y(t)$

3.40 已知信号 $f(t)$ 如习题 3.40 图所示，其傅里叶变换 $F(j\omega) = |F(j\omega)|e^{j\varphi(\omega)}$：

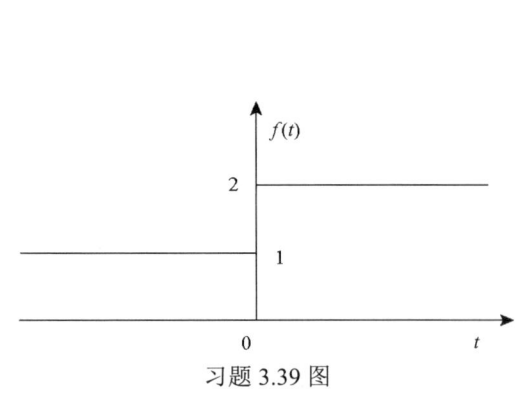
习题 3.39 图

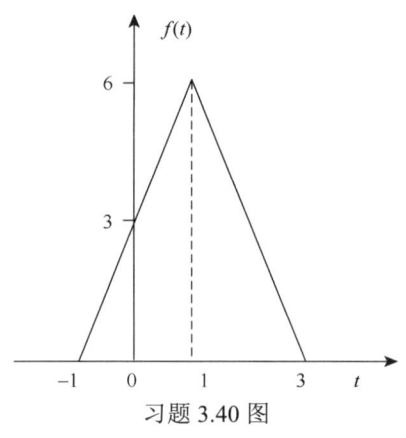
习题 3.40 图

(1) 求 $F(0)$ 的值； (2) 求积分 $\int_{-\infty}^{\infty} F(j\omega)d\omega$； (3) 求信号能量 E

3.41 一个连续时间理想低通滤波器，其频率响应 $H(j\omega)=\begin{cases}1, & |\omega|\leq 100 \\ 0, & |\omega|> 100\end{cases}$。当基波周期 $T=\dfrac{\pi}{6}$ 时，设输入到滤波器的信号为 $f(t)$，其傅里叶级数系数为 F_n，此时滤波器的输出为 $y(t)$，且 $y(t)=f(t)$，求 $F_n=0$ 时的 n 值。

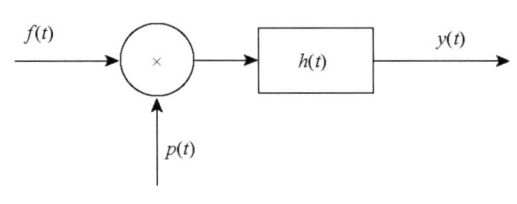
习题 3.42 图

3.42 如习题 3.42 图所示系统中，输入 $f(t)$ 是周期 $T=\dfrac{2\pi}{\Omega}$ 的实周期信号，$f(t)=\sum\limits_{n=-\infty}^{\infty}F_n e^{jn\Omega t}$，已知 $p(t)=\cos(\Omega t)$，$h(t)=\dfrac{\Omega}{2\pi}\text{Sa}\left(\dfrac{\Omega t}{2}\right)$：

(1) 求系统的输出 $y(t)$。
(2) 求 $p(t)=\sin(\Omega t)$ 时的系统输出 $y(t)$。
(3) 基于（1）、（2）的结果，如果要求分别确定一个周期信号。任意一个傅里叶系数 F_n 的实部和虚部，应如何选择 $p(t)$？

3.43 求下列信号对应的奈奎斯特速率：

(1) $x(t)=\sin(2\pi t)$；
(2) $x(t)=\left[\dfrac{\sin(2\pi t)}{t}\right]^2$；
(3) $x(t)=\sin c(100t)+\sin c(50t)$；
(4) $x(t)=\sin c(100t)+[\sin c(50t)]^2$；
(5) $x(t)=\left[1+\sin(200\pi t)+\cos(200\pi t)+\cos\left(600\pi t+\dfrac{\pi}{2}\right)\right]\cos(200000\pi t)$

3.44 已知连续信号 $x(t)=2\sin(4\pi\times 10^3 t)+\sin(8\pi\times 10^3 t)$，取样周期 $T=0.1\text{ms}$。
(1) 试画出抽样后 $x[k]$ 的频谱。
(2) 如果由 $x[k]$ 无失真重建 $x(t)$，应如何选择滤波器，截止频率为多少？

3.45 一个零阶保持电路，输入为 $f_s(t)=\dfrac{\sin(\pi/T)}{\pi/T}\delta_T(t)$，求电路的输出。

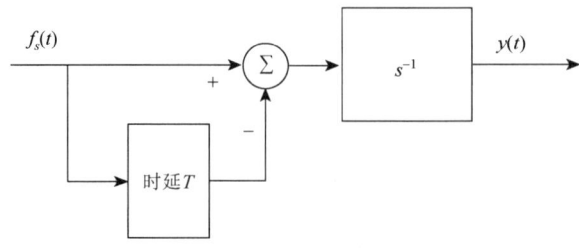
习题 3.45 图

自 测 题

一、判断题（在圆括号内正确的打"√"，错误的打"×"）（每小题 1 分，共 10 分）

1.1 一个 RC 串联电路，取电容两端的电压 $v_c(t)$ 作为输出时，是一阶低通系统。（ ）

1.2 时间长度有限信号理想抽样后可用理想低通滤波器无失真恢复。（ ）

1.3 连续周期信号 $x(t)$ 时域尺度变换后，其傅里叶级数系数 a_n 会改变，$x(t)$ 的平均功率也会改变。（ ）

1.4 对于功率信号和能量信号，其自相关函数与其能量谱均是一对傅里叶变换对。（ ）

1.5 若 $f(t)$ 为实信号，则其频谱为实偶函数。（ ）

1.6 设低频信号 $x(t)$ 的带宽为 B，则 $x^3(-2t)$ 的带宽为 $1.5B$。（ ）

1.7 正弦信号 $\cos(\omega_0 t)$ 是连续稳定线性时不变系统的特征函数。（ ）

1.8 某系统频率响应特性 $H(j\omega) = u(\omega+2) - u(\omega-2)$，该系统不是无失真传输系统。（ ）

1.9 已知信号 $x(t)$ 的最高频率为 f_m，运用如自测题 1.9 图所示的采样信号 $p(t)$ 对 $x(t)$ 采样，则当采样频率大于 $2f_m$ 时，信号 $x(t)$ 能根据采样值序列无失真地恢复出来。（ ）

1.10 已知 $x(t)$ 为实值信号，则 $\int_{-\infty}^{\infty} [x(t) + x(-t)] \sin(\omega_0 t) dt = 0$。（ ）

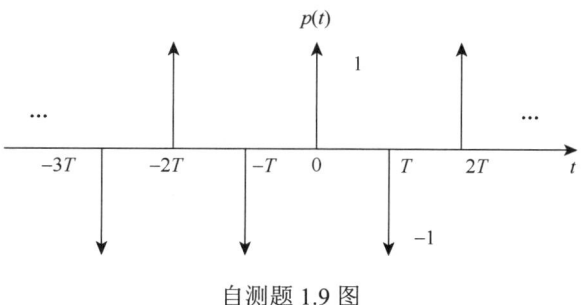

自测题 1.9 图

二、填空题（每空 1 分，共 15 分）

2.1 $x(t)$ 的周期为 5，傅里叶级数系数 $a_n = 2 - (-1)^n$，则 $x(1-2t)$ 第 5 次谐波分量和第 6 次谐波分量的平均功率之和为_____。

2.2 一个积分系统的频率响应 $H(j\omega)$ 为_____。

2.3 一个因果 LTI 系统的频率响应为 $H(j\omega) = \dfrac{1}{3+j\omega}$，系统的输出为 $y(t) = (e^{-3t} - 1)u(t)$，则系统的输入 $f(t) =$ _____。

2.4 已知连续非周期信号 $f(t)$ 的傅里叶变换为 $F(j\omega) = \dfrac{\sin(2\omega)}{\omega} e^{-j2\omega}$，对该信号进行周期延拓，周期为 6 的周期信号 $f_T(t)$ 的傅里叶级数 $a_n =$ _____。

2.5 对信号 $x(t)$ 理想抽样的奈奎斯特频率为 200π，则对 $x(t) * x(t/2)$ 理想抽样的奈奎斯特频率为 _____。

2.6 $x(t)$ 的频谱 $X(j\omega)$ 的带宽为 ω_m，$x^2(3t)$ 的频谱宽度为_____。

2.7 已知 $f(t) = \dfrac{d}{dt}\left(\dfrac{\sin(2t)}{\pi t} * u(t-1)\right)$，其傅里叶变换 $F(j\omega)$ 为_____。

2.8 对信号 $\left[\dfrac{\sin(100\pi t)}{\pi t}\right]^2 \cos(50\pi t)$ 采样，若想采样值无失真地恢复原信号，则采样频率应该大于频谱 _____Hz。

2.9 已知 $x(t)$ 为一个实偶周期信号，其傅里叶级数表示为 $x(t) = \sum_{n=0}^{6} \frac{\sin(n\pi/2)}{n\pi} \cos(n\pi t)$，若用采样周期 $T = \frac{1}{6}$ s 的周期冲激串对 $x(t)$ 进行采样，采样后频谱_____（会/不会）发生混叠。

2.10 $\int_{-\infty}^{+\infty} \text{sinc}^2(t) \, dt = $ _____，$\int_{-\infty}^{+\infty} \text{Sa}^2(\omega) \, d\omega = $ _____。

2.11 已知某系统傅里叶变换形式的系统函数为 $H(j\omega) = -j\text{sgn}(\omega)$，则输入信号 $x(t) = \sin(\omega_0 t)$ 经过该系统产生的稳态响应为_____。

2.12 某因果连续时间系统，已知其系统的频率响应特性的实部为 $\sin\omega$，则该系统的频率响应特性的表达式为_____。

2.13 信号 $x(t) = [u(t+0.5) - u(t-0.5)] * \sum_{k=-\infty}^{\infty} \delta(t - 2k)$（$k$ 为整数），该信号的第 2021 次谐波分量可以表示为_____。

2.14 将正弦基带信号对载波信号 $A_c \cos(\omega_c t)$ 进行调频或调相，得到角度调制信号 $s(t) = A_c \cos(\omega_c t + \beta \sin(\omega_m t))$，这里 A_c、ω_c、β、ω_m 为已知常数，$s(t)$ 可以写成 $s(t) = A_c \text{Re}\{e^{j\omega_c t} e^{j\beta \sin(\omega_m t)}\}$。其中，$e^{j\beta\sin(\omega_m t)}$ 为周期信号，其傅里叶级数展开式为 $e^{j\beta\sin(\omega_m t)} = \sum_{n=-\infty}^{+\infty} J_n(\beta) e^{jn\omega_m t}$，$n$ 为整数，其中，$J_n(\cdot)$ 称作第一类 n 阶贝塞尔函数。则 $s(t)$ 的傅里叶变换为_____。

三、选择题（每小题 1 分，共 15 分）

3.1 当 $x(t) = x^*(-t)$ 时，其傅里叶变换 $X(j\omega)$ 是（　　）。

A. 实偶函数　　　　B. 虚奇函数　　　　C. 共轭反对称函数　　D. 周期函数

3.2 设信号 $x(t)$ 的频谱函数为 $X(j\omega)$，则信号 $x\left(-\frac{t}{3} + 2\right)$ 的频谱函数为（　　）。

A. $\frac{1}{3} X\left(-j\frac{\omega}{3}\right) e^{-j\frac{2}{3}\omega}$　　B. $\frac{1}{3} X\left(j\frac{\omega}{3}\right) e^{j\frac{2}{3}\omega}$　　C. $3X(-j3\omega) e^{-j6\omega}$　　D. $3X(-j3\omega) e^{j6\omega}$

3.3 已知信号 $x(t)$ 频谱的最高频率为 ω_m，对信号 $x(t/3)$ 采样需满足的奈奎斯特最大采样间隔 $T_{\max}$ 等于（　　）。

A. $\frac{\pi}{3\omega_m}$　　　　B. $\frac{3\pi}{\omega_m}$　　　　C. $\frac{6\pi}{\omega_m}$　　　　D. $\frac{2\pi}{\omega_m}$

3.4 已知带限信号 $x(t)$ 频谱的最高频率为 50Hz，对下列哪个信号进行无失真时域采样的采样频率最小？（　　）

A. $x(3t)$　　　　B. $x^2(2t)$　　　　C. $x(t)x(3t)$　　　　D. $x(2t) * x(3t)$

3.5 已知实因果信号 $y(t)$ 与实信号 $x(t)$ 满足 $x(t) = \frac{y(t) + y(-t)}{2}$，且 $x(t)$ 的傅里叶变换为 $X(j\omega) = R(\omega)$，则 $y(t)$ 的傅里叶变换为（　　）。

A. $Y(j\omega) = R(\omega) + j\left[R(\omega) * \frac{1}{\pi\omega}\right]$　　　　B. $Y(j\omega) = R(\omega) - j\left[R(\omega) * \frac{1}{\pi\omega}\right]$

C. $Y(j\omega) = j\left[R(\omega) * \frac{1}{\pi\omega}\right]$　　　　D. $Y(j\omega) = R(\omega) + j\frac{1}{\pi\omega}$

3.6 设连续线性时不变系统的频率响应为 $H(j\omega) = 1$，$|\omega| < 100\pi$，输入基本周期 $T = 0.125$ s 的周期信号时输出信号 $y(t) = x(t)$，则输入信号没有（　　）谐波分量。

A. 4 次　　　　　　B. 6 次　　　　　　C. 7 次　　D. 8 次

3.7 实信号 $x(t) = \cos(\pi t)$，$0 \leq t \leq 4$，其傅里叶变换为 $X(j\omega)$，则（　　）表示正确。

A. $e^{j2\omega} X(j\omega)$ 为实函数　　　　B. $e^{-j2\omega} X(j\omega)$ 为实函数

C. $\int_{-\infty}^{+\infty} X(j\omega) e^{j\omega} d\omega = -2\pi$　　　　D. $X(j0) = 0$

3.8 已知信号 $x(t)$ 的傅里叶变换为 $X(j\omega) = \begin{cases} j\pi, & 0 < \omega < 1 \\ -j\pi, & -1 < \omega < 0 \end{cases}$，$E$ 表示该信号的能量。则下列说法正确的是（　　）。

A. $E = \int_{-\infty}^{+\infty} |x(t)|^2 dt = 1$　　　　B. $\left. \frac{d}{dt} x(t) \right|_{t=0} = -\sqrt{\pi}$

C. $E = \int_{-\infty}^{+\infty} |X(j\omega)|^2 d\omega = 2\pi^2$ D. $\dfrac{d}{dt} x(t)\Big|_{t=0} = -\dfrac{1}{2}$

3.9 设连续时间周期信号 $x(t)$ 的傅里叶级数系数为 a_n，若相邻两条谱线间隔为 $\pi/3$，则 $x(0.5t)$ 的基本周期为（   ）。

A. 6　　　　　　B. 12　　　　　　C. 24　　　　　　D. 3

3.10 对一个最高频率为 f_H 的带限信号 $x(t)$ 进行采样与内插，下列描述正确的有（   ）。

A. 只要采样频率 f_s 大于等于最高频率的两倍，采样周期 $T_s = 1/f_s$，那么 $x(t)$ 就唯一地由其样本 $x(kT_s), k = 0, \pm 1, \pm 2, \cdots$ 所确定。

B. 如果采样频率低于最高频率的两倍，那么会发生频谱混叠。

C. 利用理想低通滤波器的单位冲激响应的内插称为带限内插。这种内插，只要信号是带限的，采样频率又满足采样定理的条件，就可以实现信号的真正内插。

D. 无论是零阶保持还是一阶保持内插，都能实现信号的真正内插。

3.11 已知信号 $x(t)$ 的傅里叶变换 $X(j\omega)$ 如自测题 3.11 图所示，则 $\int_{-\infty}^{+\infty} x(t) dt = $（   ）。

A. 0　　　　　　B. 1　　　　　　C. 2　　　　　　D. 2.5

3.12 周期正弦信号 $\sin(2\pi f_0 t)$ 经过全波整流后，关于其输出的描述正确的有（   ）。

A. 输出存在频率为 f_0 Hz 的频率分量　　B. 输出不含有直流分量

C. 输出信号的基波频率为 $2f_0$ Hz　　D. 输出信号与整流前信号的功率相同

3.13 信号 $f(t)$ 的傅里叶变换 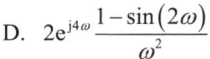，则 $f(2 - t/2)$ 的傅里叶变换是（   ）。

A. $e^{-j4\omega} \dfrac{1 + \sin(2\omega)}{\omega^2}$　　B. $2e^{j2\omega} \dfrac{1 - \sin(\omega)}{\omega^2}$

C. $e^{-j2\omega} \dfrac{1 - \sin(\omega)}{\omega^2}$　　D. $2e^{j4\omega} \dfrac{1 - \sin(2\omega)}{\omega^2}$

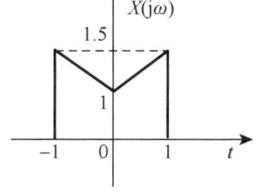

自测题 3.11 图

3.14 若能量信号 $x(t)$ 的傅里叶变换为 $X(j\omega)$，则下列说法正确的是（   ）。

A. 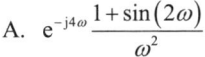 $\xrightarrow{FT} \dfrac{1}{3} X(-j\omega)$　　B. $\text{Im}\{X(e^{j\omega})\} = \text{Im}\{X(e^{-j\omega})\}$

C. $-tx(t) \xrightarrow{FT} j \dfrac{d}{d\omega} X(j\omega)$　　D. $|X(j\omega)|^2$ 为信号 $x(t)$ 的能量谱密度

3.15 能量信号 $x(t)$ 的带宽可以定义为包含信号能量 90% 的频带宽度，用符号 W_{90} 表示，即 $\dfrac{1}{2\pi} \int_{-W_{90}}^{W_{90}} |X(j\omega)|^2 d\omega = 0.9 E_x$，式中，$E_x$ 为信号 $x(t)$ 的能量。可以求得信号 $x(t) = e^{-\alpha t} u(t), \alpha > 0$ 的 W_{90} 为（   ）。

A. $W_{90} = \sin(0.45\pi)\alpha$　　B. $W_{90} = \cos(0.45\pi)\alpha$

C. $W_{90} = \tan(0.45\pi)\alpha$　　D. $W_{90} = \cot(0.45\pi)\alpha$

四、计算题（每小题 4 分，共 20 分）

4.1 已知 $X(j\omega) = e^{-j\omega}$，$\omega > 0$；计算 $X(j\omega)$ 的傅里叶逆变换 $x(t)$。

4.2 计算信号 $x(t) = te^{-2|t|} \cos(40t)$ 的傅里叶变换 $X(j\omega)$。

4.3 计算积分 $\int_{-\infty}^{+\infty} \dfrac{t^2}{(1+t^2)^2} dt$。

4.4 利用傅里叶变换的性质计算 $I = \int_{-\infty}^{+\infty} \text{sinc}\left[2\omega_0\left(t - \dfrac{n}{2\omega_0}\right)\right] \text{sinc}\left[2\omega_0\left(t - \dfrac{m}{2\omega_0}\right)\right] dt$，这里 m、n 均为整数，$\text{sinc}(x) = \dfrac{\sin \pi x}{\pi x}$，$\omega_0 > 0$。

4.5 求 $y(t) = e^{-t} u(t) * \left[\dfrac{\sin(0.5\pi t)}{\pi t} \cos(2\pi t)\right] * \sin(2\pi t)$。

五、综合题（每小题 10 分，共 40 分）

5.1 设 $y(t)=x(t)*h(t)$，其中，$x(t)=u(t+2)-u(t-2)$，$h(t)=e^{j\omega_0 t}$：
（1）计算 $y(t)$；（2）确定值 ω_0，使得 $y(0)=0$。

5.2 已知 $x(t)=[m_1(t)+m_2(t)]\cos(\omega_c t)+[m_1(t)-m_2(t)]\sin(\omega_c t)$，其中，低频信号 $m_1(t)$、$m_2(t)$ 的最高角频率都为 ω_m（$\omega_c \gg \omega_m$），设计一个系统将 $m_1(t)$ 和 $m_2(t)$ 从中恢复出来。

5.3 已知 $h(t)$ 为因果信号，且在 $t=0$ 点不包含奇异函数，$H(j\omega)$ 为 $h(t)$ 的频谱函数。证明：
$$H(j\omega)=\frac{1}{j\pi}\int_{-\infty}^{+\infty}\frac{H(jv)}{\omega-v}dv$$

5.4 如自测题 5.4 图（a）所示系统，其中，ω_c 的取值范围为 500k～800krad/s，$\omega_c > \omega_l$；输入信号 $x(t)$ 的频谱如自测题 5.4 图（b）所示，其最高频率为 10krad/s；输出 $y(t)$ 的频谱 $Y(j\omega)$ 如自测题 5.4 图（c）所示，求：
（1）ω_l 的取值范围；　　　（2）$H_1(j\omega)$；　　　（3）设计一个系统，能从 $y(t)$ 中恢复得到 $x(t)$。

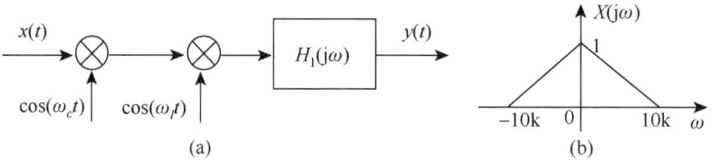

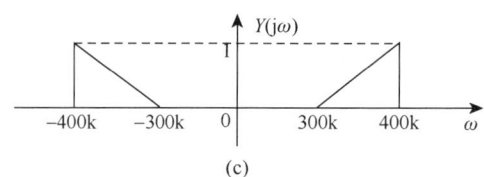

自测题 5.4 图

模　拟　题

一、判断题（在圆括号内正确的打"√"，错误的打"×"）

1.1 某连续时间 LTI 系统的频率特性为 $H(j\omega)=2e^{-j\omega}$，则该系统是无失真传输系统。（　　）

1.2 若一个信号的傅里叶变换存在，则其幅度谱一定是双边谱。（　　）

1.3 已知信号 $x(t)$ 的带宽为 ω_m，则信号 $x(2t-1)$ 的带宽为 $2\omega_m$。（　　）

1.4 实信号傅里叶变换的实部包含该信号的全部信息。（　　）

1.5 某系统的单位冲激响应为 $h(t)=u(t+2)-u(t-2)$，该系统是无失真传输系统。（　　）

1.6 系统函数为 $H(j\omega)=\dfrac{1-j\omega}{1+j\omega}$ 的系统会引起传输信号的相位失真。（　　）

二、填空题

2.1 连续周期信号 $x(t)$ 是实偶信号，其傅里叶级数系数 $a_{-3}=3$，则 $a_3=$ _____。

2.2 周期信号 $x(t)=\cos\left(\dfrac{2\pi}{5}t\right)\sin\left(\dfrac{\pi}{2}t\right)$ 的指数形式傅里叶级数系数为 _____。

2.3 信号 $x(t)=\sin^2 t$ 可以表示为指数函数形式的傅里叶级数 $x(t)=\sum_{n=-\infty}^{+\infty}F_n e^{j2\pi t}$，则 $F_0 = $_____， $F_1 = $_____。

2.4 已知信号 $x(t)=\dfrac{\sin(\pi t)}{t}$，$y(t)=x(t)*\dfrac{1}{\pi t}$，则 $y(t)$ 的能量为_____。

2.5 信号 $x(t)=\dfrac{1}{1+t^2}$ 的傅里叶变换为_____。

2.6 信号 $x(t)=\dfrac{1}{1+jt}$ 的傅里叶变换为_____。

2.7 单位阶跃信号 $u(t)$ 的傅里叶变换为_____。

2.8 已知信号 $x(t)$ 的傅里叶变换为 $X(j\omega)$，则信号 $x(2t)$ 的傅里叶变换为_____。

2.9 已知信号 $f(t)$ 的傅里叶变换为 $F(j\omega)$，则信号 $f(2t-1)$ 的傅里叶变换为_____。

2.10 已知信号 $f(t)=e^{-(t+1)}u(t+1)$，则卷积 $1*f(t)=$_____。

2.11 信号 $x(t)=\cos(\omega_0 t)u(t)$ 的傅里叶变换为_____。

2.12 信号 $x(t)=\dfrac{1}{\alpha+jt}$ $(\alpha>0)$ 的傅里叶变换是_____。

2.13 $\int_{-\infty}^{+\infty}\dfrac{\sin^2(\pi t)}{t^2}dt=$_____；$\int_{-\infty}^{+\infty}\dfrac{\sin^3(\pi t)}{t^3}dt=$_____。

2.14 设低通信号 $f(t)$ 的频带宽度为 B，则信号 $5f(0.8t-0.5)$ 的频带宽度为_____。

2.15 信号 $x(t)=2\cos^2(\pi t)$ 的直流分量为_____。

2.16 信号 $x(t)=\dfrac{\sin(2\pi(t-2))}{\pi(t-2)}$ 的带宽为_____rad/s。

2.17 周期信号 $x(t)$（基波频率为 ω_0）的指数形式傅里叶级数系数为 a_n，设 $x(t)$ 的傅里叶变换存在，则 $x(2t-1)$ 的傅里叶变换为_____。

2.18 声音信号的频率范围为 0～4kHz，则其奈奎斯特抽样频率 $f_s=$_____。

2.19 对信号 $x(t)=\left[\dfrac{\sin(100t)}{\pi t}\right]^2 * \dfrac{\sin(50\pi t)}{\pi t}$ 进行抽样，则能进行无失真重建时的抽样周期应不大于_____。

2.20 信号 $f(t)$ 为带限信号，若对其采用角频率 $\omega_s=10^4\pi$ rad/s 抽样可无失真地恢复原信号，则信号 $f(t)$ 的最高允许频率为_____。

2.21 已知某个实信号的频带宽度为 1000Hz，若对该信号进行抽样，则奈奎斯特抽样角频率 $\omega_s=$_____rad/s。

2.22 若对信号 $x(t)=Sa(100\pi t)$ 进行理想抽样，则奈奎斯特抽样频率为_____。

2.23 以抽样频率 $f_s=200$ Hz 对模拟正弦信号 $x_a(t)=\cos(60\pi t)+\sin(100\pi t)$ 进行抽样，则抽样后得到的离散信号的周期为_____。

2.24 设两个不相同的信号 $x_1(t)$ 和 $x_2(t)$，分别通过频率响应为 $H(j\omega)$ 的连续线性时不变系统，则输出_____（可能相同或一定不同）。

2.25 一个因果 LTI 系统的频率响应为 $H(j\omega)=\dfrac{1}{3+j\omega}$，系统输出为 $y(t)=(e^{-3t}-e^{-4t})u(t)$，则系统的输入 $f(t)=$_____。

2.26 已知系统的单位冲激响应为 $h(t)=e^{-\alpha t}u(t)$ $(\alpha>0)$，则该系统的频率响应特性 $H(j\omega)$ 为_____。$H_1(j\omega)=\dfrac{\alpha}{\alpha^2+\omega^2}$ 的希尔伯特变换 $\hat{H}_1(j\omega)$ 为_____。

2.27 已知连续线性时不变系统的单位阶跃响应为 $(1-e^{-t})u(t)$，则该系统是_____（低通或高通）系统。

2.28 信号 $e^{j\omega_0 t}$ 通过如模拟题 2.28 图所示 LTI 系统，如果输出 $y(t)=0$，那么 $\omega_0=$_____。

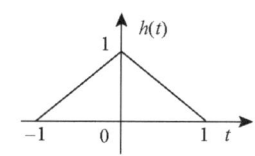

模拟题 2.28 图

三、计算题

3.1 将下列连续时间实值周期信号 $x(t)$ 表示成 $x(t) = \sum_{n=0}^{+\infty} A_n \cos(\omega_n t + \varphi_n)$：

（1）$x(t)$ 的基波周期 $T=8$，非零傅里叶级数系数为 $a_1 = a_{-1} = 2$，$a_3 = a_{-3}^* = 4j$。

（2）$x(t)$ 的基波周期 $T=6$，非零傅里叶级数系数为 $a_0 = 2$，$a_2 = a_{-2} = \dfrac{1}{2}$，$a_5^* = a_{-5} = 2j$。

3.2 已知周期锯齿波在一个周期内的信号表达为 $x(t) = \dfrac{A}{T}t,\ -\dfrac{T}{2} \leqslant t \leqslant \dfrac{T}{2}$，试求其指数形式的傅里叶级数表达式。

3.3 求周期三角波的频谱密度函数，已知其在一个周期内的信号表达为

$$x(t) = \left(A - \dfrac{2A}{T}|t|\right)\left[u\left(t+\dfrac{T}{2}\right) - u\left(t-\dfrac{T}{2}\right)\right]$$

3.4 已知门函数 $f(t) = \begin{cases} 1, & |t| < \tau/2 \\ 0, & |t| > \tau/2 \end{cases}$，求下列信号的傅里叶变换：

（1）$(t-2)f(-2t)$； （2）$t\dfrac{df(t)}{dt}$； （3）$\int_{-\infty}^{1-\frac{t}{2}} f(\tau)d\tau$

3.5 计算下列信号的傅里叶变换 $X(j\omega)$：

（1）$x(t) = te^{-|t|}$；
（2）$x(t) = e^{-|t|}\operatorname{sgn}(t)$；

（3）$x(t) = e^{-2(t-1)}u(t)$；
（4）$x(t) = 1 + \cos\left(6\pi t + \dfrac{\pi}{8}\right)$；

（5）$x(t) = e^{-\alpha t}\cos(\omega_0 t)u(t),\ \alpha > 0$；
（6）$x(t) = 1 + \sin\left(2\pi t + \dfrac{\pi}{4}\right)$；

（7）$x(t) = \dfrac{2}{t^2 + 1}$；
（8）$x(t) = \dfrac{1}{(t-1)^2+1} + \dfrac{1}{(t+1)^2+1}$；

（9）$x(t) = A\left(1 - \dfrac{2|t|}{\tau}\right)\left[u\left(t+\dfrac{\tau}{2}\right) - u\left(t-\dfrac{\tau}{2}\right)\right]$

3.6 设 $X(j\omega)$ 为模拟题 3.6 图所示信号 $x(t)$ 的傅里叶变换，求：

（1）$\angle X(j\omega)$；
（2）$X(j0)$；
（3）$\int_{-\infty}^{+\infty} X(j\omega)d\omega$；

（4）$\int_{-\infty}^{+\infty} X(j\omega)\dfrac{2\sin\omega}{\omega}e^{j2\omega}d\omega$；
（5）$\int_{-\infty}^{+\infty} |X(j\omega)|^2 d\omega$

3.7 求下列频谱函数对应的时间函数：

（1）$X(j\omega) = \dfrac{1}{\omega^2}$；
（2）$X(j\omega) = \cos(2\omega)$；

（3）$X(j\omega) = \delta(\omega) + \dfrac{5}{(j\omega-2)(j\omega+3)}$；
（4）$X(j\omega) = \dfrac{\sin(2(\omega-\pi))}{(\omega-\pi)}$

3.8 设信号 $x(t)$ 的奈奎斯特频率为 ω_0，试确定下列信号的奈奎斯特频率：

（1）$x(t)\cos\omega_0 t$； （2）$x(t) + x(3t-1)$； （3）$x(t) * x(t-1)$

模拟题 3.6 图

四、画图题

4.1 双边指数信号可以表示为 $f(t) = e^{-\alpha|t|},\ -\infty < t < \infty, \alpha > 0$，请画出：

（1）信号 $f(t)$ 的波形图； （2）信号 $f(t)$ 的频谱图

4.2 已知一个低通信号 $x(t)$ 的频谱密度函数为 $X(j\omega)=u(\omega+100\pi)-u(\omega-100\pi)$，该信号对高频正弦载波 $2\cos(1000\pi t)$ 进行幅度调制，已调信号的时域表达式为

$$s(t)=2[1+x(t)]\cos(1000\pi t)$$

求已调信号 $s(t)$ 的频域表示式，并画出频谱示意图。

4.3 某系统框图如模拟题 4.3 图所示，信号 $x(t)$ 的频谱 $X(j\omega)$、周期信号 $p(t)$ 如模拟题 4.3 图所示，$h(t)=\dfrac{\sin(2\pi t)}{t}$。画出模拟题 4.3 图中信号 $y_A(t)$、$y_B(t)$ 的频谱图（假设不交叠）。

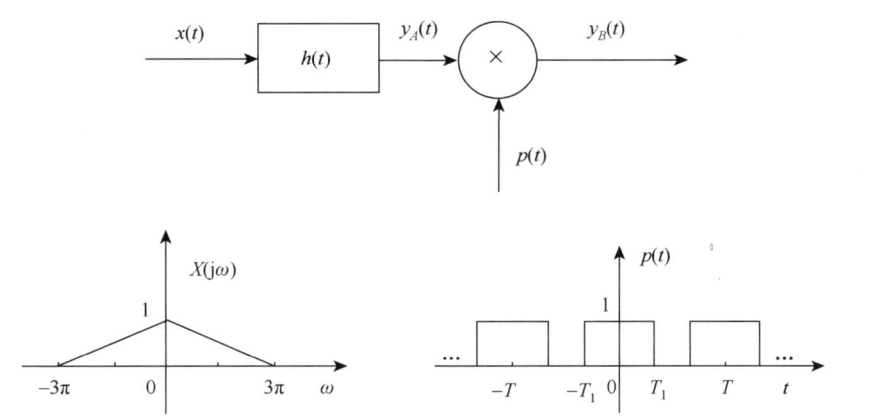

模拟题 4.3 图

4.4 系统如模拟题 4.4（a）图所示，其中，$x(t)=\dfrac{\sin(\omega_m t)}{\pi t}$，$\omega_m=100\pi$ rad/s，$H_1(j\omega)$ 和 $p_2(t)$ 如模拟题 4.4 图（b）和（c）所示，$T=\dfrac{1}{200}$ s，求：

（1）分别画出 A 点信号、B 点信号和 $p_2(t)$ 的频谱图。

（2）是否存在子系统 $h_2(t)$ 使 D 点输出 $y(t)=kx(t)$（k 为常数）？若存在，则设计 $h_2(t)$。

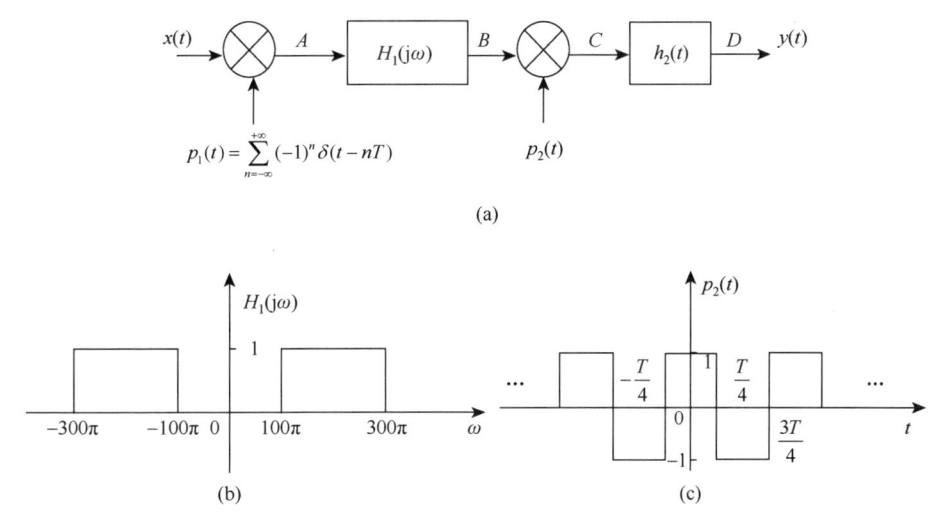

模拟题 4.4 图

4.5 已知一个系统如模拟题 4.5 图（a）所示，其中输入信号 $x(t)$ 的频谱如模拟题 4.5 图（b）所示。求：

（1）设计图中子系统 $H_1(j\omega)$ 和 $H_2(j\omega)$，使得该系统输出 $y(t)=x(t)$。

（2）画出图中 A 点、B 点、C 点、D 点的频谱图。

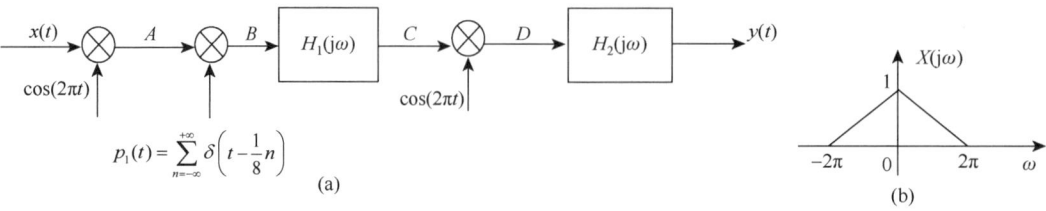

模拟题 4.5 图

4.6 如模拟题 4.6 图所示一个对连续时间信号采样并从样本恢复信号的系统，其中，$x_1(t)=\dfrac{\sin(5\pi t)}{\pi t}$，$x_2(t)=\dfrac{\sin(10\pi t)}{\pi t}$，$p(t)=\sum\limits_{k=-\infty}^{+\infty}\delta(t-kT)$，理想低通滤波器的截止频率 $\omega_c=25\pi$：

（1）为了使该系统能无失真地恢复 $x(t)$，试确定最大采样间隔 $T_{\max}$。

（2）在 $T=T_{\max}$ 情况下，画出 $x_p(t)$ 的频谱 $X_p(j\omega)$。

4.7 已知系统如模拟题 4.7 图所示，图中理想低通滤波器的系统函数为
$$H_1(j\omega)=[u(\omega+2\Omega_0)-u(\omega-2\Omega_0)]e^{-j\omega t_0}$$
式中，$\omega_0\gg\Omega$，t_0 为常数。

（1）请画出系统 $H_1(j\omega)$ 的幅频和相频特性曲线。

（2）若输入信号 $x(t)=\text{Sa}(2\Omega_0 t)\cos(\omega_0 t)$，求信号 $s(t)$ 的傅里叶变换，并画出信号 $s(t)$ 的频谱图。

（3）求系统的输出信号 $y(t)$。

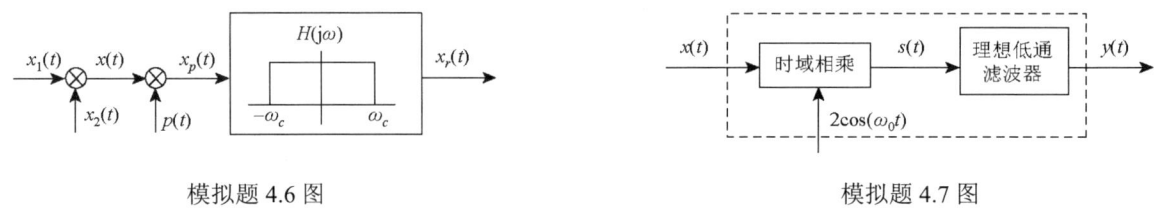

模拟题 4.6 图　　　　　　　　　　　模拟题 4.7 图

五、简答、证明题

5.1 请说明连续周期信号频谱 a_n 与连续非周期信号频谱 $F(j\omega)$ 的区别和联系。

5.2 一个连续 LTI 系统的频率响应 $H(j\omega)=\dfrac{1-j\omega}{1+j\omega}$，输入信号 $x(t)=\cos t+\cos(3t)$，简述系统具有何种滤波特性？是否为无失真传输？请说明理由，如果不是，如何判断存在上面失真？

5.3 已知 $x_1(t)$ 和 $x_2(t)$ 为偶信号，$X_1(j\omega)$ 与 $X_2(j\omega)$ 分别是 $x_1(t)$ 和 $x_2(t)$ 的傅里叶变换，试证明：$\dfrac{1}{2\pi}\int_{-\infty}^{+\infty}X_1(j\omega)X_2(j\omega)d\omega=\int_{-\infty}^{+\infty}x_1(t)x_2(t)dt$。

5.4 已知 $x_1(t)$ 和 $x_2(t)$ 都是带限信号，$X_1(j\omega)=0,|\omega|>200\pi$；$X_2(j\omega)=0,|\omega|>400\pi$。若 $y(t)=x_1(3t)x_2\left(\dfrac{t}{2}\right)$，则采样周期 T 取多大时才可以无失真地恢复 $y(t)$？

5.5 一个连续线性时不变系统输入模拟题 5.5 图(a)所示 $x_1(t)$ 时输出 $y_1(t)=e^{-2t}u(t)$，求输入模拟题 5.5(b)所示 $x_2(t)$ 时的输出 $y_2(t)$。

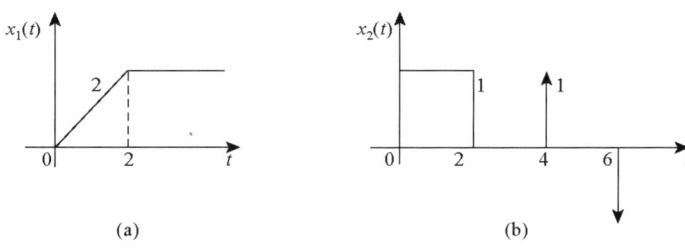

模拟题 5.5 图

六、综合题

6.1 已知因果连续线性时不变系统的微分方程为 $\dfrac{d^2 y(t)}{dt^2} + \dfrac{dy(t)}{dt} + \dfrac{2}{9} y(t) = \dfrac{dx(t)}{dt} + x(t)$：

（1）求系统频率响应 $H(j\omega)$；　　　　　　　（2）求系统的单位冲激响应 $h(t)$

6.2 连续时间线性时不变系统的单位冲激响应为 $h(t) = \dfrac{4\pi t \cos(4\pi t) - \sin(4\pi t)}{\pi t^2}$，输入信号 $x(t) = \sum\limits_{k=-\infty}^{+\infty} \delta\left(t - \dfrac{2}{3}k\right)$，求：

（1）$x(t)$ 的傅里叶级数表达式。
（2）计算系统的频率响应 $H(j\omega)$。
（3）求系统的零状态响应 $y_{zs}(t)$。

6.3 系统如模拟题 6.3 图所示，输入信号 $f(t)$ 经理想采样后通过三个子系统得到输出 $y(t)$。已知输入 $f(t) = 2 + \cos(10t)$，采样角频率 $\omega_s = 25$ rad/s。子系统 1 为理想低通滤波器，其频率响应函数 $H_1(j\omega) = \begin{cases} 0, & |\omega| > 20\,\text{rad/s} \\ 1, & |\omega| < 20\,\text{rad/s} \end{cases}$；子系统 2 为微分器，即当输入为 $x(t)$ 时，输出为 $x'(t)$；子系统 3 的冲激响应 $h_3(t) = \dfrac{1}{\pi t}$，求输出信号 $y(t)$。

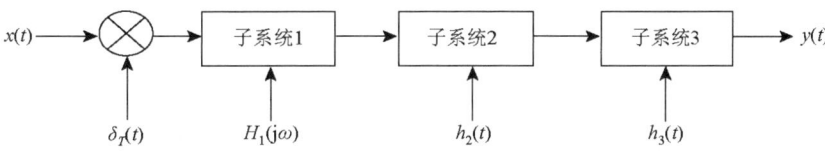

模拟题 6.3 图

6.4 信号采样与恢复原理图如模拟题 6.4 图所示，$x(t)$ 和 $y(t)$ 为输入输出模拟信号，F_1 和 F_2 为滤波器，k 为理想冲激采样器，如果采样间隔为 1ms，在如下提供的 5 个滤波器中选用两只分别为 F_1 和 F_2（要求每种只能用一次），使输出端恢复出原信号。该如何选择，请说明理由，其中，f_c 为截止频率。

（1）高通滤波器 $f_c = 2$ kHz；　　　　　　（2）低通滤波器 $f_c = 2$ kHz；
（3）低通滤波器 $f_c = 1$ kHz；　　　　　　（4）低通滤波器 $f_c = 0.5$ kHz；
（5）低通滤波器 $f_c = 0.22$ kHz

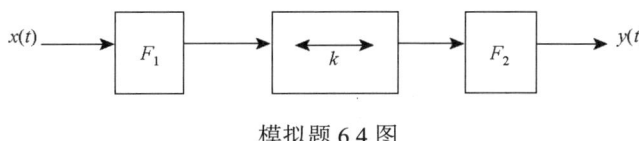

模拟题 6.4 图

6.5 已知某系统如模拟题 6.5 图（a）所示，其中，A 为不等于 0 的常数，$A + x(t) > 0$，$x(t)$ 的频谱 $X(j\omega)$，以及子系统 $H_1(j\omega)$、$H_3(j\omega)$ 分别如模拟题 6.5 图（b）～（d）所示，$H_2(j\omega) = \begin{cases} j, & \omega > 0 \\ -j, & \omega < 0 \end{cases}$。求：

（1）$x_2(t)$ 的时域表达式；　　　　　　（2）$x_3(t)$ 的时域表达式

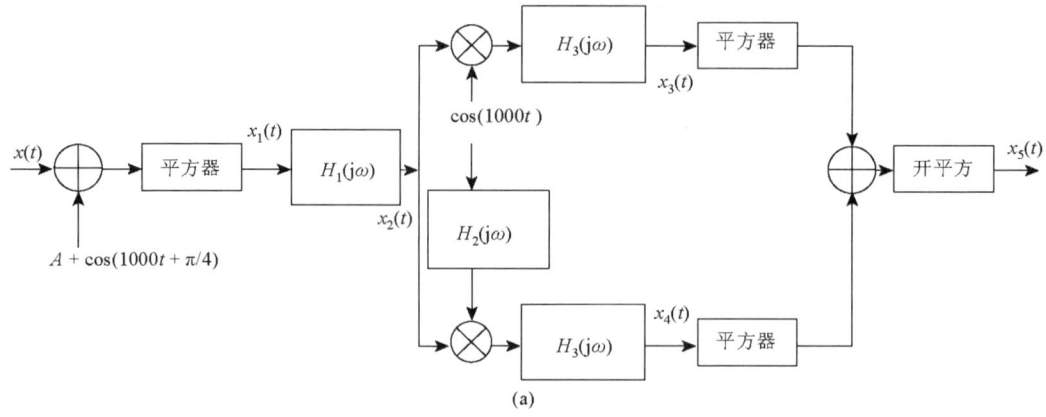

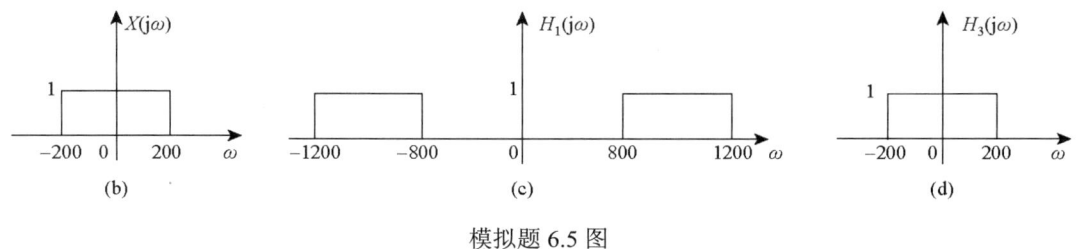

模拟题 6.5 图

6.6 某信号如模拟题 6.6 图所示，求：

（1）$X(j\omega)|_{\omega=0}$；
（2）$X(j\omega)$ 的频谱相位特性；
（3）若 $y(t)=x(t)*\dfrac{1}{\pi t}$，求 $\int_{-\infty}^{+\infty}|y(t)|^2 dt$

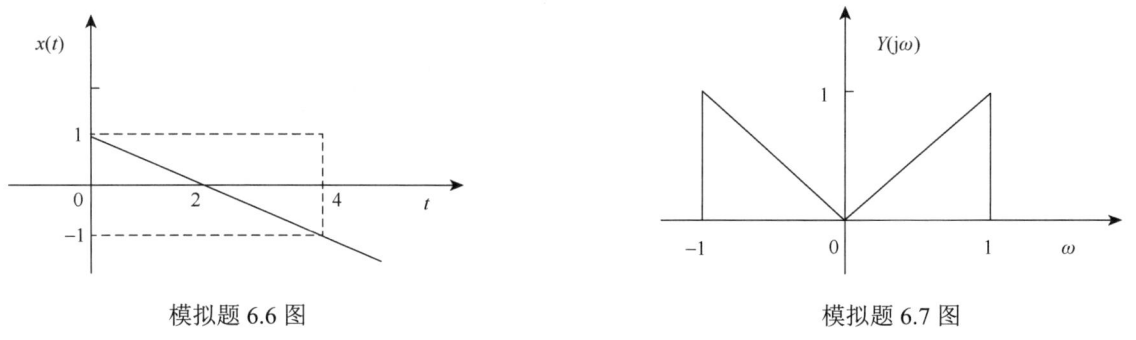

模拟题 6.6 图　　　　　　　　　　　模拟题 6.7 图

6.7 已知 $x(t)=\left(\dfrac{\sin t}{\pi t}\right)^2$，求 $X(j\omega)$；并设计一个系统使输入 $x(t)$ 时，可以输出 $y(t)$，且 $y(t)$ 的频谱 $Y(j\omega)$ 如模拟题 6.7 图所示。

6.8 通信系统分析中需要构建一种称作解析信号的复信号，可以表示为 $z(t)=f(t)+j\hat{f}(t)$，$z(t)$ 是 $f(t)$ 的解析信号，其中，$f(t)$ 是实信号，$\hat{f}(t)$ 是 $f(t)$ 的希尔伯特变换。为了分析方便，还需要构建 $z(t)$ 的复包络信号 $f_L(t)$，$f_L(t)$ 的带宽为 ω_m，$z(t)=f_L(t)e^{j\omega_c t}$，这里假定 ω_c 为已知，且 $\omega_c \gg \omega_m$。

（1）如果 $f_L(t)$ 为已知信号，那么请用 $f_L(t)$ 来表示 $f(t)$。

（2）如果 $f_L(t)$ 的傅里叶变换为 $F_L(j\omega)$，那么请用 $F_L(j\omega)$ 来表示 $f(t)$ 的傅里叶变换 $F(j\omega)$。

6.9 某一个采样系统，输入信号 $x(t)=A+B\cos(2\pi t/T)$，取样信号 $p(t)=\sum_{k=-\infty}^{+\infty}\delta[t-k(T+\Delta)]$；取样后 $g(t)=x(t)p(t)$ 通过一个理想低通滤波器，其传输函数 $H(j\omega)=1,|\omega|<\dfrac{1}{2(T+\Delta)}$；取样信号通过滤波器后输出为 $y(t)=kx(at),a<1$，k 为实系数。求：（1）$g(t)$ 的傅里叶变换；（2）为使输出达到要求，a、k、Δ 应满足什么条件？

第4章　连续时间信号与系统的 s 域分析

傅里叶分析方法之所以在信号与线性时不变系统分析中起着重要作用，很大程度上是因为相当广泛的信号都可以表示成复指数信号的线性组合，而复指数函数是一切线性时不变系统的特征函数。LTI 连续时间系统的傅里叶分析方法也称为频域分析法，它是以虚指数信号 $e^{j\omega t}$ 为基本信号，将任意信号分解为众多不同频率的虚指数分量之和，在频率域上分析这些不同频率的分量并将其作为输入，在系统影响下会得到什么样的输出分析方法。傅里叶分析方法使响应的求解得到简化，物理意义清楚，但也有不足：

（1）有些重要信号不存在傅里叶变换，如 $e^{2t}u(t)$。
（2）对于给定初始状态的系统难以利用频域分析。

这一章将通过把频域中的傅里叶变换推广到复频域来解决这些问题。本章引入复频率 $s = \sigma + j\omega$，以复指数函数 e^{st} 为基本信号，任意信号可以分解为不同复频率的复指数分量之和。这里用于系统分析的独立变量是复频率 s，故称为 s 域分析，所采用的数学工具为拉普拉斯变换。

将傅里叶变换推广到更一般的情况就是本章要讨论的中心问题。通过本章会看到拉普拉斯变换不仅具有很多与傅里叶变换相同的重要性质，也能像傅里叶分析方法一样对信号与系统特性进行分析，而且还能用于傅里叶分析方法不适用的许多方面。拉普拉斯变换分析方法是傅里叶分析法的推广，傅里叶分析是拉普拉斯变换分析方法的特例。

4.1　拉普拉斯变换

4.1.1　从傅里叶变换到拉普拉斯变换

当信号 $f(t)$ 满足绝对可积条件时，可以进行傅里叶变换和逆变换。但有些信号不能满足绝对可积条件，不能直接进行傅里叶变换。主要原因在于这些信号衰减太慢或者不衰减。为了克服以上困难，可引入一个收敛因子 $e^{-\sigma t}$ 与 $f(t)$ 相乘，只要 σ 值选择合适，就能保证 $f(t)e^{-\sigma t}$ 满足绝对可积条件，从而可以求出 $f(t)e^{-\sigma t}$ 的傅里叶变换，即

$$\mathscr{F}\left\{f(t)e^{-\sigma t}\right\} = \int_{-\infty}^{\infty} f(t)e^{-\sigma t}e^{-j\omega t}dt = \int_{-\infty}^{\infty} f(t)e^{-(\sigma+j\omega)t}dt \tag{4.1.1}$$

将式（4.1.1）与傅里叶变换定义式相比，可得

$$\mathscr{F}\left\{f(t)e^{-\sigma t}\right\} = F(\sigma + j\omega)$$

它的傅里叶逆变换为

$$f(t)e^{-\sigma t} = \frac{1}{2\pi}\int_{-\infty}^{\infty} F(\sigma+j\omega)e^{j\omega t}d\omega$$

将上式两边乘以 $e^{\sigma t}$，则得

$$f(t) = \frac{1}{2\pi}\int_{-\infty}^{\infty} F(\sigma+j\omega)e^{(\sigma+j\omega)t}d\omega \tag{4.1.2}$$

令 $s = \sigma + j\omega$，可将式（4.1.1）、式（4.1.2）改写为

$$F(s) = \int_{-\infty}^{\infty} f(t)e^{-st}dt \tag{4.1.3}$$

$$f(t) = \frac{1}{2\pi j}\int_{\sigma-j\infty}^{\sigma+j\infty} F(s)e^{st}ds \tag{4.1.4}$$

式（4.1.3）和式（4.1.4）是一对拉普拉斯变换。$F(s)$ 为 $f(t)$ 的复频域函数（也称为象函数）；由复频域函数 $F(s)$ 表示时域函数 $f(t)$ 则称为拉普拉斯逆变换，即 $f(t)$ 为 $F(s)$ 的原函数。可记为

$$F(s)=\mathscr{L}\{f(t)\} \qquad f(t)=\mathscr{L}^{-1}\{F(s)\} \tag{4.1.5}$$

上述变换对也可用双箭头表示，$f(t)$ 与 $F(s)$ 是一对拉普拉斯变换：

$$f(t) \leftrightarrow F(s) \tag{4.1.6}$$

在实际应用中，时间信号大多数为有始信号，即 $f(t)=f(t)u(t)$，则

$$F(s)=\int_{0_-}^{\infty} f(t)\mathrm{e}^{-st}\mathrm{d}t \tag{4.1.7}$$

式（4.1.7）称为 $f(t)$ 的单边拉普拉斯变换。式中积分下限用 0_-，是考虑到 $f(t)$ 中可能包含冲激函数及其各阶导数，一般情况下，认为 0 和 0_- 是等同的。单边拉普拉斯变换在 4.3 节有详细的说明。

4.1.2 拉普拉斯变换的收敛域

通常把使 $f(t)\mathrm{e}^{-\sigma t}$ 满足绝对可积条件的 σ 值的范围称为拉普拉斯变换的收敛域（region of convergence，ROC），常用 s 平面的阴影部分表示。$F(s)$ 存在的条件是被积函数为收敛函数，即 $\int_{0_-}^{\infty}\left|f(t)\mathrm{e}^{-\sigma t}\right|\mathrm{d}t<\infty$。这取决于 s 值的选择，也就是 σ 的取值区间，即收敛域 ROC 仅由复数 s 的实部决定。要求满足条件：

$$\lim_{t \to \infty} f(t)\mathrm{e}^{-\sigma t}=0 \tag{4.1.8}$$

s 平面是一个复平面，它以 σ 为横轴，$j\omega$ 为纵轴。在 s 复平面上，收敛域是一个区域，客观存在是由收敛坐标 σ_0 决定的，σ_0 的取值与信号 $f(t)$ 有关。过 σ_0 平行于虚轴的一条直线称为收敛轴或收敛边界。

对于有始信号 $f(t)$，若满足下列条件：

$$\lim_{t \to \infty} f(t)\mathrm{e}^{-\sigma t}=0,\ \sigma>\sigma_0 \tag{4.1.9}$$

则收敛条件为 $\sigma>\sigma_0$，在 s 平面的收敛域位于收敛轴的右边。

对于有终信号 $f(-t)$，若满足下列条件：

$$\lim_{t \to \infty} f(-t)\mathrm{e}^{-\sigma t}=0,\ \sigma<\sigma_0 \tag{4.1.10}$$

则收敛条件为 $\sigma<\sigma_0$，在 s 平面的收敛域位于收敛轴的左边。

4.1.3 拉普拉斯变换及其收敛域举例

【例 4.1.1】 已知因果信号 $f_1(t)=\mathrm{e}^{\alpha t}u(t)$，求其拉普拉斯变换。

解 $F_1(s)=\int_0^{\infty}\mathrm{e}^{\alpha t}\mathrm{e}^{-st}\mathrm{d}t=\left.\dfrac{\mathrm{e}^{-(s-\alpha)t}}{-(s-\alpha)}\right|_0^{\infty}=\dfrac{1}{(s-\alpha)}\left[1-\lim_{t \to \infty}\mathrm{e}^{-(\sigma-\alpha)t}\mathrm{e}^{-j\omega t}\right]$

$$=\begin{cases}\dfrac{1}{s-\alpha},\ \mathrm{Re}\{s\}=\sigma>\alpha \\ 不定,\ \mathrm{Re}\{s\}=\sigma=\alpha \\ 无界,\ \mathrm{Re}\{s\}=\sigma<\alpha\end{cases}$$

可见，对于因果信号，仅当 $\mathrm{Re}\{s\} = \sigma > \alpha$ 时其拉普拉斯变换存在。例 4.1.1 信号的拉普拉斯变换收敛域如图 4.1.1 所示。

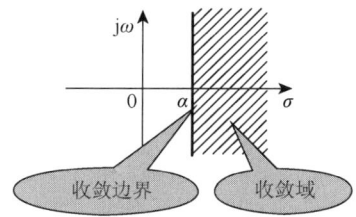

图 4.1.1　例 4.1.1 信号的拉普拉斯变换收敛域

【例 4.1.2】　已知反因果信号 $f_2(t) = e^{\beta t} u(-t)$，求其拉普拉斯变换。

解　$F_2(s) = \int_{-\infty}^{0} e^{\beta t} e^{-st} dt = \dfrac{e^{-(s-\beta)t}}{-(s-\beta)} \Big|_{-\infty}^{0} = \dfrac{1}{-(s-\beta)} \left[1 - \lim\limits_{t \to -\infty} e^{-(\sigma-\beta)t} e^{-j\omega t} \right]$

$= \begin{cases} \dfrac{1}{-(s-\beta)}, & \mathrm{Re}\{s\} = \sigma < \beta \\ 不定, & \mathrm{Re}\{s\} = \sigma = \beta \\ 无界, & \mathrm{Re}\{s\} = \sigma > \beta \end{cases}$

可见对于反因果信号，仅当 $\mathrm{Re}\{s\} = \sigma < \beta$ 时其拉普拉斯变换存在。例 4.1.2 信号的拉普拉斯变换收敛域如图 4.1.2 所示。

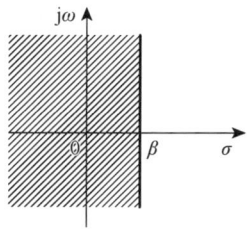

图 4.1.2　例 4.1.2 信号的拉普拉斯变换收敛域

【例 4.1.3】　已知双边信号 $f_3(t) = f_1(t) + f_2(t) = \begin{cases} e^{\beta t}, & t < 0 \\ e^{\alpha t}, & t > 0 \end{cases}$，求其拉普拉斯变换。

解　其双边拉普拉斯变换 $F_3(s) = F_1(s) + F_2(s)$，仅当 $\beta > \alpha$ 时，其收敛域为 $\alpha < \mathrm{Re}\{s\} < \beta$ 的一个带状区域，如图 4.1.3 所示。

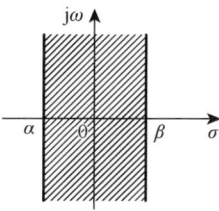

图 4.1.3　例 4.1.3 信号的拉普拉斯变换收敛域

【例 4.1.4】　求下列信号的双边拉普拉斯变换：
$f_1(t) = e^{-3t} u(t) + e^{-2t} u(t)$，$f_2(t) = -e^{-3t} u(-t) - e^{-2t} u(-t)$，$f_3(t) = e^{-3t} u(t) - e^{-2t} u(-t)$

解 $f_1(t) \leftrightarrow F_1(s) = \dfrac{1}{s+3} + \dfrac{1}{s+2}, \ \text{Re}\{s\} > -2$

$f_2(t) \leftrightarrow F_2(s) = \dfrac{1}{s+3} + \dfrac{1}{s+2}, \ \text{Re}\{s\} < -3$

$f_3(t) \leftrightarrow F_3(s) = \dfrac{1}{s+3} + \dfrac{1}{s+2}, \ -3 < \text{Re}\{s\} < -2$

可见，象函数相同，但收敛域不同。双边拉普拉斯变换必须标出收敛域。

【例 4.1.5】 求下列信号的拉普拉斯变换收敛域：

(1) $f(t) = t^n \ (n > 0)$；(2) $f(t) = e^{-at}u(t), \ a > 0$；(3) $f(t) = Au(t) - Au(t-\tau)$

解 (1) $\lim\limits_{t \to \infty} t^n e^{-\sigma t} = \lim\limits_{t \to \infty} \dfrac{t^n}{e^{\sigma t}} = \lim\limits_{t \to \infty} \dfrac{nt^{n-1}}{\sigma e^{\sigma t}} = \lim\limits_{t \to \infty} \dfrac{n!}{\sigma^n e^{\sigma t}} = 0, \ \sigma > 0$，即 $\sigma_0 = 0$，收敛坐标位于坐标原点，收敛轴即虚轴。收敛域为 s 平面的右半部。

(2) $\lim\limits_{t \to \infty} e^{-at} e^{-\sigma t} = \lim\limits_{t \to \infty} e^{-(a+\sigma)t} = 0, \ a+\sigma > 0$，即收敛域为 $\sigma > -a, \sigma_0 = -a$。收敛域为 s 平面上 $\sigma > -a$ 的右半部。

(3) $\lim\limits_{t \to \infty} f(t) e^{-\sigma t} = 0, \sigma > -\infty$，即对 σ_0 没有要求，全平面收敛。

【例 4.1.6】 求以下信号的拉普拉斯变换：

(1) 单位冲激信号 $\delta(t)$； (2) 单位阶跃信号 $u(t)$；

(3) 指数信号 $e^{-at}u(t)$； (4) 单边正弦信号 $\sin(\omega_0 t)u(t)$；

(5) 单边衰减正弦信号 $e^{-at}\sin(\omega_0 t)u(t)$； (6) t 的正幂信号 $t^n u(t)$，n 为正整数；

(7) t 的正幂指数信号 $t^n e^{\pm at} u(t), \ a > 0$，$n$ 为正整数

解 (1) $F(s) = \mathscr{L}\{\delta(t)\} = \int_{-\infty}^{\infty} \delta(t) e^{-st} ds = e^{-st}\big|_{t=0} = 1$，即 $\delta(t) \leftrightarrow 1$，收敛域为整个 s 平面。

(2) $F(s) = \mathscr{L}\{u(t)\} = \int_{0_-}^{\infty} u(t) e^{-st} ds = \int_0^{\infty} e^{-st} ds = -\dfrac{1}{s} e^{-st}\Big|_0^{\infty} = \dfrac{1}{s}$，即 $u(t) \leftrightarrow \dfrac{1}{s}$。

(3) $F(s) = \mathscr{L}\{e^{-at}u(t)\} = \int_{0_-}^{\infty} e^{-at} e^{-st} dt = \int_{0_-}^{\infty} e^{-(a+s)t} dt = \dfrac{1}{s+a}$，即 $e^{-at}u(t) \leftrightarrow \dfrac{1}{s+a}$：

当 $a = j\omega_0$ 时，$e^{-j\omega_0 t} u(t) \leftrightarrow \dfrac{1}{s + j\omega_0}$；当 $a = -j\omega_0$ 时，$e^{j\omega_0 t} u(t) \leftrightarrow \dfrac{1}{s - j\omega_0}$；

当 $a = 0$ 时，$u(t) \leftrightarrow \dfrac{1}{s}$；当 $a = \alpha \pm j\omega_0$ 时，$e^{-(\alpha \pm j\omega_0)t} u(t) \leftrightarrow \dfrac{1}{s + (\alpha \pm j\omega_0)}$。

(4) 由于 $\sin\omega_0 t = \dfrac{e^{j\omega_0 t} - e^{-j\omega_0 t}}{2j}$，故有

$$F(s) = \mathscr{L}\left\{\dfrac{e^{j\omega_0 t} u(t) - e^{-j\omega_0 t} u(t)}{2j}\right\} = \dfrac{1}{2j}\left(\dfrac{1}{s - j\omega_0} - \dfrac{1}{s + j\omega_0}\right) = \dfrac{\omega_0}{s^2 + \omega_0^2}$$

(5) 由于 $e^{-at}\sin\omega_0 t = \dfrac{1}{2j}e^{-(a-j\omega_0)t} - \dfrac{1}{2j}e^{-(a+j\omega_0)t}$，则

$$F(s) = \mathscr{L}\left\{\dfrac{e^{-(a-j\omega_0)t} u(t) - e^{-(a+j\omega_0)t} u(t)}{2j}\right\} = \dfrac{1}{2j}\left[\dfrac{1}{s+(a-j\omega_0)} - \dfrac{1}{s+(a+j\omega_0)}\right] = \dfrac{\omega_0}{(s+a)^2 + \omega_0^2}$$

即

$$e^{-at}\sin(\omega_0 t)u(t) \leftrightarrow \dfrac{\omega_0}{(s+a)^2 + \omega_0^2}, \quad \text{Re}\{s\} > -a$$

(6) $F(s) = \mathscr{L}\{t^n u(t)\} = \int_{0_-}^{\infty} t^n e^{-st} dt = -\dfrac{t^n}{s} e^{-st}\Big|_{0_-}^{\infty} + \dfrac{n}{s}\int_{0_-}^{\infty} t^{n-1} e^{-st} dt = \dfrac{n}{s}\int_{0_-}^{\infty} t^{n-1} e^{-st} dt$

可见

$$\mathscr{L}\{t^n u(t)\} = \frac{n}{s}\mathscr{L}\{t^{n-1}u(t)\}$$

以此类推，可得

$$\mathscr{L}\{t^n u(t)\} = \frac{n}{s}\mathscr{L}\{t^{n-1}u(t)\} = \frac{n}{s}\cdot\frac{n-1}{s}\mathscr{L}\{t^{n-2}u(t)\} = \frac{n}{s}\cdot\frac{n-1}{s}\cdots\frac{2}{s}\cdot\frac{1}{s}\cdot\frac{1}{s} = \frac{n!}{s^{n+1}}$$

即

$$t^n u(t) \leftrightarrow \frac{n!}{s^{n+1}}$$

（7）$F(s) = \mathscr{L}\{t^n e^{\pm at}u(t)\} = \int_{0_-}^{\infty} t^n e^{-(s\mp a)t}dt = -\left.\frac{t^n \cdot e^{-(s\mp a)t}}{s\mp a}\right|_{0_-}^{\infty} + \frac{n}{s\mp a}\int_{0_-}^{\infty} t^{n-1}e^{-(s\mp a)t}dt$

$= \frac{n}{s\mp a}\int_{0_-}^{\infty} t^{n-1}e^{\pm at}e^{-st}dt = \frac{n}{s\mp a}\mathscr{L}\{t^{n-1}e^{\pm at}u(t)\}$

以此类推，可得

$$\mathscr{L}\{t^n e^{\pm at}u(t)\} = \frac{n!}{(s\mp a)^{n+1}}$$

对一些比指数函数增长更快的函数，例如，e^{t^2}，这些信号找不到它们的收敛坐标，因而，不存在拉普拉斯变换。但在实际工程上常见的有始有终信号其拉普拉斯变换总是存在的，且其收敛域总在 $\sigma > \sigma_0$ 的区域，因此以后不再一一注明。

为了使用方便，将一些常用信号的拉普拉斯变换列于表 4.1.1 中，以备查用。

表 4.1.1 常用信号的拉普拉斯变换

序号	时域函数 $f(t)$	s 域变换 $F(s)$	变换域中 σ_0
1	$\delta(t)$	1	$-\infty$
2	$u(t)$	$\dfrac{1}{s}$	0
3	$tu(t)$	$\dfrac{1}{s^2}$	0
4	$t^n u(t)$（n 为正整数）	$\dfrac{n!}{s^{n+1}}$	0
5	$e^{\pm \alpha t}u(t), \alpha > 0$	$\dfrac{1}{s\pm\alpha}$	$\pm\alpha$
6	$t^n e^{\pm \alpha t}u(t), \alpha > 0$，$n$ 为正整数	$\dfrac{n!}{(s\mp\alpha)^{n+1}}$	$\pm\alpha$
7	$\sin(\omega_0 t)u(t)$	$\dfrac{\omega_0}{s^2+\omega_0^2}$	0
8	$\cos(\omega_0 t)u(t)$	$\dfrac{s}{s^2+\omega_0^2}$	0
9	$e^{\pm \alpha t}\sin(\omega_0 t)u(t), \alpha > 0$	$\dfrac{\omega_0}{(s\mp\alpha)^2+\omega_0^2}$	$\pm\alpha$
10	$e^{\pm \alpha t}\cos(\omega_0 t)u(t), \alpha > 0$	$\dfrac{s\mp\alpha}{(s\mp\alpha)^2+\omega_0^2}$	$\pm\alpha$
11	$sh(Bt)u(t)$	$\dfrac{B}{s^2-B^2}$	B
12	$ch(Bt)u(t)$	$\dfrac{s}{s^2-B^2}$	B

4.2 拉普拉斯变换的性质

拉普拉斯变换建立了信号在时域和复频域之间的对应关系，故变换本身的一些性质反映了信号的时域特性和复频域特性的关系。掌握这些性质不但为求解一些较复杂信号的拉普拉斯变换带来方便，而且也有助于求解拉普拉斯逆变换。这些性质与傅里叶变换的性质在很多情况下是相似的。

1. 线性性质

若有 $f_1(t) \leftrightarrow F_1(s)$，$\sigma > \sigma_1$ 且 $f_2(t) \leftrightarrow F_2(s)$，$\sigma > \sigma_2$，则

$$a_1 f_1(t) + a_2 f_2(t) \leftrightarrow a_1 F_1(s) + a_2 F_2(s), \quad \sigma \supset \sigma_1 \cap \sigma_2 \tag{4.2.1}$$

式中，a_1 和 a_2 为任意常数，收敛域为两函数收敛域之重叠部分。

证明

$$\mathscr{L}\{a_1 f_1(t) + a_2 f_2(t)\} = \int_{0_-}^{\infty} [a_1 f_1(t) + a_2 f_2(t)] e^{-st} dt = a_1 \int_{0_-}^{\infty} f_1(t) e^{-st} dt + a_2 \int_{0_-}^{\infty} f_2(t) e^{-st} dt$$
$$= a_1 F_1(s) + a_2 F_2(s)$$

线性性质表明，如果一个信号能分解为若干个基本信号之和，那么该信号的拉普拉斯变换可以通过各个基本信号的拉普拉斯变换相加获得，反之亦然。

$a_1 F_1(s) + a_2 F_2(s)$ 的收敛域至少包括 σ_1 和 σ_2 的交集，该交集若是空集，则 $a_1 F_1(s) + a_2 F_2(s)$ 没有收敛域，即 $a_1 f_1(t) + a_2 f_2(t)$ 不存在拉普拉斯变换。

在应用线性性质的过程中，可能存在零极点相消的情况，这会使 $a_1 F_1(s) + a_2 F_2(s)$ 的收敛域扩大。这种情况我们举例说明。

【例 4.2.1】 求信号 $f(t) = f_1(t) - f_2(t)$ 的拉普拉斯变换，已知：

$$F_1(s) = \frac{1}{s+1}, \quad \text{Re}\{s\} > -1; \quad F_2(s) = \frac{1}{(s+1)(s+2)}, \quad \text{Re}\{s\} > -1。$$

解 $F(s) = \frac{1}{s+1} - \frac{1}{(s+1)(s+2)} = \frac{1}{s+2}$，$\text{Re}\{s\} > -2$。$s = -1$ 的极点和 $s = -1$ 的零点相互抵消，收敛域扩大。

2. 尺度变换特性

若有 $f(t) \leftrightarrow F(s)$，$\sigma > \sigma_0$，则有

$$f(at) \leftrightarrow \frac{1}{a} F\left(\frac{s}{a}\right), \quad \sigma > a\sigma_0, \ a > 0 \tag{4.2.2}$$

证明 $\mathscr{L}\{f(at)\} = \int_{0_-}^{\infty} f(at) e^{-st} dt$，令 $x = at$, $dx = a dt$，则

$$\mathscr{L}\{f(at)\} = \int_{0_-}^{\infty} f(x) e^{-\frac{s}{a}x} \frac{1}{a} dx = \frac{1}{a} \int_{0_-}^{\infty} f(x) e^{-\frac{s}{a}x} dx = \frac{1}{a} F\left(\frac{s}{a}\right)$$

这里 $f(t)$ 是有始信号，式中规定 $a > 0$ 是必须的。

3. 时移（时延）特性

若有 $f(t) \leftrightarrow F(s)$，$\sigma > \sigma_0$，则

$$f(t - t_0) u(t - t_0) \leftrightarrow F(s) e^{-st_0}, \quad \sigma > \sigma_0, \ t_0 > 0 \tag{4.2.3}$$

证明 $\mathscr{L}\{f(t - t_0) u(t - t_0)\} = \int_{0_-}^{\infty} f(t - t_0) u(t - t_0) e^{-st} dt = \int_{t_0}^{\infty} f(t - t_0) e^{-st} dt$

令 $t-t_0=x$，则 $t=x+t_0$，$\mathrm{d}x=\mathrm{d}t$，上式改写为

$$\mathscr{L}\{f(t-t_0)u(t-t_0)\}=\int_0^\infty f(x)\mathrm{e}^{-s(x+t_0)}\mathrm{d}x=\mathrm{e}^{-st_0}\int_0^\infty f(x)\mathrm{e}^{-sx}\mathrm{d}x=\mathrm{e}^{-st_0}F(s)$$

在使用这一性质时，要注意区分下列不同的四个时间函数：$f(t-t_0)$、$f(t-t_0)u(t)$、$f(t)u(t-t_0)$ 和 $f(t-t_0)u(t-t_0)$。

如果信号函数既进行时移又改变时间尺度，那么

$$f(at-t_0)u(at-t_0)\leftrightarrow\frac{1}{a}F\left(\frac{s}{a}\right)\mathrm{e}^{-st_0/a},\ \sigma>a\sigma_0,\ a>0 \tag{4.2.4}$$

【例 4.2.2】 已知信号 $f(t)$ 的象函数 $F(s)=\dfrac{s}{s^2+1}$，求 $f(3t-2)$ 的象函数。

解 $f(3t-2)=f\left(3\left(t-\dfrac{2}{3}\right)\right)$，$f(t)\leftrightarrow F(s)$，则 $f(3t)\leftrightarrow\dfrac{1}{3}F\left(\dfrac{s}{3}\right)=\dfrac{1}{3}\dfrac{s/3}{(s/3)^2+1}=\dfrac{s}{s^2+9}$

$$\therefore f(3t-2)\leftrightarrow\dfrac{s}{s^2+9}\mathrm{e}^{-\tfrac{2}{3}s}$$

【例 4.2.3】 求如图 4.2.1 所示信号的拉普拉斯变换。

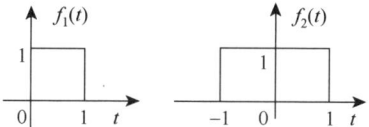

图 4.2.1 例 4.2.3 信号的波形

解 $f_1(t)=u(t)-u(t-1)$，$f_2(t)=u(t+1)-u(t-1)$，已知 $u(t)\leftrightarrow\dfrac{1}{s}$，$\mathrm{Re}\{s\}>0$ 则有

$$F_1(s)=\dfrac{1}{s}-\dfrac{1}{s}\mathrm{e}^{-s}=\dfrac{1}{s}(1-\mathrm{e}^{-s}),\quad\mathrm{Re}\{s\}>0,\quad F_2(s)=\dfrac{1}{s}\mathrm{e}^{s}-\dfrac{1}{s}\mathrm{e}^{-s}=\dfrac{1}{s}(\mathrm{e}^s-\mathrm{e}^{-s}),\quad\mathrm{Re}\{s\}>0$$

【例 4.2.4】 已知图 4.2.2 所示信号 $f(t)$ 的拉普拉斯变换为 $F(s)=\dfrac{\mathrm{e}^{-s}}{s^2}(1-\mathrm{e}^{-s}-s\mathrm{e}^{-s})$，求信号 $y(t)$ 的拉普拉斯变换 $Y(s)$。

解 因为 $y(t)=4f\left(\dfrac{t}{2}\right)$，则 $Y(s)=4\times 2F(2s)$，即

$$Y(s)=8\dfrac{\mathrm{e}^{-2s}}{(2s)^2}(1-\mathrm{e}^{-2s}-2s\mathrm{e}^{-2s})=\dfrac{2\mathrm{e}^{-2s}}{s^2}(1-\mathrm{e}^{-2s}-2s\mathrm{e}^{-2s})$$

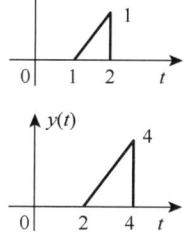

图 4.2.2 例 4.2.4 $f(t)$、$y(t)$ 的波形

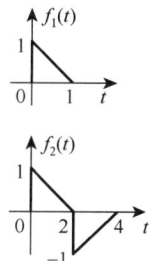

图 4.2.3 例 4.2.5 $f_1(t)$、$f_2(t)$ 的波形

【例 4.2.5】 已知 $f_1(t)\leftrightarrow F_1(s)$，如图 4.2.3 所示，求 $f_2(t)\leftrightarrow F_2(s)$。

解 由图 4.2.3 可得 $f_2(t) = f_1(0.5t) - f_1(0.5(t-2))$，又因为

$$f_1(0.5t) \leftrightarrow 2F_1(2s), \quad f_1(0.5(t-2)) \leftrightarrow 2F_1(2s)\mathrm{e}^{-2s}$$

所以

$$f_2(t) \leftrightarrow F_2(s) = 2F_1(2s) - 2F_1(2s)\mathrm{e}^{-2s} = 2F_1(2s)(1-\mathrm{e}^{-2s})$$

【例 4.2.6】 求信号 $f(t) = \mathrm{e}^{-at}[u(t) - u(t-t_0)]$ 的拉普拉斯变换。

解
$$f(t) = \mathrm{e}^{-at}u(t) - \mathrm{e}^{-at}u(t-t_0) = \mathrm{e}^{-at}u(t) - \mathrm{e}^{-at_0}\mathrm{e}^{-a(t-t_0)}u(t-t_0)$$

$$\therefore \mathscr{L}\{f(t)\} = \frac{1}{s+a} - \mathrm{e}^{-at_0}\frac{1}{s+a}\mathrm{e}^{-st_0} = \frac{1}{s+a}\left[1 - \mathrm{e}^{-(s+a)t_0}\right], \quad \mathrm{Re}\{s\} > -a$$

【例 4.2.7】 求信号 $f(t) = \sum_{k=0}^{\infty}\delta(t-kT)$ 的拉普拉斯变换。

解 根据定义，有 $F(s) = \mathscr{L}\{f(t)\} = \mathscr{L}\left\{\sum_{k=0}^{\infty}\delta(t-kT)\right\} = \sum_{k=0}^{\infty}\mathscr{L}\{\delta(t-kT)\}$

由常用变换对和时移性质得 $\delta(t-kT) \leftrightarrow \mathrm{e}^{-skT}$，ROC 为整个 s 平面，所以

$$F(s) = \sum_{k=0}^{\infty}\mathrm{e}^{-skT}$$

当 $|\mathrm{e}^{-sT}| < 1$，即 $\mathrm{Re}\{s\} > 0$，有

$$F(s) = \sum_{k=0}^{\infty}\mathrm{e}^{-skT} = \frac{1}{1-\mathrm{e}^{-sT}}, \quad \mathrm{Re}\{s\} > 0$$

该例中，每一个 $\delta(t-kT)$ 的拉普拉斯变换的收敛域均是整个 s 平面，但在无穷项的组合中，出现极点 $s=0$，收敛域变窄。

4. （复）频移特性

若有 $f(t) \leftrightarrow F(s)$，$\sigma > \sigma_0$，则

$$f(t)\mathrm{e}^{\pm s_0 t} \leftrightarrow F(s \mp s_0), \quad \sigma \mp a_0 > \sigma_0 \ (s_0 = a_0 + \mathrm{j}\omega_0) \tag{4.2.5}$$

证明 $\mathscr{L}\{f(t)\mathrm{e}^{\pm s_0 t}\} = \int_0^{\infty} f(t)\mathrm{e}^{\pm s_0 t}\mathrm{e}^{-st}\mathrm{d}t = \int_0^{\infty} f(t)\mathrm{e}^{-(s\mp s_0)t}\mathrm{d}t = F(s \mp s_0)$

此性质表明：时间函数乘以 $\mathrm{e}^{\pm s_0 t}$，其变换式在 s 域内移动 $\mp s_0$，式中，s_0 可为实数或复数。

【例 4.2.8】 已知 $u(t) \leftrightarrow \frac{1}{s}$，利用频移性质求 $\mathrm{e}^{-at}u(t)$、$\mathrm{e}^{at}u(t)$ 的拉普拉斯变换。

解 $\mathrm{e}^{-at}u(t) \leftrightarrow \frac{1}{s-(-a)} = \frac{1}{s+a}$，$\mathrm{Re}\{s\} > -a$，$\mathrm{e}^{at}u(t) \leftrightarrow \frac{1}{s-a}$，$\mathrm{Re}\{s\} > -a$

【例 4.2.9】 求 $f_1(t) = \mathrm{e}^{-at}\cos(\omega_0 t)u(t)$ 和 $f_2(t) = \mathrm{e}^{-at}\sin(\omega_0 t)u(t)$ 的拉普拉斯变换。

解 因为 $u(t) \leftrightarrow \frac{1}{s}$，$\mathrm{e}^{-at}u(t) \leftrightarrow \frac{1}{s+a}$，$\mathrm{Re}\{s\} > -a$

$$x_1(t) = \cos(\omega_0 t)u(t) = \frac{1}{2}(\mathrm{e}^{\mathrm{j}\omega_0 t} + \mathrm{e}^{-\mathrm{j}\omega_0 t})u(t) \leftrightarrow X_1(s) = \frac{1}{2}\left(\frac{1}{s-\mathrm{j}\omega_0} + \frac{1}{s+\mathrm{j}\omega_0}\right) = \frac{s}{s^2+\omega_0^2}$$

$$x_2(t) = \sin(\omega_0 t)u(t) = \frac{1}{2\mathrm{j}}(\mathrm{e}^{\mathrm{j}\omega_0 t} - \mathrm{e}^{-\mathrm{j}\omega_0 t})u(t) \leftrightarrow X_2(s) = \frac{1}{2\mathrm{j}}\left(\frac{1}{s-\mathrm{j}\omega_0} - \frac{1}{s+\mathrm{j}\omega_0}\right) = \frac{\omega_0}{s^2+\omega_0^2}$$

得

$$f_1(t) = \mathrm{e}^{-at}\cos(\omega_0 t)u(t) = \mathrm{e}^{-at}x_1(t) \leftrightarrow F_1(s) = X_1(s+a) = \frac{s+a}{(s+a)^2+\omega_0^2}, \quad \mathrm{Re}\{s\} > -a$$

$$f_2(t) = e^{-at}\sin(\omega_0 t)u(t) = e^{-at}x_2(t) \leftrightarrow F_2(s) = X_2(s+a) = \frac{\omega_0}{(s+a)^2 + \omega_0^2}, \quad \text{Re}\{s\} > -a$$

【例 4.2.10】 已知信号 $f(t)$ 的象函数 $F(s) = \dfrac{s}{s^2+1}$，求 $e^{-2t}f(3t-2)$ 的象函数。

解 利用尺度变换特性和时移（时延）特性，先求 $f(3t-2)$ 的象函数，然后利用频移特性求解 $e^{-2t}f(3t-2)$ 的象函数。有

$$f(3t) \leftrightarrow \frac{1}{3}F\left(\frac{s}{3}\right) = \frac{1}{3}\frac{s/3}{(s/3)^2+1} = \frac{s}{s^2+9}$$

$$f(3t-2) = f\left[3\left(t-\frac{2}{3}\right)\right] \leftrightarrow \frac{s}{s^2+9}e^{-\frac{2}{3}s}$$

$$e^{-2t}f(3t-2) \leftrightarrow \frac{s+2}{(s+2)^2+9}e^{-\frac{2}{3}(s+2)}$$

【例 4.2.11】 求 $f(t) = \cos\left(2t - \dfrac{\pi}{4}\right)u(t)$ 的拉普拉斯变换。

解 因为 $f(t) = \left(\cos(2t)\cdot\cos\left(\dfrac{\pi}{4}\right) + \sin(2t)\cdot\sin\left(\dfrac{\pi}{4}\right)\right)u(t) = \dfrac{\sqrt{2}}{2}\cos(2t)u(t) + \dfrac{\sqrt{2}}{2}\sin(2t)u(t)$

又 $\cos(\omega_0 t)u(t) \leftrightarrow \dfrac{s}{s^2+\omega_0^2}$， $\sin(\omega_0 t)u(t) \leftrightarrow \dfrac{\omega_0}{s^2+\omega_0^2}$

所以

$$f(t) \leftrightarrow F(s) = \frac{\sqrt{2}}{2}\frac{s}{s^2+2^2} + \frac{\sqrt{2}}{2}\frac{2}{s^2+2^2} = \frac{\sqrt{2}}{2}\frac{s+2}{s^2+4}, \quad \text{Re}\{s\} > 0$$

5. 时域微分定理

若有 $f(t) \leftrightarrow F(s)$，且 $\dfrac{df(t)}{dt}$ 存在

则

$$\frac{df(t)}{dt} \leftrightarrow sF(s) \tag{4.2.6}$$

由此可以推导得出

$$\frac{d^n f(t)}{dt^n} \leftrightarrow s^n F(s) \tag{4.2.7}$$

【例 4.2.12】 已知 $u(t) \leftrightarrow \dfrac{1}{s}$，根据时域微分性质，求单位冲激信号 $\delta(t)$ 的拉普拉斯变换。

解 $\delta(t) = \dfrac{du(t)}{dt} \leftrightarrow s\cdot\dfrac{1}{s} = 1$，收敛域为整个 s 平面

【例 4.2.13】 已知 $y(t) = \dfrac{df(t)}{dt}$，其中，$f(t) = e^{-at}u(t)$，求 $y(t)$ 的拉普拉斯变换。

解 已知 $f(t) = e^{-at}u(t) \leftrightarrow \dfrac{1}{s+a}$，$\text{Re}\{s\} > -a$，则 $y(t) = \dfrac{df(t)}{dt} \leftrightarrow Y(s) = s\cdot\dfrac{1}{s+a} = \dfrac{s}{s+a}$，$\text{Re}\{s\} > -a$。

6. 时域积分定理

若有 $f(t) \leftrightarrow F(s)$, $\sigma > \sigma_0$，则

$$\int_{-\infty}^{t} f(x)\mathrm{d}x \leftrightarrow \frac{F(s)}{s} \tag{4.2.8}$$

同理，可推证

$$f^{(-n)}(t) \leftrightarrow \frac{F(s)}{s^n} \tag{4.2.9}$$

【例 4.2.14】 求 $t^n u(t)$ 的拉普拉斯变换。

解 由于 $\int_0^t u(x)\mathrm{d}x = tu(t)$，可以推得 $\left(\int_0^t\right)^n u(x)\mathrm{d}x = \frac{1}{n!}t^n u(t)$

利用积分特性，考虑 $u(t) \leftrightarrow \frac{1}{s}$，有 $\mathscr{L}\left\{\frac{t^n}{n!}u(t)\right\} = \mathscr{L}\left\{\left[\left(\int_0^t\right)^n u(x)\mathrm{d}x\right]\right\} = \frac{1}{s^{n+1}}$，

故

$$t^n u(t) \leftrightarrow \frac{n!}{s^{n+1}}, \quad \mathrm{Re}\{s\} > 0$$

7. s 域微分定理

若有 $f(t) \leftrightarrow F(s)$, $\sigma > \sigma_0$，则

$$-tf(t) \leftrightarrow \frac{\mathrm{d}F(s)}{\mathrm{d}s} \tag{4.2.10}$$

证明 根据定义 $F(s) = \int_{0^-}^{\infty} f(t)\mathrm{e}^{-st}\mathrm{d}t$ 可得

$$\frac{\mathrm{d}F(s)}{\mathrm{d}s} = \frac{\mathrm{d}}{\mathrm{d}s}\int_{0^-}^{\infty} f(t)\mathrm{e}^{-st}\mathrm{d}t = \int_{0^-}^{\infty} f(t)\frac{\mathrm{d}}{\mathrm{d}s}\mathrm{e}^{-st}\mathrm{d}t = \int_{0^-}^{\infty}[-tf(t)]\mathrm{e}^{-st}\mathrm{d}t = \mathscr{L}\{-tf(t)\}$$

同理，可推出

$$\frac{\mathrm{d}^n F(s)}{\mathrm{d}s^n} = \int_0^{\infty}(-t)^n f(t)\mathrm{e}^{-st}\mathrm{d}t = \mathscr{L}\{(-t)^n f(t)\}$$

即

$$(-t)^n f(t) \leftrightarrow \frac{\mathrm{d}^n F(s)}{\mathrm{d}s^n} \tag{4.2.11}$$

【例 4.2.15】 求信号 $f(t) = t\mathrm{e}^{-at}u(t)$ 的拉普拉斯变换。

解 因为 $\mathrm{e}^{-at}u(t) \leftrightarrow \frac{1}{s+a}$，$\mathrm{Re}\{s\} > -a$，由 s 域微分性质，可得

$$t\mathrm{e}^{-at}u(t) \leftrightarrow -\frac{\mathrm{d}}{\mathrm{d}s}\left(\frac{1}{s+a}\right) = \frac{1}{(s+a)^2}, \quad \mathrm{Re}\{s\} > -a$$

再次利用 s 域微分性质，有

$$t^2\mathrm{e}^{-at}u(t) \leftrightarrow -\frac{\mathrm{d}}{\mathrm{d}s}\left[\frac{1}{(s+a)^2}\right] = \frac{2}{(s+a)^3}, \quad \mathrm{Re}\{s\} > -a$$

或者写成

$$\frac{t^2}{2}\mathrm{e}^{-at}u(t) \leftrightarrow \frac{1}{(s+a)^3}, \quad \mathrm{Re}\{s\} > -a$$

继续利用 s 域微分性质，可以得到更为一般的形式：

$$\frac{t^{n-1}}{(n-1)!}e^{-at}u(t) \leftrightarrow \frac{1}{(s+a)^n}, \quad \text{Re}\{s\} > -a$$

8. s 域积分定理

若有 $f(t) \leftrightarrow F(s), \sigma > \sigma_0$，则

$$\frac{f(t)}{t} \leftrightarrow \int_s^\infty F(s_1) \mathrm{d}s_1 \tag{4.2.12}$$

证明 $\int_s^\infty F(s_1)\mathrm{d}s_1 = \int_s^\infty \left[\int_{0_-}^\infty f(t)e^{-s_1 t}\mathrm{d}t\right]\mathrm{d}s_1 = \int_{0_-}^\infty f(t)\left[\int_s^\infty e^{-s_1 t}\mathrm{d}s_1\right]\mathrm{d}t = \int_{0_-}^\infty f(t)\frac{1}{t}e^{-st}\mathrm{d}t = \mathscr{L}\left\{\frac{f(t)}{t}\right\}$

【例 4.2.16】 求 $y(t) = \frac{\sin t}{t}u(t)$ 的拉普拉斯变换。

解 因为 $\sin t\, u(t) \leftrightarrow \frac{1}{s^2+1}, \quad \text{Re}\{s\} > 0$

由此可得

$$\mathscr{L}\left\{\frac{\sin t}{t}u(t)\right\} = \int_s^\infty \frac{1}{s_1^2+1}\mathrm{d}s_1 = \arctan(s_1)\bigg|_s^\infty = \frac{\pi}{2} - \arctan(s) = \arctan\left(\frac{1}{s}\right), \quad \text{Re}\{s\} > 0$$

9. 时域卷积定理

若有 $f_1(t) \leftrightarrow F_1(s), \sigma > \sigma_1$ 和 $f_2(t) \leftrightarrow F_2(s), \sigma > \sigma_2$，则

$$f_1(t) * f_2(t) \leftrightarrow F_1(s) \cdot F_2(s), \quad \sigma \supset \sigma_1 \cap \sigma_2 \tag{4.2.13}$$

证明 $\mathscr{L}\{f_1(t) * f_2(t)\} = \int_0^\infty \left[\int_0^\infty f_1(\tau)f_2(t-\tau)\mathrm{d}\tau\right]e^{-st}\mathrm{d}t$

因为 $t-\tau < 0, t < \tau$ 时，$f_2(t-\tau) = 0$。令 $t-\tau = x, \mathrm{d}x = \mathrm{d}t$，则 $\mathscr{L}\{f_1(t) * f_2(t)\} = \int_0^\infty f_1(\tau)e^{-s\tau}\mathrm{d}\tau \cdot \int_0^\infty f_2(x)e^{-sx}\mathrm{d}x = F_1(s) \cdot F_2(s)$。

此处需要注意的是，$F_1(s) \cdot F_2(s)$ 的收敛域包括 $F_1(s)$ 和 $F_2(s)$ 的收敛域的相交部分。如果存在零极点相消，那么其收敛域将扩大，例如：

$$F_1(s) = \frac{s+1}{s+2}, \quad \text{Re}\{s\} > -2; \quad F_2(s) = \frac{s+2}{s+1}, \quad \text{Re}\{s\} > -1$$

那么 $F_1(s) \cdot F_2(s) = 1$，其收敛域是整个 s 平面。

在第 3 章中，傅里叶变换的卷积性质在线性时不变系统的分析中起着很重要的作用，在本章后续部分也将利用拉普拉斯变换的卷积性质来分析由线性常系数微分方程表征的连续时间系统。

【例 4.2.17】 求 $u(t) * u(t)$ 的拉普拉斯变换。

解 根据 $f_1(t) * f_2(t) \leftrightarrow F_1(s) \cdot F_2(s)$，有

$$u(t) * u(t) \leftrightarrow \frac{1}{s} \cdot \frac{1}{s} = \frac{1}{s^2}, \quad \text{Re}\{s\} > 0$$

10. s 域卷积定理

若有 $f_1(t) \leftrightarrow F_1(s), \sigma > \sigma_1$ 和 $f_2(t) \leftrightarrow F_2(s), \sigma > \sigma_2$，则

$$\frac{1}{2\pi \mathrm{j}}F_1(s) * F_2(s) \leftrightarrow f_1(t) \cdot f_2(t), \quad \sigma \supset \sigma_1 \cap \sigma_2 \tag{4.2.14}$$

证明 类同上（略）。

11. 初值定理

若有 $f(t) \leftrightarrow F(s)$, $\sigma > \sigma_0$ 且 $f(t)$ 连续可导和 $\lim\limits_{s \to \infty} sF(s)$ 存在，则

$$f(0_+) = \lim_{t \to 0_+} f(t) = \lim_{s \to \infty} sF(s) \tag{4.2.15}$$

证明 由时域微分定理可知

$$sF(s) - f(0_-) = \int_{0_-}^{\infty} \frac{\mathrm{d}f(t)}{\mathrm{d}t} \mathrm{e}^{-st} \mathrm{d}t = \int_{0_-}^{0_+} \frac{\mathrm{d}f(t)}{\mathrm{d}t} \mathrm{e}^{-st} \mathrm{d}t + \int_{0_+}^{\infty} \frac{\mathrm{d}f(t)}{\mathrm{d}t} \mathrm{e}^{-st} \mathrm{d}t$$

因为在区间 $(0_-, 0_+)$，有 $\mathrm{e}^{-st}\big|_{t=0} = 1$，所以

$$sF(s) - f(0_-) = f(t)\big|_{0_-}^{0_+} + \int_{0_+}^{\infty} \frac{\mathrm{d}f(t)}{\mathrm{d}t} \mathrm{e}^{-st} \mathrm{d}t = f(0_+) - f(0_-) + \int_{0_+}^{\infty} \frac{\mathrm{d}f(t)}{\mathrm{d}t} \mathrm{e}^{-st} \mathrm{d}t$$

上式两边令 $s \to \infty$，取极限有

$$f(0_+) = \lim_{s \to \infty} sF(s)$$

注意：初值定理仅适合 $f(0_+)$ 表示函数 $f(t)$ 起点在 $t=0$ 点，且没有间断点或冲激（及其导数）的情况，对于 $F(s)$ 的分子中含有 e^{-s} 或分子中 s 的次幂项高于或等于分母中 s 的次幂项（如 $F(s) = \dfrac{\mathrm{e}^{-s}}{s+2}$、$F(s) = \dfrac{s}{s+2}$ 等）不宜应用初值定理求 $f(0_+)$。

12. 终值定理

若有 $f(t) \leftrightarrow F(s)$, $\sigma > \sigma_0$，且 $\lim\limits_{t \to \infty} f(t)$ 存在，则

$$f(\infty) = \lim_{t \to \infty} f(t) = \lim_{s \to 0} sF(s) \tag{4.2.16}$$

证明 利用时域微分性质

$$\mathscr{L}\left\{\frac{\mathrm{d}f(t)}{\mathrm{d}t}\right\} = \int_{0_-}^{\infty} \frac{\mathrm{d}f(t)}{\mathrm{d}t} \mathrm{e}^{-st} \mathrm{d}t = sF(s) - f(0_-)$$

上式两边取 s 趋于零的极限，此时 $\mathrm{e}^{-st}\big|_{s=0} = 1$，$\lim\limits_{s \to 0} \int_{0_-}^{\infty} \frac{\mathrm{d}f(t)}{\mathrm{d}t} \mathrm{e}^{-st} \mathrm{d}t = \lim\limits_{s \to 0}\left[sF(s) - f(0_-)\right]$。

因为

$$\lim_{s \to 0} \int_{0_-}^{\infty} \frac{\mathrm{d}f(t)}{\mathrm{d}t} \mathrm{e}^{-st} \mathrm{d}t = \lim_{s \to 0} \int_{0_-}^{\infty} \frac{\mathrm{d}f(t)}{\mathrm{d}t} \mathrm{d}t = \lim_{t \to \infty}\left[f(t) - f(0_-)\right]$$

于是

$$\lim_{t \to \infty}\left[f(t) - f(0_-)\right] = \lim_{s \to 0}\left[sF(s) - f(0_-)\right]$$

即

$$f(\infty) = \lim_{t \to \infty} f(t) = \lim_{s \to 0} sF(s)$$

注意：终值定理仅适合 $f(\infty)$ 表示因果信号 $f(t)$ 终点为有限值的情况，即 $f(\infty) = \lim\limits_{t \to \infty} f(t) = \lim\limits_{s \to 0} sF(s)$ 在收敛域内（s 的左半平面，即 $\mathrm{Re}\{s\} < 0$）（如 $F(s) = \dfrac{1}{s-2}$，若收敛域 $\mathrm{Re}\{s\} < 2$，不满足 $\mathrm{Re}\{s\} < 0$，不能应用终值定理）。

现将拉普拉斯变换的一些性质列于表 4.2.1，这些性质在计算拉普拉斯变换及其逆变换中有很好的用处。

表 4.2.1 双边拉普拉斯变换的性质及定理

名称	时域 $f(t)$	复频域 $F(s)$
定义	$f(t)=\dfrac{1}{2\pi j}\int_{\sigma-j\infty}^{\sigma+j\infty}F(s)e^{st}ds$	$F(s)=\int_{-\infty}^{+\infty}f(t)e^{-st}dt$
线性	$a_1 f_1(t)+a_2 f_2(t)$	$a_1 F_1(s)+a_2 F_2(s),\operatorname{Re}\{s\}\supset \sigma_1\cap\sigma_2$
尺度变换	$f(at)$	$\dfrac{1}{a}F\left(\dfrac{s}{a}\right),\operatorname{Re}\{s\}>a\sigma_0,\ a>0$
时移	$f(t-t_0)u(t-t_0)$	$F(s)e^{-st_0},\operatorname{Re}\{s\}>\sigma_0,\ t_0>0$
复频移	$f(t)e^{\pm s_0 t}$	$F(s\mp s_0),\ \operatorname{Re}\{s\}\mp a_0>\sigma_0\ (s_0=a_0+j\omega_0)$
时域微分	$\dfrac{df(t)}{dt}$	$sF(s)$
时域积分	$\int_{-\infty}^{t}f(x)dx$	$\dfrac{F(s)}{s}$
时域卷积	$f_1(t)*f_2(t)$	$F_1(s)\cdot F_2(s),\ \operatorname{Re}\{s\}\supset\sigma_1\cap\sigma_2$
频域卷积	$f_1(t)f_2(t)$	$\dfrac{1}{2\pi j}F_1(s)*F_2(s)$
复频域微分	$(-t)^n f(t)$	$\dfrac{d^n F(s)}{ds^n}$
复频域积分	$\dfrac{f(t)}{t}$	$\int_s^{\infty}F(s_1)ds_1$

【例 4.2.18】 求图 4.2.4（a）和（b）中各信号的拉普拉斯变换。

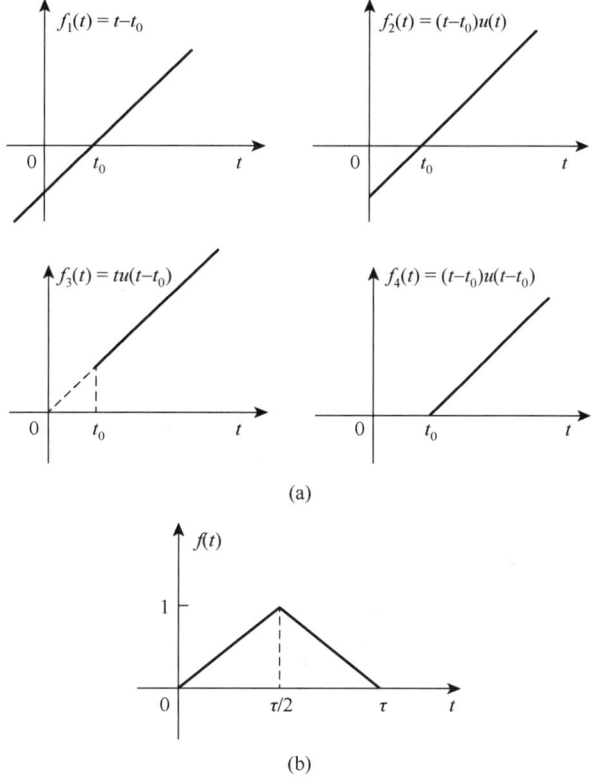

图 4.2.4 例 4.2.18 信号的波形图

解 在图 4.2.4（a）中，对于前四种信号波形，已知斜坡信号 $tu(t)$ 的拉普拉斯变换为 $\dfrac{1}{s^2}$，即 $tu(t) \leftrightarrow F(s) = \dfrac{1}{s^2}$，$\text{Re}\{s\} > 0$。

对于 $f_1(t)$，双边拉普拉斯变换不存在，只求单边拉普拉斯变换，用 $\mathscr{L}$ 与双边拉普拉斯变换区别：

$$F_1(s) = \mathscr{L}\{f_1(t)\} = \mathscr{L}\{t - t_0\} = \int_{0_-}^{\infty}(t - t_0)u(t)\mathrm{e}^{-st}\mathrm{d}t = \dfrac{1}{s^2} - \dfrac{t_0}{s} = \dfrac{1 - st_0}{s^2}$$

对于 $f_2(t)$，其拉普拉斯变换形式与 $f_1(t)$ 的单边拉普拉斯变换形式相同：

$$F_2(s) = \mathscr{L}\{f_2(t)\} = \mathscr{L}\{(t - t_0)u(t)\} = F_1(s) = \dfrac{1 - st_0}{s^2}$$

对于 $f_3(t)$，它的拉普拉斯变换是

$$F_3(s) = \mathscr{L}\{f_3(t)\} = \int_0^{\infty} tu(t - t_0)\mathrm{e}^{-st}\mathrm{d}t = \int_{t_0}^{\infty} t\mathrm{e}^{-st}\mathrm{d}t = -\dfrac{t}{s}\mathrm{e}^{-st}\Big|_{t_0}^{\infty} + \dfrac{1}{s}\int_{t_0}^{\infty}\mathrm{e}^{-st}\mathrm{d}t$$

$$= \dfrac{t_0 \mathrm{e}^{-st_0}}{s} - \dfrac{1}{s^2}\mathrm{e}^{-st}\Big|_{t_0}^{\infty} = \dfrac{t_0 \mathrm{e}^{-st_0}}{s} + \dfrac{1}{s^2}\mathrm{e}^{-st_0}, \quad \text{Re}\{s\} > 0$$

对于 $f_4(t)$，它的拉普拉斯变换是

$$F_4(s) = \mathscr{L}\{f_4(t)\} = \int_{t_0}^{\infty}(t - t_0)\mathrm{e}^{-st}\mathrm{d}t = \int_{t_0}^{\infty} t\mathrm{e}^{-st}\mathrm{d}t - t_0\int_{t_0}^{\infty}\mathrm{e}^{-st}\mathrm{d}t$$

$$= \dfrac{t_0}{s}\mathrm{e}^{-st_0} + \dfrac{1}{s^2}\mathrm{e}^{-st_0} - \dfrac{t_0}{s}\mathrm{e}^{-st_0} = \dfrac{1}{s^2}\mathrm{e}^{-st_0} = \mathrm{e}^{-st_0}F(s), \quad \text{Re}\{s\} > 0$$

在图 4.2.4（b）中，$f(t)$ 的二阶微分 $\dfrac{\mathrm{d}^2 f(t)}{\mathrm{d}t^2}$ 如图 4.2.5 所示。

$$\dfrac{\mathrm{d}^2 f(t)}{\mathrm{d}t^2} \leftrightarrow \dfrac{2}{\tau}\left(1 - 2\mathrm{e}^{-\frac{s\tau}{2}} + \mathrm{e}^{-s\tau}\right)$$

$$f(t) \leftrightarrow \dfrac{2}{\tau s^2}\left(1 - 2\mathrm{e}^{-\frac{s\tau}{2}} + \mathrm{e}^{-s\tau}\right) = \dfrac{2\left(1 - \mathrm{e}^{-\frac{s\tau}{2}}\right)^2}{\tau s^2}$$

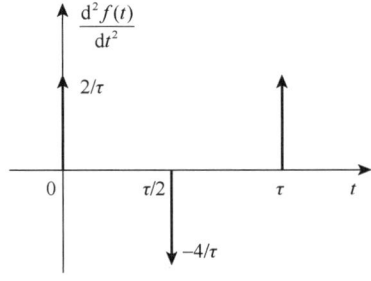

图 4.2.5 $\dfrac{\mathrm{d}^2 f(t)}{\mathrm{d}t^2}$ 波形图

【例 4.2.19】 求下列各周期信号的拉普拉斯变换：

（1） $\delta_T(t)u(t) = \sum\limits_{k=0}^{\infty}\delta(t - kT)$。

（2） 图 4.2.6 所示周期函数。

(3) 周期信号 $f(t) = f_T(t) * \delta_T(t)$，其中，$\delta_T(t) = \sum_{k=0}^{\infty} \delta(t-kT)$。

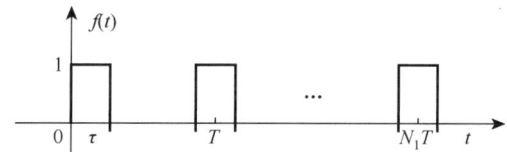

图 4.2.6　例 4.2.19 矩形脉冲序列的波形图

解　(1) 因 $\delta(t) \leftrightarrow 1$，根据 $f(t-t_0) \leftrightarrow F(s)\mathrm{e}^{-st_0}$，有

$$\delta_T(t)u(t) = \sum_{k=0}^{\infty} \delta(t-kT) \leftrightarrow \sum_{k=0}^{\infty} \mathrm{e}^{-skT} = \frac{1}{1-\mathrm{e}^{-sT}}$$

(2) 该周期信号可写为

$$f_\tau(t) = \sum_{n=0}^{\infty} f_0(t-nT)u(t-nT)$$

式中，$f_0(t) = u(t) - u(t-\tau)$ 为单个矩形脉冲，其拉普拉斯变换为

$$F_0(s) = \mathscr{L}\{f_0(t)\} = \mathscr{L}\{u(t)\} - \mathscr{L}\{u(t-\tau)\} = \frac{1-\mathrm{e}^{-s\tau}}{s}, \quad \mathrm{Re}\{s\} > 0$$

利用时移特性得周期矩形脉冲序列的拉普拉斯变换为

$$F(s) = \mathscr{L}\{f_\tau(t)\} = \mathscr{L}\left\{\sum_{n=0}^{\infty} f_0(t-nT)u(t-nT)\right\} = \frac{1}{1-\mathrm{e}^{-sT}} F_0(s) = \frac{1-\mathrm{e}^{-s\tau}}{s(1-\mathrm{e}^{-sT})}, \quad \mathrm{Re}\{s\} > 0$$

(3) 根据 $f_1(t) * f_2(t) \leftrightarrow F_1(s) \cdot F_2(s)$，因 $\delta_T(t) \leftrightarrow \frac{1}{1-\mathrm{e}^{-sT}}$，则有

$$f(t) = f_T(t) * \delta_T(t) \leftrightarrow F_T(s) \cdot \frac{1}{1-\mathrm{e}^{-sT}}$$

4.3　单边拉普拉斯变换

4.3.1　单边拉普拉斯变换的定义

本章前面各节所讨论的拉普拉斯变换一般称为双边拉普拉斯变换，稍有不同的另一种拉普拉斯变换形式称为单边拉普拉斯变换。单边拉普拉斯变换在分析具有非零初始条件的（即系统最初不是松弛的）、由线性常系数微分方程所描述的因果系统时有很大的价值。

通常遇到的信号都有初始时刻，不妨设其初始时刻为坐标原点。这样，当 $t < 0$ 时，$f(t) = 0$，则一个连续时间信号 $f(t)$ 的单边拉普拉斯变换 $F(s)$ 定义为

$$F(s) = \int_0^{\infty} f(t)\mathrm{e}^{-st}\mathrm{d}t \tag{4.3.1}$$

如果在 $t < 0$ 时 $f(t) = 0$，或 $f(t)$ 是因果信号，那么它的单边和双边拉普拉斯变换相同。

一般单边拉普拉斯变换的积分下限取 0_-，即

$$F(s) = \int_{0_-}^{\infty} f(t)\mathrm{e}^{-st}\mathrm{d}t \tag{4.3.2}$$

在单边拉普拉斯变换中，积分变量 t 的下限值可以取 0_-，也可以取 0_+。在绝大多数情况下，t 的下限值取 0_- 和取 0_+ 时所得到的变换式是相同的，但是，在实际应用中，t 值下限取 0_- 将带来许多方便，例如，对于在 $t = 0$ 时刻含有冲激函数等奇异函数的信号，若取 0_+，则所求得的变换式中将不包括冲激函数的变

换；若取 0_-，则可以求得其完整的拉普拉斯变换，将系统在 0 时刻的状态跳变考虑进来，从而可以简单而明确地将系统的零输入响应和零状态响应分别求取出来，得到全响应。

对于信号和它的单边拉普拉斯变换采用一个方便的简化符号为

$$f(t) \overset{\text{UL}}{\longleftrightarrow} F(s) = \mathscr{UL}\{f(t)\} \tag{4.3.3}$$

将式（4.3.2）与式（4.1.3）比较，可见单边和双边拉普拉斯变换在定义上的不同为积分下限。

（1）在 $t<0$ 时不同，而在 $t \geqslant 0$ 时相同的两个信号将有不同的双边拉普拉斯变换，而有相同的单边拉普拉斯变换。

（2）任何在 $t<0$ 都为零的信号其双边和单边拉普拉斯变换相等。

（3）信号 $f(t)$ 的单边拉普拉斯变换可以看作 $f(t) \cdot u(t)$ 的双边拉普拉斯变换，即

$$F(s) = \mathscr{L}\{f(t)u(t)\} \tag{4.3.4}$$

因此，有关双边拉普拉斯变换中的很多细节、概念和结果都能直接地适合单边的情况。

（4）根据收敛域特性可以得出，单边拉普拉斯变换的收敛域总是位于某个右半平面，即单边拉普拉斯变换的收敛域一定是 $\sigma > \sigma_0$，所以单边拉普拉斯变换的收敛域无须单独明确地写出。

4.3.2 单边拉普拉斯变换举例

【例 4.3.1】 求信号 $f(t) = e^{-a(t+1)}u(t+1)$ 的单边拉普拉斯变换。

解 信号 $f(t) = e^{-a(t+1)}u(t+1)$ 的双边拉普拉斯变换为

$$F(s) = \frac{e^s}{s+a}, \quad \text{Re}\{s\} > -a$$

单边拉普拉斯变换为

$$F(s) = \int_{0_-}^{\infty} e^{-a(t+1)}u(t+1)e^{-st}dt = e^{-a}\int_{0_-}^{\infty} e^{-(s+a)t}dt = \frac{e^{-a}}{s+a}, \quad \text{Re}\{s\} > -a$$

而 $f(t)u(t)$ 的双边拉普拉斯变换为

$$F(s) = \mathscr{L}\{e^{-a(t+1)}u(t+1)u(t)\} = \mathscr{L}\{e^{-a}e^{-at}u(t)\} = e^{-a}\mathscr{L}\{e^{-at}u(t)\} = \frac{e^{-a}}{s+a}, \quad \text{Re}\{s\} > -a$$

可见 $f(t)$ 的单边拉普拉斯变换就是 $f(t)u(t)$ 的双边拉普拉斯变换。

【例 4.3.2】 求信号 $F(s) = \dfrac{1}{(s+1)(s+2)}$ 的单边拉普拉斯逆变换。

解 对于单边变换，其收敛域一定位于 $F(s)$ 的最右边极点的右边，即 $\text{Re}\{s\} > -1$。求逆变换得到 $f(t) = (e^{-t} - e^{-2t})u(t)$，$t > 0_-$。

注意：单边拉普拉斯变换所提供的仅为 $t > 0_-$ 时信号的有关信息。另外，单边拉普拉斯变换可以不用写出收敛域。

4.3.3 单边拉普拉斯变换的性质

单边拉普拉斯变换有一些性质与双边拉普拉斯变换相同，但有些明显不同，具体见表 4.3.1。

（1）单边拉普拉斯变换的收敛域总是在右半面，所以不必标明。

（2）时域微分性质与双边变换有明显的不同。

$$\frac{\text{d}}{\text{d}t}f(t) \overset{\text{UL}}{\longleftrightarrow} sF(s) - f(0_-) \tag{4.3.5}$$

证明 根据分部积分法有

$$\int_{0_-}^{\infty} \frac{\mathrm{d}f(t)}{\mathrm{d}t} \mathrm{e}^{-st} \mathrm{d}t = f(t)\mathrm{e}^{-st}\Big|_{0_-}^{\infty} + s\int_{0_-}^{\infty} f(t)\mathrm{e}^{-st}\mathrm{d}t = sF(s) - f(0_-)$$

再次利用分部积分法可得

$$\frac{\mathrm{d}^2}{\mathrm{d}t^2} f(t) \xleftrightarrow{\mathrm{UL}} s^2 F(s) - sf(0_-) - f'(0_-)$$

重复利用分部积分法，可得

$$\frac{\mathrm{d}^n}{\mathrm{d}t^n} f(t) \xleftrightarrow{\mathrm{UL}} s^n F(s) - \sum_{m=0}^{n-1} s^{n-1-m} f^{(m)}(0_-) \tag{4.3.6}$$

（3）时域积分性质与双边变换有明显的不同。

双边拉普拉斯变换时域积分：

$$\int_{-\infty}^{t} f(\tau) \mathrm{d}\tau \leftrightarrow \frac{F(s)}{s}$$

单边拉普拉斯变换时域积分：

$$\int_{-\infty}^{t} f(\tau)\mathrm{d}\tau \xleftrightarrow{\mathrm{UL}} \frac{F(s)}{s} + \frac{1}{s} f^{(-1)}(0_-), \quad f^{(-1)}(0_-) = \int_{-\infty}^{0_-} f(\tau)\mathrm{d}\tau \tag{4.3.7}$$

证明

$$\mathscr{UL}\left\{\int_{-\infty}^{t} f(\tau)\mathrm{d}\tau\right\} = \int_{0_-}^{\infty} \left[\int_{-\infty}^{t} f(\tau)\mathrm{d}\tau\right] \mathrm{e}^{-st} \mathrm{d}t$$

$$= -\frac{\mathrm{e}^{-st}}{s} \left[\int_{-\infty}^{t} f(\tau)\mathrm{d}\tau\right]\Big|_{0_-}^{\infty} + \frac{1}{s}\int_{0_-}^{\infty} f(t)\mathrm{e}^{-st}\mathrm{d}t$$

$$= \frac{F(s)}{s} + \frac{1}{s} f^{(-1)}(0_-)$$

同理，可推证

$$f^{(-n)}(t) \xleftrightarrow{\mathrm{UL}} \frac{F(s)}{s^n} + \sum_{m=1}^{n} \frac{1}{s^{n-m+1}} f^{(-m)}(0_-) \tag{4.3.8}$$

表 4.3.1 单边拉普拉斯变换的性质及定理

名称	时域 $f(t)$	复频域 $F(s)$
线性	$a_1 f_1(t) + a_2 f_2(t)$	$a_1 F_1(s) + a_2 F_2(s)$
尺度变换	$f(at), a > 0$	$\frac{1}{a} F\left(\frac{s}{a}\right)$
时移	$f(t-t_0)u(t-t_0)$	$F(s)\mathrm{e}^{-st_0}, t_0 > 0$
复频移	$f(t)\mathrm{e}^{\pm s_0 t}$	$F(s \mp s_0)$
时域微分	$\frac{\mathrm{d}f(t)}{\mathrm{d}t}$	$sF(s) - f(0_-)$
时域积分	$\int_{0_-}^{t} f(\tau)\mathrm{d}\tau$	$\frac{F(s)}{s} + \frac{1}{s} f^{(-1)}(0_-)$
时域卷积	$f_1(t) * f_2(t)$	$F_1(s) \cdot F_2(s)$
频域卷积	$f_1(t) f_2(t)$	$\frac{1}{2\pi\mathrm{j}} F_1(s) * F_2(s)$
复频域微分	$(-t)^n f(t)$	$\frac{\mathrm{d}^n F(s)}{\mathrm{d}s^n}$
复频域积分	$\frac{f(t)}{t}$	$\int_{s}^{\infty} F(s_1) \mathrm{d}s_1$

4.3.4 单边拉普拉斯变换的应用

单边拉普拉斯变换的一个主要应用是求解具有非零初始条件的线性常系数微分方程。

【例 4.3.3】 求解由以下微分方程表征的系统，$f(t)=au(t)$，其初始条件为 $y(0_-)=\beta$，$y'(0_-)=\gamma$：

$$\frac{d^2y(t)}{dt^2}+3\frac{dy(t)}{dt}+2y(t)=f(t)$$

解 在微分方程两边应用单边拉普拉斯变换，可得

$$\left[s^2Y(s)-sy(0_-)-y'(0_-)\right]+3\left[sY(s)-y(0_-)\right]+2Y(s)=F(s)$$

整理为

$$\left(s^2+3s+2\right)Y(s)-(s+3)y(0_-)-y'(0_-)=F(s)$$

有

$$Y(s)=\frac{(s+3)y(0_-)}{s^2+3s+2}+\frac{y'(0_-)}{s^2+3s+2}+\frac{F(s)}{s^2+3s+2}$$

可以很清楚地看到：

（1）等式的第 1 项和第 2 项只与初始条件有关，代表的是输入为零（$f(t)=0$）时该系统响应的单边拉普拉斯变换，对应系统的零输入响应。

（2）等式的最后一项代表系统在初始松弛条件（初始条件为零）时，系统响应的单边拉普拉斯变换，对应系统的零状态响应。

代入 $y(0_-)=\beta$，$y'(0_-)=\gamma$，$F(s)=\dfrac{a}{s}$，有

$$Y(s)=\frac{(s+3)\beta}{(s+1)(s+2)}+\frac{\gamma}{(s+1)(s+2)}+\frac{a}{s(s+1)(s+2)}$$

若 $a=2$，$\beta=3$，$\gamma=-5$，则零输入响应的单边拉普拉斯变换是

$$Y_x(s)=\frac{3(s+3)}{(s+1)(s+2)}+\frac{-5}{(s+1)(s+2)}=\frac{3s+4}{(s+1)(s+2)}=\frac{1}{s+1}+\frac{2}{s+2}$$

逆变换可以求得零输入响应为 $y_x(t)=\left(e^{-t}+2e^{-2t}\right)u(t)$。

零状态响应的单边拉普拉斯变换是

$$Y_f(s)=\frac{2}{s(s+1)(s+2)}=\frac{1}{s}-\frac{2}{s+1}+\frac{1}{s+2}$$

逆变换可以求得零状态响应为

$$y_f(t)=\left(1-2e^{-t}+e^{-2t}\right)u(t)$$

故系统的响应（全响应）为

$$y(t)=y_x(t)+y_f(t)=\left(1-e^{-t}+3e^{-2t}\right)u(t)$$

4.4 拉普拉斯逆变换

下面介绍几种求拉普拉斯逆变换的一般性方法。

4.4.1 查表法

如果 $F(s)$ 是一些比较简单的函数，那么可以利用常见信号的拉普拉斯变换，查出对应的原函数信号，或者借助拉普拉斯变换若干性质，配合查表，求出原函数信号。

【例 4.4.1】 求下列信号的原函数 $f(t)$：

（1）$F(s) = \ln\dfrac{s-1}{s}$；　　　（2）$F(s) = \dfrac{s^2}{\left(s^2+1\right)^2}$

解 （1）因 $\int_s^{\infty}\left(\dfrac{1}{s_1} - \dfrac{1}{s_1-1}\right)\mathrm{d}s_1 = \ln\dfrac{s-1}{s}$，令 $F_1(s) = \dfrac{1}{s} - \dfrac{1}{s-1}$，而 $F_1(s) = \dfrac{1}{s} - \dfrac{1}{s-1} \leftrightarrow \left(1-\mathrm{e}^t\right)u(t)$，根据 $\dfrac{f(t)}{t} \leftrightarrow \int_s^{\infty} F(s_1)\mathrm{d}s_1$，可得

$$\int_s^{\infty}\left(\frac{1}{s_1} - \frac{1}{s_1-1}\right)\mathrm{d}s_1 = \ln\frac{s-1}{s} = F(s) \leftrightarrow \frac{1}{t}\left(1-\mathrm{e}^t\right)u(t)$$

（2）$F(s) = \dfrac{s^2}{\left(s^2+1\right)^2} = \dfrac{s}{s^2+1} \cdot \dfrac{s}{s^2+1} = F_1(s) \cdot F_1(s)$

将 $F_1(s)$ 的逆变换记为 $f_1(t)$，即有 $f_1(t) = \mathscr{L}^{-1}\{F_1(s)\} = \mathscr{L}^{-1}\left\{\dfrac{s}{s^2+1}\right\} = \cos t$

所以

$$\begin{aligned}f(t) &= f_1(t) * f_1(t) = \int_0^t \cos\tau\cos(t-\tau)\mathrm{d}\tau \\ &= \frac{1}{2}\int_0^t\left[\cos t + \cos(2\tau-t)\right]\mathrm{d}\tau = \frac{1}{2}(t\cos t + \sin t)\end{aligned}$$

4.4.2 部分分式展开法（海维塞德展开法）

对线性系统而言，信号的象函数 $F(s)$ 具有有理分式的形式，它可以表示为两个实系数的关于 s 的多项式之比，即

$$F(s) = \frac{N(s)}{D(s)} = \frac{b_m s^m + b_{m-1}s^{m-1} + \cdots + b_1 s + b_0}{a_n s^n + a_{n-1}s^{n-1} + \cdots + a_1 s + a_0} \tag{4.4.1}$$

式中，$a_n, a_{n-1}, \cdots, a_1, a_0$ 和 $b_m, b_{m-1}, \cdots, b_1, b_0$ 均为实系数，n 和 m 为正整数，多项式 $D(s)$ 称为系统的特征多项式，方程 $D(s) = 0$ 称为特征方程，它的根称为特征根（系统的固有频率或自然频率）。

若 $m < n$，则 $F(s)$ 为有理真分式。对此形式的象函数可以用部分分式展开法（或称分解定理）将其表示为许多简单分式之和的形式，而这些简单项的逆变换都可以在拉普拉斯变换表中找到。

若 $m \geq n$，则 $F(s)$ 是假分式，在将式（4.4.1）展开成部分分式之前，需要用长除法将其分成多项式与真分式之和，即

$$F(s) = \frac{N(s)}{D(s)} = B_0 + B_1 s + \cdots + B_{m-n}s^{m-n} + \frac{Q(s)}{D(s)} \tag{4.4.2}$$

令 $B(s) = B_0 + B_1 s + \cdots + B_{m-n}s^{m-n}$，由于多项式 $B(s)$ 的拉普拉斯逆变换是冲激函数及其各阶导数，它们可直接求得，即

$$\mathscr{L}^{-1}\{B(s)\} = B_0\delta(t) + B_1\delta'(t) + \cdots + B_{m-n}\delta^{(m-n)}(t) \tag{4.4.3}$$

所以只需确定 $\dfrac{Q(s)}{D(s)}$ 逆变换就可以了。下面着重讨论 $F(s)$ 是真分式时的拉普拉斯逆变换。

1. $D(s)=0$ 的所有根均为单实根

若 $D(s)=0$ 的 n 个单实根分别为 $s_1, s_2, \cdots, s_n$，且 $s_1 \neq s_2 \neq \cdots \neq s_n$，按照代数学的知识，则 $F(s)$ 可以展开成下列简单的部分分式之和：

$$F(s) = \frac{N(s)}{D(s)} = \frac{K_1}{s-s_1} + \frac{K_2}{s-s_2} + \cdots + \frac{K_n}{s-s_n} \tag{4.4.4a}$$

式中，$K_1, K_2, \cdots, K_n$ 为待定系数。这些系数可以按下述方法确定：

$$K_i = (s-s_i)\frac{N(s)}{D(s)}\bigg|_{s=s_i}, \quad i=1,2,\cdots,n \tag{4.4.4b}$$

证明 因 $(s-s_i)F(s) = (s-s_i)\left(\dfrac{K_1}{s-s_1} + \cdots + \dfrac{K_i}{s-s_i} + \cdots + \dfrac{K_n}{s-s_n}\right)$

$$= K_i + (s-s_i)\left(\frac{K_1}{s-s_1} + \cdots + \frac{K_n}{s-s_n}\right)$$

令 $s = s_i$，则 $(s-s_i)F(s) = K_i + 0 = K_i$，即

$$K_i = (s-s_i)\frac{N(s)}{D(s)}\bigg|_{s=s_i}, \quad i=1,2,\cdots,n$$

同理，$K_1, K_2, \cdots, K_n$ 待定系数也可以按下述方法确定：

$$K_i = \frac{N(s)}{D'(s)}\bigg|_{s=s_i}, \quad i=1,2,\cdots,n \tag{4.4.4c}$$

证明 因 s_i 是 $D(s)=0$ 的根，即有 $D(s_i)=0$，则由 $F(s) = \dfrac{N(s)}{D(s)} = \dfrac{K_1}{s-s_1} + \dfrac{K_2}{s-s_2} + \cdots + \dfrac{K_n}{s-s_n} = \dfrac{N(s)}{D(s)-D(s_i)}$，有

$$(s-s_i)F(s) = (s-s_i)\frac{N(s)}{D(s)} = (s-s_i)\left(\frac{K_1}{s-s_1} + \frac{K_2}{s-s_2} + \cdots + \frac{K_n}{s-s_n}\right) = \frac{\dfrac{N(s)}{D(s)-D(s_i)}}{s-s_i}$$

令 $s = s_i$，则 $(s-s_i)F(s) = K_i + 0 = K_i$，即

$$\lim_{s \to s_i} \frac{\dfrac{N(s)}{D(s)-D(s_i)}}{s-s_i} = \frac{N(s)}{D'(s)}\bigg|_{s=s_i} = K_i, \quad i=1,2,\cdots,n 。$$

证毕。

因 $F(s) = \sum\limits_{i=1}^{n} K_i \dfrac{1}{s-s_i}$，根据 $\dfrac{K_i}{s-s_i} \leftrightarrow \mathrm{e}^{s_i t}u(t)$，可得时域函数为

$$f(t) = \sum_{i=1}^{n} K_i \mathrm{e}^{s_i t} u(t) \tag{4.4.5}$$

2. $D(s)=0$ 具有共轭复根，且无重复根

$F(s) = \dfrac{N(s)}{D(s)} = \dfrac{As+B}{s^2+bs+c} + \dfrac{N_1(s)}{D_1(s)}$，若二次多项式 s^2+bs+c 中，$b^2<4c$，则构成一对共轭复根。假设其共轭复根为 $s_1=\alpha+\mathrm{j}\omega$ 与 $s_2=\alpha-\mathrm{j}\omega$，则其展开式将含有如下两项：

$$\dfrac{K_1}{s-\alpha-\mathrm{j}\omega} + \dfrac{K_2}{s-\alpha+\mathrm{j}\omega} \tag{4.4.6}$$

其对应的系数 K_1 和 K_2 也必为共轭复数，即有

$$K_1 = |K_1|\mathrm{e}^{\mathrm{j}\varphi_1}, \quad K_2 = |K_1|\mathrm{e}^{-\mathrm{j}\varphi_1}$$

因而对应的逆变换为

$$\begin{aligned} K_1\mathrm{e}^{(\alpha+\mathrm{j}\omega)t} + K_2\mathrm{e}^{(\alpha-\mathrm{j}\omega)t} &= |K_1|\mathrm{e}^{\mathrm{j}\varphi_1}\cdot\mathrm{e}^{(\alpha+\mathrm{j}\omega)t} + |K_1|\mathrm{e}^{-\mathrm{j}\varphi_1}\cdot\mathrm{e}^{(\alpha-\mathrm{j}\omega)t} = |K_1|\mathrm{e}^{\alpha t}\left[\mathrm{e}^{\mathrm{j}(\omega t+\varphi_1)} + \mathrm{e}^{-\mathrm{j}(\omega t+\varphi_1)}\right] \\ &= 2|K_1|\mathrm{e}^{\alpha t}\cos(\omega t+\varphi_1) \end{aligned} \tag{4.4.7}$$

3. $D(s)=0$ 的根含有重根

若 $D(s)=0$ 只有一个 p 重根 s_1，则 $F(s)$ 按式（4.4.8）展开：

$$F(s) = \dfrac{N(s)}{D(s)} = \dfrac{K_{1p}}{(s-s_1)^p} + \dfrac{K_{1(p-1)}}{(s-s_1)^{p-1}} + \cdots + \dfrac{K_{12}}{(s-s_1)^2} + \dfrac{K_{11}}{s-s_1} + \dfrac{K_{(p+1)}}{s-s_{p+1}} + \cdots + \dfrac{K_{n-1}}{s-s_{n-1}} + \dfrac{K_n}{s-s_n} \tag{4.4.8}$$

求重根项的部分分式系数的一般公式为

$$K_{1i} = \dfrac{1}{(p-i)!}\left\{\dfrac{\mathrm{d}^{p-i}}{\mathrm{d}s^{p-i}}\left[(s-s_1)^p\dfrac{N(s)}{D(s)}\right]\right\}\bigg|_{s=s_1} \tag{4.4.9}$$

当全部系数确定后，则得

$$\begin{aligned}\mathscr{L}^{-1}\{F(s)\} &= \mathscr{L}^{-1}\left\{\dfrac{N(s)}{D(s)}\right\} \\ &= \left[\dfrac{K_{1p}}{(p-1)!}t^{p-1} + \dfrac{K_{1(p-1)}}{(p-2)!}t^{p-2} + \cdots + \dfrac{K_{12}}{1!}t + K_{11}\right]\mathrm{e}^{s_1 t} + \sum_{i=p+1}^{n} K_i\mathrm{e}^{s_i t} \end{aligned} \tag{4.4.10}$$

【例 4.4.2】 求下列因果信号 $F(s)$ 的拉普拉斯逆变换：

（1）$F(s) = \dfrac{s^4+2s^3-2}{s^3+2s^2-s-2}$；

（2）$F(s) = 2 + \dfrac{s+2}{(s+2)^2+2^2}$；

（3）$F(s) = \dfrac{1}{s^3}\left(1-\mathrm{e}^{-st_0}\right)$；

（4）$F(s) = \dfrac{s}{s^2+2s+5}$；

（5）$F(s) = \dfrac{s+2}{s(s+3)(s+1)^2}$；

（6）$F(s) = \dfrac{s+1}{\left[(s+2)^2+1\right]^2}$。

解 （1）由于 $F(s)$ 是一个假分式，首先分解出真分式，为此采用长除法运算

$$\begin{array}{r} s \\ s^3+2s^2-s-2 \overline{)s^4+2s^3 -2} \\ \underline{s^4+2s^3-s^2-2s} \\ s^2+2s-2 \end{array}$$

得

$$F(s) = s + \dfrac{s^2+2s-2}{s^3+2s^2-s-2}$$

真分式又可以展成以下部分分式：

$$\frac{N(s)}{D(s)} = \frac{s^2+2s-2}{(s+1)(s+2)(s-1)} = \frac{K_1}{s+1}+\frac{K_2}{s+2}+\frac{K_3}{s-1}$$

可以求得系数为

$$K_1 = (s+1)\frac{N(s)}{D(s)}\bigg|_{s=-1} = \frac{s^2+2s-2}{(s+2)(s-1)}\bigg|_{s=-1} = \frac{3}{2}$$

$$K_2 = (s+2)\frac{N(s)}{D(s)}\bigg|_{s=-2} = \frac{s^2+2s-2}{(s+1)(s-1)}\bigg|_{s=-2} = -\frac{2}{3}$$

$$K_3 = (s-1)\frac{N(s)}{D(s)}\bigg|_{s=1} = \frac{s^2+2s-2}{(s+2)(s+1)}\bigg|_{s=1} = \frac{1}{6}$$

代入原式可得

$$F(s) = s + \frac{3}{2}\frac{1}{s+1} - \frac{2}{3}\frac{1}{s+2} + \frac{1}{6}\frac{1}{s-1}$$

逆变换可得

$$f(t) = \delta'(t) + \left(\frac{3}{2}e^{-t} - \frac{2}{3}e^{-2t} + \frac{1}{6}e^{t}\right)u(t)$$

（2）由常见信号的拉普拉斯变换可知

$$2 \leftrightarrow 2\delta(t),\quad \frac{s+2}{(s+2)^2+2^2} \leftrightarrow e^{-2t}\cos 2t\, u(t)$$

所以

$$f(t) = \mathscr{L}^{-1}\{F(s)\} = 2\delta(t) + e^{-2t}\cos 2t\, u(t)$$

（3）因为

$$F(s) = \frac{1}{s^3}(1-e^{-st_0}) = \frac{1}{s^2}\cdot\frac{1}{s}(1-e^{-st_0})$$

式中，$\frac{1}{s^2} \leftrightarrow tu(t)$，$\frac{1}{s}(1-e^{-st_0}) \leftrightarrow u(t)-u(t-t_0)$。由卷积定理可知

$$f(t) = \mathscr{L}^{-1}\{F(s)\} = [tu(t)] * [u(t)-u(t-t_0)]$$
$$= \frac{1}{2}t^2 u(t) - \frac{1}{2}(t-t_0)^2 u(t-t_0)$$

（4）利用配方法

$$F(s) = \frac{s}{s^2+2s+5} = \frac{s}{(s+1)^2+2^2} = \frac{s+1}{(s+1)^2+2^2} - \frac{1}{2}\frac{2}{(s+1)^2+2^2}$$

由常见信号的拉普拉斯变换可得

$$f(t) = e^{-t}\left(\cos(2t) - \frac{1}{2}\sin(2t)\right)u(t)$$

若利用部分分式展开法，本例 $D(s) = s^2+2s+5$ 有共轭复根：$s_{1,2} = -1\pm j2$，故 $F(s)$ 可以展开为

$$F(s) = \frac{s}{s^2+2s+5} = \frac{K_1}{s+1-j2} + \frac{K_2}{s+1+j2}$$

可得

$$K_1 = (s+1-j2)\frac{s}{s^2+2s+5}\bigg|_{s=-1+j2} = \frac{1}{4}(2+j)$$

因 K_1 和 K_2 必然也是共轭的，即 $K_1 = K_2^*$。

所以

$$F(s)=\frac{1}{4}\left(\frac{2+\mathrm{j}}{s+1-\mathrm{j}2}+\frac{2-\mathrm{j}}{s+1+\mathrm{j}2}\right)$$

即其逆变换为

$$f(t)=\frac{1}{4}\left[(2+\mathrm{j})\mathrm{e}^{(-1+\mathrm{j}2)t}+(2-\mathrm{j})\mathrm{e}^{(-1-\mathrm{j}2)t}\right]u(t)=\mathrm{e}^{-t}\left(\cos 2t-\frac{1}{2}\sin 2t\right)u(t)$$

（5）先对 $F(s)$ 进行部分分式展开：

$$F(s)=\frac{K_{12}}{(s+1)^2}+\frac{K_{11}}{s+1}+\frac{K_3}{s+3}+\frac{K_4}{s}$$

$$K_{12}=\left[(s+1)^2 F(s)\right]\Big|_{s=-1}=\left[\frac{s+2}{(s+3)s}\right]\Big|_{s=-1}=-\frac{1}{2}$$

$$K_{11}=\left\{\frac{\mathrm{d}}{\mathrm{d}s}\left[(s+1)^2 F(s)\right]\right\}\Big|_{s=-1}=\left\{\frac{\mathrm{d}}{\mathrm{d}s}\left[\frac{s+2}{(s+3)s}\right]\right\}\Big|_{s=-1}=-\frac{3}{4}$$

$$K_3=\left[(s+3)F(s)\right]\Big|_{s=-3}=\left[\frac{s+2}{(s+1)^2 s}\right]\Big|_{s=-3}=\frac{1}{12}$$

$$K_4=\left[sF(s)\right]\Big|_{s=0}=\left[\frac{s+2}{(s+1)^2(s+3)}\right]\Big|_{s=0}=\frac{2}{3}$$

所以

$$F(s)=-\frac{1}{2}\cdot\frac{1}{(s+1)^2}-\frac{3}{4}\cdot\frac{1}{s+1}+\frac{1}{12}\cdot\frac{1}{s+3}+\frac{2}{3}\cdot\frac{1}{s}$$

故其原函数为

$$f(t)=\left(-\frac{1}{2}t\mathrm{e}^{-t}-\frac{3}{4}\mathrm{e}^{-t}+\frac{1}{12}\mathrm{e}^{-3t}+\frac{2}{3}\right)u(t)$$

（6）先对 $F(s)$ 进行部分分式展开：$F(s)=\dfrac{K_{11}}{(s+2-\mathrm{j})^2}+\dfrac{K_{12}}{s+2-\mathrm{j}}+\dfrac{K_{13}}{(s+2+\mathrm{j})^2}+\dfrac{K_{14}}{s+2+\mathrm{j}}$

$$K_{11}=\left[(s+2-\mathrm{j})^2 F(s)\right]\Big|_{s=-2+\mathrm{j}}=\left[\frac{s+1}{(s+2+\mathrm{j})^2}\right]\Big|_{s=-2+\mathrm{j}}=\frac{\sqrt{2}}{4}\mathrm{e}^{-\mathrm{j}\frac{\pi}{4}}$$

$$K_{12}=\left\{\frac{\mathrm{d}}{\mathrm{d}s}\left[(s+2-\mathrm{j})^2 F(s)\right]\right\}\Big|_{s=-2+\mathrm{j}}=\left\{\frac{\mathrm{d}}{\mathrm{d}s}\left[\frac{s+1}{(s+2+\mathrm{j})^2}\right]\right\}\Big|_{s=-2+\mathrm{j}}=\frac{1}{4}\mathrm{e}^{\mathrm{j}\frac{\pi}{2}}$$

$$K_{13}=K_{11}^*, K_{14}=K_{12}^*$$

故其原函数为

$$f(t)=\left[\frac{\sqrt{2}}{2}t\mathrm{e}^{-2t}\cos\left(t-\frac{\pi}{4}\right)+\frac{1}{2}\mathrm{e}^{-2t}\cos\left(t+\frac{\pi}{2}\right)\right]u(t)$$

4.4.3 围线积分法（留数法）

围线积分法就是直接根据拉普拉斯逆变换的定义，计算下面的积分式：

$$f(t)=\frac{1}{2\pi j}\int_{\sigma-j\infty}^{\sigma+j\infty}F(s)\mathrm{e}^{st}\mathrm{d}s \tag{4.4.11}$$

这是复变函数积分问题。根据复变函数理论可知，这里被积函数是复函数，其积分是在收敛区内、平行于虚轴的直线 $\sigma+j\omega$ 和 $\sigma-j\omega$ 之间进行的，其中，$-\infty<\omega<\infty$。

根据复变函数理论可知，若函数 $F(s)$ 在某一区域 D 内除有限个奇点外解析，c 为 D 内包围奇点的一条正向简单闭合曲线，则 $\int_{\sigma-j\infty}^{\sigma+j\infty}F(s)\mathrm{e}^{st}\mathrm{d}s$ 等于该函数在这些奇点的留数和，即

$$\oint_c F(s)\mathrm{e}^{st}\mathrm{d}s = 2\pi j\sum\mathrm{Res}\left\{F(s)\mathrm{e}^{st}\right\} \tag{4.4.12}$$

为了能用留数定理计算式（4.4.11）的积分，可以在 $j\omega$ 从 $\sigma-j\infty$ 到 $\sigma+j\infty$ 补足一条积分路径，构成一个闭合围线积分，如图 4.4.1 所示。

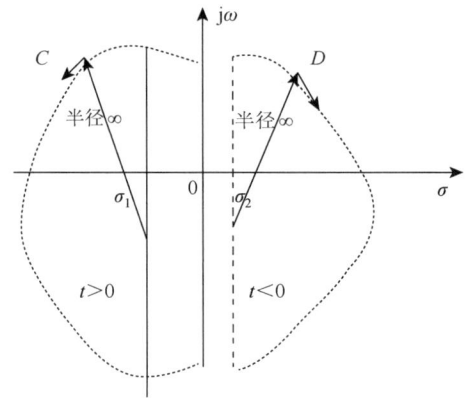

图 4.4.1 围线积分路径

归纳起来即，对于 $F(s)$，若收敛域为 $\sigma_1<\mathrm{Re}\{s\}<\sigma_2$，可选积分路线通过 σ_a，且 $\sigma_1<\sigma_a<\sigma_2$，以 σ_a 为圆心画左半圆弧 C 和右半圆弧 D，则有

当 $t>0$ 时，$f(t)=\dfrac{1}{2\pi j}\int_{\sigma-j\infty}^{\sigma+j\infty}F(s)\mathrm{e}^{st}\mathrm{d}s=\dfrac{1}{2\pi j}\oint_c F(s)\mathrm{e}^{st}\mathrm{d}s=\sum_{\sigma_a\text{左侧}}\mathrm{Res}\left\{F(s)\mathrm{e}^{st}\right\}$；

当 $t<0$ 时，$f(t)=\dfrac{1}{2\pi j}\int_{\sigma-j\infty}^{\sigma+j\infty}F(s)\mathrm{e}^{st}\mathrm{d}s=\dfrac{1}{2\pi j}\oint_D F(s)\mathrm{e}^{st}\mathrm{d}s=-\sum_{\sigma_a\text{右侧}}\mathrm{Res}\left\{F(s)\mathrm{e}^{st}\right\}$；

当 $t=0$ 时，$f(t)=\dfrac{1}{2\pi j}\int_{\sigma-j\infty}^{\sigma+j\infty}F(s)\mathrm{e}^{st}\mathrm{d}s=\dfrac{1}{2}\left[f(0_+)+f(0_-)\right]$。

下面给出留数法求拉普拉斯逆变换的公式。

（1）$F(s)=\dfrac{N(s)}{D(s)}$ 为有理真分式，且有 n 个单根时

$$f(t)=\sum_{i=1}^{n}\mathrm{Res}\left\{F(s)\mathrm{e}^{st};s_i\right\}=\sum_{i=1}^{n}\left[(s-s_i)F(s)\mathrm{e}^{st}\right]\bigg|_{s=s_i} \tag{4.4.13}$$

（2）$F(s)=\dfrac{N(s)}{D(s)}$ 为有理真分式，且有 p 阶重根 s_1 及 $n-p$ 阶单根时

$$f(t)=\frac{1}{(p-1)!}\lim_{s\to s_1}\frac{\mathrm{d}^{(p-1)}}{\mathrm{d}s^{(p-1)}}\left[(s-s_1)^p\frac{N(s)}{D(s)}\mathrm{e}^{st}\right]+\sum_{i=n-p}^{n}\left[(s-s_i)F(s)\mathrm{e}^{st}\right]\bigg|_{s=s_i} \tag{4.4.14}$$

由此可见，当象函数 $F(s)$ 的收敛域 $\mathrm{Re}\{s\}<\sigma_a$ 时，$F(s)$ 的极点在左半圆弧 C 内，拉普拉斯逆变换的原函数对应因果函数；当象函数 $F(s)$ 的收敛域 $\mathrm{Re}\{s\}>\sigma_a$ 时，$F(s)$ 的极点在右半圆弧 D 内，拉普拉斯逆变换的原函数对应反因果函数。

当象函数 $F(s)$ 为有理分式,用留数法求拉普拉斯逆变换并无突出的优点;但当 $F(s)$ 不能展开为部分分式时,用留数法为宜。

对于 $F(s)$ 含有非整幂的无理函数,不能展开成简单的部分分式。欲求其逆变换,必须通过复变函数理论或其他一些方法。例如,有些简单的无理函数 $F(s)$ 的逆变换可以用级数展开方式, $F(s)$ 的 s 次幂为分数或无理数时可以利用伽马函数展开方式,或利用拉普拉斯变换的性质求出。但因本书篇幅有限,请读者参考相关文献。下面我们仅以利用伽马函数展开方式为例来说明 $F(s)$ 的 s 次幂为分数或无理数时,如何求拉普拉斯逆变换的原函数。

伽马函数定义为 $\Gamma(n) = \int_0^\infty x^{n-1} e^{-x} dx$, $n>0$;根据伽马函数定义,因 $\Gamma(n+1) = \int_0^\infty x^n e^{-x} dx = n \int_0^\infty x^{n-1} e^{-x} dx = n\Gamma(n)$, $n>0$;

利用上述方法可证明,伽马函数具有递推特性;当 n 为整数时,存在 $\Gamma(n+1) = n!$。

根据拉普拉斯变换的定义,因 $\mathscr{L}\{t^n u(t)\} = \int_0^\infty t^n e^{-st} dt$,令 $st = x$,则有

$$\mathscr{L}\{t^n u(t)\} = \frac{1}{s^{n+1}} \int_0^\infty x^n e^{-x} dx = \frac{\Gamma(n+1)}{s^{n+1}}$$

可得结论: $s^{-(n+1)} \leftrightarrow \frac{t^n u(t)}{\Gamma(n+1)}$, $F(s)$ 的 s 次幂可为整数、分数或无理数。

【例 4.4.3】 求下列函数的拉普拉斯逆变换 $f(t)$。

(1) $F(s) = \frac{s+2}{s(s+3)(s+1)^2}$, $\text{Re}\{s\} > 0$。

(2) $F(s) = \frac{2s+3}{s^2+3s+2}$, $-2 < \text{Re}\{s\} < -1$。

解 (1) 函数的收敛域为 $\text{Re}\{s\} > 0$, $f(t)$ 应该为因果函数。由于 $F(s)$ 有两个单根 $s_1 = 0, s_2 = -3$ 和一个二重根 $s_3 = -1$,它们的留数分别为

$$\text{Res}\{F(s)e^{st}; s_1\} = \left[(s-s_1)F(s)e^{st}\right]_{s=s_1} = \left.\frac{(s+2)e^{st}}{(s+3)(s+1)^2}\right|_{s=0} = \frac{2}{3}$$

$$\text{Res}\{F(s)e^{st}; s_2\} = \left[(s-s_2)F(s)e^{st}\right]_{s=s_2} = \left.\frac{(s+2)e^{st}}{s(s+1)^2}\right|_{s=-3} = \frac{1}{12}e^{-3t}$$

$$\text{Res}\{F(s)e^{st}; s_3\} = \frac{1}{(2-1)!}\frac{d}{ds}\left[(s-s_3)^2 F(s)e^{st}\right]_{s=s_3}$$

$$= \left.\frac{d}{ds}\left[(s+1)^2 \frac{(s+2)e^{st}}{s(s+3)(s+1)^2}\right]\right|_{s=-1} = \left(-\frac{t}{2} - \frac{3}{4}\right)e^{-t}$$

所以

$$f(t) = \left[\frac{2}{3} + \frac{1}{12}e^{-3t} - \left(\frac{t}{2} + \frac{3}{4}\right)e^{-t}\right]u(t)$$

(2) 函数的收敛域为 $-2 < \text{Re}\{s\} < -1$,故需以 σ_a 为圆心画左半圆弧 C 和右半圆弧 D;位于左半圆弧 C 内的极点 $s = -2$,对应因果函数;位于右半圆弧 D 内的极点 $s = -1$,对应反因果函数。

当 $t > 0$ 时,

$$f(t) = \frac{1}{2\pi j}\int_{\sigma-j\infty}^{\sigma+j\infty} F(s)e^{st} ds = \text{Res}\{F(s)e^{st}; -2\} = (s+2)F(s)e^{st}\big|_{s=-2} = e^{-2t}$$

当 $t < 0$ 时,

$$f(t)=\frac{1}{2\pi j}\int_{\sigma-j\infty}^{\sigma+j\infty}F(s)e^{st}ds=-\text{Res}\{F(s)e^{st};-1\}=-(s+1)F(s)e^{st}|_{s=-1}=-e^{-t}$$

当 $t=0$ 时，

$$f(t)=\frac{1}{2\pi j}\int_{\sigma-j\infty}^{\sigma+j\infty}F(s)e^{st}ds=\frac{1}{2}[f(0_+)+f(0_-)]=\frac{1}{2}(1-1)=0$$

综合起来，有

$$f(t)=-e^{-t}u(-t)+e^{-2t}u(t)$$

【例 4.4.4】 求 $s^{-\frac{1}{2}}$ 的拉普拉斯逆变换。

解 当 $n=-\frac{1}{2}$ 为分数时，$\Gamma\left(\frac{1}{2}\right)=\int_0^\infty x^{-\frac{1}{2}}e^{-x}dx$，令 $x=y^2$，可得

$$\Gamma\left(\frac{1}{2}\right)=2\int_0^\infty e^{-y^2}dy=\sqrt{\pi}$$

故

$$s^{-\frac{1}{2}} \leftrightarrow \frac{t^{-\frac{1}{2}}u(t)}{\Gamma\left(\frac{1}{2}\right)}=\frac{1}{\sqrt{\pi t}}u(t)$$

4.5 s 域分析

4.5.1 微分方程的变换解

一般而言，如果单输入单输出线性时不变系统的激励为 $f(t)$，其全响应为 $y(t)$。则描述线性时不变系统的激励 $f(t)$ 与响应 $y(t)$ 之间关系的是 n 阶线性常系数微分方程，它可以写为

$$y^{(n)}(t)+a_{n-1}y^{(n-1)}(t)+\cdots+a_1y^{(1)}(t)+a_0y(t)=b_mf^{(m)}(t)+b_{m-1}f^{(m-1)}(t)+\cdots+b_1f^{(1)}(t)+b_0f(t) \tag{4.5.1}$$

式中，$a_{n-1},\cdots,a_1,a_0$ 和 $b_m,b_{m-1},\cdots,b_1,b_0$ 均为常数。

利用拉普拉斯变换分析线性时不变系统，求解 n 阶线性常系数微分方程的步骤如下：

（1）对于给定的 n 个初始条件 $y(0),y'(0),y''(0),\cdots,y^{(n-1)}(0)$ 的一个 n 阶线性微分方程，进行拉普拉斯变换，得

$$(s^n+a_{n-1}s^{n-1}+\cdots+a_1s+a_0)Y(s)-M(s)=(b_ms^m+b_{m-1}s^{m-1}+\cdots+b_1s+b_0)F(s) \tag{4.5.2}$$

（2）得到

$$Y(s)=\frac{M(s)}{A(s)}+\frac{B(s)}{A(s)}F(s) \tag{4.5.3}$$

式中，$A(s)=s^n+a_{n-1}s^{n-1}+\cdots+a_1s+a_0$，$B(s)=b_ms^m+b_{m-1}s^{m-1}+\cdots+b_1s+b_0$。

$M(s)=P_n(s)+a_{n-1}P_{n-1}(s)+\cdots+a_1P_1(s)$ 是与各初始状态 $y(0),y'(0),y''(0),\cdots,y^{(n-1)}(0)$ 有关的 s 多项式。

令 $Y_x(s)=\frac{M(s)}{A(s)}$ 和 $Y_f(s)=\frac{B(s)}{A(s)}F(s)$，则

$$Y(s)=Y_x(s)+Y_f(s) \tag{4.5.4}$$

（3）对 $Y(s)=\frac{M(s)}{A(s)}+\frac{B(s)}{A(s)}F(s)$ 求拉普拉斯逆变换：

$$y_x(t) = \mathscr{L}^{-1}\{Y_x(s)\} = \mathscr{L}^{-1}\left\{\frac{M(s)}{A(s)}\right\} \tag{4.5.5}$$

$$y_f(t) = \mathscr{L}^{-1}\{Y_f(s)\} = \mathscr{L}^{-1}\left\{\frac{B(s)}{A(s)}F(s)\right\} \tag{4.5.6}$$

就得到系统的全响应 $y(t) = y_x(t) + y_f(t)$。

【例 4.5.1】 一个连续时不变线性系统由下列方程描述：
$$y''(t) + 3y'(t) + 2y(t) = e^{-t}u(t)$$
初始状态为 $y(0) = y'(0) = 0$，求该系统的响应。

解 对以上微分方程取拉普拉斯变换，令 $\mathscr{L}\{y(t)\} = Y(s)$，$\mathscr{L}\{f(t)\} = F(s) = \dfrac{1}{s+1}$，得

$$s^2 Y(s) + 3sY(s) + 2Y(s) = \frac{1}{s+1}$$

可见，经过拉普拉斯变换后，微分方程变换为代数方程。

由上式可得

$$Y(s) = \frac{1}{(s+2)(s+1)^2} = \frac{1}{s+2} - \frac{1}{s+1} + \frac{1}{(s+1)^2}$$

取上式的拉普拉斯逆变换，得

$$y_f(t) = \left(-e^{-t} + e^{-2t} + te^{-t}\right)u(t)$$

【例 4.5.2】 若描述某线性时不变系统的微分方程组为
$$\begin{bmatrix} \dot{x}_1 \\ \dot{x}_2 \end{bmatrix} = \begin{bmatrix} 0 & -2 \\ 1 & -2 \end{bmatrix} \begin{bmatrix} x_1 \\ x_2 \end{bmatrix} + \begin{bmatrix} 2 & 0 \\ 0 & 1 \end{bmatrix} \begin{bmatrix} u_S \\ i_S \end{bmatrix}$$
式中，$u_S(t) = u(t)$，$i_S(t) = \delta(t)$，求系统的零状态响应。

解 对以上微分方程组取拉普拉斯变换，

令 $\mathscr{L}\{x_1(t)\} = X_1(s)$，$\mathscr{L}\{x_2(t)\} = X_2(s)$，$\mathscr{L}\{u(t)\} = \dfrac{1}{s}$，$\mathscr{L}\{\delta(t)\} = 1$，得

$$\begin{bmatrix} sX_1(s) \\ sX_2(s) \end{bmatrix} = \begin{bmatrix} 0 & -2 \\ 1 & -2 \end{bmatrix} \begin{bmatrix} X_1(s) \\ X_2(s) \end{bmatrix} + \begin{bmatrix} 2 & 0 \\ 0 & 1 \end{bmatrix} \begin{bmatrix} \dfrac{1}{s} \\ 1 \end{bmatrix}$$

可以解出

$$X_1(s) = \frac{4}{s(s^2 + 2s + 2)} = \frac{2}{s} - \frac{2s+4}{s^2 + 2s + 2}$$

$$X_2(s) = \frac{s^2 + 2}{s(s^2 + 2s + 2)} = \frac{1}{s} - \frac{2}{s^2 + 2s + 2}$$

故

$$x_1(t) = 2\left[1 - \sqrt{2}e^{-t}\cos\left(t - \frac{\pi}{4}\right)\right]u(t), \quad x_2(t) = \left(1 - 2e^{-t}\sin t\right)u(t)$$

4.5.2 系统函数

实际上，在分析具体网络时，根据元件端口电流与电压的关系及互感、理想变压器等初、次级电流及电压的关系等列写微分方程。利用基尔霍夫电流定律（Kirchhoff's current law，KCL）和基尔霍夫电压定律（Kirchhoff's voltage law，KVL）列写方程式，对其进行拉普拉斯变换，再通过拉普拉斯逆变换可以

求出系统响应。对其网络元件的输入与输出关系进行拉普拉斯变换，可以得到网络元件的 s 域模型。

一般模拟系统元件的 s 域模型如下。

1. 电阻

$$U(s) = RI(s) \tag{4.5.7}$$

2. 电容

$$U(s) = \frac{1}{sC}I(s) + \frac{u_C(0)}{s} \tag{4.5.8a}$$

或

$$I(s) = sCU(s) - Cu_C(0) \tag{4.5.8b}$$

3. 电感

$$U(s) = sLI(s) - Li_L(0) \tag{4.5.9a}$$

或

$$I(s) = \frac{1}{sL}U(s) + \frac{i_L(0)}{s} \tag{4.5.9b}$$

若将网络中的已知电压源、电流源都变换为其象函数，未知电压和电流也用其象函数表示，基尔霍夫定律在 s 域也成立。若各网络元件都用其 s 域模型代替（初始状态变换为相应的内部象函数），则可以得出原网络的 s 域模型。

系统零状态响应的象函数与激励的象函数之比称为系统传输函数（system transmission function），用 $H(s)$ 表示。

$$H(s) = \frac{B(s)}{A(s)} = \frac{b_m s^m + b_{m-1} s^{m-1} + \cdots + b_1 s + b_0}{s^n + a_{n-1} s^{n-1} + \cdots + a_1 s + a_0} \tag{4.5.10}$$

$A(s)$ 和 $B(s)$ 都是有理多项式，其中，系数 $a_i(i = 0,1,2,\cdots,n)$，$b_j(j = 0,1,2,\cdots,m)$ 都是实常数。

$A(s)$ 称为微分方程式的特征多项式，方程 $A(s) = 0$ 称为特征方程，它的根称为特征根。其中 $A(s) = 0$ 的根 $p_1, p_2, \cdots, p_n$ 称为系统函数 $H(s)$ 的极点；$B(s) = 0$ 的根 $\zeta_1, \zeta_2, \cdots, \zeta_m$ 称为系统函数的零点。

我们知道，系统的冲激响应 $h(t)$ 是系统函数的拉普拉斯逆变换。因此，冲激响应 $h(t)$ 各分量的函数形式只决定 $H(s)$ 的极点，其幅度与相角将由极点和零点共同确定。由此可见，系统的冲激响应将完全取决于 $H(s)$ 的零点和极点在 s 平面的分布状况。

$H(s)$ 在左半平面的极点对应于冲激响应的暂态分量，当 t 趋近于无限大时，它们趋近于零。负实轴上的一阶极点 $-\alpha$ 对应于指数衰减函数 $\mathrm{e}^{-\alpha t}$；一对共轭一阶极点 $-\alpha \pm \mathrm{j}\beta$ 对应于衰减为 α、角频率为 β（频率 $f = \frac{\beta}{2\pi}$）的衰减振荡 $\mathrm{e}^{-\alpha t}\sin(\beta t + \varphi)$。$H(s)$ 在虚轴上的一阶极点对应于冲激响应的稳态分量，当 t 趋近于无限大时，$|h(t)|$ 为有限值。原点处的一阶极点对应于阶跃函数 $u(t)$；一对虚轴上的共轭极点 $\pm \mathrm{j}\beta$ 对应于角频率为 β 的等幅振荡 $\sin(\beta t + \varphi)$。$H(s)$ 在虚轴上的二阶及二阶以上极点或在右半平面的极点所对应的 $h_i(t)$ 都随时间的增加而增大，当 t 趋近于无限大时，它们都趋于无限大。

如果 $H(s)$ 的极点都在左半平面，那么 $H(s)$ 在虚轴上也收敛，因而根据式（4.5.10），可以研究系统的频率特性。

$$H(j\omega) = H(s)\big|_{s=j\omega} = \frac{b_m \prod_{j=1}^{m}(j\omega - \zeta_j)}{\prod_{i=1}^{n}(j\omega - p_i)} \tag{4.5.11}$$

对于任意极点 p_i 和零点 ζ_j，令

$$j\omega - p_i = A_i e^{j\theta_i}, \quad j\omega - \zeta_j = B_j e^{j\psi_j} \tag{4.5.12}$$

式中，A_i、B_j 分别为差函数 $j\omega - p_i$ 和 $j\omega - \zeta_j$ 的模；θ_i、ψ_j 是它们的幅角。

于是式（4.5.11）可以写为

$$H(j\omega) = \frac{b_m B_1 B_2 \cdots B_m e^{j(\psi_1+\psi_2+\cdots+\psi_m)}}{A_1 A_2 \cdots A_n e^{j(\theta_1+\theta_2+\cdots+\theta_n)}} = H(\omega)e^{j\varphi(\omega)} \tag{4.5.13}$$

式中，$H(\omega)$ 称为幅频特性

$$H(\omega) = \frac{b_m B_1 B_2 \cdots B_m}{A_1 A_2 \cdots A_n} \tag{4.5.14}$$

$\varphi(\omega)$ 称为相频特性

$$\varphi(\omega) = (\psi_1+\psi_2+\cdots+\psi_m) - (\theta_1+\theta_2+\cdots+\theta_n) \tag{4.5.15}$$

当 ω 从 0（或 $-\infty$）沿虚轴到 ∞ 变动时，各矢量的模和辐角都将随之变化，根据式（4.5.14）与式（4.5.15）就能得到其幅频特性曲线和相频特性曲线。

【例 4.5.3】 已知系统的系统函数为 $H(s) = \dfrac{s^2}{s^2+4s+3}$，零输入响应 $y_x(t)$ 的初始值为 $y_x(0)=1$，$y'_x(0)=-2$，求使系统的全响应为 0 时输入的激励 $f(t)$。

解 因 $H(s) \leftrightarrow h(t)$，而 $h(t)$ 为零状态响应，具有与零输入响应相同的形式，故由 $H(s)$ 可以求出零输入响应的通解为 $y_x(t) = a_1 e^{-t} + a_2 e^{-3t}$，由初始条件有 $a_1 = a_2 = \dfrac{1}{2}$，$y(t) = y_x(t) + y_f(t) = 0$，可解出 $y_f(t) = -\dfrac{1}{2}(e^{-t} + e^{-3t})u(t)$，则 $F(s) = \dfrac{Y_f(s)}{H(s)} = -\dfrac{1}{2}\left(\dfrac{2}{s} + \dfrac{4}{s^2}\right)$，此时 $f(t) = -(1+2t)u(t)$。

【例 4.5.4】 如图 4.5.1 所示电路，试写出 $x(t)$ 和 $i(t)$ 的微分方程并求电流。

解 首先列出电路的微分方程，即

$$Ri(t) + L\frac{di(t)}{dt} + \frac{1}{C}\int_{-\infty}^{t} i(\tau)d\tau = x(t)$$

令 $\mathscr{L}\{i(t)\} = I(s), \mathscr{L}\{x(t)\} = X(s)$，考虑到初始状态为零，取上式的拉普拉斯变换，得

$$RI(s) + LsI(s) - Li(0_-) + \frac{I(s)}{Cs} + \frac{\int_{-\infty}^{0_-}i(\tau)d\tau}{Cs} = X(s)$$

又因为 $\dfrac{\int_{-\infty}^{0_-}i(\tau)d\tau}{C} = u_C(0_-)$，故回路电流 $i(t)$ 的拉普拉斯变换为

$$I(s) = \frac{X(s)}{R+Ls+\dfrac{1}{Cs}} + \left.\frac{Li(0_-)-u_C(0_-)}{s}\middle/\left(R+Ls+\dfrac{1}{Cs}\right)\right.$$

对上式进行拉普拉斯逆变换，即可得回路电流 $i(t)$。

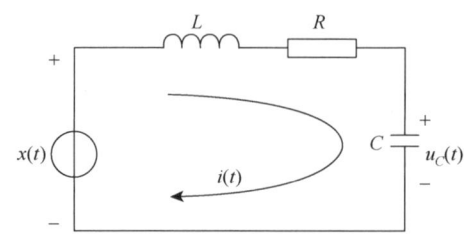

图 4.5.1　例 4.5.4 RLC 串联电路

【例 4.5.5】　求如图 4.5.2 所示的电路中，输出电流 $i_2(t)$ 的系统函数 $H_2(s)$。

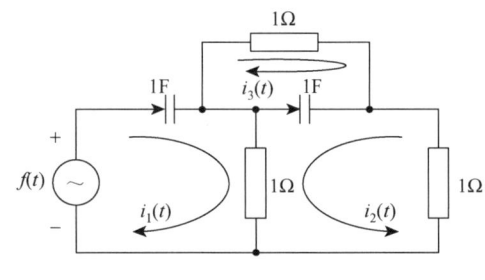

图 4.5.2　例 4.5.5 电路

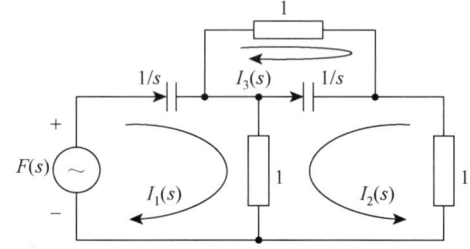

图 4.5.3　例 4.5.5 电路的 s 域模型

解　将电路中各元件都用 s 域模型代替，已知激励源都变换为其象函数，则可以求出原电路的 s 域模型，如图 4.5.3 所示。

根据图 4.5.3，可以得到

$$\left(1+\frac{1}{s}\right)I_1(s)+I_2(s)-\frac{1}{s}I_3(s)=F(s) \quad (4.5.16)$$

$$I_1(s)+\left(2+\frac{1}{s}\right)I_2(s)+\frac{1}{s}I_3(s)=0 \quad (4.5.17)$$

$$-\frac{1}{s}I_1(s)+\frac{1}{s}I_2(s)+\left(1+\frac{2}{s}\right)I_3(s)=0 \quad (4.5.18)$$

联立求解上述方程，可得

$$I_2(s)=-\frac{s^2+2s+1}{s^2+5s+2}F(s)$$

故得

$$H_2(s)=-\frac{s^2+2s+1}{s^2+5s+2}$$

【例 4.5.6】　如图 4.5.4 所示的耦合网络，当 $f(t)=10\text{V}$ 时其网络元件参数及初始状态为

$$C=1\text{F},\ R_1=\frac{1}{5}\Omega,\ R_2=1\Omega,\ L=\frac{1}{2}\text{H},\ u_C(0_-)=5\text{V},\ i_L(0_-)=4\text{A}$$

求全响应电流 $i_1(t)$。

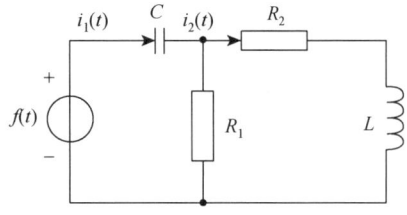

图 4.5.4　例 4.5.6 耦合网络

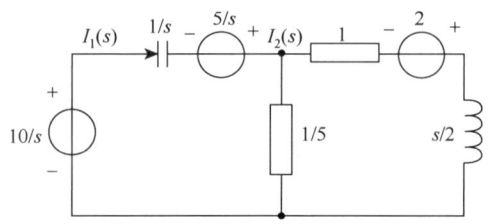

图 4.5.5　例 4.5.6 耦合网络的 s 域模型

解 将网络中各网络元件都用 s 域模型代替（初始状态变换为相应的内部象函数）。

根据 $U(s)=\dfrac{1}{sC}I(s)+\dfrac{u_C(0)}{s}$，有 $u_C(0_-)=5\leftrightarrow\dfrac{5}{s}$，根据 $U(s)=sLI(s)-Li_L(0)$，有 $i_L(0_-)=4$，转换为电压源的变换为 $-Li_L(0_-)=-4\times\dfrac{1}{2}=-2$，已知激励源都变换为象函数，为 $\dfrac{10}{s}$，则可求出原网络的 s 域模型，如图 4.5.5 所示。

根据图 4.5.5 所示网络的 s 域模型，可以得到

$$\left(\dfrac{1}{5}+\dfrac{1}{s}\right)I_1(s)-\dfrac{1}{5}I_2(s)=\dfrac{10}{s}+\dfrac{5}{s} \tag{4.5.19}$$

$$-\dfrac{1}{5}I_1(s)+\left(\dfrac{1}{5}+1+\dfrac{1}{2}s\right)I_2(s)=2 \tag{4.5.20}$$

联立求解式（4.5.19）和式（4.5.20），消去 $I_2(s)$，整理可得

$$I_1(s)=-\dfrac{57}{s+3}+\dfrac{136}{s+4}$$

对上式进行拉普拉斯逆变换，即可得求电流 $i_1(t)$：

$$i_1(t)=\left(-57\mathrm{e}^{-3t}+136\mathrm{e}^{-4t}\right)u(t)$$

【例 4.5.7】 输入一个周期信号［图 4.5.6（a）］到 RC 串联网络［图 4.5.6（b）］，求电容电压的零状态响应。

解 首先列出图 4.5.6 中的微分方程。根据网络可以列出方程：

$$\dfrac{\mathrm{d}u_C(t)}{\mathrm{d}t}+\dfrac{1}{RC}u_C(t)=\dfrac{1}{RC}u_\mathrm{S}(t)$$

令 $\mathscr{L}\{u_C(t)\}=U_C(s),\mathscr{L}\{u_\mathrm{S}(t)\}=U_\mathrm{S}(s)$，考虑到初始状态为零，取上式的拉普拉斯变换，可以解得零状态响应的象函数为

$$U_C(s)=\dfrac{\dfrac{1}{RC}}{s+\dfrac{1}{RC}}U_\mathrm{S}(s)$$

因图 4.5.6（a）的信号在一个周期内可以写为 $u_{\mathrm{S}T}(t)=\dfrac{t}{T}\left[u(t)-u(t-T)\right]$，取上式的拉普拉斯变换，得

$$U_{\mathrm{S}T}(s)=\dfrac{1}{Ts^2}\left(1-\mathrm{e}^{-sT}\right)-\dfrac{1}{s}\mathrm{e}^{-sT}$$

故该周期信号的拉普拉斯变换为

$$U_\mathrm{S}(s)=\left[\dfrac{1}{Ts^2}\left(1-\mathrm{e}^{-sT}\right)-\dfrac{1}{s}\mathrm{e}^{-sT}\right]\dfrac{1}{1-\mathrm{e}^{-sT}}$$

将 $U_\mathrm{S}(s)$ 代入电容电压零状态响应的象函数，得

$$U_C(s)=\dfrac{\dfrac{1}{RC}}{s+\dfrac{1}{RC}}\left[\dfrac{1}{Ts^2}\left(1-\mathrm{e}^{-sT}\right)-\dfrac{1}{s}\mathrm{e}^{-sT}\right]\dfrac{1}{1-\mathrm{e}^{-sT}}$$

可见 $u_C(t)$ 应该是一个非周期信号周期化后的周期性信号，令非周期信号为 $u_{CT}(t)$，则有

$$u_{CT}(t)=\dfrac{\dfrac{1}{RC}}{s+\dfrac{1}{RC}}\left[\dfrac{1}{Ts^2}\left(1-\mathrm{e}^{-sT}\right)-\dfrac{1}{s}\mathrm{e}^{-sT}\right]$$

对上式进行拉普拉斯逆变换，可得在 $0 < t < T$ 区间有

$$u_{CT}(t) = \frac{t}{T} - \frac{RC}{T}\left(1 - e^{-\frac{t}{RC}}\right)$$

故

$$u_C(t) = u_{CT}(t) * \delta_T(t)$$

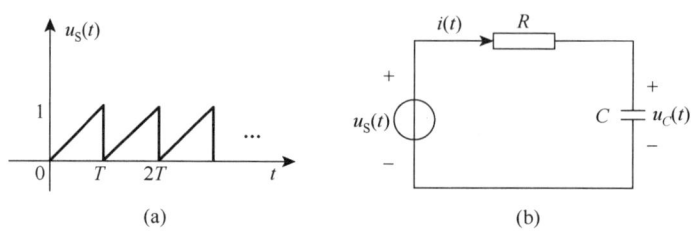

图 4.5.6　例 4.5.7 RC 串联网络

【例 4.5.8】 已知 RC 低通网络的电压转移函数 $H(s) = \dfrac{U_2(s)}{U_1(s)} = \dfrac{\frac{1}{sC}}{R + \frac{1}{sC}}$ 的频率响应 $H(j\omega)$。

解 一个 RC 低通网络的电压转移函数

$$H(s) = \frac{U_2(s)}{U_1(s)} = \frac{\frac{1}{sC}}{R + \frac{1}{sC}} = \frac{1}{RC} \cdot \frac{1}{s + \frac{1}{RC}}$$

它在负实轴上有一阶极点 $s = -\dfrac{1}{RC}$，显然，$H(s)$ 在虚轴上收敛，故其频率特性为

$$H(j\omega) = H(s)\big|_{s=j\omega} = \frac{1}{RC} \frac{1}{j\omega + \frac{1}{RC}}$$

令极点矢量 $j\omega + \dfrac{1}{RC} = A e^{j\theta}$，式中，$A = \sqrt{\omega^2 + \left(\dfrac{1}{RC}\right)^2}$，$\theta = \arctan\dfrac{\omega}{\dfrac{1}{RC}} = \arctan\omega CR$，如图 4.5.7 所示，此 RC 低通网络的幅频和相频特性为

$$|H(j\omega)| = \frac{1}{RC} \cdot \frac{1}{\sqrt{\omega^2 + \left(\dfrac{1}{RC}\right)^2}}$$

$$\varphi(\omega) = -\theta = -\arctan\omega CR$$

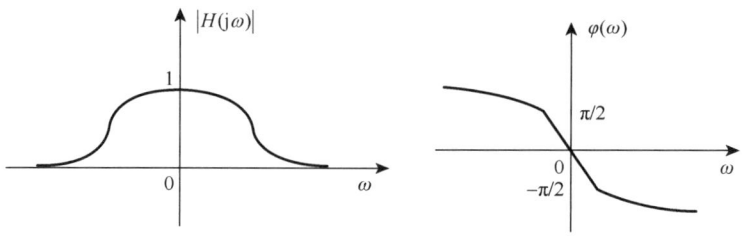

图 4.5.7　例 4.5.8 RC 低通网络的幅频和相频特性

【例 4.5.9】 如图 4.5.8 所示的一个电路网络，输入信号 $f(t)=10\sin tu(t)$，试求输出电压 $u_3(t)$，并指出其中的瞬态响应、稳态响应、自由响应和强迫响应。

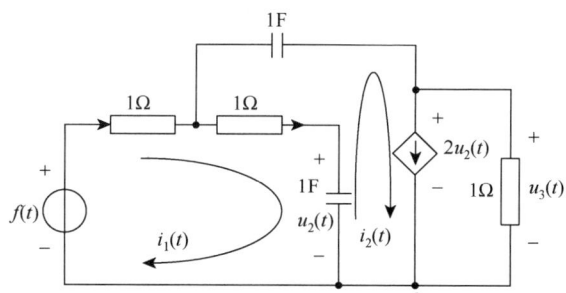

图 4.5.8 例 4.5.9 电路网络

解 将网络中各元件都用 s 域模型代替，已知激励源都变换为其象函数，则可以求出原网络的 s 域模型（图略），根据 s 域模型，可得

$$\left(1+1+\frac{1}{s}\right)I_1(s)-\left(1+\frac{1}{s}\right)I_2(s)=F(s) \quad (4.5.21)$$

$$-\left(1+\frac{1}{s}\right)I_1(s)+\left(1+\frac{1}{s}+\frac{1}{s}\right)I_2(s)=-2U_2(s) \quad (4.5.22)$$

$$\frac{1}{s}I_1(s)-\frac{1}{s}I_2(s)=U_2(s) \quad (4.5.23)$$

$$U_3(s)=2U_2(s) \quad (4.5.24)$$

联立求解上述方程，可得 $U_3(s)=\dfrac{2}{s^2+s+1}F(s)$，而 $F(s)=\dfrac{10}{s^2+1}$，故

$$U_3(s)=\frac{20}{(s^2+s+1)(s^2+1)}$$

求 $U_3(s)=\dfrac{20}{(s^2+s+1)(s^2+1)}$ 的拉普拉斯逆变换，可得

$$u_3(t)=\left[20e^{-\frac{t}{2}}\left[\cos\left(\frac{\sqrt{3}}{2}t\right)+\frac{1}{\sqrt{3}}\sin\left(\frac{\sqrt{3}}{2}t\right)\right]-20\cos t\right]u(t),\ t>0$$

瞬态响应，或自由响应部分为 $20e^{-\frac{t}{2}}\left[\cos\left(\dfrac{\sqrt{3}}{2}t\right)+\dfrac{1}{\sqrt{3}}\sin\left(\dfrac{\sqrt{3}}{2}t\right)\right]u(t)$。

稳态响应，或强迫响应部分为 $-20\cos tu(t)$。

【例 4.5.10】 在图 4.5.9 所示电路中，$v_1(0)=v_2(0)=0$，求 $i_1(\infty),i_1(0),i_2(\infty),i_2(0),v_1(\infty),v_2(\infty)$。

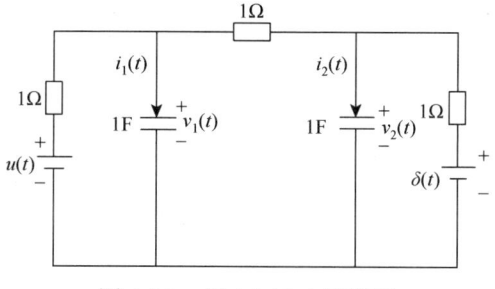

图 4.5.9 例 4.5.10 电路模型

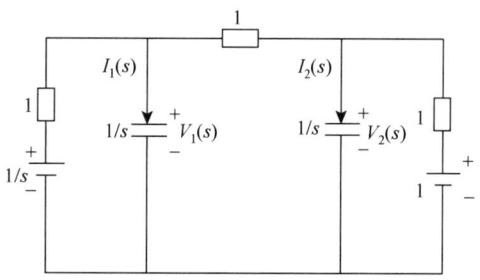

图 4.5.10 例 4.5.10 电路的 s 域模型

解 画出电路的 s 域模型，如图 4.5.10 所示，利用节点法，得

$$(1+s+1)V_1(s) - V_2(s) = 1/s$$
$$-V_1(s) + (1+s+1)V_2(s) = 1$$

可得

$$V_1(s) = \frac{2}{s(s+3)}, \quad V_2(s) = \frac{s+1}{s(s+3)}$$

$$I_1(s) = sV_1(s) = \frac{2}{s+3}, \quad I_2(s) = sV_2(s) = \frac{s+1}{s+3}$$

故有

$$i_1(0) = \lim sI_1(s)|_{s\to\infty} = \lim \frac{2s}{s+3}|_{s\to\infty} = 2, \quad i_1(\infty) = \lim sI_1(s)|_{s\to 0} = \lim \frac{2s}{s+3}|_{s\to 0} = 0$$

$$v_1(0) = \lim sV_1(s)|_{s\to\infty} = \lim \frac{2}{s+3}|_{s\to\infty} = 0, \quad v_1(\infty) = \lim sV_1(s)|_{s\to 0} = \lim \frac{2}{s+3}|_{s\to 0} = \frac{2}{3}$$

$$i_2(0) = \lim sI_2(s)|_{s\to\infty} = \lim \frac{s(s+1)}{s+3}|_{s\to\infty} \text{ 不存在}$$

$$i_2(\infty) = \lim sI_2(s)|_{s\to 0} = \lim \frac{s(s+1)}{s+3}|_{s\to 0} = 0$$

$$v_2(0) = \lim sV_2(s)|_{s\to\infty} = \lim \frac{s+1}{s+3}|_{s\to\infty} = 1, \quad v_2(\infty) = \lim sV_2(s)|_{s\to 0} = \lim \frac{s+1}{s+3}|_{s\to 0} = \frac{1}{3}$$

4.5.3 系统稳定性

对于连续时间系统而言，如果对任意的有界输入，那么其零状态响应也是有界的，则称该系统是稳定系统。如果 $f(t)$ 为有界输入，零状态响应 $y_f(t)$ 有界，就等效于 $h(t)$ 中的分量随 t 的增长而减小或幅度不随时间变化，由 $H(s)$ 的极点位置与冲激响应 $h(t)$ 的关系可知，因果系统是稳定的必要条件是系统函数 $H(s)$ 的极点都在左半平面。系统函数 $H(s)$ 的极点是由多项式 $A(s) = a_n s^n + a_{n-1} s^{n-1} + \cdots + a_1 s + a_0 = 0$ 的所有根来确定的。所有的根都在左半平面的多项式称为霍尔维兹多项式。

判断多项式是否为霍尔维兹多项式的方法一：

（1）将多项式

$$A(s) = a_n s^n + a_{n-1} s^{n-1} + \cdots + a_1 s + a_0 \tag{4.5.25}$$

分为 $M(s)$ 和 $N(s)$ 两部分。如果 n 为奇数，那么 $M(s)$ 就取 $A(s)$ 中 s 的所有奇次幂项，而偶次幂项属于 $N(s)$；如果 n 是偶数，那么 $M(s)$ 取所有的偶次幂项，而 $N(s)$ 取奇次幂项。这样

$$M(s) = a_n s^n + a_{n-2} s^{n-2} + a_{n-4} s^{n-4} + \cdots \tag{4.5.26a}$$

$$N(s) = a_{n-1} s^{n-1} + a_{n-3} s^{n-3} + a_{n-5} s^{n-5} + \cdots \tag{4.5.26b}$$

（2）将 $\dfrac{M(s)}{N(s)}$ 展开为连分式：

$$\frac{M(s)}{N(s)} = \gamma_1 s + \cfrac{1}{\gamma_2 s + \cfrac{1}{\gamma_3 s + \cfrac{1}{\ddots}}} \tag{4.5.27}$$

（3）霍尔维兹准则（或称霍尔维兹判据）指出，多项式 $A(s)$ 是霍尔维兹多项式的充分和必要条件是所有的系数 $\gamma_i > 0 (i = 1, 2, \cdots, n)$。

方法二：罗斯列表法。

先令多项式 $A(s) = a_n s^n + a_{n-1} s^{n-1} + \cdots + a_1 s + a_0$，同样地，将 $A(s)$ 分为 $M(s)$ 和 $N(s)$。$M(s)$ 取 $A(s)$ 中 s 的所有奇次幂项，而 $N(s)$ 取 $A(s)$ 中 s 的所有偶次幂项。

（1）根据多项式 $A(s)$ 的系数，排成罗斯阵列如下：

$$\left. \begin{array}{cccc} 1 & a_n & a_{n-2} & a_{n-4} & \cdots \\ 2 & a_{n-1} & a_{n-3} & a_{n-5} & \cdots \\ 3 & c_{n-1} & c_{n-3} & c_{n-5} & \cdots \\ 4 & d_{n-1} & d_{n-3} & d_{n-5} & \cdots \\ 5 & e_{n-1} & e_{n-3} & e_{n-5} & \cdots \\ \vdots & \vdots & \vdots & \vdots & \vdots \end{array} \right\} \quad (4.5.28)$$

在罗斯阵列中，第一行是 $M(s)$ 的系数，第二行是 $N(s)$ 的系数。

（2）以下各项按以下规则计算：

$$c_{n-1} = \frac{-1}{a_{n-1}} \begin{vmatrix} a_n & a_{n-2} \\ a_{n-1} & a_{n-3} \end{vmatrix} \quad (4.5.29\text{a})$$

$$c_{n-3} = \frac{-1}{a_{n-1}} \begin{vmatrix} a_n & a_{n-4} \\ a_{n-1} & a_{n-5} \end{vmatrix} \quad (4.5.29\text{b})$$

$$d_{n-1} = \frac{-1}{c_{n-1}} \begin{vmatrix} a_{n-1} & a_{n-3} \\ c_{n-1} & c_{n-3} \end{vmatrix} \quad (4.5.30\text{a})$$

$$d_{n-3} = \frac{-1}{c_{n-1}} \begin{vmatrix} a_{n-1} & a_{n-5} \\ c_{n-1} & c_{n-5} \end{vmatrix} \quad (4.5.30\text{b})$$

$$\vdots \qquad \vdots \qquad \vdots$$

以此类推，直排到第 $n+1$ 行（以后各行为零）。

（3）罗斯准则（或称为罗斯判据）指出，$A(s)$ 是霍尔维兹多项式的充分和必要条件是罗斯阵列中第一列元素均大于零。

在排表过程中，任何一行的系数可以同乘（或除）以某正数而不会改变判别的结果。如果第一列元素的符号不全相同，那么变号的总次数就是在右半平面根的数目。如第一列的某个元素为零，或者某一行元素全为零等，这时可以断言，该多项式不是霍尔维兹多项式。

方法三：霍尔维兹行列式法。

先将多项式 $A(s) = a_n s^n + a_{n-1} s^{n-1} + \cdots + a_1 s + a_0$ 分为 $M(s)$ 和 $N(s)$。$M(s)$ 取 $A(s)$ 中 s 的所有奇次幂项，而 $N(s)$ 取 $A(s)$ 中 s 的所有偶次幂项。

（1）将给定 $A(s)$ 的各系数组成如下行列式。

$$\Delta = \begin{vmatrix} a_{n-1} & a_{n-3} & a_{n-5} & \cdots & \cdots & 0 & 0 \\ a_n & a_{n-2} & a_{n-4} & \cdots & \cdots & 0 & 0 \\ 0 & a_{n-1} & a_{n-3} & a_{n-5} & \cdots & 0 & 0 \\ 0 & a_n & a_{n-2} & a_{n-4} & \cdots & 0 & 0 \\ 0 & 0 & a_{n-1} & a_{n-3} & \cdots & 0 & 0 \\ 0 & 0 & a_n & a_{n-2} & \cdots & 0 & 0 \\ \vdots & \vdots & \vdots & \vdots & & \vdots & \vdots \\ 0 & 0 & \cdots & \cdots & \cdots & a_1 & 0 \\ 0 & 0 & \cdots & \cdots & \cdots & a_2 & a_0 \end{vmatrix} \quad (4.5.31)$$

行列式的第 1 行是 $N(s)$ 的系数，第 2 行是 $M(s)$ 的系数；第 3 行、第 4 行与第 1 行、第 2 行相同，但右移一列。第 5 行、第 6 行也与第 1 行、第 2 行相同，但右移两列。以此类推，所有空白的位置补上 0。这样可以排成一个 $n \times n$ 的行列式。

Δ_{n-1} 表示以 Δ_n 中去掉最后一行和最后一列组成的子行列式，Δ_{n-k} 表示以 Δ_{n-k+1} 中去掉最后一行、一列组成的子行列式。这样就有 n 个行列式 Δ_i，称为霍尔维兹行列式。

(2) 霍尔维兹准则判决：当且仅当所有的 $\Delta_i > 0 (i=1,2,\cdots,n)$ 时，$A(s)$ 是霍尔维兹多项式，即

$$a_{n-1} > 0, \begin{vmatrix} a_{n-1} & a_{n-3} \\ a_n & a_{n-2} \end{vmatrix} > 0, \begin{vmatrix} a_{n-1} & a_{n-3} & a_{n-5} \\ a_n & a_{n-2} & a_{n-4} \\ 0 & a_{n-1} & a_{n-3} \end{vmatrix} > 0, \cdots, \Delta_n > 0 \qquad (4.5.32)$$

此时，$A(s)$ 是霍尔维兹多项式。

【例 4.5.11】 图 4.5.11 所示的反馈系统中 $G(s) = \dfrac{1}{(s+1)(s+2)}$，确定常数 K 的取值以保证系统的稳定性。

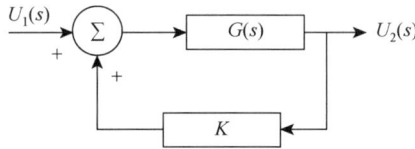

图 4.5.11 例 4.5.11 反馈系统

解 根据图 4.5.11 可以列出方程：

$$U_2(s) = [U_1(s) + KU_2(s)]G(s)$$

可解得系统函数为

$$H(s) = \frac{U_2(s)}{U_1(s)} = \frac{G(s)}{1 - KG(s)} = \frac{\dfrac{1}{(s+1)(s+2)}}{1 - \dfrac{K}{(s+1)(s+2)}} = \frac{1}{s^2 + 3s + 2 - K}$$

$H(s)$ 的极点为

$$p_{1,2} = -\frac{3}{2} \pm \sqrt{\left(\frac{3}{2}\right)^2 - 2 + K}$$

为使极点在左半平面，应有

$$\left(\frac{3}{2}\right)^2 - 2 + K < \left(\frac{3}{2}\right)^2$$

故得 $K < 2$，即当 $K < 2$ 时系统是稳定的。

【例 4.5.12】 判别多项式 $A(s) = s^4 + s^3 + 3s^2 + s + 6$ 是否为霍尔维兹多项式。

解 方法一：将 $A(s)$ 分解为 $M(s)$ 和 $N(s)$，其中，$M(s) = s^4 + 3s^2 + 6$，$N(s) = s^3 + s$；将 $M(s)$ 和 $N(s)$ 进行辗转相除，即

$$\frac{M(s)}{N(s)} = \frac{s^4 + 3s^2 + 6}{s^3 + s} = s + \cfrac{1}{\dfrac{1}{2}s + \cfrac{1}{-s + \cfrac{1}{-\dfrac{1}{3}s}}}$$

由于系数 $\gamma_i, i=1,2,3,4$ 并不都是正数，所以 $A(s)$ 不是霍尔维兹多项式。

方法二：根据 $A(s)=s^4+s^3+3s^2+s+6$，排成罗斯阵列，具体如下所示。

行			
1	1	3	6
2	1	1	
3	$\left(\dfrac{1\times 3-1\times 1}{1}\right)=2$	$\left(\dfrac{1\times 6-1\times 0}{1}\right)=6$	
4	$\left(\dfrac{2\times 1-1\times 6}{2}\right)=-2$	0	
5	$\left(\dfrac{-2\times 6-2\times 0}{-2}\right)=6$		

以上阵列的第一列元素不全为正，所以 $A(s)$ 不是霍尔维兹多项式。第一列元素改变符号两次，因此它有两个在右半平面的根。

如果将 $A(s)$ 分解因式，可得 $A(s)=\left(s^2-s+2\right)\left(s^2+2s+3\right)$，可见以上判断是正确的。

【**例 4.5.13**】 已知某系统的系统函数 $H(s)=\dfrac{1}{s^3+3s^2+3s+1+K}$，为使系统稳定，常数 K 应满足什么条件？

解 由 $H(s)$ 的多项式 $A(s)=s^3+3s^2+3s+1+K$ 可排出行列式

$$\Delta_3=\begin{vmatrix} 3 & 1+K & 0 \\ 1 & 3 & 0 \\ 0 & 3 & 1+K \end{vmatrix}$$

根据罗斯-霍尔维兹准则，如果 $A(s)$ 是霍尔维兹多项式，那么必须满足以下条件：

$$3>0,\quad \begin{vmatrix} 3 & 1+K \\ 1 & 3 \end{vmatrix}=8-K>0,\quad \begin{vmatrix} 3 & 1+K & 0 \\ 1 & 3 & 0 \\ 0 & 3 & 1+K \end{vmatrix}=(1+K)(8-K)>0$$

由以上不等式可得，当 $-1<K<8$ 时系统是稳定的。

4.5.4 系统函数与网络结构框图

利用系统函数 $H(s)$ 实现网络基本结构框图，根据描述系统的微分方程写出该系统函数，再将 $H(s)$ 化为 s^{-1} 次幂的多项式：

$$\begin{aligned} H(s)&=\dfrac{B(s)}{A(s)}=\dfrac{b_m s^m+b_{m-1}s^{m-1}+\cdots+b_1 s+b_0}{s^n+a_{n-1}s^{n-1}+\cdots+a_1 s+a_0} \\ &=\dfrac{b_m s^{-(n-m)}+b_{m-1}s^{-(n-m+1)}+\cdots+b_1 s^{-(n-1)}+b_0 s^{-n}}{1+a_{n-1}s^{-1}+\cdots+a_1 s^{-(n-1)}+a_0 s^{-n}} \end{aligned} \quad (4.5.33)$$

采用基本运算单元符号，让 s^{-1} 代替时域系统中的积分器，就可以画出系统的基本结构并直接实现框图。

对于一般的连续时间系统，由于 $H(s)=\dfrac{b_m s^{-(n-m)}+b_{m-1}s^{-(n-m+1)}+\cdots+b_1 s^{-(n-1)}+b_0 s^{-n}}{1+a_{n-1}s^{-1}+\cdots+a_1 s^{-(n-1)}+a_0 s^{-n}}$，设式中 $m=n-1$，则其系统的模拟图如图 4.5.12 所示。

系统级联型结构实现：也可以把系统 $H(s)$ 分成两个部分的乘积，即 $H(s) = H_1(s)H_2(s)$，其中，$H_1(s) = \dfrac{1}{1+\sum\limits_{k=1}^{n} a_{n-k} s^{-k}}$ 和 $H_2(s) = \sum\limits_{k=0}^{m} b_k s^{-(n-k)}$，则把系统 $H(s)$ 看作两个子滤波器 $H_1(s)$（全极点网络）和 $H_2(s)$（全零点网络）的级联。

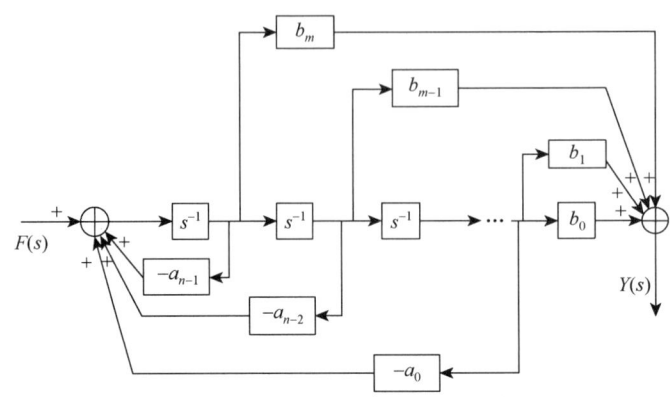

图 4.5.12　一个一般的 n 阶连续时间系统的模拟图

滤波器常采用一阶或二阶滤波器作为子网络，然后整个滤波器通过级联实现其结构框图。在级联实现时，滤波器的系统函数被分解为一阶或二阶滤波器系统函数的乘积，即

$$H(s) = H_K(s)H_{K-1}(s)\cdots H_1(s) \tag{4.5.34}$$

系统级联型结构图如图 4.5.13 所示。

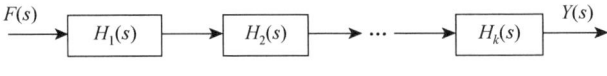

图 4.5.13　滤波器的级联型结构

系统并联型结构实现：滤波器系统也可以把系统 $H(s)$ 分成几个部分的相加实现

$$H(s) = H_1(s) + H_2(s) + \cdots + H_K(s) \tag{4.5.35}$$

这意味着输入 $x(t)$ 通过 K 个子滤波器后，在输出端把它们累加起来就可以得到输出 $y(t)$。这种实现方法称为并联型实现。每个子滤波器 $H_i(s)$ 通常选用一阶或二阶滤波器作为子网络，滤波器并联型结构图如图 4.5.14 所示。

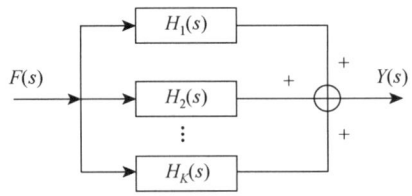

图 4.5.14　滤波器的并联型结构

【例 4.5.14】　某反馈滤波器的系统函数为 $H(s) = \dfrac{2s+4}{s^3+3s^2+5s+3}$，画出它的直接型结构图。

解 把 $H(s)$ 展开为 s^{-1} 的多项式，可得

$$H(s) = \frac{2s^{-2} + 4s^{-3}}{1 + 3s^{-1} + 5s^{-2} + 3s^{-3}}$$

因此，用 s^{-1} 代替时域系统中的积分器，可立即画出它的直接型结构图，如图 4.5.15 所示。

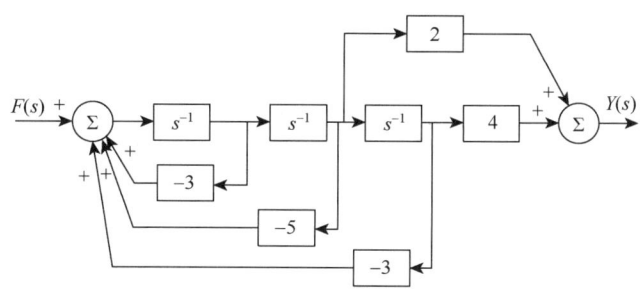

图 4.5.15　例 4.5.14 反馈滤波器网络的直接型结构

【例 4.5.15】 设一个滤波器网络电路如图 4.5.16 所示，其中，$R_1 = 1$，$R_2 = 1/2$，$C_1 = 1/2$，$C_2 = 2$，求 $u_1(t)$ 作为输入，$u_{C_1}(t)$ 作为输出时的系统函数，并画出系统的模拟图。

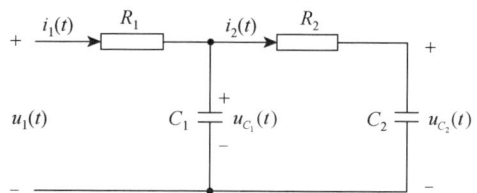

图 4.5.16　例 4.5.15 滤波器网络电路

解 根据图 4.5.16 所示滤波器网络电路，可得 s 域模型（略），由此写出电路系统的方程：

$$I_1(s) = \frac{1}{R_1}\left[U_1(s) - U_{C_1}(s)\right]; \quad U_{C_1}(s) = \frac{1}{sC_1}\left[I_1(s) - I_2(s)\right]$$

$$I_2(s) = \frac{1}{R_2}\left[U_{C_1}(s) - U_{C_2}(s)\right]; \quad U_{C_2}(s) = \frac{1}{sC_2}I_2(s)$$

解上述方程组，可以求出

$$H(s) = \frac{1 + sC_2R_2}{1 + sC_2(R_1 + R_2) + sC_1R_1(1 + sC_2R_2)}$$

将 $R_1 = 1$，$R_2 = 1/2$，$C_1 = 1/2$，$C_2 = 2$ 代入上式，可得

$$H(s) = \frac{2 + 2s}{s^2 + 7s + 2}$$

根据系统函数

$$H(s) = \frac{2 + 2s}{s^2 + 7s + 2} = \frac{2s^{-2} + 2s^{-1}}{1 + 7s^{-1} + 2s^{-2}}$$

可立即画出它的直接型结构图，如图 4.5.17 所示。

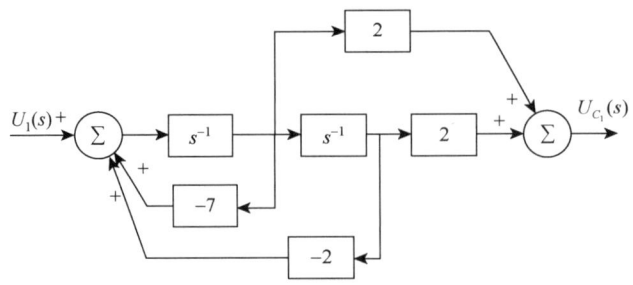

图 4.5.17 例 4.5.15 滤波器网络电路的直接型结构

【例 4.5.16】 某反馈滤波器的系统函数为 $H(s) = \dfrac{2s+4}{s^3+3s^2+5s+3}$,画出它的级联型结构图。

解 把 $H(s)$ 先因式分解为

$$H(s) = \frac{2s+4}{s^3+3s^2+5s+3} = \frac{(s+2)2}{(s^2+2s+3)(s+1)}$$

将上式展开为 s^{-1} 的多项式,可得

$$H(s) = \frac{s^{-1}+2s^{-2}}{1+2s^{-1}+3s^{-2}} \cdot \frac{2s^{-1}}{1+s^{-1}}$$

因此,可以立即画出它的级联型结构图,如图 4.5.18 所示。

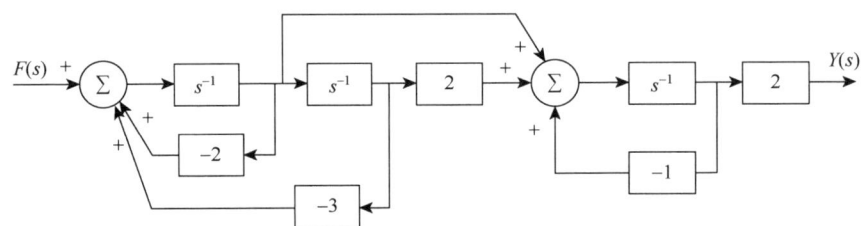

图 4.5.18 反馈滤波器的级联型结构

【例 4.5.17】 某反馈滤波器的系统函数为 $H(s) = \dfrac{2s+4}{s^3+3s^2+5s+3}$,画出它的并联型结构图。

解 首先把 $H(s) = \dfrac{2s+4}{s^3+3s^2+5s+3}$ 应用部分分式展开的方法,可得

$$H(s) = \frac{1}{s+1} + \frac{1-s}{s^2+2s+3}$$

将上式展开为 s^{-1} 的多项式,可得

$$H(s) = \frac{-s^{-1}+s^{-2}}{1+2s^{-1}+3s^{-2}} + \frac{s^{-1}}{1+s^{-1}}$$

故例 4.5.17 并联型结构图如图 4.5.19 所示。

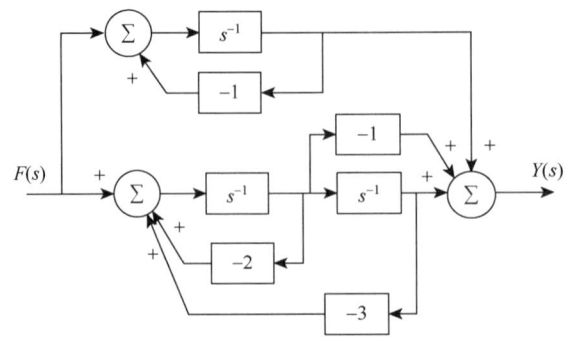

图 4.5.19 例 4.5.17 并联型结构

习　题

4.1 求下列各信号的单边拉普拉斯变换并确定收敛域。

(1) $e^{-at}u(t), a<0$；

(2) $-e^{at}u(-t), a>0$；

(3) $e^{-t}u(t)+e^{-2t}u(t)$；

(4) $\cos(\omega_0 t+\varphi)u(t)$

4.2 针对习题 4.2 图所示的每一个信号拉普拉斯变换的零极点图，确定：

(1) 拉普拉斯变换式。

(2) 零极点图可能的收敛域，并指出相应信号的特征。

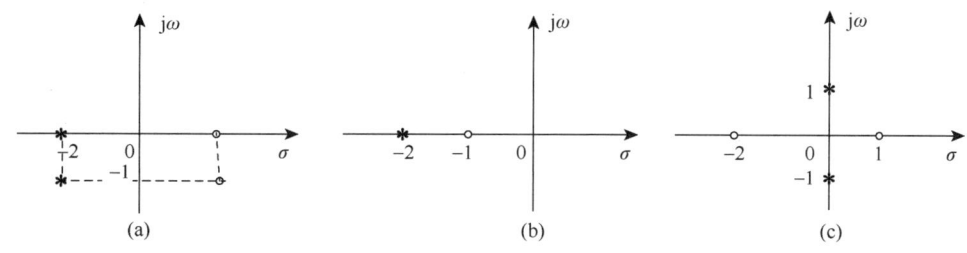

习题 4.2 图

4.3 根据下列条件求信号 $x(t)$ 对应的拉普拉斯变换 $X(s)$ 并确定收敛域。

(1) $x(t)$ 是实偶信号；

(2) 在有限 s 平面内，$X(s)$ 包含 4 个极点，无零点；

(3) $X(s)$ 其中一个极点为 $s=(1/2)e^{j\pi/4}$；

(4) $\int_{-\infty}^{\infty} x(t)\mathrm{d}t=4$

4.4 求习题 4.4 图所示信号的拉普拉斯变换。

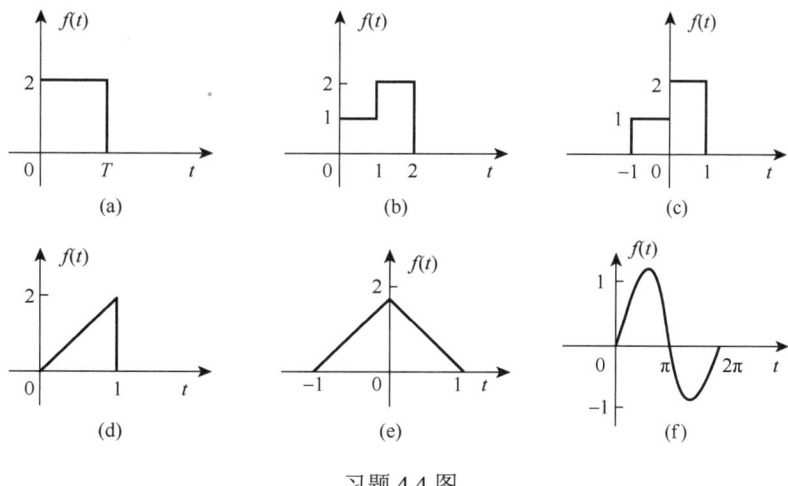

习题 4.4 图

4.5 求下列各信号的拉普拉斯变换并画出零极点图。

(1) $(t+1)u(t-1)$；

(2) $te^{-t}u(t-\tau)$；

(3) $(t+1)e^{-t}u(t)$；

(4) $t^2e^{-at}u(t)$；

(5) $\sin(\pi t)[u(t)-u(t-1)]$；

(6) $\sin(\omega t)\cos(\omega t)u(t)$；

(7) $\sin(\omega t)u(t-\tau)$；

(8) $\sin\omega(t-\tau)u(t)$；

(9) $\sin^2 tu(t)$；

(10) $|\sin t|u(t)$；

(11) $te^{-at}\cos(\omega t)u(t)$；

(12) $\dfrac{\sin(at)}{t}u(t)$；

(13) $\int_0^t \sin(\pi\tau)\mathrm{d}\tau$；

(14) $\int_0^t\int_0^\tau \sin(\pi x)\mathrm{d}x\mathrm{d}\tau$；

(15) $\dfrac{\mathrm{d}}{\mathrm{d}t}\left[e^{-at}\sin(\omega t)u(t)\right]$；

(16) $e^{-\alpha(t-t_0)}\sin(\omega t+\theta)u(t)$;   (17) $\dfrac{d^2}{dt^2}[\sin(\pi t)u(t)]$;   (18) $\dfrac{d^2\sin(\pi t)}{dt^2}u(t)$;

(19) $\displaystyle\int_0^t \tau\sin\tau\,d\tau$;   (20) $e^{-at}f\left(\dfrac{t}{b}\right)u(t)$

4.6 求下列信号的拉普拉斯逆变换。

(1) $F(s)=\dfrac{s+3}{s^2+2s+2}$;   (2) $F(s)=\dfrac{s^2 e^{-s}}{s^2+2s+5}$;   (3) $F(s)=\dfrac{s}{(s+1)(s+2)}$;

(4) $F(s)=\dfrac{s^2}{s^3+3s^2+7s+5}$;   (5) $F(s)=\ln\dfrac{s-1}{s}$;   (6) $F(s)=\dfrac{s^2-s+1}{s^3-s^2}$

4.7 求下列各象函数的原函数 $f(t)$ 的初值与终值。

(1) $F(s)=\dfrac{s+3}{s^2+3s+2}$;   (2) $F(s)=\dfrac{s^2+5}{s(s^2+2s+4)}$;   (3) $F(s)=\dfrac{s}{s^4+5s^2+4}$;

(4) $F(s)=\dfrac{e^{-s}}{5s^2(s-2)^3}$;   (5) $F(s)=\dfrac{s+3}{(s+1)^2(s+2)}$;   (6) $F(s)=\dfrac{1}{s}+\dfrac{1}{s+1}$

4.8 已知 LTI 因果系统的系统函数 $H(s)$ 及输入信号 $f(t)$，求系统的响应 $y(t)$。

(1) $H(s)=\dfrac{2s+3}{s^2+6s+8}, f(t)=u(t)$;   (2) $H(s)=\dfrac{s+4}{s(s^2+3s+2)}, f(t)=e^{-t}u(t)$;

4.9 已知两个双边信号 $x(t)$ 和 $y(t)$ 满足以下两个方程：

$$\dfrac{dx(t)}{dt}=-2y(t)+\delta(t),\quad \dfrac{dy(t)}{dt}=2x(t)$$

求 $Y(s)$ 和 $X(s)$，并确定各自的收敛域。

4.10 对一个 LTI 系统，已知输入信号 $f(t)=4e^{2t}u(-t)$ 时输出响应 $y(t)=e^{2t}u(-t)+e^{-2t}u(t)$：

(1) 确定系统的系统函数 $H(s)$ 及收敛域； (2) 求系统的单位冲激响应 $h(t)$；

(3) 如果输入信号 $f(t)$ 为 $f(t)=e^{-t}, -\infty<t<\infty$，求输出 $y(t)$

4.11 描述某 LTI 系统的微分方程为 $y''(t)+3y'(t)+2y(t)=f'(t)+4f(t)$，求在下列条件下的零输入响应和零状态响应。

(1) $f(t)=u(t), y(0_-)=0, y'(0_-)=1$;   (2) $f(t)=e^{-2t}u(t), y(0_-)=1, y'(0_-)=1$

4.12 已知某 LTI 系统的阶跃响应 $g(t)=(1-e^{-2t})u(t)$，欲使系统的零状态响应

$$y_{zs}(t)=(1-e^{-2t}+te^{-2t})u(t)$$

求系统的输入信号 $f(t)$。

4.13 如习题 4.13 图 (a) 所示网络，若激励如习题 4.13 图 (b) 所示，试求电容 C_1 电压的零状态响应。

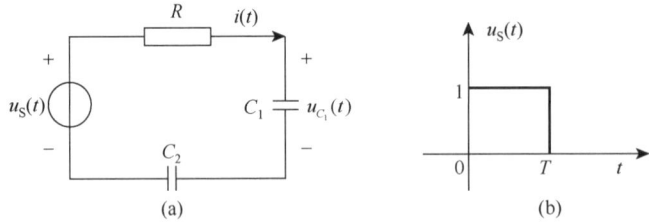

习题 4.13 图

4.14 如习题 4.14 图所示反馈放大器，当反馈系数 K 满足什么条件时，反馈放大器是稳定的？习题 4.14 图中 $G(s)=\dfrac{1}{s^2+3s+2}$。

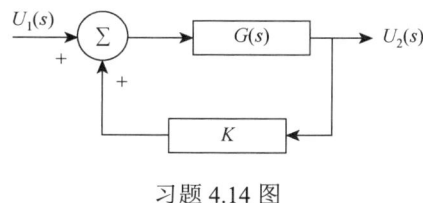

习题 4.14 图

4.15 已知某系统的系统函数 $H(s)=\dfrac{1-s+s^2}{s^3+3s^2+3s+3}$，求其零点和极点，并判别系统的稳定性。

4.16 已知某系统的系统函数 $H(s)=\dfrac{1+5s}{s^3+3s^2+2s+1+2K}$，为使系统稳定，常数 K 应满足什么条件？

4.17 有一个因果线性时不变系统，其输入为 $x(t)$，输出为 $y(t)$，单位冲激响应为 $h(t)$，且满足以下方程：

$$\dfrac{\mathrm{d}^3 y(t)}{\mathrm{d}t^3}+(1+\alpha)\dfrac{\mathrm{d}^2 y(t)}{\mathrm{d}t^2}+\alpha(\alpha+1)\dfrac{\mathrm{d}y(t)}{\mathrm{d}t}+\alpha^2 y(t)=x(t)$$

（1）若 $g(t)=\dfrac{\mathrm{d}h(t)}{\mathrm{d}t}+h(t)$，确定 $G(s)$ 的极点个数； （2）若系统稳定，确定 α 的取值

4.18 反馈滤波器的系统函数为 $H(s)=\dfrac{2s^2+4}{2s^3+3s^2+5s+3}$，试画出它的并联、级联型结构图。

4.19 如习题 4.19 图所示一个电路网络，输入信号为 $f(t)$，输出电压为 $u_3(t)$，试画出它的结构框图。

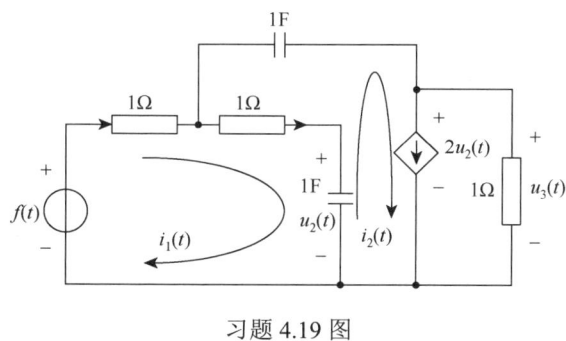

习题 4.19 图

自 测 题

一、判断题（在圆括号内正确的打"√"，错误的打"×"）（每小题 1 分，共 10 分）

1.1 实奇信号 $x(t)$ 的拉普拉斯变换 $X(s)$ 为虚奇函数。（　　）

1.2 已知实信号 $x(t)$ 的拉普拉斯变换 $X(s)$ 在有限 s 平面上仅有两个极点，分别为 -1 和 2，且 $x(t)*\mathrm{e}^{-3t}u(t)$ 绝对可积，则 $X(s)$ 的收敛域为 $\mathrm{Re}\{s\}>2$。（　　）

1.3 对于一个具有有理系统函数的连续时间系统，其因果性等效于 ROC 位于最右边极点右边的右半平面。（　　）

1.4 对于连续 LTI 系统，当其系统函数极点个数大于零点个数时，则冲激响应在 $t=0$ 时刻不会含有任何冲激分量。（　　）

1.5 连续因果系统 $H(s)=\dfrac{1}{s^2-3s+2}$ 是不稳定系统。（　　）

1.6 连续因果 LTI 系统的系统函数 $H(s)=\dfrac{s^2-5s+6}{s^2+5s+6}$，该系统是稳定的二阶低通系统。（　　）

1.7 已知 $H(s)=\dfrac{1}{(s+1)^2}$，该系统为高通滤波器。（　　）

1.8 某因果连续 LTI 系统的系统函数为 $H(s)=\dfrac{3(s-1)(s-2)}{(s+1)(s+2)}$，该系统具有低通滤波特性。（　　）

1.9 某连续时间系统的系统函数为 $H(s) = \dfrac{s^2 - 2s - 3}{s^2 + 7s + 10}$，可以找到一个既因果又稳定的逆系统。（   ）

1.10 某系统的 $h(t) = e^{-2t}u(t)$，若 $x(t) = e^{-4t}u(t)$，则 $y(t) = -\dfrac{1}{2}e^{-4t}u(t)$。（   ）

二、填空题（每空 1 分，共 10 分）

2.1 信号 $x(t)$ 的波形如自测题 2.1 图所示，$x(t)$ 的拉普拉斯变换为_____。

自测题 2.1 图　　　　　　　　　　自测题 2.10 图

2.2 信号 $\delta(2t - 1)$ 的单边拉普拉斯变换为_____。

2.3 $X(s) = \dfrac{s + 1}{(s + 1)^2 + 9}$，$\mathrm{Re}\{s\} < -1$ 的拉普拉斯逆变换为_____。

2.4 已知 $F(s) = \dfrac{s + 4}{s^2 + 2s + 5}$，$\mathrm{Re}\{s\} > -1$，则对应信号的初值 $f(0_+) =$ _____。

2.5 信号 $e^{-3t}u(t - 1)$ 的单边拉普拉斯变换为_____。

2.6 已知因果信号 $x(t)$ 的拉普拉斯变换为 $X(s)$，则 $x(2t)$ 的拉普拉斯变换为_____。

2.7 设因果信号 $x(t)$ 的拉普拉斯变换为 $X(s)$，其中 $X(s)$ 在有限 s 平面有且仅有三个极点，且 $x(0_+) = 1$，则 $X(s)$ 在有限 s 平面有_____个零点。

2.8 设信号 $x(t)$ 的拉普拉斯变换为 $X(s)$，$\mathrm{Re}\{s\} > 0$，则 $x_1(t) = x(t - 1) * x\left(\dfrac{t}{2}\right)$ 的拉普拉斯变换 $X_1(s) =$ _____。

2.9 已知连续时间稳定系统的系统函数为 $H(s) = \dfrac{3s - 1}{s^2 + s - 6}$，该系统的单位冲激响应为_____。

2.10 如果一个 LTI 系统的系统函数 $H(s)$ 具有如自测题 2.10 图所示的零-极点图，且 $\int_{-\infty}^{+\infty}|h(t)e^{2t}|\mathrm{d}t < \infty$，系统____（选填"是"或"不是"）稳定系统。

三、选择题（每小题 1 分，共 5 分）

3.1 下列对线性时不变系统的描述不正确的是（   ）。

A. 一个稳定的连续时间系统其系统函数的极点全部位于左半 s 平面

B. 连续时间系统冲激响应的函数形式完全取决于系统函数的极点

C. 连续时间系统频率响应的幅度和相位完全取决于系统函数的极点

D. 稳定性是系统自身的固有特性，与激励无关

3.2 信号 $x(t)$ 的拉普拉斯变换 $X(s) = \dfrac{s^3 + s^2 + 2s + 1}{(s + 1)(s + 2)(s + 3)}$，则 $x(t)$ 的终值为（   ）。

A. 0　　　　　　　B. 1　　　　　　　C. 2　　　　　　　D. 不存在

3.3 实信号 $x(t)$ 的拉普拉斯变换 $X(s)$ 具有一个零点和两个极点，其中零点位于 -5，一个极点位于 $-1 + 2\mathrm{j}$。已知 $\int_{-\infty}^{+\infty} x(t)\mathrm{d}t = 6$，则 $X(s)$ 及其收敛域为（   ）。

A. $\dfrac{6(s+5)}{(s+1)^2+4}$, $\mathrm{Re}\{s\}>-1$ B. $\dfrac{6(s+5)}{(s+1)^2+4}$, $\mathrm{Re}\{s\}<-1$

C. $\dfrac{s-5}{6(s+1+2\mathrm{j})^2}$, $\mathrm{Re}\{s\}>-1$ D. $\dfrac{s-5}{6(s+1+2\mathrm{j})^2}$, $\mathrm{Re}\{s\}<-1$

3.4 如果 $x(t)$ 是奇时间信号，那么其拉普拉斯变换 $X(s)$ 的零-极点图可能是下列哪一个？（   ）

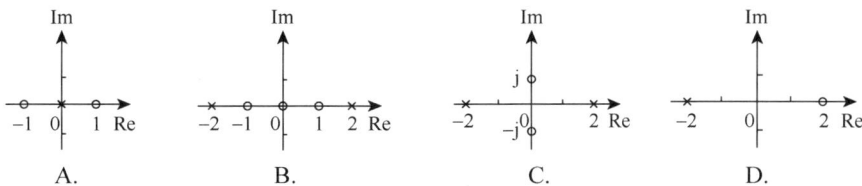

A.   B.   C.   D.

3.5 已知 $H(\mathrm{j}\omega)=\dfrac{\sin\dfrac{\omega}{2}}{\omega}$，则 $x(t)$ 的周期为（   ）时，输出为 0。

A. 1   B. 2   C. 4   D. 8

四、计算题（每小题 5 分，共 25 分）

4.1 计算下列信号的拉普拉斯变换

（1） $f(t)=[u(t)-u(t-1)]*\left[\mathrm{e}^{-t}\sum\limits_{n=0}^{+\infty}\delta(t-2n)\right]$。

（2） $f(t)=\sum\limits_{k=0}^{+\infty}(-1)^k u(t-5k)$。

（3） $f(t)=|\sin t|u(t-\pi)$。

4.2 求下列函数的拉普拉斯逆变换

（1） $\dfrac{\mathrm{e}^{-s}}{4s(s^2+1)}$； （2） $\ln\left(\dfrac{s}{s+9}\right)$

五、综合题（每小题 10 分，共 50 分）

5.1 自测题 5.1 图为一个麦克风靠近一组扬声器构成的正反馈系统的方框图。为简便起见，令 $\beta=1$，$\tau=1$：
（1）求系统的系统函数 $H(s)$，并判断系统的稳定性； （2）求系统的单位冲激响应 $h(t)$。

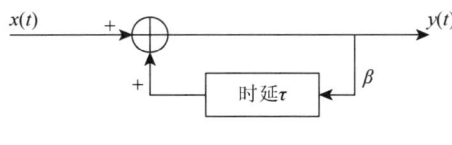

自测题 5.1 图

5.2 如自测题 5.2 图所示的直流电源，由全波整流器和 RC 电路级联而成，设全波整流器输出 $z(t)=|x(t)|$：
（1）求虚线框内 RC 电路的系统函数 $H(s)$ 及系统的幅频特性。
（2）设输入信号 $x(t)=\cos(100\pi t)$，求 $z(t)$ 的直流分量和 100Hz 频率分量。
（3）设输入信号 $x(t)=\cos(100\pi t)$，为使 $y(t)$ 中 100Hz 频率分量振幅小于直流分量的 1%，时间常数 $\tau=RC$ 应满足什么条件？

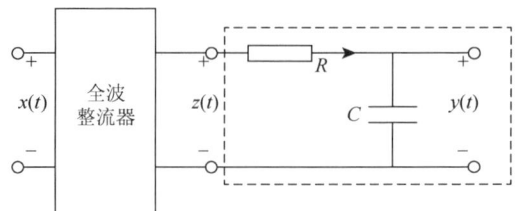

自测题 5.2 图

5.3 在自测题 5.3 图所示场景中，发射信号 $f(t)$ 通过一条直达路径和一条反射路径传播后到达接收机。假设直达信号没有时延，反射信号相对于直达信号的时延为 τ，则接收信号可以写为 $r(t)=f(t)+\rho f(t-\tau)$，其中，ρ 为衰减常数。为了从接收信号 $r(t)$ 中恢复发射信号 $f(t)$，需在接收端加一个 LTI 滤波器，试求滤波器的系统函数 $H(s)$。

5.4 如自测题 5.4 图所示电路中，$v_1(t)$ 与 $v_2(t)$ 分别为输入和输出信号：

（1）写出系统函数 $H(s)$；

（2）为得到无失真传输，元件参数 R_1、R_2、C_1、C_2 应满足什么关系？

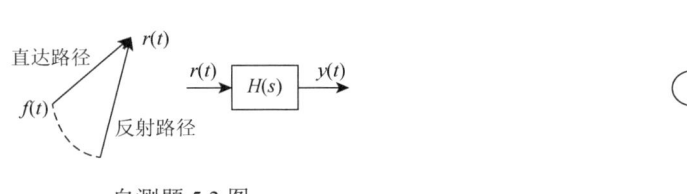

自测题 5.3 图

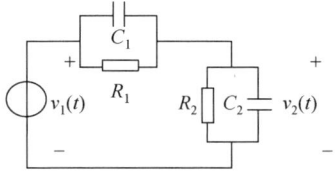

自测题 5.4 图

5.5 设系统函数 $H(s)=\dfrac{5(s+1)}{s(s+2)(s+5)}$，绘出系统的直接型、级联型和并联型结构图。

模 拟 题

一、选择题

1.1 $\cos(\omega_0 t)u(t)$ 的拉普拉斯变换为（ ）。

A. $\dfrac{\pi}{2}[\delta(\omega+\omega_0)+\delta(\omega-\omega_0)]$ B. $\pi[\delta(\omega+\omega_0)+\delta(\omega-\omega_0)]$

C. $\dfrac{s}{s^2+\omega_0^2}$ D. $\dfrac{\omega_0}{s^2+\omega_0^2}$

1.2 信号 $f(t)=\int_0^t \tau h(t-\tau)\mathrm{d}\tau$ 的拉普拉斯变换为（ ）。

A. $\dfrac{1}{s}H(s)$ B. $\dfrac{1}{s^2}H(s)$ C. $\dfrac{1}{s^3}H(s)$ D. $\dfrac{1}{s^4}H(s)$

1.3 信号 $f(t)=\mathrm{e}^{2t}u(t)$ 的拉普拉斯变换及收敛域为（ ）。

A. $F(s)=\dfrac{1}{s+2}$，$\mathrm{Re}\{s\}>-2$ B. $F(s)=\dfrac{1}{s-2}$，$\mathrm{Re}\{s\}<-2$

C. $F(s)=\dfrac{1}{s-2}$，$\mathrm{Re}\{s\}>2$ D. $F(s)=\dfrac{1}{s+2}$，$\mathrm{Re}\{s\}<2$

1.4 已知某信号的拉普拉斯变换 $F(s)=\dfrac{\mathrm{e}^{-(s+a)T}}{s+a}$，则该信号的时间函数为（ ）。

A. $\mathrm{e}^{-a(t-T)}u(t-T)$ B. $\mathrm{e}^{-at}u(t-T)$ C. $\mathrm{e}^{-at}u(t-a)$ D. $\mathrm{e}^{-a(t-a)}u(t-T)$

1.5 单边拉普拉斯变换 $F(s)=\dfrac{se^{-s}}{s^2+4}$ 的原函数为（　　）。

A. $\sin(2t)u(t-1)$　　　　　　　　　　　B. $\sin 2(t-1)u(t-1)$
C. $\cos 2(t-1)u(t-1)$　　　　　　　　　D. $\cos(2t)u(t-1)$

1.6 单边拉普拉斯变换 $F(s)=\dfrac{2s+1}{s^2}e^{-2s}$ 的原函数等于（　　）。

A. $tu(t)$　　　　B. $tu(t-2)$　　　　C. $(t-2)u(t)$　　　　D. $(t-2)u(t-2)$

1.7 若线性时不变因果系统的 $H(j\omega)$ 可以由其系统函数 $H(s)$ 将其中的 s 换成 $j\omega$ 来获得，则要求该系统函数 $H(s)$ 的收敛域应为（　　）。

A. $\sigma>$ 某一正数　　B. $\sigma>$ 某一负数　　C. $\sigma<$ 某一正数　　D. $\sigma<$ 某一负数

1.8 已知一个 LTI 系统初始无储能，当输入 $f_1(t)=u(t)$ 时，则输出为 $y_1(t)=2e^{-2t}u(t)+\delta(t)$，当输入 $f(t)=3e^{-t}u(t)$ 时，系统的零状态响应 $y(t)$ 是（　　）。

A. $(-9e^{-t}+12e^{-2t})u(t)$　　　　　　　B. $(3-9e^{-t}+12e^{-2t})u(t)$
C. $\delta(t)+(-6e^{-t}+8e^{-2t})u(t)$　　　　　D. $3\delta(t)+(-9e^{-t}+12e^{-2t})u(t)$

1.9 以下 4 个因果信号的拉普拉斯变换，其中（　　）不存在傅里叶变换。

A. $\dfrac{1}{s}$　　　　B. 1　　　　C. $\dfrac{1}{s+2}$　　　　D. $\dfrac{1}{s-2}$

二、判断题（在圆括号内正确的打"√"，错误的打"×"）

2.1 系统函数 $H(s)$ 是系统冲激响应 $h(t)$ 的拉普拉斯变换，是系统零状态响应的拉普拉斯变换与输入信号的拉普拉斯变换之比。（　　）

2.2 如果 $f(t)$ 是因果信号，那么 $F(j\omega)$ 是其傅里叶变换，删除 $F(j\omega)$ 所含的冲激项，用 s 代替 $j\omega$，可以得到 $f(t)$ 的拉普拉斯变换 $F(s)$。（　　）

2.3 若一个信号存在拉普拉斯变换，则它就一定存在傅里叶变换。（　　）

2.4 若一个信号存在傅里叶变换，则它就一定存在单边拉普拉斯变换。（　　）

2.5 若一个信号存在傅里叶变换，则它就一定存在双边拉普拉斯变换。（　　）

2.6 由系统函数 $H(s)=\dfrac{(s-1)(s+2)}{(s+3)(s+4)(s+5)}$ 描述的系统有一个稳定的因果逆系统。（　　）

三、填空题

3.1 $f(t)=\sum_{n=0}^{\infty}\delta(t-2n)$ 的拉普拉斯变换为_____。

3.2 已知 $f(t)=e^{-3t}u(t)$，则 $f_1(t)=f(t)\delta_T(t)$，$T=2$ 的拉普拉斯变换为_____。

3.3 $X(s)=\dfrac{1}{1+e^{-s}}$，$\text{Re}\{s\}>0$ 的拉普拉斯逆变换为_____。

3.4 信号 $x(t)=t(1-e^{-2t})$ 的单边拉普拉斯变换为_____。

3.5 信号 $f(t)=u(t+2)-u(t-2)$ 的单边拉普拉斯变换 $F(s)=$_____。

3.6 函数 $F(s)=\dfrac{2e^{-s}}{s^2+3s+2}$ 的拉普拉斯变换为_____。

3.7 已知 $f(t)$ 的单边拉普拉斯变换为 $F(s)$，则函数 $g(t)=te^{-4t}f(2t)$ 单边拉普拉斯变换为_____。

3.8 设 $F(s)=\dfrac{1}{(s+1)(s+2)}$，$-2<\text{Re}\{s\}<-1$，则其逆变换 $f(t)=$_____。

3.9 因果信号 $f(t)$ 的单边拉普拉斯变换为 $F(s)=\dfrac{2s^3+6s^2+12s+20}{s^2+2s^2+3s}$，则 $f(0_+)=$ _____； $f(\infty)=$ _____； $f(t)$ 在 $t=0$ 时的冲激强度为_____。

3.10 设信号 $x(t)$ 的拉普拉斯变换为 $X(s)$，$\text{Re}\{s\}>-1$，则 $x_1(t)=\int_0^{+\infty}\tau x(t-\tau-1)\mathrm{d}\tau$ 的拉普拉斯变换 $X_1(s)=$ _____。

3.11 $F(s)=\dfrac{4s+5}{2s+1}$ 原函数的初值 $f(0_+)=$ _____，终值 $f(\infty)=$ _____。

3.12 如模拟题 3.12 图所示周期信号 $f(t)$ 的单边拉普拉斯变换 $F(s)$ 为_____。

模拟题 3.12 图　　　　　　　　　　模拟题 3.14 图

3.13 某连续时间系统的冲激响应 $h(t)=\dfrac{3}{2}\left(\mathrm{e}^{-2t}+\mathrm{e}^{-4t}\right)u(t)$，则描述系统的微分方程是_____。

3.14 如模拟题 3.14 图所示电路系统，若以 $u_s(t)$ 为输入，$u_0(t)$ 为输出，则该系统的冲激响应 $h(t)=$ _____。

四、证明与计算题

4.1 计算下列信号的拉普拉斯变换

（1）$\mathrm{e}^{-at}g\left(\dfrac{t}{a}\right)$，$g(t)=u\left(t+\dfrac{\tau}{2}\right)-u\left(t-\dfrac{\tau}{2}\right)$； （2）$t^2\cos(2t)u(t)$； （3）$\dfrac{1}{t}\left(1-\mathrm{e}^{-at}\right)u(t)$；

（4）$\sin(2t)u(t-1)$； （5）$\mathrm{e}^{-a|t|}\sin(\omega t)$ $(a>0)$； （6）$\mathrm{e}^{-2|t|}$

4.2 实信号 $x(t)$ 的拉普拉斯变换 $X(s)$ 为有理函数，且 $X(-1)=3$。在有限 s 平面有且仅有两个极点和两个零点。其中一个极点为 $1+\mathrm{j}$，两个零点分别为 0.5 和 -0.5，且已知 $x(t)*\mathrm{e}^{3t}u(-t)$ 绝对可积。求信号 $x(t)$。

4.3 某线性时不变系统，初始条件一定，当输入 $f_1(t)=\delta(t)$ 时，全响应 $y_1(t)=-3\mathrm{e}^{-t}u(t)$；当输入 $f_2(t)=u(t)$ 时，全响应 $y_2(t)=\left(1-5\mathrm{e}^{-t}\right)u(t)$；求输入 $f(t)=tu(t)$ 时的全响应 $y(t)$。

4.4 某系统的 $H(s)=\dfrac{1}{s+1}$，求输入 $f(t)=\cos t+\cos\sqrt{3}t$ $(-\infty<t<\infty)$ 时的响应 $y(t)$。

4.5 已知两个因果 LTI 系统框图如模拟题 4.5 图所示，如果输入信号 $x(t)=\mathrm{e}^{-t}u(t)$，那么系统的初始值为 $y(0_-)=2$，$y'(0_-)=1$。求系统的输出响应 $y(t)$。

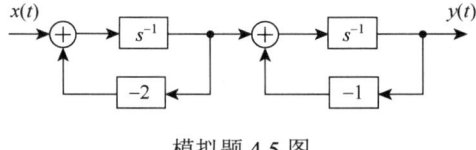

模拟题 4.5 图

4.6 某因果线性时不变系统的微分方程为 $\dfrac{\mathrm{d}^2y(t)}{\mathrm{d}t^2}+3\dfrac{\mathrm{d}y(t)}{\mathrm{d}t}+2y(t)=x(t)$，激励 $x(t)=u(t)$，起始状态为 $y(0_-)=1$，$y'(0_-)=2$。求系统的自由响应和稳态响应分量。

4.7 某线性时不变连续时间系统，当激励为 $\delta(t)$ 时，系统全响应为 $y_1(t)=\delta(t)+\mathrm{e}^{-t}u(t)$；当激励为 $u(t)$ 时，系统全响应为 $y_2(t)=3\mathrm{e}^{-t}u(t)$；设初始状态不变，求激励为 $f(t)=tu(t)-(t-1)u(t-1)-u(t-1)$ 时系统的全响应 $y_3(t)$。

4.8 某 LTI 系统，当输入阶跃信号 $u(t)$ 时，系统的零状态响应 $y_f(t)=u(t)-2u(t-1)+u(t-2)$。将相同的两个系统级联，求当输入为 $f(t)=u(t)-u(t-2)$ 时，系统的零状态响应 $y_f(t)$。

4.9 如模拟题 4.9 图所示的全通网络，输入信号 $f(t)=10\sin tu(t)$，求输出电压稳态响应。

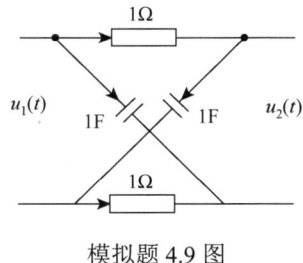

模拟题 4.9 图

4.10 $X_1(s)$、$X_2(s)$ 分别是 $x_1(t)$、$x_2(t)$ 的拉普拉斯变换，证明：

$$x_1(t)*x_2(t) \xleftrightarrow{\text{LT}} X_1(s) \cdot X_2(s)$$

五、综合题

5.1 某线性时不变系统，当激励为 $f(t)$ 时，全响应为 $y_1(t)=2\mathrm{e}^{-t}u(t)$，当激励为 $\dfrac{\mathrm{d}f(t)}{\mathrm{d}t}$ 时，全响应为 $y_2(t)=\delta(t)$，若已知 $f(t)$ 为单位阶跃信号 $u(t)$：

（1）求该系统零输入响应。
（2）若系统起始状态不变，求其激励为 $f(t)=\mathrm{e}^{-t}u(t)$ 时的系统全响应。
（3）画出该系统时域模拟图。

5.2 一个因果 LTI 系统如模拟题 5.2 图（a）所示：
（1）描述系统的微分方程。
（2）求系统函数 $H(s)$ 和单位冲激响应 $h(t)$。
（3）当输入如模拟题 5.2 图（b）所示信号 $f(t)$ 时，求 $t>0$ 时，系统输出 $y(t)$ 的零状态响应、零输入响应。

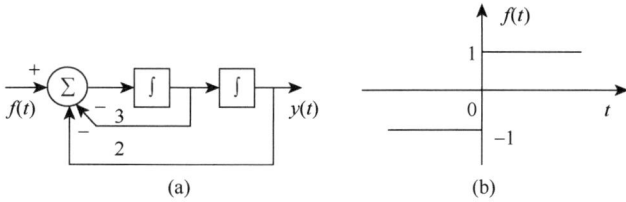

模拟题 5.2 图

5.3 如模拟题 5.3 图所示，已知激励信号为 $[\sin(2t)-\cos(2t)]u(t)$，初始时刻电容两端的电压为零。

求：（1）系统函数 $H(s)=\dfrac{Y(s)}{F(s)}$；（2）系统的全响应 $y(t)$

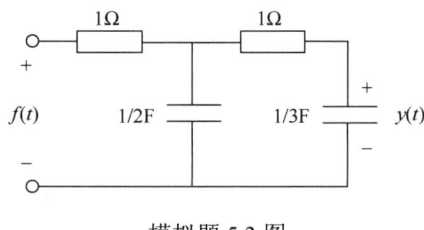

模拟题 5.3 图

5.4 如模拟题 5.4 图所示，当 $t=0$ 时开关打开，已知 $f(t)=2e^{-2t}u(t)$，求 $t \geqslant 0$ 时的电容电压 $u_C(t)$，并指出零输入响应和零状态响应。

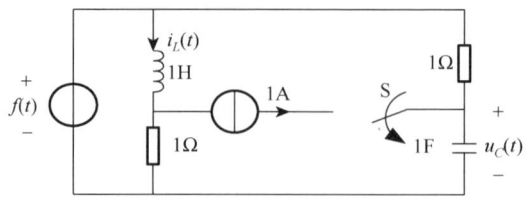

模拟题 5.4 图

5.5 如模拟题 5.5 图所示，若 $u_0(t)$ 与 $i_0(t)$ 无波形失真，则确立一组 R_1、R_2 满足此条件，并判断传输过程中有无时延。

模拟题 5.5 图　　　　　　　　　　　　模拟题 5.6 图

5.6 如模拟题 5.6 图所示，$R=2\Omega$、$L=1H$、$C=1F$，以电容上的电压 $u_C(t)$ 为输出，$f(t)$ 为输入：

（1）求单位冲激响应 $h(t)$。

（2）欲使零输入响应 $u_{zi}(t)=h(t)$，求电路初始状态 $i(0_-)$、$u(0_-)$。

（3）当输入 $f(t)=u(t)$ 时，欲使输出也等于单位阶跃信号，求电路初始状态 $i(0_-)$、$u(0_-)$。

5.7 已知某连续时间因果 LTI 系统最初是松弛的，且当输入 $f(t)=e^{-2t}u(t)$ 时，输出为 $y(t)=\frac{2}{3}e^{-2t}u(t)+\frac{1}{3}e^{-t}u(t)$：

（1）求系统的系统函数和它的收敛域。

（2）求系统的单位冲激响应 $h(t)$。

（3）写出描述系统的微分方程。

5.8 已知某因果线性时不变系统可用二阶实系数微分方程来表示，且已知：系统函数 $H(s)$ 在有限的 s 平面内有一个极点 $s=-\frac{\sqrt{2}}{2}+j\frac{\sqrt{2}}{2}$ 和一个零点 $s=2$；系统单位响应 $h(t)$ 的初值为 2，且不含冲激项。

（1）描述该系统的微分方程。

（2）求系统的冲激响应 $h(t)$。

（3）画出系统的幅频特性。

5.9 如模拟题 5.9 图所示：

（1）求系统函数 $H(s)$。

（2）当 $f(t)=10\sin\left(t+\frac{\pi}{4}\right)u(t)$ 时，求系统的稳态响应。

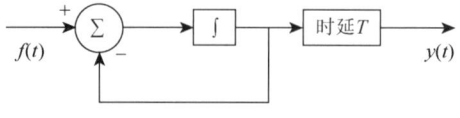

模拟题 5.9 图

5.10 某二阶线性时不变系统 $\dfrac{d^2y(t)}{dt^2}+a_0\dfrac{dy(t)}{dt}+a_1y(t)=b_0\dfrac{df(t)}{dt}+b_1f(t)$，当激励为 $2e^{-2t}u(t)$ 时，全响应为 $(-e^{-t}+4e^{-2t}-e^{-3t})u(t)$；当激励为 $\delta(t)-2e^{-2t}u(t)$ 时，全响应为 $(3e^{-t}+e^{-2t}-5e^{-3t})u(t)$（设起始状态固定）。求：

（1）待定系数 a_0、a_1。
（2）系统的零输入响应 $y_x(t)$ 和冲激响应 $h(t)$。
（3）待定系数 b_0、b_1。

5.11 描述某线性时不变连续时间系统的框图如模拟题 5.11 图所示，已知当输入 $f(t)=3(1+e^{-t})u(t)$ 时，系统的全响应 $y(t)=4(4e^{-2t}+3e^{-3t}+1)u(t)$，写出该系统的输入输出方程。

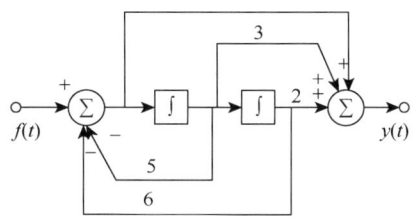

模拟题 5.11 图

5.12 如模拟题 5.12 图所示，已知 $u_C(0_-)=8\text{V}$，$i_L(0_-)=4\text{A}$，当 $t=0$ 时开关 S 闭合：
（1）画出该电路的 s 域电路模型。
（2）求 $t\geq 0$ 时全响应 $i_1(t)$。

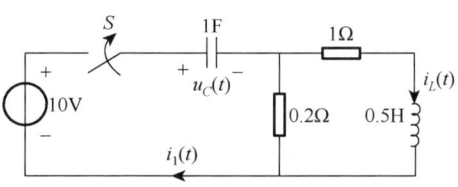

模拟题 5.12 图

5.13 某线性时不变二阶系统，其系统函数为 $H(s)=\dfrac{s+3}{s^2+3s+2}$，已知输入激励 $f(t)=e^{-3t}u(t)$ 及起始状态 $y(0_-)=1$、$y'(0_-)=2$。求系统的全响应 $y(t)$ 及零输入响应 $y_x(t)$、零状态响应 $y_f(t)$，并确定其自由响应及强迫响应分量。

5.14 已知由子系统互联而成的系统如模拟题 5.14 图所示，其中 $h_1(t)=\delta(t)$，$h_2(t)$ 由微分方程 $y_1'(t)+y_1(t)=f_1(t)$ 描述，$h_3(t)=\int_{-\infty}^{t}\delta(\tau)d\tau$，$f(t)=e^{-2(t-1)}u(t)$，求：
（1）总系统的系统函数和单位冲激响应。
（2）在 $f(t)$ 作用下，互联系统的零状态响应 $y_f(t)$。

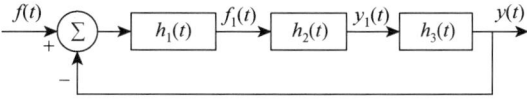

模拟题 5.14 图

5.15 已知一个连续 LTI 系统的输入输出方程为
$$\dfrac{d^2y(t)}{dt^2}-\dfrac{dy(t)}{dt}-2y(t)=x(t)$$
求：

(1) 系统函数 $H(s)$ 的表达式及零点、极点。
(2) 当系统是稳定系统时的单位冲激响应 $h(t)$。
(3) 当系统是因果系统时的单位冲激响应 $h(t)$。

5.16 已知一个因果的连续线性时不变系统，其输入与输出满足微分方程：
$$\frac{d^2 y(t)}{dt^2} + a\frac{dy(t)}{dt} + by(t) = \frac{dx(t)}{dt} + 2x(t)，a、b 为实数$$

当输入 $x(t)=1$ 时，零状态响应为 $-\frac{2}{3}$；当输入 $x(t)=e^{-2t}u(t)$ 时，零状态响应为 $\left(\frac{1}{4}e^{3t}-\frac{1}{4}e^{-t}\right)u(t)$。

(1) 求 a、b。
(2) 求系统单位冲激响应 $h(t)$。
(3) 判断系统的稳定性，如果系统稳定，那么求系统的频率响应特性。
(4) 当初始状态为 $y(0_-)=\frac{1}{2}$，$y'(0_-)=1$ 时，求系统的零输入响应。

5.17 一个因果连续 LTI 系统，满足以下条件：
① 系统函数 $H(s)$ 为有理函数，$H(s)$ 仅有两个极点 -3 和 1。
② $H(-2)=0$，$H(\infty)=2$。
③ 当输入 $x(t)=e^{-4t}u(t)$ 时，系统零状态响应为 0。

(1) 求系统函数 $H(s)$。
(2) 画出系统框图。
(3) 求输入 $x(t)=e^{-2t}u(t)$ 时系统的零状态响应。

5.18 一个因果连续时间线性时不变系统，其系统函数 $H(s)$ 是一个有理函数，且系统满足下列三个条件：$H(s)$ 仅有两个极点，分别位于 s 平面上 $s=-2$ 和 $s=-3$ 处；当输入信号 $x(t)=2$ 时，输出信号 $y(t)=0$；该系统单位冲激响应 $h(t)$ 在 $t=0_+$ 时值为 1：

(1) 确定 $H(s)$ 的表达式及其收敛域。
(2) 求系统的单位冲激响应 $h(t)$，判断该系统是否为稳定系统。
(3) 若系统有初始条件：$y(0_-)=2$，$y'(0_-)=1$，当输入信号为 $u(t)$ 时，求系统的全响应。

5.19 因果连续时间 LTI 系统的零极图如模拟题 5.19 图所示，已知该系统对单位阶跃信号 $u(t)$ 的响应 $y(t)$ 在 $t\to\infty$ 时趋于 $\frac{1}{3}$：

(1) 确定系统函数。
(2) 确定 $y(t)$ 的表达式。

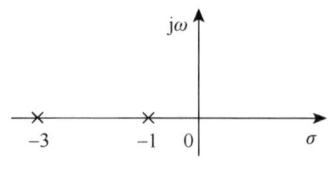

模拟题 5.19 图

5.20 系统的零极点分布如模拟题 5.20 图所示，且已知初值 $h(0_+)=2$：
(1) 求系统函数 $H(s)$ 和单位冲激响应 $h(t)$。
(2) 求系统的微分方程。
(3) 当输入 $x(t)=\cos(3t)u(t)$ 时，求系统的稳态响应。
(4) 画出系统的一种结构框图。

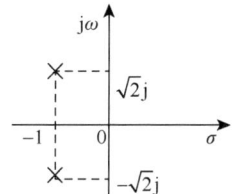

模拟题 5.20 图

5.21 已知一个因果连续线性时不变系统的框图如模拟题 5.21 图所示：
（1）求系统函数 $H(s)$。
（2）描述该系统输入输出关系的微分方程。
（3）求输入 $x(t)=u(t)$ 时系统的响应。

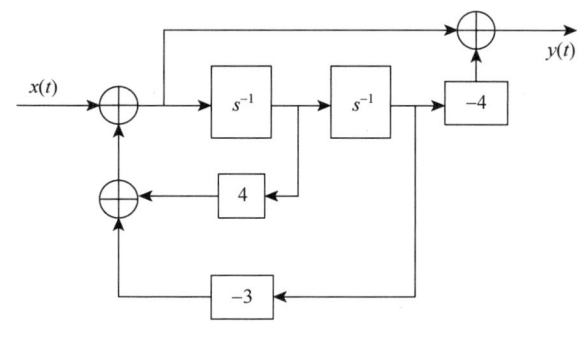

模拟题 5.21 图

5.22 已知某连续线性时不变因果系统的系统函数为 $H(s)=\dfrac{1}{s^2+3s+2}$：
（1）请判断该系统的稳定性。
（2）请画出用积分器实现的并联型结构图。

5.23 如模拟题 5.23 图所示，$K>0$，若要求系统具有 $v_2(t)=2v_1(t)$ 的特性：
（1）求子系统 $H_2(s)$。
（2）要求系统稳定，求 K 值的范围。

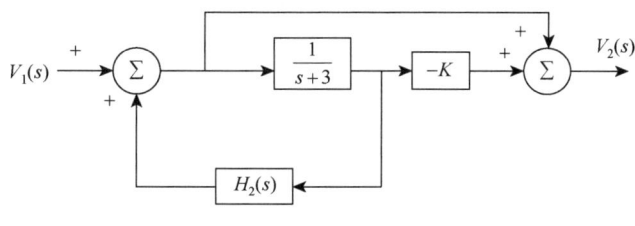

模拟题 5.23 图

5.24 已知某连续时间系统的特征多项式为
$$D(s)=s^7+3s^6+6s^5+10s^4+11s^3+9s^2+6s+2$$
试判断该系统的稳定情况，并指出系统含有负实部、零实部和正实部的根各有几个。

第 5 章 离散时间信号与系统的傅里叶分析

离散时间信号与系统的分析方法来源于数值分析这一学科，早期曾广泛地应用于经济学和统计学方面，但随着计算机的广泛应用，由于计算机能处理的数据是时间离散的有限长序列，人们就越来越多地把连续时间信号转换为离散时间信号，利用计算机进行数据处理和分析，这就是数字信号处理技术，现在已广泛地应用于科技、经济、国防等领域。

离散时间信号可以是数字计算机的数字输入和输出信号，也可以是某个连续时间信号的采样信号。离散时间信号和系统的傅里叶分析，在很多方面与连续时间信号和系统的傅里叶分析有着对应的关系，可以联系起来进行对比，以加深理解。

本章重点研究离散时间信号的频谱分析及离散时间系统的频率响应。基本方法包括周期序列的离散傅里叶级数、非周期序列的离散时间傅里叶变换，以及离散傅里叶变换。

5.1 离散时间线性时不变系统对复指数序列的响应

离散时间线性时不变系统的特征函数和连续时间线性时不变系统的特征函数相似，都是复指数形式，因为 LTI 离散时间系统对复指数序列的响应也与 LTI 连续时间系统对复指数信号的响应情况类似，故在 LTI 离散时间系统中也使用复指数序列作为基本信号对离散时间信号和系统进行分析。

在离散时间线性时不变系统输入复指数序列 z_0^k，其中，z_0 为复数（$z_0 = \alpha + j\omega = |z_0|e^{j\varphi}$），则输出

$$y[k] = h[k] * f[k] = \sum_{i=-\infty}^{\infty} h[i] z_0^{k-i} = z_0^k \sum_{i=-\infty}^{\infty} h[i] z_0^{-i} = H(z_0) z_0^k \tag{5.1.1}$$

可见，若系统的输入 $f[k]$ 是一个复指数序列 z^k，则系统的零状态响应 $y[k]$ 就是同样的复指数序列 z^k 乘以常数 $H(z)$。

令

$$H(z) = \sum_{k=-\infty}^{\infty} h[k] z^{-k} \tag{5.1.2}$$

为此离散时间系统的系统函数，可见 $H(z)$ 是该离散时间系统单位采样响应 $h[k]$ 的 z 变换。z 变换在第 6 章详细介绍。

令 $z = e^{j\omega}$，代入式（5.1.1），可得当离散时间系统的输入为 $f[k] = e^{j\omega k}$ 时，系统输出为

$$y[k] = H(z) e^{j\omega k} = H(e^{j\omega}) e^{j\omega k} \tag{5.1.3}$$

和连续时间系统类似，$H(e^{j\omega})$ 称为离散时间系统的频率响应，它所对应的时域形式为该离散时间系统的单位抽样响应 $h[k]$。

对于一个线性时不变系统，因其具有叠加性质，利用系统的频率响应来分析系统对具有复指数序列 $e^{j\omega k}$ 形式的输入信号的响应，会特别简单。

设周期序列 $f_N[k]$ 是某个 LTI 离散时间系统的输入，将其正交展开为

$$f_N[k] = \sum_{n=<N>} c_n e^{jn(2\pi k/N)}$$

那么根据系统的线性时不变特性，可得系统的输出为

$$y[k] = \sum_{n=<N>} c_n H(e^{jn2\pi/N}) e^{jn(2\pi k/N)}$$

由此可见系统的响应 $y[k]$ 也是周期性的，且与激励 $f_N[k]$ 有相同的周期。

5.2 周期离散时间信号的离散傅里叶级数

一个离散时间信号 $f_N[k]$ 满足条件

$$f_N[k] = f_N[k+N] \tag{5.2.1}$$

则 $f_N[k]$ 为周期序列，式中，N 是 $f_N[k]$ 的周期，是某一个正整数。

对复指数序列 $\mathrm{e}^{\mathrm{j}(2\pi/N)k}$，若它是周期为 N 的周期序列，则可定义数字基波频率为

$$\omega_0 = 2\pi/N \tag{5.2.2}$$

呈谐波关系的复指数序列集

$$\psi_n[k] = \mathrm{e}^{\mathrm{j}n(2\pi k/N)} = \mathrm{e}^{\mathrm{j}n(k\omega_0)}, \quad n = 0, \pm 1, \pm 2, \cdots \tag{5.2.3}$$

也是周期序列，其中每个分量的频率是 ω_0 的整数倍。

值得注意的是，在一个周期为 N 的复指数序列中，只有 N 个复指数序列是独立的，$\psi_0[k], \psi_1[k], \cdots, \psi_{N-1}[k]$ 等 N 个独立的复指数序列之间才互不相同。这与连续时间复指数函数集 $\{\mathrm{e}^{\mathrm{j}n\omega_0 t}, n = 0, \pm 1, \pm 2, \pm 3, \cdots\}$ 中有无限多个互不相同的复指数函数是不同的。这是因为由式（5.2.3）可知

$$\psi_n[k] = \psi_{n+N}[k] = \psi_{n+rN}[k]。$$

对于任意一个基波周期为 N 的周期序列 $f_N[k]$，可用 N 个呈谐波关系的复指数序列的加权和表示，即

$$f_N[k] = \sum_{n=<N>} c_n \psi_n[k] = \sum_{n=<N>} c_n \mathrm{e}^{\mathrm{j}n(2\pi k/N)} \tag{5.2.4}$$

这里求和区间 $n=<N>$ 表示求和仅需要包括 N 项，一般 n 可取 $n = 0, 1, \cdots, N-1$。

将周期序列表示成式（5.2.4）的形式称为离散傅里叶级数（discrete Fourier series, DFS）表达，系数 c_n 则称为离散傅里叶系数。

一般求解离散傅里叶系数有两种方法。

1. 解联立方程法

如果已知 $f_N[k]$ 在任意基波周期 N 内的 N 个值（样本），即 $f_N[0], f_N[1], f_N[2], \cdots, f_N[N-1]$，则由式（5.2.4）可得 N 个方程：

$$f_N[0] = \sum_{n=<N>} c_n = c_0 + c_1 + \cdots + c_{N-1}$$

$$f_N[1] = \sum_{n=<N>} c_n \mathrm{e}^{\mathrm{j}n(2\pi/N)} = c_0 + c_1 \mathrm{e}^{\mathrm{j}(2\pi/N)} + \cdots + c_{N-1} \mathrm{e}^{\mathrm{j}2\pi(N-1)/N}$$

$$\vdots$$

$$f_N[N-1] = \sum_{n=<N>} c_n \mathrm{e}^{\mathrm{j}2\pi n(N-1)/N} = c_0 + c_1 \mathrm{e}^{\mathrm{j}2\pi(N-1)/N} + \cdots + c_{N-1} \mathrm{e}^{\mathrm{j}2\pi(N-1)^2/N}$$

联解这一组方程，就可以得到系数 c_n。

2. 正交函数系数法

与连续傅里叶系数的求解类似，利用复指数周期序列 $\mathrm{e}^{\mathrm{j}(2\pi/N)k}$ 的正交特性，可得

$$c_n = \frac{1}{N} \sum_{k=<N>} f_N[k] \mathrm{e}^{-\mathrm{j}n(2\pi k/N)} \tag{5.2.5}$$

式（5.2.4）与式（5.2.5）确定了周期序列 $f_N[k]$ 和其傅里叶系数 c_n 之间的关系，可记为

$$f_N[k] \leftrightarrow c_n \tag{5.2.6}$$

离散傅里叶系数 c_n 也称为 $f_N[k]$ 的频谱。

可以简单证明得到结论（证明略）：

$$c_n = c_{n+N} \quad (5.2.7)$$

由于 $\omega = 2\pi n/N$，c_n 既是以 2π 为周期的离散频率序列，也是以 N 为周期的离散频率序列，这表明时域离散的周期信号，其频域也是离散的周期函数。

当 $f_N[k]$ 为实序列时，对所有的 n 值，都存在关系：

$$c_{-n} = c_n^*$$

【例 5.2.1】 对一个连续信号 $f(t) = A\cos(200\pi t) + B\cos(500\pi t)$，以采样频率 $f_s = 1000\text{Hz}$ 进行采样，采样后的离散时间序列为 $f[k]$，试计算 $f[k]$ 的离散傅里叶系数。

解 以采样频率 $f_s = 1000\text{Hz}$ 对 $f(t)$ 进行采样，得

$$f[k] = A\cos\left(\frac{\pi}{5}k\right) + B\cos\left(\frac{\pi}{2}k\right)$$

因为第一项的周期为 10，第二项的周期为 4，最小公倍数为 20，所以 $f[k]$ 的周期为 20。

将 $f[k]$ 在一个周期 $0 \leqslant n < 19$ 内展开为离散傅里叶级数，即有

$$\begin{aligned} f[k] &= \frac{A}{2}e^{\frac{j2\pi}{20}2k} + \frac{A}{2}e^{\frac{j2\pi}{20}(-2)k} + \frac{B}{2}e^{\frac{j2\pi}{20}5k} + \frac{B}{2}e^{\frac{j2\pi}{20}(-5)k} \\ &= \frac{A}{2}e^{\frac{j2\pi}{20}2k} + \frac{A}{2}e^{\frac{j2\pi}{20}(-2+20)k} + \frac{B}{2}e^{\frac{j2\pi}{20}5k} + \frac{B}{2}e^{\frac{j2\pi}{20}(-5+20)k} \\ &= \frac{A}{2}e^{\frac{j2\pi}{20}2k} + \frac{A}{2}e^{\frac{j2\pi}{20}18k} + \frac{B}{2}e^{\frac{j2\pi}{20}5k} + \frac{B}{2}e^{\frac{j2\pi}{20}15k} \end{aligned}$$

故 $f[k]$ 的离散傅里叶系数在此周期内为

$$c_2 = c_{18} = \frac{A}{2}, \quad c_5 = c_{15} = \frac{B}{2}, \quad \text{其余 } c_n = 0 \text{。}$$

【例 5.2.2】 求周期序列 $f_N[k] = \sin(\Omega_0 k)$ 的离散傅里叶系数。

解 （1）当 $N = \frac{2\pi}{\Omega_0}$ 为一个整数时，$f_N[k] = \sin(\Omega_0 k)$ 是一个周期为 N 的序列，将 $f_N[k]$ 直接展开成复指数形式，得

$$f_N[k] = \frac{e^{j(2\pi/N)k} - e^{-j(2\pi/N)k}}{2j}$$

故 $c_n = \frac{1}{2j}$，$c_{-n} = \frac{-1}{2j}$，其中，$n = 1, N+1, 2N+1, 3N+1, \cdots$，即一个周期内有一对谱线出现在 ± 1 处。

（2）当 $\frac{2\pi}{\Omega_0} = \frac{N}{m}$ 为一个有理分数时，$f_N[k] = \sin(\Omega_0 k)$ 是一个基波周期为 N 的序列，将 $f_N[k]$ 直接开展成复指数形式，同样有

$$f_N[k] = \frac{e^{j(2\pi/N)mk} - e^{-j(2\pi/N)mk}}{2j}$$

故 $c_n = \frac{1}{2j}$，$c_{-n} = \frac{-1}{2j}$，其中，$n = m, N+m, 2N+m, 2N+m, \cdots$ 即一个周期内有一对谱线出现在 $\pm m$ 处。

（3）当 $\frac{2\pi}{\Omega_0} = \frac{N}{m}$ 为一个无理数时，$f_N[k] = \sin\Omega_0 k$ 不是一个周期序列，不宜将 $f_N[k]$ 展开成离散傅里叶级数形式。

【例 5.2.3】 已知 $f_N[k] = 1 + \sin\left(\frac{2\pi}{N}k\right) + 3\cos\left(\frac{2\pi}{N}k\right) + \cos\left(\frac{4\pi}{N}k + \frac{\pi}{2}\right)$，式中，$N$ 为整数，求其频谱。

解 这个信号是周期的，其周期为 N。将 $f_N[k]$ 直接展开成复指数形式，得

$$f_N[k] = 1 + \frac{e^{j\left(\frac{2\pi}{N}k\right)} - e^{-j\left(\frac{2\pi}{N}k\right)}}{2j} + 3\frac{e^{j\left(\frac{2\pi}{N}k\right)} + e^{-j\left(\frac{2\pi}{N}k\right)}}{2} + \frac{e^{j\left(\frac{4\pi}{N}k+\frac{\pi}{2}\right)} + e^{-j\left(\frac{4\pi}{N}k+\frac{\pi}{2}\right)}}{2}$$

将相应项归并后，得

$$f_N[k] = 1 + \left(\frac{3}{2}+\frac{1}{2j}\right)e^{j\left(\frac{2\pi}{N}k\right)} + \left(\frac{3}{2}-\frac{1}{2j}\right)e^{-j\left(\frac{2\pi}{N}k\right)} + \left(\frac{1}{2}e^{j\frac{\pi}{2}}\right)e^{j2\left(\frac{2\pi}{N}k\right)} + \left(\frac{1}{2}e^{-j\frac{\pi}{2}}\right)e^{-j2\left(\frac{2\pi}{N}k\right)}$$

可得 $c_0 = 1$，$c_1 = \frac{3}{2} + \frac{1}{2j} = \frac{3}{2} - \frac{1}{2}j$，$c_{-1} = \frac{3}{2} - \frac{1}{2j} = \frac{3}{2} + \frac{1}{2}j = c_1^*$，$c_2 = \frac{1}{2}j$，$c_{-2} = -\frac{1}{2}j = c_2^*$，长度为 N 的周期内的其余系数均为 0。

【例 5.2.4】 计算图 5.2.1 所示周期序列的频谱函数。

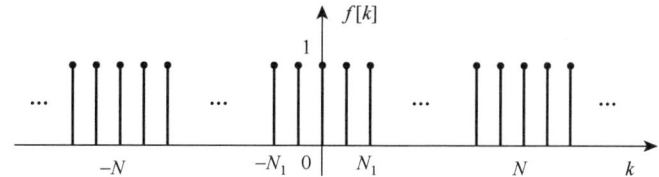

图 5.2.1 例 5.2.4 周期序列的波形

解 由图 5.2.1 可见，此序列关于 $k=0$ 轴对称，因此求和时选择一个对称区间比较方便：

$$c_n = \frac{1}{N}\sum_{k=-N/2}^{N/2} f[k]e^{-jn(2\pi k/N)} = \frac{1}{N}\sum_{k=-N_1}^{N_1} e^{-jn(2\pi k/N)}$$

令 $m = K + \frac{N}{2} = k + N_1$，则 $c_n = \frac{1}{N}\sum_{m=0}^{2N_1} e^{-jn(2\pi/N)(m-N_1)} = \frac{1}{N}e^{jn(2\pi/N)N_1}\sum_{m=0}^{2N_1} e^{-jn(2\pi/N)m}$

利用有限项几何级数求和公式 $\sum_{m=0}^{M-1} a^m = \frac{1-a^M}{1-a}$，可得

$$c_n = \frac{1}{N}e^{jn(2\pi/N)N_1} \cdot \frac{1-e^{-jn(2\pi/N)(2N_1+1)}}{1-e^{-jn(2\pi/N)}}$$

$$= \frac{1}{N}e^{j(2\pi nN_1/N)} \frac{e^{-j2\pi n(N_1+1/2)/N}\left[e^{j2\pi n(N_1+1/2)/N} - e^{-j2\pi n(N_1+1/2)/N}\right]}{e^{-j\pi n/N}\left(e^{j\pi n/N} - e^{-j\pi n/N}\right)}$$

$$= \begin{cases} \dfrac{1}{N}\dfrac{\sin\left[2\pi n(N_1+1/2)/N\right]}{\sin(\pi n/N)}, & n \neq 0, \pm N, \pm 2N, \cdots \\ (2N_1+1)/N, & n = 0, \pm N, \pm 2N, \cdots \end{cases}$$

5.3 非周期离散时间信号的离散时间傅里叶变换

对于非周期序列 $f[k]$，可以看成一个周期 $N \to \infty$ 的周期序列 $f_N[k]$。这样，若在周期序列 $f_N[k]$ 的离散傅里叶级数里令 $N \to \infty$，则此级数的极限也就是非周期序列 $f[k]$ 的频谱。

周期序列 $f_N[k]$ 的离散傅里叶级数对为

$$f_N[k] = \sum_{n=-N/2}^{N/2} c_n e^{jn(2\pi/N)k}, \quad c_n = \frac{1}{N}\sum_{k=-N/2}^{N/2} f_N[k] e^{-jn(2\pi/N)k}$$

因为 $\omega = 2\pi n/N$，在区间 $\left(-\frac{N}{2}, \frac{N}{2}\right)$ 内，非周期序列 $f[k]$ 等于周期序列 $f_N[k]$，在极限的情况下，$N \to \infty$，上式可以表示为

$$Nc_n = \sum_{k=-\infty}^{\infty} f[k] e^{-j\omega k} \tag{5.3.1}$$

我们定义 Nc_n 的包络为 $F(e^{j\omega})$，故定义

$$F(e^{j\omega}) = \sum_{k=-\infty}^{\infty} f[k] e^{-j\omega k} \tag{5.3.2}$$

为非周期序列 $f[k]$ 的离散时间傅里叶变换（discrete-time Fourier transform，DTFT），$F(e^{j\omega})$ 称为非周期序列 $f[k]$ 的频谱密度函数，它是周期为 2π 的连续频率函数。$\omega = 0$ 和 $\omega = 2\pi$ 实际上得到的是同一个信号。

因为 ω 在 π 的偶数倍数附近取值时序列的频谱密度函数 $F(e^{j\omega})$ 变化较慢，所以称 ω 在 π 的偶数倍数附近为数字低频；而 ω 在 π 的奇数倍数附近取值时序列的频谱密度函数 $F(e^{j\omega})$ 变化较快，所以称 ω 在 π 的奇数倍数附近为数字高频。

同样，在极限的情况下，$\omega_0 = \frac{2\pi}{N} \to d\omega$，$n\omega_0 \to \omega$，故

$$f[k] = \frac{1}{2\pi}\int_{-\pi}^{\pi} F(e^{j\omega}) e^{j\omega k} d\omega \tag{5.3.3}$$

显然，如果 $f[k]$ 绝对可和，即 $\sum_{k=-\infty}^{\infty}|f[k]| < \infty$，那么离散时间傅里叶变换的收敛条件为序列绝对可和，即 $\sum_{k=-\infty}^{\infty}|f[k]| < \infty$。

【例 5.3.1】 画出图 5.3.1（a）所示序列 $x[k]$ 的频谱图。

解 从图 5.3.1 中可见，这个序列是对称的非周期方波序列，$N_1 = 2$，

$$X(e^{j\omega}) = \sum_{k=-2}^{2} e^{-j\omega k} = \frac{\sin(5\omega/2)}{\sin(\omega/2)} = \left\{\frac{\sin(\omega(N_1 + 1/2))}{\sin(\omega/2)}\right.$$

故非周期方波序列的频谱图如图 5.3.1（b）所示。

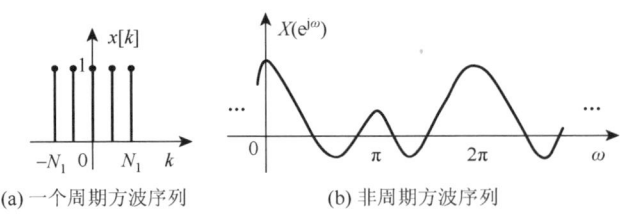

(a) 一个周期方波序列　　　(b) 非周期方波序列

图 5.3.1　例 5.3.1 周期序列的频谱图

【例 5.3.2】 计算非周期序列 $x[k] = a^k u[k] (|a| < 1)$ 的频谱密度函数，并画出其相位频谱图和振幅频谱图。

解

$$X(e^{j\omega}) = \sum_{k=-\infty}^{\infty} a^k u[k] e^{-j\omega k} = \sum_{k=0}^{\infty} a^k e^{-j\omega k} = \frac{1}{1-ae^{-j\omega}}$$

$$= \frac{1}{1-a(\cos\omega - j\sin\omega)} = |X(e^{j\omega})| e^{j\varphi(\omega)}$$

振幅频谱为
$$\left|X\left(e^{j\omega}\right)\right|=\frac{1}{\sqrt{1+a^2-2a\cos\omega}}$$

相位频谱为
$$\varphi(\omega)=-\arctan\frac{a\sin\omega}{1-a\cos\omega}$$

振幅频谱图和相位频谱图如图 5.3.2（a）和（b）所示。

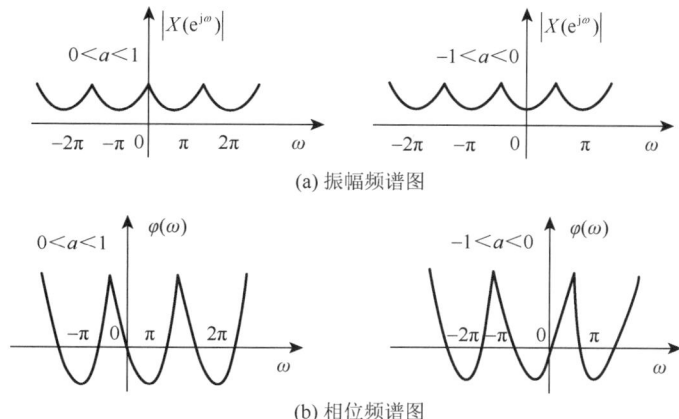

(a) 振幅频谱图

(b) 相位频谱图

图 5.3.2 例 5.3.2 非周期序列的频谱图

【例 5.3.3】 对于非周期离散序列 $x[k]$ 的时域求和信号 $\sum_{m=-\infty}^{k}x[m]$，证明其频谱为

$$\sum_{m=-\infty}^{k}x[m]\leftrightarrow\begin{cases}X\left(e^{j\omega}\right)\Big/\left(1-e^{-j\omega}\right), & X\left(e^{j\omega}\right)\big|_{\omega=0}=0\\ X\left(e^{j\omega}\right)\Big/\left(1-e^{-j\omega}\right)+\pi X\left(e^{j\omega}\right)\big|_{\omega=0}\sum_{n=-\infty}^{\infty}\delta(\omega-2\pi n), & X\left(e^{j\omega}\right)\big|_{\omega=0}\neq 0\end{cases}$$

证明 令 $x[k]\leftrightarrow X\left(e^{j\omega}\right)$，$y[k]=\sum_{m=-\infty}^{k}x[m]\leftrightarrow Y\left(e^{j\omega}\right)$，则有

$$y[k]-y[k-1]=\sum_{m=-\infty}^{k}x[m]-\sum_{m=-\infty}^{k-1}x[m]=x[k]$$

对上式两边同时取离散时间傅里叶变换，得
$$Y\left(e^{j\omega}\right)-e^{-j\omega}Y\left(e^{j\omega}\right)=X\left(e^{j\omega}\right)$$
$$\therefore\quad Y\left(e^{j\omega}\right)=\frac{X\left(e^{j\omega}\right)}{1-e^{-j\omega}}$$

显然，当 $X\left(e^{j\omega}\right)\big|_{\omega=0}=0$ 时，$Y\left(e^{j\omega}\right)$ 存在 $\frac{0}{0}$，此时 $Y\left(e^{j\omega}\right)$ 不存在直流分量，频谱为 $X\left(e^{j\omega}\right)\big/\left(1-e^{-j\omega}\right)$。
当 $X\left(e^{j\omega}\right)\big|_{\omega=0}\neq 0$ 时，$Y\left(e^{j\omega}\right)$ 存在直流分量，$Y\left(e^{j\omega}\right)\big|_{\omega=0}\to\infty$，其频谱密度函数存在无限个冲激，故频谱写为 $X\left(e^{j\omega}\right)\big/\left(1-e^{-j\omega}\right)+\pi X\left(e^{j\omega}\right)\big|_{\omega=0}\sum_{n=-\infty}^{\infty}\delta(\omega-2\pi n)$。

【例 5.3.4】 求序列 $u[k]=\sum_{m=-\infty}^{k}\delta[m]$ 的频谱。

解 因 $x[k]=\delta[k] \leftrightarrow X(\mathrm{e}^{\mathrm{j}\omega})=1$，而 $X(\mathrm{e}^{\mathrm{j}\omega})\big|_{\omega=0}=1$，故有 $u[k] \leftrightarrow \dfrac{1}{1-\mathrm{e}^{-\mathrm{j}\omega}}+\pi\sum\limits_{n=-\infty}^{\infty}\delta(\omega-2\pi n)$。

5.4 周期离散时间信号的离散时间傅里叶变换

由 5.3 节已知，非周期序列 $f[k]$ 可以看成一个周期 $N\to\infty$ 的周期序列 $f_N[k]$，在极限 $N\to\infty$ 的情况下，有 $Nc_n=\sum\limits_{k=-\infty}^{\infty}f[k]\mathrm{e}^{-\mathrm{j}\omega k}$。

又定义 Nc_n 的包络为 $F(\mathrm{e}^{\mathrm{j}\omega})$，且 $F(\mathrm{e}^{\mathrm{j}\omega})=\sum\limits_{k=-\infty}^{\infty}f[k]\mathrm{e}^{-\mathrm{j}\omega k}$，则周期序列 $f_N[k]$ 的离散傅里叶系数 c_n 是非周期序列 $f[k]$ 的离散时间傅里叶变换 $\dfrac{1}{N}F(\mathrm{e}^{\mathrm{j}\omega})$ 的抽样值，即

$$c_n=\dfrac{1}{N}F(\mathrm{e}^{\mathrm{j}\omega})\bigg|_{\omega=2\pi n/N} \tag{5.4.1}$$

c_n 表示周期序列 $f_N[k]$ 的频谱，它是周期为 N 的离散谱线。

$f_N[k]$ 可由 $f[k]$ 周期拓展得到，即

$$f_N[k]=\sum_{m=-\infty}^{+\infty}f[k+mN]$$

反过来一个周期内 $f_N[k]$ 等于 $f[k]$，即

$$f[k]=\sum_{k=-N/2}^{N/2}f_N[k]=\sum_{n=-N/2}^{N/2}c_n\mathrm{e}^{\mathrm{j}n(2\pi/N)k}$$

因 $\mathrm{e}^{\mathrm{j}n(2\pi/N)k}\leftrightarrow 2\pi\delta(\omega-2\pi n/N)$，故周期序列 $f_N[k]$ 的离散时间傅里叶变换为

$$F(\mathrm{e}^{\mathrm{j}\omega})=\sum_{n=-\infty}^{+\infty}2\pi c_n\delta(\omega-2\pi n/N) \tag{5.4.2}$$

【例 5.4.1】 求周期序列 $x_N[k]=\cos\Omega_0 k$ 的频谱，并画出周期序列 $x_N[k]$ 的频谱及频谱密度函数，已知周期 $N=\dfrac{2\pi}{\Omega_0}$ 为一个整数。

解 因 $x_N[k]=\cos\Omega_0 k$ 是一个周期为 N 的序列，将 $x_N[k]$ 直接开展成复指数形式，得

$$x_N[k]=\cos\Omega_0 k=\dfrac{1}{2}(\mathrm{e}^{\mathrm{j}\Omega_0 k}+\mathrm{e}^{-\mathrm{j}\Omega_0 k})$$

故此 $x_N[k]$ 的频谱为 $c_{\pm 1}=\dfrac{1}{2}$，即一个周期内有一对谱线出现在 ± 1 处，大小均为 $\dfrac{1}{2}$。

此周期序列 $x_N[k]$ 的频谱密度函数的形式可以表示为

$$X(\mathrm{e}^{\mathrm{j}\omega})=\sum_{n=-\infty}^{\infty}\pi[\delta(\omega-\Omega_0-2\pi n)+\delta(\omega+\Omega_0+2\pi n)]$$

其频谱和频谱密度函数分别如图 5.4.1（a）与（b）所示。

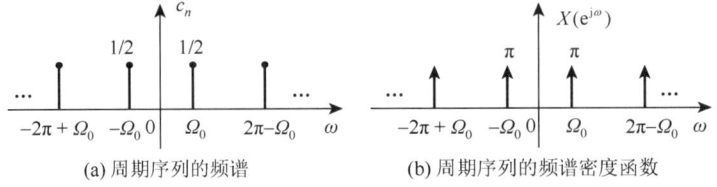

(a) 周期序列的频谱　　　　(b) 周期序列的频谱密度函数

图 5.4.1　例 5.4.1 周期序列的频谱及频谱密度函数

【例 5.4.2】 计算周期脉冲序列 $x_N[k]=\sum_{m=-\infty}^{\infty}\delta[k-mN]$ 的频谱密度函数。

解 根据 $x_N[k]=\sum_{m=-\infty}^{\infty}\delta[k-mN]$，可得

$$c_n = \frac{1}{N}$$

故 $x_N[k]$ 的频谱密度函数如图 5.4.2 所示，为

$$X(e^{j\omega}) = \frac{1}{N}\sum_{n=-\infty}^{\infty} 2\pi\delta\left(\omega - \frac{2\pi n}{N}\right)$$

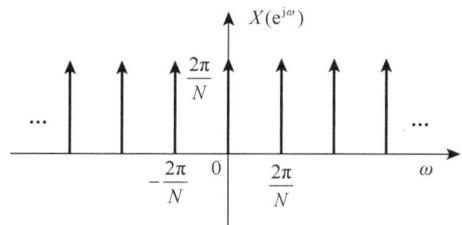

图 5.4.2 例 5.4.2 周期脉冲序列的频谱密度函数

5.5 离散傅里叶变换

5.5.1 离散傅里叶变换的定义

在我们实际生活中，经常遇到的是有限长的非周期序列。由于非周期序列 $f[k]$ 的离散时间傅里叶变换是频率连续函数 $F(e^{j\omega})$，不方便进行数字处理。若对给定的有限长序列 $f[k]$（$0 \leqslant k \leqslant N-1$）进行周期延拓得到 $f_N[k]$，则 $f_N[k]$ 就是一个以 N 为周期的离散时间序列，其傅里叶系数 $c_n = \frac{1}{N}\sum_{k=<N>}f[k]e^{-jn(2\pi/N)k}$。

c_n 是一个离散的、周期的频谱，其周期为 N。取 c_n 中 $n \in [0, N-1]$ 的一个周期，记以 $F[n]$，则得 N 点的 $F[n]$ 序列为

$$F[n] = c_n = \frac{1}{N}\sum_{k=0}^{N-1}f[k]e^{-jn(2\pi/N)k}, \quad n=0,1,\cdots,N-1 \tag{5.5.1}$$

称区间 $[0, N-1]$ 为主值区间，则在此区间里的序列可以称为主值序列。

为了计算方便，引入符号 W_N，令

$$W_N = e^{-j2\pi/N} \tag{5.5.2}$$

则有

$$F[n] = \frac{1}{N}\sum_{k=0}^{N-1}f[k]W_N^{kn}, \quad n=0,1,\cdots,N-1 \tag{5.5.3}$$

称 $F[n]$ 为有限长序列 $f[k]$ 的离散傅里叶变换（discrete Fourier transform，DFT）。

则 $F[n]$ 的离散傅里叶逆变换（inverse discrete Fourier transform，IDFT）为

$$f[k] = \sum_{n=0}^{N-1} F[n] W_N^{-kn}, \quad k = 0, 1, \cdots, N-1 \tag{5.5.4}$$

DFT 变换对也可写成矩阵形式，即

$$f[k] = \begin{bmatrix} f[0] \\ f[1] \\ \vdots \\ f[N-1] \end{bmatrix} = \begin{bmatrix} W_N^0 & W_N^0 & \cdots & W_N^0 \\ W_N^0 & W_N^{-1 \times 1} & \cdots & W_N^{-1 \times (N-1)} \\ \vdots & \vdots & & \vdots \\ W_N^0 & W_N^{-(N-1) \times 1} & \cdots & W_N^{-(N-1)^2} \end{bmatrix} \begin{bmatrix} F[0] \\ F[1] \\ \vdots \\ F[N-1] \end{bmatrix} \tag{5.5.5}$$

$$F[n] = \begin{bmatrix} F[0] \\ F[1] \\ \vdots \\ F[N-1] \end{bmatrix} = \frac{1}{N} \begin{bmatrix} W_N^0 & W_N^0 & \cdots & W_N^0 \\ W_N^0 & W_N^{1 \times 1} & \cdots & W_N^{1 \times (N-1)} \\ \vdots & \vdots & & \vdots \\ W_N^0 & W_N^{(N-1) \times 1} & \cdots & W_N^{(N-1)^2} \end{bmatrix} \begin{bmatrix} f[0] \\ f[1] \\ \vdots \\ f[N-1] \end{bmatrix} \tag{5.5.6}$$

从 DFT 的定义可以看到，对于一个周期序列的 $f_N[k]$，取其中的一个周期 $f[k]$ 做 DFT 可以得到一个 N 点 $F[n]$ 序列，以 $F[n]$ 做周期延拓可以得到周期序列 $f_N[k]$ 的 c_n。

对一个有限长非周期序列的 $f[k]$ 做一个周期开拓后，取其中的一个周期做 DFT 可以得到一个 N 点 $F[n]$ 序列，对 $F[n]$ 做离散傅里叶逆变换可以得到一个 N 点的有限长非周期序列 $f[k]$。

$$c_n = \mathrm{DFS}\{f_N[k]\} \leftrightarrow f_N[k] = \mathrm{IDFS}\{c_n\}$$

取主值序列 ↕ 周期延拓　　取主值序列 ↕ 周期延拓

$$F[n] = \mathrm{DFT}\{f[k]\} \leftrightarrow f[k] = \mathrm{IDFT}\{F[n]\}$$

DFT 与 DFS 及离散时间傅里叶变换（DTFT）之间有紧密的联系，DFT 的很多性质在 DFS 和 DTFT 中都找到对应的性质，并且其性质与傅里叶变换（Fourier transform，FT）及傅里叶级数（Fourier series，FS）相似，如表 5.5.1 所示。

需要注意的是，在 DFS 和 DFT 中所用的卷积运算为周期卷积（也称为循环卷积或圆周卷积），与第 2 章学习的卷积（也称为线性卷积）运算有所不同。前者需要将参与卷积的序列拓展为相同的长度，并在此区间内进行循环移位计算。

【例 5.5.1】 计算非周期序列 $x[k] = \{1, 1, 1, 1\}$ 的 DFT。

解 由题设可知 $N = 4$，则 $W_4 = \mathrm{e}^{-\mathrm{j}2\pi/4} = -\mathrm{j}$，由式（5.5.3）可得

$$X[n] = \frac{1}{N} \sum_{k=0}^{N-1} x[k] W^{nk} = \frac{1}{4} \sum_{k=0}^{3} x[k](-\mathrm{j})^{nk} = \frac{1}{4} \left[1 + (-\mathrm{j})^n + (-\mathrm{j})^{2n} + (-\mathrm{j})^{3n} \right]$$

令 $n = 0, 1, 2, 3$，依次代入上式，可得

$$X[0] = \frac{1}{4}(1+1+1+1) = 1, \quad X[1] = \frac{1}{4}(1-\mathrm{j}-1+\mathrm{j}) = 0$$

$$X[2] = \frac{1}{4}(1-1+1-1) = 0, \quad X[3] = \frac{1}{4}(1+\mathrm{j}-1-\mathrm{j}) = 0$$

即 $X[n] = \delta[n]$，$n = 0, 1, 2, 3$。

【例 5.5.2】 计算非周期序列 $x[k]=\{1,2,1,0\}$ 的 DFT。

解 由题设可知 $N=4$,则 $W_4=\mathrm{e}^{-\mathrm{j}2\pi/4}=-\mathrm{j}$,由式(5.5.6)可得

$$\begin{bmatrix} X[0] \\ X[1] \\ X[2] \\ X[3] \end{bmatrix} = \frac{1}{4}\begin{bmatrix} W_4^0 & W_4^0 & W_4^0 & W_4^0 \\ W_4^0 & W_4^1 & W_4^2 & W_4^3 \\ W_4^0 & W_4^2 & W_4^4 & W_4^6 \\ W_4^0 & W_4^3 & W_4^6 & W_4^9 \end{bmatrix}\begin{bmatrix} x[0] \\ x[1] \\ x[2] \\ x[3] \end{bmatrix}$$

$$= \frac{1}{4}\begin{bmatrix} 1 & 1 & 1 & 1 \\ 1 & -\mathrm{j} & -1 & \mathrm{j} \\ 1 & -1 & 1 & -1 \\ 1 & \mathrm{j} & -1 & -\mathrm{j} \end{bmatrix}\begin{bmatrix} 1 \\ 2 \\ 1 \\ 0 \end{bmatrix} = \begin{bmatrix} 1 \\ -\mathrm{j}/2 \\ 0 \\ \mathrm{j}/2 \end{bmatrix}$$

表 5.5.1 离散傅里叶变换、离散傅里级数及离散时间傅里叶变换的性质

性质	时域	变换域
周期性	非周期的离散序列 $f[k]$ 周期为 N 的离散序列 $f_N[k]=f_N[k+mN]$,$m=\cdots,-2,-1,0,1,2,\cdots$ 长度为 N 的离散序列 $f[k]$	频谱密度 $F(\mathrm{e}^{\mathrm{j}\omega})$ 周期、连续,且周期为 2π: $F(\mathrm{e}^{\mathrm{j}\omega})=F(\mathrm{e}^{\mathrm{j}(2m\pi+\omega)})$,$m=\cdots,-2,-1,0,1,2,\cdots$ 频谱 c_n 周期、离散,且周期为 N $c_n=c_{n+mN}$,$m=\cdots,-2,-1,0,1,2,\cdots$ $F[n]$ 周期、离散,且周期为 N $F[n]=F[n+mN]$,$m=\cdots,-2,-1,0,1,2,\cdots$
线性	非周期的离散序列 $af_1[k]+bf_2[k]$ 周期为 N 的离散序列 $af_{N1}[k]+bf_{N2}[k]$ 长度为 N 的离散序列 $af_1[k]+bf_2[k]$	$aF_1(\mathrm{e}^{\mathrm{j}\omega})+bF_2(\mathrm{e}^{\mathrm{j}\omega})$ $ac_{1n}+bc_{2n}$ $aF_1[n]+bF_2[n]$
共轭对称性	非周期的离散实序列 $f[k]$ 周期为 N 的离散实序列 $f_N[k]$ 长度为 N 的离散实序列 $f[k]$	$F(\mathrm{e}^{-\mathrm{j}\omega})=F^*(\mathrm{e}^{\mathrm{j}\omega})$ $c_{-n}^*=c_n$ $\mathrm{Re}\{F[n]\}=\mathrm{Re}\{F[-n]\}$,$\mathrm{Im}\{F[n]\}=-\mathrm{Im}\{F[-n]\}$
位移性	非周期的离散序列 $f[k-m]$ 周期为 N 的离散序列 $f_N[k-m]$ 长度为 N 的离散序列 $f[k-m]$	$F(\mathrm{e}^{\mathrm{j}\omega})\mathrm{e}^{-\mathrm{j}\omega m}$ $c_n\mathrm{e}^{-\mathrm{j}n\frac{2\pi}{N}m}$ $F[n]W_N^{nm}$
频移性(调制特性)	非周期的离散序列 $f[k]\mathrm{e}^{\mathrm{j}\Omega_0 k}$ 周期为 N 的离散序列 $f_N[k]\mathrm{e}^{\mathrm{j}\Omega_0 km}$ 长度为 N 的离散序列 $f[k]W_N^{km}$	$F(\mathrm{e}^{\mathrm{j}(\omega-\Omega_0)})$ c_{n-m} $F[n-m]$
尺度变换性	非周期的离散序列 $f_m[k]=f[k/m]$ 周期为 N 的离散序列 $f_m[k]=f[k/m]$ 长度为 N 的离散序列 $f_m[k]=f[k/m]$	$F(\mathrm{e}^{\mathrm{j}\omega m})$ 谱线包络相应缩放 谱线包络相应缩放
反转	非周期的离散序列 $f[-k]$ 周期为 N 的离散序列 $f_N[-k]$ 长度为 N 的离散序列 $f[-k]$	$F(\mathrm{e}^{-\mathrm{j}\omega})$ c_{-n} $F[-n]$
时域差分	非周期的离散序列 $f[k]-f[k-1]$ 周期为 N 的离散序列 $f_N[k]-f_N[k-1]$ 长度为 N 的离散序列 $f[k]-f[k-1]$	$(1-\mathrm{e}^{-\mathrm{j}\omega})F(\mathrm{e}^{\mathrm{j}\omega})$ $(1-\mathrm{e}^{-\mathrm{j}n2\pi/N})c_n$ $(1-W_N^{-n})F[n]$

续表

性质	时域	变换域
时域求和 $\sum_{m=-\infty}^{k} f[m]$	非周期的离散序列 $f[k]$，且 $F(e^{j\omega})\|_{\omega=0}=0$ 周期为 N 的离散序列 $f_N[k]$，且 $C_n\|_{n=0}=0$ 长度为 N 的离散序列 $f[k]$，且 $F[n]\|_{n=0}=0$	$F(e^{j\omega})/(1-e^{-j\omega})$ $c_n/(1-e^{-jn2\pi/N})$ $F[n]/(1-W_N^{-n})$
频域微分	非周期的离散序列 $kf[k]$	$j\dfrac{dF(e^{j\omega})}{d\omega}$
时域卷积	非周期的离散序列 $f_1[k]*f_2[k]$ 周期均为 N 的离散序列的周期卷积 $\sum_{m=0}^{N-1}f_{N1}[m]f_{N2}[k-m]$，$k=0,\cdots,N-1$ 长度分别为 N_1、N_2 的离散序列的循环卷积 $\sum_{m=0}^{N-1}f_1[m]f_2[k-m]$，$k=0,\cdots,N-1$，且 $N\geqslant N_1+N_2-1$	$F_1(e^{j\omega})F_2(e^{j\omega})$ $Nc_{1n}c_{2n}$ $NF_1[n]F_2[n]$
频域卷积	非周期的离散序列 $f_1[k]f_2[k]$ 周期为 N 的离散序列 $f_{N1}[k]f_{N2}[k]$ 长度为 N 的离散序列 $f_1[k]f_2[k]$	$F_1(e^{j\omega})*F_2(e^{j\omega})/2\pi$ $c_{1n}*c_{2n}$（频域循环卷积） $F_1[n]*F_2[n]$（频域循环卷积）
帕塞瓦尔定理	非周期的离散序列 $f[k]$ 周期为 N 的离散序列 $f_N[k]$ 长度为 N 的离散序列 $f[k]$	$\sum_{k=-\infty}^{\infty}\|f[k]\|^2=\dfrac{1}{2\pi}\int_{2\pi}\|F(e^{j\omega})\|^2 d\omega$ $\dfrac{1}{N}\sum_{k=<N>}\|f[k]\|^2=\sum_{n=<N>}\|c_n\|^2$ $\dfrac{1}{N}\sum_{k=<N>}\|f[k]\|^2=\sum_{n=<N>}\|F[n]\|^2$

5.5.2 离散傅里叶变换的应用

离散傅里叶变换在工程中得到广泛的应用，下面简要地介绍其在两个方面的应用。

1. DFT 对称性质的应用

1）用 N 点复序列 DFT 同时计算两个 N 点实序列 DFT

通常要求计算 DFT 的原始序列 $f[k]$ 都为实序列，如果应用 DFT 对称性质，那么可以只用一次 N 点序列的 DFT 进行计算，同时算出两个 N 点实序列的 DFT 系数，从而提高一倍的计算效率。具体做法如下：

令 $f_1[k]$ 和 $f_2[k]$ 是两个要求计算 DFT 系数的 N 点实序列，设它们的 DFT 系数分别为 $F_1[n]$ 和 $F_2[n]$。现在再按以下公式组成一个新序列 $y[k]=f_1[k]+jf_2[k]$。

$y[k]$ 为一个复序列，可以按式（5.5.3）计算出它的 DFT 系数 $Y[n]$。从 $Y[n]$ 出发，通过简单的运算推出要求计算的 $F_1[n]$ 和 $F_2[n]$。

根据 DFT 线性性质，有

$$Y[n]=\sum_{k=0}^{N-1}\left[f_1[k]+jf_2[k]\right]W_N^{kn}=F_1[n]+jF_2[n]$$

按对称性质可得

$$\text{Re}\{Y[n]\}=\text{Re}\{F_1[n]\}-\text{Im}\{F_2[n]\}$$

$$\text{Im}\{Y[n]\}=\text{Im}\{F_1[n]\}+\text{Re}\{F_2[n]\}$$

$$\text{Re}\{Y[N-n]\}=\text{Re}\{F_1[n]\}+\text{Im}\{F_2[n]\}$$

$$\text{Im}\{Y[N-n]\} = -\text{Im}\{F_1[n]\} + \text{Re}\{F_2[n]\}$$

在上面四个方程中，以 $Y[n]$ 与 $Y[N-n]$ 的实部和虚部为已知数，$F_1[n]$ 与 $F_2[n]$ 的实部和虚部为未知数，可以解出

$$\text{Re}\{F_1[n]\} = \frac{\text{Re}\{Y[n]\} + \text{Re}\{Y[N-n]\}}{2} \quad (5.5.7)$$

$$\text{Im}\{F_1[n]\} = \frac{\text{Im}\{Y[n]\} - \text{Im}\{Y[N-n]\}}{2} \quad (5.5.8)$$

$$\text{Re}\{F_2[n]\} = \frac{\text{Im}\{Y[N-n]\} + \text{Im}\{Y[n]\}}{2} \quad (5.5.9)$$

$$\text{Im}\{F_2[n]\} = \frac{\text{Re}\{Y[N-n]\} - \text{Re}\{Y[n]\}}{2} \quad (5.5.10)$$

这样只需做一次复序列的 DFT，通过式（5.5.7）～式（5.5.10）的组合就可以得到两个实序列的 DFT 系数了。

2）利用 N 点复序列的 DFT 计算 $2N$ 点实序列的 DFT

利用 DFT 的对称性质，也可以用 N 点复序列的 DFT 来计算 $2N$ 点实序列的 DFT。

令 $f[k]$ 是一个 $2N$ 点的实序列，并把它分解为两个 N 点的实序列 $f_1[k]$ 和 $f_2[k]$：

$$f_1[k] = f[2k], \quad k = 0, 1, \cdots, N-1 \quad (5.5.11)$$

$$f_2[k] = f[2k+1], \quad k = 0, 1, \cdots, N-1 \quad (5.5.12)$$

即 $f_1[k]$ 是 $f[k]$ 中偶数序列号的点组成的序列，$f_2[k]$ 是 $f[k]$ 中奇数序列号的点组成的序列。

把 $f_1[k]$ 和 $f_2[k]$ 组成 N 点复数序列 $y[k] = f_1[k] + \text{j}f_2[k]$，令 $y[k]$ 的 DFT 为 $Y[n]$。

一旦计算出 $Y[n]$ 以后，按上面的方法从式（5.5.7）～式（5.5.10）可以推出 $f_1[k]$ 与 $f_2[k]$ 的 DFT $F_1[n]$ 和 $F_2[n]$，可得 $f[k]$ 的 DFT 为

$$\begin{aligned} F[n] &= \sum_{k=0}^{2N-1} f[k] W_{2N}^{kn} = \sum_{k=0}^{N-1} f_1[k] W_N^{kn} + W_{2N}^n \sum_{k=0}^{N-1} f_2[k] W_N^{kn} \\ &= F_1[n] + W_{2N}^n F_2[n] \end{aligned} \quad (5.5.13)$$

式中，$n = 0, 1, \cdots, N-1$；$W_{2N} = \text{e}^{-\text{j}\frac{\pi}{N}}$；$W_N = \text{e}^{-\text{j}\frac{2\pi}{N}}$。

离散傅里叶变换在数字信号处理的理论和实践中有着重要的意义，就实践而言，面临的是如何把它具体算出来的问题。这类算法研究称为快速傅里叶变换算法。

2. 利用 DFT 方法计算信号的频谱

（1）若 $f[k]$ 是一个以 N 为周期的离散时间序列，则其离散傅里叶系数为

$$c_n = \frac{1}{N} \sum_{k=<N>} f[k] \text{e}^{-\text{j}n(2\pi/N)k} = \frac{1}{N} \sum_{k=0}^{N-1} f[k] \text{e}^{-\text{j}n(2\pi/N)k}$$

傅里叶系数 c_n 也称为 $f[k]$ 的频谱系数。

从 DFT 的定义可知，c_n 是以 N 为周期的离散频率序列，取 c_n 中的一个周期记为 $F[n]$。

对于周期序列的 $f[k]$，取其中一个周期做 DFT 可以得到一个 N 点 $F[k]$ 序列，可得

$$c_n = F[n], \quad n = 0, 1, \cdots, N-1 \quad (5.5.14)$$

可见周期序列的频谱 c_n 是一个离散的、周期的频谱，其周期为 N。

（2）若 $f[k]$ 是一个有限长非周期的离散时间序列，则对于非周期序列的离散傅里叶变换是对周期序列 $f[k]$ 在周期 $N \to \infty$ 的极限情况下导出的。

因此，对于一个有限长非周期序列的 $f[k]$ 做一个周期延拓，取其中的一个周期做 DFT，可以得到一个 N 点 $F[n]$ 序列。

因为 $F[n] = c_n$，所以有

$$F(\mathrm{e}^{\mathrm{j}\omega})\big|_{\omega=2\pi n/N} = NF[n], \quad n = 0,1,\cdots,N-1 \quad (5.5.15)$$

可见非周期序列 $f[k]$ 的频谱 $F(\mathrm{e}^{\mathrm{j}\omega})$ 是 $NF[n]$ 的包络，是一个连续、周期的频谱，其周期为 2π。

（3）对于一个周期模拟信号 $f(t)$，其频谱是连续傅里叶系数 F_n，是一个离散谱。

在满足抽样定理的条件下，可对 $f(t)$ 在 $t=nT$ 时采样，得到一个周期序列，其中一个周期内 $f[kT]=f(t)|_{t=kT}$，$k=0,1,\cdots,N-1$。

这里，$N\Omega_0 = 2\pi$，$T \cdot \Delta\Omega = \Omega_0$，$T$、$\Delta\Omega$ 分别代表时域和频域的取样间隔。取其中的一个周期做 DFT 可以得到一个 N 点 $F[n]$ 序列，则频谱在一个周期内满足：

$$F_n = F[n]\big|_{n=k\Omega_0}, \quad n=0,1,\cdots,N-1 \quad (5.5.16)$$

故周期模拟信号 $f(t)$ 的频谱 F_n 是一个离散的非周期的频谱。

（4）对于一个非周期有限长度的模拟信号 $f(t)$，其频谱 $F(\mathrm{j}\omega)$ 是一个连续谱。

在满足抽样定理的条件下，可对 $f(t)$ 在 $t=nT$ 时采样，得到一个非周期有限长度序列，其中一个周期内 $f[kT]=f(t)|_{t=kT}$，$k=0,1,\cdots,N-1$。

对于一个有限长非周期序列的 $f[kT]$ 做一个周期开拓，取其中的一个周期做 DFT 可以得到一个 N 点 $F[n]$ 序列，若用 T、$\Delta\Omega$ 分别代表时域和频域的取样间隔，若模拟信号的有限长度为 L，则 $L=TN$。

在一个周期内

$$F(\mathrm{j}\omega)\big|_{\omega=n\Delta\Omega} = NF[n], \quad n=0,1,\cdots,N-1 \quad (5.5.17)$$

由此可见，非周期模拟信号 $f(t)$ 的频谱 $F(\mathrm{j}\omega)$ 是一个周期 $NF[n]$ 的包络，是一个连续的非周期频谱。

【例 5.5.3】 利用 DFT 计算如图 5.5.1（a）所示周期信号的频谱函数，并画出其幅频特性曲线。

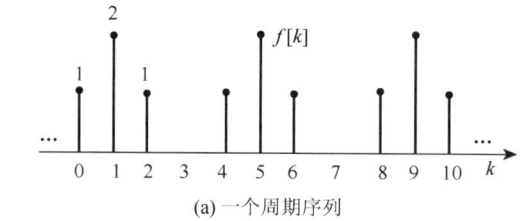

(a) 一个周期序列

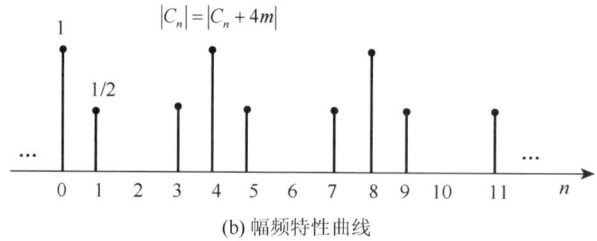

(b) 幅频特性曲线

图 5.5.1 例 5.5.3 周期序列及其幅频曲线

解 由于 $f[k]=\{1,2,1,0\}$，$N=4$，$W_4 = \mathrm{e}^{-\mathrm{j}(2\pi/4)} = -\mathrm{j}$，有

$$\begin{bmatrix} F[0] \\ F[1] \\ F[2] \\ F[3] \end{bmatrix} = \frac{1}{4} \begin{bmatrix} W_4^0 & W_4^0 & W_4^0 & W_4^0 \\ W_4^0 & W_4^1 & W_4^2 & W_4^3 \\ W_4^0 & W_4^2 & W_4^4 & W_4^6 \\ W_4^0 & W_4^3 & W_4^6 & W_4^9 \end{bmatrix} \begin{bmatrix} f[0] \\ f[1] \\ f[2] \\ f[3] \end{bmatrix}$$

$$= \frac{1}{4} \begin{bmatrix} 1 & 1 & 1 & 1 \\ 1 & -j & -1 & j \\ 1 & -1 & 1 & -1 \\ 1 & j & -1 & -j \end{bmatrix} \begin{bmatrix} 1 \\ 2 \\ 1 \\ 0 \end{bmatrix} = \begin{bmatrix} 1 \\ -j/2 \\ 0 \\ j/2 \end{bmatrix}$$

$$F[n] = c_n, \quad c_n = c_{n+4m} = \left\{1, -j/2, 0, j/2\right\}, \quad m = \cdots, -2, -1, 0, +1, +2, \cdots$$

序列的幅频特性曲线如图 5.5.1（b）所示。

【例 5.5.4】 试求长度分别为 N_1、N_2 的离散序列 $f_1[k]$、$f_2[k]$ 的卷积。

解 取 $N \geq N_1 + N_2 - 1$，对长度分别为 N_1、N_2 的离散序列 $f_1[k]$、$f_2[k]$ 进行周期扩展，没有值的点以 0 补充，因为 $f_1[k] \leftrightarrow F_1[n] = \frac{1}{N} \sum_{k=<N>} f_1[k] W_N^{kn}$，$f_2[k] \leftrightarrow F_2[n] = \frac{1}{N} \sum_{k=<N>} f_2[k] W_N^{kn}$，令 $y[k] = \sum_{m=0}^{N-1} f_1[m] f_2[k-m]$，则有

$$Y[n] = \frac{1}{N} \sum_{k=<N>} y[k] W_N^{kn} = \frac{1}{N} \sum_{k=<N>} \left(\sum_{m=0}^{N-1} f_1[m] f_2[k-m] \right) W_N^{kn}$$

$$= \frac{1}{N} \sum_{m=<N>} f_1[m] \left(\sum_{k=0}^{N-1} f_2[k-m] W_N^{n(k-m)} \right) W_N^{mn}$$

$$= \frac{1}{N} \sum_{m=<N>} f_1[m] N F_2[n] W_N^{nm}$$

$$= F_2[n] \sum_{m=<N>} f_1[m] W_N^{nm}$$

$$= F_2[n] N F_1[n]$$

$$= N F_1[n] F_2[n]$$

可以求出 $f_1[k] * f_2[k] = y[k] = \sum_{k=<N>} Y[n] W_N^{-kn}$，$k = 0, 1, \cdots, N-1$。

【例 5.5.5】 用 DFT 方法计算 $x(t)$ 的频谱：

$$x(t) = \begin{cases} e^{-t}, & t < 0 \\ 0.6, & t = 0 \\ 0, & t < 0 \end{cases}$$

解 方法一：用傅里叶变换计算。

计算 $x(t)$ 的傅里叶变换，得 $X(\Omega) = \frac{1}{1+j\Omega}$，取 $\Delta\Omega = \pi/5$，可得一组 $X(n\Delta\Omega)$ 值，如表 5.5.2 右边一列数字所示。

方法二：用 DFT 方法计算。

当 $t > 10$ 时，$x(t)$ 实际已经很小了。因此按 $T = 0.6s$ 对 $x(t)$ 进行采样，并根据采样值组成 N 为 20 的周期序列，这样可以忽略因周期拓展引入的叠混。

直接取 $x[k] = x(kT)$，$k = 0, 1, \cdots, 19$。这样得到以下的采样序列 $x[k]$：

0.60000,	0.60663,	0.36788,	0.22313
0.13634,	0.08208,	0.04979,	0.03020
0.01832,	0.01111,	0.00674,	0.00409
0.00248,	0.00160,	0.00091,	0.00066
0.00034,	0.00020,	0.00012,	0.00008

由它计算出的 NX[n] 列在表 5.5.2 左边一列，表上只列出了 $n=0,1,\cdots,7$ 的 NX[n] 值。

由表 5.5.2 可知，利用 DFT 方法计算的值 NX[n] 与信号的实际频谱样点值 $X(\Omega)|_{\Omega=n\Delta\Omega}$ 几乎相同，存在的误差是由有限截断及取样造成的。

表 5.5.2 用傅里叶变换法和用 DFT 方法算得的模拟信号傅里叶变换值

用 DFT 方法算出的 NX[n]	用傅里叶变换法算出的 $X(n\Delta\Omega)$
1.0207+j0.0000	1.0000+j0.0000
0.7378+j0.4376	0.7170+j0.4606
0.4089+j0.4612	0.3877+j0.4872
0.2413+j0.3746	0.2196+j0.4140
0.1691+j0.2904	0.1367+j0.3436
0.1166+j0.2217	0.0920+j0.2890
0.0907+j0.1666	0.0667+j0.2478
0.0760+j0.1179	0.0492+j0.2162

5.6 线性时不变离散时间系统的频域分析

5.6.1 线性时不变离散时间系统的频率响应

由 5.1 节可知，当离散时间系统的输入 $x[k]=\mathrm{e}^{\mathrm{j}\omega k}$ 时，系统的输出 $y[k]=H(\mathrm{e}^{\mathrm{j}\omega})\mathrm{e}^{\mathrm{j}\omega k}$，那么当输入 $x[k]=\sum_{n=<N>}c_n\mathrm{e}^{\mathrm{j}\omega k}$ 时，系统输出为

$$y[k]=\sum_{n=<N>}c_n H(\mathrm{e}^{\mathrm{j}\omega})\mathrm{e}^{\mathrm{j}\omega k} \tag{5.6.1}$$

令 $\omega_0=2\pi/N$，$\omega=2\pi n/N$，可见，系统的输出是 N 个呈谐波关系的复指数序列的加权和，每一个复指数序列的系数是相应的输入序列的系数 c_n 乘以 $H\left(\mathrm{e}^{\mathrm{j}2\pi nk/N}\right)$。

当输入 $x[k]=A\mathrm{e}^{\mathrm{j}\omega k}u[k]$ 时，$y[k]=AH(z)\mathrm{e}^{\mathrm{j}\omega k}u[k]=AH(\mathrm{e}^{\mathrm{j}\omega})\mathrm{e}^{\mathrm{j}\omega k}u[k]$，可以写作

$$y[k]=A\left|H(\mathrm{e}^{\mathrm{j}\omega T})\right|\mathrm{e}^{\mathrm{j}\omega k+\angle H(\mathrm{e}^{\mathrm{j}\omega})}u[k] \tag{5.6.2}$$

当输入正弦序列 $x[k]=A\sin(\omega Tk)u[k]$ 时，系统的稳态输出为

$$y[k]\big|_{\text{稳态}}=A\left|H(\mathrm{e}^{\mathrm{j}\omega T})\right|\sin[\omega Tk+\angle H(\mathrm{e}^{\mathrm{j}\omega T})]u[k] \tag{5.6.3}$$

式中，$\omega=2\pi f$；f 为输入信号频率；T 为取样信号周期。

由此可见，当离散时间系统的输入信号是角频率为 ω、取样周期为 T 的复指数序列（或正弦序列）时，系统的稳态响应也应该是同频率、同取样周期的复指数序列（或正弦序列），它的模被乘上了在点 $z=\mathrm{e}^{\mathrm{j}\omega T}$ 上计算的 $H(\mathrm{e}^{\mathrm{j}\omega T})$ 的模 $\left|H(\mathrm{e}^{\mathrm{j}\omega T})\right|$，它的相位增加了该信号通过系统产生的相移 $\varphi_d(\omega)=\angle H(\mathrm{e}^{\mathrm{j}\omega T})$。

当系统稳定时，$H(\mathrm{e}^{\mathrm{j}\omega})=H(z)\big|_{z=\mathrm{e}^{\mathrm{j}\omega}}$，称为此离散时间系统的频率特性。

系统在频率为 ωT 时的频率特性为
$$H\left(e^{j\omega T}\right) = H(z)\big|_{z=e^{j\omega T}}$$
也可以表示为
$$H\left(e^{j\omega T}\right) = H_d(\omega)e^{j\varphi_d(\omega)}$$
式中，$H_d(\omega) = \left|H\left(e^{j\omega T}\right)\right|$ 称为系统在频率为 ωT 时的幅频特性，$\varphi_d(\omega) = \angle H\left(e^{j\omega T}\right)$ 称为系统在频率为 ωT 时的相频特性。

【例 5.6.1】 一个周期序列 $x[k]$ 的周期为 8，其离散傅里叶系数 $c_n = -c_{n-4}$，该周期序列通过系统后输出为 $y[k]$，且有 $y[k] = \dfrac{1+(-1)^k}{2}x[k-1]$。求 $y[k]$ 的离散傅里叶系数及系统函数。

解 因周期序列 $x[k]$ 的周期为 8，$x[k-1]$ 的离散傅里叶系数为 $c_n e^{-\frac{j2\pi}{8}n}$，而 $(-1)^k x[k-1] = x[k-1]e^{j\pi k}$，其离散傅里叶系数为 $c_{n-4}e^{-\frac{j2\pi}{8}(n-4)}$，又因 $c_n = -c_{n-4}$，故 $(-1)^k x[k-1]$ 的离散傅里叶系数为 $c_n e^{-\frac{j2\pi}{8}n}$，$y[k] = \dfrac{1+(-1)^k}{2}x[k-1]$ 的离散傅里叶系数为 $c_n e^{-\frac{j2\pi}{8}n}$，根据 $y[k] = \sum_{n=<N>} c_n H\left(e^{j2\pi n/N}\right) e^{j2\pi nk/N}$，可得系统函数为
$$H\left(e^{j\omega}\right)\bigg|_{\omega=\frac{2\pi n}{8}} = H\left(e^{\frac{j2\pi n}{8}}\right) = e^{-\frac{j2\pi n}{8}}$$

【例 5.6.2】 已知某离散时间系统 $H(z) = \dfrac{1+z^{-1}}{1-0.5z^{-1}}$，求其频率响应、幅频和相频特性函数。

解 由 $H(z)$ 可得系统的频率响应为
$$H\left(e^{j\omega T}\right) = H(z)\big|_{z=e^{j\omega T}} = \frac{1+e^{-j\omega T}}{1-0.5e^{-j\omega T}} = \frac{1+\cos(\omega T) - j\sin(\omega T)}{1-0.5\cos(\omega T) + j0.5\sin(\omega T)}$$
$$= \frac{\sqrt{(1+\cos(\omega T))^2 + \sin^2(\omega T)} \cdot e^{j\psi}}{\sqrt{[1-0.5\cos(\omega T)]^2 + (0.5\sin(\omega T))^2} \cdot e^{j\theta}}$$

令
$$1 - 0.5e^{-j\omega T} = Ae^{j\theta}, \quad 1+e^{-j\omega T} = Be^{j\psi}$$
其中
$$A = \sqrt{[1-0.5\cos(\omega T)]^2 + [0.5\sin(\omega T)]^2} = \sqrt{1.25 - \cos(\omega T)}$$
$$B = \sqrt{[1+\cos(\omega T)]^2 + \sin^2(\omega T)} = \sqrt{2[1+\cos(\omega T)]}$$
$$\psi = \arctan\frac{-\sin(\omega T)}{1+\cos(\omega T)}, \quad \theta = \arctan\frac{0.5\sin(\omega T)}{1-0.5\cos(\omega T)}$$

令
$$H\left(e^{j\omega T}\right) = H_d(\omega)e^{j\phi_d(\omega)}$$

幅频特性函数
$$H_d(\omega) = \frac{B}{A} = \sqrt{\frac{2[1+\cos(\omega T)]}{1.25 - \cos(\omega T)}}$$

相频特性函数
$$\varphi_d(\omega) = \psi - \theta$$
$$= \arctan\frac{-\sin(\omega T)}{1+\cos(\omega T)} - \arctan\frac{0.5\sin(\omega T)}{1-0.5\cos(\omega T)} = -\arctan\frac{3\sin(\omega T)}{1+\cos(\omega T)}$$

由幅频和相频特性可见，它们都是以 $\omega = \dfrac{2\pi}{T}$ 周期性地重复变化的连续频谱。

【例 5.6.3】 已知某离散时间线性时不变系统的单位响应 $h[k] = a^k u[k]$，$-1 < a < 1$，求输入 $x[k] = \cos(2\pi k / N)$ 时系统的响应。

解 先求出

$$H(z) = \sum_{i=-\infty}^{\infty} h[i] z^{-i} = \sum_{i=0}^{\infty} a^i (z)^{-i} = \sum_{i=0}^{\infty} (az^{-1})^i$$

根据无穷项几何级数求和公式

$$\sum_{m=0}^{\infty} r^m = \frac{1}{1-r}$$

得

$$H(z) = \frac{1}{1 - az^{-1}}$$

故

$$H\left(e^{j2\pi/N}\right) = H(z)\big|_{z=e^{j2\pi/N}} = \frac{1}{1 - ae^{-j2\pi/N}}$$

设 $\Omega_0 = \dfrac{2\pi}{N}$，$N$ 为一个整数，$x[k]$ 是一个周期为 N 的序列，将 $x[k]$ 直接开展成复指数形式，得 $x[k] = \dfrac{1}{2}\left[e^{j(2\pi/N)k} + e^{-j(2\pi/N)k}\right]$。

故 $c_n = \dfrac{1}{2}$，$c_{-n} = \dfrac{1}{2}$，$n = 1, N+1, 2N+1, 3N+1, \cdots$，即一个周期内有一对谱线出现在 ± 1 处。

系统响应为

$$y[k] = \frac{1}{2} H(e^{j2\pi/N}) e^{j(2\pi/N)k} + \frac{1}{2} H(e^{-j2\pi/N}) e^{-j(2\pi/N)k}$$

$$= \frac{1}{2} \cdot \frac{1}{1 - ae^{-j2\pi/N}} e^{j(2\pi/N)k} + \frac{1}{2} \cdot \frac{1}{1 - ae^{j2\pi/N}} e^{-j(2\pi/N)k}$$

若令 $\dfrac{1}{1 - ae^{-j2\pi/N}} = re^{j\theta}$，则

$$\frac{1}{1 - ae^{j2\pi/N}} = re^{-j\theta}, \quad y[k] = \frac{1}{2} re^{j(2\pi k/N + \theta)} + \frac{1}{2} re^{-j(2\pi k/N + \theta)} = r\cos(2\pi k/N + \theta)$$

若 $N = 4$，$\dfrac{1}{1 - ae^{-j2\pi/4}} = \dfrac{1}{1 + ja}$，则 $r = \dfrac{1}{\sqrt{1 + a^2}}$，$\theta = -\arctan a$

故

$$y[k] = \frac{1}{\sqrt{1 + a^2}} \cos(2\pi k / N - \arctan a)$$

【例 5.6.4】 一个 LTI 离散时间系统，系统函数 $H(z) = 0.4 \dfrac{1 + z^{-1}}{1 - 0.2z^{-1}}$，系统的输入为幅度等于 10V、频率为100Hz的正弦序列，设抽样频率为1200Hz，求其稳态输出。

解 因输入信号幅度 $A = 10\text{V}$，输入频率 $f = 100\text{Hz}$，抽样频率 $1/T = 1200\text{Hz}$，故 $\omega T = 2\pi f T = \pi/6$，输入信号表达为

$$x[k] = 10 \sin\left(\frac{2\pi k}{12}\right) u[k]$$

根据系统函数 $H(z) = 0.4\dfrac{1+z^{-1}}{1-0.2z^{-1}}$，可得

$$H\left(\mathrm{e}^{\mathrm{j}\omega T}\right) = H(z)\big|_{z=\mathrm{e}^{\mathrm{j}\omega T}} = 0.4 \times \dfrac{1+\mathrm{e}^{-\mathrm{j}\omega T}}{1-0.2\mathrm{e}^{-\mathrm{j}\omega T}}$$

将 $\omega T = 2\pi fT = \pi/6$ 代入上式，可得

$$\left|H\left(\mathrm{e}^{\mathrm{j}\omega T}\right)\right| = 0.924, \quad \angle H\left(\mathrm{e}^{\mathrm{j}\omega T}\right) = -21.9°$$

故系统的正弦稳态输出为

$$y[k]\big|_{\text{稳态}} = A\left|H\left(\mathrm{e}^{\mathrm{j}\omega T}\right)\right|\sin\left(\omega Tk + \angle H\left(\mathrm{e}^{\mathrm{j}\omega T}\right)\right)u[k] = 9.24\sin\left(\dfrac{\pi k}{6} - 21.9°\right)u[k]$$

【例 5.6.5】 用计算机对测量所得的资料 $x[k]$ 进行平均处理。当收到一个测量资料后，计算机就把这一次输入的资料与前 M 次输入的资料进行平均，求这一数据处理过程的频率响应。

解 根据题意，可得数据平均处理器的差分方程为

$$y[k] = \dfrac{1}{M+1}\sum_{m=0}^{M} x[k-m]$$

对上式两边取傅里叶变换，得

$$Y\left(\mathrm{e}^{\mathrm{j}\omega}\right) = \dfrac{1}{M+1}\dfrac{1-\mathrm{e}^{-\mathrm{j}(M+1)\omega}}{1-\mathrm{e}^{-\mathrm{j}\omega}}X\left(\mathrm{e}^{\mathrm{j}\omega}\right) = H\left(\mathrm{e}^{\mathrm{j}\omega}\right)X\left(\mathrm{e}^{\mathrm{j}\omega}\right)$$

故平均处理器的频率响应为

$$H\left(\mathrm{e}^{\mathrm{j}\omega}\right) = \dfrac{1}{M+1}\dfrac{1-\mathrm{e}^{-\mathrm{j}(M+1)\omega}}{1-\mathrm{e}^{-\mathrm{j}\omega}} = \dfrac{\sin\dfrac{(M+1)\omega}{2}}{(M+1)\sin\dfrac{\omega}{2}}\mathrm{e}^{-\mathrm{j}\frac{M\omega}{2}}$$

其频率响应如图 5.6.1 所示。

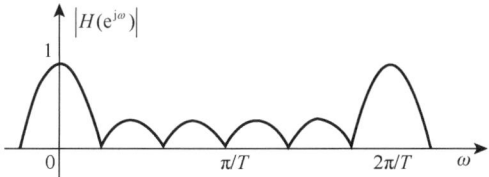

图 5.6.1 例 5.6.5 平均处理器的频率响应

5.6.2 利用离散时间傅里叶变换求离散时间系统响应

由 5.1 节可知，若系统的单位抽样响应为 $h[k]$，当输入 $x[k] = z^k$ 时，系统输出为

$$y[k] = h[k]*x[k] = \sum_{i=-\infty}^{\infty} h[i]z^{k-i} = z^k\sum_{i=-\infty}^{\infty} h[i]z^{-i} = H(z)z^k$$

令 $z = \mathrm{e}^{\mathrm{j}\omega}$，其中，$\omega$ 为数字频率，可得输入 $x[k] = \mathrm{e}^{\mathrm{j}\omega k}$ 时，系统输出为

$$y[k] = H(z)\mathrm{e}^{\mathrm{j}\omega k}\big|_{z=\mathrm{e}^{\mathrm{j}\omega}} = H\left(\mathrm{e}^{\mathrm{j}\omega}\right)\mathrm{e}^{\mathrm{j}\omega k} \tag{5.6.4}$$

利用系统的线性特性，当输入信号为 $x[k] = \dfrac{1}{2\pi}X\left(\mathrm{e}^{\mathrm{j}\omega}\right)\mathrm{d}\omega\cdot\mathrm{e}^{\mathrm{j}\omega k}$ 时，系统输出为

$$y[k] = \frac{1}{2\pi} X\left(e^{j\omega}\right) d\omega \cdot H\left(e^{j\omega}\right) e^{j\omega k} \tag{5.6.5}$$

同理，当输入信号为 $x[k] = \frac{1}{2\pi} \int_{-\pi}^{\pi} X\left(e^{j\omega}\right) d\omega \cdot e^{j\omega k}$ 时，系统输出为

$$y[k] = \frac{1}{2\pi} \int_{-\pi}^{\pi} X\left(e^{j\omega}\right) H\left(e^{j\omega}\right) e^{j\omega k} d\omega \tag{5.6.6}$$

令 $Y\left(e^{j\omega}\right) = X\left(e^{j\omega}\right) H\left(e^{j\omega}\right)$，则 $y[k] = \frac{1}{2\pi} \int_{-\pi}^{\pi} Y\left(e^{j\omega}\right) e^{j\omega k} d\omega$，$Y\left(e^{j\omega}\right)$ 为输出 $y[k]$ 的频谱，即 $y[k] \leftrightarrow Y\left(e^{j\omega}\right)$。

【例 5.6.6】 已知某离散时间 LTI 系统的单位响应为 $h[k] = \delta[k-m]$，计算输入 $x[k]$ 时系统的响应。

解 因 $h[k] = \delta[k-m] \leftrightarrow e^{-j\omega m}$，$x[k] \leftrightarrow X\left(e^{j\omega}\right)$，故有

$$Y\left(e^{j\omega}\right) = X\left(e^{j\omega}\right) H\left(e^{j\omega}\right) = X\left(e^{j\omega}\right) e^{-j\omega m}$$

可见该系统对输入的响应在频谱上仅仅产生了一个相移。

输出为

$$y[k] = \frac{1}{2\pi} \int_{-\pi}^{\pi} X\left(e^{j\omega}\right) \cdot e^{j\omega(k-m)} d\omega = x[k-m]$$

可见该系统对输入的响应在时域上仅仅产生了一个时移。

【例 5.6.7】 已知某离散时间 LTI 系统的单位响应 $h[k] = a^k u[k]$ ($|a| < 1$)：

（1）求此系统的频率响应 $H\left(e^{j\omega}\right)$。

（2）求输入信号 $x[k] = b^k u[k]$ ($|b| < 1$) 时系统的响应。

解

（1）$H\left(e^{j\omega}\right) = \sum_{k=-\infty}^{\infty} h[k] e^{-j\omega k} = \sum_{k=0}^{\infty} a^k e^{-j\omega k} = \sum_{k=0}^{\infty} (a e^{-j\omega})^k = \dfrac{1}{1 - a e^{-j\omega}}$，（$|a| < 1$）。

（2）$X\left(e^{j\omega}\right) = \sum_{k=-\infty}^{\infty} x[k] e^{-j\omega k} = \sum_{k=0}^{\infty} b^k e^{-j\omega k} = \sum_{k=0}^{\infty} (b e^{-j\omega})^k = \dfrac{1}{1 - b e^{-j\omega}}$，（$|b| < 1$）。

故得

$$Y\left(e^{j\omega}\right) = X\left(e^{j\omega}\right) H\left(e^{j\omega}\right) = \frac{1}{\left(1 - a e^{-j\omega}\right)\left(1 - b e^{-j\omega}\right)}$$

若 $a \neq b$，则

$$Y\left(e^{j\omega}\right) = \frac{1}{\left(1 - a e^{-j\omega}\right)\left(1 - b e^{-j\omega}\right)}$$

$$= \frac{a}{(a-b)\left(1 - a e^{-j\omega}\right)} - \frac{b}{(a-b)\left(1 - b e^{-j\omega}\right)}$$

系统的响应为

$$y[k] = \frac{a}{a-b} a^k u[k] - \frac{b}{a-b} b^k u[k] = \frac{a^{k+1} - b^{k+1}}{a-b} u[k]$$

若 $a = b$，则

$$Y(e^{j\omega}) = \frac{1}{(1-ae^{-j\omega})^2} = \frac{j}{a}e^{j\omega}\frac{d}{d\omega}\left(\frac{1}{1-ae^{-j\omega}}\right)$$

系统的响应为

$$y[k] = (k+1)a^k u[k]$$

习　题

5.1　计算以下周期序列的离散傅里叶系数：

（1）$x[k] = 1 + \sin\left(\dfrac{2\pi k}{N}\right) + \cos\left(\dfrac{2\pi k}{N}\right) + \cos\left(\dfrac{6\pi k}{N} + \dfrac{\pi}{2}\right)$。

（2）$x[k] = \sin\left[\dfrac{2\pi(k-1)}{8}\right]$。

（3）$x[k] = \cos\left(\dfrac{2\pi k}{4}\right)\sin\left(\dfrac{2\pi k}{3}\right)$。

5.2　求习题 5.2 图所示周期序列的离散傅里叶级数。

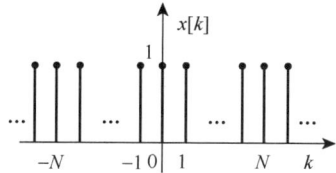

习题 5.2 图　一个周期序列

5.3　根据离散傅里叶级数，求对应周期序列的时域形式。

（1）$c_n = N - \cos\left(\dfrac{\pi n}{2}\right)$；周期 $N = 12$。

（2）$c_n = \left(\dfrac{1}{2}\right)^n$，$-2 \leqslant n < 3$；周期 $N = 6$。

5.4　某离散时间系统的系统函数 $H(z) = \dfrac{0.5 + z^{-1}}{1 - 0.5z^{-1}}$，试求其系统频率响应。

5.5　一个数字时延滤波器如习题 5.5 图所示，试求其系统频率响应。

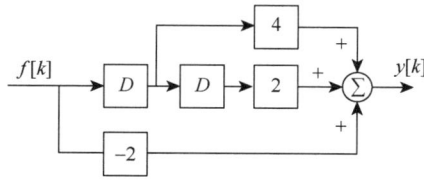

习题 5.5 图　一个数字时延滤波器

5.6　已知某离散时间 LTI 系统的单位抽样响应 $h[k] = a^k u[k]$（$-1 < a < 1$），求输入周期 $N = 8$ 的序列 $x[k] = \cos\left(\dfrac{2\pi k}{N}\right)$ 时系统响应。

5.7　一个数字时延滤波器如习题 5.5 图所示，系统的输入为幅度等于 10V，频率为 20Hz 的正弦序列，设抽样频率为 100Hz，求其稳态输出。

5.8　计算以下非周期序列的频谱密度函数：

（1） $x[k] = \sin\left(\dfrac{5\pi k}{2}\right)(u[k] - u[k-10])$；

（2） $x[k] = \left(\dfrac{1}{4}\right)^k u[k+2]$；

（3） $x[k] = a^{|k|} \sin\left(\dfrac{3\pi k}{2}\right)$，$|a| < 1$；

（4） $x[k] = \left(\dfrac{1}{2}\right)^k$，$-2 \leq k < 3$；

（5） $x[k] = \dfrac{\sin\left(\dfrac{5\pi k}{2}\right)}{\pi k}$；

（6） $x[k] = \sum\limits_{n=0}^{\infty} \left(\dfrac{1}{4}\right)^k \delta[k-3n]$

5.9 求习题 5.9 图所示非周期序列的频谱密度函数。

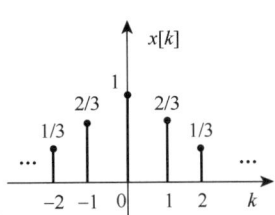

习题 5.9 图　一个非周期序列

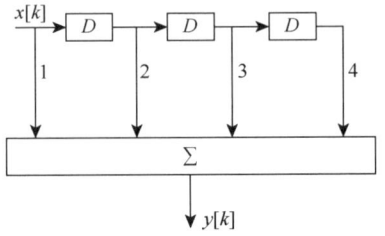

习题 5.11 图　一个横向滤波器

5.10 由以下频谱密度函数求对应的非周期序列。

（1） $X(e^{j\omega}) = \cos\left(\dfrac{2\omega}{3}\right) + \sin\left(\dfrac{2\omega}{7}\right)$。

（2） $X(e^{j\omega}) = \sum\limits_{i=-\infty}^{\infty} \left(\dfrac{1}{2}\right)^i \delta\left(\omega - \dfrac{\pi i}{2}\right)$，周期 $N = 12$。

5.11 某周期 $N = 6$ 的序列，已知其在一个周期内的序列值为 $x[k] = \{1,2,1,0\}$。试求此周期序列通过习题 5.11 图所示横向滤波器时的输出 $y[k]$。

5.12 某离散时间 LTI 系统由两个子系统并联形成，已知其中一个子系统的单位抽样响应为 $h_1[k] = \left(\dfrac{1}{3}\right)^k u[k]$，系统总的频率响应 $H(e^{j\omega}) = \dfrac{-12 + 5e^{-j\omega}}{12 - 7e^{-j\omega} + e^{-j2\omega}}$，求另一个子系统的单位响应 $h_2[k]$。

5.13 已知某离散时间 LTI 系统由两个子系统级联形成，子系统的频率响应分别为 $H_1(e^{j\omega}) = \dfrac{2 - e^{-j\omega}}{1 + \dfrac{1}{2} e^{-j\omega}}$ 和 $H_2(e^{j\omega}) = \dfrac{1}{1 - \dfrac{1}{2} e^{-j\omega} + \dfrac{1}{4} e^{-j\omega}}$：

（1）写出描述整个系统的差分方程。

（2）求系统总的脉冲响应。

5.14 已知描述某离散时间因果 LTI 系统的差分方程为

$$y[k] + \dfrac{1}{2} y[k-1] = x[k]$$

（1）求系统的频率响应 $H(e^{j\omega})$。

（2）求输入分别是以下序列时系统的响应：

$$x_1[k] = \left(\dfrac{1}{2}\right)^k u[k], \quad x_2[k] = \left(-\dfrac{1}{2}\right)^k u[k]$$

$$x_3[k] = \delta[k] + \dfrac{1}{2}\delta[k-1], \quad x_4[k] = \delta[k] - \dfrac{1}{2}\delta[k-1]$$

（3）已知输入序列的频谱密度函数分别如下所示，求系统的响应。

$$X_1\left(e^{j\omega}\right) = \frac{1 - \frac{1}{4}e^{-j\omega}}{1 + \frac{1}{2}e^{-j\omega}}, \quad X_2\left(e^{j\omega}\right) = \frac{1 + \frac{1}{2}e^{-j\omega}}{1 - \frac{1}{4}e^{-j\omega}}$$

$$X_3\left(e^{j\omega}\right) = \frac{1}{\left(1 - \frac{1}{4}e^{-j\omega}\right)\left(1 + \frac{1}{2}e^{-j\omega}\right)}, \quad X_4\left(e^{j\omega}\right) = 1 + 2e^{-3j\omega}$$

5.15 试求下列有限长非周期抽样序列串的 DFT。

（1）$x[k] = \left(\frac{1}{4}\right)^k u[k+2]$，$-2 \leq k < 3$。

（2）$x[k] = \left(\frac{1}{2}\right)^k$，$-2 \leq k < 3$。

（3）$x[k] = \frac{\sin\left(\frac{5\pi k}{2}\right)}{\pi k}$，$-4 \leq k < 4$。

5.16 试通过计算下列序列的 IDFT，求下列有限长非周期抽样序列串。

（1）$X[n] = \left\{1, -\frac{j}{2}, 0, \frac{j}{2}\right\}$。

（2）$X[n] = \left(\frac{1}{2}\right)^n$，$0 \leq n < 5$。

（3）$X[n] = \{1, -j, 1, j, 1, -1\}$。

5.17 试求长度分别为 N_1、N_2 的非周期离散序列 $x_1[k]$、$x_2[k]$ 的卷积（用 DFT 数值计算）。

（1）$x_1[k] = \sin\left(\frac{5\pi k}{2}\right)(u[k] - u[k-5])$，$N_1 = 6$；$x_2[k] = \{1, 2, 1, 0\}$，$N_2 = 4$。

（2）$x_1[k] = \left(\frac{1}{4}\right)^k u[k+2]$，$N_1 = 4$；$x_2[k] = a^k \sin\left(\frac{5\pi k}{2}\right) u[k]$（$|a| < 1$），$N_2 = 4$。

自 测 题

一、判断题（在圆括号内正确的打"√"，错误的打"×"）（每小题 1 分，共 5 分）

1.1 离散时间傅里叶变换 $X\left(e^{j\omega}\right)$ 是以 2π 为周期的连续函数。（　　）

1.2 若序列 $x[k] = x^*[-k]$，则 $X\left(e^{j\omega}\right)$ 满足 $X\left(e^{j\omega}\right) = -X^*\left(e^{j\omega}\right)$。（　　）

1.3 连续时间与离散时间傅里叶级数都存在收敛问题和吉布斯现象。（　　）

1.4 一阶递归离散时间滤波器 $y[k] - ay[k-1] = x[k]$，其单位脉冲响应 $h[k] = a^{-k}u[k]$，通带宽度随 $|a|$ 减小而减小。（　　）

1.5 一个滤波器输入为 $x[k]$，输出为 $y[k]$，满足方程 $y[k] = x[k+2] + 2x[k] + x[k-2]$，输入 $x[k]$ 信号经过该滤波器仅在频率 $\omega = \frac{\pi}{2}$ 处输出衰减最大。（　　）

二、填空题（每空 1 分，共 5 分）

2.1 序列 $x[k] = a^{|k|}$，$|a| < 1$ 的离散时间傅里叶变换 $X\left(e^{j\omega}\right) = $ _____。

2.2 已知 $x[k] = (-0.6)^k u[k]$ 的傅里叶变换为 $X\left(e^{j\omega}\right)$，则 $\int_0^{2\pi} \left|X\left(e^{j\omega}\right)\right|^2 d\omega = $ _____。

2.3 设 $x[k] = u[k+4] - u[k-4]$，则 $\int_{-\pi}^{+\pi} X\left(e^{j\omega}\right) \cos(3\omega) d\omega = $ _____。

2.4 利用傅里叶变换性质计算 $\sum_{k=-\infty}^{+\infty}\dfrac{\sin\left(\dfrac{\pi}{3}k\right)}{k}=$ _____。

2.5 已知离散线性时不变系统的单位冲激响应为 $h[k]=\dfrac{\sin(1.5k)}{\pi k}$，输入 $x[k]=2\sin(0.5k)-3\sin(2k)$ 时的输出 $y[k]=$ _____。

三、选择题（每小题 5 分，共 20 分）

3.1 下列描述正确的是（　　）。
A. 用有限项傅里叶级数表示连续周期信号，在断点处吉布斯现象是不可避免的。
B. 用有限项傅里叶级数表示离散周期信号，吉布斯现象是不可避免的。
C. 实信号的傅里叶变换的相位频谱可能是偶函数。
D. 实信号的傅里叶变换的幅度频谱是偶函数。

3.2 下列说法正确的有（　　）。
A. 任何连续 LTI 系统都可以用信号的频率响应 $H(j\omega)$ 来描述。
B. 持续时间有限且绝对可积的信号 $x(t)$，其拉普拉斯变换的 ROC 是整个 s 平面。
C. 离散时间周期信号的傅里叶变换是离散的周期的。
D. 离散时间非周期信号的傅里叶变换是离散的非周期的。

3.3 下面 A、B、C、D 描述的四个离散信号中，振荡速度最快的是（　　）。
A. $\cos\left(\dfrac{3\pi}{4}k\right)$　　　B. $\cos\left(\dfrac{5\pi}{3}k\right)$　　　C. $\cos\left(\dfrac{7\pi}{4}k\right)$　　　D. $\cos\left(\dfrac{11\pi}{5}k\right)$

3.4 已知离散线性时不变系统的单位脉冲响应 $h[k]=(0.5)^k u[k]$，则该系统是（　　）。
A. 高通系统　　　B. 低通系统　　　C. 带通系统　　　D. 带阻系统

四、计算题（共 35 分）

4.1 （每小题 5 分，共 20 分）如自测题 4.1 图所示信号 $x[k]$ 的傅里叶变换用 $X(e^{j\omega})$ 表示，求：
（1）$X(e^{j0})$；　　（2）$X(e^{j\pi})$；　　（3）$\int_{-\pi}^{\pi}X(e^{j\omega})d\omega$；　　（4）$\int_{-\pi}^{\pi}\left|X(e^{j\omega})\right|^2 d\omega$

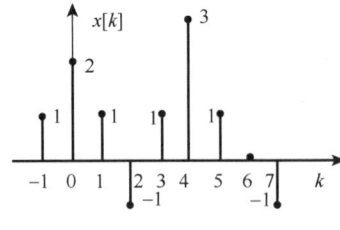

自测题 4.1 图

4.2 （5 分）计算 $X(e^{j\omega})=\sum_{n=-\infty}^{+\infty}(-1)^n\delta\left(\omega-\dfrac{\pi}{2}n\right)$ 的离散时间傅里叶逆变换 $x[k]$。

4.3 （5 分）计算 $x[k]=\left(\dfrac{1}{3}\right)^{|k|}u[-k-2]$ 的离散时间傅里叶变换 $X(e^{j\omega})$。

4.4 （5 分）基本周期 $N=8$，离散傅里叶级数为 c_n 的周期信号 $x[k]$ 有 $c_n=c_{n-4}$，$x[2k+1]=2\cos(\pi k)$，求 $x[k]$。

五、综合题（共 35 分）

5.1 （10 分）已知离散时间线性时不变系统的单位抽样响应 $h[k]=\left(\dfrac{1}{4}\right)^k u[k]$，若输入信号 $x[k]=\displaystyle\sum_{m=-\infty}^{+\infty}(-1)^m \delta[k-m]$，求输出信号 $y[k]$ 的傅里叶级数表达式。

5.2 （10 分）一个离散线性时不变系统，其频率响应在 $(-\pi,\pi)$ 区间有

$$H\left(\mathrm{e}^{\mathrm{j}\omega}\right)=\begin{cases}1, & |\omega|<\dfrac{\pi}{3} \\ 0, & \dfrac{\pi}{3}\leqslant|\omega|<\pi\end{cases}$$

当输入周期为 7 的周期信号时，输出在每个周期内有多少个非零的傅里叶系数？

5.3 （15 分）已知某离散线性时不变系统，其单位抽样响应为 $h[k]=\dfrac{\sin\left(\dfrac{\pi k}{6}\right)}{\pi k}\cos\left(\dfrac{\pi}{2}n\right)$，设输入信号 $x[k]=1+\sin\left(\dfrac{\pi k}{2}\right)-\dfrac{1}{2}\sin\left(\dfrac{3\pi k}{4}\right)+2\cos\left(\dfrac{7\pi k}{5}\right)$，求：

（1）频率响应 $H\left(\mathrm{e}^{\mathrm{j}\omega}\right)$。
（2）输出 $y[k]$。

模 拟 题

1 离散时间系统的单位响应为 $h[k]=\delta[k]-\delta[k-1]$：
（1）请画出 $h[k]$ 的波形图。
（2）求该系统的频率响应特性，并画出幅频特性曲线。

2 如模拟题 2 图所示周期序列 $x[k]$，其周期 $N=4$，求其离散傅里叶系数。

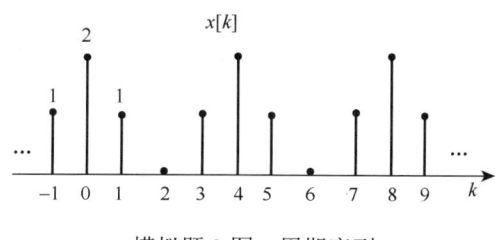

模拟题 2 图　周期序列

3 已知序列 $x[k]=\left(\dfrac{1}{2}\right)^k u[k]$ 的离散时间傅里叶变换为 $X\left(\mathrm{e}^{\mathrm{j}\omega}\right)$，又知另一个有限长序列 $y[k]$ 除在 $0\leqslant k\leqslant 9$ 外，均有 $y[k]=0$，其 10 点离散傅里叶变换等于 $X\left(\mathrm{e}^{\mathrm{j}\omega}\right)$ 在其主周期内等间隔的 10 点抽样，试求 $y[k]$。

4 已知 $x_1[k]$ 和 $x_2[k]$ 均为长度为 N 点的序列，其 DFT 分别为 $X_1[n]$ 和 $X_2[n]$，已证明：

$$\sum_{k=0}^{N-1}x_1[k]x_2^*[k]=\dfrac{1}{N}\sum_{n=0}^{N-1}X_1[n]X_2^*[n]$$

试计算 $S=\displaystyle\sum_{k=0}^{N-1}x_1[k]x_2^*[k]$，其中，$x_1[k]=\cos\left(\dfrac{2\pi k k_1}{N}\right)$，$x_2[k]=\cos\left(\dfrac{2\pi k k_2}{N}\right)$。

5 某离散因果 LTI 系统，其单位脉冲响应为 $h[k]$，频率响应为 $H\left(\mathrm{e}^{\mathrm{j}\omega}\right)$ 具有以下性质：

（1）输入 $f[k]=\left(\dfrac{1}{4}\right)^k u[k]$ 时的零状态响应 $y_f[k]=0$（$k\geqslant 2$ 和 $k<0$）。

(2) $H\left(e^{j\pi/2}\right)=1$。

(3) $H\left(e^{j\omega}\right)=H\left(e^{j(\omega-\pi)}\right)$。

求：

(1) $h[k]$。

(2) 该系统的差分方程。

(3) 系统对 $u[k]$ 的响应。

6 对于模拟题 6 图所示理想带通滤波器，求：

(1) 求滤波器的单位响应 $h[k]$。

(2) 对输入信号 $f[k]=\left[(-1)^{k}+\sum_{n=-4}^{4}a_{n}e^{-jn\left(\frac{2\pi}{9}k\right)}\right]u[k]$ 时的稳态响应。

（注：稳态响应指 $k\to\infty$ 时，系统的响应）

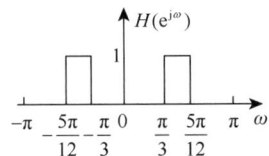

模拟题 6 图　理想带通滤波器频率响应

第6章 离散时间信号与系统的 z 域分析

第 4 章讨论了拉普拉斯变换，并将拉普拉斯变换作为连续时间傅里叶变换的一种推广。其原因在于存在不少的信号不存在傅里叶变换，但存在拉普拉斯变换，即拉普拉斯变换比傅里叶变换有更广的适用范围，这就为线性时不变系统的分析提供了新的思路和手段。

本章从连续时间转换到离散时间对信号与系统进行分析，并借鉴第 4 章的思想来讨论 z 变换，即将 z 变换与离散时间情况下拉普拉斯变换相对应。z 变换主要讨论离散时间序列的变换，它是分析和表征离散时间系统的一个十分有用的数学工具。通过学习我们将会看到，z 变换与拉普拉斯变换十分相似。当然，正如连续时间和离散时间傅里叶变换之间的关系一样，在 z 变换和拉普拉斯变换之间也一定存在一些很重要的不同，这些不同正是来自连续时间信号和离散时间信号与系统之间的基本差异。因此，在学习时要认真理解它们的异同，只有这样才能深入地理解及掌握 z 变换的基本理论和分析方法。

6.1 z 变换的定义及收敛域

1730 年，数学家棣莫弗（De Moivre，1667～1754）将特征函数的概念引入概率理论中。特征函数类似 z 变换，也是洛伦级数的特例。1950 年，数学家普金（Tsypkin，1919～1997）提出了离散拉普拉斯变换并将其用于脉冲系统的研究。雷加基尼（Ragazzini，1912～1988）和他的学生朱里（Jury）和查德（Zadeh）发展了 z 变换。Jury 对 z 变换、非线性系统和内部稳定性理论进行了研究，著有 *Theory and Application of the z-Transform*；Zadeh 对 z 变换也做出了重要的贡献。

z 变换的地位与作用类似于连续时间系统中的拉普拉斯变换。

6.1.1 从拉普拉斯变换到 z 变换

连续时间信号经过抽样后，就得到离散时间信号。设连续时间信号 $f(t)$ 每隔时间 T 抽样一次，抽样后信号 $f_s(t)$ 相当于连续时间信号 $f(t)$ 乘以冲激序列 $\delta_T(t)$，即

$$f_s(t) = f(t)\delta_T(t) = f(t)\sum_{k=-\infty}^{\infty}\delta(t-kT) = \sum_{k=-\infty}^{\infty}f(kT)\delta(t-kT) \tag{6.1.1}$$

取式（6.1.1）的双边拉普拉斯变换，考虑到 $\mathscr{L}\{\delta(t-kT)\}=\mathrm{e}^{-ksT}$，可得抽样信号 $f_s(t)$ 的双边拉普拉斯变换为

$$F_s(s) = \mathscr{L}\{f_s(t)\} = \sum_{k=-\infty}^{\infty}f(kT)\mathrm{e}^{-ksT} \tag{6.1.2}$$

取一个新的复变量 z，令 $z=\mathrm{e}^{sT}$，则式（6.1.2）可以写为

$$F(z) = \sum_{k=-\infty}^{\infty}f(kT)z^{-k} \tag{6.1.3a}$$

令 $T=1$，有

$$F(z) = \sum_{k=-\infty}^{\infty}f[k]z^{-k} \tag{6.1.3b}$$

式（6.1.3b）称为序列 $f[k]$ 的双边 z 变换。可见，序列 $f[k]$ 的 z 变换就等于抽样信号的拉普拉斯变换。

定义：若有离散时间序列 $f[k]$ $(k=0,\pm 1,\pm 2,\cdots)$，则函数

$$F(z) = \mathscr{Z}\{f[k]\} = \sum_{k=-\infty}^{\infty} f[k]z^{-k} \tag{6.1.4}$$

称为序列 $f[k]$ 的双边 z 变换。

与拉普拉斯反演积分公式相对应，逆 z 变换公式可以利用复变函数理论中的柯西积分公式推导出来，即 $F(z)$ 的逆 z 变换为

$$f[k] = \frac{1}{2\pi j}\oint_C F(z)z^{k-1}\mathrm{d}z \tag{6.1.5}$$

式中，C 为环绕原点逆时针方向的围线。式（6.1.5）称为双边逆 z 变换。

如果序列 $f[k]$ 是因果序列，即有当 $k<0$ 时，$f[k]=0$，那么序列 $f[k]$ 的 z 变换和逆变换可以定义为

$$F(z) = \sum_{k=0}^{\infty} f[k]z^{-k} \tag{6.1.6}$$

$$f[k] = \frac{1}{2\pi j}\oint_C F(z)z^{k-1}\mathrm{d}z, \ k \geqslant 0 \tag{6.1.7}$$

式（6.1.6）与式（6.1.7）分别称为 $f[k]$ 的单边 z 变换和逆 z 变换，$F(z)$ 也称为 $f[k]$ 的象函数，而 $f[k]$ 称为 $F(z)$ 的原函数。

它们之间的关系也简记为

$$f[k] \leftrightarrow F(z) \tag{6.1.8}$$

显然，对于因果信号 $f[k]$，由于 $k<0$ 时，$f[k]=0$，单边和双边 z 变换相等，否则不相等，从而导致这两者的许多基本性质并不完全相同。

6.1.2　z 变换与拉普拉斯变换、傅里叶变换之间的关系

在离散时间信号和系统中应用了 z 变换进行信号处理，它的作用类似于在连续时间信号和系统中应用的拉普拉斯变换。因此，z 变换和拉普拉斯变换之间的对应关系可以通过序列 $f[k]$ 的 z 变换等于抽样信号的拉普拉斯变换推出，得到

$$\begin{cases} F(z) = F(s)\big|_{s=\frac{1}{T}\ln z} \\ F(s) = F(z)\big|_{z=\mathrm{e}^{sT}} \end{cases} \tag{6.1.9}$$

因此可以建立 s 和 z 之间的映射关系：

$$\begin{cases} s = \frac{1}{T}\ln z \\ z = \mathrm{e}^{sT} \end{cases} \tag{6.1.10}$$

按照上面的映射关系，这是一种多值映射关系，s 平面上高为 $\frac{2\pi}{T}$ 的一个无限长水平横条可映射成整个 z 平面。其中，s 平面上长 $\frac{2\pi}{T}$ 的一段虚轴映射成整个单位圆。横条的左半部分映射成 z 平面的单位圆内部，横条的右半部分映射成单位圆的外部。因此 z 平面上的每一个点在 s 平面上有无限个对应点。z 平面和 s 平面的映射关系如图 6.1.1 所示。

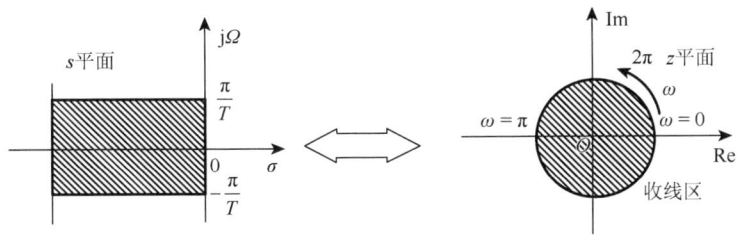

图 6.1.1　z 平面和 s 平面的映射关系

按照上面的这种映射关系，一个稳定的模拟系统将被映射成一个稳定的数字系统，这是我们研究模拟滤波器、设计数字滤波器的一个重要依据。

令 $z = re^{j\omega}$，可得

$$F(z) = F(re^{j\omega}) = \sum_{k=-\infty}^{+\infty} f[k](re^{j\omega})^{-k} = \sum_{k=-\infty}^{+\infty} (f[k]r^{-k})e^{-j\omega k} \tag{6.1.11}$$

式（6.1.11）表明：$f[k]$ 的 z 变换就是 $f[k]$ 乘以实指数 r^{-k} 后的离散时间傅里叶变换，即

$$F(z) = F(re^{j\omega}) \mathscr{F}\{f[k]r^{-k}\} \tag{6.1.12}$$

指数加权 r^{-k} 可以随 k 增加而增长，也可以随 k 增加而衰减，这取决于 r 是大于 1 还是小于 1。需特别注意的是，若 $r = 1$，即 $|z| = 1$，式（6.1.4）就变为离散时间傅里叶变换，即

$$F(z)\big|_{z=e^{j\omega}} = F(e^{j\omega}) = \mathscr{F}\{f[k]\} \tag{6.1.13}$$

式（6.1.13）表明：在 z 变换中，当变量 z 的模为 1 时，即 $z = e^{j\omega}$，z 变换就演变为离散时间傅里叶变换。于是，离散时间傅里叶变换就成为复数 z 平面中半径为 1 的圆上的 z 变换，如图 6.1.2 所示。在 z 平面上，这个半径为 1 的圆称为单位圆。单位圆在 z 变换中的作用就相当于拉普拉斯变换中虚轴 jω 轴的作用。

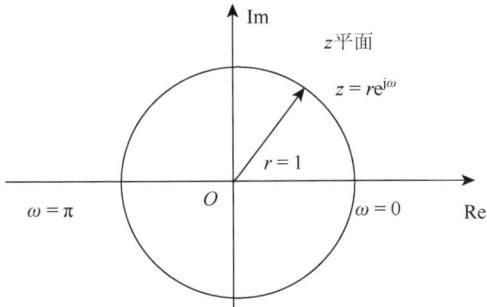

图 6.1.2　z 平面上一个半径为 1 的单位圆

6.1.3　z 变换的收敛域

因 z 变换的表达形式是一个幂级数，显然，仅当该级数收敛时，z 变换才有意义。从 $F(z) = F(re^{j\omega}) = \mathscr{F}\{f[k]r^{-k}\}$ 可知，为了使 z 变换收敛，就要求 $f[k]r^{-k}$ 的离散时间傅里叶变换收敛。对于任何具体的序列 $f[k]$，某些 r 值使其离散时间傅里叶变换收敛，而另一些则不收敛。一般来说，对于某一序列的 z 变换，存在着某一个 z 值的范围，对该范围内的 z 值，$F(z)$ 收敛，这样一些值的范围就称为 ROC。

根据等比级数和级数理论，级数收敛的充分必要条件是该级数绝对可和，即

$$\sum_{k=0}^{\infty} |f[k]z^{-k}| < \infty \tag{6.1.14}$$

根据比值判别法可知，级数收敛的条件是

$$\left|\frac{f[k+1]z^{-k+1}}{f[k]z^{-k}}\right|<1$$

故

$$|z|>\left|\frac{f[k+1]}{f[k]}\right| \qquad (6.1.15)$$

若序列 $f[k]$ 在 $k \geq 0$ 的任意有限时间间隔内是有限值，且当 k 趋于无限大时是指数阶的，则其 z 变换在 $|z|>\rho_0$ 的范围内存在。这里 ρ_0 称为收敛半径。

在 z 平面上，半径为 ρ_0 的圆的外部区域，即 $|z|>\rho_0$，称为象函数 $F(z)$ 的绝对收敛域，极径 ρ_0 称为收敛半径，圆 $|z|=\rho_0$ 称为收敛圆。

根据以上讨论，序列 $f[k]$ 的 z 变换仅在收敛域内存在，因而象函数 $F(z)$ 与收敛域一起才能确定原函数 $f[k]$。

不同形式的序列，可能存在不同的收敛域特性，具体总结如下：

对于有限长的序列，其收敛域为整个 z 平面，可能除去 $z=0$ 和（或）$z=\infty$。

一个有限长序列仅有有限个非零值，例如，从 $k=N_1$ 到 $k=N_2$，这里 N_1 和 N_2 都是有限值，这样 z 变换就是一个有限项的和，即

$$F(z)=\sum_{k=N_1}^{N_2}f[k]z^{-k}=f[N_1]z^{-N_1}+f[N_1+1]z^{-(N_1+1)}+\cdots+f[N_2-1]z^{-(N_2-1)}+f[N_2]z^{-N_2} \qquad (6.1.16)$$

当 z 不等于零或者趋于无穷大时，和式中的每一项都是有限的，$F(z)$ 就一定收敛。我们分三种情况讨论收敛域。

（1）$N_1<N_2<0$。这时 z^{-N_1} 为正幂次项，有 $z\to 0, z^{-N_1}\to 0$；$z\to\infty, z^{-N_1}\to\infty$，其余各项有相同情况。极点在无穷远处，序列的收敛域应除去 $z=\infty$。

（2）$N_1<0<N_2$。这时 z^{-N_1} 为正幂次项，极点在无穷远处；z^{-N_2} 为负幂次项，有 $z\to 0, z^{-N_2}\to\infty$；$z\to\infty, z^{-N_2}\to 0$，$z=0$ 是极点。综合后序列的收敛域应除去 $z=0$ 和 $z=\infty$。

（3）$0<N_1<N_2$。这时 z^{-N_1} 为负幂次项，$z\to 0, z^{-N_1}\to\infty$；$z\to\infty, z^{-N_1}\to 0$，$z=0$ 是极点，其余各项有相同情况，序列的收敛域应除去 $z=0$。

【例 6.1.1】 求下列有限序列的 z 变换及其收敛域。

（1）$f_1[k]=\delta[k]$ （2）$f_2[k]=\{4,2,\underline{3},2,4\}$

解 （1）$F_1(z)=\sum_{k=-\infty}^{\infty}\delta[k]z^{-k}=z^0=1$，可见，其单边 z 变换和双边 z 变换相等，与 z 无关，所以其收敛域为整个 z 平面，包括 $z=0$ 和 $z=\infty$。

再考虑一个时延的单位脉冲信号 $\delta[k-1]$ 的 z 变换，按定义为 $\delta[k-1]\xleftrightarrow{Z}\sum_{k=-\infty}^{\infty}\delta[k-1]z^{-k}=z^{-1}$。

这个 z 变换在 $z=0$ 有个极点，所以 ROC 由除去 $z=0$ 后的 z 平面组成。

再考虑一个超前的单位脉冲信号 $\delta[k+1]$ 的 z 变换，按定义为

$$\delta[k+1]\xleftrightarrow{Z}\sum_{k=-\infty}^{\infty}\delta[k+1]z^{-k}=z$$

这个 z 变换在 $z=\infty$ 有个极点，所以 ROC 由除去 $z=\infty$ 后的 z 平面组成。

（2）$f_2[k]$ 的双边 z 变换为

$$F_2(z)=\sum_{k=-2}^{2}f_2[k]z^{-k}=4z^2+2z+3+2z^{-1}+4z^{-2}$$

针对 z 变换式中各项 z 为负的幂次方，其收敛域应该是 $z\neq 0$，即 $|z|>0$。

针对 z 变换式中各项 z 为正的幂次方，其收敛域应该是 $z\neq\pm\infty$，即 $|z|<\infty$。

故收敛域为 $0<|z|<\infty$。

对于因果序列的 z 变换，其收敛域均为 $|z|>\rho_0$，即其收敛域为 $|z|=\rho_0$ 圆外的区域。

如果 $|z|=\rho_0$ 的圆位于收敛域内，那么有 $\sum\limits_{k=-\infty}^{\infty}|f[k]|r_0^{-k}<\infty$，因为 $f[k]$ 是一个右边序列，所以 $k<N_1$，$f[k]=0$。

令 $|z|=\rho_1>\rho_0$，分两种情况进行讨论。

（1）当 $N_1\geqslant 0$ 时，有 $r_1^{-k}<r_0^{-k}$，则

$$\sum_{k=N_1}^{\infty}|f[k]|r_1^{-k}<\sum_{k=N_1}^{\infty}|f[k]|r_0^{-k}<\infty \tag{6.1.17}$$

$|z|>\rho_0$ 的全部有限 z 值一定都在这个收敛域内。

（2）当 $N_1<0$ 时，有限值，有

$$\sum_{k=-\infty}^{\infty}|f[k]|r_1^{-k}=\sum_{k=N_1}^{0}|f[k]|r_1^{-k}+\sum_{k=1}^{\infty}|f[k]|r_0^{-k} \tag{6.1.18}$$

式（6.1.18）中的第一项不会随着 k 的变化成为无界，除非 $\rho_1=\infty$，而第二项刚已经证明是有界的，所以 $|z|>\rho_0$ 的全部有限 z 值一定都在除去无穷远（即 $|z|=\infty$）的这个收敛域内。

【例 6.1.2】 求无限长因果指数序列 $f[k]$ 的双边 z 变换和收敛域：

$$f[k]=\mathrm{e}^{\alpha k}u[k]=\begin{cases}0, & k<0\\ \mathrm{e}^{\alpha k}, & k\geqslant 0\end{cases}$$

解 $f[k]$ 的双边 z 变换为

$$F(z)=\sum_{k=-\infty}^{\infty}f[k]z^{-k}=\sum_{k=0}^{\infty}\mathrm{e}^{\alpha k}z^{-k}=\sum_{k=0}^{\infty}\left(\frac{\mathrm{e}^{\alpha}}{z}\right)^{-k}$$

根据等比级数求和公式，得

$$F(z)=\sum_{k=0}^{\infty}\left(\frac{\mathrm{e}^{\alpha}}{z}\right)^{-k}=\frac{1}{1-\dfrac{\mathrm{e}^{\alpha}}{z}}=\frac{z}{z-\mathrm{e}^{\alpha}}$$

其收敛域为 $\left|\dfrac{\mathrm{e}^{\alpha}}{z}\right|<1$，即 $|z|>|\mathrm{e}^{\alpha}|$，得

$$\mathrm{e}^{\alpha k}u[k]\leftrightarrow\frac{z}{z-\mathrm{e}^{\alpha}},|z|>|\mathrm{e}^{\alpha}|$$

若令 $\mathrm{e}^{\alpha}=a$，a 为正实数，则有

$$a^k u[k]\leftrightarrow\frac{z}{z-a},|z|>a$$

若令 $\mathrm{e}^{\alpha}=a=1$，则有

$$u[k]\leftrightarrow\frac{z}{z-1},|z|>1$$

若令 $\mathrm{e}^{\alpha}=|\mathrm{e}^{\alpha}|\mathrm{e}^{\mathrm{j}\pi}=-a$，$a$ 为正实数，则有

$$(-a)^k u[k]\leftrightarrow\frac{z}{z+a},|z|>a$$

若令 $\alpha=\mathrm{j}\beta$，则有

$$\mathrm{e}^{\mathrm{j}\beta k}u[k]\leftrightarrow\frac{z}{z-\mathrm{e}^{\mathrm{j}\beta}},|z|>1$$

若令 $\alpha=-\mathrm{j}\beta$，则有

$$\mathrm{e}^{-\mathrm{j}\beta}u[k] \leftrightarrow \frac{z}{z-\mathrm{e}^{-\mathrm{j}\beta}}, |z|>1$$

对于反因果序列的 z 变换，其收敛域均为 $|z|<\rho_0$，即收敛域为 $|z|=\rho_0$ 圆内的区域。

根据定义，一个左边序列的 z 变换有如下形式：

$$F(z) = \sum_{k=-\infty}^{N_2} f[k]z^{-k} \tag{6.1.19}$$

这里 N_2 可正可负。

（1）当 $N_2>0$ 时，有

$$F(z) = \cdots + f[-1]z^1 + f[0]z^0 + \cdots + f[N_2-1]z^{-(N_2-1)} + f[N_2]z^{-N_2} \tag{6.1.20}$$

式中，包含 z 的负幂次项，这些项随着 $|z|\to 0$ 而变成无界，因此序列收敛域不包括 $z=0$。

（2）当 $N_2 \leqslant 0$ 时（即当 $k>0$ 时 $f[k]=0$，$f[k]$ 为反因果序列）。此时式（6.1.19）中将只有正幂次项，序列收敛域一定包括 $z=0$。

【例 6.1.3】 求反因果序列的 z 变换及其收敛域。

$$f[k] = \begin{cases} b^k, & k<0 \\ 0, & k\geqslant 0 \end{cases} = b^k u[-k-1]$$

解

$$F(z) = \sum_{k=-\infty}^{\infty} f[k]z^{-k} = \sum_{k=-\infty}^{-1} b^k z^{-k} = \sum_{k=-\infty}^{-1} (b^{-1}z)^{-k} = \sum_{k=1}^{\infty} (b^{-1}z)^k$$

可见，$|b^{-1}z|<1$，即 $|z|<|b|$ 时，其 z 变换存在，为

$$F(z) = \frac{b^{-1}z}{1-b^{-1}z} = \frac{-z}{z-b}, \quad |z|<|b|$$

对于双边序列的 z 变换，其收敛域可以把 $f[k]$ 表示成右边序列和左边序列之和来确定，而且若 $|z|=\rho_0$ 的圆位于收敛域内，则该收敛域一定由包括 $|z|=\rho_0$ 的圆环组成。

【例 6.1.4】 已知无限长双边序列 $f[k]$ 为 $f[k]=a^k u[k]+b^k u[-k-1]$，式中，$|a|<|b|$，求 $f[k]$ 的双边 z 变换及其收敛域。

解 $f[k]$ 的双边 z 变换为

$$F(z) = \sum_{k=-\infty}^{\infty} f[k]z^{-k} = \sum_{k=-\infty}^{-1} b^k z^{-k} + \sum_{k=0}^{\infty} a^k z^{-k} = \sum_{k=-\infty}^{-1} (b^{-1}z)^{-k} + \sum_{k=0}^{\infty} (az^{-1})^k$$

$$= \sum_{k=1}^{\infty} \left(\frac{z}{b}\right)^k + \sum_{k=0}^{\infty} \left(\frac{a}{z}\right)^k = \frac{-z}{z-b} + \frac{z}{z-a} = \frac{(a-b)z}{(z-a)(z-b)}$$

收敛域为 $|a|<|z|<|b|$。

常见单边信号的 z 变换如表 6.1.1 所示。

表 6.1.1 常见单边信号的 z 变换

序号	常见单边信号	对应 z 变换	绝对收敛域
1	$\delta[k] = \begin{cases} 1, & k=0 \\ 0, & k\neq 0 \end{cases}$	1	$|z|\geqslant 0$
2	$u[k]$	$\dfrac{z}{z-1}$	$|z|>1$
3	$ku[k]$	$\dfrac{z}{(z-1)^2}$	$|z|>1$
4	$k^2 u[k]$	$\dfrac{z(z+1)}{(z-1)^2}$	$|z|>1$

续表

序号	常见单边信号	对应z变换	绝对收敛域
5	$a^k u[k]$	$\dfrac{z}{z-a}$	$\|z\|>\|a\|$，$\|a\|<1$
6	$ka^{k-1}u[k]$	$\dfrac{z}{(z-a)^2}$	$\|z\|>\|a\|$，$\|a\|<1$
7	$e^{ak}u[k]$	$\dfrac{z}{z-e^a}$	$\|z\|>\|e^a\|$
8	$\cos(bk)u[k]$	$\dfrac{z(z-\cos b)}{z^2-2z\cos b+1}$	$\|z\|>1$
9	$\sin(bk)u[k]$	$\dfrac{z\sin b}{z^2-2z\cos b+1}$	$\|z\|>1$
10	$e^{-ak}\cos(bk)u[k]$	$\dfrac{z(z-e^{-a}\cos b)}{z^2-2ze^{-a}\cos b+e^{-2a}}$	$\|z\|>\|e^{-a}\|$
11	$e^{-ak}\sin(bk)u[k]$	$\dfrac{ze^{-a}\sin b}{z^2-2ze^{-a}\cos b+e^{-2a}}$	$\|z\|>\|e^{-a}\|$
12	$e^{-ak}\cos(bk+\varphi)u[k]$	$\dfrac{cz}{z-r}+\dfrac{c^*z}{z-r^*}$ $r=e^{a+jb}$，$c=c_0 e^{j\varphi}$	$\|z\|>\|r\|$

6.2 z 变换的基本性质

z 变换的基本性质类似于拉普拉斯变换的性质，熟悉和掌握 z 变换的一些基本性质或定理，对于掌握 z 变换及其应用是很重要的。

1. 线性性质

若离散序列 $f_1[k]$ 与 $f_2[k]$ 的象函数分别为 $F_1(z)$ 和 $F_2(z)$，其收敛半径分别为 ρ_1 和 ρ_2，设 a_1 和 a_2 是两个任意常数，则 $a_1 f_1[k]+a_2 f_2[k]$ 的象函数为 $a_1 F_1(z)+a_2 F_2(z)$，即
$$a_1 f_1[k]+a_2 f_2[k] \longleftrightarrow a_1 F_1(z)+a_2 F_2(z) \tag{6.2.1}$$

其收敛域至少是两个函数收敛域的相重叠部分。根据 z 变换的定义容易证明以上结论，这里从略。z 变换的线性性质不难推广到有多个序列的情形。

在这里需要注意，$a_1 F_1(z)+a_2 F_2(z)$ 的相加过程中有可能造成零极点相消，使得收敛域扩大。例如：

$$a^k u[k] \xleftrightarrow{z} \dfrac{z}{z-a},\ |z|>|a|$$

$$a^k u[k-1] \xleftrightarrow{z} \dfrac{a}{z-a},\ |z|>|a|$$

但

$$a^k u[k]-a^k u[k-1]=\delta[k] \xleftrightarrow{z} 1,\ \text{ROC：整个 } z \text{ 平面}$$

【例 6.2.1】 已知 $f[k]=u[k]-3^k u[-k-1]$，求 $f[k]$ 的双边 z 变换 $F(z)$ 及其收敛域。

解

$$u[k] \xleftrightarrow{z} \dfrac{z}{z-1},\ |z|>1$$

$$-3^k u[-k-1] \xleftrightarrow{z} \dfrac{z}{z-3},\ |z|<3$$

由线性性质得

$$F(z) = \frac{z}{z-1} + \frac{z}{z-3} = \frac{2z^2 - 4z}{(z-1)(z-3)}, \quad 1 < |z| < 3$$

2. 移位特性

序列 $f[k]$ 沿 k 轴移位有两种情况：向右移位（时延）和向左移位（超前）。

（1）设序列 $f[k]$ 为双边序列，其单边 z 变换为 $\mathscr{U}\mathscr{R}\{f[k]u[k]\} = F(z)$。序列 $f[k]$ 右移 m 个单位（$m > 0$）后的单边序列可以写为 $f[k-m]u[k]$。

其单边 z 变换为

$$\mathscr{U}\mathscr{R}\{f[k-m]u[k]\} = \sum_{k=0}^{\infty} f[k-m]z^{-k} = z^{-m} \sum_{k=0}^{\infty} f[k-m]z^{-(k-m)}$$

令 $n = k - m$，则上式可以写为

$$\mathscr{U}\mathscr{R}\{f[k-m]u[k]\} = z^{-m} \sum_{n=-m}^{\infty} f[n]z^{-n} = z^{-m} \sum_{n=-m}^{-1} f[n]z^{-n} + z^{-m} \sum_{n=0}^{\infty} f[n]z^{-n}$$

即

$$\mathscr{U}\mathscr{R}\{f[k-m]u[k]\} = z^{-m} \sum_{n=-m}^{-1} f[n]z^{-n} + z^{-m} F(z) \tag{6.2.2}$$

式中，第一项的和式共有 m 项，即 $f[-m], f[-m+1]z^{-1}, \cdots, f[-1]z^{-m+1}$，它们与序列的各初始状态有关。

（2）对于单边序列（因果序列）$f[k]u[k]$，将其右移 m 个单位（$m > 0$）后，可以写为 $f[k-m]u[k-m]$，其单边 z 变换为

$$\mathscr{U}\mathscr{R}\{f[k-m]u[k-m]\} = \sum_{k=-\infty}^{\infty} f[k-m]u[k-m]z^{-k} = z^{-m} \sum_{k=m}^{\infty} f[k-m]z^{-(k-m)}$$

令 $n = k - m$，则上式可以写为

$$\mathscr{U}\mathscr{R}\{f[k-m]u[k-m]\} = z^{-m} \sum_{n=0}^{\infty} f[n]z^{-n} = z^{-m} F(z) \tag{6.2.3}$$

（3）序列 $f[k]$ 沿 k 轴向左移位（提前）后所得新序列的 z 变换：如果序列左移 m 个单位（$m > 0$），它可以写为 $f[k+m]u[k]$，那么其单边 z 变换为

$$\mathscr{U}\mathscr{R}\{f[k+m]u[k]\} = \sum_{k=0}^{\infty} f[k+m]z^{-k} = z^m \sum_{k=0}^{\infty} f[k+m]z^{-(k+m)}$$

令 $n = k + m$，则上式可以写为

$$\mathscr{U}\mathscr{R}\{f[k+m]u[k]\} = z^m \sum_{n=m}^{\infty} f[n]z^{-n} = z^m \sum_{n=0}^{\infty} f[n]z^{-n} - z^m \sum_{n=0}^{m-1} f[n]z^{-n}$$

即

$$\mathscr{U}\mathscr{R}\{f[k+m]u[k]\} = z^m F(z) - f[0]z^m - f[1]z^{m-1} - \cdots - f[m-1]z \tag{6.2.4}$$

【例 6.2.2】 已知 $f[k] = 3^k(u[k+1] - u[k-2])$，求 $f[k]$ 的双边 z 变换及其收敛域。

解 因 $f[k] = 3^{-1} \cdot 3^{k+1} u[k+1] - 3^2 \cdot 3^{k-2} u[k-2]$，$\mathscr{Z}\{3^k u[k]\} = \dfrac{z}{z-3}$，$|z| > 3$，且有

$$\mathscr{Z}\{3^{k+1} u[k+1]\} = z \cdot \frac{z}{z-3} = \frac{z^2}{z-3}, \quad |z| > 3, \quad \mathscr{Z}\{3^{k-2} u[k-2]\} = z^{-2} \cdot \frac{z}{z-3} = \frac{1}{z(z-3)} \quad |z| > 3$$

故得

$$\mathscr{Z}\{f[k]\} = \frac{1}{3} \frac{z^2}{z-3} - \frac{9}{z(z-3)} = \frac{z^3 - 27}{3z(z-3)}, \quad 3 < |z| < \infty$$

【例 6.2.3】 求周期为 N 的有始周期性单位序列 $\sum_{m=0}^{\infty}\delta[k-mN]$ 的 z 变换。

解 $\sum_{m=0}^{\infty}\delta[k-mN] \leftrightarrow \sum_{m=0}^{\infty}\delta[k-mN]z^{-k} = \sum_{m=0}^{\infty}z^{-mN} = \dfrac{1}{1-z^{-N}} = \dfrac{z^N}{z^N-1}$, $|z|>1$

3. 序列乘 a^k（z 域尺度变换）

序列 $a^k f[k]$ 也可以称为指数加权序列。如果序列 $f[k]$ 的 z 变换为 $F(z)$，那么 $a^k f[k]$ 的 z 变换为

$$\mathscr{Z}\{a^k f[k]\} = \sum_{k=0}^{\infty} a^k f[k] z^{-k} = \sum_{k=0}^{\infty} f[k]\left(\dfrac{z}{a}\right)^{-k} = F\left(\dfrac{z}{a}\right) \tag{6.2.5}$$

如果 $F(z)$ 的收敛域为 $|z|>\rho_0$，那么 $F\left(\dfrac{z}{a}\right)$ 的收敛域为 $\left|\dfrac{z}{a}\right|>\rho_0$，即 $|z|>|a|\rho_0$。

【例 6.2.4】 求 $a^k u[k]$ 的 z 变换。

解 $\because \mathscr{Z}\{u[k]\} = \dfrac{z}{z-1}$, $|z|>1$

$\therefore \mathscr{Z}\{a^k u[k]\} = \dfrac{z/a}{z/a - 1} = \dfrac{z}{z-a}$, $|z|>a$

【例 6.2.5】 求 $\cos(\beta k) u[k]$ 的 z 变换。

解 $\because \mathscr{Z}\{a^k u[k]\} = \dfrac{z}{z-a}$, $|z|>a$；$\cos(\beta k)u[k] = 0.5(\mathrm{e}^{\mathrm{j}\beta k} + \mathrm{e}^{-\mathrm{j}\beta k})u[k]$

$\therefore \mathscr{Z}\{\cos(\beta k)u[k]\} = \mathscr{Z}\{0.5\mathrm{e}^{\mathrm{j}\beta k}u[k] + 0.5\mathrm{e}^{-\mathrm{j}\beta k}u[k]\} = \dfrac{0.5z}{z-\mathrm{e}^{\mathrm{j}\beta k}} + \dfrac{0.5z}{z-\mathrm{e}^{-\mathrm{j}\beta k}}$, $|z|>1$

【例 6.2.6】 已知 $f[k] = \left(\dfrac{1}{2}\right)^k 3^{k+1} u[k+1]$，求 $f[k]$ 的双边 z 变换及其收敛域。

解 令 $f_1[k] = 3^{k+1}u[k+1]$，则 $f[k] = \left(\dfrac{1}{2}\right)^k f_1[k]$

$\because f_1[k] \leftrightarrow F_1(z) = z \cdot \dfrac{z}{z-3} = \dfrac{z^2}{z-3}$, $3<|z|<\infty$

$\therefore f[k] \leftrightarrow F(z) = \mathscr{Z}\left\{\left(\dfrac{1}{2}\right)^k f_1[k]\right\} = F_1(2z) = \dfrac{4z^2}{2z-3}$, $\dfrac{3}{2}<|z|<\infty$

4. 卷积定理

1）时域卷积（z 域相乘）

单边 z 变换中所讨论的序列都是因果序列，即序列 $f_1[k]u[k]$ 和 $f_2[k]u[k]$ 的卷积和为

$$f_1[k] * f_2[k] = \sum_{i=-\infty}^{\infty} f_1[i]u[i] f_2[k-i]u[k-i] = \sum_{i=0}^{\infty} f_1[i] f_2[k-i]u[k-i]$$

设 $\mathscr{Z}\{f_1[k]u[k]\} = F_1(z)$，$\mathscr{Z}\{f_2[k]u[k]\} = F_2(z)$，收敛半径分别为 ρ_1 和 ρ_2，则

$\mathscr{Z}\{f_1[k] * f_2[k]\} = \sum_{k=0}^{\infty}\left(\sum_{i=0}^{\infty} f_1[i] f_2[k-i]u[k-i]\right)z^{-k} = \sum_{i=0}^{\infty} f_1[i]\left(\sum_{k=0}^{\infty} f_2[k-i]u[k-i]z^{-k}\right)$

根据移位特性，$\sum_{k=0}^{\infty} f_2[k-i]u[k-i]z^{-k} = z^{-i} F_2(z)$，有

$$\mathscr{Z}\{f_1[k]*f_2[k]\} = \sum_{i=0}^{\infty} f_1[i]z^{-i}F_2(z) = F_1(z)F_2(z) \tag{6.2.6}$$

其收敛域至少是两个函数收敛域相重叠的部分。用双边 z 变换的定义也能得到相同的结果（证明略）。

2）序列相乘（z 域卷积）

用类似的方法可以证明：

$$f_1[k]f_2[k] \leftrightarrow \frac{1}{2\pi j}\oint_C \frac{F_1(\eta)F_2\left(\frac{z}{\eta}\right)}{\eta}d\eta, \quad \frac{|z|}{\rho_2}>|C|>\rho_1, \quad |z|>\rho_1\rho_2 \tag{6.2.7}$$

式中，C 是 $F_1(\eta)$ 和 $F_2\left(\dfrac{z}{\eta}\right)$ 收敛域重叠部分内逆时针方向的围线。

【例 6.2.7】 $f_1[k] = u[k+1]$，$f_2[k] = (-1)^k u[k-2]$，求 $f[k] = f_1[k]*f_2[k]$ 的双边 z 变换。

解
$$\because \mathscr{Z}\{u[k+1]\} = z\cdot\mathscr{Z}\{u[k]\} = z\cdot\frac{z}{z-1}$$

$$\mathscr{Z}\{u[k-2]\} = z^{-2}\cdot\mathscr{Z}\{u[k]\} = z^{-2}\cdot\frac{z}{z-1}$$

$$\therefore F_1(z) = \mathscr{Z}\{u[k+1]\} = \frac{z^2}{z-1}, \quad |z|>1$$

$$F_2(z) = \mathscr{Z}\{(-1)^k u[k-2]\} = (-z)^{-2}\frac{(-z)}{(-z)-1} = \frac{1}{z(z+1)}, \quad |z|>1$$

$$\mathscr{Z}\{f[k]\} = \mathscr{Z}\{f_1[k]*f_2[k]\} = F_1(z)F_2(z) = \frac{z^2}{z-1}\cdot\frac{1}{z(z+1)} = \frac{z}{(z-1)(z+1)}, \quad |z|>1$$

5. 序列乘 k（z 域微分）

设 $\mathscr{Z}\{f[k]\} = F(z)$，根据 z 变换的定义，有

$$\mathscr{Z}\{kf[k]\} = \sum_{k=0}^{\infty} kf[k]z^{-k} = (-z)\sum_{k=0}^{\infty} f[k]\left[-kz^{-(k+1)}\right] = (-z)\frac{d}{dz}\left(\sum_{k=0}^{\infty} f[k]z^{-k}\right)$$

$$= (-z)\frac{d}{dz}\left(\sum_{k=0}^{\infty} f[k]z^{-k}\right) = (-z)\frac{d}{dz}F(z)$$

即

$$\mathscr{Z}\{kf[k]\} = (-z)\frac{d}{dz}F(z) \tag{6.2.8}$$

用同样的方法可推广到乘以 k 的任意正次幂。对于任意正整数 m，有

$$\mathscr{Z}\{k^m f[k]\} = \left(-z\frac{d}{dz}\right)^m F(z) \tag{6.2.9}$$

【例 6.2.8】 求 $f[k] = ku[k]$ 的 z 变换 $F(z)$。

解 由 $\mathscr{Z}\{u[k]\} = \dfrac{z}{z-1}$，$|z|>1$，可得

$$\mathscr{Z}\{ku[k]\} = -z\frac{d}{dz}\left(\frac{z}{z-1}\right) = -z\frac{(z-1)-z}{(z-1)^2} = \frac{z}{(z-1)^2}, \quad |z|>1$$

6. 序列除以 $k+m$（z 域积分）

令 $\mathscr{Z}\{f[k]\} = F(z)$，设有整数 m，这里 $k+m>0$。

根据 z 变换的定义有

$$\mathscr{Z}\left\{\frac{f[k]}{k+m}\right\} = \sum_{k=0}^{\infty}\frac{f[k]}{k+m}z^{-k} = z^m\sum_{k=0}^{\infty}f[k]\frac{z^{-(k+m)}}{k+m} = z^m\sum_{k=0}^{\infty}f[k]\int_z^{\infty}\eta^{-(k+m+1)}\mathrm{d}\eta$$

式中，为了避免与积分下限相混，将积分变量用 η 代替。

交换上式中求和与积分的次序，得

$$\mathscr{Z}\left\{\frac{f[k]}{k+m}\right\} = z^m\int_z^{\infty}\sum_{k=0}^{\infty}f[k]\eta^{-k}\cdot\eta^{-(m+1)}\mathrm{d}\eta = z^m\int_z^{\infty}F(\eta)\eta^{-(m+1)}\mathrm{d}\eta = z^m\int_z^{\infty}\frac{F(\eta)}{\eta^{m+1}}\mathrm{d}\eta$$

故有

$$\mathscr{Z}\left\{\frac{f[k]}{k+m}\right\} = z^m\int_z^{\infty}\frac{F(\eta)}{\eta^{m+1}}\mathrm{d}\eta \tag{6.2.10}$$

其收敛域与 $F(z)$ 的收敛域相同。

需要注意的是，这里 $k+m > 0$，若令 $m=0$，则有

$$\mathscr{Z}\left\{\frac{f[k]}{k}\right\} = \int_z^{\infty}\frac{F(\eta)}{\eta}\mathrm{d}\eta, \quad k>0 \tag{6.2.11}$$

【例 6.2.9】 求序列 $\dfrac{u[k]}{k+1}$ 的 z 变换。

解 $\because \mathscr{Z}\left\{\dfrac{f[k]}{k+m}\right\} = z^m\int_z^{\infty}\dfrac{F(\eta)}{\eta^{m+1}}\mathrm{d}\eta$

由 $\mathscr{Z}\{u[k]\} = \dfrac{z}{z-1}$，$|z|>1$，取 $m=1$ 可得

$$\mathscr{Z}\left\{\frac{u[k]}{k+1}\right\} = z\int_z^{\infty}\frac{\eta}{(\eta-1)\eta^2}\mathrm{d}\eta = z\int_z^{\infty}\left(\frac{1}{\eta-1}-\frac{1}{\eta}\right)\mathrm{d}\eta = z\ln\left(\frac{\eta-1}{\eta}\right)\Big|_z^{\infty} = z\ln\left(\frac{z}{z-1}\right), |z|>1$$

7. 部分和的 z 变换

设有序列 $g[k]$，它是另一序列 $f[i]$ 的前 k 项之和，即 $g[k] = \sum_{i=0}^{k}f[i]$，则有

$$g[k] - g[k-1] = \sum_{i=0}^{k}f[i] - \sum_{i=0}^{k-1}f[i] = f[k]$$

令 $\mathscr{Z}\{g[k]\} = G(z)$，$\mathscr{Z}\{f[k]\} = F(z)$，取上式的 z 变换，得

$$G(z) - z^{-1}G(z) = F(z)$$

可以解得 $G(z) = \dfrac{1}{1-z^{-1}}F(z) = \dfrac{z}{z-1}F(z)$，即

$$\mathscr{Z}\left\{\sum_{i=0}^{k}f[i]\right\} = \frac{z}{z-1}F(z) \tag{6.2.12}$$

【例 6.2.10】 求序列 $\sum_{i=0}^{k}a^i$（$k\geq 0$，a 为实数）的 z 变换。

解 $\because a^k u[k] * u[k] = \sum_{i=-\infty}^{\infty}a^i u[i]u[k-i] = \sum_{i=0}^{k}a^i$

$\therefore \mathscr{Z}\left\{\sum_{i=0}^{k}a^i\right\} = \mathscr{Z}\{a^k u[k] * u[k]\} = \dfrac{z}{z-a}\cdot\dfrac{z}{z-1}$，$|z|>\max\{|a|,1\}$

8. 初值定理和终值定理

初值定理和终值定理常用于由 $F(z)$ 直接求得 $f[0]$、$f[\infty]$ 等值，而不必求得原序列 $f[k]$。

1）初值定理

序列 $f[k]$ 的 z 变换为 $F(z)=\sum_{k=0}^{\infty}f[k]z^{-k}=f[0]+f[1]z^{-1}+f[2]z^{-2}+\cdots$，当 $z\to\infty$ 时，上式等号右端除第一项外均为零。所以有

$$f[0]=\lim_{z\to\infty}F(z) \tag{6.2.13}$$

类似地，可以求得

$$f[m]=\lim_{z\to\infty}z^{m}\left[F(z)-\sum_{i=0}^{m-1}f[i]z^{-i}\right] \tag{6.2.14}$$

2）终值定理

终值定理仅适用于那些当 $k\to\infty$ 时收敛的序列 $f[k]$。

设 $f[k]$ 为因果序列，其 z 变换为 $F(z)$，则根据移位特性有

$$\mathscr{Z}\{f[k]-f[k-1]\}=F(z)-z^{-1}F(z)=\frac{z-1}{z}F(z)$$

根据定义有

$$\mathscr{Z}\{f[k]-f[k-1]\}=\sum_{k=0}^{\infty}(f[k]-f[k-1])z^{-k}=\lim_{K\to\infty}\sum_{k=0}^{K}(f[k]-f[k-1])z^{-k}$$

因为是同一个序列的 z 变换，故有

$$\frac{z-1}{z}F(z)=\lim_{K\to\infty}\sum_{k=0}^{K}(f[k]-f[k-1])z^{-k}$$

等号两端取 $z\to1$ 的极限（显然 $z=1$ 应在收敛域内或者边界上，即收敛半径 $\rho_0\leqslant1$），得

$$\lim_{z\to1}\frac{z-1}{z}F(z)=\lim_{\substack{K\to\infty\\z\to1}}\sum_{k=0}^{K}(f[k]-f[k-1])z^{-k}=\lim_{K\to\infty}\sum_{k=0}^{K}(f[k]-f[k-1])=f[\infty]$$

即

$$f[\infty]=\lim_{z\to1}\frac{z-1}{z}F(z) \tag{6.2.15}$$

【例 6.2.11】 某序列的 z 变换为 $F(z)=\dfrac{z}{z-a}$（$|z|>a$），求 $f[0]$、$f[1]$ 和 $f[\infty]$。

解 根据初值定理，得

$$f[0]=\lim_{z\to\infty}\frac{z}{z-a}=1$$

$$f[1]=\lim_{z\to\infty}z\left[F(z)-f[0]\right]=\lim_{z\to\infty}z\left(\frac{z}{z-a}-1\right)=\lim_{z\to\infty}\frac{az}{z-a}=a$$

根据终值定理，$f[\infty]=\lim\limits_{k\to\infty}f[k]=\lim\limits_{z\to1}\dfrac{z-1}{z}\cdot\dfrac{z}{z-a}=\lim\limits_{z\to1}\dfrac{z-1}{z-a}$，故有当 $a<1$ 时，$f[\infty]=0$；当 $a=1$ 时，$f[\infty]=1$；当 $a>1$ 时，$\lim\limits_{z\to1}\dfrac{z-1}{z-a}=0$，由于 $z=1$ 已不在收敛域内（收敛域为 $|z|>a$），因而取 $z\to1$ 的极限没有意义，有 $\lim\limits_{k\to\infty}f[k]\to\infty$；当 $a=-1$ 时，$\lim\limits_{z\to1}\dfrac{z-1}{z-a}=\lim\limits_{z\to1}\dfrac{z-1}{z+1}=0$，由于 $z=1$ 已不在收敛域内（收敛域为 $|z|>a$），因此也不能应用终值定理，那么 $\lim\limits_{k\to\infty}f[k]=\lim\limits_{k\to\infty}(-1)^{k}$ 不收敛。单边 z 变换的性质见表 6.2.1。

表 6.2.1 单边 z 变换的性质

名称	时域	z 域
定义	$f[k]=\dfrac{1}{2\pi j}\oint_C F(z)z^{k-1}\mathrm{d}z$	$F(z)=\sum\limits_{k=0}^{\infty}f[k]z^{-k}$, $\|z\|>\rho_0$
线性	$a_1 f_1[k]+a_2 f_2[k]$	$a_1 F_1(z)+a_2 F_2(z)$, $\|z\|>\max\{\rho_1,\rho_2\}$
移位	$f[k-m]u[k]$	$z^{-m}F(z)+z^{-m}\sum\limits_{k=-m}^{-1}f[k]z^{-k}$
	$f[k-m]u[k-m]$	$z^{-m}F(z)$, $\|z\|>\rho_0$
	$f[k+m]u[k]$	$z^{m}F(z)-z^{m}\sum\limits_{k=0}^{m-1}f[k]z^{-k}$
序列乘 a^k	$a^k f[k]$	$F\left(\dfrac{z}{a}\right)$, $\|z\|>\|a\|\rho_0$
时域卷积	$f_1[k]*f_2[k]$	$F_1(z)F_2(z)$, $\|z\|>\max\{\rho_1,\rho_2\}$
时域相乘	$f_1[k]f_2[k]$	$\dfrac{1}{2\pi j}\oint_C \dfrac{F_1(\eta)F_2\left(\dfrac{z}{\eta}\right)}{\eta}\mathrm{d}\eta$, $\|z\|>\rho_1\rho_2$, $\dfrac{\|z\|}{\rho_2}>\|C\|>\rho_1$
z 域微分	$k^m f[k]$	$\left(-z\dfrac{\mathrm{d}}{\mathrm{d}z}\right)^m F(z)$, $\|z\|>\rho_0$
z 域积分	$\dfrac{f[k]}{k+m}$, $k+m>0$	$z^m \int_z^{\infty}\dfrac{F(\eta)}{\eta^{m+1}}\mathrm{d}\eta$, $\|z\|>\rho_0$
	$\dfrac{f[k]}{k}$, $k>0$	$\int_z^{\infty}\dfrac{F(\eta)}{\eta}\mathrm{d}\eta$
部分和	$\sum\limits_{i=0}^{k}f[i]$	$\dfrac{z}{z-1}F(z)$, $\|z\|>\max\{1,\rho_0\}$
初值定理		$f[0]=\lim\limits_{z\to\infty}F(z)$
		$f[m]=\lim\limits_{z\to\infty}z^m\left[F(z)-\sum\limits_{i=0}^{m-1}f[i]z^{-i}\right]$
终值定理		$\lim\limits_{k\to\infty}f[k]=\lim\limits_{z\to 1}\dfrac{z-1}{z}F(z)$, $\rho_0<1$

【例 6.2.12】 计算下列序列的 z 变换。

（1）$a^k\sin(\beta k)u[k]$；（2）$k^2 u[k]$；（3）$a^k u[k]*a^k u[k]$；（4）$f[k]=\begin{cases}0, & k\leqslant 0\\ \dfrac{1}{k}, & k\geqslant 1\end{cases}$

解 （1）因为 $\mathscr{Z}\{\sin(\beta k)u[k]\}=\dfrac{z\sin\beta}{z^2-2z\cos\beta+1}$，$\|z\|>1$，根据 z 域尺度变换特性，可得

$$\mathscr{Z}\{a^k\sin(\beta k)u[k]\}=\dfrac{\dfrac{z}{a}\sin\beta}{\left(\dfrac{z}{a}\right)^2-2\left(\dfrac{z}{a}\right)\cos\beta+1}=\dfrac{az\sin\beta}{z^2-2az\cos\beta+a^2},\ \|z\|>a$$

（2）根据 z 域微分特性，可知

$$ku[k]\leftrightarrow -z\dfrac{\mathrm{d}}{\mathrm{d}z}\cdot\dfrac{z}{z-1}$$

上式右端

$$-z\frac{\mathrm{d}}{\mathrm{d}z}\frac{z}{z-1}=-z\frac{-1}{(z-1)^2}=\frac{z}{(z-1)^2}$$

所以

$$ku[k]\leftrightarrow\frac{z}{(z-1)^2}$$

同理，得

$$k^2u[k]\leftrightarrow-z\frac{\mathrm{d}}{\mathrm{d}z}\frac{z}{(z-1)^2}$$

上式右端

$$-z\frac{\mathrm{d}}{\mathrm{d}z}\frac{z}{(z-1)^2}=-z\frac{-(z+1)}{(z-1)^3}=\frac{z^2+z}{(z-1)^3}$$

故得

$$k^2u[k]\leftrightarrow\frac{z^2+z}{(z-1)^3}$$

（3）根据时域卷积定理

$$a^ku[k]*a^ku[k]\leftrightarrow\left(\frac{z}{z-a}\right)^2,\ |z|>a$$

由前面的例题可知

$$(k+1)u[k]\leftrightarrow\left(\frac{z}{z-1}\right)^2,\ |z|>a$$

将上式左端乘以 a^k，则由 z 域尺度变换特性得

$$(k+1)a^ku[k]\leftrightarrow\left(\frac{\frac{z}{a}}{\frac{z}{a}-1}\right)^2,\ |z|>a$$

即

$$(k+1)a^ku[k]\leftrightarrow\left(\frac{z}{z-a}\right)^2,\ |z|>a$$

比较上式得

$$a^k*a^k=(k+1)a^k,\ k\geqslant0$$

（4）序列 $f[k]$ 可以写为

$$f[k]=\frac{u[k-1]}{k},\ k\geqslant1$$

根据移位特性，$u[k-1]$ 的 z 变换为

$$u[k-1]\leftrightarrow z^{-1}\frac{z}{z-1}=\frac{1}{z-1},\ |z|>1$$

根据 z 域积分特性可得

$$\frac{u[k-1]}{k} \leftrightarrow \int_z^\infty \frac{\mathrm{d}\eta}{\eta(\eta-1)} = \int_z^\infty \left(\frac{1}{\eta-1} - \frac{1}{\eta}\right) \mathrm{d}\eta = \ln\frac{\eta-1}{\eta}\bigg|_z^\infty = \ln\frac{z}{z-1}, \ |z|>1$$

【例 6.2.13】 求一个矩形序列 $p_N[k] = \begin{cases} 1, & k=0,1,\cdots,N-1 \\ 0, & k<0, k \geqslant N \end{cases}$ 的 z 变换。

解 矩形序列可看作单位阶跃序列 $u[k]$ 与右移 N 个单位的阶跃序列 $u[k-N]$ 之差，即
$$p_N[k] = u[k] - u[k-N]$$
根据 z 变换的线性和移位特性，得
$$\mathscr{Z}\{p_N[k]\} = \mathscr{Z}\{u[k]\} - \mathscr{Z}\{u[k-N]\} = \frac{z}{z-1} - z^{-N}\cdot\frac{z}{z-1} = \frac{z}{z-1}(1-z^{-N})$$
$$= \frac{z}{z-1}\cdot\frac{z^N-1}{z^N}$$

6.3 逆 z 变换

从序列的 z 变换反过来求序列本身的过程称为逆 z 变换。按照复变函数中泰勒级数的理论，$F(z)$ 的逆变换可按下列公式求出：
$$f[k] = \frac{1}{2\pi\mathrm{j}}\oint_{C_1} F(z) z^{k-1}\mathrm{d}z \tag{6.3.1}$$
这是 z 平面上的一个环路积分，C_1 是 z 平面上 $F(z)$ 收敛区内的一个闭合环路。

按 $F(z)$ 的逆 z 变换公式直接计算逆 z 变换通常十分复杂，一般采用留数定理法、幂级数展开法、部分分式展开法计算逆 z 变换。

1. 留数定理法

根据 $F(z)$ 的逆 z 变换公式，利用复变函数理论，我们可按留数定理计算 $F(z)$ 的逆 z 变换，即
$$f[k] = \frac{1}{2\pi\mathrm{j}}\oint_{C_1} F(z) z^{k-1}\mathrm{d}z, R_1 < |z| < R_2$$
可以计算得
$$f[k] = \underbrace{\sum \mathrm{Res}\{F(z)z^{k-1}\}u[k]}_{\downarrow} + \underbrace{\sum \mathrm{Res}\{F(z)z^{k-1}\}(-u[-k-1])}_{\downarrow} \tag{6.3.2}$$
（C_1 的内极点，对应时序 $k \geqslant 0$）（C_1 的外极点，对应时序 $k<0$）

计算留数的方法为

（1）如果 $F(z)z^{k-1}$ 在 $z=z_i$ 处有一阶单极点，该点的留数为
$$\mathrm{Res}\{F(z)z^{k-1}\}\big|_{z=z_i} = (z-z_i)F(z)z^{k-1}\big|_{z=z_i}$$

（2）如果 $F(z)z^{k-1}$ 在 $z=z_j$ 处有 r 重极点，那么该点的留数为
$$\mathrm{Res}\{F(z)z^{k-1}\}\big|_{z=z_j} = \frac{1}{(r-1)!}\frac{\mathrm{d}^{r-1}}{\mathrm{d}z^{r-1}}\left[(z-z_i)^r F(z)z^{k-1}\right]\bigg|_{z=z_j}$$

【例 6.3.1】 计算 $F(z) = \dfrac{12}{(z+1)(z-2)(z-3)}$，$1<|z|<2$ 的逆 z 变换。

解 在收敛域 $1<|z|<2$ 内作围线 C_1，C_1 的内极点 $|z|=1$ 对应时序 $k \geqslant 0$，C_1 的外极点 $|z|=2$ 和 $|z|=3$ 对应时序 $k<0$，则有

$k>0$ 时，$F(z)z^{k-1} = \dfrac{12}{(z+1)(z-2)(z-3)}z^{k-1}$ 在 $z=-1$ 处有一阶单极点，该点留数为

$$\operatorname{Res}\{F(z)z^{k-1}\}\big|_{z=z_i} = (z+1)F(z)z^{k-1}\big|_{z=-1} = \frac{12}{(z-2)(z-3)}z^{k-1}\big|_{z=-1} = -(-1)^k, k>0$$

$k=0$ 时，$F(z)z^{-1} = \dfrac{12}{z(z+1)(z-2)(z-3)}$ 在 $z=0$ 及 $z=-1$ 处有一阶单极点，其留数分别为 $\operatorname{Res}\{F(z)z^{-1}\}\big|_{z=0} = 2$ 及 $\operatorname{Res}\{F(z)z^{-1}\}\big|_{z=-1} = -1$，故该点的留数和为 $f[0] = 2-1 = 1$。

$k<0$ 时，$F(z)z^{k-1} = \dfrac{12}{(z+1)(z-2)(z-3)}z^{k-1}$ 在 $z=2$ 及 $z=3$ 处有一阶单极点，其留数分别为 $-\operatorname{Res}\{F(z)z^{k-1}\}\big|_{z=2} = 2^{k+1}$ 及 $-\operatorname{Res}\{F(z)z^{k-1}\}\big|_{z=3} = -3^k$，故其留数和为

$$f[k] = 2^{k+1} - 3^k, k<0$$

综合可得

$$f[k] = -(-1)^k u[k-1] + \delta[k] + (2^{k+1} - 3^k)u[-k-1]$$

【例 6.3.2】 计算 $F(z) = \dfrac{1}{1-az^{-1}}$，$|a|<1$ 的逆 z 变换。

解 当 $k>0$ 时，$F(z)z^{k-1}$ 极点只有 1 个，为 $z=a$。因此

$$f[k] = (z-a)F(z)z^{k-1}\big|_{z=a} = a^k, k>0$$

当 $k=0$ 时，$F(z)z^{k-1}$ 的极点为 $z=a$，因此

$$f[k] = (z-a)F(z)z^{-1}\big|_{z=a} = 1$$

当 $k<0$ 时，$F(z)z^{k-1}$ 在 $z=a$ 处有一阶单极点，在 $z=0$ 处有 r 阶极点，且 $r=k$，其留数分别为 $-\operatorname{Res}\{F(z)z^{k-1}\}\big|_{z=a} = -a^k$

$$-\operatorname{Res}\{F(z)z^{k-1}\}\big|_{z=0} = -\frac{1}{(k-1)!}\frac{\mathrm{d}^{k-1}}{\mathrm{d}z^{k-1}}\big[z^k F(z)z^{k-1}\big]\big|_{z=0} = a^k$$

故其留数和为

$$f[k] = -a^k + a^k = 0, k<0$$

综合可得

$$f[k] = \begin{cases} a^k, & k \geq 0 \\ 0, & k<0 \end{cases} = a^k u[k]$$

2. 幂级数展开法

根据 z 变换的定义，因果序列与反因果序列的象函数分别是 z^{-1} 和 z 的幂级数，其系数就是相应的序列值。

$$F(z) = \sum_{k=-\infty}^{\infty} f[k]z^{-k} = \sum_{k=-\infty}^{-1} f[k]z^{-k} + \sum_{k=0}^{\infty} f[k]z^{-k} = F_1(z) + F_2(z) \quad (6.3.3)$$

幂级数展开方法求逆 z 变换的步骤如下：

（1）$F(z)$ 表达为 z^{-1} 的有理分式，即除去任何 z^k 形式的因子。
（2）把余下部分展开为部分分式。
（3）用长除法求各部分分式的逆 z 变换，极点在单位圆内的展开为 z^{-1} 的多项式，在单位圆外的展开为 z 的多项式。
（4）组合各部分分式的逆 z 变换，并考虑 z^k 要求的移位项。

【例 6.3.3】 已知 $F(z) = \dfrac{z^2+z}{z^2-2z+1}$，对不同的收敛条件 $|z|>1$ 和 $|z|<1$，分别求原函数。

解 （1）当 $F(z)$ 的收敛域为 $|z|>1$ 时，其原函数为因果序列，分子分母均按降幂排列即可做长除：

$$z^2-2z+1 \overline{)z^2+z} \begin{array}{l}1+3z^{-1}+5z^{-2}+\cdots\end{array}$$

$$\underline{z^2-2z+1}$$
$$3z-1$$
$$\underline{3z-6+3z^{-1}}$$
$$5-3z^{-1}$$
$$\underline{5-10z^{-1}+5z^{-2}}$$
$$7z^{-1}-5z^{-2}$$
$$\vdots$$

即 $\qquad F(z)=1+3z^{-1}+5z^{-2}+\cdots$

可写为 $\qquad f[k]=\{1,3,5,\cdots\}$。

（2）$F(z)$ 的收敛域为 $|z|<1$，原函数为反因果序列，分子分母均按升幂排列即可做长除：

$$1-2z+z^2 \overline{)z+z^2} \begin{array}{l}z+3z^2+5z^3+\cdots\end{array}$$

$$\underline{z-2z^2+z^3}$$
$$3z^2-z^3$$
$$\underline{3z^2-6z^3+3z^4}$$
$$5z^3-3z^4$$
$$\underline{5z^3-10z^4+5z^5}$$
$$7z^4-5z^5$$
$$\vdots$$

即 $\qquad F(z)=\cdots+5z^3+3z^2+z$

可以写为 $\qquad f[k]=\{\cdots,5,3,1,\underline{0}\}$。

【例 6.3.4】 求 $F(z)=\mathrm{e}^{-a/z}$ 的逆 z 变换。

解 根据级数理论，指数函数 e^x 可以展开成幂级数 $\mathrm{e}^x=1+x+\dfrac{x^2}{2!}+\cdots+\dfrac{x^k}{k!}+\cdots$，将 $F(z)$ 展开为幂级数形式：

$$F(z)=\mathrm{e}^{-\frac{a}{z}}=1+\left(-\frac{a}{z}\right)+\frac{\left(-\frac{a}{z}\right)^2}{2!}+\cdots+\frac{\left(-\frac{a}{z}\right)^k}{k!}+\cdots=\sum_{k=0}^{\infty}\frac{\left(-\frac{a}{z}\right)^k}{k!}=\sum_{k=0}^{\infty}\frac{(-a)^k}{k!}z^{-k}$$

将它与 $F(z)=\sum\limits_{k=0}^{\infty}f[k]z^{-k}$ 比较，可得 $f[k]=\dfrac{(-a)^k}{k!}$，$k\geqslant 0$。

【例 6.3.5】 求 $F(z)=\dfrac{1}{1-0.5z^{-1}}$ 的逆 z 变换。

解 $F(z)$ 的极点为 0.5，在单位圆内。

假设它的逆 z 变换是因果性序列，应展开为 z^{-1} 的多项式。

用长除法求得 $F(z)=1+0.5z^{-1}+0.25z^{-2}+0.125z^{-3}+\cdots$，故

$$f[k] = \begin{cases} 0.5^k, & k \geq 0 \\ 0, & k < 0 \end{cases}$$

【例 6.3.6】 用长除法求 $F(z) = \dfrac{z^{-3}}{(1-0.5z^{-1})(1+0.8z^{-1})(1-2z^{-1})}$ 的逆 z 变换。

解 因 $F(z)$ 分子上 z^{-3} 相当于简单的移位，可暂不管。

余下部分展开为

$$z^{-3}F(z) = \frac{-0.1282}{1-0.5z^{-1}} + \frac{0.1758}{1+0.8z^{-1}} + \frac{-0.4762}{1-2z^{-1}}$$

上式中前面两项的极点分别为 0.5 和 –0.8，在单位圆内，假设应展开为 z^{-1} 的多项式，把它们记为 $F_2(z)$，对应求出因果序列 $f_2[k]$；第三项极点为 2，在单位圆外，假设应展开为 z 的多项式，所以要写成以 z 为幂的有理分式，把它记为 $F_1(z)$，对应地求出因果序列 $f_1[k]$。

对上述几项分别使用长除的方法，可以求得

$$f_1[k] = -0.4762(2)^{k+1}, \qquad k < 0$$
$$f_2[k] = -0.1282(0.5)^k + 0.1758(-0.8)^k, \quad k \geq 0$$

组合 $f_1[k]$ 和 $f_2[k]$，并考虑到 z^{-3} 的移动，可得

$$f[k] = \begin{cases} 0.0476, -0.2047, 0.08046, -0.1060, \cdots & k \geq 3 \\ -0.4762, -0.2381, -0.1190, -0.05952, \cdots & k < 3 \end{cases}$$

3. 部分分式展开法

部分分式展开法求逆 z 变换的步骤如下所示。

（1）对于单边 z 变换，象函数 $F(z)$ 的表示式中应有 $m \leq n$。若当 $m = n$ 时，通常可以先将 $F(z)/z$ 展开，然后再乘以 z；也可以先从 $F(z)$ 中分出常数项，再将余下的真分式展开为部分分式，即

$$\frac{F(z)}{z} = \frac{B(z)}{zA(z)} = \frac{B(z)}{z(z^n + a_{n-1}z^{n-1} + \cdots + a_1 z + a_0)} \tag{6.3.4}$$

（2）对于 $F(z)$ 为单极点。

如果 $F(z)$ 的极点 $z_1, z_2, \cdots, z_n$ 都互不相同，那么 $F(z)/z$ 可以展开为

$$\frac{F(z)}{z} = \frac{K_0}{z} + \frac{K_1}{z-z_1} + \cdots + \frac{K_n}{z-z_n} = \sum_{i=0}^{n} \frac{K_i}{z-z_i} \tag{6.3.5}$$

式中各系数为

$$K_i = (z-z_1)\frac{F(z)}{z}\bigg|_{z=z_i} \tag{6.3.6}$$

即

$$F(z) = K_0 + \sum_{i=1}^{n} \frac{K_i z}{z-z_i} \tag{6.3.7}$$

可以求得逆 z 变换为

$$f[k] = K_0 \delta[k] + \sum_{i=1}^{n} K_i (z_i)^k u[k] \tag{6.3.8}$$

（3）$F(z)$ 有共轭单极点。如果 $F(z)$ 有一共轭单极点 $z_{1,2} = c \pm jd$，式中 $F_2(z)/z$ 是除该共轭极点外的其余部分，而

$$\frac{F_1(z)}{z} = \frac{K_1}{z-c-jd} + \frac{K_2}{z-c+jd} \tag{6.3.9a}$$

或写为

$$\frac{F_1(z)}{z} = \frac{|K_1|e^{j\theta}}{z - ae^{j\beta}} + \frac{|K_1|e^{-j\theta}}{z - ae^{-j\beta}} \qquad (6.3.9b)$$

其中

$$a = e^{\alpha} = \sqrt{c^2 + d^2}$$

$$\beta = \arctan\frac{d}{c}$$

由逆变换，得

$$f_1[k] = 2|K_1|a^k \cos(\beta k + \theta)u[k] \qquad (6.3.10)$$

（4）$F(z)$ 有 r 重极点。如果 $F(z)$ 在 $z = z_1 = a$ 处有 r 重极点，那么 $F(z)/z$ 可以展开为

$$\frac{F(z)}{z} = \frac{F_1(z)}{z} + \frac{F_2(z)}{z} = \frac{K_{11}}{(z-a)^r} + \frac{K_{12}}{(z-a)^{r-1}} + \cdots + \frac{K_{1r}}{z-a} + \frac{F_2(z)}{z} \qquad (6.3.11)$$

式中，$F_2(z)/z$ 是除重极点 $z = a$ 以外的项，在 $z = a$ 处 $F_2(z) \neq \infty$。

各系数 K_{1i} 可以用式（6.3.12）求得

$$K_{1i} = \frac{1}{(i-1)!} \frac{d^{i-1}}{dz^{i-1}} \left[(z-a)^r \frac{F(z)}{z} \right]\bigg|_{z=a} \qquad (6.3.12)$$

将求得的系数 K_{1i} 代入，可得

$$F(z) = \frac{K_{11}z}{(z-a)^r} + \frac{K_{12}z}{(z-a)^{r-1}} + \cdots + \frac{K_{1r}z}{z-a} + F_2(z) \qquad (6.3.13)$$

注意：$\dfrac{z}{(z-a)^m}$ 的逆 z 变换一般有

$$\frac{z}{(z-a)^m} \leftrightarrow \binom{k}{m-1} a^{k-m+1} u[k-m+1] \qquad (6.3.14)$$

式中

$$\binom{k}{m-1} \stackrel{\text{def}}{=\!=} \frac{k!}{(m-1)!(k-m+1)!} = \frac{k(k-1)\cdots(k-m+2)}{(m-1)!} \qquad (6.3.15)$$

【例 6.3.7】 用部分分式法求下列 $F(z)$ 的逆 z 变换。

（1） $F(z) = \dfrac{z^2 - 4z + 2}{(z-1)(z-0.5)}$，$|z| > 1$。

（2） $F(z) = \dfrac{z^3 + 6}{(z+1)(z^2+4)}$，$|z| > 2$。

（3） $F(z) = \dfrac{z^4}{(z^2+4)^2}$。

解 （1） $F(z)$ 的极点为 $z_1 = 1$，$z_2 = 0.5$，将 $\dfrac{F(z)}{z}$ 展开为部分分式，得

$$\frac{F(z)}{z} = \frac{z^2 - 4z + 2}{z(z-1)(z-0.5)} = \frac{K_0}{z} + \frac{K_1}{z-1} + \frac{K_2}{z-0.5}$$

各系数分别为

$$K_0 = z \cdot \frac{F(z)}{z}\bigg|_{z=0} = 4$$

$$K_1 = (z-1) \cdot \frac{F(z)}{z}\bigg|_{z=1} = -2$$

$$K_2 = (z-0.5) \cdot \frac{F(z)}{z}\bigg|_{z=0.5} = -1$$

故得

$$\frac{F(z)}{z} = \frac{4}{z} - \frac{2}{z-1} - \frac{1}{z-0.5}$$

等号两端同乘以 z,有

$$F(z) = 4 - \frac{2z}{z-1} - \frac{z}{z-0.5}$$

取上式的逆变换,得

$$f[k] = 4\delta[k] - 2u[k] - (0.5)^k u[k]$$

(2) $F(z)$ 的极点为 $z_1 = -1$,$z_2 = \text{j}2$,$z_2 = -\text{j}2$,将 $\frac{F(z)}{z}$ 展开为部分分式,得

$$\frac{F(z)}{z} = \frac{z^3 + 6}{z(z+1)(z^2+4)} = \frac{K_0}{z} + \frac{K_1}{z+1} + \frac{K_2}{z-\text{j}2} + \frac{K_3}{z+\text{j}2}$$

根据部分分式展开式系数公式,可以求得

$$K_0 = z \cdot \frac{F(z)}{z}\bigg|_{z=0} = 1.5$$

$$K_1 = (z+1) \cdot \frac{F(z)}{z}\bigg|_{z=-1} = -1$$

$$K_2 = (z-\text{j}2) \cdot \frac{F(z)}{z}\bigg|_{z=\text{j}2} = \frac{1+\text{j}2}{4} = \frac{\sqrt{5}}{4} \text{e}^{\text{j}63.4°}$$

$$K_3 = (z+\text{j}2) \cdot \frac{F(z)}{z}\bigg|_{z=-\text{j}2} = \frac{1-\text{j}2}{4} = \frac{\sqrt{5}}{4} \text{e}^{-\text{j}63.4°}$$

于是得

$$F(z) = 1.5 - \frac{z}{z+1} + \frac{\sqrt{5}}{4}\text{e}^{\text{j}63.4°} \frac{z}{z - 2\text{e}^{\text{j}\frac{\pi}{2}}} + \frac{\sqrt{5}}{4}\text{e}^{-\text{j}63.4°} \frac{z}{z + 2\text{e}^{\text{j}\frac{\pi}{2}}}$$

取上式的逆 z 变换,得

$$f[k] = 1.5\delta[k] + \left[-(-1)^k + \frac{\sqrt{5}}{2} 2^k \cos\left(\frac{\pi k}{2} + 63.4°\right)\right] u[k]$$

(3) $F(z)$ 有一对共轭二重极点 $z_{1,2} = \pm\text{j}2 = 2\text{e}^{\pm\text{j}\frac{\pi}{2}}$,将 $\frac{F(z)}{z}$ 展开为部分分式,得

$$\frac{F(z)}{z} = \frac{z^4}{z(z^2+4)^2} = \frac{K_{11}}{(z-\text{j}2)^2} + \frac{K_{12}}{z-\text{j}2} + \text{共轭项}$$

根据部分分式展开式系数公式,可以求得

$$K_{11} = (z-\text{j}2)^2 \cdot \frac{F(z)}{z}\bigg|_{z=\text{j}2} = \text{j}\frac{1}{2} = \frac{1}{2}\text{e}^{\text{j}\frac{\pi}{2}}, \quad K_{12} = \frac{\text{d}}{\text{d}z}\left[(z-\text{j}2)^2 \cdot \frac{F(z)}{z}\right]\bigg|_{z=\text{j}2} = \frac{1}{2}$$

所以

$$F(z) = \frac{\frac{1}{2}\text{e}^{\text{j}\frac{\pi}{2}} \cdot z}{(z-\text{j}2)^2} + \frac{\frac{1}{2}z}{z-\text{j}2} + \text{共轭项}$$

考虑到 $\text{j}2 = 2\text{e}^{\text{j}\frac{\pi}{2}}$,可得

$$f[k]=k(2)^{k-1}\cos\left[(k-1)\frac{\pi}{2}+\frac{\pi}{2}\right]u[k-1]+2^k\cos\left(\frac{k\pi}{2}\right)u[k]$$

或者写为

$$f[k]=\left(\frac{k}{2}+1\right)2^k\cos\left(\frac{k\pi}{2}\right)u[k],\ k\geq 0$$

6.4 z 域分析

描述线性时不变离散时间系统的一种形式是常系数线性差分方程，而 z 变换是求解线性差分方程的有力工具，它的主要优点是求解步骤简明而有规律，其初始状态已经自然地包含在象方程（以 z 为自变量的象函数方程）中，可一举求得方程的全解。因此，本节主要介绍差分方程的变换解方法、系统函数和系统稳定性分析。

6.4.1 差分方程的变换解

一般而言，描述线性时不变系统的差分方程为

$$y[k]+a_{n-1}y[k-1]+\cdots+a_0y[k-n]=b_mf[k]+b_{m-1}f[k-1]+\cdots+b_0f[k-m] \tag{6.4.1}$$

对于因果系统，式（6.4.1）中 $m\leq n$。

考虑 $f[k]$ 是因果序列，对差分方程式（6.4.1）做单边 z 变换，得

$$\left(1+a_{n-1}z^{-1}+\cdots+a_0z^{-n}\right)Y(z)-M(z)=\left(b_m+b_{m-1}z^{-1}+\cdots+b_0z^{-m}\right)F(z) \tag{6.4.2}$$

式中，$M(z)=-a_{n-1}P_1(z)-\cdots-a_1P_{n-1}(z)-a_0P_n(z)$，与初始状态 $y[-1],y[-2],\cdots,y[-n]$ 有关。

由式（6.4.2）可得

$$Y(z)=\frac{M(z)}{A(z)}+\frac{B(z)}{A(z)}F(z) \tag{6.4.3}$$

式中，$A(z)=1+a_{n-1}z^{-1}+\cdots+a_1z^{-(n-1)}+a_0z^{-n}=z^{-n}\left(z^n+a_{n-1}z^{n-1}+\cdots+a_1z+a_0\right)$ 称为差分方程式（6.4.1）的特征多项式；$B(z)=b_m+b_{m-1}z^{-1}+\cdots+b_1z^{-(m-1)}+b_0z^{-m}=z^{-m}\left(b_mz^m+b_{m-1}z^{m-1}+\cdots+b_1z+b_0\right)$。

式（6.4.3）中第一项 $\frac{M(z)}{A(z)}$ 是零输入响应 $y_x[k]$ 的象函数 $Y_x(z)$；第二项 $\frac{B(z)}{A(z)}F(z)$ 只与激励 $f[k]$ 的象函数 $F(z)$ 有关，因而是零状态响应 $y_f[k]$ 的象函数 $Y_f(z)$，故式（6.4.3）可以写为

$$Y(z)=Y_x(z)+Y_f(z) \tag{6.4.4}$$

系统的全响应为

$$y[k]=y_x[k]+y_f[k] \tag{6.4.5}$$

式中

$$y_x[k]=\mathscr{Z}^{-1}\{Y_x(z)\},\quad y_f[k]=\mathscr{Z}^{-1}\{Y_f(z)\}$$

系统零状态响应的象函数与激励的象函数之比称为系统函数，表达为

$$H(z)=\frac{Y_f(z)}{F(z)}=\frac{B(z)}{A(z)}$$

即

$$H(z)=\frac{B(z)}{A(z)}=\frac{b_m+b_{m-1}z^{-1}+\cdots+b_1z^{-(m-1)}+b_0z^{-m}}{1+a_{n-1}z^{-1}+\cdots+a_1z^{-(n-1)}+a_0z^{-n}}$$
$$=\frac{z^{-m}}{z^{-n}}\cdot\frac{b_mz^m+b_{m-1}z^{m-1}+\cdots+b_1z+b_0}{z^n+a_{n-1}z^{n-1}+\cdots+a_1z+a_0} \quad (6.4.6)$$

式中，系数 $a_i, i=0,1,2,\cdots,n$ 和 $b_j, j=0,1,2,\cdots,m$ 都是实系数，$a_n=1$。方程 $A(z)=0$ 的根 $p_1,p_2,\cdots,p_n$ 称为系统函数 $H(z)$ 的极点；$B(z)=0$ 的根 $\zeta_1,\zeta_2,\cdots,\zeta_m$ 称为系统函数 $H(z)$ 的零点，b 为常数。也可以写为

$$H(z)=\frac{B(z)}{A(z)}=\frac{z^{-m}}{z^{-n}}\cdot\frac{b\prod_{j=1}^{m}(z-\xi_j)}{\prod_{i=1}^{n}(z-p_i)}=\frac{b\prod_{j=1}^{m}(1-\xi_j z^{-1})}{\prod_{i=1}^{n}(1-p_i z^{-1})} \quad (6.4.7)$$

如果 $H(z)$ 的极点均在单位圆内，那么可以求系统的频率响应（或频率特性）：

$$H(\mathrm{e}^{\mathrm{j}\omega T})=H(z)\big|_{z=\mathrm{e}^{\mathrm{j}\omega T}}=H_d(\omega)\mathrm{e}^{\mathrm{j}\varphi_d(\omega)}=\frac{b\prod_{j=1}^{m}(\mathrm{e}^{\mathrm{j}\omega T}-\xi_j)}{\prod_{i=1}^{n}(\mathrm{e}^{\mathrm{j}\omega T}-p_i)} \quad (6.4.8)$$

在 z 平面上，复数可用矢量表示。令

$$\begin{cases}\mathrm{e}^{\mathrm{j}\omega T}-p_i=A_i\mathrm{e}^{\mathrm{j}\theta_i}\\ \mathrm{e}^{\mathrm{j}\omega T}-\zeta_j=B_j\mathrm{e}^{\mathrm{j}\psi_j}\end{cases}$$

式中，A_i、B_j 分别是差函数的模；θ_i、ψ_j 是它们的幅角。故式（6.4.8）可以写为

$$H(\mathrm{e}^{\mathrm{j}\omega T})=H_d(\omega)\mathrm{e}^{\mathrm{j}\varphi_d(\omega)}=\frac{bB_1B_2\cdots B_m\mathrm{e}^{\mathrm{j}(\psi_1+\psi_2+\cdots+\psi_m)}}{A_1A_2\cdots A_n\mathrm{e}^{\mathrm{j}(\theta_1+\theta_2+\cdots+\theta_n)}} \quad (6.4.9)$$

幅频特性为

$$H_d(\omega)=\left|H(\mathrm{e}^{\mathrm{j}\omega T})\right|=\frac{bB_1B_2\cdots B_m}{A_1A_2\cdots A_n} \quad (6.4.10)$$

相频特性为

$$\varphi_d(\omega)=\sum_{j=1}^{m}\psi_j-\sum_{i=1}^{n}\theta_i \quad (6.4.11)$$

当系统的激励为单位脉冲序列时，其零状态响应称为单位响应。故系统的单位响应 $h[k]$ 是系统函数 $H(z)$ 的逆 z 变换。单位响应 $h[k]$ 中各分量的函数形式只决定于 $H(z)$ 的极点，其幅度与相角则由零点和极点共同确定。由此可知，系统的单位响应将完全取决于 $H(z)$ 的零点、极点在 z 平面的分布状况。

（1）极点在单位圆内。如果 $H(z)$ 展开式因子 $H_i(z)$ 有一阶实极点 $z=a, |a|<1$，其逆 z 变换相应于 $H_i(z)$ 的单位响应量 $h_i[k]=a^k u[k]$。由于 $|a|<1$，故 $h_i[k]$ 随着 k 的增大而减小，当 $k\to\infty$ 时，$h_i[k]\to 0$；当 $a=0$ 时，$h_i[k]=\delta[k]$，除 $k=0$ 外，序列值均为零。

如果 $H_i(z)$ 在单位圆内有高阶实极点，例如，二阶实极点 $p=a, a<1$，则逆 z 变换，即单位响应的分量 $h_i[k]=K_{11}ka^{k-1}u[k-1]+K_{12}a^k u[k]$。由于 $a<1$，当 $k\to\infty$ 时，$h_i[k]\to 0$。

如果在单位圆内的极点是共轭成对的，那么其所对应的单位响应分量 $h_i[k]$ 仍是衰减的。

（2）极点在单位圆上。如果在单位圆上的极点只有一阶实极点 $p=1$ 或 $p=-1$。其逆 z 变换 $h_i[k]=(\mp 1)^k u[k]$，它们是等幅序列，当 $k\to\infty$ 时，$|h_i[k]|$ 为有限值，有一阶共轭极点 $p_1=\mathrm{e}^{\mathrm{j}\beta}, p_2=p_1^*$，其逆 z 变换 $h_i[k]=2|K_1|\cos(\beta k+\theta)u[k]$，它是等幅的余弦序列。

如果 $H_i(z)$ 在单位圆上有高阶极点，那么其相应的单位响应分量为 $h_i[k]$。当 k 趋近于无限大时，$h_i[k]$ 趋近于无限大。

（3）极点在单位圆外。如果 $H_i(z)$ 在单位圆外有实极点或有共轭极点，那么其相应的单位响应分量为 $h_i[k]$。当 k 趋近于无限大时，$h_i[k]$ 趋近于无限大。

【例 6.4.1】 求 LTI 系统的单位响应，已知系统输入 $f[k]$ 和输出 $y[k]$ 满足如下方程：

$$y[k] - \frac{1}{2}y[k-1] = f[k] + \frac{1}{3}f[k-1]$$

解 对方程两边应用双边 z 变换，可得

$$Y(z) - \frac{1}{2}z^{-1}Y(z) = F(z) + \frac{1}{3}z^{-1}F(z)$$

或者写作

$$Y(z) = F(z) \cdot \frac{1 + \frac{1}{3}z^{-1}}{1 - \frac{1}{2}z^{-1}}$$

故有

$$H(z) = \frac{Y(z)}{F(z)} = \frac{1 + \frac{1}{3}z^{-1}}{1 - \frac{1}{2}z^{-1}} = \frac{1}{1 - \frac{1}{2}z^{-1}} + \frac{1}{3}\frac{z^{-1}}{1 - \frac{1}{2}z^{-1}}$$

上式得到了 $H(z)$ 的代数表达式，但收敛域无法确认，需要讨论：

（1）当收敛域 ROC 为 $|z| > \frac{1}{2}$ 时，有

$$h[k] = \left(\frac{1}{2}\right)^k u[k] + \frac{1}{3}\left(\frac{1}{2}\right)^{k-1} u[k-1]$$

（2）当收敛域 ROC 为 $|z| < \frac{1}{2}$ 时，有

$$h[k] = -\left(\frac{1}{2}\right)^k u[-k-1] - \frac{1}{3}\left(\frac{1}{2}\right)^{k-1} u[-(k-1)-1] = -\left(\frac{1}{2}\right)^k u[-k-1] - \frac{1}{3}\left(\frac{1}{2}\right)^{k-1} u[-k]$$

【例 6.4.2】 一个离散时间系统由下列方程描述：

$$y[k] - y[k-1] - 2y[k-2] = f[k] + 2f[k-2]$$

初始状态为 $y[-1] = 2$，$y[-2] = -\frac{1}{2}$，激励 $f[k] = u[k]$，求系统的零输入响应和零状态响应。

解 令 $\mathscr{Z}\{y[k]\} = Y(z)$，$\mathscr{Z}\{f[k]\} = F(z)$，对以上差分方程取单边 z 变换，得

$$Y(z) - [z^{-1}Y(z) + y[-1]] - 2[z^{-2}Y(z) + y[-2] + y[-1]z^{-1}] = F(z) + 2z^{-2}F(z)$$

即

$$(1 - z^{-1} - 2z^{-2})Y(z) - (1 + 2z^{-1})y[-1] - 2y[-2] = (1 + 2z^{-2})F(z)$$

可见，经过 z 变换后，差分方程变换为代数方程。由上式可得

$$Y(z) = \frac{(1 + 2z^{-1})y[-1] + 2y[-2]}{1 - z^{-1} - 2z^{-2}} + \frac{1 + 2z^{-2}}{1 - z^{-1} - 2z^{-2}} F(z)$$

$$= \frac{(z^2 + 2z)y[-1] + 2z^2 y[-2]}{z^2 - z - 2} + \frac{z^2 + 2}{z^2 - z - 2} F(z)$$

上式第一项是零输入响应的象函数 $Y_x(z)$，第二项是零状态响应的象函数 $Y_f(z)$。

将初始状态及 $F(z) = \mathscr{Z}\{u[k]\} = \frac{z}{z-1}$ 代入，得

$$Y(z) = \frac{z^2 + 4z}{z^2 - z - 2} + \frac{z^2 + 2}{z^2 - z - 2} \cdot \frac{z}{z-1} = \frac{z^2 + 4z}{(z-2)(z+1)} + \frac{z^3 + 2z}{(z-2)(z+1)(z-1)} = Y_x(z) + Y_f(z)$$

式中，$Y_x(z) = \dfrac{z^2 + 4z}{(z-2)(z+1)}$，$Y_f(z) = \dfrac{z^3 + 2z}{(z-2)(z+1)(z-1)}$。

将 $\dfrac{Y_x(z)}{z}$ 和 $\dfrac{Y_f(z)}{z}$ 展开为部分分式，取上式的逆 z 变换，得

$$y_x[k] = 2 \cdot 2^k - (-1)^k = 2^{k+1} - (-1)^k, k \geq 0$$

$$y_f[k] = 2 \cdot 2^k + \frac{1}{2}(-1)^k - \frac{3}{2} = 2^{k+1} + \frac{1}{2}(-1)^k - \frac{3}{2}, k \geq 0$$

【例 6.4.3】 某一个线性时不变离散时间系统的输出差分方程组为

$$y_1[k] - 4y_1[k-1] - y_2[k] = f[k-1]$$
$$y_1[k-1] + 2y_1[k-2] + y_2[k] + 2y_2[k-1] = f[k] - 3f[k-1]$$

试求零状态响应 $y_1[k]$ 的 z 变换。

解 这是含两个未知序列 $y_1[k]$ 和 $y_2[k]$ 的差分方程组。

令 $\mathscr{Z}\{y_1[k]\} = Y_1(z)$，$\mathscr{Z}\{y_2[k]\} = Y_2(z)$，$\mathscr{Z}\{f[k]\} = F(z)$

为了求零状态响应，可认为当 $k < 0$ 时 $y_1[k] = y_2[k] = 0$，对以上差分方程取 z 变换，得

$$(1 - 4z^{-1})Y_1(z) - Y_2(z) = z^{-1}F(z)$$
$$(z^{-1} + 2z^{-2})Y_1(z) + (1 + 2z^{-1})Y_2(z) = (1 - 3z^{-1})F(z)$$

可见，经过 z 变换后，差分方程组变换为代数方程组，解为

$$Y_1(z) = \dfrac{\begin{vmatrix} z^{-1} & -1 \\ 1-3z^{-1} & 1+2z^{-1} \end{vmatrix}}{\begin{vmatrix} 1-4z^{-1} & -1 \\ z^{-1}+2z^{-2} & 1+2z^{-1} \end{vmatrix}} F(z) = \dfrac{1 - 2z^{-1} + 2z^{-2}}{1 - z^{-1} - 6z^{-2}} F(z) = \dfrac{z^2 - 2z + 2}{z^2 - z - 6} F(z)$$

【例 6.4.4】 某一个线性时不变离散时间系统如图 6.4.1 所示。求：

（1）系统的单位响应。

（2）输入 $f[k] = 10\cos\left(0.628k + \dfrac{\pi}{6}\right)$ 时，系统的频率特性与正弦稳态响应。

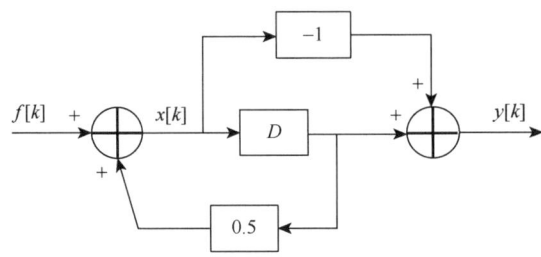

图 6.4.1 例 6.4.4 线性时不变离散时间系统

解 （1）根据图 6.4.1 所示系统，可以写出系统方程为

$$y[k] - 0.5y[k-1] = -f[k] + f[k-1]$$

对方程进行 z 变换，有

$$(1 - 0.5z^{-1})Y(z) = (-1 + z^{-1})F(z)$$

则系统函数为

$$H(z) = \dfrac{Y(z)}{F(z)} = \dfrac{-1 + z^{-1}}{1 - 0.5z^{-1}}, \quad |z| > 0.5$$

故系统的单位响应为

$$h[k] = -\delta[k] + (0.5)^k u[k]$$

（2）系统的频率特性为

$$H(e^{j\omega}) = H(z)\big|_{z=e^{j\omega}} = \frac{-1 + e^{-j\omega}}{1 - 0.5e^{-j\omega}}$$

当数字频率 $\omega = 0.628 \text{ rad} = 36°$ 时，

$$H(e^{j\omega})\big|_{\omega=36°} = \frac{-1 + e^{-j\omega}}{1 - 0.5e^{-j\omega}}\bigg|_{\omega=36°} = \frac{-1 + \cos 36° - j\sin 36°}{1 - 0.5\cos 36° + j0.5\sin 36°} = 0.658e^{-j134.27°}$$

故输入 $f[k] = 10\cos(0.628k + 30°)$ 时，系统正弦稳态响应为

$$y[k] = 6.58\cos(0.628k - 104.27°)$$

【例 6.4.5】 已知某系统输入 $f[k] = a^k u[k]$ 时输出 $y[k] = \left(\frac{1}{2}\right)^k (u[k+1] - u[k-1])$，求系统单位响应 $h[k]$。

解 因输出

$$y[k] = \left(\frac{1}{2}\right)^k (u[k+1] - u[k-1]) = 2\delta[k+1] + \delta[k] \leftrightarrow Y(z) = 2z + 1$$

而输入

$$f[k] = a^k u[k] \leftrightarrow F(z) = \frac{z}{z - a}$$

故 $H(z) = \dfrac{Y(z)}{F(z)} = \dfrac{(z-a)(2z+1)}{z} = 2z + 1 - 2a - az^{-1}$，得

$$h[k] = 2\delta[k+1] + (1 - 2a)\delta[k] - a\delta[k-1]$$

6.4.2 线性时不变离散时间系统的稳定性

一个线性时不变离散时间系统是稳定系统的充分必要条件是在时域中，系统的输出 $|y[k]| < \infty$，即当 $k \to \infty$ 时，$y[k] \to C$，C 为一个常数或 0；在频域中，其系统函数 $H(z)$ 的极点都在位于单位圆的内部。因此，判别系统是否稳定，等同于判别系统函数 $H(z) = \dfrac{B(z)}{A(z)}$ 的特征方程 $A(z) = 0$ 所有根的绝对值是否小于 1。$A(z) = 0$ 为高次代数方程时，朱里提出了列表判别系统是否稳定的方法，具体步骤如下所示。

根据 $A(z) = a_n z^n + a_{n-1} z^{n-1} + \cdots + a_1 z + a_0$ 列出表 6.4.1：表中第 1 行列出 $A(z)$ 的系数，第 2 行也是 $A(z)$ 的系数，但按反序排列。

第 3 行按式（6.4.12）计算

$$c_{n-1} = \begin{vmatrix} a_n & a_0 \\ a_0 & a_n \end{vmatrix}, \quad c_{n-2} = \begin{vmatrix} a_n & a_1 \\ a_0 & a_{n-1} \end{vmatrix}, \quad c_{n-3} = \begin{vmatrix} a_n & a_2 \\ a_0 & a_{n-2} \end{vmatrix}, \quad \cdots \tag{6.4.12}$$

第 4 行将第 3 行的各系数反序排列。根据第 3 行、第 4 行，再用上述相同方法，计算第 5 行。

$$d_{n-2} = \begin{vmatrix} c_{n-1} & c_0 \\ c_0 & c_{n-1} \end{vmatrix}, \quad d_{n-3} = \begin{vmatrix} c_{n-1} & c_1 \\ c_0 & c_{n-2} \end{vmatrix}, \quad \cdots \tag{6.4.13}$$

这样求得的两行比前两行少一项，以此类推，直到第 $2n - 3$ 行。

表 6.4.1 离散时间系统稳定性检验列表

行							
1	a_n	a_{n-1}	a_{n-2}	...	a_2	a_1	a_0
2	a_0	a_1	a_2	...	a_{n-2}	a_{n-1}	a_n
3	c_{n-1}	c_{n-2}	c_{n-3}	...	c_1	c_0	
4	c_0	c_1	c_2	...	c_{n-2}	c_{n-1}	
5	d_{n-2}	d_{n-3}	d_{n-4}	...	d_0		
6	d_0	d_1	d_2	...	d_{n-2}		
⋮	⋮	⋮	⋮				
$2n-3$	r_2	r_1	r_0				

朱里判别法指出，$A(z)$ 的所有根都在单位圆内的充分和必要条件是

$$A(1) > 0，(-1)^n A(-1) > 0，a_n > |a_0|，c_{n-1} > |c_0|，d_{n-2} > |d_0|，\cdots，r_2 > |r_0| \quad (6.4.14)$$

【例 6.4.6】 已知离散时间线性时不变系统的系统函数如下所示，判断系统的稳定性。

$$H(z) = \frac{z^3 + 2z}{4z^4 - 4z^3 + 2z - 1}$$

解 根据 $A(z) = 4z^4 - 4z^3 + 2z - 1$，将 $A(z)$ 的系数排成朱里表，如下：

行					
1	4	-4	0	2	-1
2	-1	2	0	-4	4
3	15	-14	0	4	
4	4	0	-14	15	
5	209	-210	56		

根据上表，有 $A(1) = 4 - 4 + 2 - 1 = 1 > 0$，$(-1)^4 A(-1) = 4 + 4 - 2 - 1 = 5 > 0$，$4 > |-1|$，$15 > |4|$，$209 > |56|$。由朱里判别法可知，该系统是稳定的。

【例 6.4.7】 已知离散时间线性时不变系统的特征方程系统函数如下所示，判断系统的稳定性。

$$A(z) = 4z^4 + 4z^3 + 4z^2 - 2z + 1$$

解 根据 $A(z) = 4z^4 + 4z^3 + 4z^2 - 2z + 1$，将 $A(z)$ 的系数排列成朱里表，如下：

行					
1	4	4	4	-2	1
2	1	-2	4	4	4
3	15	18	12	-12	
4	-12	12	18	15	
5	81	414	396		

由上表可得 $A(1) = 4 + 4 + 4 - 2 + 1 = 11 > 0$，$(-1)^4 A(-1) = 4 - 4 + 4 + 2 + 1 = 7 > 0$，$4 > |1|$，$15 > |-12|$，$81 < |396|$。即 $A(z) = 0$ 的根不全在单位圆内，所以该系统是不稳定的。

6.4.3 系统函数与数字网络结构

一个线性时不变离散时间系统可以用一个差分方程表示：

$$y[k] = \sum_{i=0}^{m} a_i x[k-i] - \sum_{j=1}^{n} b_j y[k-j]$$

其系统函数 $H(z)$ 可以表示为

$$H(z) = \frac{\sum_{i=0}^{m} a_i z^{-i}}{1 + \sum_{j=1}^{n} b_j z^{-j}}$$

利用系统函数 $H(z)$ 实现网络基本结构的步骤如下所示。

根据描述系统的差分方程写出该系统函数，再将 $H(z)$ 化为 z^{-1} 次幂的多项式，用基本运算单元符号，用 z^{-1} 代替时域系统中的时延器，就可以画出系统的基本结构并直接实现框图。

1. 数字系统级联结构

可以把系统 $H(z)$ 分成两个部分的乘积：

$$H(z) = H_1(z) H_2(z)$$

式中

$$H_1(z) = \frac{1}{1 + \sum_{j=1}^{n} b_j z^{-j}} , \quad H_2(z) = \sum_{i=0}^{m} a_i z^{-i}$$

把系统 $H(z)$ 看作两个子滤波器 $H_1(z)$（全极点网络）和 $H_2(z)$（全零点网络）的级联。用基本运算单元符号，可以画出系统的级联型结构图。

滤波器常采用一阶或二阶数字滤波器作为子网络，然后整个数字滤波器通过级联实现其结构框图。在级联实现时，数字滤波器的系统函数被分解为一阶或二阶数字滤波器系统函数的乘积，即

$$H(z) = H_k(z) H_{k-1}(z) \cdots H_1(z) \tag{6.4.15}$$

滤波器的级联型结构图如图 6.4.2 所示。

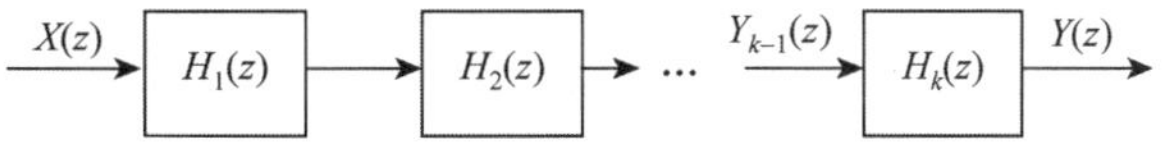

图 6.4.2 滤波器的级联型结构

2. 数字系统并联结构

滤波器系统也可以把系统 $H(z)$ 分成几个部分的相加实现：

$$H(z) = H_1(z) + H_2(z) + \cdots \tag{6.4.16}$$

这意味着输入 $f[k]$ 通过 k 个子滤波器后，在输出端把它们累加起来就可以得到输出 $y[k]$。这种实现方法称为并联型实现。每个子滤波器 $H_k(z)$ 通常选用一阶或二阶滤波器作为子网络，滤波器的并联型结构如图 6.4.3 所示。

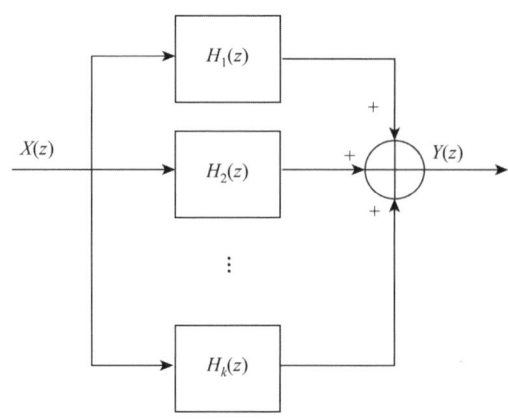

图 6.4.3 滤波器的并联型结构

【例 6.4.8】 根据 $H(z)$ 画出系统的基本结构框图。

$$H(z)=\frac{8z^3-4z^2+11z-2}{\left(z-\frac{1}{4}\right)\left(z^2-z+\frac{1}{2}\right)}$$

解 把 $H(z)$ 展开为 z^{-1} 的多项式,可得

$$H(z)=\frac{8-4z^{-1}+11z^{-2}-2z^{-3}}{1-\frac{5}{4}z^{-1}+\frac{3}{4}z^{-2}-\frac{1}{8}z^{-3}}$$

即

$$H_1(z)=\frac{1}{1-\frac{5}{4}z^{-1}+\frac{3}{4}z^{-2}-\frac{1}{8}z^{-3}},\quad H_2(z)=8-4z^{-1}+11z^{-2}-2z^{-3}$$

因此,可以画出它的直接型结构图如图 6.4.4 所示。

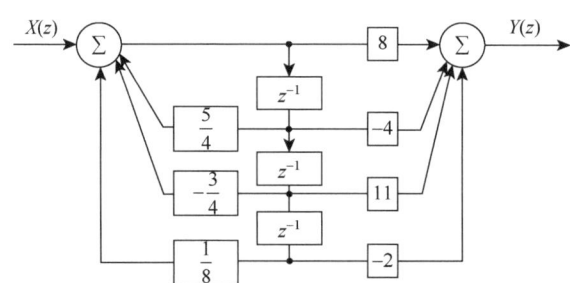

图 6.4.4 例 6.4.8 三阶数字滤波器的直接型结构

【例 6.4.9】 设数字系统的系统函数为 $H(z)=\dfrac{8z^3-4z^2+11z-2}{(z-0.25)(z^2-z+0.5)}$,试采用级联数字滤波器实现。

解 把 $H(z)$ 分解为一阶或二阶数字滤波器系统函数的乘积,即

$$H(z)=\frac{8(z-0.1899)(z^2-0.3100z+1.3161)}{(z-0.25)(z^2-z+0.5)}$$

写成 z^{-1} 的形式为

$$H(z)=\frac{2-0.3799z^{-1}}{1-0.25z^{-1}}\cdot\frac{4-1.2402z^{-1}+5.2644z^{-2}}{1-z^{-1}+0.5z^{-2}}$$

数字滤波器的级联型结构图如图 6.4.5 所示。

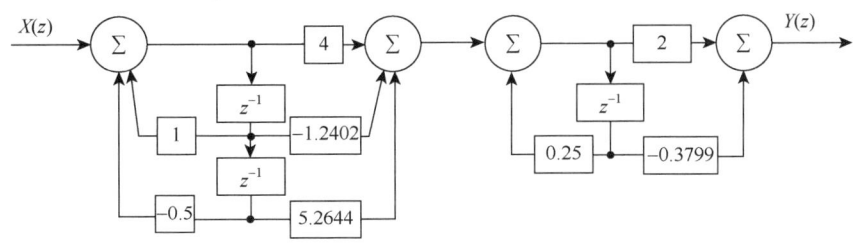

图 6.4.5　例 6.4.9 数字滤波器的级联型结构

【例 6.4.10】　一个数字系统的系统函数是 $H(z) = \dfrac{8z^3 - 4z^2 + 11z - 2}{\left(z - \dfrac{1}{4}\right)\left(z^2 - z + \dfrac{1}{2}\right)}$，试用并联滤波器形式实现系统。

解　首先把 $H(z)$ 写成 z^{-1} 的展开式并应用部分分式展开法，可得

$$H(z) = \frac{8 - 4z^{-1} + 11z^{-2} - 2z^{-3}}{(1 - 0.25z^{-1})(1 - z^{-1} + 0.5z^{-2})} = 16 + \frac{8}{1 - 0.25z^{-1}} + \frac{-16 + 20z^{-1}}{1 - z^{-1} + 0.5z^{-2}}$$

例 6.4.10 数字滤波器的并联型结构图如图 6.4.6 所示。

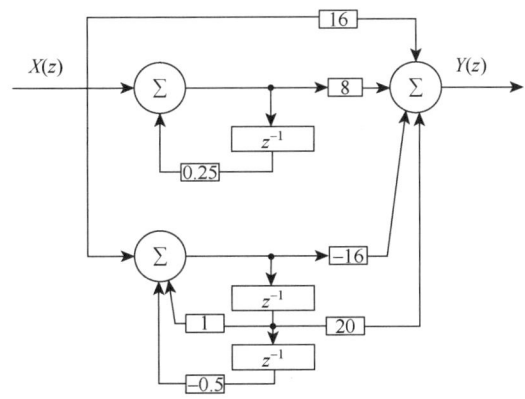

图 6.4.6　例 6.4.10 数字滤波器的并联型结构

习　　题

6.1　求下列各信号的 z 变换。

(1) $\left(\dfrac{1}{5}\right)^k$，$k \geqslant 0$；

(2) $\left(\dfrac{1}{2}\right)^k + \left(\dfrac{1}{3}\right)^{-k}$，$k \geqslant 0$；

(3) $ch 2k$，$k \geqslant 0$；

(4) $\sin\left(\dfrac{k\pi}{2} + \dfrac{\pi}{4}\right)$，$k \geqslant 0$；

(5) $f[k] = \begin{cases} 1, & k = 0, 4, 8, 12, \cdots, 4m, \cdots \\ 0, & 其他 \end{cases}$；

(6) $f[k] = \begin{cases} 1, & k = 0, 1, 2, 3 \\ -1, & k = 4, 5, 6, 7, \cdots \\ 0, & k < 0 \end{cases}$；

(7) $f[k] = \left(\dfrac{1}{2}\right)^{|k|}$，$k = 0, \pm 1, \pm 2, \cdots$；

(8) $f[k] = \left(\dfrac{k}{2} + 1\right) 2^k \cos \dfrac{k\pi}{2}$，$k \geqslant 0$

6.2 利用 z 变换的性质求下列序列的 z 变换。

(1) $u[k]-2u[k-2]+u[k-6]$；

(2) $(-1)^k k \cdot u[k]$；

(3) $k(k-1)u[k-1]$；

(4) $\left(\dfrac{1}{3}\right)^k \cos\left(\dfrac{k\pi}{2}+\dfrac{\pi}{8}\right) \cdot u[k]$；

(5) $k\sin\dfrac{k\pi}{4} \cdot u[k]$；

(6) $\dfrac{a^k+b^k}{k} \cdot u[k-1]$；

(7) $\dfrac{a^k}{k+1}, k \geqslant 0$；

(8) $\dfrac{u[k-2]}{k}, k \geqslant 1$；

(9) $\sum_{i=0}^{k} a^i f[i]$；

(10) $a^k \sum_{i=0}^{k} f[i]$；

(11) $\sum_{i=0}^{k} (-1)^i$；

(12) $a^{-k} u[k] \cdot \sum_{i=0}^{k} f[i]$；

6.3 若序列的 z 变换 $F(z)$ 如下所示，求 $f[0]$、$f[1]$ 和 $f[2]$。

(1) $F(z) = \dfrac{z^2+1}{(z-1)\left(z+\dfrac{1}{2}\right)}, |z|>1$；

(2) $F(z) = \dfrac{z^2-z-1}{(z-1)^3}, |z|>1$；

若序列的 z 变换 $F(z)$ 如下所示，能否应用终值定理？若能，则求出 $\lim_{k \to \infty} f[k]$。

(3) $F(z) = \dfrac{z^2+z+1}{\left(z+\dfrac{1}{2}\right)\left(z-\dfrac{1}{3}\right)}$；

(4) $F(z) = \dfrac{z^2+1}{(z-1)(z-2)}$；

6.4 求下列象函数的逆 z 变换。

(1) $\dfrac{1}{1-0.5z^{-1}}, |z|>0.5$；

(2) $\dfrac{z+a}{1-az}, |z|>\dfrac{1}{2}a$；

(3) $\dfrac{z^2+z+2}{z^2+z-1}, |z|>2$；

(4) $\dfrac{2z^2}{(z-0.5)(z-0.25)}, |z|>0.5$；

(5) $\dfrac{2z^2+z}{(z-1)(z^2-z+1)}, |z|>1$；

(6) $\dfrac{z^2}{z^2+\sqrt{2}z+1}, |z|>1$；

(7) $\dfrac{z}{(z-1)(z^2-1)}, |z|>1$；

(8) $\dfrac{z^2+az}{(z-a)^3}, |z|>|a|$；

(9) $e^{-\dfrac{a}{2z}}$；

(10) $\ln\dfrac{z}{z-1}, |z|>1$；

(11) $\dfrac{0.5z^2}{\left(z-\dfrac{1}{2}\right)\left(z-\dfrac{1}{3}\right)}, \dfrac{1}{3}<|z|<\dfrac{1}{2}$；

(12) $\dfrac{z^2}{\left(z-\dfrac{1}{2}\right)\left(z+\dfrac{1}{3}\right)}, |z|>\dfrac{1}{2}$；

(13) $\dfrac{z^3+6}{(z+1)(z^2+4)}, |z|>2$；

(14) $\dfrac{z+6}{(z^2+4)^2}, |z|>\dfrac{1}{2}$；

6.5 已知方波信号 $x[k] = \begin{cases} 1, & 0 \leqslant k \leqslant 5 \\ 0, & 其他 \end{cases}$，令 $g[k]=x[k]-x[k-1]$，求：

(1) $g[k]$ 的 z 变换；

(2) $x[k] = \sum_{i=-\infty}^{k} g[i]$ 的 z 变换

6.6 根据下列各方程，求系统的零输入响应和零状态响应。

(1) $y[k]-0.5y[k-1]=0, \quad y[-1]=1$。

(2) $y[k+2]-2y[k+1]-y[k]=2^{-k}u[k], \quad y[0]=0, y[1]=3$。

(3) $y[k]-y[k-1]-2y[k-2]=u[k]-u[k-4], \quad y[0]=0, y[1]=3$。

(4) $y[k]+3y[k-1]+2y[k-2]=ku[k], \quad y[-1]=0, y[-2]=0.5$。

(5) $y[k+2]-y[k+1]-2y[k]=\sin\left(\dfrac{\pi k}{4}\right)u[k], \quad y[0]=1, y[1]=1$。

6.7 描述一个因果稳定的线性时不变系统的方程为

$$y[k]-\frac{1}{6}y[k-1]-\frac{1}{6}y[k-2]=x[k]$$

(1) 求 $h[k]$；　　　　　　　　　　　(2) 求频率响应 $H(e^{j\omega})$

6.8 一个二阶离散时间系统如习题 6.8 图所示，求系统的单位响应 $h[k]$。

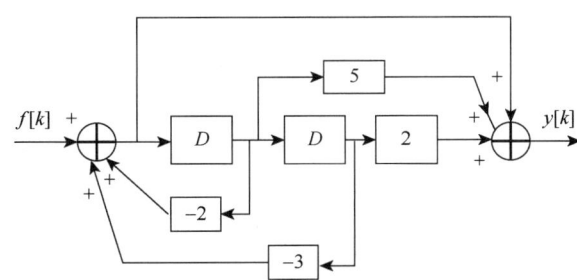

习题 6.8 图　一个二阶离散时间系统的模拟图

6.9 描述某线性时不变系统的差分方程组为

$$\begin{bmatrix} x_1[k+1] \\ x_2[k+1] \end{bmatrix} = \begin{bmatrix} \frac{1}{2} & -1 \\ -\frac{1}{4} & 1 \end{bmatrix} \begin{bmatrix} x_1[k] \\ x_2[k] \end{bmatrix} + \begin{bmatrix} 0 \\ 1 \end{bmatrix} f[k]$$

输出 $y[k]=x_1[k]-2x_2[k]-3f[k]$，设初始状态和输入为 $\begin{bmatrix} x_1[0] \\ x_2[0] \end{bmatrix} = \begin{bmatrix} 1 \\ 0 \end{bmatrix}$，求系统的零输入响应 $y_x[k]$。

6.10 描述某线性时不变离散时间系统的 $H(z)=\dfrac{2z+1}{(z-0.5)}$，$|z|>0.5$，求系统的频率特性。当输入 $f[k]=10\cos\left(628\times 10^{-3}k+\dfrac{\pi}{6}\right)$ 时，试求系统的正弦稳态响应。

6.11 写出习题 6.11 图所示离散时间系统的系统函数状态 $H(z)$ 及输出差分方程。

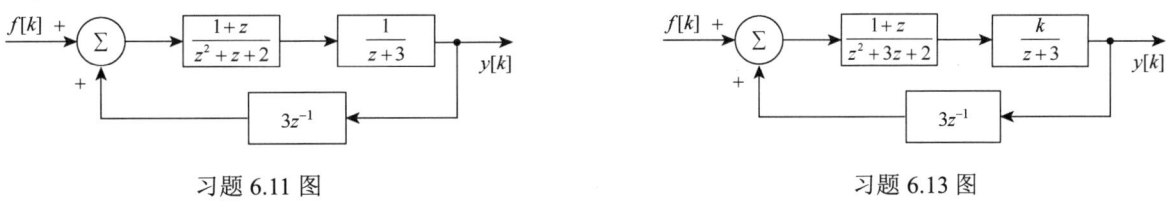

习题 6.11 图　　　　　　　　　　　　习题 6.13 图

6.12 某一个系统的系统函数 $H(z)=\dfrac{B(z)}{A(z)}=\dfrac{1+2z^{-1}}{k-4z^{-1}+2z^{-3}-z^{-4}}$，求系统稳定时的控制参数 k。

6.13 某一个线性时不变离散时间系统如习题 6.13 图所示，当 k 在什么范围内，系统是稳定的？

6.14 设数字滤波器的系统函数如下所示，画出几种形式的滤波器结构，并写出对应的差分方程。

(1) $H(z)=\dfrac{z^3-4z^2+11z-2}{\left(z-\dfrac{1}{2}\right)\left(z^2-z+\dfrac{1}{2}\right)}$；　　　(2) $H(z)=\dfrac{z^2+11z-2}{(z+1)(z^2-2z+1)}$

6.15 已知因果线性时不变系统的方框图如习题 6.15 图所示。

(1) 写出对应的差分方程；　　　　　　(2) 判断系统是否稳定

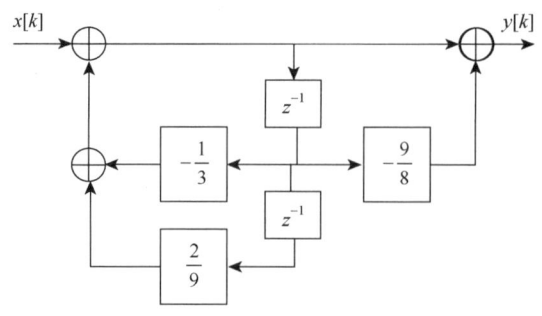

习题 6.15 图

自 测 题

一、判断题（在圆括号内正确的打"√"，错误的打"×"）（每小题 1 分，共 10 分）

1.1 因果序列 $x[k]$，其 z 变换 $X(z) = \dfrac{-3z^{-1}}{2-5z^{-1}+2z^{-2}}$，则 $x[0] = 0$。（　　）

1.2 如果 $x[k]$ 是有限长序列，那么 ROC 就是整个 z 平面。（　　）

1.3 序列在单位圆上的 z 变换就是序列的傅里叶变换，即序列的频谱。（　　）

1.4 $f[k]$ 是一个绝对可和信号，其 z 变换为 $F(z)$。若 $F(z)$ 在 $z = 0.5$ 有一个极点，则 $f[k]$ 为右边信号。（　　）

1.5 离散时间系统的频率响应 $H(\mathrm{e}^{\mathrm{j}\omega})$ 为 $h[k]$ 在单位圆上的 z 变换，也是 $h[k]$ 的傅里叶变换。（　　）

1.6 离散时间单位延迟器的单位响应为 $\delta[k]$。（　　）

1.7 因果序列的 z 变换在 $|z| \to \infty$ 处收敛。（　　）

1.8 系统函数 $H(z)$ 的收敛域不包含单位圆（$|z|=1$），系统也可能稳定。（　　）

1.9 已知 $h[k]$ 的 z 变换为 $H(z)$，则 $h^*[-k]$ 的 z 变换为 $H^*(z)$。（　　）

1.10 一个离散线性时不变系统的差分方程为 $y[k] + \sum\limits_{i=1}^{M} a_i y[k-i] = \sum\limits_{j=0}^{N} b_j x[k-j]$，那么当系数 $b_j \neq 0$ 时，该系统单位响应的持续时间是无限长。（　　）

二、填空题（每空 1 分，共 10 分）

2.1 已知单位阶跃信号 $u[k]$ 的 z 变换为 $\dfrac{z}{z-1}$，$|z|>1$，则信号 $x[k]=k^2 u[k]$ 的 z 变换 $X(z)$ 为_____。

2.2 已知 $x[k]$ 的 z 变换为 $X(z)$，$|z|>2$，则 $\sum\limits_{m=-\infty}^{k}(0.5)^m x(m)$ 的 z 变换及其收敛域为_____。

2.3 已知 $x[k]$ 的 z 变换为 $X(z)$，$|z|>1$，则 $\sum\limits_{i=-\infty}^{k} x[i]$ 的 z 变换为_____。

2.4 已知因果信号 $x[k]$ 的 z 变换为 $X(z)$，$|z|>5$，则 $x[-k]$ 的 z 变换为_____。

2.5 已知序列 $x[k]$ 的 z 变换为 $X(z)$，则序列 $x[N-k]$ 的 z 变换为_____。

2.6 设因果信号 $x(t)$ 的拉普拉斯变换为 $X(s) = \dfrac{1}{s^2+5s+6}$，将 $x(t)$ 以间隔 T 取样后得到离散序列 $x(kT)$，则序列 $x(kT)$ 的 z 变换为_____。

2.7 函数 $F(z) = \dfrac{2z^2-3z+1}{z^2-4z+5}$ 的原序列 $f[k]$ 的初值和终值为 $f[0] = $ _____，$f[\infty] = $ _____。

2.8 某离散 LTI 因果系统框图如自测题 2.8 图所示，若要保证该系统为稳定系统，则图中参数 a、b 的选择分别应该满足：_____和_____。

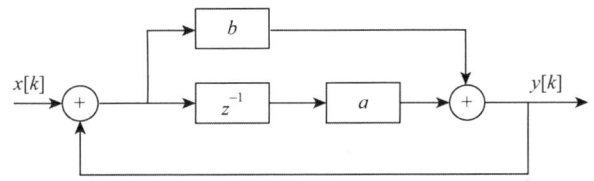

自测题 2.8 图

三、选择题（每小题 1 分，共 10 分）

3.1 已知 $x[k]$ 的 z 变换为 $X(z)$，则下面表示不正确的是（　　）。

A. $x[-k]$ 的 z 变换为 $X(-z)$
B. $x[k]*x^*[k]$ 的 z 变换为 $|X(z)|^2$
C. $(-1)^k x[k]$ 的 z 变换为 $X(-z)$
D. $kx[k]$ 的 z 变换为 $z\dfrac{\mathrm{d}X(z)}{\mathrm{d}z}$

3.2 已知一个双边序列 $f[k]=\begin{cases}2^k,&k\geq 0\\3^k,&k<0\end{cases}$，其 z 变换为（　　）。

A. $\dfrac{-z}{(z-2)(z-3)}$，$2<|z|<3$
B. $\dfrac{-z}{(z-2)(z-3)}$，$|z|\leq 2$，$|z|\leq 3$
C. $\dfrac{z}{(z-2)(z-3)}$，$2<|z|<3$
D. $\dfrac{-1}{(z-2)(z-3)}$，$2<|z|<3$

3.3 $f[k]=-2u[-k]$ 的 z 变换为（　　）。

A. $F(z)=\dfrac{2z}{z-1}$　　B. $F(z)=\dfrac{-2z}{z-1}$　　C. $F(z)=\dfrac{2}{z-1}$　　D. $F(z)=\dfrac{-2}{z-1}$

3.4 已知 $f[k]$ 的 z 变换 $F(z)=\dfrac{1}{\left(z+\dfrac{1}{2}\right)(z+2)}$，$F(z)$ 的收敛域为（　　）时 $f[k]$ 是因果序列。

A. $|z|>0.5$　　B. $|z|<0.5$　　C. $|z|>2$　　D. $0.5<|z|<2$

3.5 对于离散时间因果系统 $H(z)=\dfrac{z-2}{z-0.5}$，下列说法不对的是（　　）。

A. 这是一个一阶系统
B. 这是一个稳定系统
C. 这是一个全通系统
D. 这是一个最小相位系统

3.6 已知 $h[k]$ 是一个 LTI 系统的单位响应，且 $h[k]$ 的 z 变换在有限的 z 平面上仅有 $z=\dfrac{1}{2}$ 和 $z=4$ 两个极点。若 $h[k]2^{-k}$ 的傅里叶变换存在，则 $h[k]$ 所代表的系统是（　　）。

A. 非因果、稳定　　B. 因果、稳定　　C. 非因果、非稳定　　D. 因果、稳定

3.7 关于线性时不变系统，下列说法正确的是（　　）。

A. 自由响应就是零输入响应，强迫响应就是零状态响应
B. 零输入响应具有线性性质，零状态响应也具有线性性质
C. 系统函数 $H(s)$ 或 $H(z)$ 的极点分布影响系统的稳定性
D. 系统函数 $H(s)$ 或 $H(z)$ 的零点分布决定系统的稳定性

3.8 某离散时间线性时不变系统函数 $H(z)$ 的零极图如自测题 3.8 图所示，其中，o 表示零点，×表示极点，且已知 $\sum\limits_{k=-\infty}^{+\infty}\left|h[k]\left(\dfrac{1}{2}\right)^k\right|<\infty$，则该系统满足（　　）。

A. 非因果、稳定　　B. 因果、稳定　　C. 因果、不稳定　　D. 非因果、不稳定

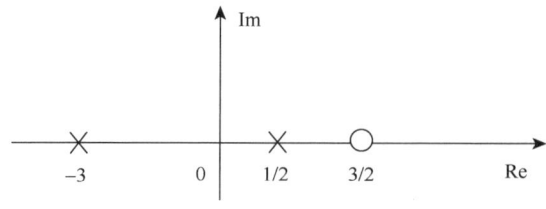

自测题 3.8 图

3.9 下面关于 LTI 系统的说法正确的有（   ）

A. 连续时间 LTI 系统的单位冲激响应是周期的且非零，则系统不稳定
B. 若连续时间 LTI 系统的单位阶跃响应绝对可积，则系统稳定
C. 若离散时间 LTI 系统的单位阶跃响应绝对可积，则系统稳定
D. 若连续时间 LTI 系统的单位响应为有限长，则系统稳定

3.10 已知一个离散线性时不变系统的单位响应 $h[k]$ 和有理系统函数 $H(z)$，若 $H(z)$ 在有限 z 平面上有且仅有极点 0.5 和 –3，且 $H(\infty)=2$，则下列说法正确的有（   ）。

A. 系统是因果非稳定的
B. 系统是非因果但稳定的
C. $H(z)$ 在有限 z 平面上仅有两个零点
D. $3^k h[k]$ 绝对可和

四、计算题（共 30 分）

4.1 （每小题 4 分，共 12 分）求下列序列的 z 变换：
（1） $(-k-3)u[-k]$；
（2） $3^k |k-5| u[k]$；
（3） $\left\{ b^k \sum_{i=0}^{k} \left(\frac{a}{b}\right)^i \cos\omega_0 i \cdot \sin\omega_0 (k-i) \right\} u[k]$

4.2 （每小题 4 分，共 8 分）求下列序列的逆 z 变换。
（1） $F(z) = \sqrt{z} \arctan\frac{1}{\sqrt{z}}$；
（2） $F(z) = \dfrac{z^3 - z}{z^2 - 2z - 15}$，$3 < |z| < 5$

4.3 （5 分）设 $R_3[k] = u[k] - u[k-3]$，计算 $x[k] = \sum_{i=0}^{+\infty} R_3[k-7i]$ 的 z 变换。

4.4 （5 分）已知 $x_1[k]$ 的 z 变换 $X_1(z)$，$|z|>1$；计算 $X_2(z)$ 的逆 z 变换 $x_2[k]$，设

$$X_2(z) = -\left\{\frac{\mathrm{d}}{\mathrm{d}z}\left[X_1(z)z^{-1}\right]\right\} + X_1(-2z), \quad |z|>1$$

五、综合题（每小题 10 分，共 40 分）

5.1 假设实信号 $x[k]$ 和其 z 变换 $X(z)$ 满足下列四个条件：
（1） $X(z)$ 是有理函数；
（2） $\lim\limits_{z \to \infty} X(z) = 1$；
（3） $X(z)$ 在原点有二阶零点；
（4） $X(z)$ 仅有两个极点 1 和 –2

求满足条件的所有 $x[k]$。

5.2 已知一个离散时间系统的方框图如自测题 5.2 图所示，其中抽头系数 a_0，a_1，a_2 均为不为 0 的实常数，系统的频率响应特性在 $\omega=0$ 时为 1，在 $\omega=\dfrac{2\pi}{3}(\mathrm{rad/s})$ 时为 0。求符合上述条件的系数 a_0，a_1，a_2。

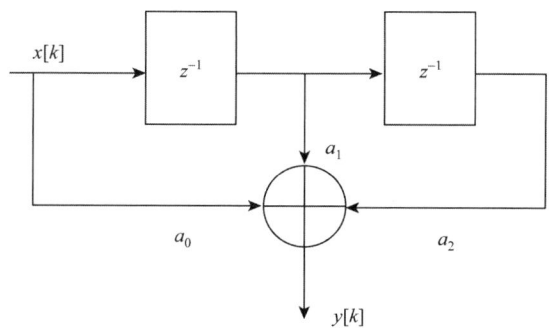

自测题 5.2 图

5.3 已知 $y[k]+y[k-1]+\left(\dfrac{1}{4}-b\right)y[k-2]=x[k-2]$：

（1）确定使得该系统稳定的 b 值范围。

（2）若 $x[k]=2^k$，$y[k]=\dfrac{1}{6}\cdot 2^k$，求 b 及 $h[k]$。

5.4 已知一个离散时间线性时不变的因果系统用 $f[k]$ 表示输入，$y[k]$ 表示输出。该系统由一对包含中间信号 $\omega[k]$ 的差分方程确定：

$$y[k]+\frac{1}{4}y[k-1]+\omega[k]+\frac{1}{2}\omega[k-1]=\frac{2}{3}f[k]$$

$$y[k]-\frac{5}{4}y[k-1]+2\omega[k]-2\omega[k-1]=-\frac{5}{3}f[k]$$

求系统的输入输出差分方程和单位响应。

模 拟 题

一、填空题

1.1 序列 $x[k]=0.8^k\cos\left(\dfrac{\pi}{4}k\right)u[k]$ 的 z 变换为_____。

1.2 已知 $Y(z)=\dfrac{z^2}{(z-1)^3}$，$|z|>1$，则 $y[k]=$_____。

1.3 离散稳定 LTI 系统的系统函数 $H(z)=\dfrac{1}{z^2-3z-10}$，则 $h[k]=$_____。

1.4 某离散时间系统的方框图如模拟题 1.4 图所示，则该系统的单位响应为_____。

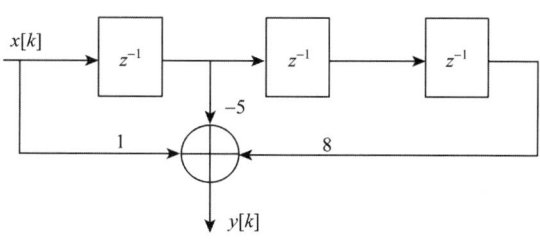

模拟题 1.4 图

1.5 某离散时间系统是稳定的，其系统函数为 $H(z)=\dfrac{9.5z}{(z-0.5)(10-z)}$，则该系统的单位样本响应可以表示为_____。

1.6 双边 z 变换的象函数 $F(z)=\dfrac{3z^2}{(z+0.5)(z-1)}$，$0.5<|z|<1$，则原序列 $f[k]=$ _____。

1.7 已知 $F(z)=8z^2-2+z^{-1}-z^{-2}$，用单位采样信号表示 $f[k]$，有 $f[k]=$ _____。

1.8 $f[k]=ka^ku[k]$ 的 z 变换 $F(z)=$ _____。

1.9 $f[k]=u[k]-u[k-4]$ 的 z 变换 $F(z)=$ _____。

1.10 已知 $f[k]\longleftrightarrow F(z)$，其收敛域为 $|z|>2$，则 $\sum\limits_{i=-\infty}^{k}\left(\dfrac{1}{2}\right)^{i}f[i]$ 的 z 变换（含收敛域）为_____。

二、选择题

2.1 离散时间单位延迟器的单位响应为（　　）。
A. $\delta[k]$　　　　　B. $\delta[k+1]$　　　　　C. $\delta[k-1]$　　　　　D. 1

2.2 序列 $2^k\sum\limits_{i=0}^{k-1}(-1)^iu[i]$ 的单边 z 变换为（　　）。

A. $\dfrac{z^2}{z^2-4}$　　　B. $\dfrac{z}{(z-2)(z+1)}$　　　C. $\dfrac{2z}{z^2-4}$　　　D. $\dfrac{z^2}{(z-2)(z-1)}$

2.3 离散序列 $f[k]=\sum\limits_{m=0}^{\infty}(-1)^m\delta[k-m]$ 的 z 变换及收敛域为（　　）。

A. $\dfrac{z}{z-1}$，$|z|<1$　　　　　B. $\dfrac{z}{z-1}$，$|z|>1$

C. $\dfrac{z}{z+1}$，$|z|<1$　　　　　D. $\dfrac{z}{z+1}$，$|z|>1$

2.4 设 $h[k]$ 是离散时间 LTI 系统的单位响应，下面哪个系统是因果和稳定的（　　）。

A. $h[k]=ku[k]$　　　　　　　B. $h[k]=\cos\left(\dfrac{\pi}{8}k\right)u[k-1]$

C. $h[k]=\cos\left(\dfrac{\pi}{3}k\right)\left(\dfrac{1}{2}\right)^ku[k-1]$　　　D. $h[k]=\left(\dfrac{1}{2}\right)^k\{u[k+1]-u[k-4]\}$

2.5 下列关系所描述的系统，属于因果且稳定的系统是（　　）。

A. $y[k]=x[k-5]+x[-k]$　　　　B. $H(s)=\dfrac{s}{(s+2)(s+3)}$，$\operatorname{Re}\{s\}>-2$

C. $y(t)=x(t)*u(t)$　　　　　　　D. $H(z)=\dfrac{1}{(z-0.5)(z-1.5)}$，$|z|>1.5$

2.6 一个离散时间系统的单位响应 $h[k]$ 可用以下方法求得：（　　）。
A. 直接从差分方程求解　　　　　B. 从 $H(z)$ 求
C. 从 $H(s)$ 求　　　　　　　　　D. 从 $H(e^{j\omega})$ 求

三、计算题

3.1 求下列序列的 z 变换：

（1）$\dfrac{a^k}{k+1}u[k]$；　　　　　　　　（2）$2^k\cos\left(\dfrac{k\pi}{4}\right)u[k]$；

（3）$2^ku[-k-2]+\left(\dfrac{1}{2}\right)^ku[k-1]$

3.2 求下列序列的逆 z 变换：

（1）$F(z)=\dfrac{3z}{z^2-z-2}$，$|z|>2$；　　　（2）$F(z)=\dfrac{z^{-2}}{z^{-2}+1}$，$|z|>1$

四、综合题

4.1 因果二阶离散线性时不变系统框图如模拟题 4.1 图所示，其系统函数满足 $H(z)|_{z=0.5}=\infty$，求：

（1）系统函数 $H(z)$ 和单位响应 $h[k]$。

（2）输入 $x_1[k]=(-1)^k u[k]$，全响应 $y[k]=8\left(\dfrac{1}{2}\right)^k u[k]-6\left(\dfrac{3}{4}\right)^k u[k]$，求零状态响应和初始状态 $y[-1]$，$y[-2]$。

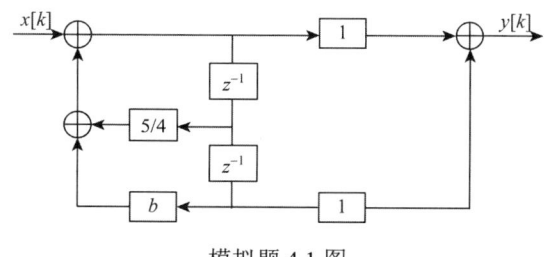

模拟题 4.1 图

4.2 某一个离散 LTI 系统，输入 $x[k]$ 和输出 $y[k]$ 满足：

$$y[k]-y[k-1]-\dfrac{3}{4}y[k-2]=x[k-1]$$

（1）求该系统的系统函数。

（2）求系统稳定时，单位响应及其对应的收敛域，判断此系统是否为因果系统。

（3）求该系统的频率响应，画出幅频特性曲线。

（4）画出该系统的并联型结构框图。

4.3 已知一个因果的离散线性时不变系统框图如模拟题 4.3 图所示。求：

（1）该系统的 $H(z)$。

（2）描述输入与输出关系的差分方程。

（3）初始状态为 $y[-1]=4$，$y[-2]=\dfrac{3}{2}$，当输入为 $x[k]=\left(-\dfrac{1}{2}\right)^k u[k]$ 时，系统的输出。

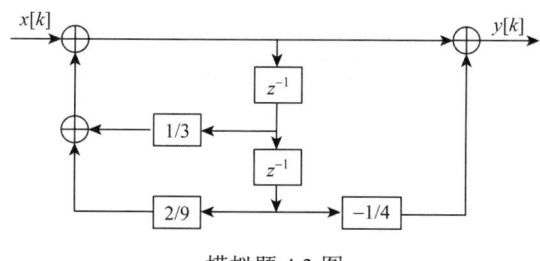

模拟题 4.3 图

4.4 已知一个离散线性时不变系统的差分方程为

$$y[k]-\dfrac{5}{4}y[k-1]-\dfrac{3}{8}y[k-2]=x[k]+2x[k-1]$$

求：（1）满足差分方程的所有可能的单位响应。

（2）当系统为因果系统，初始条件 $y[-1]=10$，$y[-2]=-12$，输入 $x[k]=(-2)^k u[k]$ 时系统的全响应。

4.5 已知一个信号的 z 变换 $F(z)=\dfrac{z^2}{z^2-2.5z+1}$，且 $\sum\limits_{k=-\infty}^{\infty}|f[k]|<\infty$，求 $f[k]$。

4.6 已知一个离散因果 LTI 系统为

$$y[k]-\dfrac{7}{12}y[k-1]+\dfrac{1}{12}y[k-2]=3f[k]-\dfrac{5}{6}f[k-1]$$

求：（1） $H(z)$ 和 $h[k]$。

（2）初态 $y[-1]=1$、$y[-2]=0$，当输入 $f[k]=\delta[k]$ 时，系统 $y[k]$、$y_x[k]$ 和 $y_f[k]$。

4.7 某LTI离散时间系统的系统函数 $H(z)=\dfrac{z}{z-0.5}$，画出其零极点图和大概的幅度频率响应曲线，并指出此系统是低通、高通还是全通网络。

4.8 某离散因果系统如模拟题4.8图所示，求

（1）系统函数；　　　　（2）系统的差分方程；　　　　（3）系统的单位响应

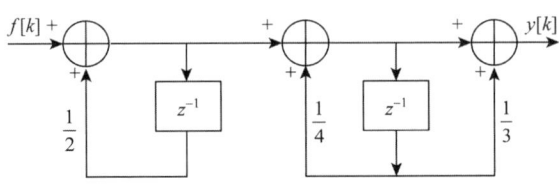

模拟题4.8图

4.9 描述某线性时不变离散时间系统的差分方程为
$$y[k]-2y[k-1]+y[k-2]=f[k]$$
已知 $y[0]=y[1]=2, f[k]=2^k u[k]$，试用 z 变换分析法求响应 $y[k]$，并指出零输入响应和零状态响应。

4.10 一个离散因果LTI系统可以由差分方程 $y[k]-y[k-1]-6y[k-2]=f[k-1]$ 描述，求：

（1）该系统的系统函数和它的收敛域。
（2）该系统的单位响应 $h[k]$。
（3）输入 $f[k]=(-3)^k, -\infty<k<\infty$ 时的输出 $y[k]$。

4.11 已知一个LTI系统由两个子系统级联组成，这两个子系统的差分方程分别为
$$y[k]+\dfrac{1}{2}y[k+1]=2f[k]-f[k-1], \quad y[k]-\dfrac{1}{2}y[k-1]+\dfrac{1}{4}y[k-2]=f[k]$$

（1）求描述整个系统的差分方程。
（2）用一个一阶系统和一个二阶系统并联来实现整个系统（画出用单位延迟器、加法器和数乘器构成的并联结构的方框图）。

4.12 某系统的差分方程为
$$2y[k]+y[k-1]=f[k]$$
已知 $f[k]=\left(\dfrac{1}{4}\right)^k u[k]$ 和 $y[-1]=2$，求 $k\geqslant 0$ 时系统的输出。

4.13 某LTI离散时间系统的差分方程为
$$y[k]-\dfrac{1}{2}y[k-1]=f[k]+\dfrac{1}{2}f[k-1]$$

求：（1）系统的频率响应。
（2）系统的单位响应 $h[k]$。
（3）输入 $f[k]=\cos\left(\dfrac{\pi}{2}k\right)$ 时系统的响应 $y[k]$。

4.14 某LTI离散时间系统输入 $f[k]=u[k]$ 时全响应为 $y[k]=\left[1-(-1)^k-(-2)^k\right]u[k]$，已知系统初始条件 $y[-1]=0, y[-2]=0.5$，求描述该系统的差分方程。

4.15 已知因果离散时间系统方框图如模拟题4.15图所示，输入 $f[k]=\left(\dfrac{3}{4}\right)^k, -\infty<k<\infty$ 时，响应 $y[k]=3\left(\dfrac{3}{4}\right)^k$：

（1）求系统函数 $H(z)$，确定 a，并写出系统的差分方程。
（2）当 $f[k]=\delta[k]+0.5\delta[k-1]$ 时，求零状态响应。

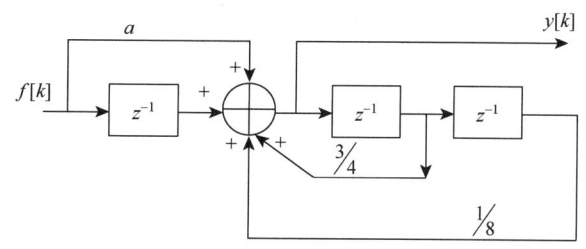

模拟题 4.15 图

4.16 已知 $F(n)=\text{DFT}\{f[k]\},0\leqslant n<N$，求：

（1）$f[k]$ 的 z 变换 $F(z)$。

（2）$f[k]$ 的傅里叶变换 $F(e^{j\omega})$。

4.17 如模拟题 4.17 图所示线性时不变因果离散时间系统，已知输入 $f[k]=u[k]$ 时系统的全响应为 $y[k]$，且 $y[2]=42$，求：

（1）该系统的系统函数 $H(z)$。

（2）该系统的零输入响应 $y_x[k]$。

（3）该系统是否存在频率响应？若不存在，请说明理由，若存在，请粗略地绘出幅频特性。

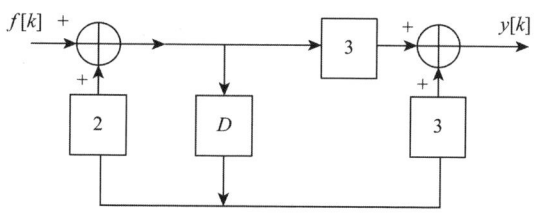

模拟题 4.17 图

4.18 一个输入为 $f[k]$、输出为 $y[k]$ 的离散时间 LTI 系统，已知：

（1）若对全部 $k,f[k]=(-2)^k$，则对全部 k，有 $y[k]=0$。

（2）若对全部 $k,f[k]=2^k u[k]$，有 $y[k]=\delta[k]+a\cdot 4^{-k}u[k]$，其中，$a$ 为常数

求常数 a，若系统输入对全部 k，有 $f[k]=-1$，求响应 $y[k]$。

4.19 某离散时间系统差分方程 $y[k]+\dfrac{5}{6}y[k-1]+\dfrac{1}{6}y[k-2]=x[k-1]$：

（1）如果系统是稳定的，求系统的单位响应 $h[k]$，判断此时系统是因果系统。

（2）当系统满足上述条件且输入 $x[k]=\cos(\pi k)$ 时，求系统响应 $y[k]$。

（3）以加法器、单位时延器、放大器为基本组件，画出系统框图。

4.20 某一个离散时不变系统的系统函数为

$$H(z)=\dfrac{Y(z)}{X(z)}=\dfrac{2z^2+6z+4}{4z^4-4z^3+2z-1}$$

（1）画出该系统的结构图。

（2）判定该系统的稳定性。

4.21 设描述某线性时不变离散时间系统的差分方程为

$$y[k]-3y[k-1]=f[k]$$

已知初始状态 $y[-1]=1$，激励为 $f[k]=u[k]$，求系统的零输入响应、零状态响应。

4.22 如模拟题 4.22 图所示离散时间系统，当输入为 $x[k]=\dfrac{1}{4}\delta[k]+\delta[k-1]+\dfrac{1}{2}\delta[k-2]$ 时，要求输出 $y[1]=0$，$y[3]=0$，求加权系数 $h[0]$、$h[1]$、$h[2]$。

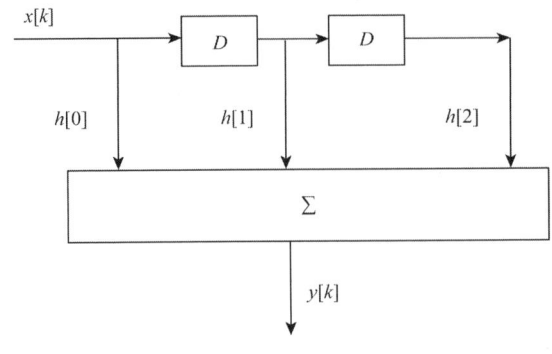

模拟题 4.22 图

4.23 某线性时不变离散时间系统的差分方程为

$$y[k]+\frac{1}{5}y[k-1]=f[k]+2f[k-1]+3f[k-2]$$

（1）判断系统是否稳定。

（2）若系统稳定，求当激励为 $f[k]=\cos\left(k\pi+\frac{\pi}{8}\right)$ 时系统的稳态响应。

4.24 一个因果离散线性时不变系统，满足以下条件：

（1）输入 $x[k]=(-1)^k u[k]$，系统的零状态响应 $y[k]=au[k]+b\cdot 2^k u[k]$。

（2）输入 $x[k]=(0.5)^k u[k]$，系统的零状态响应 $y[k]=(0.5)^k$。

（3）系统函数 $H(z)$ 为有理数，且 $H(\infty)=3$。

求：（1）求 a，b 的值。

（2）求单位响应 $h[k]$。

（3）画出系统框图。

（4）求初始状态 $y[-1]=0$、$y[-2]=-1$，输入 $x[k]=\left(\frac{1}{3}\right)^k u[k]$ 时系统的全响应。

第 7 章 系统的状态变量分析

系统分析是建立描述系统特性的数学模型并求其解，即在确定已知的输入激励下求出系统的输出响应。建立系统模型的方式主要有两种：输入输出法和状态变量法。

输入输出法也称端口法、外部法或经典法，主要用微分（或差分）方程或系统函数来描述系统，分析过程中主要运用频率响应的概念来求系统的响应，前面各章所讨论的时域分析和变换域分析都属于此类。输入输出法只关心系统的输入和对应输出之间的直接关系，并不涉及系统内部状态和特性，因此用于对单输入单输出系统的分析研究极为方便可行，但对于多输入多输出系统具有较大的局限性。

随着科学技术的发展，人们不仅关心系统输出随输入的变化情况，还需要研究与系统内部一些变量有关的问题，以便设计和控制这些参量来达到某种目的（如系统的可观测性和可控制性，或系统的最优控制等）。这就需要进行以系统内部变量为基础的状态变量分析。

状态变量法也称内部法，它不仅能描述系统激励和响应之间的关系，还能提供系统内部各变量的情况。状态变量法将系统内部的状态变量作为分析对象，采用状态方程和输出方程两组方程来描述系统。状态方程是一阶微分方程组（连续时间系统）或差分方程组（离散时间系统），用来描述系统内部状态变量与激励之间的关系；输出方程则通常为代数方程，用来描述系统响应与状态变量和激励的关系。

状态变量法主要有以下优点：

（1）利用描述系统内部特性的状态变量来替代仅能描述系统外部特性的系统函数，完整地揭示了系统的内部特性，使我们能同时观测并处理多个状态变量，还能满足一定的系统控制和设计要求；

（2）状态方程是具有统一的标准形式的一阶微分或差分方程组，有较成熟完善的求解方法（如解析法和数值法），适于利用计算机进行计算处理；

（3）不管系统如何复杂，其数学模型的形式都比较相似，因而特别适用于多输入多输出系统；

（4）状态方程可写成矩阵形式的一阶微分或差分方程，易于推广应用于线性时变系统和非线性系统。

本书只限于讨论线性时不变系统的状态变量分析。

7.1 状态、状态变量与状态方程

系统的状态实际上是指系统的储能状态。若在 $t \geqslant t_0$ 时系统有输入，则当 $t = t_0$ 时系统的状态可看作为了确定系统未来的输出所需要的有关系统历史的全部信息，它是系统在 $t < t_0$ 时工作积累的结果，并在 $t = t_0$ 时以元件储能的方式表现出来，故称为系统的初始状态。

一般而言，动态系统在某一时刻 t_0 的状态，是描述该系统所必需的数目最少的（设为 n）一组数值，根据这组数值和 $t \geqslant t_0$ 时系统的激励，就可以完全唯一地确定 $t \geqslant t_0$ 时系统的全部工作情况，其中，就包括了 $t \geqslant t_0$ 的任意时刻 t 系统的状态变量；根据在时刻 t 的系统状态和输入就能唯一地确定在时刻 t 系统的对应输出。

动态系统的状态变量是描述系统状态随时间 t 变化的一组变量，它们在时刻 t 的值就组成了系统在该时刻的状态。对 n 阶动态系统需要有 n 个独立的状态变量，通常用 $x_1(t)$，$x_2(t)$，$\cdots$，$x_n(t)$ 表示，在 $t = t_0$ 时 $x_1(t_0)$，$x_2(t_0)$，$\cdots$，$x_n(t_0)$ 为系统的初始状态。

需要注意的是，状态变量的选择并不是唯一的。对同一个系统，选不同的状态变量，可以得出不同的状态方程。若将连续时间变量 t 置换为离散时间变量 k（相应的 t_0 置换为 k_0），以上论述也适用于离散时间系统。

对于连续时间系统，通常选取动态元件的状态作为系统的状态变量，如电感上的电流、电容器上的电压、积分器的输出等；对于离散时间系统，则通常选取时延元件的状态作为系统的状态变量。

以连续时间系统为例，若一个动态系统有 n 个状态变量 $x_1(t)$，$x_2(t)$，$\cdots$，$x_n(t)$，用这 n 个状态变量做分量构成的向量（或矢量）$\boldsymbol{x}(t)$ 称为该系统的状态向量（或矢量）。状态向量所有可能值的集合称为状态空间，即由 $x_1(t)$，$x_2(t)$，$\cdots$，$x_n(t)$ 组成的 n 维空间；状态向量所包含状态变量的个数相当于状态空间的维数，也就是系统的阶数。系统在任意时刻的状态都可以用状态空间的一点来表示。当 t 变化时，它所描绘的曲线称为状态轨迹。

状态变量方程简称为状态方程，对于连续时间系统，它是用状态变量和激励表示的一组独立的一阶微分方程；而输出方程是用状态变量和激励表示的代数方程组。通常将状态方程和输出方程统称为系统的动态方程或系统方程。

如图 7.1.1 所示的一个多输入多输出连续时间系统，它的 p 个输入分别记作 $f_1(t)$，$f_2(t)$，$\cdots$，$f_p(t)$；对应的 q 个输出分别记作 $y_1(t)$，$y_2(t)$，$\cdots$，$y_q(t)$；系统的 n 个状态变量分别记作 $x_1(t)$，$x_2(t)$，$\cdots$，$x_n(t)$。

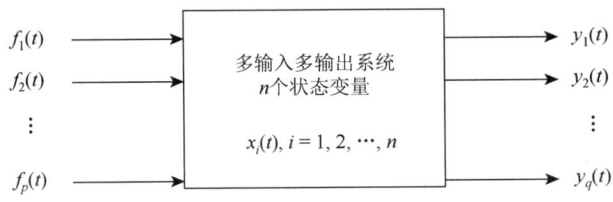

图 7.1.1 一个多输入多输出连续时间系统

对连续时间系统，状态变量是时间的连续函数，在任意瞬间，因果系统中状态变量的导数是状态变量和输入的函数，它可以写为

$$\begin{bmatrix} \dot{x}_1(t) \\ \dot{x}_2(t) \\ \vdots \\ \dot{x}_n(t) \end{bmatrix} = \begin{bmatrix} a_{11} & a_{12} & \cdots & a_{1n} \\ a_{21} & a_{22} & \cdots & a_{2n} \\ \vdots & \vdots & & \vdots \\ a_{n1} & a_{n2} & \cdots & a_{nn} \end{bmatrix} \begin{bmatrix} x_1(t) \\ x_2(t) \\ \vdots \\ x_n(t) \end{bmatrix} + \begin{bmatrix} b_{11} & b_{12} & \cdots & b_{1p} \\ b_{21} & b_{22} & \cdots & b_{2p} \\ \vdots & \vdots & & \vdots \\ b_{n1} & b_{n2} & \cdots & b_{np} \end{bmatrix} \begin{bmatrix} f_1(t) \\ f_2(t) \\ \vdots \\ f_p(t) \end{bmatrix} \quad (7.1.1)$$

式中，各 a_{ij}、b_{ij} 均是由系统参数组成的系数。对于线性时不变系统，它们都是常数。

用矩阵形式可以表示为

$$\dot{\boldsymbol{x}}(t) = \boldsymbol{A}\boldsymbol{x}(t) + \boldsymbol{B}\boldsymbol{f}(t) \quad (7.1.2)$$

式中

$$\boldsymbol{x}(t) \stackrel{\text{def}}{=\!=} \begin{bmatrix} x_1(t) & x_2(t) & \cdots & x_n(t) \end{bmatrix}^{\mathrm{T}}$$

$$\dot{\boldsymbol{x}}(t) \stackrel{\text{def}}{=\!=} \begin{bmatrix} \dot{x}_1(t) & \dot{x}_2(t) & \cdots & \dot{x}_n(t) \end{bmatrix}^{\mathrm{T}}$$

$$\boldsymbol{f}(t) \stackrel{\text{def}}{=\!=} \begin{bmatrix} f_1(t) & f_2(t) & \cdots & f_n(t) \end{bmatrix}^{\mathrm{T}}$$

定义系数矩阵 $\boldsymbol{A}$、$\boldsymbol{B}$ 分别为

$$\boldsymbol{A} = \begin{bmatrix} a_{11} & a_{12} & \cdots & a_{1n} \\ a_{21} & a_{22} & \cdots & a_{2n} \\ \vdots & \vdots & & \vdots \\ a_{n1} & a_{n2} & \cdots & a_{nn} \end{bmatrix} \quad (7.1.3)$$

$$\boldsymbol{B} = \begin{bmatrix} b_{11} & b_{12} & \cdots & b_{1p} \\ b_{21} & b_{22} & \cdots & b_{2p} \\ \vdots & \vdots & & \vdots \\ b_{n1} & b_{n2} & \cdots & b_{np} \end{bmatrix} \tag{7.1.4}$$

式中，$\boldsymbol{A}$ 为 $n \times n$ 方阵，称为系统矩阵；$\boldsymbol{B}$ 为 $n \times p$ 矩阵，称为控制矩阵。对于线性时不变系统，它们都是常量矩阵。

如果系统有 q 个输出 $y_1(t)$，$y_2(t)$，$\cdots$，$y_q(t)$，每一个输出都是用状态变量和激励表示的代数方程，其矩阵形式可以写为

$$\begin{bmatrix} y_1(t) \\ y_2(t) \\ \vdots \\ y_q(t) \end{bmatrix} = \begin{bmatrix} c_{11} & c_{12} & \cdots & c_{1n} \\ c_{21} & c_{22} & \cdots & c_{2n} \\ \vdots & \vdots & & \vdots \\ c_{q1} & c_{q2} & \cdots & c_{qn} \end{bmatrix} \begin{bmatrix} x_1(t) \\ x_2(t) \\ \vdots \\ x_n(t) \end{bmatrix} + \begin{bmatrix} d_{11} & d_{12} & \cdots & d_{1p} \\ d_{21} & d_{22} & \cdots & d_{2p} \\ \vdots & \vdots & & \vdots \\ d_{q1} & d_{q2} & \cdots & d_{qp} \end{bmatrix} \begin{bmatrix} f_1(t) \\ f_2(t) \\ \vdots \\ f_p(t) \end{bmatrix} \tag{7.1.5}$$

式（7.1.5）可以简记为

$$\boldsymbol{y}(t) = \boldsymbol{C}\boldsymbol{x}(t) + \boldsymbol{D}\boldsymbol{f}(t) \tag{7.1.6}$$

定义输出矢量

$$\boldsymbol{y}(t) = \begin{bmatrix} y_1(t) & y_2(t) & \cdots & y_n(t) \end{bmatrix}^\mathrm{T}$$

定义系数矩阵 $\boldsymbol{C}$、$\boldsymbol{D}$ 分别为

$$\boldsymbol{C} = \begin{bmatrix} c_{11} & c_{12} & \cdots & c_{1n} \\ c_{21} & c_{22} & \cdots & c_{2n} \\ \vdots & \vdots & & \vdots \\ c_{q1} & c_{q2} & \cdots & c_{qn} \end{bmatrix} \tag{7.1.7}$$

$$\boldsymbol{D} = \begin{bmatrix} d_{11} & d_{12} & \cdots & d_{1p} \\ d_{21} & d_{22} & \cdots & d_{2p} \\ \vdots & \vdots & & \vdots \\ d_{q1} & d_{q2} & \cdots & d_{qp} \end{bmatrix} \tag{7.1.8}$$

式中，$\boldsymbol{C}$ 为 $q \times n$ 矩阵，称为输出矩阵；$\boldsymbol{D}$ 为 $q \times p$ 矩阵，称为转移矩阵。对于线性时不变系统，它们都是常量矩阵。

以上是 LTI 连续时间系统状态方程和输出方程的一般标准形式。

线性时不变离散时间系统的状态方程和输出方程的一般标准形式，与 LTI 连续时间系统类似，它们的输出方程均为代数方程组；只不过连续时间系统的状态方程由一阶线性微分方程组表示，而离散时间系统的状态方程由一阶线性差分方程组表示。

可以根据电路网络直接列写系统状态方程和输出方程。例如，在图 7.1.2（a）只含电容的回路中，根据 KVL，图中任意一个电容电压都能由其余两个电容电压求得，因而若选电容电压为状态变量，三个电容电压中只有两个是独立的，只能选其中某两个作为独立的状态变量。同理在图 7.1.2（b）只含电容和理想电压源的回路中，两个电容电压只能选其中某一个作为独立的状态变量。

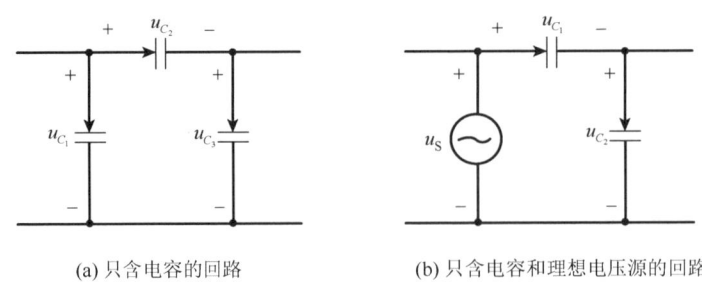

(a) 只含电容的回路　　　　　(b) 只含电容和理想电压源的回路

图 7.1.2　选择电容电压为状态变量的回路

在图 7.1.3（a）中，对只含电感的节点（或割集），或只含电感和理想电流源的节点（割集），任意电感电流都能由其余两个电流得出，因而若选电感电流为状态变量，三个电感电流中只有两个是独立的，只能选其中某两个作为独立的状态变量。同理在图 7.1.3（b）只含电感和理想电流源的节点中，两个电感电流只能选其中某一个作为独立的状态变量。

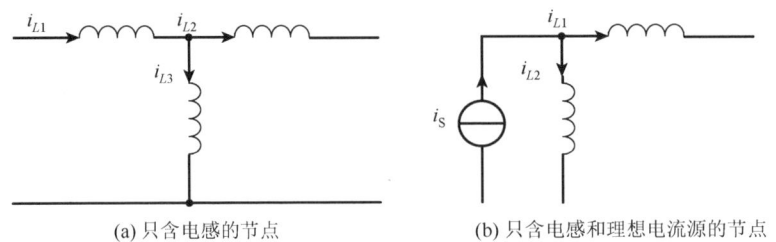

(a) 只含电感的节点　　　　　(b) 只含电感和理想电流源的节点

图 7.1.3　选择电感电流为状态变量的回路

7.2　状态方程、输出方程的建立方法

研究系统的状态变量分析，首先要建立系统的状态方程和输出方程。

建立状态方程的方法一般可分为直接法和间接法两种类型。直接法是根据给定的系统结构如电路网络、系统的信号流图（系统框图）等直接列出状态方程和输出方程，特别适合用于对电路系统的分析；间接法是根据系统的输入输出方程、系统函数得到状态方程和输出方程，常用于研究控制系统。

当直接编写电路网络状态方程和输出方程时，对于 LTI 连续时间系统，通常选取动态元件状态（各积分器输出端）作为系统的状态变量；对于 LTI 离散时间系统，通常选取时延元件的状态作为系统的状态变量。

7.2.1　直接法建立系统的状态方程和输出方程

1. 基于电路网络建立状态方程和输出方程

（1）选择所有的独立电容电压和电感电流作为状态变量。

（2）对每一个独立电容，写出独立的节点电流方程；对每一个独立电感，写出独立的回路电压方程。

（3）按上述步骤所列的方程中，若含有除激励以外的非状态变量，则应利用适当的节点电流方程或回路电压方程将它们消去，然后整理成标准形式。

【**例 7.2.1**】　写出如图 7.2.1 所示电路的状态方程和输出方程。

解　选电容电压 u_C 和电感电流 i_{L2}、i_{L1} 为状态变量，并令 $x_1 = u_C$，$x_2 = i_{L2}$，$x_3 = i_{L1}$，对于连接有电容 C 的节点 b，可以列出电流方程为 $C\dfrac{dx_1}{dt} = x_2 + x_3$。

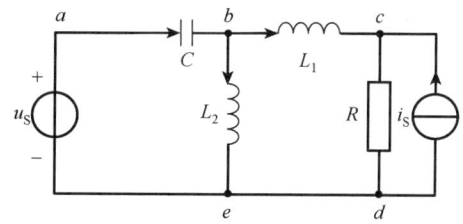

图 7.2.1　例 7.2.1 电路网络

选包含 L_2 的回路 $abea$ 和包含 L_1 的回路 $abcdea$，列出两个独立电压方程为

$$u_S = x_1 + L_2\frac{\mathrm{d}x_2}{\mathrm{d}t}, u_S = x_1 + L_1\frac{\mathrm{d}x_3}{\mathrm{d}t} + R(i_S + x_3)$$

将以上方程稍加整理，就得到状态方程的标准形式：

$$\begin{bmatrix} \dot{x}_1 \\ \dot{x}_2 \\ \dot{x}_3 \end{bmatrix} = \begin{bmatrix} 0 & 1/C & 1/C \\ -1/L_2 & 0 & 0 \\ -1/L_1 & 0 & -R/L_1 \end{bmatrix} \begin{bmatrix} x_1 \\ x_2 \\ x_3 \end{bmatrix} + \begin{bmatrix} 0 & 0 \\ 1/L_2 & 0 \\ 1/L_1 & -R/L_1 \end{bmatrix} \begin{bmatrix} u_s \\ i_s \end{bmatrix}$$

【例 7.2.2】　写出如图 7.2.2 所示电路网络的状态方程，以及以 R_5 上的电压 u_5 和电流 i_1 为输出的输出方程。

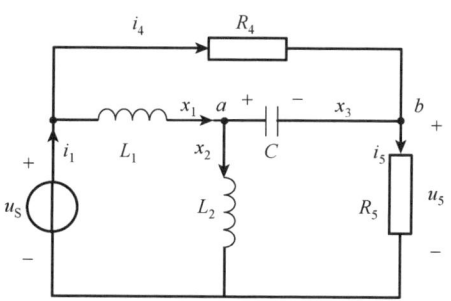

图 7.2.2　例 7.2.2 电路网络

解　选电感电流 i_{L1}、i_{L2} 和电压电容 u_C 为状态变量，并令 $x_1 = i_{L1}$，$x_2 = i_{L2}$，$x_3 = u_C$，对于接有电容的节点 a，列出电流方程为 $C\dot{x}_3 = x_1 - x_2$。

选仅包含电感 L_2 的回路和仅包含电感 L_1 的回路，列出电压方程为

$$L_2\dot{x}_2 = x_3 + R_5 i_5, L_1\dot{x}_1 = -x_3 + R_4 i_4$$

注意到流过 R_4 的 i_4 和流过 R_5 的 i_5 都不是我们选定的状态变量，应予消去。为此可选 u_S、R_4 和 R_5 组成的回路，列出电压方程为 $u_S = R_4 i_4 + R_5 i_5$。

列出节点 b 的电流方程为 $i_5 = i_4 + C\dot{x}_3$，通过代入，化简，可得

$$i_4 = \frac{1}{R_4 + R_5}(u_S - R_5 x_1 + R_5 x_2), i_5 = \frac{1}{R_4 + R_5}(u_S + R_4 x_1 - R_4 x_2)$$

稍加整理后，可得电路网络的状态方程，其矩阵形式为

$$\begin{bmatrix} \dot{x}_1 \\ \dot{x}_2 \\ \dot{x}_3 \end{bmatrix} = \begin{bmatrix} \dfrac{-R_4 R_5}{L_1(R_4+R_5)} & \dfrac{R_4 R_5}{L_1(R_4+R_5)} & \dfrac{-1}{L_1} \\ \dfrac{R_4 R_5}{L_2(R_4+R_5)} & \dfrac{-R_4 R_5}{L_2(R_4+R_5)} & \dfrac{1}{L_2} \\ \dfrac{1}{C} & \dfrac{-1}{C} & 0 \end{bmatrix} \begin{bmatrix} x_1 \\ x_2 \\ x_3 \end{bmatrix} + \begin{bmatrix} \dfrac{R_4}{L_1(R_4+R_5)} \\ \dfrac{R_5}{L_2(R_4+R_5)} \\ 0 \end{bmatrix} [u_S]$$

网络的输出，即 R_5 上的电压 u_5 和电源电流 i_1 为 $y_1 = u_5 = R_5 i_5$，$y_2 = i_1 = x_1 + i_4$。稍加整理，可得输出方程：

$$\begin{bmatrix} y_1 \\ y_2 \end{bmatrix} = \begin{bmatrix} u_5 \\ i_1 \end{bmatrix} = \frac{1}{R_4 + R_5} \begin{bmatrix} R_4 R_5 & -R_4 R_5 & 0 \\ R_4 & R_5 & 0 \end{bmatrix} \begin{bmatrix} x_1 \\ x_2 \\ x_3 \end{bmatrix} + \frac{1}{R_4 + R_5} \begin{bmatrix} R_5 \\ 1 \end{bmatrix} [u_S]$$

【例 7.2.3】 写出如图 7.2.3 所示电路网络的状态方程。

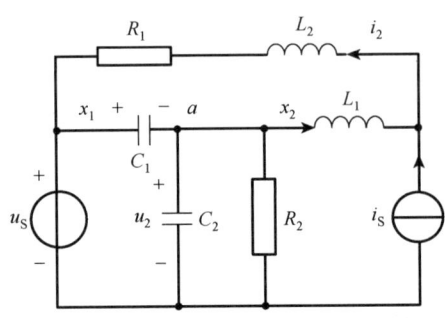

图 7.2.3　例 7.2.3 电路网络

解　图 7.2.3 中有理想电压源 u_S 与电容 C_1、C_2 组成的回路，故电容电压 u_{C_1}、u_{C_2} 中只能选其中之一作为独立状态变量。图 7.2.3 中还有只连接理想电流源 i_S 和电感 L_1、L_2 的节点，故电感电流 i_{L_1}、i_{L_2} 中只能选其中之一作为独立状态变量。

选 u_{C_1} 和 i_{L_1} 为状态变量，并令 $x_1 = u_{C_1}$，$x_2 = i_{L_1}$，则电容 C_2 上的电压和电感 L_2 中的电流可以写为

$$u_{C_2} = u_2 = u_S - x_1$$

$$i_{L_2} = i_2 = i_S + x_2$$

对于节点 a 和由 C_1、L_1、L_2、R_1 组成的回路，可以列出方程为

$$C_1 \frac{dx_1}{dt} = C_2 \frac{du_2}{dt} + \frac{u_2}{R_2} + x_2, \quad x_1 + L_1 \frac{dx_2}{dt} + L_2 \frac{di_2}{dt} + R_1 i_2 = 0$$

代入，化简，可得

$$C_1 \frac{dx_1}{dt} = C_2 \frac{du_S}{dt} - C_2 \frac{dx_1}{dt} + \frac{u_S}{R_2} - \frac{x_1}{R_2} + x_2, \quad x_1 + L_1 \frac{dx_2}{dt} + L_2 \frac{di_S}{dt} + L_2 \frac{dx_2}{dt} + R_1 (i_S + x_2) = 0$$

将上式加以整理，写成标准形式的状态方程为

$$\begin{bmatrix} \dot{x}_1 \\ \dot{x}_2 \end{bmatrix} = \begin{bmatrix} \dfrac{-1}{R_2(C_1+C_2)} & \dfrac{1}{C_1+C_2} \\ \dfrac{-1}{L_1+L_2} & \dfrac{-R_1}{L_1+L_2} \end{bmatrix} \begin{bmatrix} x_1 \\ x_2 \end{bmatrix} + \begin{bmatrix} \dfrac{1}{R_2(C_1+C_2)} & 0 \\ 0 & \dfrac{-R_1}{L_1+L_2} \end{bmatrix} \begin{bmatrix} u_S \\ i_S \end{bmatrix}$$

$$+ \begin{bmatrix} \dfrac{C_2}{C_1+C_2} & 0 \\ 0 & \dfrac{-L_2}{L_1+L_2} \end{bmatrix} \begin{bmatrix} \dfrac{du_S}{dt} \\ \dfrac{di_S}{dt} \end{bmatrix}$$

2. 基于系统的信号模拟框图建立状态方程和输出方程

（1）对于 LTI 连续时间系统，选取各积分器的输出端作为系统的状态变量；对于 LTI 离散时间系统，选取时延元件的状态并将其作为系统的状态变量。

（2）对于如图 7.2.4 所示的一般系统框图，直接建立系统状态方程和输出方程方法。

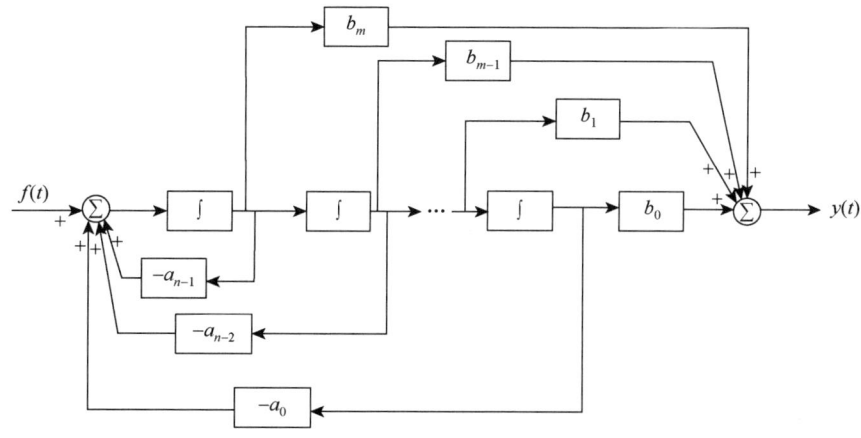

图 7.2.4 一个一般的 n 阶连续时间系统模拟框图

选择各积分器输出端为状态变量,系统的状态方程可以写为

$$\begin{cases} \dot{x}_1 = x_2 \\ \dot{x}_2 = x_3 \\ \vdots \\ \dot{x}_{n-1} = x_n \\ \dot{x}_n = -a_0 x_1 - a_1 x_2 - a_2 x_3 - \cdots - a_{n-2} x_{n-1} - a_{n-1} x_n + f \end{cases} \quad (7.2.1)$$

若 $m < n$,则输出方程为

$$y = b_0 x_1 + b_1 x_2 + \cdots + b_{m-1} x_m + b_m x_{m+1} \quad (7.2.2)$$

若 $m = n$,则有

$$\begin{aligned} y &= b_0 x_1 + b_1 x_2 + \cdots + b_{n-2} x_{n-1} - b_{n-1} x_n \\ &\quad + b_n \left(-a_0 x_1 - a_1 x_2 - a_2 x_3 - \cdots - a_{n-2} x_{n-1} - a_{n-1} x_n + f \right) \\ &= (b_0 - a_0 b_n) x_1 + (b_1 - a_1 b_n) x_2 + \cdots + (b_{n-2} - a_{n-2} b_n) x_{n-1} + (b_{n-1} - a_{n-1} b_n) x_n + b_n f \end{aligned} \quad (7.2.3)$$

它可以写为标准形式

$$\dot{\boldsymbol{x}}(t) = \boldsymbol{A}\boldsymbol{x}(t) + \boldsymbol{B}\boldsymbol{f}(t)$$
$$\boldsymbol{y}(t) = \boldsymbol{C}\boldsymbol{x}(t) + \boldsymbol{D}\boldsymbol{f}(t)$$

式中,各矢量为

$$\boldsymbol{x}(t)_{n\times 1} = \begin{bmatrix} x_1 & x_2 & \cdots & x_n \end{bmatrix}^{\mathrm{T}}, \quad \boldsymbol{f}(t)_{1\times 1} = f(t), \quad \boldsymbol{y}(t)_{1\times 1} = y(t)$$

当 $m < n$ 时,各系数矩阵分别为

$$\boldsymbol{A}_{n\times n} = \begin{bmatrix} 0 & 1 & 0 & \cdots & 0 \\ 0 & 0 & 1 & \cdots & 0 \\ \vdots & \vdots & \vdots & & \vdots \\ 0 & 0 & 0 & \cdots & 1 \\ -a_0 & -a_1 & -a_2 & \cdots & -a_{n-1} \end{bmatrix} \quad (7.2.4)$$

$$\boldsymbol{B}_{n\times 1} = \begin{bmatrix} 0 & 0 & 0 & \cdots & 1 \end{bmatrix}^{\mathrm{T}}$$
$$\boldsymbol{C}_{1\times m} = \begin{bmatrix} b_0 & b_1 & \cdots & b_m \end{bmatrix}$$
$$\boldsymbol{D}_{1\times 1} = 0$$

当 $m = n$ 时,各系数矩阵分别为

$$A_{n \times n} = \begin{bmatrix} 0 & 1 & 0 & \cdots & 0 \\ 0 & 0 & 1 & \cdots & 0 \\ \vdots & \vdots & \vdots & & \vdots \\ 0 & 0 & 0 & \cdots & 1 \\ -a_0 & -a_1 & -a_2 & \cdots & -a_{n-1} \end{bmatrix} \quad (7.2.5)$$

$$B_{n \times 1} = \begin{bmatrix} 0 & 0 & 0 & \cdots & 1 \end{bmatrix}^T$$

$$C_{1 \times n} = \begin{bmatrix} (b_0 - a_0 b_n) & (b_1 - a_1 b_n) & \cdots & (b_{n-1} - a_{n-1} b_n) \end{bmatrix}$$

$$D_{1 \times 1} = b_n$$

【例 7.2.4】 写出如图 7.2.5 所示系统的状态方程和输出方程。

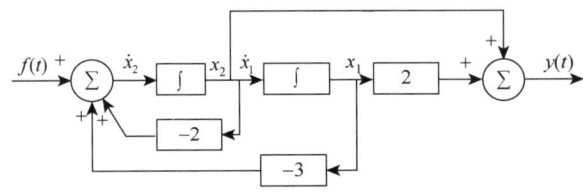

图 7.2.5　例 7.2.4 二阶连续时间系统的模拟框图

解　选取各个积分器输出端为状态变量，如图 7.2.5 所示，则系统的状态方程和输出方程为

$$\begin{cases} \dot{x}_1 = x_2 \\ \dot{x}_2 = -3x_1 - 2x_2 + f \end{cases}, \quad y = 2x_1 + x_2$$

它可以写为标准形式：

$$\dot{x}(t) = Ax(t) + Bf(t), \quad y(t) = Cx(t) + Df(t)$$

式中，各矢量为 $x(t)_{n \times 1} = [x_1 \ x_2]^T$，$f(t)_{1 \times 1} = f(t)$，$y(t)_{1 \times 1} = y(t)$。

各系数矩阵分别为

$$A_{2 \times 2} = \begin{bmatrix} 0 & 1 \\ -3 & -2 \end{bmatrix}, \quad B_{2 \times 1} = \begin{bmatrix} 0 & 1 \end{bmatrix}^T, \quad C_{1 \times 2} = \begin{bmatrix} 2 & 1 \end{bmatrix}, \quad D_{1 \times 1} = 0$$

【例 7.2.5】 写出如图 7.2.6 所示离散时间系统的状态方程及输出方程。

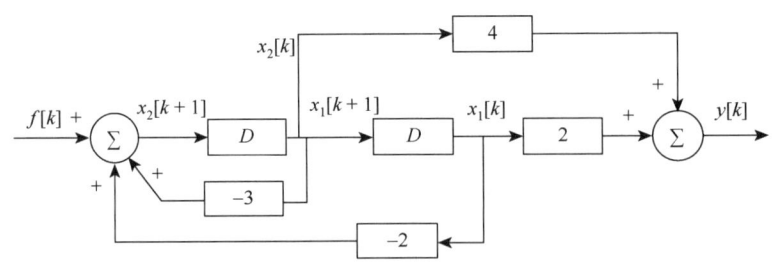

图 7.2.6　例 7.2.5 二阶离散时间系统的模拟框图

解　选取各延时器输出端为状态变量，如图 7.2.6 所示，列写系统的状态方程和输出方程：

$$\begin{cases} x_1[k+1] = x_2[k] \\ x_2[k+1] = -2x_1[k] - 3x_2[k] + f[k] \end{cases}, \quad y[k] = 2x_1[k] + 4x_2[k]$$

它可以写为标准形式：

$$x[k+1] = Ax[k] + Bf[k], \quad y[k] = Cx[k] + Df[k]$$

式中，各矢量为 $x[k]_{2\times 1} = [x_1 \ x_2]^T$，$f[k]_{1\times 1} = f[k]$，$y[k]_{1\times 1} = y[k]$。

各系数矩阵分别为

$$A_{2\times 2} = \begin{bmatrix} 0 & 1 \\ -2 & -2 \end{bmatrix}, \quad B_{2\times 1} = [0 \ 1]^T, \quad C_{1\times 2} = [2 \ 4], \quad D_{1\times 1} = 0$$

7.2.2 间接法建立系统的状态方程和输出方程

1. 根据系统的输入-输出方程建立系统的状态方程和输出方程

（1）对于一般 n 阶常系数微分（或差分）方程，选取 $y(t)$，$y^{(1)}(t)$，$y^{(2)}(t)$，…，（或 $y[k]$，$y[k-1]$，$y[k-2]$，…）为状态变量，把 n 阶微分方程（或差分方程）化为关于状态变量的一阶微分方程组（或差分方程组）。

（2）将状态变量代入 n 阶常系数微分方程（或差分方程），得到系统的输出方程。

【例 7.2.6】 某 LTI 系统由一个三阶微分方程描述为

$$y_1^{(3)}(t) + a_2 y_1^{(2)}(t) + a_1 y_1^{(1)}(t) + a_0 y_1(t) = f(t)$$

写出它的状态方程和输出方程。

解 如果 $y_1(0)$、$y_1^{(1)}(0)$、$y_1^{(2)}(0)$ 和 $y_1(t)$ 时的输入 $f(t)$ 为已知，那么系统未来的状态就能完全确定。可选取 $y_1(t)$、$y_1^{(1)}(t)$ 和 $y_1^{(2)}(t)$ 为状态变量。

令 $x_1 = y_1$，$x_2 = y_1^{(1)}$，$x_3 = y_1^{(2)}$，则 $\dot{x}_1 = y_1^{(1)} = x_2$，$\dot{x}_2 = y_1^{(2)} = x_3$。将上式代入，可得

$$\dot{x}_3 = y_1^{(3)} = -a_0 y_1 - a_1 y_1^{(1)} - a_3 y_1^{(2)} + f = -a_0 x_1 - a_1 x_2 - a_2 x_3 + f$$

故状态方程写为标准形式为

$$\begin{bmatrix} \dot{x}_1 \\ \dot{x}_2 \\ \dot{x}_3 \end{bmatrix} = \begin{bmatrix} 0 & 1 & 0 \\ 0 & 0 & 1 \\ -a_0 & -a_1 & -a_2 \end{bmatrix} \begin{bmatrix} x_1 \\ x_2 \\ x_3 \end{bmatrix} + \begin{bmatrix} 0 \\ 0 \\ 1 \end{bmatrix} [f]$$

其输出方程为

$$y_1 = x_1$$

若把它写为标准形式，则为

$$y_1 = [1 \ 0 \ 0] \begin{bmatrix} x_1 \\ x_2 \\ x_3 \end{bmatrix} + [0][f]$$

【例 7.2.7】 某 LTI 离散时间系统由一个三阶差分方程描述为

$$y[k] + a_2 y[k-1] + a_1 y[k-2] + a_0 y[k-3] = f[k]$$

写出它的状态方程和输出方程。

解 因为 $y[-3]$、$y[-2]$ 和 $y[-1]$ 及 $f[k]$ 为已知，所以能完全地确定未来的状态。因此可选 $y[k-3]$、$y[k-2]$ 和 $y[k-1]$ 作为状态变量。

令 $x_1[k] = y[k-3]$，$x_2[k] = y[k-2]$，$x_3[k] = y[k-1]$，则有

$$x_1[k+1] = y[k-2] = x_2[k], \quad x_2[k+1] = y[k-1] = x_3[k]$$

$$x_3[k+1] = y[k] = -a_0 y[k-3] - a_1 y[k-2] - a_2 y[k-1] + f[k]$$

$$= -a_0 x_1[k] - a_1 x_2[k] - a_2 x_3[k] + f[k]$$

将此离散时间系统的状态方程写成矩阵形式，为

$$\begin{bmatrix} x_1[k+1] \\ x_2[k+1] \\ x_3[k+1] \end{bmatrix} = \begin{bmatrix} 0 & 1 & 0 \\ 0 & 0 & 1 \\ -a_0 & -a_1 & -a_2 \end{bmatrix} \begin{bmatrix} x_1[k] \\ x_2[k] \\ x_3[k] \end{bmatrix} + \begin{bmatrix} 0 \\ 0 \\ 1 \end{bmatrix} f[k]$$

其输出方程为

$$y[k] = \begin{bmatrix} -a_0 & -a_1 & -a_2 \end{bmatrix} \begin{bmatrix} x_1[k] \\ x_2[k] \\ x_3[k] \end{bmatrix} + f[k]$$

2. 根据系统函数建立系统的状态方程和输出方程

（1）对于一般 LTI 连续时间（或离散时间）系统，根据系统函数画出其方框图或信号流图。

（2）选积分器的输出（或时延元件的状态）为状态变量，根据方框图或信号流图写出状态方程和输出方程。

【例 7.2.8】 某一个系统的系统函数为

$$H(s) = \frac{2(s+4)}{(s+1)(s+2)(s+3)}$$

写出它的状态方程和输出方程。

解（1）将 $H(s)$ 分解为 $H(s) = \frac{1}{s+1} \cdot \frac{s+4}{s+2} \cdot \frac{2}{s+3}$，画出级联型结构图，如图 7.2.7（a）所示。

选积分器的输出为状态变量，则有

$$\begin{cases} \dot{x}_1 = -3x_1 + 4x_2 + (x_3 - 2x_2) \\ \dot{x}_2 = -2x_2 + x_3 \\ \dot{x}_3 = -x_3 + f \end{cases}, \quad y = 2x_1$$

写成矩阵形式分别为

$$\begin{bmatrix} \dot{x}_1 \\ \dot{x}_2 \\ \dot{x}_3 \end{bmatrix} = \begin{bmatrix} -3 & 2 & 1 \\ 0 & -2 & 1 \\ 0 & 0 & -1 \end{bmatrix} \begin{bmatrix} x_1 \\ x_2 \\ x_3 \end{bmatrix} + \begin{bmatrix} 0 \\ 0 \\ 1 \end{bmatrix} [f], \quad y = \begin{bmatrix} 2 & 0 & 0 \end{bmatrix} \begin{bmatrix} x_1 \\ x_2 \\ x_3 \end{bmatrix}$$

（2）将系统函数展开为 $H(s) = \frac{2(s+4)}{(s+1)(s+2)(s+3)} = \frac{3}{s+1} + \frac{-4}{s+2} + \frac{1}{s+3}$，画出并联型结构图，如图 7.2.7（b）所示。

选积分器的输出为状态变量，有

$$\begin{cases} \dot{x}_1 = -x_1 + f \\ \dot{x}_2 = -2x_2 + f \\ \dot{x}_3 = -3x_3 + f \end{cases}, \quad y = 3x_1 - 4x_2 + x_3$$

其矩阵形式分别为

$$\begin{bmatrix} \dot{x}_1 \\ \dot{x}_2 \\ \dot{x}_3 \end{bmatrix} = \begin{bmatrix} -1 & 0 & 0 \\ 0 & -2 & 1 \\ 0 & 0 & -3 \end{bmatrix} \begin{bmatrix} x_1 \\ x_2 \\ x_3 \end{bmatrix} + \begin{bmatrix} 1 \\ 1 \\ 1 \end{bmatrix} [f], \quad y = \begin{bmatrix} 3 & -4 & 1 \end{bmatrix} \begin{bmatrix} x_1 \\ x_2 \\ x_3 \end{bmatrix}$$

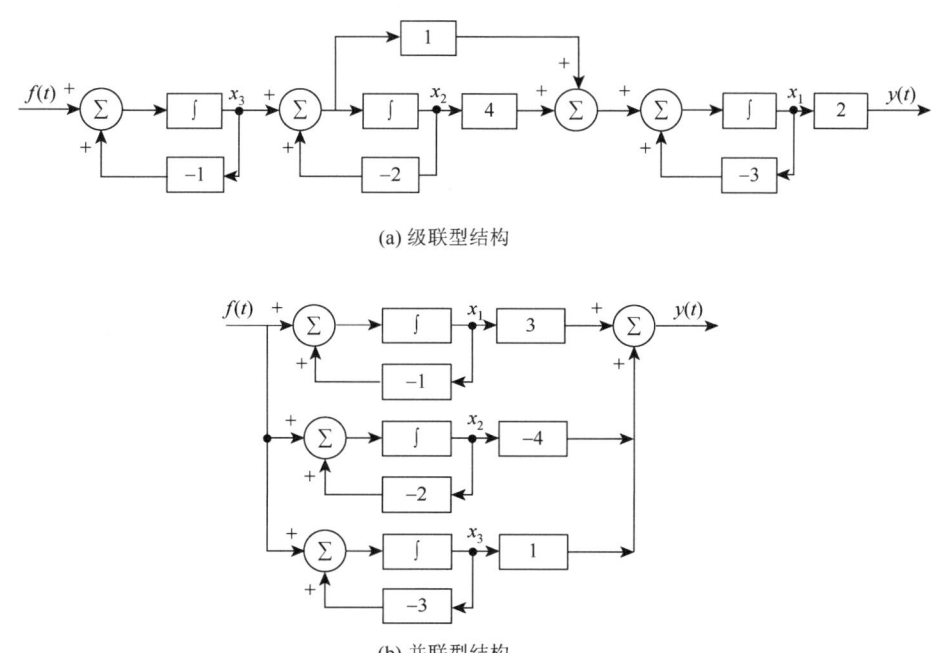

(a) 级联型结构

(b) 并联型结构

图 7.2.7 例 7.2.8 系统的结构形式

7.2.3 系统的可控制性和可观测性

可控制性和可观测性是现代控制理论中两个很重要的基本概念。采用状态变量分析法考察系统内部各状态的变化情况时，因状态方程描述了输入作用于系统所引起状态的变化情况，那么系统的全部状态能否都由输入来控制，即系统能否在有限时间内，在输入的作用下由初始的某一状态转移到另一种指定的状态，这就是可控制性问题。同样，因输出方程描述了输出随状态变化的情况，那么能否通过观测有限时间内的输出来确定（或识别）系统的各个状态，这就是可观测性问题。

在状态方程中，如果系统矩阵 A 和控制矩阵 B 都是确定的，那么系统输入只影响输出矩阵 C，这种动态方程称为可控标准型或能控标准型。

在状态方程中，如果系统矩阵 A 和输出矩阵 C 都是确定的，那么系统输入只影响控制矩阵 B，这种动态方程称为可观测标准型。

对于同一个系统而言，可控标准型与可观测标准型的系统矩阵 A 互为转置；两种标准型的控制矩阵 B 和输出矩阵 C 互为转置。

1. 系统状态的可控制性

系统状态的可控制性也称为能控制性，简称可控性或能控性，是指输入对系统的内部状态控制的能力，可定义为当系统用状态方程描述时，给定系统的任意初始状态，如果存在一个输入矢量，那么在有限时间内把系统的全部状态引向状态空间的原点（即零状态），则称系统是完全可控的，简称系统可控；如果只对部分状态变量做到这一点，那么系统不完全可控；如果对所有状态变量都做不到这一点，那么系统不可控。

对于多输入系统，通过线性变换，如果状态方程的系统矩阵 A 是对角阵，那么系统可控的充要条件是相应的控制矩阵 B 中没有任何一行元素全部为零。如果系统矩阵 A 不是对角阵，那么判断系统是否可控的步骤如下：

（1）通过线性变换，利用变换矩阵 P，将系统矩阵 A 化为对角阵，即
① 先根据系统的特征多项式，令 $\det(\lambda I - A) = 0$，求出 A 的特征根。

②再求对应于特征根 λ_i 的特征矢量 $[\xi_{1i} \ \xi_{2i} \cdots]^T$，其中，$[\xi_{1i} \ \xi_{2i} \cdots]^T$ 满足方程 $[\lambda_i I - A]\begin{bmatrix}\xi_{1i}\\\xi_{2i}\\\vdots\end{bmatrix}=0$，构成一个变换矩阵 $P=\begin{bmatrix}\xi_{11} & \xi_{12} & \cdots\\\xi_{21} & \xi_{22} & \cdots\\\vdots & \vdots & \cdots\end{bmatrix}$ 和 P^{-1}。

③最后得到对角阵 $A_g = P^{-1}AP$。

（2）将控制矩阵 B 化为 $B_g = P^{-1}B$，则系统可控的充要条件是矩阵 $B_g = P^{-1}B$ 中没有任何一行元素全部为零。

更一般的判别方法是根据状态方程中的系统矩阵 A 和控制矩阵 B 组成可控性判别矩阵 $M_c = \begin{bmatrix} B & AB & A^2B & \cdots & A^{n-1}B \end{bmatrix}$，不管是连续时间系统还是离散时间系统，$n$ 阶系统可控的充要条件是 M_c 满秩，即 rank M_c = rank$\begin{bmatrix} B & AB & A^2B & \cdots & A^{n-1}B \end{bmatrix} = n$。

2. 系统状态的可观测性

系统状态的可观测性也称为能观测性，简称可观性或能观性，是指能根据系统的输出来确定系统状态的能力，可定义为当系统用状态方程描述时，给定系统的输出（控制），如果能够在有限时间间隔内根据此输出唯一地确定系统的所有初始状态，那么称系统是完全可观测的，简称系统可观；如果只能确定部分初始状态，那么系统不完全可观；如果不能确定初始状态，那么系统不可观。

同样，对于多输入系统，通过线性变换，如果状态方程的系统矩阵 A 是对角阵，那么系统可观的充要条件是，相应的输出矩阵 C 中没有任何一列元素全部为零。如果系统矩阵 A 不是对角阵，那么判断系统是否可观的步骤如下：

（1）通过线性变换，利用变换矩阵 P，将它化为对角阵，即

①先根据系统的特征多项式，令 $\det(\lambda I - A) = 0$，求出 A 的特征根；

②再求对应于特征根 λ_i 的特征矢量 $[\xi_{1i} \ \xi_{2i} \cdots]^T$，其中，$[\xi_{1i} \ \xi_{2i} \cdots]^T$ 满足方程 $[\lambda_i I - A]\begin{bmatrix}\xi_{1i}\\\xi_{2i}\\\vdots\end{bmatrix}=0$，构成变换矩阵 $P=\begin{bmatrix}\xi_{11} & \xi_{12} & \cdots\\\xi_{21} & \xi_{22} & \cdots\\\vdots & \vdots & \vdots\end{bmatrix}$ 和 P^{-1}；

③最后得到对角阵 $A_g = P^{-1}AP$。

（2）将输出矩阵 C 化为 $C_g = CP$，则系统可观测的充要条件是矩阵 $C_g = CP$ 中没有任何一列元素全部为零。

更一般的判别方法是根据状态方程中的系统矩阵 A 和输出矩阵 C 组成可观性判别矩阵 $M_o = \begin{bmatrix} C & CA & CA^2 & \cdots & CA^{n-1} \end{bmatrix}^T$，不管是连续时间系统还是离散时间系统，$n$ 阶系统可控的充要条件是 M_o 满秩，即 rank M_o = rank$\begin{bmatrix} C & CA & CA^2 & \cdots & CA^{n-1} \end{bmatrix}^T = n$。

【例 7.2.9】 某一个离散时间系统描述的系统函数为 $H(z) = \dfrac{2+4z}{2+3z+z^2}$，列出可控标准型、可观测标准型、并联型结构、级联型结构的状态方程和输出方程。

解 （1）先将系统函数整理为一般形式，画出描述系统的模拟图，再得到系统的可控标准型动态方程。

因 $H(z) = \dfrac{2+4z}{2+3z+z^2} = \dfrac{4z^{-1}+2z^{-2}}{1+3z^{-1}+2z^{-2}}$，根据上述整理后的系统函数，画出描述二阶离散时间系统的模拟图，如图 7.2.8 所示。

选取各个时延单元输出端为状态变量，如图 7.2.8 所示，则系统状态方程和输出方程为

$$\begin{cases} x_1[k+1] = x_2[k] \\ x_2[k+1] = -2x_1[k] - 3x_2[k] + f[k] \end{cases}, \qquad y[k] = 2x_1[k] + 4x_2[k]$$

它可以写为标准形式

$$\boldsymbol{x}[k+1] = \boldsymbol{A}\boldsymbol{x}[k] + \boldsymbol{B}f[k], \qquad y[k] = \boldsymbol{C}\boldsymbol{x}[k] + \boldsymbol{D}f[k]$$

各矢量为 $\boldsymbol{x}[k]_{2\times1} = [x_1 \quad x_2]^T$，$\boldsymbol{f}[k]_{1\times1} = f[k]$，$\boldsymbol{y}[k]_{1\times1} = y[k]$

各系数矩阵分别为

$$\boldsymbol{A}_{2\times2} = \begin{bmatrix} 0 & 1 \\ -2 & -3 \end{bmatrix}, \quad \boldsymbol{B}_{2\times1} = [0 \quad 1]^T, \quad \boldsymbol{C}_{1\times2} = [2 \quad 4], \quad \boldsymbol{D}_{1\times1} = 0$$

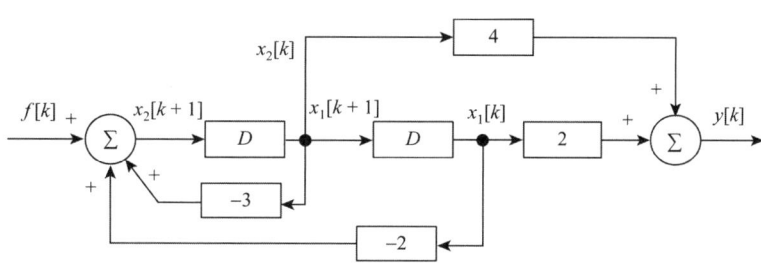

图 7.2.8　系统模拟图

（2）将系统函数 $H(z) = \dfrac{2+4z}{2+3z+z^2} = \dfrac{4z^{-1}+2z^{-2}}{1+3z^{-1}+2z^{-2}}$ 转置，画出描述系统的转置模拟图如图 7.2.9 所示，再得到系统的可观测标准型动态方程。

选取各个时延单元输出端为状态变量，如图 7.2.9 所示，则系统状态方程和输出方程为

$$\begin{cases} x_1[k+1] = -2x_2[k] + 2f[k] \\ x_2[k+1] = x_1[k] - 3x_2[k] + 4f[k] \end{cases}, \qquad y[k] = x_2[k]$$

它可以写为标准形式

$$\boldsymbol{x}[k+1] = \boldsymbol{A}\boldsymbol{x}[k] + \boldsymbol{B}f[k], \qquad y[k] = \boldsymbol{C}\boldsymbol{x}[k] + \boldsymbol{D}f[k]$$

各矢量为 $\boldsymbol{x}[k]_{2\times1} = [x_1 \quad x_2]^T$，$\boldsymbol{f}[k]_{1\times1} = f[k]$，$\boldsymbol{y}[k]_{1\times1} = y[k]$

各系数矩阵分别为

$$\boldsymbol{A}_{2\times2} = \begin{bmatrix} 0 & -2 \\ 1 & -3 \end{bmatrix}, \quad \boldsymbol{B}_{2\times1} = [2 \quad 4]^T, \quad \boldsymbol{C}_{1\times2} = [0 \quad 1], \quad \boldsymbol{D}_{1\times1} = 0$$

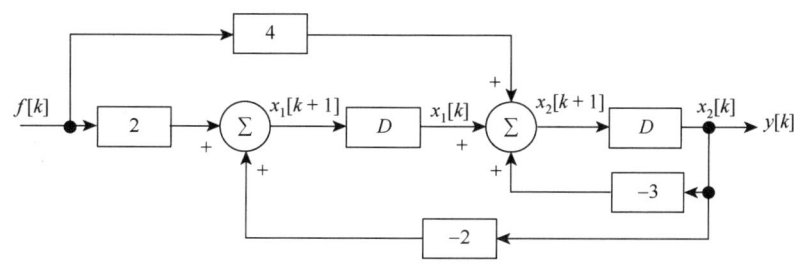

图 7.2.9　系统的转置模拟图

（3）将系统函数整理为 $H(z) = \dfrac{2+4z}{2+3z+z^2} = \dfrac{-2z^{-1}}{1+z^{-1}} + \dfrac{6z^{-1}}{1+2z^{-1}}$，画出描述系统的并联型结构图如图 7.2.10 所示，再得到系统的可观测标准型动态方程。

选取各时延单元输出端为状态变量,如图 7.2.10 所示,则系统状态方程和输出方程为

$$\begin{cases} x_1[k+1] = -2x_1[k] + f[k] \\ x_2[k+1] = -x_2[k] + f[k] \end{cases}, \quad y[k] = 6x_1[k] - 2x_2[k]$$

它可以写为标准形

$$\boldsymbol{x}[k+1] = \boldsymbol{A}\boldsymbol{x}[k] + \boldsymbol{B}\boldsymbol{f}[k], \quad \boldsymbol{y}[k] = \boldsymbol{C}\boldsymbol{x}[k] + \boldsymbol{D}\boldsymbol{f}[k]$$

各矢量为

$$\boldsymbol{x}[k]_{2\times 1} = \begin{bmatrix} x_1 & x_2 \end{bmatrix}^\mathrm{T}, \quad \boldsymbol{f}[k]_{1\times 1} = f[k], \quad \boldsymbol{y}[k]_{1\times 1} = y[k]$$

各系数矩阵分别为

$$\boldsymbol{A}_{2\times 2} = \begin{bmatrix} -2 & 0 \\ 0 & -1 \end{bmatrix}, \quad \boldsymbol{B}_{2\times 1} = \begin{bmatrix} 1 & 1 \end{bmatrix}^\mathrm{T}, \quad \boldsymbol{C}_{1\times 2} = \begin{bmatrix} 6 & -2 \end{bmatrix}, \quad \boldsymbol{D}_{1\times 1} = 0$$

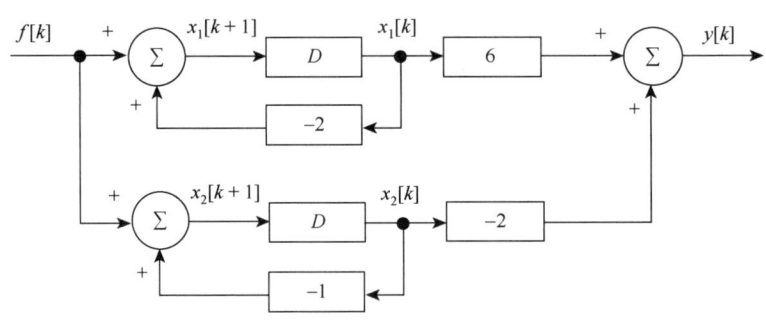

图 7.2.10 系统的并联型结构

(4)将系统函数整理为 $H(z) = \dfrac{2+4z}{2+3z+z^2} = \dfrac{4+2z^{-1}}{1+z^{-1}} \cdot \dfrac{z^{-1}}{1+2z^{-1}}$,画出系统的级联型结构图如图 7.2.11 所示,再得到系统的可控标准型动态方程。

选取各时延单元输出端为状态变量,如图 7.2.11 所示,则系统的状态方程和输出方程为

$$\begin{cases} x_1[k+1] = -2x_1[k] + 2x_2[k] + 4f[k] \\ x_2[k+1] = -2x_2[k] + f[k] \end{cases}, \quad y[k] = x_1[k]$$

它可以写为标准形式

$$\boldsymbol{x}[k+1] = \boldsymbol{A}\boldsymbol{x}[k] + \boldsymbol{B}\boldsymbol{f}[k], \quad \boldsymbol{y}[k] = \boldsymbol{C}\boldsymbol{x}[k] + \boldsymbol{D}\boldsymbol{f}[k]$$

各矢量为

$$\boldsymbol{x}[k]_{2\times 1} = \begin{bmatrix} x_1 & x_2 \end{bmatrix}^\mathrm{T}, \quad \boldsymbol{f}[k]_{1\times 1} = f[k], \quad \boldsymbol{y}[k]_{1\times 1} = y[k]$$

各系数矩阵分别为

$$\boldsymbol{A}_{2\times 2} = \begin{bmatrix} -2 & 2 \\ 0 & -2 \end{bmatrix}, \quad \boldsymbol{B}_{2\times 1} = \begin{bmatrix} 4 & 1 \end{bmatrix}^\mathrm{T}, \quad \boldsymbol{C}_{1\times 2} = \begin{bmatrix} 1 & 0 \end{bmatrix}, \quad \boldsymbol{D}_{1\times 1} = 0$$

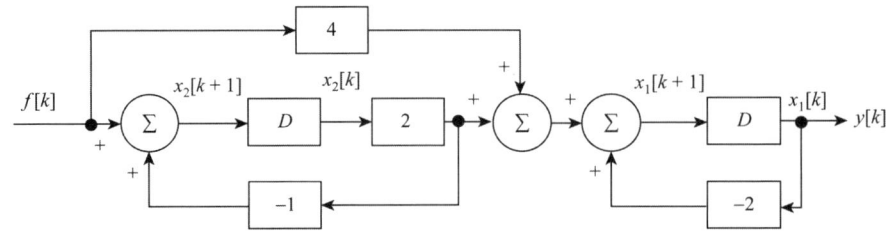

图 7.2.11 系统的级联型结构

【例 7.2.10】 已知描述某系统的动态方程为 $\begin{bmatrix} \dot{x}_1 \\ \dot{x}_2 \end{bmatrix} = \begin{bmatrix} 5 & 6 \\ -2 & -2 \end{bmatrix} \begin{bmatrix} x_1 \\ x_2 \end{bmatrix} + \begin{bmatrix} 2 \\ -1 \end{bmatrix} f$,输出方程为 $[y] = [-1 \ -2] \begin{bmatrix} x_1 \\ x_2 \end{bmatrix} + f$,若选另一组状态变量 g_1、g_2,且 $g_1 = -x_2$,$g_2 = x_1 + x_2$,求用 g_1、g_2 表示的动态方程。

解 状态向量 $\boldsymbol{x} = [x_1 \ x_2]^T$ 与新的状态矢量 $\boldsymbol{g} = [g_1 \ g_2]^T$ 之间的关系可以写为

$$\begin{bmatrix} g_1 \\ g_2 \end{bmatrix} = \begin{bmatrix} 0 & -1 \\ 1 & 1 \end{bmatrix} \begin{bmatrix} x_1 \\ x_2 \end{bmatrix}$$

显然有 $\begin{bmatrix} x_1 \\ x_2 \end{bmatrix} = \begin{bmatrix} 0 & -1 \\ 1 & 1 \end{bmatrix}^{-1} \begin{bmatrix} g_1 \\ g_2 \end{bmatrix} = \begin{bmatrix} 1 & 1 \\ -1 & 0 \end{bmatrix} \begin{bmatrix} g_1 \\ g_2 \end{bmatrix}$,即 $\boldsymbol{p} = \begin{bmatrix} 1 & 1 \\ -1 & 0 \end{bmatrix}$。

即得 $\begin{bmatrix} \dot{g}_1 \\ \dot{g}_2 \end{bmatrix} = \begin{bmatrix} 2 & 2 \\ 3 & 4 \end{bmatrix} \begin{bmatrix} 1 & 1 \\ -1 & 0 \end{bmatrix} \begin{bmatrix} g_1 \\ g_2 \end{bmatrix} + \begin{bmatrix} 1 \\ 1 \end{bmatrix} f = \begin{bmatrix} 0 & 2 \\ -1 & 3 \end{bmatrix} \begin{bmatrix} g_1 \\ g_2 \end{bmatrix} + \begin{bmatrix} 1 \\ 1 \end{bmatrix} f$

$$\begin{bmatrix} x_1 \\ x_2 \end{bmatrix} = \begin{bmatrix} 0 & -1 \\ 1 & 1 \end{bmatrix}^{-1} \begin{bmatrix} g_1 \\ g_2 \end{bmatrix} = \begin{bmatrix} 1 & 1 \\ -1 & 0 \end{bmatrix} \begin{bmatrix} g_1 \\ g_2 \end{bmatrix}$$

$$[y] = [-1 \ -2] \begin{bmatrix} 1 & 1 \\ -1 & 0 \end{bmatrix} \begin{bmatrix} g_1 \\ g_2 \end{bmatrix} + f = [1 \ -1] \begin{bmatrix} g_1 \\ g_2 \end{bmatrix} + f$$

【例 7.2.11】 已知某两个连续时间系统,其状态方程分别为

$$\dot{\boldsymbol{x}}_a(t) = \begin{bmatrix} 2 & 1 \\ 0 & 3 \end{bmatrix} x_a(t) + \begin{bmatrix} 1 & 1 \\ 1 & 1 \end{bmatrix} \begin{bmatrix} f_1(t) \\ f_2(t) \end{bmatrix}$$

$$\dot{\boldsymbol{x}}_b(t) = \begin{bmatrix} 2 & 1 \\ 0 & 3 \end{bmatrix} x_b(t) + \begin{bmatrix} 1 & 0 \\ 0 & 1 \end{bmatrix} \begin{bmatrix} f_1(t) \\ f_2(t) \end{bmatrix}$$

判断系统 a 和 b 是否可控。

解 对于系统 a 和 b,因系统矩阵 $\boldsymbol{A}$ 相同,只有控制矩阵 $\boldsymbol{B}$ 不同。

系统矩阵 $\boldsymbol{A}$ 的特征多项式为 $\det(\lambda \boldsymbol{I} - \boldsymbol{A}) = \det \begin{bmatrix} \lambda-2 & -1 \\ 0 & \lambda-3 \end{bmatrix} = (\lambda-2)(\lambda-3)$,其特征根为 $\lambda_1 = 2$,$\lambda_2 = 3$。

对于 $\lambda_1 = 2$ 特征矢量 $[\xi_{11} \ \xi_{21}]^T$ 满足方程 $[\lambda_1 \boldsymbol{I} - \boldsymbol{A}] \begin{bmatrix} \xi_{11} \\ \xi_{21} \end{bmatrix} = 0$,即 $\begin{bmatrix} 2-2 & -1 \\ 0 & 2-3 \end{bmatrix} \begin{bmatrix} \xi_{11} \\ \xi_{21} \end{bmatrix} = \begin{bmatrix} 0 \\ 0 \end{bmatrix}$,所以有 $\xi_{21} = 0$,ξ_{11} 可以任意,选 $\xi_{11} = 1$。

对于 $\lambda_2 = 3$ 特征矢量 $[\xi_{12} \ \xi_{22}]^T$ 满足方程 $[\lambda_2 \boldsymbol{I} - \boldsymbol{A}] \begin{bmatrix} \xi_{12} \\ \xi_{22} \end{bmatrix} = 0$,即 $\begin{bmatrix} 3-2 & -1 \\ 0 & 3-3 \end{bmatrix} \begin{bmatrix} \xi_{12} \\ \xi_{22} \end{bmatrix} = \begin{bmatrix} 0 \\ 0 \end{bmatrix}$,得 $\xi_{12} - \xi_{22} = 0$,选 $\xi_{12} = 1$,则 $\xi_{22} = 1$。于是得模态矩阵 $\boldsymbol{P} = \begin{bmatrix} 1 & 1 \\ 0 & 1 \end{bmatrix}$,$\boldsymbol{P}^{-1} = \begin{bmatrix} 1 & -1 \\ 0 & 1 \end{bmatrix}$。

对系统 a,有 $\boldsymbol{P}^{-1}\boldsymbol{B} = \begin{bmatrix} 1 & -1 \\ 0 & 1 \end{bmatrix} \begin{bmatrix} 1 & 1 \\ 1 & 1 \end{bmatrix} = \begin{bmatrix} 0 & 0 \\ 1 & 1 \end{bmatrix}$,有一行元素全为零,故系统 a 不可控。

对系统 b,有 $\boldsymbol{P}^{-1}\boldsymbol{B} = \begin{bmatrix} 1 & -1 \\ 0 & 1 \end{bmatrix} \begin{bmatrix} 1 & 0 \\ 0 & 1 \end{bmatrix} = \begin{bmatrix} 1 & -1 \\ 0 & 1 \end{bmatrix}$,没有全为零的行,故系统 b 可控。

【例 7.2.12】 已知某两个离散时间系统,它们的状态方程相同,均为

$$\boldsymbol{x}[k+1] = \begin{bmatrix} 2 & 1 \\ 0 & 3 \end{bmatrix} \begin{bmatrix} x_1[k] \\ x_2[k] \end{bmatrix} + \begin{bmatrix} 1 & 0 \\ 0 & 1 \end{bmatrix} \begin{bmatrix} f_1[k] \\ f_2[k] \end{bmatrix}$$

其输出方程分别为

$$y_a[k] = \begin{bmatrix} 1 & -1 \end{bmatrix} \begin{bmatrix} x_1[k] \\ x_2[k] \end{bmatrix} + f[k], \quad y_b[k] = \begin{bmatrix} 1 & 0 \end{bmatrix} \begin{bmatrix} x_1[k] \\ x_2[k] \end{bmatrix} + f[k]$$

判断系统 a 和 b 是否可观测。

解 这里系统矩阵 A 与例 7.2.11 相同，故其模态矩阵 P 也相同，已经求得 $P = \begin{bmatrix} 1 & 1 \\ 0 & 1 \end{bmatrix}$。

对系统 a，有 $CP = \begin{bmatrix} 1 & -1 \end{bmatrix} \begin{bmatrix} 1 & 1 \\ 0 & 1 \end{bmatrix} = \begin{bmatrix} 1 & 0 \end{bmatrix}$，矩阵 CP 中有零元素，故系统 a 不可观测。

对系统 b，有 $CP = \begin{bmatrix} 1 & 0 \end{bmatrix} \begin{bmatrix} 1 & 1 \\ 0 & 1 \end{bmatrix} = \begin{bmatrix} 1 & 1 \end{bmatrix}$，矩阵 CP 中没有零元素，故系统 b 可观测。

【例 7.2.13】 某一个线性时不变系统的状态方程和输出方程为

$$\begin{bmatrix} \dot{x}_1(t) \\ \dot{x}_2(t) \\ \dot{x}_3(t) \end{bmatrix} = \begin{bmatrix} -1 & -2 & -1 \\ 0 & 3 & 0 \\ 0 & 0 & -2 \end{bmatrix} \begin{bmatrix} x_1(t) \\ x_2(t) \\ x_3(t) \end{bmatrix} + \begin{bmatrix} 2 \\ -2 \\ 1 \end{bmatrix} f(t)$$

$$y(t) = \begin{bmatrix} 2 & 1 & -1 \end{bmatrix} \begin{bmatrix} x_1(t) \\ x_2(t) \\ x_3(t) \end{bmatrix}$$

（1）分析系统的可控性和可观性。
（2）求系统的系统函数，并分析结果。

解 （1）判断系统的可控性和可观性，需要将系统矩阵 A 化为对角阵，先求模态矩阵 P。
A 的特征多项式为

$$\det(\lambda I - A) = \det \begin{bmatrix} \lambda+1 & 2 & 1 \\ 0 & \lambda-3 & 0 \\ 0 & 0 & \lambda+2 \end{bmatrix} = (\lambda+1)(\lambda+2)(\lambda-3)$$

其特征根为

$$\lambda_1 = -1, \quad \lambda_2 = -2, \quad \lambda_3 = 3$$

对于各 $\lambda_i (i=1,2,3)$，应有特征矢量 ξ_i 满足方程 $[\lambda_i I - A] \begin{bmatrix} \xi_{1i} \\ \xi_{2i} \\ \xi_{3i} \end{bmatrix} = 0$。

对 $\lambda_1 = -1$，有 $\begin{bmatrix} 0 & 2 & 1 \\ 0 & -4 & 0 \\ 0 & 0 & 1 \end{bmatrix} \begin{bmatrix} \xi_{11} \\ \xi_{21} \\ \xi_{31} \end{bmatrix} = \begin{bmatrix} 0 \\ 0 \\ 0 \end{bmatrix}$，故 $\xi_{21} = \xi_{31} = 0$，选 $\xi_{11} = 1$。

对 $\lambda_2 = -2$，有 $\begin{bmatrix} -1 & 2 & 1 \\ 0 & -5 & 0 \\ 0 & 0 & 0 \end{bmatrix} \begin{bmatrix} \xi_{12} \\ \xi_{22} \\ \xi_{32} \end{bmatrix} = \begin{bmatrix} 0 \\ 0 \\ 0 \end{bmatrix}$，故 $\xi_{22} = 0$ 和 $-\xi_{12} + \xi_{32} = 0$，选 $\xi_{12} = \xi_{32} = 1$。

对 $\lambda_3 = 3$，有 $\begin{bmatrix} 4 & 2 & 1 \\ 0 & 0 & 0 \\ 0 & 0 & 5 \end{bmatrix} \begin{bmatrix} \xi_{13} \\ \xi_{23} \\ \xi_{33} \end{bmatrix} = \begin{bmatrix} 0 \\ 0 \\ 0 \end{bmatrix}$，故 $\xi_{33} = 0$，$4\xi_{13} + 2\xi_{23} = 0$，选 $\xi_{13} = 1$，则 $\xi_{23} = -2$。

所以得模态矩阵 $P = \begin{bmatrix} \xi_{11} & \xi_{12} & \xi_{13} \\ \xi_{21} & \xi_{22} & \xi_{23} \\ \xi_{31} & \xi_{32} & \xi_{33} \end{bmatrix} = \begin{bmatrix} 1 & 1 & 1 \\ 0 & 0 & -2 \\ 0 & 1 & 0 \end{bmatrix}$，其逆 $P^{-1} = \begin{bmatrix} 1 & 0.5 & -1 \\ 0 & 0 & 1 \\ 0 & -0.5 & 0 \end{bmatrix}$。

对状态方程和输出方程进行线性变换，变换后的状态方程和输出方程为
$$\dot{\boldsymbol{g}}(t) = \boldsymbol{P}^{-1}\boldsymbol{A}\boldsymbol{P}\boldsymbol{g}(t) + \boldsymbol{P}^{-1}\boldsymbol{B}\boldsymbol{f}(t) = \boldsymbol{A}_g\boldsymbol{g}(t) + \boldsymbol{B}_g\boldsymbol{f}(t)$$
$$\boldsymbol{y}(t) = \boldsymbol{C}\boldsymbol{P}\boldsymbol{g}(t) = \boldsymbol{C}_g\boldsymbol{g}(t)$$

将有关矩阵代入后，得

$$\begin{bmatrix}\dot{g}_1(t)\\ \dot{g}_2(t)\\ \dot{g}_3(t)\end{bmatrix} = \begin{bmatrix}-1 & 0 & 0\\ 0 & -2 & 0\\ 0 & 0 & 3\end{bmatrix}\begin{bmatrix}g_1(t)\\ g_2(t)\\ g_3(t)\end{bmatrix} + \begin{bmatrix}0\\ 1\\ 1\end{bmatrix}f(t), \quad y(t) = \begin{bmatrix}2 & 1 & 0\end{bmatrix}\begin{bmatrix}g_1(t)\\ g_2(t)\\ g_3(t)\end{bmatrix}$$

由于控制矩阵 $\boldsymbol{B}_g$ 即（$\boldsymbol{P}^{-1}\boldsymbol{B} = \begin{bmatrix}0\\ 1\\ 1\end{bmatrix}$）有零元素，故系统不完全可控，即状态变量 $g_1(t)$ 的系统是不可控的。

由于输出矩阵 $\boldsymbol{C}_g$（即 $\boldsymbol{CP} = \begin{bmatrix}2 & 1 & 0\end{bmatrix}$）有零元素，故系统不完全可观，即状态变量 $g_3(t)$ 的系统是不可观的。

（2）根据系统函数 $H(s) = H_g(s) = \boldsymbol{C}_g(s\boldsymbol{I} - \boldsymbol{A})^{-1}\boldsymbol{B}_g$，代入前面的计算结果，得

$$H(s) = \begin{bmatrix}2 & 1 & 0\end{bmatrix}\begin{bmatrix}s+1 & 0 & 0\\ 0 & s+2 & 0\\ 0 & 0 & s-3\end{bmatrix}^{-1}\begin{bmatrix}0\\ 1\\ 1\end{bmatrix}$$

$$= \frac{\begin{bmatrix}2 & 1 & 0\end{bmatrix}\begin{bmatrix}(s+2)(s-3) & 0 & 0\\ 0 & (s+1)(s-3) & 0\\ 0 & 0 & (s+1)(s+2)\end{bmatrix}\begin{bmatrix}0\\ 1\\ 1\end{bmatrix}}{(s+1)(s+2)(s-3)} = \frac{(s+1)(s-3)}{(s+1)(s+2)(s-3)}$$

$$= \frac{1}{s+2}$$

系统函数最终结果 $H(s) = \dfrac{1}{s+2}$ 说明，系统有唯一的极点 $s = -2$，这表明系统是稳定的。但是在计算 $H(s)$ 的过程中有一个在右半平面的极点 $s = 3$（不稳定点）和零点互相抵消了，故系统存在不可控或不可观的情况。因此用系统函数描述的系统仅反映了系统中可控和可观部分的运动规律，而不能反映不可控和不可观部分的运动规律。实际上，在系统内部存在潜在的不稳定因素，而这一点仅从输出是观测不到的。

分析表明，系统可分为四类子系统：既可控又可观的子系统、不可控但可观的子系统、可控但不可观的子系统和既不可控也不可观的子系统。系统函数所表示的只是系统中既可控又可观的那一部分子系统。

若一个线性系统的系统函数没有零极点相抵消的现象，则系统是既可控又可观的；如果有零极点相抵消的现象，那么该系统是不完全可控或不完全可观的。零极点相抵消的部分必定是不可控或不可观的部分，留下的部分是可控或可观的。

因此，仅仅利用系统函数分析系统不全面，实际上并不能完全地把系统的状态表示出来，而用状态方程和输出方程来分析系统则更全面详尽。

7.3 状态方程、输出方程的时域求解方法

如果列矢量的分量是时间的函数，即

$$\boldsymbol{x}(t) = \begin{bmatrix} x_1(t) \\ x_2(t) \\ \vdots \\ x_n(t) \end{bmatrix} \tag{7.3.1}$$

则称其为时变列矢量。

如果矩阵的元素是时间的函数，即

$$\boldsymbol{A}(t) = \begin{bmatrix} a_{11}(t) & a_{12}(t) & \cdots & a_{1n}(t) \\ a_{21}(t) & a_{22}(t) & \cdots & a_{2n}(t) \\ \vdots & \vdots & & \vdots \\ a_{n1}(t) & a_{n2}(t) & \cdots & a_{nn}(t) \end{bmatrix} \tag{7.3.2}$$

则称其为时变矩阵。

时变矢量和时变矩阵的加法、数乘、乘法运算满足确定常矢量和矩阵的运算规律。

矢量 $\boldsymbol{x}(t)$ 与矩阵 $\boldsymbol{A}(t)$ 可定义其导数和积分。

矢量 $\boldsymbol{x}(t)$ 对时间的导数可用 $\dfrac{\mathrm{d}}{\mathrm{d}t}\boldsymbol{x}(t)$ 或 $\dot{\boldsymbol{x}}(t)$ 表示，其定义为

$$\dot{\boldsymbol{x}}(t) = \frac{\mathrm{d}\boldsymbol{x}(t)}{\mathrm{d}t} = \begin{bmatrix} \dot{x}_1(t) \\ \dot{x}_2(t) \\ \vdots \\ \dot{x}_n(t) \end{bmatrix} \tag{7.3.3}$$

矩阵 $\boldsymbol{A}(t)$ 对时间的导数可用 $\dfrac{\mathrm{d}}{\mathrm{d}t}\boldsymbol{A}(t)$ 或 $\dot{\boldsymbol{A}}(t)$ 表示，其定义为

$$\dot{\boldsymbol{A}}(t) = \frac{\mathrm{d}\boldsymbol{A}(t)}{\mathrm{d}t} = \begin{bmatrix} \dot{a}_{11}(t) & \dot{a}_{12}(t) & \cdots & \dot{a}_{1n}(t) \\ \dot{a}_{21}(t) & \dot{a}_{22}(t) & \cdots & \dot{a}_{2n}(t) \\ \vdots & \vdots & & \vdots \\ \dot{a}_{n1}(t) & \dot{a}_{n2}(t) & \cdots & \dot{a}_{nn}(t) \end{bmatrix} \tag{7.3.4}$$

类似地，可以定义矢量和矩阵的积分为

$$\int_{t_1}^{t_2} \boldsymbol{x}(t)\mathrm{d}t = \begin{bmatrix} \int_{t_1}^{t_2} x_1(t)\mathrm{d}t \\ \int_{t_1}^{t_2} x_2(t)\mathrm{d}t \\ \vdots \\ \int_{t_1}^{t_2} x_n(t)\mathrm{d}t \end{bmatrix} \tag{7.3.5}$$

$$\int_{t_1}^{t_2} \boldsymbol{A}(t)\mathrm{d}t = \begin{bmatrix} \int_{t_1}^{t_2} a_{11}(t)\mathrm{d}t & \cdots & \int_{t_1}^{t_2} a_{1n}(t)\mathrm{d}t \\ \vdots & & \vdots \\ \int_{t_1}^{t_2} a_{n1}(t)\mathrm{d}t & \cdots & \int_{t_1}^{t_2} a_{nn}(t)\mathrm{d}t \end{bmatrix} \tag{7.3.6}$$

如果 $\boldsymbol{A}$ 是 $m \times n$ 矩阵，那么 $\boldsymbol{A} - \lambda \boldsymbol{I}$ 或 $\lambda \boldsymbol{I} - \boldsymbol{A}$ 也是 $n \times n$ 矩阵，称为 $\boldsymbol{A}$ 的特征矩阵；$\det(\boldsymbol{A} - \lambda \boldsymbol{I})$ 或者 $\det(\lambda \boldsymbol{I} - \boldsymbol{A})$ 是 λ 的多项式，称为 $\boldsymbol{A}$ 的特征多项式；$\det(\boldsymbol{A} - \lambda \boldsymbol{I}) = 0$ 或 $\det(\lambda \boldsymbol{I} - \boldsymbol{A}) = 0$ 称为 $\boldsymbol{A}$ 的特征方程，它的根称为特征根，也就是 $\boldsymbol{A}$ 的特征值。

我们规定 A 的特征多项式为
$$p(\lambda) = \det(\lambda I - A) \tag{7.3.7}$$
其特征方程 $p(\lambda) = \det(\lambda I - A) = 0$。

一般而言，$n \times n$ 矩阵 A 的特征多项式 $p(\lambda)$ 是一个 λ 的 n 次多项式：
$$p(\lambda) = \det(\lambda I - A) = a_0 + a_1 \lambda + \cdots + a_{n-1}\lambda^{n-1} + a_n \lambda^n = \sum_{i=0}^{n} a_i \lambda^i \tag{7.3.8}$$
这是系数为矩阵的多项式，可以称为矩阵多项式。

任何 $n \times n$ 方阵 A 都满足它自己的特征方程式，即
$$p(A) = 0 \tag{7.3.9}$$
上式称为凯莱-哈密顿（Cayley-Hamilton）定理。

如果 A 是非奇异的，那么有
$$A^{-1} = -\frac{1}{a_0}\left(a_1 I + a_2 A + \cdots + a_{n-1}A^{n-2} + a_n A^{n-1}\right) \tag{7.3.10}$$

式（7.3.10）表明，若已知 A 的特征多项式 $p(\lambda)$ 的系数，则仅用矩阵乘法，就可以求得逆矩阵 A^{-1}。

若 A 为 $n \times n$ 方阵，则可以表示为矩阵指数函数
$$e^A = I + A + \frac{1}{2!}A^2 + \cdots = \sum_{i=0}^{\infty} \frac{1}{i!} A^i \tag{7.3.11}$$
同样地
$$e^{At} = I + tA + \frac{t^2}{2!}A^2 + \cdots = \sum_{i=0}^{\infty} \frac{t^i}{i!} A^i \tag{7.3.12}$$

矩阵指数函数 e^{At} 有以下重要性质。

（1）若 A 为 $n \times n$ 对角阵，且
$$A = \begin{bmatrix} \lambda_1 & 0 & \cdots & 0 \\ 0 & \lambda_2 & \cdots & 0 \\ \vdots & \vdots & & \vdots \\ 0 & 0 & \cdots & \lambda_n \end{bmatrix}$$
则
$$e^{At} = \begin{bmatrix} e^{\lambda_1 t} & 0 & \cdots & 0 \\ 0 & e^{\lambda_2 t} & \cdots & 0 \\ \vdots & \vdots & & \vdots \\ 0 & 0 & \cdots & e^{\lambda_n t} \end{bmatrix}$$

（2）对任意非时变方阵 A，有
$$\frac{d}{dt}e^{At} = Ae^{At} = e^{At}A \tag{7.3.13}$$
$$e^{A(t_1 + t_2)} = e^{At_1} \cdot e^{At_2} \tag{7.3.14}$$

（3）不论 A 为任何方阵，e^{At} 恒有逆，且
$$e^{-At} = \left(e^{At}\right)^{-1} \tag{7.3.15}$$

（4）如果 A 和 B 都是 $n \times n$ 方阵，且可交换，即若 $AB = BA$，则
$$e^{At} \cdot e^{Bt} = e^{Bt} e^{At} = e^{(A+B)t} \tag{7.3.16}$$

（5）对于 $n \times n$ 方阵 A，若有非奇异矩阵 P，则
$$\left(P^{-1}AP\right)^k = P^{-1}A^k P, \quad e^{P^{-1}APt} = P^{-1}e^{At}P \tag{7.3.17}$$

7.3.1 连续时间系统的时域求解

对于 LTI 连续时间系统，由式（7.1.2）可知其状态方程是一组常系数一阶线性微分方程，标准形式为 $\dot{x}(t) = Ax(t) + Bf(t)$，在方程两端都乘以 e^{-At} 并移项，有

$$e^{-At}\dot{x}(t) - e^{-At}Ax(t) = e^{-At}Bf(t)$$

由式（7.3.13），上式可写作 $e^{-At}\dfrac{d}{dt}x(t) + \dfrac{d}{dt}e^{-At} \cdot x(t) = e^{-At}Bf(t)$，即

$$\frac{d}{dt}\left[e^{-At} \cdot x(t)\right] = e^{-At}Bf(t)$$

则有 $\int_{t_0}^{t} d\left[e^{-A\tau}x(\tau)\right]d\tau = \int_{t_0}^{t} e^{-A\tau}Bf(\tau)d\tau$，解得

$$e^{-At}x(t) - e^{-At_0}x(t_0) = \int_{t_0}^{t} e^{-A\tau}Bf(\tau)d\tau$$

等式两端乘以 e^{At} 并移项整理后，可得

$$x(t) = e^{A(t-t_0)}x(t_0) + e^{At}\int_{t_0}^{t} e^{-A\tau}Bf(\tau)d\tau = e^{A(t-t_0)}x(t_0) + \int_{t_0}^{t} e^{A(t-\tau)}Bf(\tau)d\tau \quad (7.3.18)$$

式中，$x(t_0)$ 是 $t = t_0$ 时的状态矢量，即初始状态矢量；第一项只与初始状态 $x(t_0)$ 有关，是系统状态矢量的零输入解；第二项只与输入矢量 $f(t)$ 有关，是系统状态矢量的零状态解。其中，矩阵指数函数 e^{At} 极为重要。

定义状态转移矩阵 $\varphi(t) = e^{At}$，则状态矢量为

$$x(t) = \varphi(t)x(0) + \varphi(t)B * f(t) \quad (7.3.19)$$

系统的输出矢量为

$$y(t) = Ce^{At}x(0) + C\int_{0}^{t} e^{A(t-\tau)}Bf(\tau)d\tau = C\varphi(t)x(0) + \left[C\varphi(t)B * f(t) + Df(t)\right] \quad (7.3.20)$$

由式（7.3.20）可见，系统的输出矢量由两部分组成，第一项是输入为零时的响应，即零输入响应；第二项是状态为零时的响应，即零状态响应。

若用 $y_f(t)$ 表示系统的零状态响应，则有

$$y_f(t) = C\varphi(t)B * f(t) + Df(t) \quad (7.3.21)$$

也可以写为

$$\begin{aligned} y_f(t) &= C\varphi(t)B * f(t) + D\delta(t) * f(t) \\ &= \left[C\varphi(t)B + D\delta(t)\right] * f(t) = h(t) * f(t) \end{aligned} \quad (7.3.22)$$

式中

$$h(t) = C\varphi(t)B + D\delta(t) \quad (7.3.23)$$

是一个 $q \times p$ 矩阵，称为冲激响应矩阵，其中，$\delta(t)$ 是一个 $p \times p$ 的对角方阵：

$$\delta(t) = \begin{bmatrix} \delta(t) & 0 & \cdots & 0 \\ 0 & \delta(t) & \cdots & 0 \\ \vdots & \vdots & & \vdots \\ 0 & 0 & \cdots & \delta(t) \end{bmatrix}$$

【例 7.3.1】 某 LTI 系统的状态方程和输出方程描述如下：

$$\begin{bmatrix} \dot{x}_1(t) \\ \dot{x}_2(t) \end{bmatrix} = \begin{bmatrix} 1 & 2 \\ 0 & -1 \end{bmatrix} \begin{bmatrix} x_1(t) \\ x_2(t) \end{bmatrix} + \begin{bmatrix} 0 & 1 \\ 1 & 0 \end{bmatrix} \begin{bmatrix} f_1(t) \\ f_2(t) \end{bmatrix}$$

$$\begin{bmatrix} y_1(t) \\ y_2(t) \end{bmatrix} = \begin{bmatrix} 1 & 1 \\ 0 & -1 \end{bmatrix} \begin{bmatrix} x_1(t) \\ x_2(t) \end{bmatrix} + \begin{bmatrix} 1 & 0 \\ 1 & 0 \end{bmatrix} \begin{bmatrix} f_1(t) \\ f_2(t) \end{bmatrix}$$

求初始状态 $\begin{bmatrix} x_1(0) \\ x_2(0) \end{bmatrix} = \begin{bmatrix} 1 \\ -1 \end{bmatrix}$，输入 $\begin{bmatrix} f_1(t) \\ f_2(t) \end{bmatrix} = \begin{bmatrix} u(t) \\ \delta(t) \end{bmatrix}$ 时系统状态响应和输出。

解 （1）求状态转移矩阵 $\boldsymbol{\varphi}(t)$。

由给定方程可知系统矩阵

$$A = \begin{bmatrix} 1 & 2 \\ 0 & -1 \end{bmatrix}$$

系统的特征多项式

$$p(\lambda) = \det(\lambda \boldsymbol{I} - \boldsymbol{A}) = \det \begin{bmatrix} \lambda - 1 & -2 \\ 0 & \lambda + 1 \end{bmatrix} = (\lambda - 1)(\lambda + 1)$$

其特征根为 $\lambda_1 = 1$，$\lambda_2 = -1$，均为单根。

故状态转移矩阵为

$$\boldsymbol{\varphi}(t) = e^{At} = e^{t} \begin{bmatrix} 1 & 1 \\ 0 & 0 \end{bmatrix} + e^{-t} \begin{bmatrix} 0 & -1 \\ 0 & 1 \end{bmatrix} = \begin{bmatrix} e^{t} & e^{t} - e^{-t} \\ 0 & e^{-t} \end{bmatrix}$$

（2）求状态方程的解：将有关矩阵代入 $\boldsymbol{x}(t) = \boldsymbol{\varphi}(t)\boldsymbol{x}(0) + \boldsymbol{\varphi}(t)\boldsymbol{B} * \boldsymbol{f}(t)$，得

$$\begin{bmatrix} x_1(t) \\ x_2(t) \end{bmatrix} = \begin{bmatrix} e^{t} & e^{t} - e^{-t} \\ 0 & e^{-t} \end{bmatrix} \begin{bmatrix} 1 \\ -1 \end{bmatrix} + \begin{bmatrix} e^{t} & e^{t} - e^{-t} \\ 0 & e^{-t} \end{bmatrix} \begin{bmatrix} 0 & 1 \\ 1 & 0 \end{bmatrix} * \begin{bmatrix} u(t) \\ \delta(t) \end{bmatrix}$$

$$= \begin{bmatrix} e^{-t} \\ -e^{-t} \end{bmatrix} + \begin{bmatrix} e^{t} - e^{-t} & e^{t} \\ e^{-t} & 0 \end{bmatrix} * \begin{bmatrix} u(t) \\ \delta(t) \end{bmatrix} = \begin{bmatrix} e^{-t} \\ -e^{-t} \end{bmatrix} + \begin{bmatrix} (e^{t} - e^{-t}) * u(t) + e^{t} * \delta(t) \\ e^{-t} * u(t) \end{bmatrix}$$

$$= \begin{bmatrix} e^{-t} \\ -e^{-t} \end{bmatrix} + \begin{bmatrix} 2e^{t} + e^{-t} - 2 \\ 1 - e^{-t} \end{bmatrix}, \quad t \geqslant 0$$

式中，第一项是零输入解，第二项是零状态解，其全解为

$$\begin{bmatrix} x_1(t) \\ x_2(t) \end{bmatrix} = \begin{bmatrix} 2e^{t} + 2e^{-t} - 2 \\ 1 - 2e^{-t} \end{bmatrix}, \quad t \geqslant 0$$

（3）求输出：将 $\boldsymbol{x}(t)$ 和 $\boldsymbol{f}(t)$ 代入输出方程，得

$$\begin{bmatrix} y_1(t) \\ y_2(t) \end{bmatrix} = \begin{bmatrix} 1 & 1 \\ 0 & -1 \end{bmatrix} \begin{bmatrix} x_1(t) \\ x_2(t) \end{bmatrix} + \begin{bmatrix} 1 & 0 \\ 1 & 0 \end{bmatrix} \begin{bmatrix} u(t) \\ \delta(t) \end{bmatrix} = \begin{bmatrix} 1 & 1 \\ 0 & -1 \end{bmatrix} \left\{ \begin{bmatrix} e^{-t} \\ -e^{-t} \end{bmatrix} + \begin{bmatrix} 2e^{t} + e^{-t} - 2 \\ 1 - e^{-t} \end{bmatrix} \right\} + \begin{bmatrix} u(t) \\ \delta(t) \end{bmatrix}$$

$$= \begin{bmatrix} 0 \\ e^{-t} \end{bmatrix} + \begin{bmatrix} 2e^{t} - 1 \\ -1 + e^{-t} \end{bmatrix} + \begin{bmatrix} 1 \\ 1 \end{bmatrix} = \begin{bmatrix} 0 \\ e^{-t} \end{bmatrix} + \begin{bmatrix} 2e^{t} \\ e^{-t} \end{bmatrix}, \quad t \geqslant 0$$

式中，第一项是零输入响应，第二项是零状态响应。该系统的全响应为

$$\begin{bmatrix} y_1(t) \\ y_2(t) \end{bmatrix} = \begin{bmatrix} 2e^{t} \\ 2e^{-t} \end{bmatrix}, \quad t \geqslant 0$$

【例 7.3.2】 如图 7.3.1 所示的电路网络中，已知 $L = \frac{1}{2}$ H，$C = 1$ F，$R = \frac{1}{2} \Omega$，若指定电感电压 $u_L(t)$ 和电容电压 $u_C(t)$ 为输出，试求冲激响应矩阵。

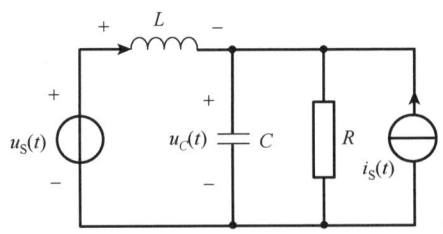

图 7.3.1 例 7.3.2 电路网络

解 （1）列出状态方程和输出方程。

选电感电流 $i_L(t)$ 和电容电压 $u_C(t)$ 为状态变量，令 $x_1 = i_L$；$x_2 = u_C$。
列出节点 a 的电流方程和 u_S、L、C 回路的电压方程为

$$C\dot{x}_2 = x_1 + i_S - \frac{x_2}{R}, \quad u_S = L\dot{x}_1 + x_2$$

稍加整理，就得到状态方程的标准形式：

$$\begin{bmatrix} \dot{x}_1 \\ \dot{x}_2 \end{bmatrix} = \begin{bmatrix} 0 & -\dfrac{1}{L} \\ \dfrac{1}{C} & -\dfrac{1}{RC} \end{bmatrix} \begin{bmatrix} x_1 \\ x_2 \end{bmatrix} + \begin{bmatrix} \dfrac{I}{L} & 0 \\ 0 & \dfrac{1}{C} \end{bmatrix} \begin{bmatrix} u_S \\ i_S \end{bmatrix}$$

将数值代入上式，得

$$\begin{bmatrix} \dot{x}_1 \\ \dot{x}_2 \end{bmatrix} = \begin{bmatrix} 0 & -2 \\ 1 & -2 \end{bmatrix} \begin{bmatrix} x_1 \\ x_2 \end{bmatrix} + \begin{bmatrix} 2 & 0 \\ 0 & 1 \end{bmatrix} \begin{bmatrix} u_S \\ i_S \end{bmatrix}$$

令电感电压 $u_L(t)$ 为输出 $y_1(t)$，电容电压 $u_C(t)$ 为输出 $y_2(t)$，则有

$$y_1 = u_L = u_S - x_2, \quad y_2 = x_2$$

于是得输出方程：

$$\begin{bmatrix} y_1 \\ y_2 \end{bmatrix} = \begin{bmatrix} u_L \\ u_C \end{bmatrix} \begin{bmatrix} 0 & -1 \\ 0 & 1 \end{bmatrix} \begin{bmatrix} x_1 \\ x_2 \end{bmatrix} + \begin{bmatrix} 1 & 0 \\ 0 & 0 \end{bmatrix} \begin{bmatrix} u_S \\ i_S \end{bmatrix}$$

（2）求状态转移矩阵 $\boldsymbol{\varphi}(t)$。

因系统矩阵 $\boldsymbol{A} = \begin{bmatrix} 0 & -2 \\ 1 & -2 \end{bmatrix}$，其特征多项式为

$$\det(\lambda \boldsymbol{I} - \boldsymbol{A}) = \det \begin{bmatrix} \lambda & 2 \\ -1 & \lambda + 2 \end{bmatrix} = \lambda^2 + 2\lambda + 2$$

其特征根为 λ_1，$\lambda_2 = -1 \pm j$，它们都是单根。

采用指数矩阵多项式展开法，状态转移矩阵可写为 $e^{\boldsymbol{A}t} = \alpha_0 \boldsymbol{I} + \alpha_1 \boldsymbol{A}$，系数 α_1 和 α_2 满足：

$$\alpha_0 + \alpha_1 \lambda_1 = e^{\lambda_1 t}, \quad \alpha_0 + \alpha_1 \lambda_2 = e^{\lambda_2 t}$$

将 $\lambda_1 = -1 + j$，$\lambda_2 = -1 - j$ 代入上式，得

$$\alpha_0 - \alpha_1 + j\alpha_1 = e^{-1}e^{jt}, \quad \alpha_0 - \alpha_1 - j\alpha_1 = e^{-1}e^{jt}$$

由上式可得

$$\alpha_0 - \alpha_1 = \frac{e^{-t}}{2}\left(e^{jt} + e^{-jt}\right) = e^{-t}\cos t, \quad \alpha_1 = \frac{e^{-t}}{2j}\left(e^{jt} - e^{-jt}\right) = e^{-t}\sin t$$

因而有

$$\alpha_2 = e^{-t}(\cos t + \sin t)$$

可得状态转移矩阵：

$$\boldsymbol{\varphi}(t) = \mathrm{e}^{At} = \mathrm{e}^{-t}(\cos t + \sin t)\begin{bmatrix} 1 & 0 \\ 0 & 1 \end{bmatrix} + \mathrm{e}^{-t}\sin t \begin{bmatrix} 0 & -2 \\ 1 & -2 \end{bmatrix}$$

$$= \begin{bmatrix} \mathrm{e}^{-t}(\cos t + \sin t) & -2\mathrm{e}^{-t}\sin t \\ \mathrm{e}^{-t}\sin t & \mathrm{e}^{-t}(\cos t - \sin t) \end{bmatrix}$$

（3）求冲激响应矩阵。

由所列方程可知，各系数矩阵

$$\boldsymbol{B} = \begin{bmatrix} 2 & 0 \\ 0 & 1 \end{bmatrix}, \quad \boldsymbol{C} = \begin{bmatrix} 0 & -1 \\ 0 & 1 \end{bmatrix}, \quad \boldsymbol{D} = \begin{bmatrix} 1 & 0 \\ 0 & 0 \end{bmatrix}$$

可得冲激响应矩阵

$$\boldsymbol{h}(t) = \boldsymbol{C}\boldsymbol{\varphi}(t)\boldsymbol{B} + \boldsymbol{D}\delta(t)$$

$$= \begin{bmatrix} 0 & -1 \\ 0 & 1 \end{bmatrix}\begin{bmatrix} \mathrm{e}^{-t}(\cos t + \sin t) & -2\mathrm{e}^{-t}\sin t \\ \mathrm{e}^{-t}\sin t & \mathrm{e}^{-t}(\cos t - \sin t) \end{bmatrix}\begin{bmatrix} 2 & 0 \\ 0 & 1 \end{bmatrix} + \begin{bmatrix} 1 & 0 \\ 0 & 0 \end{bmatrix}\begin{bmatrix} \delta(t) & 0 \\ 0 & \delta(t) \end{bmatrix}$$

$$= \begin{bmatrix} \delta(t) - 2\mathrm{e}^{-t}\sin t & -\mathrm{e}^{-t}(\cos t - \sin t) \\ 2\mathrm{e}^{-t}\sin t & \mathrm{e}^{-t}(\cos t - \sin t) \end{bmatrix}$$

7.3.2 离散时间系统的时域求解

一个离散时间系统动态方程的一般形式为

$$\boldsymbol{x}[k+1] = \boldsymbol{A}\boldsymbol{x}[k] + \boldsymbol{B}\boldsymbol{f}[k] \tag{7.3.24}$$

$$\boldsymbol{y}[k] = \boldsymbol{C}\boldsymbol{x}[k] + \boldsymbol{D}\boldsymbol{f}[k] \tag{7.3.25}$$

在时域上求解矢量差分方程的方法之一是迭代法或递推法。若已知 $k=k_0$ 时的状态 $\boldsymbol{x}[k_0]$ 和 $k \geqslant k_0$ 时的输入 $\boldsymbol{f}[k]$，则将它们代入状态方程式，并逐次迭代，可得

$$\boldsymbol{x}[k_0+1] = \boldsymbol{A}\boldsymbol{x}[k_0] + \boldsymbol{B}\boldsymbol{f}[k_0]$$

$$\boldsymbol{x}[k_0+2] = \boldsymbol{A}\boldsymbol{x}[k_0+1] + \boldsymbol{B}\boldsymbol{f}[k_0+1] = \boldsymbol{A}^2\boldsymbol{x}[k_0] + \boldsymbol{A}\boldsymbol{B}\boldsymbol{f}[k_0] + \boldsymbol{B}\boldsymbol{f}[k_0+1]$$

$$\boldsymbol{x}[k_0+3] = \boldsymbol{A}\boldsymbol{x}[k_0+2] + \boldsymbol{B}\boldsymbol{f}[k_0+2] = \boldsymbol{A}^3\boldsymbol{x}[k_0] + \boldsymbol{A}^2\boldsymbol{B}\boldsymbol{f}[k_0] + \boldsymbol{A}\boldsymbol{B}\boldsymbol{f}[k_0+1] + \boldsymbol{B}\boldsymbol{f}[k_0+2]$$

$$\vdots$$

$$\boldsymbol{x}[k] = \boldsymbol{A}\boldsymbol{x}[k-1] + \boldsymbol{B}\boldsymbol{f}[k-1]$$

$$= \boldsymbol{A}^{k-k_0}\boldsymbol{x}[k_0] + \boldsymbol{A}^{k-k_0-1}\boldsymbol{B}\boldsymbol{f}[k_0] + \boldsymbol{A}^{k-k_0-2}\boldsymbol{B}\boldsymbol{f}[k_0+1] + \cdots + \boldsymbol{B}\boldsymbol{f}[k-1]$$

或写为

$$\boldsymbol{x}[k] = \boldsymbol{A}^{k-k_0}\boldsymbol{x}[k_0] + \sum_{i=0}^{k-1}\boldsymbol{A}^{k-1-i}\boldsymbol{B}\boldsymbol{f}[i] \tag{7.3.26}$$

如果 $k_0 = 0$，那么 $\boldsymbol{x}[k] = \boldsymbol{A}^k\boldsymbol{x}[0] + \sum_{i=0}^{k-1}\boldsymbol{A}^{k-1-i}\boldsymbol{B}\boldsymbol{f}[i]$。

在时域上求解矢量差分方程的方法之二是求解指数函数矩阵 $\boldsymbol{A}^k$ 的方法，同样定义状态转移矩阵 $\boldsymbol{\varphi}[k] = \boldsymbol{A}^k$，则状态矢量为

$$\boldsymbol{x}[k] = \boldsymbol{A}^k\boldsymbol{x}[0] + \sum_{i=0}^{k-1}\boldsymbol{A}^{k-1-i}\boldsymbol{B}\boldsymbol{f}[i] = \boldsymbol{\varphi}[k]\boldsymbol{x}[0] + \sum_{i=0}^{k-1}\boldsymbol{\varphi}[k-1-i]\boldsymbol{B}\boldsymbol{f}[i]$$

$$= \boldsymbol{\varphi}[k]\boldsymbol{x}[0] + \boldsymbol{\varphi}[k-1]\boldsymbol{B} * \boldsymbol{f}[k], \quad k \geqslant 0 \tag{7.3.27}$$

式中，$x[0]$是$k=0$时的状态矢量，即初始状态矢量；第一项只与初始状态$x[0]$有关，是系统状态矢量的零输入解；第二项只与输入矢量$f[k]$有关，是系统状态矢量的零状态解。

系统的输出

$$y[k] = CA^k x[0] + \sum_{i=0}^{k-1} CA^{k-1-i} Bf[i] + Df[k] \tag{7.3.28}$$
$$= C\varphi[k]x[0] + C\varphi[k-1]B * f[k] + Df[k], \quad k \geq 0$$

式（7.3.28）第一项是零输入响应，第二项是零状态响应。

同样也可定义单位响应矩阵

$$h[k] = C\varphi[k-1]B + D\delta[k] \tag{7.3.29}$$

【例 7.3.3】 某 LTI 系统的状态方程为 $\begin{bmatrix} x_1[k+1] \\ x_2[k+1] \end{bmatrix} = \begin{bmatrix} \frac{1}{2} & 0 \\ \frac{1}{4} & \frac{1}{4} \end{bmatrix} \begin{bmatrix} x_1[k] \\ x_2[k] \end{bmatrix} + \begin{bmatrix} 1 \\ 1 \end{bmatrix} f[k]$，求初态 $\begin{bmatrix} x_1[0] \\ x_2[0] \end{bmatrix} = \begin{bmatrix} 0 \\ 0 \end{bmatrix}$ 时系统的响应。

解 将输入$f[k]$和状态逐次代入状态方程式，即

令$k=0$，得 $\begin{bmatrix} x_1[1] \\ x_2[1] \end{bmatrix} = \begin{bmatrix} \frac{1}{2} & 0 \\ \frac{1}{4} & \frac{1}{4} \end{bmatrix} \begin{bmatrix} 0 \\ 0 \end{bmatrix} + \begin{bmatrix} 1 \\ 1 \end{bmatrix}[1] = \begin{bmatrix} 1 \\ 1 \end{bmatrix}$

令$k=1$，得 $\begin{bmatrix} x_1[2] \\ x_2[2] \end{bmatrix} = \begin{bmatrix} \frac{1}{2} & 0 \\ \frac{1}{4} & \frac{1}{4} \end{bmatrix} \begin{bmatrix} 1 \\ 1 \end{bmatrix} + \begin{bmatrix} 1 \\ 1 \end{bmatrix}[0] = \begin{bmatrix} \frac{1}{2} \\ \frac{1}{2} \end{bmatrix}$

令$k=2$，得 $\begin{bmatrix} x_1[3] \\ x_2[3] \end{bmatrix} = \begin{bmatrix} \frac{1}{2} & 0 \\ \frac{1}{4} & \frac{1}{4} \end{bmatrix} \begin{bmatrix} \frac{1}{2} \\ \frac{1}{2} \end{bmatrix} + \begin{bmatrix} 1 \\ 1 \end{bmatrix}[0] = \begin{bmatrix} \frac{1}{4} \\ \frac{1}{4} \end{bmatrix}$

以此类推，可得

$$\begin{bmatrix} x_1[k] \\ x_2[k] \end{bmatrix} = \begin{bmatrix} \left(\frac{1}{2}\right)^{k-1} \\ \left(\frac{1}{2}\right)^{k-1} \end{bmatrix}, \quad k > 0$$

【例 7.3.4】 已知某 LTI 系统的状态方程和输出方程为

$$\begin{bmatrix} x_1[k+1] \\ x_2[k+1] \end{bmatrix} = \begin{bmatrix} 0 & 1 \\ -6 & 5 \end{bmatrix} \begin{bmatrix} x_1[k] \\ x_2[k] \end{bmatrix} + \begin{bmatrix} 0 \\ 1 \end{bmatrix} f[k], \quad \begin{bmatrix} y_1[k] \\ y_2[k] \end{bmatrix} = \begin{bmatrix} 1 & 1 \\ 2 & -1 \end{bmatrix} \begin{bmatrix} x_1[k] \\ x_2[k] \end{bmatrix} + \begin{bmatrix} 0 \\ 0 \end{bmatrix} f[k],$$

求初态 $\begin{bmatrix} x_1[0] \\ x_2[0] \end{bmatrix} = \begin{bmatrix} 1 \\ 2 \end{bmatrix}$，输入$f[k] = u[k]$时系统的状态方程响应和输出。

解 （1）求状态转移矩阵。

由给定方程知，系统矩阵 $A = \begin{bmatrix} 0 & 1 \\ -6 & 5 \end{bmatrix}$，其特征多项式为

$$\det(\lambda I - A) = \det\begin{bmatrix} \lambda & -1 \\ 6 & \lambda-5 \end{bmatrix} = \lambda^2 - 5\lambda + 6 = (\lambda-2)(\lambda-3)$$

其特征根为 $\lambda_1 = 2$，$\lambda_2 = 3$。

所以，状态转移矩阵为

$$\boldsymbol{\varphi}[k] = \boldsymbol{A}^k = 2^k \begin{bmatrix} 3 & -1 \\ 6 & -2 \end{bmatrix} + 3^k \begin{bmatrix} -2 & 1 \\ -6 & 3 \end{bmatrix} = \begin{bmatrix} 3(2)^k - 2(3)^k & -(2)^k + (3)^k \\ 6(2)^k - 6(3)^k & -2(2)^k + 3(3)^k \end{bmatrix}$$

$$= \begin{bmatrix} 3(2)^k - 2(3)^k & -(2)^k + (3)^k \\ 3(2)^{k+1} - 2(3)^{k+1} & -(2)^{k+1} + (3)^{k+1} \end{bmatrix}$$

（2）求状态方程的解。

由 $\boldsymbol{x}[k] = \boldsymbol{\varphi}[k]\boldsymbol{x}[0] + \boldsymbol{\varphi}[k-1]\boldsymbol{B} * \boldsymbol{f}[k]$，将有关矩阵代入，得状态方程的零输入响应：

$$\boldsymbol{x}_x[k] = \boldsymbol{\varphi}[k]\boldsymbol{x}[0] = \begin{bmatrix} 3(2)^k - 2(3)^k & -(2)^k + (3)^k \\ 3(2)^{k+1} - 2(3)^{k+1} & -(2)^{k+1} + (3)^{k+1} \end{bmatrix} \begin{bmatrix} 1 \\ 2 \end{bmatrix} = \begin{bmatrix} 2^k \\ 2^{k+1} \end{bmatrix}$$

状态方程的零状态响应：

$$\boldsymbol{x}_f[k] = \boldsymbol{\varphi}[k-1]\boldsymbol{B} * \boldsymbol{f}[k] = \begin{bmatrix} 3(2)^{k-1} - 2(3)^{k-1} & -(2)^{k-1} + (3)^{k-1} \\ 3(2)^k - 2(3)^k & -(2)^k + (3)^k \end{bmatrix} \begin{bmatrix} 0 \\ 1 \end{bmatrix} * u[k]$$

$$= \begin{bmatrix} -(2)^{k-1} + (3)^{k-1} \\ -(2)^k + (3)^k \end{bmatrix} * u[k] = \begin{bmatrix} \dfrac{1}{2} - 2^k + \dfrac{1}{2}(3)^k \\ \dfrac{1}{2} - (2)^{k+1} + \dfrac{1}{2}(3)^{k+1} \end{bmatrix}, \quad k \geq 0$$

（3）求输出。

将有关矩阵代入式 $\boldsymbol{y}[k] = \boldsymbol{C}\boldsymbol{\varphi}[k]\boldsymbol{x}[0] + \boldsymbol{C}\boldsymbol{\varphi}[k-1]\boldsymbol{B} * \boldsymbol{f}[k] + \boldsymbol{D}\boldsymbol{f}[k]$，得零输入响应

$$\boldsymbol{y}_x[k] = \boldsymbol{C}\boldsymbol{\varphi}[k]\boldsymbol{x}[0] = \begin{bmatrix} 1 & 1 \\ 2 & -1 \end{bmatrix} \begin{bmatrix} 2^k \\ 2^{k+1} \end{bmatrix} = \begin{bmatrix} 3(2)^k \\ 0 \end{bmatrix}, \quad k \geq 0$$

零状态响应

$$\boldsymbol{y}_f[k] = \boldsymbol{C}\boldsymbol{\varphi}[k-1]\boldsymbol{B} * \boldsymbol{f}[k] + \boldsymbol{D}\boldsymbol{f}[k]$$

$$= \begin{bmatrix} 1 & 1 \\ 2 & -1 \end{bmatrix} \begin{bmatrix} \dfrac{1}{2} - 2^k + \dfrac{1}{2}(3)^k \\ \dfrac{1}{2} - (2)^{k+1} + \dfrac{1}{2}(3)^{k+1} \end{bmatrix} \begin{bmatrix} 0 \\ 1 \end{bmatrix} + \begin{bmatrix} 0 \\ 0 \end{bmatrix} f[k]$$

$$= \begin{bmatrix} 1 - 3(2)^k + 2(3)^k \\ \dfrac{1}{2} - \dfrac{1}{2}(3)^k \end{bmatrix}, \quad k \geq 0$$

或者由单位响应矩阵

$$\boldsymbol{h}[k] = \boldsymbol{C}\boldsymbol{\varphi}[k-1]\boldsymbol{B} + \boldsymbol{D}\delta[k]$$

$$= \begin{bmatrix} 1 & 1 \\ 2 & -1 \end{bmatrix} \begin{bmatrix} 3(2)^{k-1} - 2(3)^{k-1} & -(2)^{k-1} + (3)^{k-1} \\ 3(2)^k - 2(3)^k & -(2)^k + (3)^k \end{bmatrix} \begin{bmatrix} 0 \\ 1 \end{bmatrix} + \begin{bmatrix} 0 \\ 0 \end{bmatrix}\delta[k]$$

$$= \begin{bmatrix} -3(2)^{k-1} + 4(3)^{k-1} \\ -(3)^{k-1} \end{bmatrix}$$

求出系统的零状态响应为

$$\boldsymbol{y}_f[k] = \boldsymbol{h}[k] * \boldsymbol{f}[k] = \begin{bmatrix} -3(2)^{k-1} + 4(3)^{k-1} \\ -(3)^{k-1} \end{bmatrix} * u[k] = \begin{bmatrix} 1 - 3(2)^k + 2(3)^k \\ \dfrac{1}{2} - \dfrac{1}{2}(3)^k \end{bmatrix}, \quad k \geq 0$$

7.4 状态方程、输出方程的变换域求解方法

7.4.1 连续时间系统的变换域求解

对于 LTI 系统，其状态方程由一组常系数一阶线性微分方程表达，可用单边拉普拉斯变换把此微分方程变成代数方程进行求解。

对状态方程取单边拉普拉斯变换，得 $s\boldsymbol{X}(s) - \boldsymbol{x}(0) = \boldsymbol{A}\boldsymbol{X}(s) - \boldsymbol{B}\boldsymbol{F}(s)$，即

$$\boldsymbol{X}(s) = (s\boldsymbol{I} - \boldsymbol{A})^{-1}\boldsymbol{x}(0) + (s\boldsymbol{I} - \boldsymbol{A})^{-1}\boldsymbol{B}\boldsymbol{F}(s) \tag{7.4.1}$$

式（7.4.1）是状态矢量 $\boldsymbol{x}(t)$ 的拉普拉斯变换，式中第一项的逆变换是状态矢量的零输入解，第二项的逆变换是状态矢量的零状态解。

取式（7.4.1）第一项的拉普拉斯逆变换，由于 $\boldsymbol{x}(0)$ 是常数矩阵，所以得到状态矢量的零输入解：

$$\boldsymbol{x}_x(t) = \boldsymbol{\varphi}(t)\boldsymbol{x}(0) = \mathscr{L}^{-1}\left\{(s\boldsymbol{I}-\boldsymbol{A})^{-1}\boldsymbol{x}(0)\right\} = \mathscr{L}^{-1}\left\{(s\boldsymbol{I}-\boldsymbol{A})^{-1}\right\}\boldsymbol{x}(0) \tag{7.4.2}$$

取式（7.4.1）第二项的拉普拉斯逆变换，得到状态矢量的零状态解

$$\boldsymbol{x}_f(t) = \mathscr{L}^{-1}\left\{(s\boldsymbol{I}-\boldsymbol{A})^{-1}\boldsymbol{B}\boldsymbol{F}(s)\right\} \tag{7.4.3}$$

对输出方程式取拉普拉斯变换，得

$$\boldsymbol{Y}(s) = \boldsymbol{C}\boldsymbol{X}(s) + \boldsymbol{D}\boldsymbol{F}(s) \tag{7.4.4}$$

再取拉普拉斯逆变换，则输出矢量的零输入响应为

$$\boldsymbol{y}_x(t) = \mathscr{L}^{-1}\left\{\boldsymbol{C}\boldsymbol{\Phi}(s)\right\} \cdot \boldsymbol{x}(0) \tag{7.4.5}$$

式中，$\boldsymbol{\Phi}(s) = \mathscr{L}\{\boldsymbol{\varphi}(t)\} = (s\boldsymbol{I}-\boldsymbol{A})^{-1}$ 称为预解矩阵。

系统的零状态响应为

$$\boldsymbol{y}_f(t) = \mathscr{L}^{-1}\left\{\boldsymbol{H}(s)\boldsymbol{F}(s)\right\} \tag{7.4.6}$$

式中，$\boldsymbol{H}(s) = \boldsymbol{C}\boldsymbol{\Phi}(s)\boldsymbol{B} + \boldsymbol{D}$。

【例 7.4.1】 某个连续时间线性时不变系统的状态方程和输出方程为

$$\begin{bmatrix} \dot{x}_1(t) \\ \dot{x}_2(t) \end{bmatrix} = \begin{bmatrix} 1 & 2 \\ 0 & -1 \end{bmatrix}\begin{bmatrix} x_1(t) \\ x_2(t) \end{bmatrix} + \begin{bmatrix} 0 & 1 \\ 1 & 0 \end{bmatrix}\begin{bmatrix} f_1(t) \\ f_2(t) \end{bmatrix}$$

$$\begin{bmatrix} y_1(t) \\ y_2(t) \end{bmatrix} = \begin{bmatrix} 1 & 1 \\ 0 & -1 \end{bmatrix}\begin{bmatrix} x_1(t) \\ x_2(t) \end{bmatrix} + \begin{bmatrix} 1 & 0 \\ 1 & 0 \end{bmatrix}\begin{bmatrix} f_1(t) \\ f_2(t) \end{bmatrix}$$

试求状态转移矩阵 $\boldsymbol{\varphi}(t)$ 和冲激响应矩阵 $\boldsymbol{h}(t)$。

解 用变换法解状态方程的关键是求预解矩阵 $\boldsymbol{\Phi}(s) = (s\boldsymbol{I}-\boldsymbol{A})^{-1}$。

根据方程的矩阵 $\boldsymbol{A}$，有

$$s\boldsymbol{I} - \boldsymbol{A} = s\begin{bmatrix} 1 & 0 \\ 0 & 1 \end{bmatrix} - \begin{bmatrix} 1 & 2 \\ 1 & -1 \end{bmatrix} = \begin{bmatrix} s-1 & -2 \\ 0 & s+1 \end{bmatrix}$$

其行列式和伴随矩阵分别为

$$\det(s\boldsymbol{I}-\boldsymbol{A}) = (s-1)(s+1), \quad \text{adj}(s\boldsymbol{I}-\boldsymbol{A}) = \begin{bmatrix} s+1 & 2 \\ 0 & s-1 \end{bmatrix}$$

所以预解矩阵 $\boldsymbol{\Phi}(s) = (s\boldsymbol{I}-\boldsymbol{A})^{-1} = \dfrac{\text{adj}(s\boldsymbol{I}-\boldsymbol{A})}{\det(s\boldsymbol{I}-\boldsymbol{A})} = \begin{bmatrix} \dfrac{1}{s-1} & \dfrac{2}{(s-1)(s+1)} \\ 0 & \dfrac{1}{s+1} \end{bmatrix}$

系统函数矩阵为

$$H(s) = C\Phi(s)B + D = \begin{bmatrix} 1 & 1 \\ 0 & -1 \end{bmatrix} \begin{bmatrix} \dfrac{1}{s-1} & \dfrac{2}{(s-1)(s+1)} \\ 0 & \dfrac{1}{s+1} \end{bmatrix} \begin{bmatrix} 0 & 1 \\ 1 & 0 \end{bmatrix} + \begin{bmatrix} 1 & 0 \\ 1 & 0 \end{bmatrix} = \begin{bmatrix} \dfrac{s}{s-1} & \dfrac{1}{s-1} \\ \dfrac{s}{s+1} & 0 \end{bmatrix}$$

取 $\Phi(s)$ 和 $H(s)$ 的逆变换，得状态转移矩阵和冲激响应矩阵为

$$\varphi(t) = \mathscr{L}^{-1}\{\Phi(s)\} = \begin{bmatrix} \mathrm{e}^t & \mathrm{e}^t - \mathrm{e}^{-t} \\ 0 & \mathrm{e}^{-t} \end{bmatrix}, \quad h(t) = \mathscr{L}^{-1}\{H(s)\} = \begin{bmatrix} \delta(t) + \mathrm{e}^t & \mathrm{e}^t \\ \delta(t) - \mathrm{e}^{-t} & 0 \end{bmatrix}$$

7.4.2 离散时间系统的变换域求解

对于 LTI 离散时间系统，其状态方程是由一组常系数一阶线性差分方程表示的，z 变换是求解线性差分方程的有力工具，它把差分方程变成代数方程求解。故状态方程的 z 变换为

$$X(z) = (zI - A)^{-1} z x[0] + (zI - A)^{-1} B F(z) \tag{7.4.7}$$

式（7.4.7）第一项是状态矢量 $x[k]$ 零输入解的象函数，第二项是零状态解的象函数。

对式（7.4.7）第一项，取逆 z 变换，考虑到 $x[0]$ 是常量矩阵，可得状态矢量 $x[k]$ 对应的零输入响应：

$$x_x[k] = \varphi[k] x[0] = \mathscr{Z}^{-1}\{(zI - A)^{-1} z x[0]\} = \mathscr{Z}^{-1}\{(zI - A)^{-1} z\} x[0] \tag{7.4.8}$$

零状态响应

$$x_f[k] = \mathscr{Z}^{-1}\{(zI - A)^{-1} B F(z)\} \tag{7.4.9}$$

输出方程的 z 变换为

$$Y(z) = C X(z) + D F(z) \tag{7.4.10}$$

同样定义离散时间系统的预解矩阵

$$\Phi(z) = \mathscr{Z}\{\varphi[k]\} = (zI - A)^{-1} z \tag{7.4.11}$$

则输出方程的 z 变换为

$$\begin{aligned} Y(z) &= C(zI - A)^{-1} z x[0] + C(zI - A)^{-1} B F(z) + D F(z) \\ &= C\Phi(z) x[0] + \left[C z^{-1} \Phi(z) B + D \right] F(z) \\ &= C\Phi(z) x[0] + H(z) F(z) \end{aligned} \tag{7.4.12}$$

式（7.4.12）的第一项是零输入响应象函数矩阵，第二项是零状态响应象函数矩阵。

系统的零输入响应为

$$y_x[k] = \mathscr{Z}^{-1}\{C\Phi(z)\} \cdot x[0] \tag{7.4.13}$$

系统的零状态响应为

$$y_f[k] = \mathscr{Z}^{-1}\{H(z) F(z)\} \tag{7.4.14}$$

式中，$H(z) = C z^{-1} \Phi(z) B + D = C(zI - A)^{-1} B + D$。

【**例 7.4.2**】 已知某一个 LTI 系统的状态方程和输出方程为

$$\begin{bmatrix} x_1[k+1] \\ x_2[k+1] \end{bmatrix} = \begin{bmatrix} \dfrac{1}{2} & \dfrac{1}{4} \\ 1 & \dfrac{1}{2} \end{bmatrix} \begin{bmatrix} x_1[k] \\ x_2[k] \end{bmatrix} + \begin{bmatrix} 1 \\ 0 \end{bmatrix} f[k], \quad \begin{bmatrix} y_1[k] \\ y_2[k] \end{bmatrix} = \begin{bmatrix} 1 & 0 \\ 0 & 1 \end{bmatrix} \begin{bmatrix} x_1[k] \\ x_2[k] \end{bmatrix} + \begin{bmatrix} 1 \\ 1 \end{bmatrix} f[k].$$

求初态为 $\begin{bmatrix} x_1[0] \\ x_2[0] \end{bmatrix} = \begin{bmatrix} 1 \\ 1 \end{bmatrix}$，输入为 $f[k] = u[k]$ 时系统的状态响应和输出。

解 先求预解矩阵 $\boldsymbol{\Phi}(z)=(z\boldsymbol{I}-\boldsymbol{A})^{-1}z$，有 $(z\boldsymbol{I}-\boldsymbol{A})^{-1}=\dfrac{1}{z(z-1)}\begin{bmatrix} z-\dfrac{1}{2} & \dfrac{1}{4} \\ 1 & z-\dfrac{1}{2} \end{bmatrix}$

再求状态矢量 $\boldsymbol{x}[k]$ 的象函数：

$$\boldsymbol{X}(z)=(z\boldsymbol{I}-\boldsymbol{A})^{-1}z\boldsymbol{x}[0]+(z\boldsymbol{I}-\boldsymbol{A})^{-1}\boldsymbol{B}\boldsymbol{F}(z)$$

$$=\dfrac{1}{z(z-1)}\begin{bmatrix} z-\dfrac{1}{2} & \dfrac{1}{4} \\ 1 & z-\dfrac{1}{2} \end{bmatrix}z\begin{bmatrix}1\\1\end{bmatrix}+\dfrac{1}{z(z-1)}\begin{bmatrix} z-\dfrac{1}{2} & \dfrac{1}{4} \\ 1 & z-\dfrac{1}{2} \end{bmatrix}\begin{bmatrix}1\\0\end{bmatrix}\dfrac{z}{z-1}$$

$$=\begin{bmatrix}\dfrac{z-\dfrac{1}{4}}{z-1}\\[8pt] \dfrac{z+\dfrac{1}{2}}{z-1}\end{bmatrix}+\begin{bmatrix}\dfrac{z-\dfrac{1}{2}}{(z-1)^2}\\[8pt] \dfrac{1}{(z-1)^2}\end{bmatrix}$$

故系统状态

$$\boldsymbol{x}[k]=\begin{bmatrix}x_1[k]\\x_2[k]\end{bmatrix}=\begin{bmatrix}\delta[k]+\dfrac{3}{4}u[k-1]\\ \delta[k]+\dfrac{3}{2}u[k-1]\end{bmatrix}+\begin{bmatrix}ku[k]-\dfrac{1}{2}(k-1)u[k-1]\\ (k-1)u[k-1]\end{bmatrix}$$

响应的象函数矩阵

$$\boldsymbol{Y}(z)=\boldsymbol{C}(z\boldsymbol{I}-\boldsymbol{A})^{-1}z\boldsymbol{x}[0]+\boldsymbol{C}(z\boldsymbol{I}-\boldsymbol{A})^{-1}\boldsymbol{B}\boldsymbol{F}(z)+\boldsymbol{D}\boldsymbol{F}(z)$$

$$=\boldsymbol{C}\boldsymbol{\Phi}(z)\boldsymbol{x}[0]+\boldsymbol{H}(z)\boldsymbol{F}(z)=\begin{bmatrix}\left(z-\dfrac{1}{4}\right)\big/(z-1)\\[6pt] \left(z+\dfrac{1}{2}\right)\big/(z-1)\end{bmatrix}+\begin{bmatrix}\left(z^2-\dfrac{1}{2}\right)\big/(z-1)^2\\[6pt] (z^2-z+1)\big/(z-1)^2\end{bmatrix}$$

故系统的响应为

$$\boldsymbol{y}[k]=\begin{bmatrix}x_1[k]\\x_2[k]\end{bmatrix}=\begin{bmatrix}\delta[k]+\dfrac{3}{4}u[k-1]\\ \delta[k]+\dfrac{3}{2}u[k-1]\end{bmatrix}+\begin{bmatrix}\delta[k]+2ku[k]-\dfrac{3}{2}(k-1)u[k-1]\\ \delta[k]+ku[k]\end{bmatrix}$$

7.4.3 系统的稳定性判断

对于 LTI 连续时间系统，我们知道，如果系统函数 $H(s)$ 的极点都在左半平面，那么系统是稳定的。判断特征根是否在左半平面可以用罗斯-霍尔维兹准则。

在用状态变量分析系统时，系统函数矩阵

$$\boldsymbol{H}(s)=\boldsymbol{C}\boldsymbol{\Phi}(s)\boldsymbol{B}+\boldsymbol{D}=\boldsymbol{C}(s\boldsymbol{I}-\boldsymbol{A})^{-1}\boldsymbol{B}+\boldsymbol{D} \quad (7.4.15)$$

由于 $(s\boldsymbol{I}-\boldsymbol{A})^{-1}=\dfrac{\text{adj}(s\boldsymbol{I}-\boldsymbol{A})}{\det(s\boldsymbol{I}-\boldsymbol{A})}$，故有

$$H(s) = \frac{C\operatorname{adj}(sI-A)B + D\det(sI-A)}{\det(sI-A)} \quad (7.4.16)$$

所以 $H(s)$ 的极点是 $\det(sI-A)=0$ 的根，即系统状态方程的特征根，也就是系统的固有频率（自然频率）。

对一个因果连续时间系统，只要 $|sI-A|=0$ 的根均在 s 平面的左半平面，则此因果连续时间系统是稳定的。

如果系统函数矩阵 $H(s)$ 在 $j\omega$ 轴上收敛，那么系统的频率响应矩阵为

$$H(j\omega) = H(s)\big|_{s=j\omega} = C(j\omega I - A)^{-1}B + D \quad (7.4.17)$$

对于 LTI 离散时间系统，如果系统函数 $H(z)$ 的极点都在单位圆内，那么系统是稳定的，判断特征根是否在单位圆内可以用朱里准则。

在用状态变量法分析系统时，系统函数矩阵

$$H(z) = Cz^{-1}\Phi(z)B + D = C(zI-A)^{-1}B + D$$

是一个 $q \times p$ 矩阵，它是单位响应矩阵 $h[k]$ 的 z 变换。系统函数矩阵 $H(z)$ 的极点是特征方程 $\det(zI-A)=0$ 的根，也是系统的固有频率（自然频率）。

对一个因果离散时间系统，只要 $|zI-A|=0$ 的根均在 z 平面的单位圆内，则因果离散时间系统是稳定的。

如果系统函数矩阵 $H(z)$ 在单位圆上收敛，那么系统频率特征矩阵为

$$H(e^{j\omega T}) = H(z)\big|_{z=e^{j\omega T}} = C(e^{j\omega T}I - A)^{-1}B + D$$

【例 7.4.3】 描述某一个系统的状态方程为

$$\begin{bmatrix} \dot{x}_1(t) \\ \dot{x}_2(t) \\ \dot{x}_3(t) \end{bmatrix} = \begin{bmatrix} 0 & 1 & 0 \\ 0 & 0 & 1 \\ -K & -1 & -3 \end{bmatrix} \begin{bmatrix} x_1(t) \\ x_2(t) \\ x_3(t) \end{bmatrix} + \begin{bmatrix} 0 \\ 0 \\ 1 \end{bmatrix} f(t)$$

求当 K 在什么范围内，系统是稳定的。

解 系统特征多项式 $\det(sI-A) = \det\begin{bmatrix} s & -1 & 0 \\ 0 & s & -1 \\ K & 1 & s+3 \end{bmatrix} = s^3 + 3s^2 + s + K$

排出罗斯阵列为

$$\begin{array}{cc} 1 & 1 \\ 3 & K \\ \dfrac{3-K}{3} & 0 \\ K & \end{array}$$

若系统的特征根均在 s 的左半平面，则罗斯阵列的第一列数均为非负。

故得 $3-K>0$ 且 $K>0$，解得 $0<K<3$，即当 $0<K<3$ 时，系统是稳定的。

【例 7.4.4】 描述某一个系统的状态方程为

$\begin{bmatrix} \dot{x}_1(t) \\ \dot{x}_2(t) \end{bmatrix} = \begin{bmatrix} -5 & -1 \\ 3 & -1 \end{bmatrix}\begin{bmatrix} x_1(t) \\ x_2(t) \end{bmatrix} + \begin{bmatrix} 2 \\ 5 \end{bmatrix} f(t)$，输出方程 $y(t) = \begin{bmatrix} 1 & 1 \end{bmatrix}\begin{bmatrix} x_1(t) \\ x_2(t) \end{bmatrix}$，求系统的自然频率和 $h(t)$。

解 根据系统的特征多项式

$$\det(sI-A) = \det\begin{bmatrix} s+5 & 1 \\ -3 & s+1 \end{bmatrix} = (s+2)(s+4)$$

令 $\det(sI-A) = (s+2)(s+4) = 0$，可以求出系统的自然频率为 $p_1 = -2$，$p_2 = -4$。

先求出系统的伴随矩阵 $\text{adj}(sI-A)$，将矩阵 $C=\begin{bmatrix}1&1\end{bmatrix}$，$B=\begin{bmatrix}2\\5\end{bmatrix}$，$D=0$ 代入

$$H(s)=\frac{C\,\text{adj}(sI-A)B+D\det(sI-A)}{\det(sI-A)}=\frac{C\,\text{adj}(sI-A)B}{\det(sI-A)}$$

求出系统函数矩阵 $H(s)=\dfrac{7}{s+2}$，故系统 $h(t)=7\mathrm{e}^{-2t}u(t)$。

【例 7.4.5】 描述某一个系统的状态方程为

$$\begin{bmatrix}x_1[k+1]\\x_2[k+1]\end{bmatrix}=\begin{bmatrix}0&1\\-6&5\end{bmatrix}\begin{bmatrix}x_1[k]\\x_2[k]\end{bmatrix}+\begin{bmatrix}0\\1\end{bmatrix}f[k]$$

输出方程 $\begin{bmatrix}y_1[k]\\y_2[k]\end{bmatrix}=\begin{bmatrix}1&1\\2&-1\end{bmatrix}\begin{bmatrix}x_1[k]\\x_2[k]\end{bmatrix}$，初始状态 $\begin{bmatrix}x_1[0]\\x_2[0]\end{bmatrix}=\begin{bmatrix}1\\2\end{bmatrix}$，输入信号为 $f[k]=u[k]$，

求：（1）系统的自然频率，并判定系统的稳定性；
（2）系统的 $h[k]$ 和输出 $y[k]$。

解 （1）根据系统的特征多项式 $\det(zI-A)=\det\begin{bmatrix}z&-1\\6&z-5\end{bmatrix}=(z-2)(z-3)$

令 $\det(zI-A)=(z-2)(z-3)=0$，可以求出系统的自然频率为 $p_1=2$，$p_2=3$。
（2）因系统的固有频率（特征根）不在单位圆内，故为不稳定系统。
系统的预解矩阵

$$\Phi(z)=(zI-A)^{-1}z=\begin{bmatrix}\dfrac{z^2-5z}{(z-2)(z-3)}&\dfrac{z}{(z-2)(z-3)}\\[2mm]\dfrac{-6z}{(z-2)(z-3)}&\dfrac{z^2}{(z-2)(z-3)}\end{bmatrix}$$

将矩阵 $C=\begin{bmatrix}1&1\\2&-1\end{bmatrix}$，$B=\begin{bmatrix}0\\1\end{bmatrix}$，$D=0$ 代入，可以求出系统函数矩阵为

$$H(z)=Cz^{-1}\Phi(z)B+D=\begin{bmatrix}\dfrac{-3z}{2(z-2)}+\dfrac{4z}{3(z-3)}\\[2mm]\dfrac{-z}{3(z-3)}\end{bmatrix}$$

故系统单位响应为

$$h[k]=\begin{bmatrix}-\dfrac{3}{2}2^k+\dfrac{4}{3}3^k\\[2mm]-\dfrac{1}{3}3^k\end{bmatrix}u[k]$$

零输入响应为

$$y_x[k]=\mathscr{Z}^{-1}\{C\Phi(z)\}x[0]=\begin{bmatrix}3(2)^k\\0\end{bmatrix}u[k]$$

输出矢量的零状态响应为

$$y_f[k] = \mathscr{Z}^{-1}\{H(z)F(z)\} = \mathscr{Z}^{-1}\left\{\begin{bmatrix}\dfrac{-3z}{2(z-2)}+\dfrac{4z}{3(z-3)} \\ \dfrac{-z}{3(z-3)}\end{bmatrix}\dfrac{z}{z-1}\right\} = \begin{bmatrix}1-3(2)^k+2(3)^k \\ \dfrac{1}{2}(1-3^k)\end{bmatrix}u[k]$$

故系统的输出为

$$y[k] = y_x[k] + y_f[k] = \begin{bmatrix}y_1[k] \\ y_2[k]\end{bmatrix} = \begin{bmatrix}1+2(3)^k \\ \dfrac{1}{2}(1-3^k)\end{bmatrix}u[k]$$

习　　题

7.1　写出习题 7.1 图所示电路网络的状态方程，以 R_5 上的电压 u_5 和电流 i_1 为输出，列出输出方程。

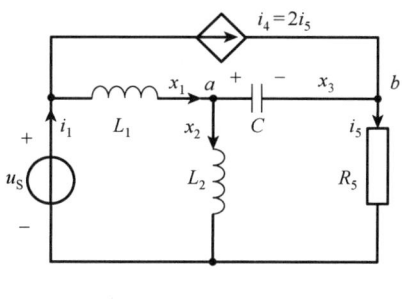

习题 7.1 图

7.2　如习题 7.2 图所示电路网络，求当 $C=0.5\mathrm{F}$，$L_1=0.5\mathrm{H}$，$L_2=2\mathrm{H}$，$R=10\Omega$，输入 $u_S=u(t)$，$i_S=5\delta(t)$ 时系统的状态方程。

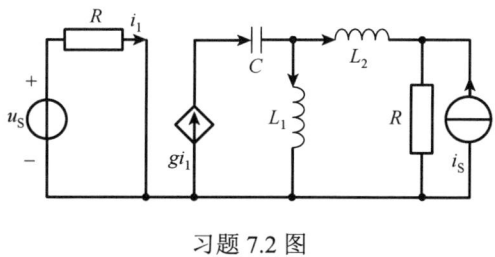

习题 7.2 图

7.3　求习题 7.3 图所示系统的状态方程和输出方程。

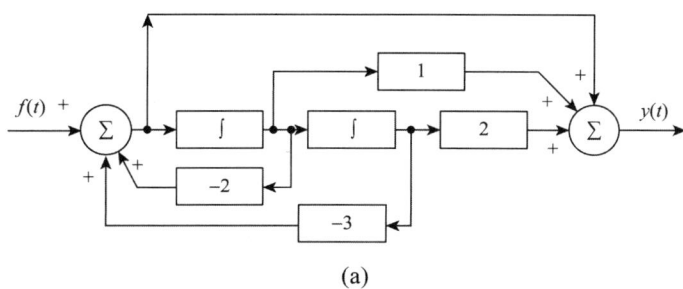

(a)

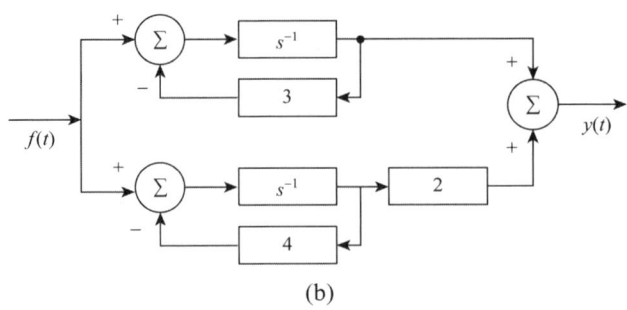

(b)

习题 7.3 图

7.4 求习题 7.4 图所示系统的状态方程和输出方程。

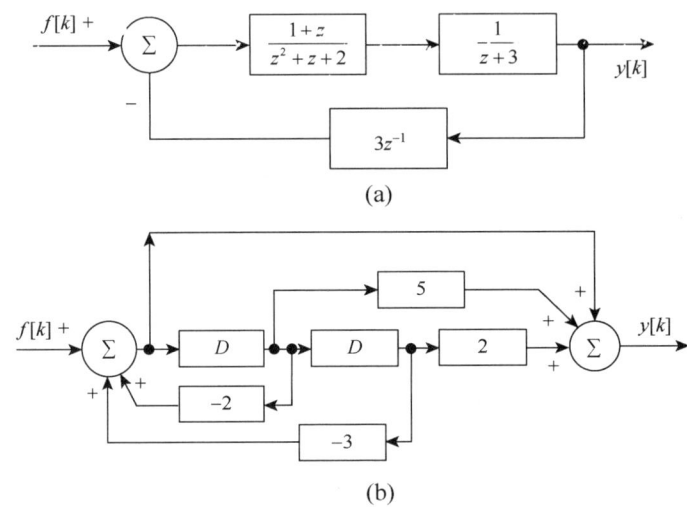

习题 7.4 图

7.5 求下列方程所描述系统的状态方程和输出方程。

(1) $y_1^{(3)}(t)+2y_1^{(2)}(t)+3y_1^{(1)}(t)-y_1(t)=f(t)-f^{(1)}(t)$。

(2) $y_1^{(3)}(t)+2y_1^{(2)}(t)+3y_1^{(1)}(t)=f(t)-f^{(2)}(t)$。

(3) $2y_1[k+2]+3y_1[k+1]-y_1[k]=f[k]$。

(4) $y[k-3]+2y_1[k-2]+3y_1[k-1]-y_1[k]=f[k]+f[k-1]$。

7.6 求下列系统函数所描述系统的状态方程和输出方程。

(1) $H(s)=\dfrac{s+4}{(s+1)(s+2)(s+3)}$；

(2) $H(s)=\dfrac{(s+4)^2+1}{s^2+3s+2}$；

(3) $H(z)=\dfrac{(z-4)^2}{(z-1)(z+2)(z-3)}$；

(4) $H(z)=\dfrac{z^{-2}-4}{(z^{-2}+z^{-1}-2)(z^{-1}+3)}$

7.7 已知某 LTI 系统的状态方程和输出方程为

$$\begin{bmatrix}\dot{x}_1(t)\\\dot{x}_2(t)\end{bmatrix}=\begin{bmatrix}1&0\\0&-1\end{bmatrix}\begin{bmatrix}x_1(t)\\x_2(t)\end{bmatrix}+\begin{bmatrix}0&1\\1&0\end{bmatrix}\begin{bmatrix}f_1(t)\\f_2(t)\end{bmatrix},\quad\begin{bmatrix}y_1(t)\\y_2(t)\end{bmatrix}=\begin{bmatrix}1&0\\0&-1\end{bmatrix}\begin{bmatrix}x_1(t)\\x_2(t)\end{bmatrix}+\begin{bmatrix}1&0\\1&0\end{bmatrix}\begin{bmatrix}f_1(t)\\f_2(t)\end{bmatrix}$$

，求初态为 $\begin{bmatrix}x_1(0)\\x_2(0)\end{bmatrix}=\begin{bmatrix}2\\-1\end{bmatrix}$，输入 $\begin{bmatrix}f_1(t)\\f_2(t)\end{bmatrix}=\begin{bmatrix}u(t)\\\delta(t)\end{bmatrix}$ 时系统的状态响应和输出。

7.8 如习题 7.8 图所示电路网络，已知 $L=\dfrac{1}{2}\text{H}$，$C=1\text{F}$，$R=\dfrac{1}{2}\Omega$，若指定电感电压 $u_L(t)$ 和电容电压 $u_C(t)$ 为输出，

试求系统状态的冲激响应矩阵，以及当 $u_0(t)=5\text{V}$，$i_L(0)=2\text{A}$，$u_\text{S}(t)=2u(t)$，$i_\text{S}(t)=\delta(t)$ 时，系统的输出。

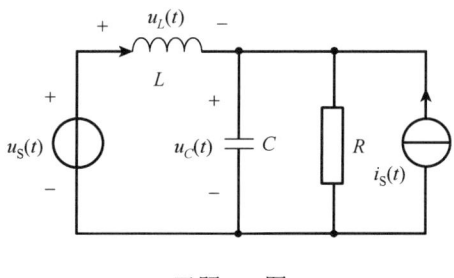

习题 7.8 图

7.9 已知某 LTI 系统的状态方程和输出方程为

$$\begin{bmatrix} x_1[k+1] \\ x_2[k+1] \end{bmatrix} = \begin{bmatrix} 0 & 1 \\ -1 & 5 \end{bmatrix}\begin{bmatrix} x_1[k] \\ x_2[k] \end{bmatrix} + \begin{bmatrix} 0 \\ 1 \end{bmatrix}f[k], \quad \begin{bmatrix} y_1[k] \\ y_2[k] \end{bmatrix} = \begin{bmatrix} 0 & 1 \\ 2 & -1 \end{bmatrix}\begin{bmatrix} x_1[k] \\ x_2[k] \end{bmatrix} + \begin{bmatrix} 0 \\ 0 \end{bmatrix}f[k]$$

求初始状态为 $\begin{bmatrix} x_1[0] \\ x_2[0] \end{bmatrix} = \begin{bmatrix} 1 \\ -2 \end{bmatrix}$，输入为 $f[k]=u[k]$ 时系统的状态响应和输出。

7.10 如习题 7.10 图所示二阶离散时间系统，求系统的状态转移矩阵 $\varphi[k]$ 和单位响应矩阵 $h[k]$。

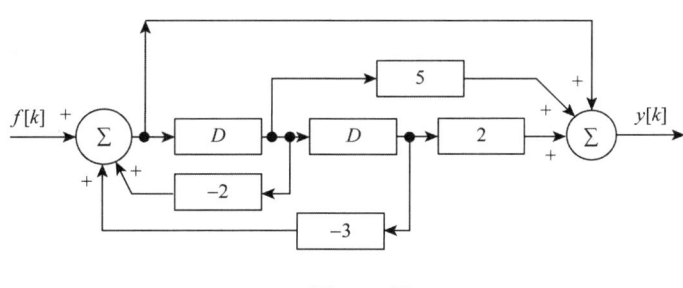

习题 7.10 图

7.11 一个二阶连续时间系统如习题 7.11 图所示，试求系统的自然频率和 $h(t)$。

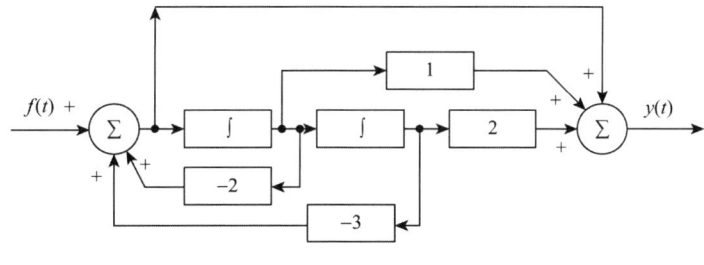

习题 7.11 图

7.12 描述某一个系统的状态方程和输出方程分别为

$$\begin{bmatrix} x_1[k+1] \\ x_2[k+1] \end{bmatrix} = \begin{bmatrix} 0 & 1 \\ -1 & 5 \end{bmatrix}\begin{bmatrix} x_1[k] \\ x_2[k] \end{bmatrix} + \begin{bmatrix} 0 \\ 1 \end{bmatrix}f[k], \quad \begin{bmatrix} y_1[k] \\ y_2[k] \end{bmatrix} = \begin{bmatrix} 1 & 1 \\ 2 & -1 \end{bmatrix}\begin{bmatrix} x_1[k] \\ x_2[k] \end{bmatrix}$$

初始状态为 $\begin{bmatrix} x_1[0] \\ x_2[0] \end{bmatrix} = \begin{bmatrix} 1 \\ 2 \end{bmatrix}$，输入信号为 $f[k]=\sin\dfrac{\pi k}{4}u[k]$，

试求：（1）系统的自然频率，并判定系统的稳定性。

（2）系统的 $h[k]$ 和输出 $Y_1(z)$、$Y_2(z)$。

7.13 某一个离散时间线性时不变系统如习题 7.13 图所示，试求当 k 在什么范围内，系统是稳定的。

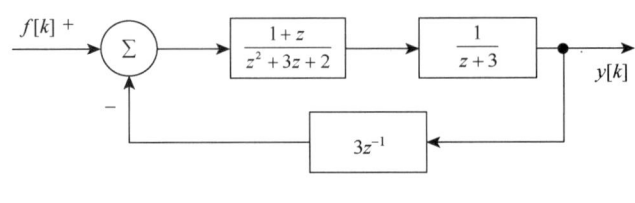

习题 7.13 图

7.14 某连续时间线性时不变系统的状态方程和输出方程为

$$\begin{bmatrix} \dot{x}_1(t) \\ \dot{x}_2(t) \\ \dot{x}_3(t) \end{bmatrix} = \begin{bmatrix} -1 & -2 & -1 \\ 0 & 3 & 0 \\ 0 & 0 & -2 \end{bmatrix} \begin{bmatrix} x_1(t) \\ x_2(t) \\ x_3(t) \end{bmatrix} + \begin{bmatrix} 2 \\ 0 \\ 1 \end{bmatrix} f(t), \quad y(t) = \begin{bmatrix} -2 & 1 & -1 \end{bmatrix} \begin{bmatrix} x_1(t) \\ x_2(t) \\ x_3(t) \end{bmatrix}$$

（1）判断系统的可控性和可观性。
（2）求系统函数，并分析结果。

7.15 有两个离散时间系统，它们的状态方程相同，均为 $\begin{bmatrix} x_1[k+1] \\ x_2[k+1] \end{bmatrix} = \begin{bmatrix} 0 & 1 \\ -1 & 5 \end{bmatrix} \begin{bmatrix} x_1[k] \\ x_2[k] \end{bmatrix} + \begin{bmatrix} 0 \\ 1 \end{bmatrix} f[k]$，而输出方程则分别为 $y_a[k] = \begin{bmatrix} 1 & -1 \end{bmatrix} \begin{bmatrix} x_1[k] \\ x_2[k] \end{bmatrix} + f[k]$ 和 $y_b[k] = \begin{bmatrix} 1 & 0 \end{bmatrix} \begin{bmatrix} x_1[k] \\ x_2[k] \end{bmatrix} + f[k]$，试判断系统 a 和 b 是否可观测。

7.16 某一个连续时间线性时不变系统如习题 7.16 图所示。
（1）分析系统的可控性和可观性。
（2）求系统函数，并分析结果。

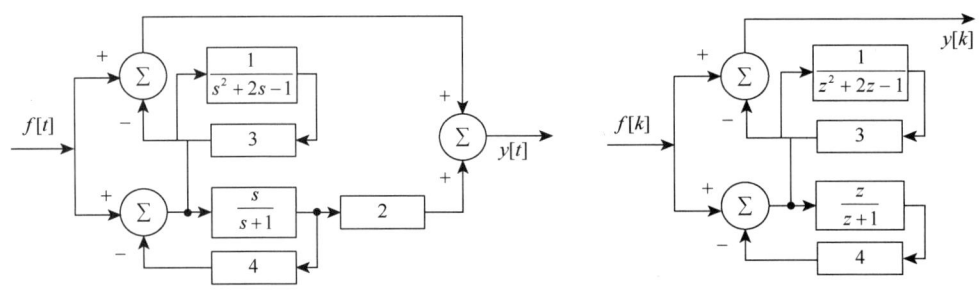

习题 7.16 图

7.17 电路如习题 7.17 图所示，若以 $i_{L_1}(t)$、$i_{L_2}(t)$、$u_C(t)$ 为状态变量，以 $u_{L_1}(t)$、$u_{L_2}(t)$ 为输出，试求电路的状态方程和输出方程，图中 $R_1 = R_2 = 1\Omega$，$L_1 = L_2 = 1H$，$C = 1F$。

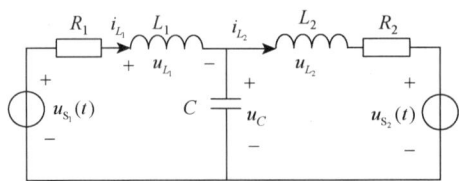

习题 7.17 图

7.18 已知如习题 7.18 图所示线性系统，取积分器输出为状态变量 x_1，x_2：

（1）列出系统的状态方程。

（2）激励 $f(t)=\delta(t)$ 时，零状态响应 $\begin{bmatrix} x_1(t) \\ x_2(t) \end{bmatrix} = \begin{bmatrix} -8e^{-2t}+3e^{-t} \\ -8e^{-2t}+6e^{-t} \end{bmatrix} u(t)$，求 a、b、c 的值。

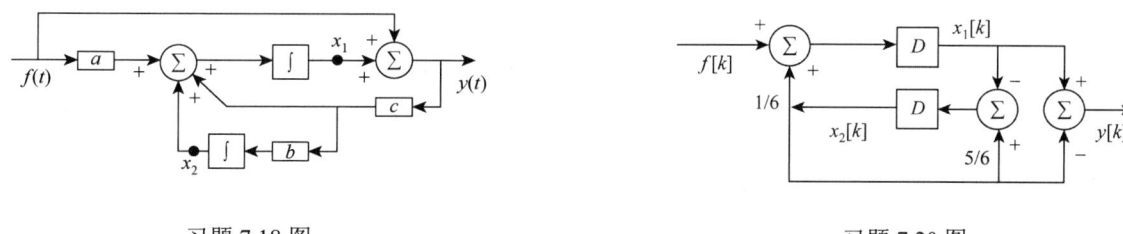

习题 7.18 图　　　　　　　　　　　习题 7.20 图

7.19 某因果系统的状态方程和输出方程为

$$\begin{bmatrix} \dfrac{dx_1}{dt} \\ \dfrac{dx_2}{dt} \end{bmatrix} = \begin{bmatrix} 0 & -2 \\ 1 & -3 \end{bmatrix} \begin{bmatrix} x_1 \\ x_2 \end{bmatrix} + \begin{bmatrix} 0 & 1 \\ 1 & 0 \end{bmatrix} \begin{bmatrix} f_1 \\ f_2 \end{bmatrix}$$

求：（1）系统的状态转移矩阵 e^{At}。

（2）判别系统是否稳定。

（3）画出系统框图。

7.20 已知一个离散时间线性时不变因果系统如习题 7.20 图所示。

（1）以 $x_1[k]$，$x_2[k]$ 为状态变量，列出该系统的状态方程和输出方程。

（2）系统是否稳定？

（3）求该系统的系统函数 $H_1(z)$。

7.21 如习题 7.21 图所示系统，若以图中的 $x_1(t)$、$x_2(t)$、$x_3(t)$ 为状态变量，以 $y(t)$ 为响应，试列出该系统的状态方程和输出方程。

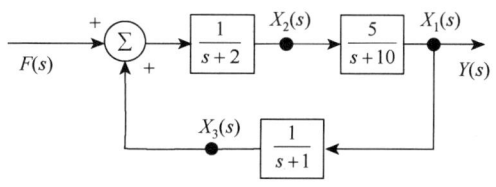

习题 7.21 图

7.22 某二阶离散 LTI 系统流图如习题 7.22 图所示。

（1）列出系统的状态方程和输出方程（矩阵形式）。

（2）用矩阵方法求解系统函数 $H(z)$；

（3）根据 $H(z)$ 列写系统的后向式差分方程；

（4）若 $H_1(z)$ 为 $H(z)$ 中零点和单位圆内极点构成的子系统，画出 $H_1(z)$ 的幅频曲线。

7.23 习题 7.23 图为一个因果离散时间系统的信号流图，$f[k]$ 为输入，$y[k]$ 为输出。

（1）求系统的系统函数 $H(z)$。

（2）判别该系统是否稳定。

（3）若状态变量 x_1、x_2、x_3、x_4 如习题 7.23 图中所示，试列出系统的状态方程和输出方程。

7.24 如习题 7.24 图所示的复合系统由两个线性时不变子系统 S_a 和 S_b 组成，其状态方程和输出方程分别为

子系统 S_a：

$$\begin{bmatrix} \dot{x}_{a1} \\ \dot{x}_{a2} \end{bmatrix} = \begin{bmatrix} 1 & -2 \\ 2 & 1 \end{bmatrix} \begin{bmatrix} x_{a1} \\ x_{a2} \end{bmatrix} + f_1(t), \quad y_1(t) = \begin{bmatrix} 1 & -1 \end{bmatrix} \begin{bmatrix} x_{a1} \\ x_{a2} \end{bmatrix}$$

子系统 S_b：

$$\begin{bmatrix} \dot{x}_{b1} \\ \dot{x}_{b2} \end{bmatrix} = \begin{bmatrix} 1 & -2 \\ 2 & 1 \end{bmatrix} \begin{bmatrix} x_{b1} \\ x_{b2} \end{bmatrix} + \begin{bmatrix} 2 \\ 0 \end{bmatrix} f_2(t), \quad y_2(t) = \begin{bmatrix} 0 & -1 \end{bmatrix} \begin{bmatrix} x_{b1} \\ x_{b2} \end{bmatrix}$$

（1）写出复合系统的状态方程和输出方程的矩阵形式。

（2）画出复合系统的信号流图，标出状态变量 x_{a1}、x_{a2}、x_{b1}、x_{b2}；并求复合系统的系统函数。

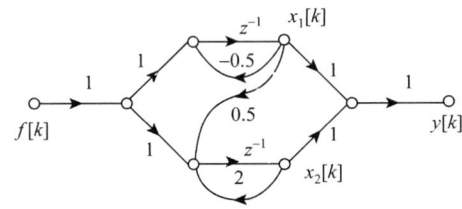

习题 7.22 图

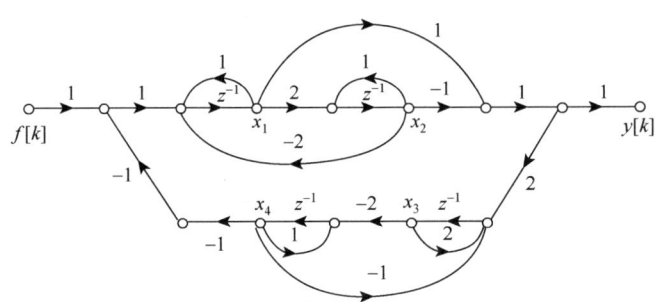

习题 7.23 图

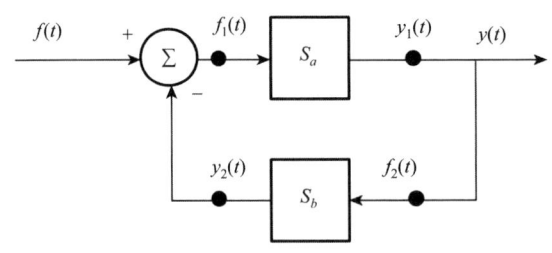

习题 7.24 图

7.25 已知离散因果系统的状态方程与输出方程为

$$\begin{bmatrix} x_1[k+1] \\ x_2[k+1] \end{bmatrix} = \begin{bmatrix} -1 & 2 \\ -1 & -4 \end{bmatrix} \begin{bmatrix} x_1[k] \\ x_2[k] \end{bmatrix} + \begin{bmatrix} 1 \\ 1 \end{bmatrix} f[k], \quad y[k] = \begin{bmatrix} 1 & -1 \end{bmatrix} \begin{bmatrix} x_1[k] \\ x_2[k] \end{bmatrix} + f[k]$$

（1）求系统的差分方程，并画出系统的信号流图。

（2）判断系统的稳定性，并说明理由。

7.26 有一个离散时间系统如习题 7.26 图所示。

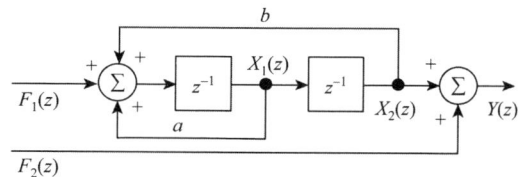

习题 7.26 图

设 $k \geq 0$ 时 $f_1[k] = f_2[k] = 0$，系统的输出为 $y[k] = \frac{6}{5}\left(\frac{1}{2}\right)^k - \frac{6}{5}\left(\frac{1}{3}\right)^k$：

（1）确定常数 a, b。
（2）根据所列的状态方程求 $x_1[k]$ 和 $x_2[k]$ 的闭式解。
（3）求该系统的差分方程。

7.27 设某连续时间系统如习题 7.27 图所示。

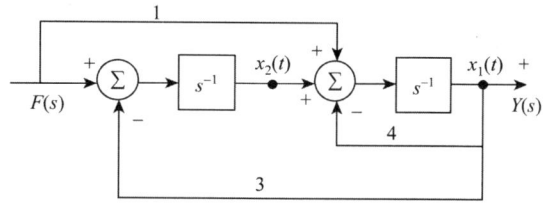

习题 7.27 图

求：（1）列出系统的状态方程和输出方程。
（2）根据状态方程和输出方程求系统的 $H(s)$ 及微分方程。
（3）系统在 $f(t) = u(t)$ 作用下，输出响应为 $y(t) = \left(\frac{1}{3} + \frac{1}{2}e^{-t} - \frac{5}{6}e^{-3t}\right)u(t)$，求系统的初始状态 $x_1(0_-)$，$x_2(0_-)$。

7.28 如习题 7.28 图所示，已知 $L = 1H$，$R = 1\Omega$，$C = 0.5F$，$u_C(0_-) = 1V$，$i_L(0_-) = 1A$，$u_S(t) = u(t)V$，$i_S(t) = u(t)A$：
（1）试画出习题 7.28 图所示电路的 s 域等效电路。
（2）试求电阻 R 上 $i_R(t)$ 的全响应。
（3）令 $u_R(t) = x_1$，$i_L(t) = x_2$，建立该电路的状态方程。

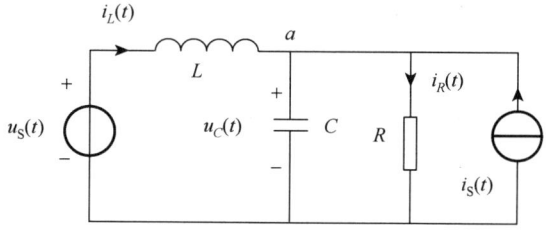

习题 7.28 图

自 测 题

1.（10 分）描述某二阶连续时间系统的状态方程和输出方程分别为 $\dot{\boldsymbol{\Lambda}} = \boldsymbol{A\Lambda} + \boldsymbol{BE}$，$\boldsymbol{R} = \boldsymbol{C\Lambda} + \boldsymbol{DE}$，$\boldsymbol{\Lambda}$ 为状态变量矩阵，

E 为输入信号矩阵，R 为输出信号矩阵，其中，矩阵 $A = \begin{bmatrix} -1 & 2 \\ -1 & -4 \end{bmatrix}$，求状态转移矩阵。

2．（15 分）在自测题 2 图所示电路中设输入电压为 $x(t)$，输出为流过电阻 R_1 的电流 $y(t)$。

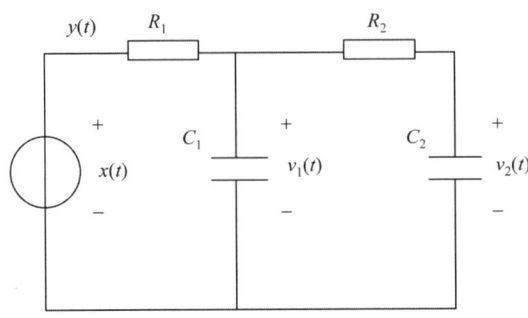

自测题 2 图

以电容电压 $v_1(t)$ 和 $v_2(t)$ 为状态变量，得状态方程 $\begin{bmatrix} \dfrac{\mathrm{d}}{\mathrm{d}t} v_1(t) \\ \dfrac{\mathrm{d}}{\mathrm{d}t} v_2(t) \end{bmatrix} = A \begin{bmatrix} v_1(t) \\ v_2(t) \end{bmatrix} + B [x(t)]$，输出方程 $y(t) = C \begin{bmatrix} v_1(t) \\ v_2(t) \end{bmatrix} + D [x(t)]$，求参数矩阵 A 和 C。

3．（15 分）某连续时间系统的方框图如自测题 3 图所示，$x(t)$ 为系统的输入，$y(t)$ 为系统的输出。选择 $q_1(t)$ 和 $q_2(t)$ 作为系统的状态变量，列出系统的状态方程和输出方程。

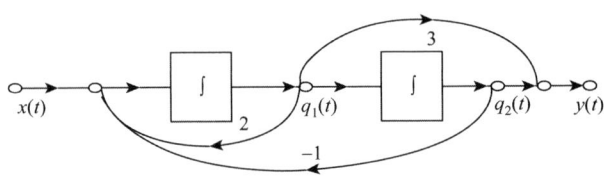

自测题 3 图

4．（20 分）某因果连续时间线性时不变系统的系统函数为 $H(s) = \dfrac{3s + 7}{(s+1)(s+2)(s+5)}$：

（1）列出系统的状态方程和输出方程。

（2）要求系统矩阵 A 为对角矩阵，写出系统矩阵 A。

5．（15 分）给定连续时间系统的信号流图如自测题 5 图所示，$x(t)$ 为输入信号，$y(t)$ 为输出信号，列出以 $\lambda_1(t)$、$\lambda_2(t)$ 为状态变量的状态方程和输出方程。

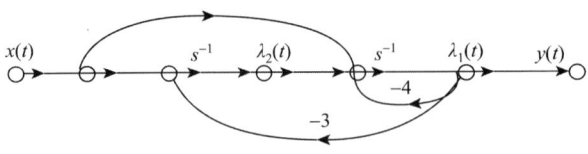

自测题 5 图

6．（15 分）一个连续时间线性时不变系统的系统函数为 $H(s) = \dfrac{s+4}{s^3 + 6s^2 + 11s + 6}$：

（1）试画出系统并联型结构的信号流图。
（2）根据自测题 5 图所画信号流图建立状态方程和输出方程。

7. （10 分）描述某一个系统的状态方程为

$$\begin{bmatrix} \dot{x}_1(t) \\ \dot{x}_2(t) \\ \dot{x}_3(t) \end{bmatrix} = \begin{bmatrix} 0 & 1 & 0 \\ -k & -1 & -k \\ 0 & -1 & -3 \end{bmatrix} \begin{bmatrix} x_1(t) \\ x_2(t) \\ x_3(t) \end{bmatrix} + \begin{bmatrix} 0 & 0 \\ 0 & k \\ 1 & 0 \end{bmatrix} \begin{bmatrix} f_1(t) \\ f_2(t) \end{bmatrix}$$

求系统稳定时 k 的取值范围。

模 拟 题

1. 如模拟题 1 图所示一个二阶动态系统电路，若指定网络两端的电压 $u(t)$ 和 $i_C(t)$ 为输出，则建立系统状态方程、输出方程。

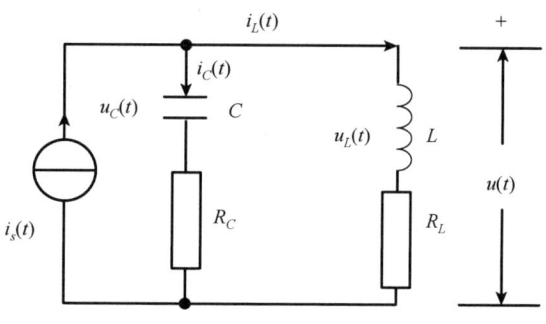

模拟题 1 图 一个二阶动态系统电路

2. 某一个系统由一个三阶微分方程描述为
$$y_2^{(3)}(t) + a_2 y_2^{(2)}(t) + a_1 y_2^{(1)}(t) + a_0 y_2(t) = b_1 f^{(1)}(t) + b_0 f(t)$$
列出它的状态方程和输出方程。

3. 有一个方阵 $A = \begin{bmatrix} 1 & 1 \\ 0 & 2 \end{bmatrix}$，试求矩阵函数 A^k 和 e^{At}。

4. 某连续时间线性时不变系统的系数矩阵 $A = \begin{bmatrix} 1 & 0 & 0 \\ 0 & 1 & 0 \\ 0 & 1 & 2 \end{bmatrix}$，求状态转移矩阵。

5. 描述某一个系统的状态方程为
$$\begin{bmatrix} x_1[k+1] \\ x_2[k+1] \end{bmatrix} = \begin{bmatrix} 0 & 1 \\ -1 & 5 \end{bmatrix} \begin{bmatrix} x_1[k] \\ x_2[k] \end{bmatrix} + \begin{bmatrix} 0 \\ 1 \end{bmatrix} f[k]$$
它和输出方程的关系为 $y[k] = x_1[k] + 2x_2[k] - 3f[k]$：

（1）求系统函数 $H(z)$，并判定系统的稳定性。
（2）求系统输出的单位响应 $h[k]$。

参 考 文 献

[1] 郑君里, 应启珩, 杨为理. 信号与系统. 3 版. 北京: 高等教育出版社, 2011.
[2] 曾黄麟. 信号与线性系统. 重庆: 重庆大学出版社, 2002.
[3] 曾禹村, 张宝俊, 沈庭芝, 等. 信号与系统. 3 版. 北京: 北京理工大学出版社, 2010.
[4] Oppenheim A V, Willsky A S, Nawab S H. 信号与系统. 2 版. 刘树棠, 译. 北京: 电子工业出版社, 2013.
[5] 吴大正. 信号与线性系统分析. 5 版. 北京: 高等教育出版社, 2019.
[6] 管致中, 夏恭恪, 孟桥. 信号与线性系统. 6 版. 北京: 高等教育出版社, 2015.
[7] 赵光宙. 信号分析与处理. 3 版. 北京: 机械工业出版社, 2016.
[8] 徐科军. 信号分析与处理. 北京: 清华大学出版社, 2006.
[9] 高西全, 丁玉美. 数字信号处理. 4 版. 西安: 西安电子科技大学出版社, 2016.
[10] 程佩青. 数字信号处理教程. 4 版. 北京: 清华大学出版社, 2013.
[11] 樊昌信, 曹丽娜. 通信原理. 7 版. 北京: 国防工业出版社, 2015.
[12] Oppenheim A V, Schafer R W. 离散时间信号处理. 3 版. 黄建国, 刘树棠, 张国梅, 译. 北京: 电子工业出版社, 2015.
[13] Kamen E. Introduction to Signals and Linear Systems. 3rd ed. New York: John Wiley and Sons, Inc., 1987.
[14] Gabel R A, Roberts R A. Signal and Linear Systems. 3rd ed. New York: John Wiley and Sons, Inc., 1987.
[15] Oflynn M, Moriarfy E. Linear Systems. New York: Harper and Row, 1987.
[16] Cadzow J A. Signals, Systems and Transforms. New Jersey: Prentice-Hall, Inc., 1985.